NOUVEAU COURS

COMPLET

D'AGRICULTURE

DU XIXᵉ SIÈCLE.

VAC—ZUC.

TOME SEIZIÈME.

NOMS DES AUTEURS.

Composant la Société d'Agriculture de l'Institut royal de France.

MESSIEURS

THOUIN, Professeur d'Agriculture au Jardin du Roi.

TESSIER, Inspecteur-général des Établissement ruraux appartenant au Gouvernement.

HUZARD, Inspecteur-général des Écoles Vétérinaires de France.

SILVESTRE, Secrétaire de la Société royale et centrale d'Agriculture de Paris.

BOSC, Inspecteur-général des Pépinières royales et de celles du Gouvernement.

YVART, Professeur d'Agriculture et d'Économie rurale à l'École royale d'Alfort, etc.

CHASSIRON, de la Société d'Agriculture de Paris, Propriétaire-Cultivateur.

CHAPTAL, Membre de l'Institut, Propriétaire-Cultivateur, etc.

DE LACROIX, Membre de l'Institut et Propriétaire

DE PERTUIS, Membre de la Société d'Agriculture de Paris, Propriétaire-Cultivateur.

DE CANDOLLE, Professeur de Botanique et Membre de la Société d'Agriculture.

DU TOUR, Propriétaire-Cultivateur à Saint-Domingue.

DUCHESNE, Membre de la Société d'Agriculture de Versailles.

FÉBURIER, Membre de la même Société.

DE BRÉBISSON, Membre de la Société d'Agriculture et des Arts de Caen.

Les articles signés (R.) sont de ROZIER.

OUVRAGE IMPRIMÉ PAR Mme HUZARD,

(NÉE VALLAT LA CHAPELLE).

NOUVEAU COURS

COMPLET

D'AGRICULTURE

DU XIXME SIÈCLE,

CONTENANT LA THÉORIE ET LA PRATIQUE DE LA GRANDE ET DE LA PETITE CULTURE,
L'ÉCONOMIE RURALE ET DOMESTIQUE, LA MÉDECINE VÉTÉRINAIRE, ETC.,

OU

DICTIONNAIRE RAISONNÉ ET UNIVERSEL

D'AGRICULTURE,

Ouvrage rédigé sur le plan de celui de feu l'abbé ROZIER, duquel on a conservé les
articles dont la bonté a été prouvée par l'expérience;

Par les Membres

DE LA SECTION D'AGRICULTURE DE L'INSTITUT DE FRANCE, ETC.

Avec des Figures en taille-douce.

NOUVELLE ÉDITION,
revue, corrigée et augmentée.

DU FONDS DE M. DETERVILLE.

PARIS,

A LA LIBRAIRIE ENCYCLOPÉDIQUE DE RORET,
RUE HAUTEFEUILLE, 10 BIS.

1838.

IMPRIMERIE DE A. ÉVERAT ET Cᵉ,
rue du Cadran, 16.

NOUVEAU
COURS COMPLET
D'AGRICULTURE.

VAC

VACANS. Ce mot s'applique, dans le sud-ouest de la France, aux terrains incultes qu'on réserve, dans chaque exploitation, pour le pâturage des bœufs et autres bestiaux. Là on dit : Mon voisin a un vacans plus étendu que le mien. *Voyez* LANDE, PATURAGE et COMMUNAUX. (B.)

VACCINE. On a donné ce nom en France à une maladie de vaches qu'on appelle en Angleterre *cowpox*, et qui se caractérise par des boutons d'abord inflammatoires, ensuite suppurans, sur leur pis.

Cette maladie, qui n'a aucune suite grave pour ces animaux, n'était connue que des cultivateurs de quelques cantons du nord de l'Angleterre, de l'Allemagne, des Cevennes, etc., où elle est endémique, lorsque Edward Jenner lui a donné une grande célébrité en observant que lorsqu'on l'inoculait aux hommes, elle les préservait de la petite vérole.

Aujourd'hui on vaccine des enfans ainsi que de grandes personnes dans toutes les parties de l'Europe, et même dans quelques lieux des autres parties du monde, et chaque jour il se confirme de plus en plus que ceux de ces enfans ou de ces grandes personnes qui ont éprouvé tous les symptômes de la maladie, et chez qui les boutons ont laissé une légère excavation, ne sont réellement plus susceptibles d'être atteints de la petite vérole. Il n'y a donc plus qu'à désirer que l'usage de la vaccination devienne plus général dans les campagnes, d'où des préjugés de plusieurs sortes l'ont repoussé jusqu'ici.

Aucun motif raisonnable ne peut s'opposer à ce qu'on fasse vacciner un enfant, puisque l'opération n'est pas plus douloureuse qu'une piqûre d'épingle, et que ses suites sont la sortie de quelques boutons (un seul suffit; mais on en provoque presque toujours six, dont il ne paraît ordinairement que deux ou trois), qui causent une légère démangeaison, et quelquefois de la tristesse, et même un peu de fièvre (pendant un jour), lorsqu'ils sont arrivés à leur dernier degré d'inflammation. Les accidens que les ennemis de cette précieuse découverte ont cités comme étant causés par le virus de vaccin, ont été reconnus, par des personnes éclairées et sans prévention, provenir de circonstances totalement différentes.

Il est donc du devoir de tout ami de l'humanité de provoquer, par tous les moyens qui sont en son pouvoir, la propagation de la vaccine dans les campagnes.

Depuis qu'on a reconnu la propriété de la vaccine pour garantir de la petite vérole, on l'a appliquée à la plupart des maladies éruptives des hommes et des animaux. Ainsi, on a prétendu qu'elle guérissait le Claveau (*voyez* ce mot), ce que des expériences positives, faites en ma présence, à Versailles par le savant et estimable docteur Voisin, ont prouvé être faux. Ainsi, on a prétendu qu'elle empêchait la maladie appelée dans les chevaux Eaux aux jambes, celle appelée Maladie des chiens. (*Voyez* ces mots.) Il faudra encore, j'ose le dire, multiplier les expériences avant de reconnaître son efficacité dans ces deux derniers cas. (B.)

VACHE. Si le cheval est, comme l'a dit un célèbre écrivain, la plus noble conquête que l'homme ait faite, la vache et son mâle le taureau, ainsi que le bœuf, sont la plus utile. Que de services ils rendent à toutes les époques de leur vie et après leur mort! A peine nés, on les mange sous le nom de veaux, et on emploie leur peau à une infinité d'usages auxquels elle est seule propre. Plus âgé, le bœuf sert au labourage, au charroi, etc.; et la vache donne, presque chaque année, un petit, et ensuite deux à trois fois chaque jour un lait salutaire. Leurs forces commencent-elles à diminuer, on les engraisse, on se nourrit de leur chair, et on tire parti de leur suif, de leur poil, de leur peau, de leurs cornes, de leurs os, de leurs intestins même.

La vache a jusqu'à présent été regardée comme indigène à nos contrées, parce qu'on l'a toujours crue être la même que l'auroche, animal de son genre, dont on voit encore quelques individus dans les forêts de la Pologne; mais Cuvier, qui a examiné le squelette de ce dernier, s'est convaincu qu'il appartient à une espèce distincte. De ce fait, on doit conclure que la vache, ainsi que le cheval, vient des plaines de la haute Asie, et, ainsi que lui, n'a plus son représentant dans l'état sauvage.

Ce que les sauvages de l'Amérique font actuellement à l'égard du bison, les premiers peuples de l'Asie l'ont fait à l'égard de la vache; c'est-à-dire qu'ils l'ont chassée à outrance pour se nourrir de sa chair, et en ont singulièrement diminué l'espèce. Il a fallu, pour la conserver, que ces peuples, devenus agriculteurs, aient senti les services qu'ils pourraient en retirer, et que son caractère ait permis de la soumettre au joug.

L'ancienneté et l'intimité de la domesticité de la vache ont agi sur elle, l'ont modifiée au point qu'elle varie sans fin sous tous les rapports. Entrer dans les détails des formes des différentes races qu'elle offre en ce moment, et des avantages ou des inconvéniens que chacune présente, serait ici superflu, puisqu'elles sont les mêmes que celles du Bœuf. *Voyez* ce mot.

Je dois cependant signaler ici deux races suisses, celle des hauts sommets, ou race de Haily, petite, mais excellente laitière, et celle des vallées ou race de Zurick et de quelques races françaises, principalement de celles flandrine et normande, la première plus grosse, la seconde plus laitière, ainsi que la race sans cornes : cette dernière est venue d'Ecosse à Rambouillet, et on la croit originaire de l'Inde. Cette race, qui à la grande douceur, dit Parmentier, nouveau Dictionnaire d'histoire naturelle, « joint les avantages d'être bonne portière et excellente laitière, a encore celui de pouvoir être mise sans crainte dans la pâture avec des jumens pleines ou poulinières. » Cette race commence à se multiplier aux environs de Paris.

Il y a en Angleterre une race de vaches qui font presque toujours deux veaux dont l'un est hermaphrodite incomplet et a la chair plus grasse et plus succulente que l'autre. J. Hunter l'a très-bien décrite.

Mon collaborateur Tessier a oublié, dans l'article Bœuf, d'ailleurs si bien rédigé, de parler d'une autre race anglaise, celle uniquement destinée à la boucherie, laquelle jouit de l'avantage de s'engraisser bien plus parfaitement et bien plus promptement. Peut-être cette race aurait-t-elle de la peine a s'introduire en France, parce que sa viande revient nécessairement plus cher que celle du bœuf, dont le travail a déjà payé la valeur ; mais elle n'en mérite pas moins d'être signalée, car, ici comme en Angleterre, l'emploi des bœufs pour les labours et encore plus pour les charrois, diminue à mesure que les cultivateurs s'instruisent et apprennent à calculer l'emploi du temps. *Voyez* Bœuf.

Les plus grosses vaches, toutes autres choses égales d'ailleurs, sont les meilleures : il faut donc, autant que possible, les préférer ; mais une grosse vache ne fait que languir dans un pâturage maigre ou de mauvaise nature, il faut donc proportionner leur grosseur aux alimens dont elles sont destinées à se nourrir. C'est faute de cette attention que tant de vaches normandes, flamandes, suisses, ont trompé l'attente de ceux qui les avaient fait venir à grands frais sur leur propriété. Un cultivateur prudent se contentera donc de la race de son pays ; mais parmi cette race il choisira les plus grosses, les plus fécondes, les plus pourvues de lait, les plus douces de caractère, etc., les fera couvrir par les taureaux les plus parfaits qu'il pourra se procurer. C'est par ces moyens que, sans dépenses extraordinaires, il remontera la race de ses bêtes à cornes. *Voyez* RACE et BÊTE A CORNES.

Une bonne vache ne doit pas être grasse, ainsi ce n'est pas dans les races qui fournissent les bons bœufs d'engrais qu'il faut la choisir.

Dans beaucoup de lieux, on met beaucoup d'importance à la couleur du poil des vaches, parce qu'on attribue à cette couleur une grande influence sur la quantité ou sur la qualité de leur lait. Les opinions de ce genre tiennent sans doute à des faits particuliers anciennement observés, et depuis généralisés; mais pour prouver que ce sont des erreurs, il suffit de faire remarquer qu'ici ce sont les vaches noires qui sont préférées, là les vaches blanches, les vaches fauves, les vaches brunes, les vaches de plusieurs couleurs.

Une bonne vache se reconnaît à sa taille haute, à son front large, à ses yeux doux et unis, à ses cornes bien ouvertes et polies, à son ventre gros et ample, à son pis volumineux, à ses tétines peu charnues, à ses veines mammaires très-saillantes. Lorsqu'à une telle vache on donne un taureau de choix et proportionné, on peut être assuré d'avoir des productions très-avantageuses. *Voyez* TAUREAU.

Il a été reconnu que six vaches par charrue est la quantité la plus faible qui doive se trouver dans une exploitation bien montée, soit à la pâture, soit à l'étable, située en terrain médiocre, pour utiliser les fourrages que les chevaux rebutent, multiplier les fumiers d'une manière convenable, et en tirer tout le parti possible sous les rapports des veaux, du beurre, du fromage, etc. On évalue à environ 100 francs par an le produit moyen de chaque vache dans une telle exploitation.

Une servante ordinaire ne peut soigner qu'une douzaine de vaches lorsqu'elle est seule chargée de toutes les opérations de la laiterie. Lui en donner davantage, c'est donc l'obliger à faire tout à demi, et par conséquent à manquer le but. Lorsqu'elle est aidée par la maîtresse dans le passage du lait, son écrémage, la fabrication des fromages et autres objets les moins fatigans, on peut lui en donner une moitié en sus; mais alors l'opération de les traire dure plus d'une heure, et c'est un inconvénient grave. Je suppose, en faisant ce calcul, qu'il y a la moitié des vaches qui ne sont pas dans le cas d'être traites, soit parce qu'elles sont jeunes, soit parce qu'elles nourrissent leur veau.

Dans le Jura, les FRUITIERS (*voyez* ce mot) calculent que chaque vache donne, par jour, pendant six mois, terme moyen, 5 litres de lait faisant une livre de fromage de gruyères, laquelle se vend 9 sous, terme moyen.

Sur les montagnes de la ci-devant Auvergne, une vache donne par an, terme moyen, 15 kilogrammes de beurre et 75 kilogrammes de fromage. Cette petite quantité de beurre provient de ce que la moitié au moins de la crême entre dans la composition du fromage.

M. Deloys, propriétaire près de Lausanne, a reconnu que chacune de ses vaches (c'est la race suisse) lui fournit par an 150 livres de beurre et 300 livres de fromage blanc. Il est à observer que ses vaches sont nourries à l'étable et employées au labour.

M. de Voght, propriétaire à Flotbreek, près Hambourg, et des commissaires de la diète de Suisse chez M. Fellemberg à Hoffwyl, ont reconnu que des vaches nourries avec toute l'économie nécessaire, et dont les produits étaient vendus avec tout l'avantage possible, ne rendaient rien.

Il est prouvé, par des calculs rigoureux, que dans la plus grande partie de la France il est onéreux, à raison de l'emploi du temps qu'elle exige, à un pauvre ménage de n'avoir qu'une vache qu'on est obligé de mener paître à la longe le long des chemins, des fossés, etc. Il n'y a ni perte ni profit lorsqu'on en a deux qui vont paître sous la conduite d'une petite fille, impropre au travail de la maison ou des champs, ou lorsqu'on peut les envoyer avec le troupeau commun dans les pâtures communales. La perte recommence lorsqu'on en a trois ou quatre, parce qu'il faut acheter des fourrages et que les chances de la mortalité sont augmentées. Généralement il serait à désirer que dans toutes les communes où on ne spécule pas sur la vente du beurre et du fomage, il y eût un ménage qui se consacrât, comme les NOURRISSEURS des environs de Paris, à la production de tout le lait nécessaire à la consommation, et qui le vendît journellement aux demandeurs.

Beaucoup de cultivateurs pensent beaucoup gagner en employant des taureaux et des vaches à la reproduction aussitôt qu'ils y sont propres; mais le résultat ne donne que des veaux petits, faibles, et qui n'arrivent jamais au degré de vigueur désirable.

Comme l'état de chaleur dure peu dans la vache, quelquefois pas plus de vingt-quatre heures, rarement quatre à cinq jours, il faut saisir le moment de mener au taureau celles qui s'y trouvent ; sans quoi, il sera nécessaire d'attendre au mois suivant celles de ces vaches qui sont tenues isolées.

Un taureau de trois ans est en état de servir à vingt vaches pendant sept à huit ans. On ne doit pas lui en laisser couvrir plus d'une par jour. C'est de l'usage des taureaux communs, ou qui saillent à prix d'argent toutes les vaches qu'on leur présente, que résulte l'abâtardissement de la race dans tous les pays de petite culture. L'intérêt général exigerait que ces taureaux fussent reçus par un vétérinaire instruit, et que leur monte fût soumise à des réglemens propres à empêcher qu'ils soient et trop jeunes, et trop vieux, et trop fatigués.

Il est évident que dans les pays où on suit le système de ne faire servir les taureaux qu'un à deux ans à la propagation de l'espèce, on ne peut améliorer les races des bêtes à cornes non-seulement à raison du défaut de vigueur de ces taureaux, mais encore parce qu'ils n'existent plus lorsqu'on est à même de juger du mérite de leur progéniture.

Généralement les vaches entrent en chaleur tous les mois, le taureau les monte tant qu'elles ne sont pas pleines ; mais une fois en cet état il se contente de les lécher. C'est un grand avantage, sous ce dernier rapport, que d'avoir un taureau dans son troupeau, parce que les vaches caressées par lui se tourmentent moins.

Les signes de la chaleur sont un fréquent mugissement, des mouvemens plus vifs et plus fréquens de la tête, le gonflement de la vulve, et l'écoulement par la même partie d'une liqueur blanche. Souvent les vaches en chaleur quittent le pâturage pour aller chercher le taureau, soit qu'elles se souviennent du lieu où elles l'ont déjà reçu, soit par suite de l'inquiétude dans laquelle elles se trouvent.

Il est des vaches qui ont une chaleur qui ne se manifeste pas à l'extérieur, il en est qui ont de fausses chaleurs.

Le lait des vaches qui sont en chaleur a un goût particulier fort peu agréable. Il tourne très-facilement lorsqu'on le chauffe. Il en est de même de celles qui sont prêtes à vêler.

Il est des vaches qui entrent en chaleur peu souvent, il en est d'autres qui y entrent tous les quinze et même tous les huit jours. Ce dernier cas est un mauvais signe, et ses suites sont une infécondité réelle. *Voyez* POMMELIÈRE.

Il est aussi des vaches qui, par mauvaise constitution, ou par excès d'embonpoint, ou par excès de maigreur, ne sont pas susceptibles de reproduction. Le plus court parti, c'est de les envoyer au boucher.

Toutes les indications qu'on trouve dans les livres sur les précautions qu'il faut prendre après la monte pour assurer ses effets, sont complétement inutiles. La nature fait tout, il suffit de ne pas la contrarier. Or, on remplit ce but en laissant perpétuellement les vaches avec le taureau dans les pâturages, ou, lorsqu'on n'a pas de taureau, en les ramenant à l'étable lorsqu'elles ont été saillies, et en les y laissant tranquilles après leur avoir donné à manger et à boire.

Pendant la gestation, les vaches ne demandent pas de soins particuliers ou plus étendus. Il faut toujours les nourrir abondamment, soit au pâturage, soit à l'étable.

Certaines races de vaches, ou certaines vaches de telles races, perdent leur lait au cinquième, sixième ou septième mois de la gestation, d'autres au huitième ou neuvième mois, d'autres ne le perdent point du tout. Les premières ne sont pas à rechercher ; mais il est bon de cesser de traire les dernières vers la fin du huitième mois. On sent en effet que tout ce qu'on leur enlève de lait, quelque bien nourries qu'elles soient, est autant de subsistance de moins pour la mère et le petit. La maigreur et l'affaiblissement de la première, la petitesse et la mauvaise constitution du second, un part anticipé, même la mort du fœtus et l'avortement, sont souvent la suite de l'avidité des propriétaires de vaches.

On doit présumer, d'après cela, que quand les vaches sont destinées à fournir des veaux pour relever une race, il faut cesser de les traire au septième et même au sixième mois, et leur donner une nourriture qui fournisse plus d'élémens nutritifs, telle que des graines. *Voyez* Fève, Gesse, Vesce, Avoine, Orge.

Cependant il n'est pas convenable que cette nourriture soit trop abondante, car les vaches grasses avec excès offrent des inconvéniens ; c'est-à-dire que leur petit, faute de place, ne prend pas tout le développement désirable, et périt souvent au moment de l'accouchement par suite du rétrécissement du vagin.

Lorsque ce cas est à craindre, loin de donner une nourriture substantielle aux vaches, on doit leur en donner une débilitante, telle que des raves, des choux, des courges, etc., en petite quantité. Même on la purge plusieurs fois.

Enfin, le moment de mettre bas arrive. Si le part est naturel, il faut rester spectateur tranquille. S'il est contre nature, il faut le faciliter par les moyens indiquées par mon savant collaborateur Désplas, à l'article PART ; mais auparavant on a dû renouveler et augmenter la litière, et tout approprier autour d'elle. Si c'est en hiver on tiendra l'étable fermée, si c'est en été on lui donnera de l'air. Surcharger les vaches de couvertures, comme on le fait en Flandre et ailleurs, est tout au moins inutile.

Les approches de l'accouchement de la vache sont caractérisés par l'abaissement de son flanc et de sa croupe, par le grossissement de son pis, par son agitation, par ses beuglemens, par l'écoulement d'une matière blanche de sa vulve. Il est bon que le vacher soit présent à sa mise bas, mais il ne doit chercher à l'aider que dans des cas extraordinaires, soit pour la sortie du veau, soit pour l'expulsion du délivre, cas où il est toujours prudent d'appeler un vétérinaire instruit.

La plupart des vaches mangent leur délivre, comme les femelles de tous les animaux sans exception. C'est une loi de la nature, qui a probablement pour but de ne pas exposer ces femelles à la visite des espèces carnassières dans un moment où elles ont un petit hors d'état de se défendre, et qu'elles-mêmes sont faibles. Il est des lieux où on regarde cette action comme un bien, d'autres où on la considère comme un mal. Le vrai est qu'elle n'a aucune influence sur la santé ni sur les produits futurs de la vache.

Il arrive quelquefois que les vaches ont deux veaux, et que le vêlage du second ne se fait que le lendemain.

Donner une bouteille de vin ou de cidre à la vache qui vient de vêler est un usage assez général, et contre lequel je ne m'élèverai pas, parce qu'il la fortifie. Plus tard on lui fera boire de l'eau blanche très-chargée de farine d'orge ou autre, et on lui fournira à discrétion de l'herbe ou du foin d'excellente qualité. Ceux qui, dans ce cas, nourrissent leurs vaches avec du son ne savent pas qu'il n'y a que la portion de farine restée dans le son qui soit nutritive, et que par conséquent on leur surcharge l'estomac lorsque cela a le plus d'inconvéniens. (*Voyez* Son.) Ces soins doivent être continués huit à dix jours, pendant lesquels les vaches ne sortent pas de l'écurie; après quoi, on les remet à leur ordinaire.

Dans beaucoup de lieux, on est dans l'usage de faire boire aux vaches leur première traite, pour, dit-on, les purger; mais ce ne sont pas elles qui ont besoin d'être purgées, c'est leur veau, dont l'estomac et les intestins sont remplis de méconium. Il faut donc ne pas contrarier la nature, qui n'a pas rendu sans intention ce premier lait purgatif pour le nouveau-né.

Le seul soin à avoir du veau immédiatement après sa naissance, c'est de le laisser tranquillement auprès de sa mère, qui le lèche pour le sécher, et contre laquelle il se couche pour se réchauffer, si la saison est froide. Toutes les recettes qui se trouvent dans les livres ou qui circulent dans les campagnes, et dont le but est, dit-on, de le fortifier, de le nourrir, ne valent pas le repos. On doit sur-tout éviter de le manier sans nécessité absolue, à raison de sa délicatesse et des efforts qu'il fait pour s'échapper.

L'usage d'attacher les veaux peu après leur naissance est presque général, le raisonnement dit pourtant qu'il vaudrait beaucoup mieux le laisser libre, avec sa mère, dans une étable séparée.

A cette époque, la pratique des ménagères varie, et il est convenable de parler des différentes méthodes d'éducation qu'elles suivent.

La seule de ces méthodes qui soit naturelle est celle de laisser teter le veau aussi souvent et autant qu'il veut; on y gagne absence d'embarras et bénigne influence des causes morales, qui agissent si puissamment sur toutes les nourrices et leur nourrisson. Aucune des objections qu'on a faites contre elle relativement à lui et à sa mère, n'est fondée, excepté le cas où la mère n'a pas assez de lait, ou que son lait est altéré par suite d'une maladie. Toutes les fois qu'on fait une nourriture dans l'intention d'obtenir de beaux bœufs ou de belles vaches, on doit l'adopter, sauf à suppléer par la traite d'une autre mère, ou par des œufs, des eaux chargées de farine, etc., à l'insuffisance du lait de la mère. Ces moyens sont même souvent employés pour les veaux destinés à la boucherie, et dont on veut augmenter la grosseur et l'embonpoint.

Quelques cantons de l'Angleterre, comme le comté de Glocester, ont pour habitude de ne faire teter les vaches à leur veau que deux ou trois jours, et ensuite on leur donne le lait écrêmé, le plus chaud possible. Cette pratique paraît fort profitable; mais est-il si nécessaire de donner au lait écrêmé une température si élevée? Je n'en sens pas la raison.

Dans le même pays, on a proposé un prix pour le meilleur moyen, sous le rapport de l'économie et de l'engrais, de nourrir les veaux sans lait, et on a trouvé que c'était une bouillie de farine d'orge et d'avoine donnée chaude. Dans quelques cantons du même pays, on fait usage de farine de graine de lin et de farine d'orge pour composer cette bouillie. On leur a aussi donné des raves ou des pommes de terre cuites et écrasées dans du lait écrêmé. En Prusse, on sèvre les veaux avec une infusion de drèche.

Lorsqu'on enlève le petit à une vache, elle fait connaître sa douleur par des mugissemens plaintifs, par son agitation, souvent même elle entre en fureur. Alors son lait diminue ou s'arrête complétement; on en a vu périr.

Des effets analogues mais plus modérés ont quelquefois lieu lorsqu'on sépare des vaches qui étaient accoutumées à vivre ensemble, seulement même lorsqu'on ne fait que les changer de place dans l'écurie.

Il est d'expérience que plus on trait souvent les vaches et plus elles donnent de lait. Cette observation doit militer en faveur de l'allaitement par la mère, puisque son veau, en la tetant trente fois par jour, en tirera plus de lait que si on lui donnait le produit des deux traites. Eh! qu'on ne dise pas qu'il l'épuisera, la nature a tout fait pour le mieux.

Dans l'Inde, on donne tous les soirs aux vaches, après qu'elles ont été traites, une boisson composée de lait caillé, de farine, de tourteau d'huile et de graines de coton.

Dans tous les lieux où on met plus d'importance aux produits du lait qu'à ceux des veaux, on trouve quelques avantages à ne pas laisser teter les veaux. Pour cela on trait la mère, et on fait boire son lait, mis en un baquet ou un seau, à son veau, dans les premiers temps, en mettant la main dedans, et en présentant l'index à la bouche du veau, qui le suce, ou en figurant un pis de toile ou d'éponge, qu'il suce également.

Si cette méthode donne une plus grande quantité de lait disponible, n'est-ce pas toujours aux dépens du veau? Les *veaux de Pontoise*, ou *veaux de rivière,* ou *veaux de lait,* si connus à Paris par leur grosseur et l'excellence de leur chair, sont cependant nourris ainsi; mais on leur donne le lait de deux ou trois mères étrangères. **Dans** ce cas, il est avantageux à la promptitude de l'engrais que le lait soit donné le plus chaud possible.

Dans les montagnes d'Aubrac, on donne deux vaches à chaque veau, pour avoir des bœufs ou des vaches de belle taille. Ce moyen de conserver ou d'améliorer les races devrait être plus généralement suivi. *Voyez* un excellent Mémoire sur la culture de l'Aveyron, inséré dans le tome XVII des *Annales d'agriculture,* 2ᵉ. série.

On gagne à la pratique de cette seconde méthode plus de douceur dans la vache, qui quelquefois ne veut pas donner son lait à la traite tant qu'elle a son veau, lorsqu'elle est accoutumée à être tetée par lui. Ce refus se prolonge même, et oblige souvent à livrer des vaches au boucher immédiatement après leur première portée.

Il est des lieux où on suit une méthode mixte, et ce, sous trois modifications, qui toutes exigent que la mère soit fort douce de caractère: c'est-à-dire 1°. on trait d'abord la moitié du lait de la mère, et on laisse le veau teter le reste; 2°. on laisse teter au veau la moitié du lait et on trait l'autre. Dans ces derniers lieux, on sait que le dernier lait est plus crémeux que le premier ; fait qui a été constaté par les expériences directes et positives de Parmentier et de Deyeux. (*Voyez* Lait.) 3°. On laisse teter le veau d'un côté pendant qu'on trait la mère de l'autre.

Cette dernière méthode est celle qu'on suit presque exclusivement dans les parties méridionales des États-Unis de l'Amérique, parce qu'elle est la plus appropriée à la manière d'être actuelle des vaches dans ce fortuné pays.

Je crois devoir profiter de cette remarque pour dire un mot de cette manière d'être, que j'ai observée et dont j'ai été personnellement à portée d'apprécier les avantages, ayant une douzaine de vaches et une centaines d'arpens de bois à ma disposition, appartenant à l'établissement entretenu par le gouvernement français dans le voisinage de Charleston, pour l'acclimatation en France des arbres utiles et agréables de l'Amérique ; établissement qu'en ma qualité de consul j'ai géré, en l'absence du botaniste Michaux, pendant près de deux ans.

Là donc, la grande quantité de terrains boisés et la rareté des bras invitent à laisser paître toute l'année les vaches en liberté et sans gardiens ; mais il a cependant fallu trouver les moyens d'en tirer parti. Pour cela on a profité de l'attachement de ces animaux pour leurs petits et de leur goût pour les graines et pour le sel. En conséquence, toutes les vaches y sont accoutumées à venir seules, chaque soir, coucher dans un enclos voisin de la maison. (Les étables y sont inconnues.) Là, on leur amène successivement leur veau et on les trait pendant qu'il tète, comme je l'ai dit plus haut. Le lendemain matin, on répète la même opération, et les vaches retournent dans les bois pour toute la journée. Lorsqu'elles n'ont point de veau, on leur donne une poignée de maïs, et une poignée de foin imbibée d'eau salée. Ce n'est qu'à la fin de l'hiver, c'est-à-dire en février ou en mars que le manque de pâturage se fait sentir, et qu'on est dans le cas de leur donner une certaine quantité de foin ou de feuilles sèches de maïs. Leur exactitude à revenir le soir à la maison est telle qu'elle sert de règle pour la cessation des travaux des nègres employés à la terre : c'est cinq heures et demi. Quand elles sont prêtes à vêler, on les retient ordinairement dans l'enclos des veaux ; mais comme on ne les surveille pas fort exactement, elles mettent souvent bas dans les bois, et reviennent un ou deux jours après avec leur petit, qu'on enferme avec les autres.

J'ai voué de la reconnaissance aux vaches de ce pays, parce que c'est à l'usage abondant de leur lait caillé, matin et soir, que je crois devoir de n'y avoir pas été attaqué de la fièvre jaune, qui enlevait mes voisins par centaines. Cette maladie, quoi qu'on en ait dit, m'a paru n'être qu'une fièvre bilieuse, facile à éviter par l'usage des débilitans rafraîchissans.

Niebuhr rapporte qu'en Arabie on a introduit le bras dans la vulve des buffles, pour les engager à se laisser traire. Le même procédé a lieu même aux portes de Rome, au rapport d'Yvart, et s'y appelle l'*infornatura*.

Je rentre en France et poursuis mes observations sur la nourriture des veaux.

Il est des veaux qui ne tètent pas naturellement, auxquels il faut mettre le pis dans la bouche pour le leur faire connaître.

Il est des vaches qui ne veulent pas se laisser teter par leur veau; on doit les y déterminer par tous les moyens possibles.

Le nombre des traites se règle sur la saison et l'usage auquel on destine le lait : si on veut le vendre en nature, on trait souvent pour le rendre plus abondant; si on veut faire du beurre ou du fromage, on mettra plus d'intervalle entre les traites, pour donner le temps à sa partie aqueuse de se réabsorber.

Quels que soient les procédés employés pour nourrir les veaux dans leur première enfance, il faut les tenir proprement, et sur-tout éloigner d'eux l'humidité. Les laisser à l'air pendant l'été est toujours plus avantageux que de les renfermer dans des étables, pourvu qu'ils puissent se mettre à l'abri pendant les nuits fraîches et pendant la pluie.

Les deux tiers peut-être des veaux qui naissent en France sont destinés à être livrés au boucher dans les deux ou trois premiers mois de leur vie; on en tue même beaucoup au bout de huit jours, quoique les réglemens de police prononcent des peines pécuniaires contre ceux qui les vendent ou les achètent avant un mois. Les plus petits pèsent environ 50 livres, et les plus gros environ 150.

Quels tourmens n'éprouvent point les veaux qu'on transporte à la boucherie les pattes liées en croix, serrées avec force et la tête pendante hors de la voiture? Je ne vois pas passer une de ces voitures sans me demander s'il n'est pas possible d'être moins cruel à leur égard, et si la morale publique ne sollicite pas la suppression de la méthode actuelle.

Les veaux sont sujets à deux maladies opposées, la Constipation et le Dévoiement. *Voyez* ces deux mots.

Dans les cantons éloignés des grandes villes, où le lait en nature est d'une faible valeur, on élève les vaches, ou pour faire du beurre, ou pour faire du fromage, ou enfin pour propager leur espèce.

Mon estimable collaborateur Parmentier a traité avec détail

de l'emploi du produit des vaches sous les deux premiers de ces rapports, aux mots qui les concernent (*voyez* BEURRE et FROMAGE); je n'ai plus qu'à entretenir le lecteur du troisième.

Les plus gros veaux et qui n'ont aucun défaut apparent, sont les seuls qu'on doive élever. Jamais on n'est embarrassé de se défaire de ceux qui sont petits, contrefaits ou maladifs, parce que la demande est toujours plus grande que la production.

Le premier veau d'une vache est ordinairement sacrifié jeune, sur-tout quand elle a été couverte avant trois ans, tant parce qu'il est petit, que pour ménager les forces de la mère et l'accoutumer à se laisser traire. Ceux d'une vache trop vieille sont souvent faibles et rentrent dans le même cas. C'est donc entre quatre et dix ans que les vaches remplissent le mieux leur destination sous ce rapport.

Les cultivateurs sont divisés d'opinion sur la question de savoir s'il est plus avantageux d'élever les veaux nés en automne que les veaux nés au printemps. Les uns soutiennent que les premiers, trouvant, à l'époque où ils commencent à manger, une herbe abondante et succulente, profiteront mieux. Les autres prétendent que les seconds, ayant un été tout entier pour se fortifier, auront moins à craindre les influences de l'hiver. L'observation des biches et autres animaux sauvages pâturans décide qu'il faudrait choisir ceux du milieu de l'été. Au reste, l'expérience de tous les temps et de tous les lieux prouve qu'avec des soins et des précautions il est possible d'élever des veaux, avec un égal succès, à quelque époque de l'année qu'ils naissent.

Lorsque les veaux vont au pâturage avec leur mère, ils commencent à brouter quelquefois à la fin du premier mois, mais ce n'est qu'à la fin du second qu'on peut dire qu'ils mangent. Comme il y a de grandes variations à cet égard dans les races et les individus, on doit laisser aller les choses naturellement.

A cette occasion, il convient de dire que les dents de lait des veaux commencent à sortir avant ou peu de jours après leur naissance, et sont complètes à la fin du premier mois; qu'à dix-huit ou vingt mois, quelquefois même deux ans, ces dents commencent à tomber, et ne sont complétement renouvelées qu'à quatre ans et demi ou cinq ans. (*Voyez* DENT et DENTITION.) Les cornes leur poussent à la seconde année; elles servent, comme les dents, à reconnaître leur âge, chaque bourrelet de leur base en indiquant une au-delà de la première. *Voyez* BŒUF et CORNE.

Les meilleurs et les plus abondans pâturages doivent être réservés pour les veaux destinés à faire des élèves d'après le principe établi plus haut, que mieux ils seront nourris et plus ils deviendront gros. Cette pratique doit toujours concourir avec le choix des père et mère au relèvement des races. (*Voyez* Élève.) Lorsque les pâturages sont en terrain sec, les veaux grossissent moins, mais ils sont plus forts et plus vifs.

Le vert, mangé avec excès par les veaux, dit Rougier la Bergerie, leur occasionne le dévoiement et la colique, dont les suites sont souvent la mort ou une sorte d'obstruction dans le mésentère, qui leur donne un gros ventre, les fait appeler des *boyarts*, et s'oppose à ce qu'on les élève. J'ai lieu de croire que ces accidens ne se montrent fréquemment que sur les veaux qui ont été d'abord nourris à l'étable et au sec, et qu'on abandonne ensuite sans précautions dans les pâturages ; car je ne les ai jamais observés dans les pays que j'ai habités, et où on est dans l'usage de les y mettre dès les premiers jours de leur naissance.

Dans le cas où on ne veut pas que le veau tète sa mère hors des heures convenues, on lui met une Muselière. (*Voyez* ce mot.) Ce moyen remplit son but ; mais comme il n'empêche pas le veau de faire des tentatives, lui et la mère en pâtissent. Que dirai-je de ceux qui mettent un clou ou une lanière de peau d'hérisson en place de muselière, pour qu'en piquant la mère elle ne se laisse pas approcher ? Peut-on imaginer une plus absurde pratique ?

Avant même un an, les veaux n'ont presque plus besoin de soins particuliers. Ils vivent comme leurs mères. A cette époque, ils quittent leur nom pour prendre celui de taureau s'ils sont mâles, et de génisse s'ils sont femelles.

Les taureaux, comme les génisses, sont capables d'engendrer à quinze ou seize mois ; mais, ainsi que je l'ai déjà observé, il n'est pas bon de le leur permettre. Deux ans quand on est pressé de jouir, trois ans quand on veut de belles productions, sont les époques qu'il faut attendre.

Vers le même âge, on châtre les mâles qui ne sont pas destinés à la reproduction, et c'est le plus grand nombre. *Voyez* Boeuf et Castration.

Dans le comté de Suffolk en Angleterre, on engraisse beaucoup de génisses à l'âge de trois ans pour la boucherie, et à cet effet on les soumet à la castration dans les premiers six mois de leur vie, en leur enlevant les ovaires. Je ne sache pas que cette pratique soit nulle part connue en France, quoiqu'elle pût être avantageuse dans plusieurs endroits.

On ne peut trop conduire doucement, ni vivre trop familièrement avec les veaux, parce que des premières impressions qu'ils reçoivent dans leurs rapports avec les hommes dépendent leur douceur et leur obéissance lorsqu'ils seront devenus taureau, bœuf ou vache. Un taureau méchant ne peut être conservé, un bœuf indomtable ne rend aucun service, une vache revêche devient fort difficile à traire. On voit souvent dans les pays pauvres des exemples de douceur et d'attachement des vaches pour leur maître ou leur maîtresse, qui feraient honneur à l'homme. Ces exemples sont rares dans les pays riches, parce que le grand nombre de vaches qui appartiennent au même propriétaire ne permettent pas de s'occuper autant d'elles. Là, il est nécessaire de leur donner au moins un conducteur d'un caractère doux et qui sache s'en faire aimer.

Il est des cantons où on est dans l'usage de vendre les taureaux et les génisses à deux ans, d'autres où on attend que les premiers soient châtrés, et les secondes pleines. C'est à chaque cultivateur à calculer ce qui lui est le plus avantageux de faire selon la position où il se trouve et les circonstances qui se présentent.

Actuellement je reviens aux vaches faites, pour parler du régime qui leur est le plus convenable et des profits qu'on peut en tirer.

Dans quelques parties de la France, principalement dans la ci-devant Lorraine, on emploie les vaches aux labours et aux charrois comme les bœufs autre part. Ainsi que ces derniers, elles y sont attelées, tantôt par les cornes, tantôt par le cou. Lorsque, ainsi que je l'ai vu dans ce pays, on les fait fortement travailler en ne leur donnant pour nourriture que ce qu'elles peuvent trouver dans les communaux, elles font fort peu de travail, perdent promptement leur lait, et deviennent presque étiques. Il n'en est pas de même dans certaines parties de l'Allemagne où les vaches sont abondamment nourries toute l'année à l'étable, et où elles jouissent par conséquent de toute la vigueur dont les a pourvues la nature. Là, on leur fait employer, avec économie pour leur propriétaire et avec utilité pour leur propre santé, deux ou trois heures par jour au labour des terres légères, ou au charroi des produits du sol. Il est à désirer que cette méthode prenne faveur en France, sur-tout dans les pays de petite culture, où les bons principes d'assolement prédominent et où les LABOURS sont par conséquent peu nombreux. *Voyez* ce mot.

Certains cultivateurs pensent non-seulement qu'il n'est pas nécessaire d'entretenir la peau des vaches dans un état perpétuel de propreté, mais même que la fiente dont elles se recouvrent, dans des étables rarement débarrassées du fumier qui les encombre, est utile pour les soustraire aux piqûres des TAONS, des ASILES, des STOMOXES et autres insectes (*voyez* ces mots). J'en ai rencontré dans mes voyages qui étaient réellement hideuses à voir. Les personnes instruites des principes sur lesquels repose l'hygiène des animaux domestiques sont au contraire convaincues, avec certains autres cultivateurs, qu'on ne peut trop les Etriller, les Bouchonner, les Laver pour faciliter leur Transpiration. *Voyez* ces mots.

J'ai déjà parlé de la nécessité de tenir les vaches dans des Etables aérées, sur une Litière souvent renouvelée (*voyez* ces mots), ainsi il ne doit plus en être question.

Des expériences directes ont prouvé que les vaches toujours tenues à l'ombre dépérissaient promptement et donnaient un lait de mauvaise qualité. Les observations de Huzard sur celles des nourrisseurs des environs de Paris appuient complétement ces expériences.

Que dirai-je de leur nourriture ? Qu'elle doit être la plus abondante et la meilleure possible. Mais l'économie, dira-t-on ? Mais le produit, répondrai-je. Il est beaucoup plus avantageux, à mon avis, de n'avoir pas de vaches ou d'en avoir peu, que de les mal nourrir. Dire mes raisons serait trop long et d'ailleurs superflu, puisqu'il est évident que la quantité de lait produit est toujours, à part la nature de l'individu, proportionnée à la nourriture.

Il est beaucoup de lieux où on nourrit les vaches avec des feuilles d'arbres, soit vertes en été, soit sèches en hiver. Elles aiment beaucoup cette nourriture. Les feuilles d'Orme et de Vigne sont souvent préférées, peut-être uniquement parce qu'elles sont plus communes. Elles recherchent beaucoup les jeunes pousses de l'Ajonc. *Voyez* ces mots.

Lorsqu'on laisse entrer les vaches dans les bois, sur-tout au printemps, et dans les taillis, elles y causent beaucoup de dommages, aussi en sont-elles proscrites par les ordonnances. Elles gagnent dans ceux de chêne une maladie qu'on appelle Mal de brou. *Voyez* ce mot.

Il faut compter au moins 30 livres de bon foin par jour pour la nourriture d'une bonne vache.

Les vaches nourries exclusivement de maïs donnent du lait plus sucré et moins caseux ; celles qui mangent aussi exclusivement du trèfle et de la luzerne en fournissent de peu agréable ; enfin celles qui se nourrissent encore exclusivement de fanes de pommes de terre ou d'ail en offrent qu'il n'est pas possible de manger. *Voyez* Lait. Je parle ici d'après des observations qui me sont propres.

L'expérience prouve que les vaches peuvent se contenter pendant tout l'hiver de paille d'orge et d'avoine ; mais il n'est jamais bon, lorsqu'on le peut, de les soumettre à ce rigoureux régime, qui les affaiblit, et dont les effets se font sentir sur les productions qu'elles donnent l'année suivante, et même plus long-temps.

La plupart des vaches des nourrisseurs de Paris meurent de la POMMELIÈRE (phthisie pulmonaire), et Labillardière s'est assuré que le lait de ces vaches contenait sept fois plus de phosphate calcaire que celui des vaches saines. Ne pourrait-on pas tirer des conséquences graves de ce dernier fait, en le comparant au nombre des hommes et des femmes qui meurent de la même maladie ?

La nourriture verte donne aux vaches plus de lait, mais du lait moins crémeux que la nourriture sèche. La vesce qui n'a pas été privée de ses graines par le battage est peut-être le fourrage qui leur en donne le plus et de meilleure qualité. On vante beaucoup celui des vaches qui pâturent la spergule.

Parmi les différentes races de vaches, il en est qui exigent plus de nourriture, qui donnent plus de lait, du lait plus crémeux, du lait plus caseux : de là les noms de *vaches fourragères*, *vaches beurrières*, qu'on leur donne. Les individus de la même race offrent quelquefois les mêmes différences, ce que j'ai plusieurs fois personnellement constaté.

Dans les étables, il est plus convenable de donner peu à manger à-la-fois aux vaches, parce qu'elles ruminent et digèrent mieux. L'herbe verte sera exempte de rosée, et le fourrage dépourvu de poussière. Toute nourriture altérée leur est très-nuisible.

La quantité de fourrage à donner aux vaches dans l'étable ne peut être fixée ici, puisqu'elle dépend de la race, de l'âge, de l'état actuel de l'individu, de la nature du fourrage, de la saison, etc. ; cependant on calcule généralement sur environ quatre milliers de fourrage par an, moitié foin, moitié paille, et sur environ douze voitures moyennes de fumier. En général, il y a moins d'inconvéniens à en donner peu et fréquemment, que beaucoup et rarement. Le plus souvent on ne les affourrage que deux fois, il vaudrait mieux le faire quatre fois par jour.

Les vaches ne seront conduites aux champs que lorsque la rosée sera dissipée, et pendant l'été, elles en seront ramenées entre dix heures et midi, époque où la grande chaleur commence à se faire sentir.

Le pâturage des vaches dans les marais ne doit jamais être de longue durée, à raison de la mauvaise nature de l'air et de la mauvaise qualité des plantes.

La manière de brouter des vaches (elles ramassent un faisceau d'herbe avec leur langue, et le scient avec leurs dents) fait qu'elles ne peuvent paître là où les chevaux, et encore

Tome XVI.

mieux les moutons, trouvent une subsistance abondante. La nature les a faites pour les pays fertiles, peut-être aussi pour les bois, où elles trouvent une herbe haute et abondante. L'énormité de leur panse et la longue durée de leur rumination exigent d'ailleurs qu'elles puissent prendre leur nourriture en peu de temps (*voyez* Rumination). Les observations consignées à l'article Bœuf me dispensent de m'étendre ici sur cet objet.

Chaque animal a une nourriture qui lui est propre ou plus convenable. Les vaches préfèrent les plantes de la famille des légumineuses et de celle des graminées, de sorte que la plupart de celles qui font l'objet habituel des cultures leur conviennent. Beaucoup, appartenant à d'autres familles, sont encore de leur goût, mais aussi beaucoup leur répugnent. J'ai eu soin d'indiquer les unes et les autres à mesure que l'occasion s'en est présentée. Il faut, autant que possible, ne pas contrarier la nature à cet égard, parce qu'il en résulterait moindre abondance et plus mauvaise qualité du lait. *Voyez* Ail.

Presque tous les fourrages, entre autres la luzerne, la trèfle, le sainfoin, la spergule, les choux, la chicorée, la pimprenelle; presque toutes les racines, entre autres les raves, les carottes, les panais, les betteraves, les pommes de terre, les topinambours; presque toutes les graines, entre autres les fèves de marais, les pois, les vesces, les gesses, les lupins, le maïs, l'avoine, l'orge, ainsi que le foin et la paille, peuvent donc être donnés aux vaches; ce qui offre une grande latitude pour être généreux à leur égard.

Parmi ces plantes, la Chicorée sauvage et la Rave ont pour elles des inconvéniens quand on leur en donne trop à-la-fois ou trop souvent. *Voyez* ces mots.

Lorsqu'on les affourrage avec des racines, il convient de les couper en morceaux. *Voyez*, au mot Racine, la description d'un instrument à ce destiné.

Quelques agronomes ont prétendu que les racines cuites en totalité, ou seulement à moitié, donnaient beaucoup plus de lait aux vaches et les entretenaient en meilleur état; d'autres, au contraire, ont soutenu que cette nourriture débilitait leur estomac et les faisait bientôt maigrir. Sans avoir d'expérience à opposer aux uns ou aux autres, je me crois autorisé à dire que la nature et l'économie militent en faveur de l'opinion de ces derniers.

Les substances fermentées donnent de la graisse, mais diminuent le lait des vaches : aussi les nourrisseurs de Paris y ont-ils renoncé.

Des expériences faites en Angleterre ont constaté que la luzerne donnait plus de lait aux vaches que le trèfle, mais moins que l'herbe naturelle ; ce qui appuie l'opinion de ceux qui veulent que leur nourriture soit très-variée.

Cette même plante, mangée avec excès, cause, d'après les observations de Chabert et de Huzard, une irruption avec suintement aux pieds de derrière des vaches, connue sous les noms de *jet de la luzerne, poussée d'herbe, feu d'herbe, rafle,* irruption qu'on adoucit avec des lotions d'eau de fleur de sureau.

Autant que possible, on doit éviter aux vaches une transition trop brusque entre la nourriture sèche et la nourriture verte ; car des dévoiemens fort débilitans, et d'autres maladies encore plus graves en sont la suite. *Voyez* VERT.

Dans le nord de l'Europe, on nourrit quelquefois, pendant l'hiver, les vaches avec des harengs ou autres poissons dont on a retiré l'huile. Leur lait en contracte un goût intolérable, mais leur santé n'en est pas altérée.

Si on veut suivre l'indication de la nature, on laissera toute l'année les vaches au pâturage libre sous la conduite d'un gardien, et on y trouvera économie, bonne santé pour elles, et qualité dans le lait, parce que là on ne sera pas obligé à des dépenses de transport de fourrage ; qu'elles prendront un exercice salutaire et respireront un air pur ; qu'elles pourront varier et choisir leur nourriture, etc.

Cependant dans plusieurs localités on trouve de l'avantage à nourrir une partie de l'année, et même toute l'année, les vaches à l'écurie, tantôt au vert, tantôt au sec, 1°. parce qu'on profite de tous leurs fumiers ; 2°. parce qu'il y a moins de fourrage gaspillé ; 3°. parce qu'elles donnent plus de lait.

Au premier de ces motifs, je n'ai rien à objecter ; mais des RÉCOLTES ENTERRÉES EN VERT, un meilleur ASSOLEMENT, etc., ne peuvent-ils pas diminuer la nécessité de cette surabondance de fumier ? Au second, je répondrai que les frais de transport des fourrages compensent beaucoup la perte qui s'en fait par le piétinement, etc. Pour répondre au troisième, je dirai : il est facile de mettre de l'eau dans le lait après qu'il est trait, car ce n'est réellement que plus d'eau qui le rend plus abondant.

J'ai vu les vaches sur les pâturages élevés de la Suisse et chez les nourrisseurs de Paris, les deux extrèmes de ces deux méthodes, et j'ai bu de leur lait. Quelle apparence de bonne santé, quelle fermeté dans le maintien, quelle vivacité dans le regard des premières ! Quelle apparence maladive, quel affaissement général, quel regard morne dans les secondes ! Et le lait ! une émulsion sucrée, délicieuse, ou une eau blanche insipide, voilà la différence.

Je n'entreprendrai pas d'éloigner plus qu'il ne faut d'une pratique dont on se trouve si bien dans tant de lieux, à laquelle tant de personnes qui ne possèdent point de pâturages sont obligées de se soumettre ; mais je ne ferai pas des vœux pour qu'elle s'étende sur tout le sol de la France.

La nécessité de ménager et la garde des vaches et l'herbe qu'elles perdent en la foulant aux pieds, a fait imaginer plusieurs manières de les mettre en pâturage.

1°. On les enferme dans un parc qu'on change de place tous les jours, et dont la grandeur est proportionnée à leur nombre et à l'abondance de l'herbe ; on gagne de plus l'engrais produit par leur fiente. Cette manière ne peut pas être pratiquée par-tout, et exige des frais de claies ou de treillages. Si, comme je n'ai cessé de le recommander dans tout le cours de cet ouvrage, on se déterminait à enclore les propriétés de haies vives, elles serviraient par-tout, comme elles servent en Normandie et ailleurs, à suppléer à ces parcs. *Voyez* HAIE, ENGRAIS, BOUZE et PARC.

2°. On fixe un piquet en terre et on y attache la vache avec une corde, de sorte qu'elle peut manger autour de ce piquet dans un rayon égal à la longueur de cette corde. Tantôt on allonge chaque jour cette corde ; tantôt on transporte plusieurs fois chaque jour le piquet à une autre place. Cette manière, fort en usage dans les pays de petite culture où il n'y a pas de troupeau commun, a fort peu d'inconvéniens lorsque les vaches y sont accoutumées dès leur enfance, et elle mérite d'être préconisée dans ceux où elle n'est pas employée.

3°. Ou on attache la tête de la vache, au moyen d'une corde, avec une de ses jambes de devant, afin qu'elle ne puisse pas la lever de plus d'un pied ; ou on attache ses deux jambes de devant ensemble, ou une jambe de devant avec une de derrière, de façon qu'elle puisse à peine marcher. Je n'approuve pas cette manière, qui fait souffrir et maigrir les animaux. *Voyez* au mot ENTRAVE.

4°. Enfin, les propriétaires de vaches, qui n'ont aucun terrain où ils puissent les faire ainsi paître, les font conduire par leurs enfans au moyen d'une longue corde le long des routes, sur les bords des ruisseaux, par-tout enfin où il y a de l'herbe qui n'est réclamée par personne. Cette manière est souvent sujette à de grands inconvéniens pour les propriétés riveraines.

Lasteyrie a figuré, vol. 2 de sa Collection des machines employées dans l'agriculture, différentes manières d'attacher les vaches.

Il est des pays où on dit proverbialement qu'un cheval fume un arpent par an, et qu'une vache en fume deux. Il est en effet certain que lorsqu'on nourrit assez bien une vache pour qu'elle s'entretienne grasse, elle donne et plus de fumier et du meilleur fumier qu'un cheval.

La boisson des vaches est l'eau la plus pure, elles ont besoin d'en prendre souvent et abondamment, c'est-à-dire deux fois par jour en été, matin et soir, et une fois en hiver à midi. Lorsque l'eau provient d'un puits ou d'une fontaine, il est nécessaire de la laisser prendre la température de l'atmosphère avant de la leur donner.

Dès que les vaches cessent d'entrer en chaleur, qu'elles commencent à devenir grasses, c'est-à-dire à dix, douze et quinze ans au plus, suivant les races et les individus plus ou moins vigoureux, il faut les vendre au boucher. Il est rare que la plus-value de leur prix compense les frais de leur engrais régulier; cependant, si on voulait, on pourrait l'effectuer, soit en les laissant quelques mois dans de bons prés, ou soit en les nourrissant abondamment à l'étable de foin, de paille, de racines potagères, soit en leur donnant des graines, principalement des fèves, des pois, des gesses, de l'orge, etc. *Voyez* ENGRAIS.

L'état de grossesse est favorable à l'engrais des vaches, aussi à Paris les nourrisseurs ont-ils soin de les faire couvrir lorsqu'ils veulent les vendre au boucher.

Dans le Cantal, on fait tarir le lait des vaches qu'on met à l'engrais, en appliquant un fer rouge à l'extrémité de leur trayon.

En Angleterre, on châtre les vaches, en leur enlevant les ovaires afin de les disposer à l'engrais. (*Voyez* CASTRATION.) Ce procédé n'est pas d'usage en France, ainsi que je l'ai déjà observé à l'occasion des veaux.

« On ne peut pas dire que la viande de vache de même âge, engraissée de la même manière, soit aussi bonne que celle de bœuf; aussi se vend-elle moins cher : elle est consommée généralement par les habitans des campagnes et par les pauvres des villes. Celle qui provient de vaches en chaleur a un goût particulier fort désagréable. Il est, dit-on, des vaches normandes qui donnent de la viande aussi bonne que celle de certains bœufs. »

Dans le Jura, on sale et on fume tous les ans, en automne, la chair d'une vache pour servir de nourriture, pendant l'hiver, aux familles des habitations élevées, alors souvent entièrement sous la neige.

Dans les pays pauvres, on préfère la chair des vaches à celle des bœufs, non-seulement parce qu'elle est à meilleur marché, mais encore parce qu'elle se retire moins à la cuisson et que son volume est par conséquent plus grand sur la table. Les génisses offrent cet avantage au plus haut degré.

Les principales maladies des vaches sont le DÉGOUT, la COLIQUE, l'ENFLURE, la POMMELIÈRE. Elles sont, pour ainsi dire, périodiquement frappées d'ÉPIZOOTIE, d'APHTHES. *Voyez* ces mots.

La maladie aphtheuse des bêtes à cornes a été inoculée avec succès, par ordre du canton de Berne, et il a été prouvé que la seule des vaches inoculées, chez qui cette maladie ne se manifesta pas, l'avait déjà eue.

Dans la Limagne, les vaches perdent souvent leurs cornes sans qu'on puisse en deviner la cause, et sans qu'elles en souffrent.

Sur les bords de la Creuse, des nodosités leur surviennent aux genoux et les empêchent de marcher. On peut supposer que c'est une espèce de goutte produite par l'humidité des étables.

Il arrive quelquefois que les vaches (ou les bœufs) tombent dans des trous ou des fondrières dont elles ne peuvent sortir seules. J'ai vu les propriétaires fort embarrassés dans ce cas, et quelquefois obligés de tuer l'animal pour l'enlever par morceaux : aujourd'hui, je puis leur dire qu'ils doivent attacher une forte corde autour de la base de leurs cornes, et les faire tirer du trou ou de la fondrière par autant de chevaux qu'il est nécessaire, en prenant l'inclinaison convenable, sans craindre qu'il leur soit fait un mal notable. C'est par le moyen d'une corde ainsi disposée et d'un cabestan qu'on hisse les mêmes animaux à bord des vaisseaux de guerre.

Je m'arrêterai ici, renvoyant, pour ce qui peut manquer à cet article, aux écrits de Chabert et de Huzard sur les vaches laitières, sur les nourrisseurs de vaches de Paris, ainsi qu'à ceux de Parmentier et de Tessier sur le lait. (B.)

VACHE ARTIFICIELLE. Peau de vache passée en mégisserie, conservant sa tête, ses pattes et sa queue, dans laquelle se place un chasseur armé de son fusil, et à l'aide de laquelle il peut approcher, en se courbant et marchant lentement, les troupes de canards, d'oies, de vanneaux, les perdrix, etc., pour tirer dessus avec assurance de succès. *Voyez* HUTTE AMBULANTE.

On peut aussi employer les vaches artificielles pour se mettre à l'affût des cerfs, des chevreuils, des sangliers, des loups, des renards et autres animaux nuisibles. (B.)

VACHER. Homme qui conduit les vaches et les bœufs au pâturage. Il doit être jeune, bien constitué, attaché à ses devoirs et d'un caractère doux. On l'appelle aussi PATRE.

Quoique les vaches soient armées de cornes redoutables, elles sont assez faciles à diriger par celui auquel elles sont accoutumées, mais elles se révoltent souvent contre ceux qu'elles ne connaissent pas et contre les chiens. C'est par la douceur qu'il faut les soumettre à notre volonté. *Voyez* VACHE et BOEUF.

Comme les soins qu'un vacher doit prendre des animaux qui

lui sont confiés rentrent dans ceux des BOUVIERS et des BERGERS, je renvoie à l'article de ces derniers, article où ces soins ont été si bien développés par Rozier et par mon collaborateur Tessier.

Quant aux inconvéniens moraux et politiques de la garde des vaches, *voyez* au mot PATUREAU. (B.)

VAGUE. Se dit de la localité d'une forêt qui est dépourvue d'arbres. Ce mot est synonyme de CLAIRIÈRE. *Voyez* ce mot. (B.)

VAGUES (TERRAINS). On donne ce nom à des terres qui ne sont pas cultivées, soit parce que le propriétaire dédaigne les mettre en valeur, soit parce qu'elles appartiennent à des communes qui les réservent pour le pâturage de leurs bestiaux.

Rarement les terrains vagues sont d'une bonne nature, mais il en est peu dont un cultivateur éclairé ne puisse tirer parti. La quantité qui en existe en France est immense ; aussi les amis de l'agriculture font-ils des vœux pour que des lois coërcitives lèvent les obstacles qui s'opposent à ce qu'ils soient plantés en bois, convertis en prairies artificielles ou au moins en pâturage bien réglé.

Comme la plupart de ces terrains rentrent dans ceux qu'on appelle LANDE, et que beaucoup sont des COMMUNAUX, je renverrai à ces deux mots et à ceux CRAIE, ARGILE, SABLONNEUX, GRANIT, SCHISTE et MARAIS. (B.)

VAINE PATURE. Usage qui, malheureusemeut pour l'agriculture, existe dans beaucoup de cantons de la France, et à la faveur duquel tous les bestiaux d'une commune pâturent sur les terres non closes de cette commune aussitôt que les récoltes en sont enlevées. Il est même de ces cantons où cet usage s'oppose à ce qu'on fasse du regain dans les prairies.

Beaucoup d'écrivains, amis des droits de la propriété, et de la prospérité de l'agriculture, entre autres M. Mathieu de Dombasle, tome XVI de la seconde série des *Annales d'agriculture*, et M. Thomassin, tome XVIII de la même collection, se sont élevés contre la vaine pâture et en ont demandé la suppression. Déjà des lois protectrices l'ont restreinte et le nouveau Code rural tend à l'anéantir. Ses inconvéniens sont trop généralement reconnus pour qu'il soit nécessaire de les développer ici. Je me contenterai donc de dire qu'elle ne permet pas une culture par assolemens réguliers, c'est-à-dire qu'elle s'oppose à toute bonne agriculture, ne peut exister dans un pays convenablement cultivé. *Voyez* ASSOLEMENT.

Un des inconvéniens de la vaine pâture, qui n'a pas encore été indiqué, c'est l'agitation perpétuelle des animaux qui en profitent, agitation qui les empêche de manger et par conséquent d'engraisser. Il est prouvé que le repos , l'obscurité et la haute température favorisaient puissamment l'engrais des bœufs, des moutons, des volailles. *Voyez* Engrais.

Voilà pour le bétail.

Un autre, c'est que les prairies dont l'herbe est constamment broutée ne repoussent pas au printemps aussi vigoureusement que les autres, parce que leurs racines ne se sont pas allongées. *Voyez* Feuilles.

Voilà pour l'herbe.

« D'où viennent, s'écrie M. Laurent dans les *Mémoires de la Société d'agriculture de Chaumont,* tant de montagnes pelées, de côteaux arides, dont le hideux aspect blesse l'œil du voyageur et fait gémir l'ami de la belle nature ? N'est-ce pas à l'abroutissement produit par la vaine pâture ? C'est à lui que nous devons de ne plus apercevoir que de tristes déserts dans ces mêmes lieux jadis couverts d'antiques forêts. En effet, l'expérience de tous les jours prouve que la dent meurtrière des bestiaux ruine les jeunes taillis, convertit graduellement de beaux bois en de chétives broussailles, et ces broussailles elles-mêmes en pelouses stériles.

Quel est donc l'ami de la prospérité de son pays qui osera encore applaudir à ceux qui protègent la conservation de la vaine pâture ? (B.)

VAISSEAUX LYMPHATIQUES. Ce sont les vaisseaux dans lesquels circule la sève. Ils varient en forme, en grandeur et en nombre dans chaque espèce de plante. On ne peut les indiquer d'une manière certaine que lorsqu'on les a vus remplir leurs fonctions, parce qu'ils ressemblent beaucoup aux autres vaisseaux. *Voyez* Sève , Tissu cellulaire , Tissu tubulaire , Suc propre et Physiologie végétale. (B.)

VAISSEAUX DES PLANTES. Une branche de chêne coupée offre des cercles concentriques alternativement larges et étroits, et la simple vue montre que ces derniers sont percés d'une immense quantité de trous qui se prolongent dans toute la longueur de l'arbre. On a appelé ces trous les vaisseaux du chêne.

Cependant si on examine les cercles les plus larges et les intervalles des trous des petits , au moyen d'une forte loupe et ensuite d'un microscope, on s'assure facilement qu'ils sont également perforés de trous de diverses grandeurs , qu'on doit aussi appeler les vaisseaux du chêne.

Les progrès de la physiologie végétale ayant donné la preuve que ces différens ordres de vaisseaux n'étaient réellement formés que par l'écartement de cellules parenchymateuses, la plupart hexagones et fermées de tous côtés , qu'ils avaient une organisation et des fonctions différentes , on a dû leur donner des

noms particuliers. Les premiers ont été appelés le Tissu vascu-
laire ou tubulaire, et les seconds Tissu cellulaire ou ré-
ticulaire. *Voyez* ces deux mots et les mots Parenchyme,
Sève, Suc propre, Trachée, Pore, Physiologie végétale.

Les agriculteurs sont peu souvent dans le cas d'avoir à
prendre en considération, dans la pratique, les vaisseaux des
plantes. Quoique en général leur petitesse indique la dureté
des bois, il est cependant des cas où cela n'est pas. Ils s'obli-
tèrent plus ou moins dans la vieillesse. *Voyez* Aubier, Bois
et Ecorcement des arbres. (B.)

VALADÉE. On donne ce nom, dans le département des
Hautes-Alpes, à des fosses profondes, creusées entre deux
rangs de ceps de vigne, pour les remplir d'engrais de toutes
les espèces, sur-tout de branches d'arbres, de bruyère, de genêt, etc. : cette pratique est dans le cas d'être recommandée. (B.)

VALANCE, *Valantia*. Genre de plantes de la polygamie
monoécie et de la famille des rubiacées, qui réunit une douzaine d'espèces, dont deux se rencontrent si fréquemment et si
abondamment dans les campagnes, que je ne puis me dispenser
d'en parler ici.

La Valance-Croisette, autrement la *croisette velue*, a les
racines vivaces, traçantes ; les tiges grêles, quadrangulaires,
hautes d'un à 2 pieds ; les feuilles sessiles, ovales, velues,
réfléchies contre la tige après la floraison, et verticillées quatre
par quatre ; les fleurs jaunes, petites et en bouquets verticillés
dans les aisselles des feuilles supérieures. Elle se trouve dans
les bois, les haies un peu humides, et fleurit à la fin du printemps. On le regarde comme un excellent vulnéraire astringent. Les bestiaux n'y touchent pas ; cependant quand elle
est coupée et mêlée avec d'autres plantes, ils la mangent fort
bien. Elle est quelquefois si abondante qu'on doit la couper
pour faire de la litière et augmenter la masse des fumiers.

La Valance-Grateron, ou simplement le *grateron*, a les
racines annuelles, les tiges grêles, anguleuses, hautes d'un
pied, garnies de dents crochues ; les feuilles presque linéaires, rudes, dentées, verticillées six par six ; les fleurs
blanchâtres, verticillées dans les aisselles des feuilles supérieures et portées trois par trois sur des pédoncules communs.
Elle se trouve dans les champs ou autres lieux cultivés, et fleurit
au milieu du printemps. On la regarde comme sudorifique. Ses
tiges s'accrochent aux habits des hommes et aux poils des animaux, sur-tout quand elles commencent à se dessécher, gênent
souvent la marche dans certains cantons. Il n'est point de chasseur qui ne la connaisse. (B.)

VALA-RATIÉ. Nom qu'on donne, dans les Cévennes, aux

tranchées destinées à rechercher les eaux des petites sources, et à les amener à un point commun.

Cette excellente pratique n'est pas assez connue dans les autres départemens, où elle serait cependant fort utile à l'agriculture de beaucoup de localités.

Le plus souvent les VALA-RATIÉS sont recouverts de pierres plates ou remplies de pierres rondes, de sorte qu'on cultive le sol où elles existent. *Voyez* FONTAINE et PIERRÉE. (B)

VALAT. TRANCHÉES qui se creusent dans les Cévennes pour diriger les eaux des AVERSES et les empêcher de RAVINER irrégulièrement le sol. (B.)

VALÉRIANE, *Valeriana*. Genre de plantes de la triandrie monogynie, et de la famille des dipsacées, qui rassemble près de cinquante espèces, dont plusieurs intéressent les cultivateurs sous divers rapports, et qu'ils doivent, par conséquent, désirer connaître.

Les valérianes ont toutes les feuilles opposées et les fleurs disposées en panicule ou en corymbe terminal.

La VALÉRIANE ROUGE OU DES JARDINS, *valeriana rubra*, L., a les racines vivaces, épaisses, ridées, rampantes; les tiges cylindiriques, lisses, fistuleuses, rameuses, hautes de 2 à 3 pieds; les feuilles sessiles, lancéolées, pointues, très-entières, d'un vert glauque; les fleurs rouges disposées en un vaste panicule terminal, et dont la corolle n'a qu'une étamine et un éperon allongé. Elle est originaire des montagnes sèches des parties méridionales de l'Europe, et est devenue commune autour des grandes villes des parties septentrionales, où elle croît dans les décombres, sur les vieux murs, etc. Elle fleurit successivement pendant tout l'été, ce qui fait qu'on la cultive dans les grands parterres et dans les jardins paysagers, où elle produit des effets agréables. Elle aime les terrains les plus chauds et les plus légers à l'exposition du midi. Elle craint ceux qui sont argileux et humides. On la place avec avantage sur les rochers et les masures. Elle a le défaut de ne pas toujours se soutenir droite et de se casser par suite des grands vents et des orages: c'est pourquoi on est souvent obligé, dans les parterres, de gêner son port en lui donnant un tuteur, ce qui nuit à la beauté de son aspect. On la multiplie par ses graines qu'on sème aussitôt qu'elles sont mûres, ou au printemps, et qui lèvent d'ailleurs assez abondamment d'elles-mêmes autour des pieds : on la multiplie aussi par la séparation de ses racines. Ce dernier moyen, qui est le plus expéditif, puisque ses résultats donnent des fleurs dès la même année, est employé de préférence. On est même presque toujours obligé, chaque hiver, de retrancher une partie des racines de cette plante, qui s'étendent avec une prodigieuse rapidité lors-

que le terrain leur convient, et d'en relever les pieds tous les
trois ou quatre ans, parce qu'ils épuisent le terrain et périssent
par leur centre.

Tous les bestiaux aiment beaucoup cette plante, dont l'homme
même mange les jeunes pousses dans quelques pays. Peut-être
serait-il avantageux de la cultiver pour eux. On en connaît une
variété à *fleurs blanches* et une autre à *feuilles étroites*.

La VALÉRIANE GRANDE, *Valeriana phu,* Lin., a les racines
vivaces, grosses, ridées, traçantes, les tiges droites, cylindriques, peu rameuses, hautes de 4 à 5 pieds ; les feuilles d'un
vert jaunâtre, les radicales pétiolées, ovales, oblongues, entières ou lisses, les caulinaires sessiles, ailées, avec impaire
et à folioles linéaires lancéolées ; les fleurs blanches à trois
étamines et disposées en panicule terminal. Elle est originaire
des parties méridionales de l'Europe et fleurit au milieu du
printemps. On la cultive, dans les jardins, sous le nom de
grande valériane ou de *valériane franche*, principalement à
cause de son port, qui est réellement superbe et d'un grand
effet. C'est au milieu des parterres, autour des massifs, dans
les petites plates-bandes éparses au milieu des gazons qu'il convient de la placer. Toute terre et toute exposition lui conviennent ; cependant elle craint la trop grande sécheresse comme
la trop grande humidité. On la multiplie positivement comme
la précédente. Sa racine a une odeur fort désagréable, une saveur aromatique, et s'emploie en médecine comme diurétique,
céphalique et vulnéraire. Les chats aiment à se rouler dessus
et à la déchirer, aussi doit-on la garantir de leurs atteintes par
des épines ou autrement.

La VALÉRIANE OFFICINALE ou *valériane des bois*, a les racines vivaces, traçantes; les tiges cylindriques, striées, presque
simples, hautes de 4 à 5 pieds ; les feuilles toutes ailées avec
impaire et à folioles lancéolées, dentées, un peu velues ; les
radicales pétiolées ; les caulinaires sessiles et opposées ; les
fleurs rougeâtres à trois étamines, et disposées en panicule
terminal. Elle croît très-abondamment dans les bois humides,
et fleurit pendant une grande partie de l'été. Tous les bestiaux l'aiment avec passion quoiqu'elle les purge. Sa racine
est amère, styptique et odorante. On l'a beaucoup préconisée comme cordiale, apéritive, diaphorétique et céphalique.
Elle a, dit-on, guéri des épileptiques, des paralytiques. Quelques médecins l'emploient très-fréquemment dans leur pratique. On la récolte pour cet usage lorsque les tiges commencent à se dessécher, et on la conserve bonne pendant plusieurs
années.

Cette plante peut concourir, aussi bien que les précédentes,
à l'ornement des jardins ; mais comme il lui faut un sol frais

et ombragé, on la voit rarement dans les parterres. On doit la réserver pour les jardins paysagers, où elle produit de très-bons effets sur le bord des eaux, entre les buissons des massifs exposés au nord, etc. On la multiplie comme les autres.

Il est des bois où elle est si commune qu'il peut paraître avantageux de la couper pour la donner aux bestiaux, ou même seulement pour faire de la litière. Elle se fait toujours remarquer par la grandeur et l'élégance de son port et de son feuillage.

La VALÉRIANE DIOÏQUE ou *valériane des marais*, a les racines vivaces, traçantes; les tiges droites, anguleuses, noueuses, simples, hautes d'un pied au plus; les feuilles radicales pétiolées, plus ou moins entières, les caulinaires sessiles, ailées, à folioles linéaires, lancéolées et non dentées, l'impaire plus grande; les fleurs purpurines ou blanches, mâles à trois étamines dans certains pieds, et femelles dans d'autres. Elle se trouve souvent très-abondamment dans les marais, et fleurit au premier printemps. Tous les bestiaux recherchent ses feuilles avec passion. Ses racines sont très-odorantes. On doit la placer sur le bord des eaux dans les jardins paysagers, car elle est en petit, aussi élégante que les précédentes, et elle a de plus l'avantage de fleurir avant elles.

La VALÉRIANE-MACHE ou *doucette, Valeriana locusta*, L., a été établie en titre de genre par les botanistes modernes. *Voyez* au mot MACHE. (B.)

VALÉRIANE GRECQUE. *Voyez* POLÉMOINE.

VALEUR. Les cultivateurs sont souvent dans le cas d'estimer la valeur d'une terre, soit pour en faire l'acquisition, soit comme arbitres, et doivent désirer connaître les bases d'après lesquelles on peut l'établir.

Tout fonds de terre a une valeur propre et une valeur relative. La valeur propre est fondée sur la nature du sol, sur son exposition, sur l'abondance ou la rareté des eaux, etc. La valeur relative tient à sa position dans le voisinage d'une grande ville, sur une route très-fréquentée, etc.

Une terre de peu de valeur peut en acquérir une grande entre les mains d'un cultivateur industrieux qui sait en tirer parti, soit directement par une meilleure culture, un meilleur choix de productions, etc., soit indirectement, en y élevant ou engraissant des bestiaux, en fabriquant plus de beurre, de fromage, etc.

Généralement on établit la valeur d'un fonds sur la rente qu'en paie le fermier; mais si cela suffit à l'acquéreur qui ne veut que placer un capital, il faut des données plus certaines pour celui qui veut spéculer sur la culture. Telle ferme est louée au-delà de sa valeur, telle autre bien au-dessous, et ce dans le même pays, dans le même sol, parce que beaucoup de circonstances étrangères à la nature du sol influent souvent sur les déterminations de ceux qui louent.

L'évaluation faite d'après le nombre d'arpens en terres labourables, prés, vignes, bois, divisés en bons, médiocres et mauvais, et d'après le prix moyen de chacune de ces sortes de terres dans le pays, est moins sujette à erreur lorsqu'on agit de bonne foi ; cependant des causes physiques peuvent encore en altérer les bases. Ainsi, dans les pays réputés malsains, sujets aux inondations, à la grêle, les terres se vendent moins, quoique cependant meilleures que dans ceux qui n'offrent pas la crainte de ces inconvéniens.

Il résulte de ceci qu'il est presque impossible d'établir la valeur d'une terre sur des bases fixes ; qu'on doit presque toujours croire être arrivé au but lorsqu'on s'est rapproché le plus possible de ce que l'opinion du pays annonce être cette valeur.

J'aurais pu développer beaucoup plus cet article; mais comme les élémens des évaluations varient dans chaque canton, cela eût été d'une très-faible utilité aux cultivateurs. (B.)

VALIÈRE. Sorte de moutons gras qui sont amenés du Poitou à Paris. *Voyez* Mouton.

VALLAT. Nom des fossés dans le département du Var.

VALLÉE, VALLON. Une vallée est l'intervalle de deux chaînes de montagnes à-peu-près parallèles. Un vallon, qu'on appelle aussi combe dans certains cantons, est l'intervalle de deux montagnes. Il n'y a donc de différence entre eux que la grandeur et la position. La plupart même des vallées sont des vallons à leur origine, c'est-à-dire dans leur partie la plus élevée. Au reste, ces deux mots se substituent sans cesse l'un à l'autre.

Les vallées des montagnes primitives doivent leur origine aux cristaux des granits qui se sont groupés en montagnes isolées, comme les cristaux de sel marin, de salpêtre, d'alun, etc., se groupent dans les chaudières où on purifie ces sels. Dans ce cas, il n'y a nulle correspondance entre les angles des deux chaînes qui forment ces vallées.

Mais lorsque la mer eut abandonné les entours des montagnes primitives, formées, comme je l'ai dit à leur article, dans une eau plus que bouillante, les eaux qui s'écoulaient par les vallées de ces montagnes ont dû sillonner en continuant leur première direction, mais en déviant à droite et à gauche quand elles ont trouvé des roches calcaires qui mettaient obstacle à leur cours. Alors il y a eu le plus souvent concordance entre les angles rentrans et saillans des deux côtés de la vallée, parce que ces eaux ont creusé les roches même, proportionnellement à leur vitesse et à leur masse. Le même effet a eu lieu et d'une manière bien plus marquée lorsque la mer a abandonné les terrains tertiaires, parce que les roches de ces terrains étaient généralement moins dures que celles des terrains secondaires, qu'elles étaient disposées en bancs plus minces séparés par des couches de marne plus épaisses.

Il est probable cependant que les courans sous-marins en produisent aussi ; mais elles doivent être très-larges et peu profondes, c'est-à-dire se confondre avec les plaines.

Beaucoup des vallées naturelles des montagnes primitives étant fermées de toutes parts, ont donné naissance à des lacs dont quelques-uns se conservent encore dans les Alpes, mais dont le plus grand nombre a disparu par la lente destruction de la barrière qui s'opposait à l'écoulement de leurs eaux. Les traces de ces anciens amas d'eau sont encore très-visibles. *Voyez* Lac.

La culture des vallées qui sont fort larges diffère peu de celle des plaines de climat et de nature de terre analogues ; mais celle des vallées étroites ou des vallons est susceptible de beaucoup de modifications. C'est véritablement dans les vallées que la petite agriculture, c'est-à-dire celle qui se fait par les propriétaires mêmes, et le plus souvent à bras, montre tous ses avantages, ou, en d'autres termes, c'est là, et là seulement que la division des propriétés, pourvu qu'elle ne soit pas trop minime, est sans inconvénient pour les produits. On pourrait faire un volume et ne pas encore épuiser ce qu'il y a à dire sur les vallées considérées sous le rapport agricole, et cependant l'article que je leur consacre doit être court.

Le premier point de vue sous lequel il convient que j'envisage ici une vallée, c'est sa position. Celle qui est tournée au midi recevant directement les rayons du soleil, et étant garantie des autres vents, sur-tout de celui du nord, acquiert un degré de chaleur supérieur à celui de toutes les plaines et des montagnes du même climat ; les plantes plus méridionales pourront donc y être cultivées avec succès. On trouve de ces vallées dans toutes les chaînes ; mais nulle part elles ne se remarquent autant en France que sur la limite de la culture de l'olivier et du figuier, c'est-à-dire dans les Cévennes et les Alpes maritimes. Celle, au contraire, qui présente son ouverture au nord, ne recevant les rayons du soleil que lorsque cet astre est déjà fort élevé sur l'horizon, c'est-à-dire pendant peu de temps, et donnant entrée au vent du nord, sera beaucoup plus froide que les plaines et montagnes voisines ; la neige s'y conservera plus long-temps et les gelées y seront plus tardives. On ne peut pas y cultiver la vigne dans le climat de Paris, et même plus au midi.

Les vallées qui présentent leur ouverture au levant, recevant les rayons du soleil dès le matin dans la ligne de leur direction et pendant une grande partie de la journée sur un de leurs côtés, auront une partie de la chaleur des premières, et celles qui l'ont au couchant les recevant pendant une faible partie de la journée sur un de leurs côtés, et encore moins de temps dans leur direction, ne seront pas beaucoup plus chaudes que celles exposées au nord. Cependant, comme dans la plus grande partie de la France les vents du levant sont très-froids, et ceux de l'ouest passablement chauds, ces deux dernières sortes de vallées sont presque à égalité relativement à la température moyenne, abstraction faite de l'abri du vent du nord dont jouit celui de leurs côtés qui est exposé au midi.

On doit regarder les vallées à cette exposition comme les plus propres à l'établissement des jardins.

Ce que je viens de dire ne s'applique qu'aux vallées qui sont à la même hauteur relativement au niveau de la mer ; car celles qui ont la même exposition suivent, relativement à leur degré de chaleur, lorsqu'elles sont plus élevées, les mêmes lois de refroidissement que les montagnes, ou à-peu-près.

Il n'est pas nécessaire de dire que cela ne s'applique aussi qu'aux vallées qui ont un sol de même nature et de même couleur, puisque celle qui est composée de terre argileuse s'échauffe moins que celle qui l'est de terre calcaire ; celle dont la terre est blanche moins que celle dont la terre est noire. *Voyez* au mot TERRE.

On peut cultiver généralement les mêmes espèces de plantes sur le milieu et sur les deux côtés d'une vallée tournée au midi, ainsi que sur ceux de celle tournée au nord. Dans les vallées tournées au levant ou au couchant il n'en est pas de même. En effet, un des côtés de ces dernières reçoit perpendiculairement les rayons du soleil pendant une grande partie de la journée, mais l'autre ne le reçoit qu'obliquement et pendant peu d'instans le matin ou le soir. Ce dernier côté, froid et humide à l'excès, repousse certaines espèces de cultures, et ne peut pas, dans le climat de Paris par exemple, être planté en vignes; mais les prairies artificielles, les bois, sur-tout ceux d'arbres verts y réussissent fort bien. Il en est de même des plantations de pommiers, de châtaigniers, de noyers, etc. Ces derniers arbres sont réellement habitans des vallées, ils ne croissent bien que là, et sur-tout au nord, mais non ensemble, le châtaignier voulant un terrain quartzeux et léger, et le noyer un terrain argileux et frais. *Voyez* au mot COTEAU.

Dans les hautes montagnes, le fond des vallées est ordinairement en prairies naturelles, parce que c'est le seul endroit où l'herbe soit assez épaisse et assez haute pour mériter d'être fauchée. Dans les montagnes inférieures, ce fond est cultivé comme les plaines. Presque par-tout il est généralement bien garni d'arbres fruitiers en plein vent, et donne des récoltes abondantes en tous genres, parce que le sol y est profond et amélioré chaque année par les détritus des plantes, par les parcelles de terre végétale que les eaux pluviales amènent des coteaux, et souvent par le ruisseau ou la rivière qui y coule, rivière dont les eaux filtrent à travers les terres et y portent une humidité continuelle et bienfaisante.

Mais si les vallées sont, sous tant de rapports, le véritable séjour du bonheur, elles sont aussi sujettes à de grands inconvéniens agricoles. Telle, dans les hautes Alpes, qui présentait l'année précédente le plus riche pâturage, est transformée en un amas de décombres par la chute des rochers qui la couronnaient, en un glacier par la prolongation extraordinaire de l'hiver, ou la chute d'une plus grande quantité d'avalanches que de coutume ; telle, dans les montagnes inférieures, qui hier étalait les richesses de la plus brillante culture, se trouve aujourd'hui dépouillée de toutes ses productions par l'effet d'un orage de quelques minutes, orage qui a versé des torrens d'eau, et par suite détruit les moissons, arraché les arbres, démoli les maisons, entraîné les terres, ou substitué à ces dernières des sables arides, etc. (*Voyez* au mot ORAGE.) Ces malheurs sont d'autant plus graves que les montagnes sont plus élevées et que leurs pentes sont plus rapides. Il est des vallées où chaque pluie forme ou augmente la rivière qui les parcourt, et où par conséquent on a perpétuellement à craindre des pertes de ce genre, et où il est très-difficile d'apporter des obstacles à la fureur des eaux. (*Voyez* au mot TORRENT.) Il en est d'autres beaucoup plus fortunées, où le ruisseau ou la rivière déborde tous les hivers, et occasionne quelquefois des pertes plus ou moins considérables, mais aussi améliore constamment le sol par des alluvions de vase. *Voyez* aux mots DÉBORDEMENT et INONDATION.

La plupart des vallées peuvent être transformées en totalité ou en partie en étangs en les barrant par une digue plus ou moins élevée. Ces étangs donnent le meilleur poisson, attendu que les eaux s'y renouvellent perpétuellement ; mais ils ne sont pas très-communs, parce qu'ils sont exposés à des dégradations fréquentes par suite des orages ou des fontes de neige. *Voyez* IRRIGATION et RÉSERVOIRS ARTIFICIELS. (B.)

VAN. Ustensile d'osier ou de carton, fait en forme de coquille et à deux anses, servant à séparer des grains ou graines la poussière, les pailles, les ordures et autres corps étrangers qui s'y trouvent mêlés. Le derrière du van est un peu élevé et courbé en rond, et son creux diminue insensiblement jusque sur le devant.

Les vans d'osier sont de différentes grandeurs, selon les pays et selon l'espèce ou la quantité de grains qu'on se propose de vanner. C'est avec ces vans qu'on nettoie le froment, le seigle, l'orge, l'avoine et beaucoup de graines de la famille des légumineuses. Pour s'en servir utilement il faut agiter le grain d'une certaine manière, et employer, dans ce mouvement, un tour de poignet que l'adresse naturelle et l'habitude seule peuvent donner. On le verse ensuite dans un courant d'air, afin que les pailles et les autres ordures soient facilement emportées.

Avec les vans de carton on nettoie les petites graines, soit potagères, soit de fleurs, soit d'autres plantes. Après avoir agité ces graines, on en détache et fait sortir avec la main, ou en soufflant dessus, jusqu'aux plus légers fragmens étrangers qu'elles contenaient. *Voyez* TARRARE. (D.)

Le van des anciens diffrait fort peu du nôtre. *Voyez* la dissertation de Mongès sur les instrumens d'agriculture des anciens, volume 3 des *Mémoires de l'académie des Belles-Lettres*. (B.)

VANGA. BÊCHE à fer pointu, dont on se sert dans quelques lieux pour labourer les terres rocailleuses. Elle était connue sous le même nom du temps des Romains. (B.)

VANILLIER, *Vanilla*, Gœrtn. Juss., *Epidendrum vanilla*, Lin., plante exotique, sarmenteuse, de la famille des ORCHIDÉES, qui croît en Amérique, principalement au Mexique, et dont le fruit ou silique, connu sous le nom de *vanille*, est employé dans les parfums, et sert particulièrement d'aromate au chocolat, auquel il donne en même temps de la force et un goût très-agréable.

La vanille est une de ces substances végétales dont on use beaucoup, et sur la production desquelles on n'a que des détails peu sûrs et peu exacts.

On connaît deux espèces de vanilliers, celui de *Saint-Domingue* et celui du *Mexique*. Le fruit du premier est sans odeur, et n'entre point dans le commerce; par ces deux raisons je n'en parlerai pas.

Le VANILLIER DU MEXIQUE, *Vanilla mexicana*, Mill. Dict. n°. 2, vient naturellement dans la baie de Campêche, aux environs de Carthagène, sur la côte de Caraque, dans l'isthme de Darien et toute l'étendue qui est depuis cette isthme et le golfe Saint-Michel jusqu'à Panama, le Jucatan et le Honduras. On le trouve aussi en quelques autres lieux; mais il ne produit nulle part d'aussi bonne vanille, ni en si grande quantité qu'au Mexique. Cette plante aime les endroits frais et ombragés; on ne la rencontre guère qu'auprès des rivières, et dans les lieux où la hauteur et l'épaisseur des bois la mettent à couvert des trop vives ardeurs du soleil. Elle grimpe le long des arbres placés dans son voisinage et qui lui servent d'appui, et elle porte des fleurs d'un rouge noirâtre. Ses fruits, tels qu'on les voit dans le commerce, sont des espèces de siliques longues de 6 à 7 pouces, larges d'environ 4 lignes, d'un roux brun, un peu aplaties d'un côté, et se divisant dans leur longueur en deux valves, dont une, un peu plus large que l'autre, a une arête ou une saillie longitudinale sur son dos, ce qui fait paraître chaque silique d'une forme légèrement triangulaire. Les battans de ces siliques sont un peu coriaces, cassans néanmoins, et ont un aspect gras et huileux. La pulpe qu'ils renferment est roussâtre, remplie d'une infinité de petits grains noirs, luisans; elle est un peu âcre, grasse, et a une odeur suave qui se rapproche de celle de l'héliotrope ou baume du Pérou.

On distingue dans le commerce trois principales sortes de vanilles : la première est appelée par les Espagnols *pompona* ou *bova*, c'est-à-dire enflée ou bouffie, ses siliques sont grosses et courtes; la seconde, ou celle du *leq*, qui est la marchande, a des siliques plus longues et plus déliées; enfin les siliques de la troisième, qu'on appelle *simarona* ou bâtarde, sont les plus petites en tous sens.

La seule vanille de *leq* est la bonne; elle doit être d'un rouge brun foncé, ni trop noire, ni trop rousse, ni trop gluante, ni trop desséchée. Il faut que ses siliques paraissent pleines, et qu'un paquet de cinquante pèse plus de 5 onces; celle qui en pèse 8 est la *sobre buena*, l'excellente. L'odeur en doit être pénétrante et agréable. Quand on ouvre une de ces siliques, bien conditionnée et fraîche, on la trouve remplie d'une liqueur noire, huileuse et balsamique, où nagent une infinité de petits grains noirs presque imperceptibles. La *pompana* a l'odeur plus forte, mais moins agréable; elle donne des maux de tête, des vapeurs et des suffocations : sa liqueur est plus fluide, et ses grains plus gros; ils égalent presque ceux de la moutarde. La *simarona* a peu d'odeur, de liqueur et de grains. On ne vend point la *pompona* et encore moins la *simarona*; mais les Indiens en glissent adroitement quelques siliques parmi la vanille de *leq*. On ne sait point si ces trois sortes de vanilles sont trois espèces différentes, ou si ce n'en est qu'une seule, qui varie suivant le sol, la culture, la préparation, etc.

Comme toutes les espèces de la famille des orchidées, les fleurs de la vanille avortent souvent. On a une bonne récolte lorsqu'on trouve cinquante siliques sur un pied qui a eu mille fleurs. C'est en mai qu'on la récolte ; on la fait sécher à l'ombre et on l'oint d'huile.

Il est remarquable que, malgré le haut prix de la vanille (quelquefois 10 francs l'once), on n'ait pas encore introduit dans nos colonies la plante dont elle provient. Comme elle se cultive au Jardin des Plantes , il n'y a pas de motifs pour se refuser à l'y transporter.

Pour multiplier le vanillier dans son pays natal, on se contente de le couper en morceaux de trois ou quatre nœuds de longueur , qu'on plante près des tiges des arbres , dans les lieux bas et marécageux. Un binage ou deux par an suffisent pour faire prospérer les pieds que fournissent ces morceaux. Les rejetons de cette plante sont succulens , et peuvent se conserver frais pendant plusieurs mois ; ce qui facilite leur transport. Miller dit en avoir reçu en Angleterre des branches coupées depuis plus de six mois, qu'il a plantées dans des pots plongés dans une couche chaude de tan , et qui bientôt ont poussé des feuilles et des racines à chaque nœud. (B.)

VANNAGE. Dans l'origine des Sociétés agricoles, on nettoyait le grain des corps très-pesans et des corps très-légers qui s'y trouvaient mêlés par suite de leur BATTAGE (*voyez* ce mot), en le jetant contre le vent, qui entraînait les pailles au loin , tandis que les pierres tombaient aux pieds de celui qui opérait. *Voyez* VANTADOUIRO.

Aujourd'hui ce moyen est encore employé dans les pays chauds , mais comme la pluie met obstacle à son exécution dans les pays froids, on préfère le VAN, le TARRARE (*voyez* ces mots) et autres instrumens analogues.

Le vannage à la roue consiste à jeter contre le vent et circulairement le grain avec une large pelle de bois. Le bon grain, comme plus pesant, résiste à l'effort du vent et est porté plus loin, et les menues pailles, les grains imparfaits, les mauvais grains, la poussière, etc., restent en arrière. On peut aussi jeter les grains au-dessus du vent, et alors l'effet contraire a lieu ; mais cette méthode, quoique plus commode, n'a pas des avantages aussi positifs.

Monter sur une table pour nettoyer les grains par le moyen du vent, est d'autant plus utile que le vent est plus faible , parce que le grain restant plus long-temps à l'air, est mieux débarrassé de ses pailles.

Le van laisse parmi les céréales les mauvaises graines qui ne sont pas très-légères, et le CRIBLE (*voyez* ce mot) ne les débarrasse pas de celles qui sont d'un diamètre égal à ses trous. Au lieu qu'en les jetant en l'air, deux graines qui ne se trouvent pas égales en pesanteur et en volume éprouvent des résistances

3 *

inégales et ne vont pas à la même distance. Ce moyen devrait toujours être employé pour les graines de semences, qui doivent être celles qui sont allées le plus loin. *Voyez* Semence.

Lorsque, dans le midi de la France, on vanne par l'autan, les graines des céréales deviennent si chaudes, qu'elles sont exposées à ressuyer et à moisir lorsqu'on les met de suite en tas. Il faut les étendre pendant un ou deux jours et les remuer plusieurs fois pour échapper à cet inconvénient. (B.)

VANNEAU. Oiseau du genre de son nom, et de la famille des échassiers, qui se reconnaît à sa tête noire et ornée d'une huppe à sa partie postérieure, à ses joues grises, à sa gorge noire, à son ventre et à son croupion blancs, à son dos d'un vert doré, à ses ailes et à la moitié de sa queue noires. Il a un pied de long.

Quoiqu'on voie des vanneaux en France pendant toute l'année, il faut cependant les mettre au nombre des oiseaux de passage, car la plupart vont, pendant l'hiver, chercher en Afrique un climat moins rigoureux.

On voit les vanneaux en bandes de plusieurs centaines errer dans les prairies, les terres labourées, dans tous les lieux enfin où ils trouvent des vers de terre, dont ils se nourrissent. Loin de causer du dommage à l'agriculture, ils lui rendent ainsi service. (*Voyez* Lombric.) Les cultivateurs devraient donc les respecter; mais l'appât de leur chair, qui est un bon manger, les détermine à en tuer autant qu'ils peuvent. (B.)

VAPEURS. Particules aqueuses qui s'élèvent de l'eau, de la terre, des plantes, etc., à l'aide de la chaleur du soleil ou de celle du feu.

Lorsqu'une vapeur est devenue très-visible, elle prend le nom de Brouillard, de Nuage, de Fumée. *Voyez* ces mots.

Quelquefois les vapeurs sont emportées par des gaz et deviennent dangereuses. *Voyez* Hydrogène, Miasme et Marais.

Toute vapeur se réduit en eau en perdant son Calorique. *Voyez* ce mot et les mots Eau, Pluie, Rosée.

On voit pendant les jours les plus chauds de l'été, lorsque le soleil brille, les vapeurs s'élever de la terre, mais non dans les autres temps, quoiqu'il en sorte presque continuellement pendant toute l'année.

Ce sont les vapeurs qui s'élèvent de la terre pendant la nuit ou dans les jours froids de l'automne qui complettent la maturité des fruits qui sont voisins de la surface de la terre.

Les Chinois font fleurir avant le temps les plantes déjà garnies de boutons, cultivées dans des pots en plein air, en les plaçant en hiver dans une serre où est un vase rempli d'eau en ébullition. S'ils employaient le même moyen sur des plantes non pourvues de boutons, leurs rameaux s'allongeraient seulement. *Voyez* Végétation, Chaleur, Eau, Feuille et Étiolement. (B.)

VAQUE. Nom d'une chèvre stérile, dans les Monts-d'Or, près Lyon. (B.)

VAQUE. On emploie ce mot, dans quelques cantons, pour terre vague, terre inculte. Là on dit : Il a défriché ce vaque ; Son troupeau est sur le vaque près de ce bois, ou dans ce bois. (B.)

VAQUETTE. C'est le gouet commun aux environs de Boulogne. (B.)

VARAIRE, *Veratrum*. Genre de plantes de la polygamie monoécie, et de la famille des joncoïdes, qui renferme trois ou quatre espèces, et dont deux sont très-connues en médecine sous les noms d'*ellébore blanc* et d'*ellébore noir*, et se cultivent dans quelques jardins d'agrément.

Les Varaires blanche et noire ont les racines vivaces, charnues ; les tiges presque simples, droites, velues, hautes de 3 à 4 pieds ; les feuilles alternes, amplexicaules, ovales, plissées, nervées, d'un beau vert ; les radicales très-grandes les fleurs disposées en grappes paniculées. Ces fleurs sont plus nombreuses et blanchâtres dans la première, et écartées et d'un rouge noirâtre dans la seconde. Toutes deux croissent naturellement sur les montagnes de presque toutes les parties méridionales de l'Europe.

Ces deux plantes ont un très-beau port et font de l'effet dans les jardins, quoique leurs fleurs soient peu brillantes. On les y place au milieu des plates-bandes des parterres, ou parmi les arbustes des derniers rangs des massifs, ou entre les rochers, les fabriques, etc. Elles fleurissent au milieu de l'été. Elles viennent dans toutes sortes de terrains ; mais les bons fonds légèrement ombragés leur conviennent davantage que les autres. On les multiplie par leurs graines semées dans une planche bien préparée et exposée au levant. Le plant reste deux ans en place, après quoi on le place à demeure. Elles sont encore un ou deux ans avant de fleurir. Cette lenteur dans la végétation du plant venu de graine fait qu'on préfère propager cette plante par le déchirement des vieux pieds, déchirement qu'on ne doit renouveler sur chaque pied que tous les trois ou quatre ans. Il se pratique en hiver.

Les racines des varaires ont une odeur nauséabonde qui fait quelquefois vomir ceux qui les arrachent. Elles sont émétiques, purgatives et sternutatoires à un haut degré. On les emploie contre l'hydropisie, les maladies vénériennes et la folie ; mais il faut les laisser doser par un praticien exercé, car elles sont dans le cas de causer des accidens graves et même la mort. Dans les Pyrénées et en Espagne, on les emploie avec succès en décoction pour guérir la gale des moutons. On a cru qu'elles étaient le véritable ellébore des anciens, si célèbre par sa propriété de guérir la folie; mais on s'accorde à penser aujourd'hui que c'est l'ELLÉBORE oriental de Lamarck. (B.)

VAREC ou VARECH, *Fucus*. Genre de plantes de la famille des algues, dont toutes les espèces vivent au fond de la mer, attachées aux rochers par un empatement radiciforme. Ce sont des expansions membraneuses ou coriaces, la plupart ramifiées, qui varient infiniment dans leur forme, leur grandeur, leur consistance et leur couleur.

Les varecs sont certainement des végétaux, quoique leur végétation soit fort différente de celle des plantes qui croissent dans les eaux douces; si on y a reconnu des principes animaux, c'est que, vivant dans des eaux où des animaux sans nombre se décomposent journellement, ils se sont imprégnés de leurs élémens.

Les vaches et les moutons recherchent beaucoup les varecs lorsqu'ils sont frais, mais ils les rebutent dès qu'ils commencent à s'altérer; ce qui arrive, pendant l'été, fort peu de temps après qu'ils sont sortis de l'eau.

De tout temps, il est connu que les varecs sont un des meilleurs engrais qu'on puisse employer pour les terres humides. Par-tout donc où il est possible de s'en procurer, on en fait usage sous ce rapport. Ils agissent à raison des matières végétales et animales qui entrent dans leur composition, à raison des sels, principalement du sel marin, qui leur restent attachés.

Il y a deux manières de récolter les varecs, qu'on appelle goëmons sur les côtes de l'Océan.

Ou on ramasse ceux que les vagues ont détachés du fond de la mer et jetés sur la grève, et il est alors toujours mélangé avec d'autres plantes marines, telles qu'ULVES et CONFERVES, ainsi qu'avec des débris de poissons, de vers, de coquilles, de productions polypeuses, etc. C'est le meilleur et cependant le moins estimé sur les côtes de la ci-devant Normandie, où il est connu sous le nom de *varec d'échouage,* et où on ne l'emploie qu'après avoir servi de litière aux bestiaux.

Ou on va, à mer basse, l'arracher des rochers avec des râteaux à ce destinés. On appelle ce varec *varec de rocher* dans les cantons précités. On l'estime plus que le précédent, parce qu'enterré au sortir de la mer il se décompose plus rapidement.

L'ordonnance relative à la récolte des *varecs* encore sur pied, la fixe entre la pleine lune de mars et celle d'avril, époque où ils ont répandu leurs bourgeons séminiformes, et où ils n'ont pas encore reçu le frai des poissons. On ne pouvait choisir mieux pour favoriser leur reproduction et causer le moins de pertes possible à celle des poissons.

Ce qui me fait donner la préférence au premier, malgré l'autorité des cultivateurs qui en font usage, c'est qu'en en ayant examiné en naturaliste de grandes quantités en divers lieux de France et d'Espagne, je l'ai toujours vu surchargé de matières animales qui, comme on sait, sont les plus puissans de tous les engrais, il est probable que le retard qu'on met à son emploi, donne le temps aux eaux pluviales d'entraîner ces matières, qui se décomposent très-rapidement.

J'ai vu des champs fumés avec le varec, mais je n'ai pas eu occasion de suivre les divers modes de son emploi.

Quand on répand une trop grande quantité de varecs sur la terre immédiatement à leur sortie de la mer, ils y causent souvent l'infertilité pour une année, à raison de la grande quantité de sel qu'ils y portent. (*Voyez* SEL MARIN.) Lorsqu'on les laisse exposés à l'air, ils se dessèchent, se racornissent et se conservent ensuite plusieurs années consécutives dans la terre sans se décomposer. On doit donc les accumuler en tas pendant quelque temps pour les empêcher de se dessécher et leur laisser perdre la surabondance de ces sels; mais alors, comme je l'ai observé plus haut, on occasionne aussi la perte des matières animales qui s'y trouvent.

La véritable manière de tirer tout le parti possible des varecs, c'est d'en faire un COMPOST (*voyez* ce mot), c'est-à-dire de les stratifier avec de la terre, un pied d'épaisseur de chaque, et de les laisser ainsi un an se décomposer, en les arrosant, si on en a la facilité, dans les chaleurs de l'été.

C'est presque exclusivement sur les côtes de la ci-devant Normandie et de la ci-devant Bretagne qu'on fait usage du varec pour engrais. En Angleterre, où il est estimé à sa juste valeur, on en laisse perdre le moins possible.

Dans beaucoup de lieux, on se contente de jeter le varec sur le fumier et de l'en recouvrir ensuite.

Le varec est très-propre à maintenir la fraîcheur de la terre. Enterré lorsqu'il est décomposé, il équivaut au meilleur terreau.

Il vaut beaucoup mieux mettre souvent du varec sur sa terre que d'en mettre trop à-la-fois, par la raison indiquée plus haut. *Voyez* ENGRAIS.

On applique aussi l'engrais du varec aux prairies en le répandant en nature sur leur surface au commencement de l'hiver. Nul doute pour moi que le résultat de leur compost ne produise de meilleurs effets dans ce cas, car il arrive quelquefois qu'il donne un mauvais goût au foin, et que les bestiaux ne veulent pas le manger.

Dans quelques cantons des deux provinces précitées, on trouve plus de bénéfice à brûler le varec pour en obtenir la soude ; mais j'ai tout lieu de croire que c'est par suite d'un faux calcul. Quoi qu'il en soit, voici comme on s'y prend, d'après Rozier.

« On commence par étendre le varec sur la plage pour le laisser sécher. Arrivé au degré convenable de dessiccation, on le porte et on l'amoncelle près du fourneau. Les fourneaux destinés à cette opération sont fort simples : une cavité de 5 à 6 pieds d'ouverture, pratiquée dans la terre, formée en cul-de-lampe, et dont la plus grande profondeur a 18 ou 20 pouces, en devient un. Un peu de paille qu'on met au fond communique le feu au varec desséché dont on la recouvre légèrement ; d'autres varecs s'enflamment à l'aide de celui-ci. La combustion devient générale. La soude se forme, se fond, et coule au fond, où elle se condense en refroidissant et prend la dureté de la pierre. *Voyez* SOUDE.

La soude de varec est très-impure ; mais il serait sans doute possible, au moyen de précautions préliminaires, d'améliorer sa fabrication. On l'emploie comme amendement dans beaucoup de lieux des mêmes provinces.

Plusieurs espèces de varecs fournissent du sucre, d'autres se mangent, mais on n'en fait pas usage en France sous ces rapports. (B.)

VAREIGNE. Les JARDINS LÉGUMIERS des environs de Tours portent ce nom, qui est par conséquent synonyme de MARAIS (jardin). (B.)

VARENNE. Ancien mot qui est synonyme de TERRE SABLONNEUSE ; on le prononce aussi GARENNE. *Voyez* ce mot et ceux SABLE et SABLONNEUX

Beaucoup de noms de lieux rappellent encore ce mot dans presque toutes les parties de la France.

Aux environs de Paris, la varenne Saint-Maure est une plaine sablonneuse produite par la rivière de Marne.

On n'applique ce nom, aux environs du Puy, qu'aux terres granitiques. Celle où l'argile domine est une *bonne varenne,* celle qui est sablonneuse est une *petite varenne.* (B.)

VARET. Sorte d'assolement usité en basse Normandie. Il est formé de dix à douze genres de culture. *Voyez* ASSOLEMENT. (B.)

VARET. Nom de la jachère dans quelques cantons.

VARICE. Dilatation contre nature d'une veine. *Voyez* ANÉVRISME.

Les animaux domestiques offrent assez souvent des varices. Lorsqu'elles sont internes, il n'est pas possible d'y apporter remède ; lorsqu'elles sont externes on peut en diminuer les dangers par la compression.

C'est la veine saphène, c'est-à-dire celle qui passe sous le jarret, qui dans les chevaux est la plus sujette à cette maladie.

« Le nom de varice, dit Rozier, est particulièrement res-treint, en maréchallerie, à signifier un gonflement de la partie latérale interne du jarret. Ce gonflement n'est autre chose qu'un relâchement des ligamens capsulaires de l'articulation. Le feu appliqué par pointe est le remède le plus propre pour le guérir. » (B).

VARIÉTÉ. Différence qui s'observe dans toutes les parties, plusieurs parties ou une seule partie d'un individu d'un des trois règnes, lorsqu'on le compare à la généralité des autres individus de la même Espèce. *Voyez* ce mot.

Ainsi, le feld-spath qui entre dans la composition du granit est ordinairement blanc ; lorsqu'il est rouge, il détermine une variété.

Ainsi, le cheval a ordinairement le poil court et droit ; lorsqu'il l'a long et frisé, il constitue une variété.

Ainsi, la pomme sauvage a le fruit âpre au goût, et les pommes calvilles qui sont douces, les pommes reinettes qui sont sucrées, les pommes de fenouillette qui sont musquées, sont des variétés.

La nature seule fait des variétés. On trouve des taupes blanches, des ormes à larges feuilles dans les champs et dans les bois ; mais c'est sous la main de l'homme qu'elles se montrent avec le plus d'abondance et de permanence.

Toujours, ou presque toujours, les variétés ainsi nées spontanément ne se perpétuent pas par la génération, c'est-à-dire que la taupe blanche fera des petits noirs, la graine de l'orme à larges feuilles donnera des ormes à feuilles moyennes ; mais les animaux domestiques et les végétaux cultivés propagent souvent leurs variétés pendant de nombreuses générations, lorsqu'ils restent dans les mêmes circonstances. Dans ce cas, on dit que ce sont des Races. *Voyez* ce mot.

Le cheval normand, le mouton à large queue forment des races dans les animaux.

Le chou-fleur, la laitue-romaine, en forment dans les végétaux, quoiqu'on ne leur donne pas ce nom.

Les races sont elles-mêmes soumises aux variations. Il y a des chevaux normands blancs, des moutons à large queue noirs, des choux-fleurs verts (brocolis), des laitues-romaines blondes.

Les motifs qui déterminent les cultivateurs à désirer obtenir des variétés et encore plus des races sont très-multipliés. Les énumérer ici serait superflu, puisqu'ils ont été indiqués à l'article de chacune de ces variétés.

Plus les animaux sont rapprochés de l'homme et plus ils sont sujets aux variétés. *Voyez* Chien, Chat, Poule, Pigeon,

Cheval, Vache, Ane, Canard, Dinde et Oie, dont l'ordre du nombre des variétés est à-peu-près celui de cette liste.

Plus les végétaux sont cultivés depuis long-temps, et plus ils y sont également sujets. *Voyez* les mots Vigne, Olivier, Poirier, Pommier, Chou, Laitue, Froment, Avoine, etc.

Il est certains animaux qui varient beaucoup plus facilement, et qui s'éloignent beaucoup davantage du type de l'espèce que d'autres. Le chien, dont on ne voit peut-être pas deux individus parfaitement semblables entre mille, peut servir d'exemple.

Certains animaux et certains végétaux ne varient que dans des limites très-circonscrites.

L'intérêt des cultivateurs est de tendre toujours à faire naître de nouvelles variétés, et de propager celles d'entre elles qui leur paraissent utiles ou agréables.

Jusqu'à présent j'ai parlé de la multiplication des variétés, comme si elle ne pouvait avoir lieu que par la génération, parce que je traitais de celle des animaux en même temps que de celle des végétaux, et que dans les premiers ce mode de multiplication existe seul. Cependant dans les derniers c'est le mode le moins certain, c'est-à-dire qu'on emploie rarement la voie du semis pour les variétés des espèces vivaces, qu'on peut reproduire par Rejeton, par Marcotte, par Bouture et par Greffe. *Voyez* ces mots.

Il faut distinguer dans les plantes deux ordres de variétés fort distinctes :

L'une qui tient au sol, au climat, à l'exposition, à l'âge, à la saison, etc. Ainsi, une plante des terrains arides devient plus grande, perd ses poils lorsqu'on la cultive dans un terrain gras et humide ; ainsi, une plante du midi reste faible dans toutes ses parties lorsqu'on la cultive au nord ; ainsi, une plante de la plaine, qu'on transporte dans les bois, s'allonge davantage ; ainsi, les jeunes plantes, les plantes au printemps, diffèrent souvent dans une ou plusieurs de leurs parties des mêmes plantes vieilles, ou en automne. Ces variations changent souvent d'une année à l'autre, et cessent également souvent dès qu'on remet les plantes dans leur position première.

L'autre qui tient à la nature même de la plante. Par exemple les plantes précoces, les plantes tardives, les plantes à racines, à tiges, à feuilles, à fruit, plus douces, plus sucrées, plus tendres, plus grosses, plus larges, plus longues, différemment colorées, etc., etc. Ce sont ces variations qui intéressent essentiellement les cultivateurs, et qui se perpétuent les mêmes, ou presque les mêmes, pendant une longue suite de générations, par le moyen des rejetons, des marcottes, des boutures et des greffes, dans les plantes vivaces et les arbres, et même par semis dans les plantes annuelles. La culture provoque la naissance de ces variétés, mais elle ne peut les faire naître au gré des désirs du cultivateur. Saisir celles qui se présentent et les multiplier est tout ce à quoi se borne son pouvoir. C'est ainsi qu'on s'est procuré cette nombreuse série de variétés de céréales, de légumes, de fruits, de fleurs, qui sont supérieures, sous un ou plusieurs rapports, à l'espèce sauvage.

Une autre opinion sur cet objet est celle de M. Gallesio, auteur d'un savant traité sur les citronniers, qui prétend que les variétés de fleurs et de fruits sont dues à des fécondations hybrides. Sans doute cette opinion peut être fondée, mais elle ne me paraît pas encore suffisamment prouvée, ni par les raisonnemens, ni par les expériences de cet écrivain, qui n'a opéré que sur des anémones, des œillets, des orangers, c'est-à-dire sur des variétés de la même espèce. *Voyez* HYBRIDE.

On peut regarder comme de véritables races les nouvelles variétés qui naissent par suite de la fécondation réciproque des variétés annuelles. *Voyez* MELON et CHOU.

Dans beaucoup de lieux, on prétend que ces variétés se perdent par le changement de terrain; mais toutes les expériences citées paraissent fautives, en ce qu'on n'a pas pris en considération les fécondations hybrides. J'en ai eu la preuve dernièrement dans un domaine où on avait voulu introduire la variété de froment à balles rouges et barbues, et où on avait semé un ou 2 arpens de ce froment au milieu de 100 arpens de froment blanc sans barbes. *Voyez* HYBRIDE.

« C'est, dit M. van Mons, dans une lettre qu'il m'a adressée, un principe qu'une longue expérience m'a donné l'occasion d'établir, qu'un fruit se perfectionne dans le rapport de son éloignement de l'état primitif par des reproductions successives à l'aide du semis. Les noyaux de nos anciennes pêches donnent la moitié et plus de pêches vertes, amères, velues, tandis que les nouvelles variétés, telles que la *béguine* (qui est la première des pêches), la *blanche d'Aunout*, la *vineuse des hirondelles*, la *grosse munis*, donnent des variétés qui ne sont que peu ou point inférieures en qualité. Les pepins de *bon-chrétien d'hiver*, de la *gratiole*, du *beurré gris*, etc.; du *calville blanc*, du *pepin-d'or*, etc., ne produisent presque jamais des variétés supérieures, tandis que les nouvelles gagnées et sur-tout les gagnées des gagnées, donnent, sans faire le triage des pieds, plus de la moitié de variétés ordinaires, trois huitièmes de variétés égales aux meilleures anciennes, et l'autre huitième de variétés de première qualité. »

« Comme je suis persuadé, continue M. van Mons, que le premier fruit en tout genre s'est perfectionné ou éloigné de l'état de nature par son semis dans des pays où il ne croît pas spontanément, et qu'une fois cette dégénérescence obtenue, le fruit ne retourne plus, même par son transport et son semis dans son pays natal, à son état primitif; la crainte que par le semis les arbres fruitiers en général, et en particulier la vigne, ne retournent peu-à-peu à cet état primitif, est chimérique, puisque, comme je l'ai observé plus haut, chaque procréation nouvelle l'en éloigne. C'est ainsi que dans le Chili, au rapport de Molina, les poires, les pommes, les pêches, introduites de l'Europe, ont conservé leur domesticité, se sont même considérablement perfectionnés, malgré qu'elles se propagent depuis long-temps par le semis spontané. »

Un moyen nouvellement reconnu de multiplier les chances des variétés dans le semis des graines des arbres fruitiers, c'est d'augmenter la faiblesse du germe de ces graines en arquant fortement les branches qui portent les fruits dont on veut les tirer. *Voyez* Courbure des branches

Les variations produites par la greffe ont été trop exagérées par quelques écrivains et trop restreintes par d'autres. On ne peut nier qu'elle fasse produire des fruits plus tôt et plus gros, mais cela tient à la déviation de la sève à laquelle cette opération donne lieu (*voyez* Bourrelet); mais il ne paraît pas qu'elle change beaucoup la forme et la nature des fruits. *Voyez* Greffe.

Il est des variétés de circonstance qui reviennent facilement à leur type : ainsi le seigle semé au printemps offre un grain plus petit, mais qui redevient gros après deux récoltes produites par des semis d'automne. Il en est de même de la vesce et on peut même dire de toutes les plantes semées au printemps, qui, ayant moins de temps pour parcourir les phases de leur végétation, restent toujours plus petites.

Une preuve que les variétés ne se forment que par le semis des graines, c'est que la canne à sucre, originaire des Indes, offre plusieurs variétés, tandis que, quoique cultivée dans nos colonies d'Amérique depuis plus de deux cents ans dans des terrains et par des méthodes diverses, elle y est toujours restée la même, parce qu'on ne l'y multiplie que par la voie des boutures.

On demande souvent pourquoi il n'y a pas plus de fleurs doubles dans nos campagnes, pourquoi les variétés accidentelles ne s'y propagent pas comme dans nos jardins : je réponds, parce que les pieds de ces fleurs doubles de ces variétés sont plus faibles que les autres et sont étouffés par elles dès leur naissance.

Aujourd'hui plus que jamais les cultivateurs s'occupent des moyens d'augmenter encore le nombre de ces variétés, et je dois les y encourager, parce que c'est le moyen d'assurer nos moyens de subsistance, ou de multiplier nos jouissances. N'y eût-il que des variétés de précocité plus grande, ce serait déjà une conquête de première importance.

Il est des plantes dont l'essence même est de varier sans cesse dans une ou plusieurs de leurs parties, les feuilles du chêne par exemple; mais ces variations n'entrent pas dans les considérations qui sont le but de cet article.

Quant aux variétés qui sont dues à des maladies, elles rentrent pour la plupart dans les PANACHURES et dans les MONSTRUOSITÉS. *Voyez* ces mots.

Dire que les variétés sont des jeux de la nature et des effets du hasard est ne dire rien. Tout en elles tient aux lois générales, comme dans les plantes dont elles émanent. Seulement nous ne connaissons pas la cause qui les fait varier.

Les faits qu'offrent la multiplication des plantes annuelles par semence ont encore été peu observés; ils méritent cependant, sous plusieurs rapports, l'attention des physiologistes et des agriculteurs. Ainsi, lorsqu'on sème de la graine d'un pied d'alouette des jardins, qui est blanc, tantôt ce sont les pieds blancs qui dominent dans les pieds qui en proviennent, tantôt les pieds bleus, les pieds roses, etc. Cette irrégularité est la cause que la couleur de la plupart des fleurs annuelles ne peut être connue que lorsqu'elles commencent à s'épanouir; ce qui rend difficile leur distribution dans les parterres.

On fait naître en semant des graines de variétés d'autres variétés qui ont une partie de leurs caractères, et cela sans doute à l'infini. On les appelle *sous-variétés*.

J'ai dit plus haut que les variétés qui tiennent à la nature même de la plante se propageaient souvent pendant une longue suite de générations. On ignore encore jusqu'où cela peut aller. C'est à la postérité à le connaître.

Quant à la transmutation des variétés en espèces, transmutation qui a servi de base à plusieurs systèmes sur l'origine du monde, elle n'est encore appuyée sur aucune observation positive. Il faut donc en repousser l'idée.

On doit ranger parmi les variétés les fleurs doubles, attendu qu'elles ne sont pas, comme on l'a cru pendant si long-temps, des monstruosités produites par l'abondance de la nourriture, mais une dégénération véritable, puisque ce sont les plus petites graines qui les fournissent, et que les racines, les tiges et les feuilles de ces fleurs doubles sont plus faibles. *Voyez* ANÉMONE, FLEUR DOUBLE, MONSTRUOSITÉ et DÉGÉNÉRATION.

Les fleurons jaunes de l'astère de la Chine sont les seuls qui en doublant, c'est-à-dire en se transformant en demi-fleurons, prennent des couleurs bleues, rouges et blanches.

Il n'est souvent rien moins que facile de déterminer si un animal, sur-tout si une plante est une espèce ou une variété; aussi y a-t-il des botanistes qui nient qu'il y ait des espèces, hérésie que j'ai combattue au mot ESPÈCE.

Si on voulait prendre le mot variété dans son acception la plus rigoureuse, il n'y aurait point d'espèce, car il est en général, dans les animaux comme dans les plantes, peu d'individus qui n'offrent des différences. Si ce fait s'observe moins dans les animaux et les plantes sauvages, c'est que leurs variations sont circonscrites dans des bornes plus étroites, et que nous n'avons pas un bien grand intérêt de les distinguer. Les moutons blancs paraissent tous semblables à celui qui ne les voit pas habituellement, mais le berger sait fort bien les reconnaître.

Autrefois, on rangeait beaucoup de variétés parmi les espèces, puis on a rangé beaucoup d'espèces parmi les variétés. Aujourd'hui, on commet moins d'erreurs de ce genre, parce que les principes sont mieux connus. Il n'en reste pas moins vrai que tout naturaliste qui n'étudiera la nature que dans son cabinet et sur des animaux ou des plantes desséchées, ne pourra le plus souvent prendre un parti à cet égard. C'est dans les bois, sur les montagnes, au milieu des plaines, des marais, etc., qu'on doit étudier la nature.

Les graines d'une plante sauvage, semées dans un jardin, donnent presque toujours des pieds qui diffèrent de celui sur lequel on les a recueillies. Décrire et peindre une plante cultivée est donc en donner une idée plus ou moins fausse; mais il est presque impossible de faire autrement, puisqu'on ne peut porter un herbier, une bibliothèque dans les forêts de l'Amérique, dans les déserts de l'Afrique, et qu'un dessinateur de quelque talent et connu se résout difficilement à courir les hasards des voyages.

Cependant la culture, dans quelques cas, sert à faire distinguer les variétés des espèces, ou les espèces des variétés, ainsi que le prouvent les ouvrages de Miller, comparés à ceux de Linnæus, et ainsi que la pratique de Thouin et la mienne nous le font voir chaque jour. *Voyez*, pour le surplus, aux mots COULEUR, CLIMAT, FEUILLE, FLEUR, PROLIFÈRE, TULIPE, ANÉMONE, RENONCULE, CHOU, etc. (B.)

VARIÉTÉ DANS LA NOURRITURE. Il n'est point d'homme qui n'ait eu souvent occasion de remarquer qu'il digérait mieux, et par suite se trouvait avoir plus de force de corps et de gaîté d'âme lorsqu'il variait sa nourriture, que lorsqu'il mangeait journellement la même chose.

Ceux qui, par leur position ou leur aisance, sont dans l'habitude de varier continuellement leur nourriture, éprouvent cet effet d'une manière bien plus marquée que les pauvres, qui ne vivent que de pain et d'un petit nombre d'articles pris dans les substances animales et végétales.

Plusieurs médecins éclairés prétendent même que la nourriture uniforme de la plupart des habitans des campagnes est une des principales causes de leur paresse, de leur peu de jugement, de leur manque d'intelligence, etc.

La nature, en fournissant tant de moyens de subsistance à l'homme, a évidemment voulu qu'il variât sa nourriture au moins selon les saisons. Il est donc désirable que les cultivateurs puissent se procurer, par leur travail, une aisance suffisante pour n'être plus forcés de se sustenter exclusivement de pain noir.

Les animaux domestiques sont dans le même cas que l'homme. L'expérience de tous les temps prouve que la santé des chevaux, que la bonté du lait des vaches, que la facilité de l'engrais des bœufs et des moutons dépendaient beaucoup de la variété qu'on mettait dans leur nourriture. Aussi ceux de ces animaux qui pâturent toute l'année et ceux qui mangent du foin des prairies naturelles se dégoutent-ils moins facilement que ceux qui sont tenus exclusivement toute l'année à la luzerne, au trefle ou au sainfoin. Les cultivateurs intelligens changeront donc le plus souvent possible la nourriture de leurs bestiaux, afin de les tenir constamment en appétit. Cette conduite est plus spécialement applicable vers la fin de leur ENGRAIS. *Voyez* ce mot, et les mots BŒUF, MOUTON, COCHON, POULE, OIE et CANARD.

Il n'y a pas jusqu'au sol qui demande à varier de culture. En effet, il est aujourd'hui reconnu que plus on change souvent les plantes qu'on lui fait porter et plus il s'améliore. Ce n'est que lorsque cette vérité, mise dans tout son jour par les agronomes de ce siècle, et principalement par Yvart, sera généralement reconnue en France, que notre agriculture arrivera au degré de prospérité dont elle est susceptible. *Voyez* ASSOLEMENT et SUCCESSION DE CULTURES. (B.)

VARPIÉ. Nom de la plaque de fer qui se met au-dessus de l'oreille de la CHARRUE, dans le département du Jura, pour fixer cette oreille au seps et faciliter le tirage. (B.)

VARRENS. Synonyme de VER BLANC. *Voyez* HANNETON. (B.)

VASE. On plante des fleurs et des arbustes dans des vases

pour orner un gradin, une terrasse, une fenêtre, une cheminée. Dans ce cas, vase est synonyme de pot de luxe, c'est-à-dire de pot de faïence, de porcelaine, etc. *Voyez* Pot.

Il est des vases de marbre, de bronze, etc., qui ne servent qu'à l'ornement des jardins dits français, quoiqu'ils soient supposés devoir aussi recevoir des fleurs. Les jardins des Tuileries, de Versailles, etc., en offrent de tels.

Quelquefois même on imite des vases en treillage, en vannerie, qu'on place sur des tonnelles, ou dans lesquels on cache, au moyen de la mousse, des pots de terre communs.

Tous ces vases, quand ils sont dessinés avec goût, qu'ils ne sont pas trop multipliés, concourent à l'agrément des jardins. Il n'y a que des esprits moroses qui puissent les en repousser. (B.)

VASE D'EAU DOUCE. Ce mot est presque synonyme de Boue (*voyez* ce mot); mais il s'applique plus particulièrement à la boue qui se dépose au fond des eaux, boue qui résulte de la décomposition des végétaux qui y croissent, ainsi que des animaux qui y vivent, et à laquelle se mêlent des terres qui y sont entraînées par les pluies. *Voyez* Curures de fossés et des étangs.

Les cultivateurs devraient mettre plus d'importance aux vases d'eau douce, si abondantes dans beaucoup de lieux, et qui, avec le temps, deviennent un si excellent engrais; mais la dépense de leur extraction les effraie presque par-tout. Il faut que d'autres considérations viennent se joindre à celles-ci pour les engager à les tirer et à les porter sur leurs champs, comme la nécessité de nettoyer un bief, de curer un ruisseau dont les eaux se répandent, d'approfondir un étang où le poisson manque d'eau, etc.

Dans certains cas, les vases valent mieux que le meilleur fumier, leur effet est au moins plus durable; mais elles n'agissent pas aussi promptement, car elles tiennent beaucoup de la nature de la tourbe, et ont besoin, comme elle, de s'imprégner de carbone, et de perdre leur hydrogène, par plusieurs mois, même par plusieurs années d'exposition à l'air, ainsi que le prouve l'expérience de tous les temps et de tous les lieux.

Un moyen assuré d'accélérer le moment de l'emploi des vases, c'est de les mélanger avec de la chaux vive ou de les stratifier avec des terres végétales, d'en faire un Compost (*voyez* ce mot); mais c'est une augmentation considérable de dépense : aussi l'emploie-t-on rarement. Dans les pays où les cultivateurs sont propriétaires, et où les impôts sont peu pesans, on peut se livrer à des opérations d'une utilite durable, auxquelles il n'est pas permis de penser par-tout, parce qu'on est obligé de proportionner rigoureusement la mise dehors à la recette présumée, qu'il faut vivre avant d'améliorer.

Quoi qu'il en soit, j'exhorte tout propriétaire ou fermier qui peut, sans se gêner, dans les temps morts, par exemple, faire curer ses étangs, ses rivières, ses ruisseaux, ses mares, etc., de ne pas le négliger. Il sera toujours à même d'employer les vases qu'il en aura tirées à l'amélioration de ses champs, lorsqu'il en trouvera le loisir, puisque ces vases s'améliore-ront d'autant plus qu'elles resteront plus long-temps exposées à l'air. (B.)

VASE DE MER. Limon gras et noir que la mer dépose dans tous les lieux où la marée a peu d'action et qu'elle re-jette sur les bords dans tous ceux où la plage est en pente douce. Ce limon est composé de débris d'animaux et de plantes marines. Son odeur est nauséabonde et ses exhalaisons mal-saines dans la chaleur. Desséché et répandu sur les terres, il devient un excellent engrais ; mais il est très-peu de lieux où il puisse être exploité avec facilité. C'est dans ces lieux privi-légiés que je voudrais qu'on n'en perdît pas une pelletée. Sa composition différant peu de celle du varec décomposé, son action est la même sur la végétation. *Voyez* au mot VAREC et au mot ENGRAIS. (B.)

VASE (ARBRE EN). Sorte de disposition d'arbre fruitier qui représente une terrine, un saladier et autre vase de cette espèce. Aujourd'hui on n'emploie plus cette dénomination que rarement, le mot BUISSON ayant prévalu. (B.)

VASPALS. On donne ce nom, dans le midi de la France, aux ÉPIS qui sont tombés des GERBES dans les diverses opéra-tions qui précèdent leur mise en MEULE. *Voyez* ces mots. (B.)

VASSIVIER. Nom qu'on donne dans le département de l'Aveyron aux bergers qui conduisent les antenois, c'est-à-dire les moutons d'un an. *Voyez* MOUTON. (B.)

VASTON. Synonyme de CHAUME dans le midi de la France. (B.)

VAZIN. On nomme ainsi le RAISIN mûr dans le midi de la France. (B.)

VEAU. Petit de la VACHE. *Voyez* ce mot.

VEAU. Les cultivateurs appellent ainsi une place où le blé manque. C'est le plus souvent l'effet d'un pas manqué du se-meur, c'est-à-dire d'un moment où la semence n'a pas été répandue. (B.)

VEDELAT. Nom des ÉTABLES à VEAUX qui accompagnent les MAZUTS ou CHALETS dans le département du Cantal. (B.)

VEDET. Synonyme de veau de lait dans le département de la Haute-Garonne.

VÉGÉTAL. Être organisé, c'est-à-dire qui naît, s'accroît, se multiplie et meurt sans changer de place, à moins qu'une force étrangère n'agisse sur lui.

Comme c'est sur les végétaux que s'exerce l'art agricole, cet article devrait être d'une grande étendue ; cependant il sera très-court, ayant déjà traité des objets qui devraient y entrer dans un grand nombre d'autres, dont on trouvera l'énumération au mot PLANTE.

Les expériences de Th. de Saussure et de Davy ont prouvé qu'il entrait toujours dans la composition des végétaux une partie de la sorte de pierre sur laquelle ils croissaient : ainsi ils offrent à l'analyse plus de calcaire, plus de silice, plus de gypse, plus de fer, lorsque ces substances font la base du sol. (B.)

VÉGÉTALE. *Voyez* TERRE VÉGÉTALE, TERRE, TERREAU et HUMUS. (B.)

VÉGÉTATION. Le végétal puise sa nourriture dans l'air, la terre et l'eau ; il élabore les alimens pour former ses divers produits : c'est cette suite d'opérations exécutées pendant sa vie, et donnant lieu à son accroissement, à la formation de ses fruits, à la reproduction annuelle de ses feuilles, qu'on appelle *végétation.*

La plante, comme l'animal, digère et approprie à sa substance les divers sucs qui lui servent d'aliment ; en cela elle diffère des minéraux qui grossissent par une simple juxta-position de matières analogues et souvent étrangères à leur nature ; il n'y a en elle ni digestion ni assimilation ; tout s'y fait d'après les simples lois de l'affinité chimique ; tandis que, dans l'animal, il y a choix, absorption, digestion, assimilation d'alimens. Ainsi, dans la plante, les forces d'affinités qui appartiennent essentiellement à la matière, sont toutes modifiées par le concours des lois vitales, et il y a chez elle organisation et vie.

Sans doute, dans l'animal, les lois vitales sont plus parfaites, les fonctions plus compliquées et plus indépendantes des causes purement physiques qui agissent sur tous les corps ; mais chez lui comme dans la plante, ces fonctions dérivent d'une organisation particulière qui n'est pas exclusivement passive des agens externes, qui travaillent d'après des lois qui lui sont propres ; qui change la nature des corps qu'elle digère et les assimile à sa substance ; qui reproduit l'espèce par des lois constantes ; qui fait choix des alimens qui lui conviennent, les digère et fait servir le résultat de cette élaboration à former des tiges, des feuilles, des fleurs, à produire des fruits, en un mot à maintenir la vie pendant un temps déterminé, et à perpétuer l'espèce.

C'est cette série de fonctions qui constitue la *vie* dans l'animal , et la *végétation* dans la plante.

Pour nous former, de la végétation, une idée aussi exacte que nos connaissances peuvent le permettre , nous la suivrons dans tous ses périodes , et nous commencerons par examiner les phénomènes que nous présente une graine dans les premiers temps de la germination ; après cela , nous nous occuperons de ceux qu'offre la plante dans les progrès de son accroissement :

SECT. Iʳᵉ. DES PRINCIPES NUTRITIFS OU DES ALIMENS DE LA PLANTE.

On peut distinguer deux périodes très-marqués dans la végétation :

Le premier embrasse tous les phénomènes qu'elle présente pendant la germination de la semence ;

Le second comprend cette seconde époque où , la semence ayant rempli ses fonctions, la plante vit par elle-même ; c'est-à-dire qu'elle puise, à l'aide de ses organes propres, dans l'air, l'eau et la terre , tous les alimens qui sont nécessaires à la végétation.

CHAP. Iᵉʳ. DES PRINCIPES NUTRITIFS DE L'EMBRYON VÉGÉTAL.

On peut distinguer trois parties dans une *semence* ou *graine :* les *cotylédons* ou les *lobes*, la *radicule* et la *plumule.*

Si l'on ramollit une graine de fève dans l'eau chaude, on détache sans peine l'enveloppe qui la recouvre , et l'on peut alors la diviser aisément en deux lobes.

Entre ces deux lobes, à l'endroit qu'on appelle l'*œil de la fève*, vers le point central de sa concavité, on aperçoit un petit corps rond qu'on nomme *radicule ;* de ce corps rond part un autre petit corps qui est aplati entre les deux lobes et qu'on appelle *plumule.*

Le nombre des cotylédons varie dans les semences ainsi que leur volume ; mais toutes ont les trois parties dont nous venons de parler, et c'est dans le jeu et l'action de ces trois organes qu'il faut étudier les premiers rudimens de la végétation ou les premiers développemens de *l'embryon.*

Lorsqu'une semence se trouve dans les conditions favorables à sa germination, les lobes se gonflent, se ramollissent ; la radicule pousse des racines qui plongent dans la terre , et la plumule s'élève et se dirige en haut.

Trois conditions sont nécessaires pour faciliter ce premier développement : l'humidité , la chaleur et l'oxygène.

Ces faits ont été établis par les physiciens qui nous ont précédés, sur-tout par M. Saussure fils. (*Recherches chimiques sur la végétation.*)

La graine ne germe point sans humidité ; on facilite même la germination de celles dont l'enveloppe est très-dure, en les ramollissant, par leur séjour dans l'eau, avant de les semer.

Il n'y a pas de germination sans chaleur. La température la plus convenable est au-dessus du dixième degré du thermomètre de Réaumur. Une chaleur trop forte dessèche la graine lorsqu'elle n'est pas continuellement humectée ; une température voisine du terme de la glace suspend la végétation, ou ne lui permet pas de se développer ; une température de deux degrés au-dessous du terme de la congélation, gèle les sucs de la plupart des végétaux et fait périr les feuilles, souvent même les jeunes tiges. L'impression de la gelée est plus sensible lorsque la plante est mouillée.

Les semences ne germent ni dans le vide ni dans un air privé d'oxygène, ni sous terre à une profondeur telle que l'air atmosphérique ne puisse pas y atteindre ; et si, dans quelques cas, la germination a lieu dans l'eau mise à l'abri du contact de l'air atmosphérique, c'est, comme l'a prouvé Saussure, à raison de l'oxygène contenu dans ce liquide ; car lorsqu'il en est entièrement dépouillé par l'art, il n'y a plus de germination.

Les phénomènes que présente la graine, dans ce premier état de germination, sont les suivans :

1°. Il se produit de l'acide carbonique par la combinaison de l'oxygène avec le carbone, qui est très-abondant dans la graine. Cet acide occupe exactement le volume de l'oxygène absorbé, de sorte que lorsque la germination se fait sous cloche, il ne s'opère pas de changement sensible dans le volume de l'air enfermé, quoiqu'il change de nature. (*Saussure*)

2°. Les vaisseaux contenus dans les cotylédons se développent et se dirigent vers la radicule : ces vaisseaux y portent évidemment la nourriture qui est nécessaire à la racine ; ils sont, pour la plante, ce qu'est le *placenta* pour le fœtus dans la matrice.

Lorsqu'on coupe les lobes, l'embryon périt, même dans le cas où il a déjà implanté ses jeunes racines dans la terre, d'après l'expérience de Sennebier.

3°. L'humeur renfermée dans les cotylédons devient blanche et sucrée : ce développement de la matière sucrée a lieu dans tous les grains qu'on soumet à la fermentation ; il paraît dû à la soustraction du carbone, puisque, dans tous ces cas, il y a production d'acide carbonique.

On peut se former une idée des changemens survenus dans

les sucs des cotylédons, en considérant qu'ils sont primitivement formés d'huile, de mucilage et d'amidon. La décarbonisation qui s'opère dans l'acte de la germination les convertit en une substance molle, blanche et sucrée, qui a tous les caractères des *émulsions*, et qui forme un tout soluble dans l'eau et très-propre à la nutrition : ce suc est d'abord porté dans les racines, dont il facilite le développement ; il fournit ensuite à l'accroissement de la *plumule* qui s'élève en tige.

4°. La plumule commence à s'élever dès que les racines sont formées : il paraît qu'elle reçoit sa principale nourriture des racines qui, elles-mêmes, dans le premier temps, la reçoivent des cotylédons.

5°. Lorsque les lobes ont fourni tout leur suc aux racines, ils se changent en *feuilles séminales*. Ces feuilles pompent dans l'air pour fournir de l'aliment à la plante, en attendant que la tige en produise elle-même pour remplacer dans cette fonction les feuilles séminales.

Il résulte des expériences de Bonnet et de Sennebier que la plante meurt lorsqu'on coupe les feuilles séminales dès leur naissance, et qu'elle languit si on les coupe plus tard.

6°. Dès que la plumule a formé de véritables feuilles, les séminales tombent. La plante est dès-lors assez forte pour puiser dans l'air et dans la terre les principes de nutrition qui lui sont nécessaires.

Nous pouvons donc distinguer trois périodes bien marqués dans la nutrition de la plante ainsi que dans celle de l'animal.

Les lobes, dans le premier moment de la germination, fournissent seuls les principes nutritifs.

Les feuilles séminales préparent ces sucs dans le second, et enfin les racines et les feuilles remplacent ces deux premiers organes lorsque la plante a acquis de la force.

Le premier de ces périodes a bien de l'anologie avec ce qui se passe dans le sein des femelles des animaux pendant leur gestation : ici, c'est le placenta qui transmet au fœtus les sucs appropriés à sa nutrition ; là ce sont les lobes qui fournissent les sucs à l'embryon, et font, par conséquent, l'office du placenta : dans l'un et l'autre cas ces sucs sont transmis par des vaisseaux particuliers qui, probablement, font encore subir à ce premier aliment une élaboration convenable. La seule différence dans cette organisation, c'est que les causes externes, telles que l'air et l'eau, agissent nécessairement sur le suc contenu dans les lobes, tandis que leur effet est nul sur le placenta.

Le fœtus sorti du sein de sa mère reçoit une autre nourriture préparée par les mamelles. Lorsque la radicule est une fois développée, l'aliment fourni à la plante provient essentiellement des feuilles séminales qui pompent dans l'air et préparent les sucs nécessaires à l'accroissement de la plumule.

Lorsque l'enfant a acquis des forces, on confie à ses organes digestifs les alimens dans leur état naturel et sans aucune assimilation animale; de même, lorsque la tige a poussé des feuilles, les séminales tombent et la plante est livrée à elle-même pour sa nutrition.

On voit que la nature a travaillé les êtres sur le même plan et d'après des lois générales, et que les modifications que nous trouvons dans l'exercice de leurs fonctions proviennent de leur organisation plus ou moins parfaite et sur-tout de leurs besoins respectifs.

Chap. II. DES PRINCIPES NUTRITIFS DE LA PLANTE.

Quels sont les alimens de la plante? Comme elle ne communique qu'avec l'eau, l'air et la terre, nous devons les trouver tous dans ces trois substances; et nous allons considérer séparément chacun de ces trois agens, pour déterminer la part qu'a chacun d'eux dans le phénomène de la végétation.

Art. 1. *De l'eau considérée comme agent de la végétation.* Sans doute l'eau est nécessaire à la plante, puisque sans elle il n'y a ni germination ni végétation. Mais toutes les plantes n'exigent pas la même quantité d'eau : il en est qui vivent immergées dans ce liquide, il en est qui vivent dans des sols arides et secs. Les unes ont besoin d'une eau abondante qui abreuve continuellement leurs racines, tandis que d'autres ne demandent à la terre qu'un support, et puisent dans l'atmosphère le peu d'humidité qui leur est nécessaire.

Plusieurs physiciens ont prétendu que l'eau seule servait d'aliment à la plante : tout le monde connaît et cite, à ce sujet, l'expérience de van Helmont, qui planta un saule du poids de 2,267 kilogrammes dans un vase de terre contenant 90,687 kilogrammes de terre desséchée au four. Il enfonça le vase dans la terre et arrosa le saule tantôt avec de l'eau de pluie, tantôt avec de l'eau distillée.

Au bout de cinq ans, le saule pesait 76,858 kilogrammes, et la terre, ramenée à son degré primitif de siccité, n'avait perdu que 57 grammes. Mais Margraaf fit voir que l'eau de pluie, employée à l'arrosage pendant cinq ans, avait pu fournir autant de sels ou principes terreux que l'arbre en contenait. Bergman prouva la même chose par l'analyse; et Kirvan, Hales et Tillet ont démontré, par des expériences décisives, que la terre environnante pouvait être absorbée par les vases poreux, et charriée par l'eau qui filtre à travers leurs parois. Il n'y a que les vaisseaux de verre ou ceux qui sont recouverts d'un enduit vitreux qui soient à l'abri de cette filtration : ainsi l'expérience de van Helmont, et autres semblables, ne prouvent point que l'eau seule fasse l'aliment de la plante.

Les deux organes essentiels qui absorbent l'eau sont les racines et les feuilles. Duhamel avait déjà observé que la partie du sol la plus promptement épuisée est celle où se trouve le plus grand nombre de racines. C'est sur-tout par les filamens ou *brindilles*, qui forment le chevelu autour des grosses racines, que se fait l'absorption de l'eau ; car la plante meurt et se dessèche, si on les enlève avec soin.

Les feuilles ont encore la faculté d'absorber l'eau : Hales a prouvé que les plantes augmentent considérablement en poids lorsque l'air est humide ; et dans les saisons sèches, de même que dans les pays où il ne pleut jamais ou très-rarement, les végétaux pompent dans l'air, par le moyen des feuilles, le fluide aqueux qui leur est nécessaire. Bonnet a observé que les feuilles appliquées à l'eau par une seule de leurs surfaces continuent de vivre pendant une semaine entière.

Mais l'eau peut - elle être regardée comme aliment de la plante, ou ne doit-on la considérer que comme un conducteur des sucs alimentaires fournis par l'air et la terre?

Les avis sont encore partagés sur cette question. Il me paraît que l'eau remplit l'une et l'autre fonction. En effet, Saussure a prouvé que l'accrétion, en poids, d'une plante arrosée avec de l'eau très-pure surpassait tout ce que l'air et l'acide carbonique pouvaient fournir de carbone et d'oxygène. D'ailleurs, il est impossible de concevoir la formation de cette énorme quantité d'hydrogène qui fait une grande partie des principes du végétal, sans admettre la décomposition de l'eau dont l'hydrogène est principe constituant. Cependant, il faut en convenir, nous n'avons encore aucune expérience directe qui constate cette doctrine ; mais on doit en présumer la vérité d'après l'analyse des plantes et l'action nécessaire de l'eau dans la végétation.

Quant au second point de la question, il est indubitable que l'eau est le principal conducteur des principes nutritifs de la plante. De l'eau faiblement aiguisée d'acide carbonique hâte singulièrement la végétation, d'après les expériences de Saussure ; l'eau des arrosages imprégnée de matières animales ou végétales facilite l'accroissement ; l'eau chargée d'une certaine quantité d'oxygène supplée à la présence de l'air atmosphérique dans les premiers développemens de la germination. Ainsi nul doute que l'eau ne soit un des conducteurs des sucs alimentaires du végétal.

L'eau ne charrie pas seulement dans la plante les principes essentiellement alimentaires, elle y porte encore les sels qu'elle tient accidentellement en dissolution. Saussure a fait de nom-

breuses expériences à ce sujet ; il a pris les sels les plus connus,
tels que les muriates de soude , d'ammoniaque et de potasse ;
le nitrate et l'acétate de chaux, le sulfate de cuivre et celui
de soude effleuri, les cristaux de sucre, la gomme arabique ,
l'extrait de terreau , etc. Il a fait dissoudre à-peu-près un centième de chacune de ces substances dans l'eau , et a fait végéter dans chaque dissolution une RENOUÉE (*polygonum persi-
caria*), un BIDENT (*bidens cannabina*), une MENTHE (*menta
piperita*), le sapin d'Ecosse, etc. Ces dissolutions furent absorbées dans diverses proportions ; mais ce qui prouve que les sels
ne forment pas un aliment pour la plante, et que ce n'est
qu'une absorption purement mécanique , c'est qu'ils ne sont
pas du tout altérés , et que l'absorption est d'autant plus abondante , que le sel est plus nuisible à la plante. Le sulfate de
cuivre est celui de tous qui éprouve la plus forte absorption :
d'ailleurs les plantes absorbent indistinctement toutes les dissolutions lorsqu'on retranche les racines.

Saussure a encore éprouvé que lorsqu'on fait dissoudre plusieurs sels dans la même eau, et qu'on y fait végéter des plantes,
elles absorbent les sels dans des proportions différentes. Ainsi,
en faisant végéter la même plante dans une dissolution d'acétate de chaux et de muriate de potasse , ce dernier sel a perdu
35 , tandis que l'autre n'a été absorbé que dans la proportion
de $\frac{4}{15}$.

Les expériences du même chimiste nous prouvent que les
plantes ne végètent pas également dans les diverses dissolutions.
Le *polygonum* végéta pendant cinq semaines dans les dissolutions du muriate de potasse, du nitrate de chaux , des sulfate
et muriate de soude ; les racines s'y développèrent comme à
l'ordinaire : tandis que la même plante languit dans la dissolution de muriate d'ammoniaque , et les racines n'y firent aucun
progrès ; elle mourut au bout de huit jours dans les dissolutions
de gomme et d'acétate de chaux, et elle ne vécut que trois jours
dans celle de sulfate de cuivre.

Les résultats de ces expériences peuvent nous éclairer sur
l'effet des eaux salées sur la végétation.

Sennebier a voulu déterminer la proportion qui existait entre
l'eau transpirée et l'eau absorbée : à cet effet , il plongeait le
tronc de la plante dans une bouteille remplie d'eau , et introduisait les feuilles dans un globe de verre. Il obtint des résultats d'après lesquels on voit évidemment que l'absorption et la
transpiration varient beaucoup dans les divers végétaux ; mais
on ne peut pas regarder ces résultats comme absolument rigoureux, attendu qu'il paraît que l'ouverture du globe n'avait pas
été exactement fermée , et que par conséquent l'état de l'at-

mosphère et la chaleur ont dû faire varier la quantité de matière condensée dans le globe.

Les expériences de Guettard, de Duhamel et de Bonnet prouvent que la transpiration aqueuse des plantes se fait par la surface supérieure des feuilles, puisqu'en la vernissant on l'arrête presque entièrement.

Art. 2. *De l'air et des gaz considérés comme agens de la végétation.* Parmi les substances gazeuses essentielles à la végétation on ne peut compter que le gaz oxygène et le gaz acide carbonique, les autres y sont étrangers ou nuisibles; car la RAQUETTE (*cactus opuntia*, qui), d'après les expériences de Saussure, continue à vivre dans le gaz azote, ne doit probablement cette faculté qu'à ce qu'il dégage, de même que quelques autres plantes vertes, une quantité considérable d'oxygène pendant le jour, laquelle fournit à la végétation pendant la nuit. D'ailleurs, Ingenhouz a mis hors de doute que les plantes périssaient dans le gaz azote et dans le gaz hydrogène lorsqu'ils sont seuls.

Nous avons déjà vu que la semence ne pouvait germer qu'autant qu'elle avait le contact de l'air atmosphérique, et que, dans ce cas, l'oxygène absorbé était reproduit en un volume pareil de gaz acide carbonique : de là vient que les semences plongées trop profondément dans la terre y pourrissent sans germer, et que très-souvent, lorsqu'elles n'ont pas été pourries par leur séjour prolongé dans la terre, il suffit de les exposer à l'air, ou de les ramener à une moindre profondeur pour y développer la germination.

Lorsque la plante a pris de l'accroissement, alors l'oxygène est absorbé par les feuilles et les racines.

Ingenhouz avait déjà prouvé que les gaz hydrogène, azote et acide carbonique employés seuls faisaient périr les plantes, mais que la végétation avait lieu lorsqu'ils étaient mêlés dans de faibles proportions avec le gaz oxygène, d'où l'on a conclu que l'oxygène était nécessaire à la végétation; et des expériences faites à ce sujet, on est parvenu à tirer la conséquence que l'absorption de l'oxygène ne se faisait que pendant la nuit.

Saussure a confirmé cette découverte et y a ajouté des faits importans; il s'est assuré non-seulement que l'oxygène est absorbé pendant la nuit, mais que les plantes diffèrent beaucoup entre elles relativement à la quantité qu'elles en absorbent. Les plantes grasses en absorbent le moins, ensuite viennent les arbres verts, ensuite ceux qui perdent leurs feuilles pendant l'hiver. Saussure nous a donné la table des quantités d'oxygène qui sont absorbées pendant un mois par les principales espèces de ces plantes, il en résulte que l'absorption est dans quelques-unes de huit, le volume de feuilles étant un.

Le même chimiste a prouvé que l'oxygène se convertissait en acide carbonique dans la plante, et que celui-ci se décomposait à la lumière pour produire l'oxygène qu'elle fournit; car, lorsque l'air atmosphérique ne contenait pas d'acide carbonique, la quantité d'oxygène transpiré était dans une proportion exacte avec l'oxygène inspiré, tandis que, si l'acide carbonique s'y trouve mêlé, la proportion est plus forte. D'ailleurs ni la machine pneumatique ni la chaleur ne peuvent extraire l'oxygène absorbé, ce qui annonce sa combinaison dans la plante.

Saussure s'est encore convaincu que les racines absorbent de l'oxygène, lequel, selon toutes les apparences, se convertit en acide carbonique, qui, transporté dans les feuilles, s'y décompose par la lumière, et fournit de l'oxygène par la transpiration. La transpiration de l'oxygène par les feuilles et à la lumière n'a lieu qu'autant que la feuille n'est pas désorganisée; elle continue lorsqu'on l'a coupée en morceaux avec un couteau, mais elle cesse lorsqu'on l'a broyée.

Nous venons de voir que les plantes se nourrissent d'oxygène pendant la nuit, et qu'elles transpirent le même gaz à une lumière vive pendant le jour; mais Saussure a prouvé que les plantes ne sauraient végéter pendant le jour dans de l'air atmosphérique qui ne contiendrait pas quelques parties de gaz acide carbonique. A la vérité, les plantes exposées au soleil peuvent vivre dans l'air qui a été dépouillé préalablement, par des procédés connus, de tout son acide carbonique; mais, dans ce cas, la végétation ne se soutient que parce que la plante transpire elle-même un peu de cet acide, qui est absorbé de suite; car lorsqu'on s'en empare par le moyen de la chaux à mesure qu'il se produit, la plante cesse de croître et les feuilles tombent.

D'un autre côté, le même chimiste a prouvé que les plantes pouvaient vivre et fleurir pendant la nuit avec plus de vigueur dans l'air atmosphérique, absolument purgé de gaz acide carbonique par la chaux, que lorsque ce même air atmosphérique contient du gaz acide carbonique.

Ainsi le gaz acide carbonique est nécessaire à la plante pendant le jour, et plus qu'inutile pendant la nuit; il forme donc un des alimens de la plante pendant le jour.

L'absorption de l'acide carbonique dans l'acte de la végétation avait été prouvé par le célèbre Priestley en 1771. Cet habile physicien fit voir, à cette époque, que l'air qu'on altérait par la combustion d'une bougie s'améliorait par la végétation au point de redevenir propre à entretenir la combustion. Après lui, Henri de Manchester, Sennebier, Ingenhouz et Saussure ont mis ce point de doctrine hors de doute. Il résulte de leurs expériences, sur-tout de celles du dernier, que les plantes ne végètent point dans l'acide carbonique pur, qu'elles commencent à végéter au soleil lorsque le gaz acide carbonique n'est plus que dans la proportion de 0,50 avec celle de l'air atmosphérique, que la végétation est d'autant plus active que la proportion est moindre, et que lorsque la proportion est de 0,083, les plantes y végètent mieux que dans l'air ordinaire.

Art. 3. *Des engrais considérés comme agens de la végétation.* J'appelle *engrais* les débris et produits des végétaux ou des animaux, qui servent de nourriture à la plante; je réserve le mot *amendement* pour exprimer la division, le mélange, en un mot la préparation et disposition des terres de la manière la plus favorable à produire une bonne végétation : ainsi les fumiers, le terreau, toutes les substances animales et végétales sont des engrais; la chaux, les plâtras, la marne, les labours sont des amendemens.

L'agriculture ne prospère que par les engrais, et c'est à s'en procurer que doivent tendre tous les soins du cultivateur. C'est cette nécessité bien sentie qui a fait adopter aujourd'hui assez généralement la culture des fourrages artificiels; on s'est dit qu'avec des fourrages on avait des bestiaux, qu'avec des bestiaux on avait des engrais, qu'avec des engrais on avait tout. Le système d'agriculture des Anglais repose tout entier sur ce principe, et déjà en France on en éprouve les plus heureux résultats.

Nous devons beaucoup moins nous occuper ici de la nécessité de former des engrais que de la manière dont ils agissent dans la végétation : ainsi, après avoir établi cette grande vérité fondamentale en agriculture, je rentre dans mon sujet. Je passerai sous silence pour le moment l'effet accessoire des engrais, soit comme amendement, soit comme stimulant, pour ne les considérer que comme principe nutritif.

Les plantes élevées dans une terre absolument privée de débris végétaux ou animaux, y croissent d'une manière chétive et misérable : Giobert, de Turin, a prouvé que les végétaux confiés à une terre composée du mélange le mieux assorti de silice, d'alumine, de chaux et de magnésie ne s'y développaient que très-imparfaitement, quoique le mélange fût convenablement imprégné d'eau. Saussure a observé que le terreau dépouillé par les lavages des sucs et des débris végétaux, perdait en grande partie ses vertus, et n'était presque plus propre à favoriser la végétation. Hassenfratz a fait germer dans de l'eau pure plusieurs semences : la plante a poussé des feuilles et produit des fleurs; mais en déterminant rigoureusement la quantité de carbone que les produits réunis de la végétation ont fournie, il a vu constamment qu'elle était un peu moindre que celle que contenait primitivement la graine. A la vérité, Saussure a obtenu des résultats différens de ceux d'Hassenfratz, en élevant dans l'eau distillée la MENTHE, *mentha piperata*, puisque le produit en carbone a été double de celui qui y existait originairement ; mais ces résultats ne paraissent contradictoires que parce qu'on ne fait pas attention aux circonstances dans lesquelles s'est faite la végétation : si la végétation a eu lieu dans un endroit obscur ou peu éclairé, la quantité de carbone doit être moindre ; elle doit au contraire être plus considérable lorsque la végétation s'opère par le contact d'une lumière vive. Dans ce premier cas, la plante absorbe de l'oxygène, ainsi que nous l'avons déjà observé ; mais elle n'en transpire point, par cela seul qu'elle n'a pas le contact d'une lumière vive ; dans le second, elle absorbe de l'acide carbonique et exhale de l'oxygène pendant le jour, de sorte qu'elle conserve le carbone, qui est un des deux principes constituans de l'acide carbonique.

Mais tout ce que la plante prend de carbone, par l'absorption et la décomposition de l'acide carbonique contenu dans l'air, est bien peu de chose en comparaison de ce que lui fournit le sol imprégné des débris des substances animales et végétales : aussi les terrains qui en sont le plus abondamment pourvus sont-ils les plus propres à la végétation, et ce n'est qu'en les imprégnant de temps en temps, et avant de leur confier les graines, qu'on y perpétue la faculté de produire.

Mais comment les sucs végétaux ou animaux déposés ou mêlés avec la terre peuvent-ils être charriés et introduits dans la plante ? Comment ces mêmes sucs, une fois portés dans le végétal, peuvent-ils s'y décomposer et fournir le carbone qui en devient principe constituant ? Cette double assertion embrasse toute l'opération de l'absorption et de la digestion des alimens contenus dans l'engrais. Sa solution, si elle était complète, nous donnerait toute la doctrine de la végétation ; mais, pour y arriver, il faudrait connaître les lois de la vitalité végétale, et nous sommes encore bien éloignés d'avoir des connaissances suffisantes sur l'action intérieure de l'organisation des végétaux. Nous nous bornerons donc à présenter quelques faits, laissant au temps, à l'observation et à l'expérience le soin d'ajouter à nos connaissances sur cette importante doctrine.

L'eau paraît être le véhicule ou le principal conducteur des sucs nutritifs du végétal : ce liquide dissout les principes qui se trouvent dans les engrais, et les transporte dans tous les organes de la plante, où ils restent soumis à son action vitale ; ainsi lorsque les engrais sont déposés dans la terre, l'eau qui filtre se charge des sucs solubles, et pénètre dans les pores pour les faire servir à la nutrition : on peut même en imprégner l'eau au dehors, et produire le même effet par les arrosages. Une plante confiée au terreau y végète avec succès; mais elle reçoit le même accroissement dans le terreau lessivé lorsqu'on l'arrose avec l'eau des lessives. *Voyez* Humus et Terreau.

Indépendamment des sucs alimentaires, l'eau peut entraîner dans les plantes tout ce qui est soluble dans ce liquide : c'est ainsi qu'elle y transporte les sels, dont plusieurs sont essentiellement nuisibles à la végétation, ainsi que nous l'avons déjà observé. Cette faculté de l'eau paraîtrait prouver que son action est purement mécanique et pas du tout déterminée par le choix, le goût ou la vitalité de la plante; on dirait que celle-ci est passive de l'introduction des sucs, et que son action vitale ne commence que dans les organes où doit s'en faire l'élaboration ou la digestion.

Mais je ne pense pas que l'eau soit le seul véhicule des sucs alimentaires des engrais; il me paraît que les sucs peuvent présenter une telle combinaison, qu'elle puisse couler dans la plante sans ce véhicule. Nous avons déjà vu que, dans le moment de la germination d'une graine, les trois principales qui la composent se réduisent en *émulsion*; et sous cette forme, ils peuvent passer dans le végétal pour servir à sa nutrition. La même combinaison peut avoir lieu dans les engrais, qui tous contiennent des huiles et plus ou moins de mucilage, ce qui suffit pour former une émulsion; la seule différence qui existe entre celle-ci et celle des graines, c'est que celle des engrais contient beaucoup moins d'amidon. Il paraît que l'amidon est l'aliment par excellence de l'embryon végétal, et que la plante devenue forte n'exige pas une aussi grande quantité de ce principe nutritif.

Nous voyons donc que tous les principes qui constituent le végétal peuvent y entrer presque en nature, et qu'il ne faut que le travail de la digestion ou l'action organique des forces vitales pour les digérer, les approprier, les assimiler et former les organes et les fruits propres à chaque plante.

Sans vouloir pénétrer dans le mécanisme des fonctions qui sont régies par les lois vitales et organiques, nous pouvons néanmoins soulever un coin du voile qui couvre ces opérations et expliquer physiquement quelques phénomènes qui tiennent à la nutrition et assimilation des sucs alimentaires.

Dans un mémoire que j'ai publié sur le suc des euphorbes, j'ai fait voir que le carbone, qui y est très-abondant, pouvait en être dégagé en partie par le contact des acides, de l'oxygène et autres corps.

Depuis quelques années, on a fait l'application la plus heureuse de cette vérité à la clarification de quelques huiles : il suffit de mêler un gros d'acide sulfurique avec une livre d'huile de colza pour en précipiter une grande quantité de carbone qui s'y trouve en excès ; l'huile prend, par le repos et la soustraction de ce carbone qui se précipite, une fluidité et une transparence qu'elle n'avait pas auparavant.

De sorte que, dans le végétal, l'action de l'air ou celle des acides doit déterminer la précipitation du carbone charrié par les huiles : c'est ce carbone et celui qui provient de la décomposition de l'acide carbonique et autres principes nutritifs qui forme la fibre, le bois, la charpente du végétal.

L'hydrogène qui, après le carbone, est un des principes les plus abondans dans la plante, paraît essentiellement fourni par la décomposition de l'eau.

L'oxygène provient de l'air qui entoure la plante par laquelle il est absorbé pendant la nuit, et de la décomposition de l'acide carbonique.

Les autres principes, tels que les sels et les terres que l'analyse démontre dans la plante, y paraissent portés par l'eau dans un état de dissolution ou dans une extrême division.

Ces principes, soumis à l'action vitale et organique du végétal, forment les élémens, qui, différemment combinés et dans des proportions infinies, constituent tous les produits de la végétation, tels que huiles, résines, amidon, gommes, acides, fibres, etc., etc.

Nous avons déjà observé que la plante absorbait en nature l'huile, le mucilage, l'amidon dans un état d'émulsion, de sorte qu'indépendamment des trois élémens dont nous venons de parler, le végétal reçoit des composés tout formés qu'il travaille, assortit et assimile à sa nature. En réunissant tout ce que nous avons dit sur l'air, l'eau et les engrais, on se formera une idée exacte de tout ce qui concourt à sa nutrition. L'élaboration, l'altération de ces sucs par les organes du végétal est opérée par les lois vitales, dont l'action nous est peu connue, et nous léguons à nos neveux cette intéressante portion de doctrine qui ne peut être éclaircie que par une longue suite de recherches et d'observations.

SECT. II. DES TERRES CONSIDÉRÉES DANS LEURS RAPPORTS AVEC LA VÉGÉTATION.

La terre sert de support à la plante, et sous le rapport de cette fonction elle doit avoir des qualités particulières que nous tâcherons de faire connaître ; mais, indépendamment de cette propriété, la terre peut être considérée comme le réceptacle et l'intermède des sucs nutritifs qui doivent entretenir la végétation, de sorte que son action ou son influence peut être envisagée sous deux points de vue différens.

Il est difficile de déterminer quel est le mélange terreux le plus favorable à la végétation, car il dépend essentiellement de la nature très-variée des plantes : les unes croissent et prospèrent dans un sol gras et argileux, les autres se plaisent dans un terrain aride, sablonneux ou calcaire.

Mais en faisant connaître quelles sont les conditions les plus généralement utiles pour assurer une bonne disposition du terrain pour le végétal, nous parviendrons à établir quelques principes généraux sur l'influence mécanique du sol dans la végétation.

Nous distinguerons d'abord trois principales espèces de sol (les autres n'étant que des mélanges de ceux - ci à différentes proportions); savoir, le sol argileux, le sol calcaire et le sol siliceux ou sablonneux (1).

Le sol argileux a les caractères suivans : il est compacte quand il est sec, pâteux lorsqu'il est mouillé ; il lâche difficilement l'eau dont il est pénétré; il durcit et se fend par la dessiccation ; il empâte le soc de la charrue après les pluies ; il s'enlève en mottes peu friables après les sécheresses. Les racines y pénètrent avec peine; les semences y pourrissent par suite de l'humidité ou des pluies continues; il reçoit l'eau avec avidité lorsqu'il est sec. Cette terre, ramenée à la surface par des labours profonds, ne peut servir à la végétation qu'après avoir été long-temps aérée. *Voyez* ARGILE et MARNE.

Le sol calcaire est naturellement sec, friable, poreux, léger, etc.; l'eau y pénètre aisément, et elle s'évapore avec la même promptitude. Il peut être labouré presque en tout temps, mais les labours y sont moins nécessaires que dans l'argileux, parce qu'il n'a pas le même besoin d'être divisé. Les semences peuvent y germer à une plus grande profondeur, parce qu'il est plus perméable à l'air; les racines y plongent sans peine.

Le sol siliceux ou sablonneux est le plus aride de tous ; il peut être mouillé par les eaux, mais les molécules n'en sont pas pénétrées. Il est très-meuble; il cède aisément à la charrue; il se dessèche promptement. *Voyez* SABLE.

Aucun de ces sols n'existe pur parmi ceux qui sont employés

---

(1) Je ne parle point ici de quelques autres terres qui existent mélangées avec celles dont nous venons de parler, parce qu'elles s'y trouvent dans de trop faibles proportions, et qu'elles ne donnent point leur caractère à la masse. Nous pourrions peut-être excepter la magnésie, qui abonde dans plusieurs endroits : celle-ci a quelques rapports avec la terre calcaire ; elle est poreuse, légère et friable comme elle, mais elle tient un peu plus du caractère de l'argile par la consistance pâteuse qu'elle prend avec l'eau ; elle retient ce liquide avec plus de force que la terre calcaire, et devient friable lorsqu'elle l'a perdu. *Voyez* MAGNÉSIE.

à la culture, c'est-à-dire qu'aucun terrain cultivé n'est uniquement formé d'argile, de terre calcaire ou de silice. Tous nous présentent un mélange de plusieurs principes terreux à diverses proportions ; mais on est convenu de désigner par les mots *sol argileux*, *sol calcaire* ou *sol siliceux*, un sol où l'un de ces trois principes prédomine au point de donner son caractère au mélange. *Voyez* SOL et TERRAIN.

Pour qu'un terrain soit favorable à la végétation, il faut qu'il réunisse les conditions suivantes :

1°. Être assez poreux ou perméable pour que l'air puisse pénétrer aisément à une certaine profondeur, pour que l'eau y filtre facilement, et pour que les racines puissent y plonger, s'y ramifier et s'y étendre en tous sens.

2°. Présenter assez de consistance ou de ténacité pour que les racines s'y établissent solidement et résistent aux agitations que les mouvemens de l'atmosphère impriment aux branches.

3°. Recevoir l'eau et s'en imprégner de manière qu'elle ne s'évapore pas trop promptement et qu'elle soit fournie à la plante selon ses besoins.

Or, il n'y a aucun des sols désignés ci-dessus qui présente tous ces avantages. L'argileux résiste à l'extension des racines ; il est imperméable à l'air, il serre et étrangle la plante quand il est sec ; il la pourrit lorsqu'il est humide. Le calcaire boit l'eau avec avidité, et la laisse filtrer ou évaporer avec une telle facilité, que la plante y est alternativement inondée et desséchée. Le sablonneux joint aux inconvéniens de ce dernier celui de ne pas fournir un support assez fixe au végétal.

A la vérité, le terrain si productif d'une grande partie de la Belgique n'était à son origine qu'un sable fin rejeté par la mer, ou des couches d'alluvion formées par les rivières qui la sillonnent. Mais si l'on considère que les nombreux canaux qu'on a creusés dans ce pays facilitent par-tout à l'agriculture le transport des denrées et des engrais ; si l'on considère que presque par-tout l'eau se trouve à une faible profondeur d'environ un pied à 18 pouces au-dessous de la surface du sol ; si enfin l'on fait attention que l'art de produire et d'employer les engrais est arrivé dans la Belgique au plus haut degré de perfection, on ne sera plus étonné de l'état florissant de l'agriculture dans ce pays ; et le sol qui, par sa nature, paraît peu favorable à la végétation, se trouve être le plus propre de tous du moment qu'une nappe d'eau peu profonde et des engrais nombreux et bien appropriés aux divers genres de culture fournissent tous les sucs nécessaires.

Ainsi que dans la Belgique, nous voyons presque par-tout que l'industrie a donné à l'agriculture des terrains que leur nature avait voués à la stérilité ; c'est par des labours, des engrais et le mélange d'autres terres qu'on est parvenu à ces résultats ; c'est ce genre d'amélioration qui constitue l'art si précieux des amendemens.

Lorsqu'on veut amender une terre ou la rendre la plus propre possible à la végétation, il faut commencer par en étudier la nature et constater ses qualités et ses défauts.

Ces premières connaissances nous indiquent déjà quelles sont les plantes qui conviennent à un terrain ; car il en est qui se plaisent dans un sol compacte et argileux, tandis que d'autres préfèrent une terre aride et poreuse ; il en est qui demandent un terrain ouvert et profond pour y développer convenablement leurs longues racines, tandis que d'autres, munies de racines fibreuses et pivotantes, n'exigent qu'une mince couche de terre végétale. C'est à l'agriculteur à bien étudier son terrain, pour ne lui confier que les plantes qui lui conviennent.

Mais, par le secours des amendemens, on peut corriger les vices d'un terrain quelconque et les ramener tous à présenter les dispositions les plus favorables à la végétation : ces amendemens consistent dans le mélange des terres, l'emploi des fumiers et l'usage des labours. Nous allons les considérer séparément.

On amende un terrain compacte et argileux en y mêlant des terres sèches, calcaires ou sablonneuses ; en y portant des plâtras, des gravois, de la chaux, des cendres et autres principes absorbans. Par ce mélange on divise la terre et on la rend plus perméable à l'air ; l'eau la pénètre plus aisément, la charrue la sillonne sans peine, les racines s'y établissent plus facilement et plongent à une plus grande profondeur.

S'il s'agit, au contraire, d'amender une terre aride, légère et trop poreuse, le mélange d'argile est l'amendement le plus convenable de tous.

De tous les amendemens connus, celui que fournit la marne est le plus généralement employé : on s'en sert pour toutes les espèces de sols, parce que la marne les améliore tous ; mais comme elle est de nature très-différente, qu'elle est ou grasse ou maigre, selon la proportion de ses principes constituans, qui sont sur-tout l'argile et la chaux, il faut faire choix de celle qui convient le mieux au terrain qu'on se propose de marner. La propriété qu'a la marne en général de se fuser, de se diviser et d'effleurir à l'air, développe son action et ajoute à sa vertu amendante les propriétés dissolvantes et stimulantes dont nous parlerons par la suite. Indépendamment de cette seconde propriété, il paraît que la marne qu'on mêle dans un terrain quelconque lui communique la vertu qu'elle possède de prendre l'eau et de la retenir assez pour ne la livrer à la plante qu'à mesure de ses besoins : de sorte que cet amendement réunit plusieurs bonnes qualités qu'aucun autre ne présente au même degré.

On peut considérer les fumiers non-seulement comme fournissant des sucs nutritifs au végétal, mais comme amendant le terrain auquel on les confie. En effet, les fumiers divisent la terre, la tiennent entr'ouverte, y facilitent l'accès de l'air, la filtration des eaux, et y laissent pour résidu des principes salins et terreux qui, par le laps du temps et après une longue suite d'engrais, changent ou modifient avantageusement le sol primitif.

On a long-temps disputé pour savoir s'il était plus convenable d'employer les fumiers faits et bien pourris que les fumiers longs ou de litière. La solution de cette question ne peut pas être donnée d'une manière absolue, parce qu'elle dépend de la nature du terrain qu'on a à semer, et de l'espèce de plante qu'on confie à la terre. Il est plus avantageux d'employer les fumiers longs dans les terres compactes, parce qu'ils tiennent la terre ouverte et la rendent plus perméable à l'air et à l'eau : les fumiers courts sont préférables pour les terrains calcaires et poreux. Une autre considération peut encore déterminer à préférer l'un à l'autre, c'est que les fumiers courts s'usent et se consument dans l'année, tandis que l'effet des fumiers longs se fait ressentir pendant deux à trois ans. Ainsi le premier est tout employé à produire une récolte ; le second peut en nourrir plusieurs, et par conséquent il faut employer celui-ci en plus grande quantité si l'on veut avoir un même résultat de part et d'autre la première année. On voit d'après cela quel est l'avantage qu'on doit retirer des feuilles, des bruyères, des pailles qu'on ensevelit dans une terre.

De tous les amendemens employés, le labour est le plus commun. Il divise et ameublit la terre ; il ramène à la surface celle qui n'est pas assez aérée, c'est-à-dire assez pourvue d'humus soluble ; il facilite la filtration et l'écoulement des eaux ; il détruit les mauvaises plantes et en nettoie le sol.

C'est en partant de ces idées qu'on sentira combien un labour profond est préférable à un labour superficiel ; car, par le labour profond, on permet aux racines de plonger et de se mettre à l'abri de l'ardeur dévorante du soleil, on donne à l'eau la facilité de filtrer à une plus grande profondeur, et d'y rester, à l'abri de l'évaporation, pour fournir aux besoins du végétal.

Mais lorsqu'on fait, pour la première fois, des labours profonds dans une terre, sur-tout dans une terre compacte, il faut laisser long-temps aérer celle qu'on ramène du fond avant de l'employer à produire ; sans cela on courrait risque de n'avoir qu'une médiocre récolte.

C'est, sans contredit, à ces labours profonds que Fellemberg doit les principaux résultats de sa culture, et on ne saurait trop les recommander à nos agriculteurs, qui, en général, ne connaissent pas encore cette source précieuse de prospérité agricole.

Mais les labours profonds ne sont pas également avantageux pour toutes les terres : ils ne sont essentiellement nécessaires que pour les terres fortes, compactes et argileuses. Les terres calcaires, naturellement trop poreuses, n'exigent de labour que pour recouvrir les semences qu'on leur confie.

Il est même des terres où les labours profonds ne sont pas praticables, telles sont celles qui ne forment qu'une couche de quelques pouces d'épaisseur, ou au-dessus de bancs de roche, ou au-dessus du sable, et d'autres couches peu propres à la végétation.

Après avoir considéré la terre sous le rapport de ses propriétés presque mécaniques, il nous reste à examiner si on peut la regarder comme contribuant à la végétation, en formant un des alimens de la plante.

La terre est-elle un des alimens de la plante ?

Saussure a fait, à ce sujet, quelques expériences très-propres à éclaircir cette question ; il a élevé comparativement des plantes,

1°. En les arrosant avec de l'eau distillée ;

2°. En les élevant dans du gravier et en les arrosant avec de l'eau de pluie ;

3°. En les élevant dans du terreau.

L'analyse a fourni un résidu terreux et salin bien différent dans les diverses plantes. Il s'est présenté dans le rapport qui suit :

> 3,9 pour les premières ;
> 7,5 pour les secondes ;
> 12,0 pour les troisièmes ;

Saussure a encore comparé le résidu terreux des plantes ayant végété sur un sol granitique et sur un sol calcaire, et il a trouvé constamment beaucoup plus de silice et d'oxides métalliques dans les premières, et beaucoup plus de terre calcaire dans les secondes. Le *pinus abies*, élevé dans les deux espèces de terrain, a fourni les proportions suivantes :

	Sol granitique.	Sol calcaire.
Potasse.	3,60	15
Sulfates et muriates alcalins. .	4,24	15
Carbonate de chaux.	46,34	63

	Sol granitique.	Sol calcaire.
Carbonate de magnésie	6,77	o
Silice	13,49	o
Alumine	14,86	o
Oxides métalliques	10,52	o

Il paraît hors de doute, d'après cela, que les plantes tirent du sol une partie des principes fixes qu'elles fournissent à l'analyse; mais pompent-elles la totalité du sol? Ou se forme-t-il des terres par l'acte de la végétation? Saussure embrasse la première opinion, Schræder cherche à établir l'opinion contraire (1).

Schræder détermina, par l'analyse, la quantité de terre que contenaient des quantités données de froment, de seigle, d'orge, d'avoine; il éleva les graines dans des fleurs de soufre, qu'il arrosait avec l'eau distillée; il employa aussi au même usage les oxides d'antimoine et de zinc; il eut l'attention de les exposer au soleil dans un jardin, mais à l'abri de la poussière et de la pluie; il trouva constamment dans la plante plus de matière terreuse que n'en contenait la semence.

Lampadius a planté différens végétaux dans des terres pures, il les a arrosés avec l'eau de fumier; tous ont pris leur accroissement, et chacun contenait des parties terreuses qui n'existaient pas dans le sol primitif.

Il est possible, comme l'observe Saussure, qui, lui-même, a trouvé 46,34 de carbonate de chaux, par l'analyse d'une plante élevée dans le granit qui n'en contenait point; il est possible, dis-je, que l'eau qui coule au pied, que celle qui est fournie par l'air, ou celle qui sert aux arrosages, transporte peu-à-peu les matières terreuses dans le végétal. Cependant il ne faut pas regarder la question comme décidée, elle appelle l'attention des chimistes et exige de nouvelles expériences.

SECT. III. DE L'ACTION DES STIMULANS SUR LA VÉGÉTATION.

Nous avons parlé jusqu'ici des sucs nutritifs du végétal et du pouvoir de la terre dans tout ce qui concerne la végétation, il nous reste à parler de quelques agens qui influent puissamment sur toutes les fonctions de la plante et sans le concours desquels il n'y a pas de végétation.

Il ne suffit pas de présenter des alimens à la plante, il faut

---

(1) Mémoire couronné à Berlin, en 1800, sur cette question : *Déterminer la proportion des parties constituantes terreuses des différentes espèces de blé, et s'assurer si les parties terreuses se forment par la végétation.*

encore que ses organes soient disposés à les recevoir et à les digérer ; et ces dispositions sont subordonnées à l'influence de quelques agens qui excitent ces organes, les irritent, les mettent en jeu et développent en eux les facultés nécessaires. Ces agens sont principalement la chaleur et la lumière. Nous allons considérer leur action séparément.

Chap. I. action de la chaleur dans la végétation.

Nous avons déjà observé que la germination n'a pas lieu à une température voisine du terme de la glace ; elle ne se développe en général qu'à quelques degrés au-dessus de cette température ; et la végétation est d'autant plus active, que la chaleur atmosphérique est plus élevée, pourvu toutefois que la sève soit suffisamment délayée ; car une chaleur forte qui agit après un temps sec n'active pas la végétation en proportion du degré de température.

Le docteur Walker a prouvé que lorsque la sève a commencé à couler par plusieurs incisions faites au tronc ou à la tige d'une plante, on peut suspendre l'écoulement en appliquant de la glace aux ouvertures, de telle sorte qu'on l'interrompe à un ou plusieurs orifices, tandis qu'il continue à d'autres.

La première impression de la chaleur sur une plante ramollit donc la sève, la met en mouvement et en circulation, et le bourgeon grossit.

Il paraît que le premier mouvement de la sève n'est dû qu'à l'expansion et à l'action de celle qui est ramassée dans l'aubier : cette opinion se déduit naturellement des belles observations de Knight. (*Transact. philosoph.* v. 1801 et suiv.)

Ce physicien a prouvé qu'après que la plante a développé toutes les parties qui se forment, depuis le printemps jusqu'à la fin de l'été, les feuilles continuent à pomper dans l'air et à verser dans l'aubier, par des vaisseaux dont il a suivi la direction, tous les sucs qu'elles absorbent. La sève reste en dépôt dans l'aubier jusqu'à ce que la chaleur vienne la mettre en mouvement ; ce qui arrive au printemps, ou par l'exposition du végétal à une température chaude.

De la doctrine admise par Knight, il doit s'ensuivre que la pesanteur spécifique de l'aubier doit être plus forte en hiver qu'en été, attendu que, dans le premier cas, la sève, durcie dans le tissu de l'aubier, remplit tous les pores, et qu'alors le même volume d'aubier contient plus de matière : c'est aussi ce qui est confirmé par l'observation. On abattit, pendant l'hiver et pendant l'été, des perches de chênes du même âge et nourris sur le même sol, on les fit sécher au même degré de chaleur ; la pesanteur spécifique du bois abattu en hiver se trouva de 0,679, et celle du bois abattu en été, de 0,609. La pesanteur spécifique de l'aubier du premier était de 0,583, et celle de celui du dernier, de 0,533. L'infusion de l'aubier de l'arbre abattu en hiver était d'une couleur plus foncée que celle de l'autre; sa pesanteur s'est trouvée de 1,002, tandis que celle du second était de 1,001.

On peut concevoir, d'après cette doctrine, comment il est possible qu'une branche d'arbre introduite dans une serre chaude par une ouverture particulière y parcoure les premiers périodes de la végétation, et produise successivement des feuilles, des fleurs, des tiges, tandis que les autres parties de l'arbre exposées au froid extérieur ne montrent aucune apparence de vie. On voit encore, en partant de la même théorie, la raison pour laquelle les branches et les arbres coupés en automne végètent, pour la plupart, au printemps, jusqu'à ce qu'ils aient épuisé le dépôt de sève qui s'était formé après l'été.

Cette accumulation de la sève dans le tissu de l'aubier a beaucoup d'analogie avec l'amas de graisse qui se forme dans le tissu cellulaire d'un grand nombre d'animaux aux approches de l'hiver. Dans ces derniers, cette provision de graisse sert à l'entretien de la vie pendant l'engourdissement de quelques-uns, et à la nutrition de tous pendant la saison rigoureuse où ils manquent d'alimens; tandis que dans les plantes l'amas de sève déposé dans l'aubier fournit les premiers sucs nutritifs, lorsque la chaleur vient réveiller les organes avant que la terre soit encore échauffée, et que les racines puissent pomper les sucs qui y sont contenus.

On doit donc les premiers développemens de la végétation à la chaleur atmosphérique, qui ramollit les sucs déposés dans l'aubier, leur imprime le mouvement, et excite en même temps les organes. Mais lorsque la terre a enfin reçu l'impression de la chaleur, lorsqu'elle s'est mise *en amour,* pour me servir d'une expression vulgaire mais énergique, alors les racines pompent l'eau et les sucs alimentaires contenus dans la terre, et ces sucs sont transportés dans toutes les parties du végétal par le moyen des vaisseaux qui se trouvent dans le bois et sur-tout dans l'aubier.

Dans le second période de la végétation, la sève est si abondante qu'elle transsude par les pores et coule par toutes les incisions qu'on pratique sur le tronc. C'est dans ce période qu'on voit suinter la sève par l'extrémité des tiges, surtout lorsqu'on les a taillées.

Il est hors de doute que, dans ce période de la végétation, la sève monte des racines aux branches; car, si on pratique plusieurs incisions et à différentes hauteurs sur le tronc d'un arbre, la sève commence à couler par les plus basses, et l'écoulement s'établit successivement et régulièrement dans toutes jusqu'aux plus hautes. Duhamel et Bonnet, en arrosant des plantes avec des liqueurs colorées, ont vu constamment la matière colorante se montrer d'abord à la partie la plus basse et s'élever insensiblement.

Il résulte des observations de Knight que la sève augmente en densité à mesure qu'elle s'élève : la sève retirée d'un sycomore, à fleur de terre, a donné 1,004 de pesanteur spécifique, tandis que celle qui a été extraite à la hauteur de 6 pieds a présenté 1,008 ; et celle qui découlait à 10 pieds et demi, 1,012.

Mais en même temps que la sève s'épaissit par son ascension, il paraît qu'elle change de nature : la sève extraite au pied de l'arbre est insipide, tandis que celle qu'on puise dans la longueur de l'arbre est d'autant plus sucrée qu'on la cueille à une plus grande hauteur.

Le goût sucré que prend la sève en circulant dans l'arbre paraît annoncer qu'il y a *décarbonisation* ; ce qui porte à croire que l'oxygène absorbé par les racines se convertit en acide carbonique, et offre un phénomène analogue à celui que nous avons observé dans les premiers momens de la germination des graines.

Dans ce second période de la végétation, les feuilles parviennent à leur accroissement naturel ; et dès-lors elles pompent les gaz et l'eau dans l'atmosphère, et deviennent les prinpaux organes de la végétation.

Knight a éprouvé qu'un jet de vigne privé de ses feuilles cessait de végéter.

Lorsqu'on enduit d'un vernis les surfaces des feuilles, la végétation s'arrête et la plante meurt.

Il est connu qu'une plante ne pousse point lorsque les insectes dévorent les feuilles à mesure qu'elles se forment.

Les feuilles absorbent dans l'air tous les principes qui servent à la nutrition du végétal ; elles y versent aussi, comme nous l'avons observé, des gaz et quelques humeurs excrétoires. Knight a suivi avec un grand soin les vaisseaux qui charrient les sucs depuis les feuilles jusqu'à l'écorce intérieure des plantes, et même jusqu'à l'aubier ; il a observé que ces vaisseaux se dirigeaient constamment de haut en bas.

D'après tout ce que nous venons de dire, on peut distinguer plusieurs périodes bien marqués dans les progrès de la végétation annuelle d'une plante.

Le premier période comprend le moment où la sève ramassée dans les racines et dans l'aubier se met en mouvement par l'impression d'une chaleur quelconque, soit naturelle, soit artificielle, et produit les premiers développemens de la végétation.

Le second période est celui où les racines commencent à pomper les sucs de la terre et portent abondamment dans le cœur de l'arbre pour fournir à la nutrition et à l'accroissement.

Dans le troisième période, les feuilles deviennent, à leur tour, le principal organe de la nutrition ; et après avoir fourni aux fonctions annuelles du végétal, telles que la formation des fruits ou graines, elles versent le superflu des sucs nutritifs dans le tissu de l'aubier et des racines pour servir aux premiers développemens de la végétation l'année suivante.

CHAP. II. ACTION DE LA LUMIÈRE DANS LA VÉGÉTATION.

Ainsi que la chaleur, la lumière paraît être, non un aliment, mais une condition nécessaire pour obtenir une bonne végétation.

La lumière et la chaleur n'entrent point comme élémens matériels de la nutrition dans le végétal, leur action se borne à stimuler les organes, à les exciter, etc.; et c'est pour cela que nous avons cru devoir classer ces deux corps parmi les *stimulans*.

L'effet le plus marqué de la lumière sur la végétation, c'est de développer la couleur des végétaux ; tous ceux qui sont à l'abri de cet agent blanchissent, en même temps que leur tissu devient plus mou, plus tendre et d'une saveur plus fade. Les jardiniers ont même appris à tirer parti de cette propriété ; et ils recouvrent de terre ou placent dans des lieux obscurs, tels que les caves, les légumes qu'ils se proposent de blanchir. Quoique la lumière ne soit qu'un agent stimulant, elle forme une condition nécessaire à la végétation. Gougz a fait voir que, par elle-même, la lumière n'avait pas la propriété de verdir les végétaux, et que la couleur verte n'était jamais produite sans la présence de l'oxygène. (*Mémoires de Manchester*, t. 4, p. 501.)

Ces phénomènes s'expliquent naturellement si l'on fait attention que les plantes absorbent l'oxygène pendant la nuit et qu'elles le transpirent pendant le jour; car il s'ensuit que les plantes exposées pendant long-temps à l'obscurité se saturent d'oxygène, lequel, en se combinant avec le carbone, produit de l'acide carbonique, qui ne peut que s'accumuler dans le végétal sans s'y décomposer, attendu que la lumière seule peut opérer cette décomposition.

La plante privée de la lumière doit donc s'étioler en se surchargeant d'acide carbonique. Cette assertion est portée au dernier degré d'évidence par les faits suivans : dans une galerie d'environ 200 toises de longueur, pratiquée dans une mine de charbon pour aller couper en flanc les filons de combustible, je m'aperçus que les *fungus* (champignons) qui s'étaient formés sur les nombreux étançons de cette galerie, variaient en couleur et consistance, et que ceux qui étaient les plus éloignés de l'ouverture ou de la porte ne présentaient que peu de consistance et étaient très-blancs; tandis que ceux qui étaient les plus rapprochés du dehors étaient colorés en jaune et très-compactes : j'en cueillis, dans le fond de la galerie, parmi ceux qui étaient à l'abri de toute lumière solaire; j'en pris d'autres à la porte, où la lumière les frappait avec assez d'intensité. Les premiers ne m'ont fourni qu'une masse énorme de liquide fortement chargé d'acide carbonique; ils se sont réduits d'eux-mêmes en une eau dans laquelle on n'apercevait que quelques pellicules ou filamens fibreux, tandis que les seconds ont conservé leur forme, leur couleur, leur consistance, et n'ont produit que peu d'acide carbonique et beaucoup de principe fibreux. Il est évident que ceux de ces champignons qui s'étaient formés dans l'obscurité avaient absorbé beaucoup d'oxygène et beaucoup d'eau, qu'il s'était produit beaucoup d'acide carbonique par la combinaison de l'oxygène avec le carbone de la plante, et que cet acide n'ayant pas pu être décomposé, attendu que la lumière est nécessaire pour cette opération, le parenchyme du végétal devrait en être fortement imprégné, et, pour ainsi dire, gorgé; tandis que cette décomposition était favorisée par la lumière du côté de la porte, et que, par conséquent, le carbone qui en provient devait accroître la partie ligneuse en même temps que l'oxygène devenu libre s'échappait dans l'air. Cette explication est conforme à tous les phénomènes que présente la végétation lorsqu'elle se fait avec les circonstances favorables.

Les phénomènes de l'étiolement des plantes ne paraissent pas admettre d'autre cause que celle-là; et la direction que les plantes prennent vers la lumière lorsqu'on les élève dans des serres peu éclairées, provient, sans doute, de ce que le côté le moins éclairé se remplit de sucs qui, ne pouvant pas être digérés, occasionne une accumulation, une vraie pléthore, qui gonfle les parties et y produit un volume qui doit forcer la plante à s'incliner du côté opposé.

On peut encore expliquer par là pourquoi les plantes jaunissent toutes les fois que d'épais brouillards ou une atmosphère long-temps humide et sombre pénètrent la plante de beaucoup de sucs, sans qu'une lumière vive et pure vienne en faciliter l'élaboration ou la digestion; pourquoi les végétaux élevés par le secours de beaucoup d'engrais ne présentent ni le parfum ni le goût exquis de ceux qui croissent dans des terres moins grasses, mais à une lumière plus vive; pourquoi les feuilles jaunissent en automne et dans tous les cas où la marche de la nutrition est troublée ou altérée par l'absence de la lumière ou de la chaleur.

Dans le végétal comme dans l'animal, il ne suffit pas de gorger l'individu de sucs alimentaires, il faut encore des organes sains pour les digérer; mais, dans le végétal, où la vitalité des organes n'est pas aussi indépendante des agens extérieurs que dans l'animal, il lui faut de plus le concours de la chaleur et de la lumière, qu'on peut regarder comme les moteurs de ses fonctions et les stimulans nécessaires de ses organes.

CHAP. III. DE L'ACTION SIMPLE OU MIXTE DE PLUSIEURS AUTRES CORPS DANS LA VÉGÉTATION.

Indépendamment des deux agens dont nous venons de parler, et qu'on peut regarder comme les plus puissans de la végétation, puisque sans eux elle ne peut pas avoir lieu, il en est d'autres qui, quoique secondaires, ne méritent pas moins une attention particulière de notre part : je veux parler du plâtre, de la chaux, des sels, de la suie, de la poudrette, de l'écobuage, des cendres, etc.

Quoique quelques-unes de ces substances, telles que la poudrette et la suie, possèdent des qualités nutritives, nous ne pouvons pas en borner les effets à cette seule faculté : il faut nécessairement encore y reconnaître une vertu stimulante, de sorte que leur action est mixte, et nous les plaçons dans ce chapitre, parce que cette vertu stimulante paraît jouer le premier rôle dans leur action : en effet, que pourraient quelques atomes de poudrette répandus sur un vaste champ, si on en bornait l'effet à servir d'aliment aux nombreux végétaux qui y croissent? On peut regarder tous ces puissans agens de la végétation comme les liqueurs fortes dont l'homme fait usage pour réveiller ses organes languissans, ou comme les épiceries dont il assaisonne ses alimens pour en faciliter la digestion.

D'autres substances, parmi celles dont nous parlons dans ce chapitre, doivent être considérées sous la double faculté d'amender le sol et de stimuler le végétal, telles sont la chaux et les cendres; celles-ci divisent la terre et la rendent plus poreuse en même temps qu'elles favorisent la dissolution de l'humus qu'elle contient. L'écobuage produit encore le même effet; il convient essentiellement dans les terres fortes et froides. Dans cette opération, la calcination qu'on opère sur une partie de la terre en change la nature; elle lui ôte la faculté de se délayer, de s'empâter, et la rend, par conséquent, très-propre à amender le reste du sol qui, par sa nature, est trop compacte.

Quelques-unes des substances que nous faisons entrer dans ce chapitre ne possèdent que la vertu stimulante, tels sont les sels. Personne, assurément, ne leur attribuera une vertu nutritive, et cependant tout le monde est d'accord sur le bon effet qu'ils produisent sur la végétation. C'est sur-tout à eux qu'on doit attribuer l'action puissante des urines, de la suie, des plâtras, des cendres de pyrite, de tourbe et de bois.

L'agriculteur peu instruit attribue tout aux sels; il en trouve dans l'air, dans l'eau, dans la terre, dans les engrais, etc. ; mais nous croyons qu'en faisant connaître ce qui est dû dans la végétation à chacun de ces agens, et en déterminant rigoureusement ce que chacun d'eux fournit à la plante, nous avons substitué le langage de la vérité à des erreurs accréditées, et que, dorénavant, on ne verra les sels que là où ils sont, et pour les considérer comme de simples stimulans.

Plusieurs des amendemens dont nous nous occupons en ce moment produisent encore des effets mixtes ou composés, qu'il importe de faire connaître : la chaux, par exemple, outre l'action amendante et stimulante que nous lui avons reconnue, sert encore à neutraliser les acides qui existent dans quelques cas, comme dans les terres argileuses ramenées à la surface par des labours profonds, dans les terreaux préparés à l'ombre, dans les vases des marais, etc. Dans tous ces cas, sans le secours de la chaux, on serait obligé de laisser les terres très-long-temps exposées à l'air pour obtenir un résultat que l'emploi de la chaux procure en un moment.

De toutes ces substances, le plâtre est celle sur l'action de laquelle nous sommes le moins éclairés. L'effet prodigieux qu'il produit sur quelques fourrages artificiels, tels que le trèfle, ne saurait s'expliquer ; ni en le considérant comme amendement, attendu qu'on le répand en poussière sur les feuilles et d'ailleurs en trop petite quantité; ni en le considérant comme stimulant, attendu que le plâtre broyé a à-peu-près les mêmes vertus que le plâtre cuit ; ni en le considérant comme absorbant, attendu qu'il n'agit qu'autant qu'il se fixe sur les feuilles. S'il était permis de former des conjectures sur sa manière d'agir, nous dirions que, comme il ne produit de bons effets que lorsqu'on le répand sur les feuilles mouillées, ou un peu avant la pluie, il a peut-être la propriété, en s'emparant de l'eau, de la fournir ensuite peu-à-peu au végétal ; et peut - être qu'il absorbe aussi l'acide carbonique pour le transmettre de même à la plante. On pourrait peut-être aussi le considérer comme aliment du trèfle ; car M. Davy a trouvé une grande quantité de plâtre dans les cendres du trèfle. (*Bibliot. brit.*, nᵒ. 328, p. 365.) Ce fait peut expliquer pourquoi le plâtrage ne produit pas d'effet sensible sur les trèfles qui croissent dans un sol qui est pourvu de ce sel, et pourquoi le trèfle ne peut pas prospérer sur un sol pendant plus de deux à trois ans. Nous ne pouvons former que des conjectures sur la cause d'un fait connu et éprouvé ; il faut attendre du temps, de l'observation et de l'expérience, l'explication de cet important phénomène.

De tout ce que nous venons de dire, on peut conclure qu'on peut distinguer trois effets dans l'action des substances qu'on ajoute aux terres pour les rendre fertiles, et sous ce rapport on peut les diviser en trois classes.

1°. Les unes préparent les terres de la manière la plus favorable à la végétation. On produit cet effet en corrigeant les vices d'une terre par le mélange d'autres terres qui ont des qualités opposées : c'est cette opération qui constitue essentiellement les *amendemens*. On amende encore un terrain sans aucune addition de terre étrangère, en le divisant par des labours, en l'aérant par le mélange des fumiers longs, etc.

2°. D'autres substances fournissent l'aliment à la plante : tels sont les fumiers et tout ce qui est connu sous le nom d'engrais ; l'acide carbonique, l'eau, l'oxygène, etc.

3°. D'autres enfin bornent leur action à stimuler les organes du végétal, à donner et à maintenir l'activité dans ses fonctions. La chaleur et la lumière tiennent le premier rang parmi celles-ci, ensuite viennent les sels, soit purs, soit mélangés, la chaux, les cendres, les terres brûlées, etc.

Mais, dans le nombre de ces agens, il en est qui réunissent plusieurs propriétés et produisent des effets mixtes : ainsi la chaux, les terres brûlées sont à-la-fois des amendans et des stimulans ; la poudrette, les urines, les fumiers sont stimulans et nourrissans.

Nous pourrions entrer dans de plus grands détails ; mais, outre que les bornes d'un article s'y refusent, nous craindrions de répéter ce qui se trouve à d'autres mots du Dictionnaire, et nous croyons d'ailleurs qu'il suffit d'avoir établi des principes sur la végétation, pour que le lecteur en fasse lui-même une application facile. (CHAP.)

Il arrive quelquefois que les céréales, et en général toutes les plantes cultivées, sont dérangées dans leur végétation par les sécheresses du printemps, et qu'alors elles entrent en fleurs avant d'avoir acquis tout le développement qui leur est propre. Si, dans ce cas, il survient, en été, des pluies abondantes, les pieds de ces plantes reprennent vigueur, poussent de nouvelles tiges et de nouvelles fleurs, qui nuisent aux premières et ne fournissent que des avortons. Les fromens des environs de Paris offrirent un exemple de ce fait en 1785. J'en ai fréquemment vu des exemples dans les pommes de terre plantées en terrain sec ; la vigne et les autres arbres fruitiers en montrent quelquefois. Dans ce cas, l'habileté des cultivateurs consiste à choisir justement le moment propre à la récolte. Plus tôt, les premières productions ne seraient pas assez mûres, plus tard, elles le seraient trop. En général, il n'y a rien de bon à espérer des circonstances de ce genre. (B.)

VEILLÉE. Réunion des habitans d'un village pendant les longues soirées de l'hiver, pour travailler autour de la même lumière.

Cette réunion, toujours économique, a des avantages et des inconvéniens moraux, dans lesquels il n'est pas du but de cet ouvrage d'entrer. Je dirai seulement qu'il serait possible d'en tirer un grand parti pour l'instruction des cultivateurs, et que, se faisant souvent, pour épargner le feu, dans des caves ou dans des écuries humides, où l'air non renouvelé est altéré par la respiration ou les émanations du sol, il en résulte souvent des maladies chroniques et même des Asphyxies. *Voy.* ce mot. (B.)

VEILLOTTES. On donne ce nom, aux environs de Montargis, à de petits tas de foins qu'on forme sur les prés, et qu'on y laisse jusqu'à ce qu'on puisse les voiturer à la maison, ce qui n'a lieu quelquefois que long-temps après la fenaison. Aussi arrive-t-il souvent que ce Foin s'altère. *Voyez* ce mot et celui Prairie. (B.)

VEINE DE TERRE. Petite portion de terre, souvent plus longue que large, d'une nature différente de celle qui l'environne.

Les agriculteurs sont souvent dans le cas de remarquer dans leurs champs de ces veines, qui tantôt donnent des produits plus abondans, tantôt des produits plus faibles que le reste du champ.

Un grand nombre de causes peuvent agir pour produire une veine bonne ou mauvaise, je vais en indiquer quelques-unes.

Comme les couches de la terre sont le plus souvent d'inégale épaisseur, il se peut que celle qui est dessous la terre végétale saille davantage dans certains lieux, et ces endroits ayant moins de terre, les racines ne peuvent s'étendre autant qu'autre part, et elles sont plus dans le cas d'être frappées par les sécheresses.

Un champ qui se trouve sur le point de séparation d'un terrain argileux et d'un terrain sablonneux a deux natures de terre, dont l'une sera fertile dans les années sèches, et l'autre dans les années pluvieuses.

Toujours les eaux pluviales entraînent de l'humus des lieux élevés dans les lieux bas; ainsi les bords de leur courant seront plus fertiles que les terrains adjacens.

Souvent les torrens amènent des sables qui produisent un effet positivement contraire au précédent dans les mêmes circonstances.

Ces deux causes ont commencé d'agir dès le moment où les

continens actuels, qui ont été dégagés des eaux de la mer, agissent encore et agiront jusqu'à ce que la mer vienne de nouveau les recouvrir.

J'ai vu plusieurs fois de ces veines de terre être plus fertiles, quoique de même nature, parce qu'il y avait dessous, à une petite profondeur, une nappe d'eau dont les émanations montaient jusqu'à la surface, ou qu'il y passait un courant d'eau.

Les terres anciennement fouillées dans quelques-unes de leurs parties, par des motifs étrangers à leur culture, sont souvent plus fertiles, ou quelquefois plus stériles dans ces parties.

Un cultivateur soigneux doit faire en sorte que ses champs soient d'une nature égale, car une inégalité de grandeur dans le blé en amène une dans la maturité, et par conséquent nuit au produit des récoltes. En conséquence, les mauvaises veines seront défoncées, fumées, enfin cultivées de manière à les rendre aussi fertiles que les bonnes. *Voyez* Culture et Labour. (B.)

VÉLAR, *Erysimum*. Genre de plantes de la tétradynamie siliqueuse et de la famille des crucifères, qui rassemble une quinzaine d'espèces, dont trois ou quatre sont assez communes et assez fréquemment employées en médecine pour devoir être mentionnées ici.

Le Vélar des boutiques, ou tortelle, *Erysimum officinale*, Lin., a les racines annuelles; les tiges droites, anguleuses, rameuses, hautes d'un à 2 pieds; les feuilles alternes, pétiolées, lyrées, rongées, dentées, avec le lobe supérieur plus grand; les fleurs jaunes, très-petites, disposées en épis terminaux, les siliques appliquées contre la tige. On le trouve très-communément le long des chemins, parmi les décombres, autour des vieilles masures, et en général dans tous les lieux secs et pierreux qui sont cultivés. Il fleurit au milieu du printemps. Ses feuilles sont regardées comme incisives et adoucissantes, et en conséquence employées dans les toux invétérées, l'asthme pituiteux, la perte de la voix par des chants forcés, d'où le nom *d'herbe du chantre* qu'il porte vulgairement. Les chèvres et les moutons le mangent quelquefois, mais les autres bestiaux n'y touchent pas. Comme il est souvent extrêmement abondant dans les lieux qui lui conviennent, il est bon de l'utiliser en l'arrachant à la fin de l'été pour augmenter la masse des fumiers, même pour chauffer le four si on est dans un pays où le bois est rare.

Le Vélar des charpentiers, ou l'*herbe de Sainte-Barbe*, *Erysimum barbarea*, Lin., a les racines vivaces, fibreuses; les tiges droites, cannelées, rameuses, hautes d'un à 2 pieds; les feuilles alternes, amplexicaules, glabres, d'un vert foncé, lyrées, avec le lobe supérieur plus grand et denté; les fleurs d'un jaune vif et disposées en épis à l'extrémité des tiges et des rameaux. Il se trouve en Europe dans les lieux humides et ombragés, le long des ruisseaux, sur le bord des mares. Il fleurit au milieu du printemps, et reste vert pendant tout l'hiver. C'est une très-belle plante qui offre une variété double d'un grand éclat, fréquemment employée à l'ornement des jardins. Il lui faut un sol riche et frais. On-le place sur les côtés des plates-bandes des parterres, en touffes de 8 à 10 pouces de diamètre, ou dans l'intervalle des buissons des premiers rangs des massifs. Pour le faire fleurir deux et même trois fois dans l'année, il faut couper ses tiges au moment où ses dernières fleurs s'épanouissent et l'arroser ensuite fortement. On le multiplie très-bien de boutures faites en été dans un lieu frais et ombragé; mais comme ses touffes s'augmentent très-rapidement, on préfère de les déchirer en automne pour en former de nouvelles. Cette opération est des plus faciles et des plus certaines. Ses feuilles sont peu du goût des bestiaux; mais on les regarde comme détersives et vulnéraires, et on les emploie fréquemment dans les campagnes pour la guérison des blessures : de là vient le nom vulgaire qu'il porte.

Ce que j'ai dit au sujet du précédent s'applique aussi à celui-ci.

Le Vélar alliaire, ou simplement l'*alliaire,* a les racines vivaces, quelquefois bisannuelles; les tiges droites, un peu velues, un peu striées, hautes de 2 à 3 pieds; les feuilles alternes, pétiolées, cordiformes, fortement et inégalement dentées; les fleurs blanches et disposées en épis au sommet des tiges et des rameaux. Il croît très-abondamment dans les lieux ombragés, le long des haies, autour des maisons, et sur-tout dans les bosquets des jardins, et fleurit en mai. Ses feuilles dans la chaleur, et encore plus quand on les froisse, exhalent une odeur d'ail très-prononcée. Les vaches les mangent quelquefois et elles communiquent leur odeur au lait et au beurre qu'elles fournissent. Il passe pour diurétique, incisif, carminatif et expectorant. On en fait assez fréquemment usage.

Il est dommage que cette plante sente mauvais et s'élève autant, car sa propriété de croître à l'ombre et de pousser dès les premiers jours du printemps, la rendent précieuse pour couvrir la nudité du sol des bosquets. Si malgré ces deux inconvéniens on veut l'y laisser, il faut avoir soin de la couper aussitôt que ses fleurs sont passées, soit pour les faire repousser, soit pour se débarrasser de l'aspect de ses longues tiges décharnées. (B.)

VELOURS VERT. Nom que Geoffroi a donné à l'Attelabe vert. *Voyez* ce mot.

VELVOTE. Espèce du genre des LINAIRES. *Voyez* ce mot.

VENDANGE. Cueillette des raisins destinés à faire le VIN. *Voyez* ce mot.

J'exposerai au mot VIGNE les travaux qu'exige cet arbrisseau pour amener une récolte certaine et abondante de raisin propre à faire un vin de bonne qualité et susceptible de se conserver. Ici je dois seulement apprendre quand et comment il faut effectuer cette récolte.

Comme les opérations de la vendange, et encore plus celles qui lui succèdent, sont très-pressées, et que le manque de l'une d'elles, ou seulement son retard, peut conduire à la perte totale du résultat de six mois de travaux toujours pénibles, et d'inquiétudes sans cesse renaissantes, un propriétaire de vignes doit s'y prendre d'avance pour faire ses dispositions et ses préparatifs. Ainsi d'abord il se pourvoira de tonneaux neufs et fera réparer ses vieux dès le commencement de l'été, afin d'avoir le choix et de payer moins cher. Ensuite il fera visiter et nettoyer son pressoir, ses cuves, ses bannes et autres objets de service; puis il arrêtera des vendangeurs ou des vendangeuses, et des voitures en assez grand nombre pour que sa récolte puisse être coupée et amenée à la maison en un très-petit nombre de jours, deux ou trois seulement, s'il se peut.

L'époque de la vendange est fixée par la maturité de la plus grande partie des raisins; mais il est très-rare qu'on ne la devance pas, soit par le désir de jouir plus vite, soit par la crainte des gelées, des pluies, des grêles et autres accidens.

La plupart des vignobles sont composés de plusieurs variétés de plants (cépéages) qui mûrissent à des époques différentes. Les raisins des unes sont donc mûrs avec excès quand ceux des autres sont encore verts. Cette circonstance seule rend fort difficile la fixation précise du moment où il faut en faire la récolte. On prend ordinairement un terme moyen approximatif, plutôt en avant qu'en arrière, et le vin qu'on obtient est sans générosité, d'un goût âpre et d'une couleur peu flatteuse, parce que la plus grande partie des raisins n'est pas arrivée au point complet de maturité.

En effet, il y a, par exemple, aux environs de Paris, près de deux mois de distance entre la maturité de la Magdeleine et celle du plant de lune. Ainsi la Magdeleine est pourrie lorsque le plant de lune est dans le cas d'être vendangé. Par-tout les raisins blancs ont une qualité différente des raisins rouges.

Dans les vignobles de la ci-devant Champagne, on vendange à trois reprises différentes, et on fait par conséquent trois espèces de vin, dont le premier est ce vin fin si estimé dans toute l'Europe.

J'ai vu aussi, dans les années de non maturité, suivre la même méthode dans la ci-devant Bourgogne.

Il est probablement d'autres lieux en France où on la pratique également dans certaines circonstances.

On en fait de même dans les vignobles voisins de Malaga. La première, qui est celle des variétés hâtives, a lieu en juin ; la seconde, des variétés intermédiaires, a lieu à la fin d'août, et la troisième, des variétés tardives, a lieu au commencement d'octobre. Le vin de la première a la consistance du miel, celui de la seconde est sec, clair et fort. C'est avec le troisième qu'on fabrique le véritable vin de Malaga qu'on boit dans l'étranger.

La petite augmentation de dépense qui est la suite d'un tel usage est si peu de chose quand on la compare à l'augmentation de prix que peuvent acquérir des vins de meilleure qualité, qu'il doit paraître surprenant qu'on ne l'adopte pas partout. Point de doute pour moi que si, dans les environs de Paris par exemple, on vendangeait séparément les musniers parmi les rouges et les mêliers parmi les blancs, on y trouvât un grand avantage relativement à la qualité du vin. Ces deux variétés, quelque peu dignes d'estime qu'elles soient, à mon avis, sont les plus abondantes en principe sucré, de celles qu'on y cultive, et celles dont la maturité est la plus précoce après la Magdeleine, variété de mauvaise qualité, et dont on ne place des pieds dans les vignes que pour en vendre les raisins en détail.

Quelques personnes diront peut-être que les vins fabriqués avec du musnier ou du mêlier seraient trop doux pour les habitans des campagnes, qui veulent que le vin gratte leur palais, qu'il se garderait moins long-temps, etc. Mais ces raisons doivent-elles paraître valables ? Une mauvaise habitude doit-elle être perpétuée ? Est-on jamais, aux environs de Paris, comme dans les vignobles éloignés des grandes villes, dans le cas de ne savoir où placer son vin, même de crainte qu'il ne s'altère en le gardant, ce qui arrive souvent au vin de musnier ?

Dans les palus de Quéries, près Bordeaux, on plante là où le terrain est le plus sec les cépéages qui mûrissent le plus tard, tels que les deux espèces de verdot, et dans les lieux les plus humides le gros vilain et autres cépéages qui mûrissent de bonne heure : par ce moyen, on se procure la facilité de vendanger le tout en même temps.

Mais c'est en ne plantant qu'un petit nombre de variétés choisies qu'on peut espérer d'obtenir des vendanges toujours au même degré de maturité. Déjà on est persuadé de cette vérité dans quelques vignobles, et bientôt sans doute elle se propagera dans tous.

À Langon, à Bergerac et autres vignobles du midi, on fait

la vendange le plus tard possible, et on y procède tous les deux ou trois jours pendant près d'un mois; c'est-à-dire qu'on cueille seulement les grains qui sont parvenus à leur complète maturité : ce qu'on reconnaît au commencement d'altération de leur peau. Des ciseaux et un panier sont les moyens qu'on emploie. Dans ces vignobles, où les vendanges ne se terminent qu'en novembre, c'est-à-dire après que toutes les autres sont faites depuis long-temps, on a à redouter les ravages des grives et autres oiseaux mangeurs de baies. Mon malheureux et célèbre ami Gensonné, un des principaux propriétaires du premier de ces vignobles, me disait prendre, dans sa jeunesse, une si grande quantité de ces oiseaux, que sa chasse suffisait à la nourriture de tout son village pendant près d'un mois.

Ce n'est, je ne puis trop le répéter, qu'autant que l'on fera la vendange seulement lorsque le raisin sera le plus mûr possible, qu'on pourra espérer d'avoir, dans chaque vignoble, le vin de la meilleure qualité possible, puisque ce n'est qu'alors que le principe sucré est complétement développé, et que c'est ce principe sucré qui fait que le moût fermente et que le vin contient de l'alcool. *Voyez* VIN, FERMENTATION, MOUT, ACIDE, SUCRE et SIROP.

Comme la maturité des fruits se complète après qu'ils sont séparés de la plante qui les nourrissait, qu'elle s'accélère même dans ce cas, il est très-utile de laisser deux ou trois jours la vendange étalée sur de la paille avant de la soumettre à la fermentation ou de l'exprimer. Des expériences faites, ces dernières années, en grand, par M. Sam-Paillo, expériences consignées dans un mémoire inséré dans les Annales de chimie, constatent que, par ce seul soin, le vin peut gagner le double en bonté. Ces expériences, dont le résultat est complétement conforme aux principes de la saine théorie, doivent être pris en sérieuse considération par tous les propriétaires de vignobles, jaloux de faire du vin aussi bon que le comportent la nature de leurs cépéages, celle de la terre et du climat où ils sont plantés, enfin celle de la saison et autres circonstances. Qu'en coûterait-il donc pour remplir cet objet? Deux ou trois journées de deux ou trois ouvriers, quelques planches ou quelques bottes de paille. Mais il ne faudrait pas alors piler à moitié les raisins en les apportant à la maison, il faudrait au contraire faire l'impossible pour qu'ils y arrivent intacts; car un grain altéré ne peut plus se perfectionner, puisque c'est par la continuation de l'action vitale que l'acide tartareux qu'il contient se change en acide saccharin.

La maturité des raisins se juge assez certainement à l'aspect et à la dégustation, pour peu qu'on en ait l'habitude. Si on veut une preuve plus complète, il faut examiner si la pulpe quitte le pepin. Pour le pineau, c'est quand le suc est devenu poisseux.

On ne doit pas faire la vendange par un temps pluvieux, parce que la quantité d'eau qui s'attache aux grappes affaiblit d'autant le vin. On ne doit pas la faire par un temps froid, à raison du retard que ce temps apporterait à la fermentation de la cuve, retard qui en modifie nécessairement les résultats. Au reste, il ne dépend pas toujours de la volonté des cultivateurs de se conduire d'après ces principes, des circonstances dominantes agissant souvent.

Dans la ci-devant Champagne, on fait trois espèces de vin avec les raisins rouges; savoir, le rouge, le paillé et le blanc. Si on faisait la vendange pour les deux premiers pendant la rosée, ils seraient plus faibles et de moins de garde. Si on la faisait pour le dernier, lorsque la chaleur est arrivée à un certain degré, par exemple après dix heures du matin, le soleil brillant, on ne pourrait plus l'obtenir, on aurait des vins pailles u gris.

En général c'est un abus de vendanger pendant la rosée lorsqu'on veut avoir du vin de bonne qualité, puisque la rosée ne diffère pas de la pluie dans ses effets.

Dans la grande majorité des vignobles de France, on fait la vendange le jour où les officiers municipaux, ou un jury nommé par les propriétaires, ont décidé qu'on devait la faire. On appelle cela le *ban de vendange*. Il n'est pas permis, sous peine d'amende, de devancer ce jour, et sous peine de perdre tout droit à la protection de la loi pour les vignes non closes de le dépasser. On ne peut se dissimuler que cet acte ne soit un grand obstacle à l'amélioration de nos vins, puisque dans chaque vignoble il y a des terrains, des expositions et des cépages où le raisin mûrit plus tôt ou plus tard, comme je l'ai fait remarquer, et que le plus souvent, comme je l'ai également observé, on devance plutôt qu'on ne dépasse le terme moyen le plus avantageux. Cels a publié, dans le vingt-sixième volume des *Annales d'agriculture*, un mémoire dans lequel il met dans tout son jour tous les inconvéniens du ban de vendange sous les rapports du respect dû au droit de propriété et sous ceux de l'amélioration de nos vins. Je renvoie à ce mémoire ceux qui voudraient de plus grands éclaircissemens à cet égard.

Avant la révolution on ne connaissait pas le ban de vendange dans les bons vignobles de la ci-devant Champagne, ni dans ceux du ci-devant Languedoc; chacun vendangeait quand il le jugeait convenable. Les gardes champêtres étaient obligés d'y continuer leurs fonctions jusqu'à ce que le dernier raisin fût cueilli et ils les remplissaient avec rigueur. Pendant la révolution, on n'a pas exécuté ce ban de vendange dans la presque totalité de la France, et s'il y a eu des abus, c'est à raison de la licence qui régnait alors. On peut exiger par - tout que les gardes champêtres fassent leur devoir avec la vigilance et la sévérité nécessaires.

Il n'est peut-être pas de vignobles dans le nord de la France où on fasse la vendange plus tôt qu'aux environs de Paris, aussi le vin y est-il extrêmement mauvais. La pourriture, dit-on, frappe le raisin avant sa complète maturité. Cela est en effet; mais pourquoi préférer le meûnier, planter dans des terres si humides, mettre les ceps si près les uns des autres, multiplier autant les arbres fruitiers autour d'eux, toutes causes qui concourent si puissamment à la pourriture?

Les raisins coupés s'apportent, au moyen de HOTTES ou de PANIERS, ou au bas de la vigne, dans de petites CUVES oblongues appelées BANNES dans quelques lieux, ou dans des TONNEAUX défoncés d'un bout, montés sur des charrettes, pour les conduire en grandes masses au VENDANGEOIR. *Voyez* ce mot.

Le plus souvent ces raisins sont pressés et même foulés dans ces bannes ou ces tonneaux; mais c'est, d'après l'expérience, déjà citée, de M. Sam-Paillo, une mauvaise opération, puisque, si on les déposait intacts dans la cuve, leur maturité s'y perfectionnerait et on aurait un vin plus généreux et de plus de garde.

C'est aussi très-fréquemment au bas de la vigne qu'on exécute l'opération de l'ÉGRAPPAGE, opération excellente dans quelques cas, nuisible dans quelques autres, et qui, en conséquence, n'est pas approuvée par-tout. J'en ai parlé à l'article qui la concerne.

Une partie des raisins, ce sont sur-tout les rouges, est mise dans la cuve aussitôt son arrivée à la maison, et foulée, avec les pieds ou autrement, tantôt au moment même de son arrivée, tantôt un ou deux jours après. L'autre, ce sont les blancs ou les rouges dont on veut obtenir du vin blanc, est placée immédiatement sur le pressoir, et leur suc mis dans des tonneaux ou dans des foudres, où s'opère la fermentation. *Voyez* FOULAGE.

Les vins rouges ainsi fabriqués sont moins colorés et plus délicats que les autres. Il serait à désirer, à mon avis, que ce procédé fût généralement suivi, car la fermentation avec la grappe, plus que celle avec les pepins, modifie défavorablement la qualité du jus; mais on tient à la forte coloration du vin dans beaucoup de cantons, et on l'obtient par une fermentation prolongée, qui décompose la peau du grain, peau où sont déposés les principes colorans.

Aux environs de Bar-sur-Seine, la vendange se presse au pied de la vigne au moyen de petits pressoirs portés sur une voiture, et, au dire des habitans, cette pratique est très-économique pour eux. J'ai vu agir ces pressoirs, mais je n'ai pas pu étudier assez en détail leurs effets, comparés à ceux des grands pressoirs, pour me former une opinion positive sur leurs avantages. Cependant quand je considère le haut prix de ces derniers, la perte de raisin et de moût qui est la suite des opérations ordinaires de leur usage, je suis porté à croire que les pressoirs portatifs sont préférables, sauf l'inconvénient déjà signalé de presser trop promptement.

Il a été mis sous les yeux de la Société d'encouragement deux pressoirs portatifs, dont l'un, qui agit par le moyen d'un robuste levier, doit avoir une grande puissance. *Voyez* au mot Pressoir.

La vendange dans la cuve, et foulée, ne tarde pas à fermenter, pour peu que la température de l'atmosphère soit douce. Les grappes et les peaux montent à la surface, et constituent ce qu'on appelle le Chapeau. (*Voyez* ce mot.) On décuve lorsque ce chapeau, qui est sujet à s'aigrir et à altérer la qualité du vin, commence à s'affaisser.

Mais ici les opérations propres de la vendange sont terminées. Je renvoie donc, pour le surplus, aux mots Fermentation, Cuve, Tonneau et Vin.

Je voudrais cependant encore émettre le vœu que tous les propriétaires qui veulent avoir un vin foncé en couleur le fassent cuver dans des cuves couvertes comme celle de la *fig.* 4 de la *Pl.* 4, vol. 5, et que tous les autres fassent presser leur vin aussitôt son arrivée, pour le faire fermenter dans des tonneaux, à bondon ouvert, ou, mieux, dans des Foudres d'une grande capacité, dont l'ouverture supérieure serait également ouverte. (B.)

VENDANGEOIR, VINOTERIE. Architecture rurale. Ensemble de bâtimens spécialement et exclusivement destinés à la fabrication et à la conservation du vin.

Lorsqu'un propriétaire ne possède qu'une petite étendue de vignes, il se contente de consacrer une portion de ses bâtimens à cette exploitation, et cette portion, qui en est la vinoterie, ne change rien à la dénomination générale de la ferme ou de l'habitation à laquelle elle est attachée, parce que cette culture n'est alors qu'un faible accessoire à une autre culture plus étendue, ou aux autres moyens d'existence du propriétaire. Dans ce cas, la vinoterie n'est souvent composée que d'une vinée de dimensions suffisantes pour servir en même temps de cellier, et d'une cave au-dessous, pour y descendre les vins nouveaux après leur premier soutirage. *Voyez* Vinée, Cellier et Cave.

On place cette vinoterie dans l'endroit le plus commode de

l'établissement, et par forme d'appendice à l'habitation ou aux autres bâtimens de l'exploitation.

Mais lorsque l'étendue des vignes à exploiter est considérable, comme cela se rencontre souvent dans les grands vignobles, leur culture devient l'occupation principale du propriétaire; elle est, pour ainsi dire, exclusive de toute autre, parce qu'elle absorbe tout son temps, tous ses moyens et tous ses engrais; et l'habitation ainsi que les bâtimens nécessaires à une aussi grande exploitation sont tous disposés pour la rendre la plus commode et la moins dispendieuse. C'est alors que l'établissement prend le nom de *vendangeoir*.

Un vendangeoir proprement dit est donc une construction rurale qui est particulière aux grands vignobles. Ses bâtimens doivent être assez nombreux et assez étendus pour satisfaire pleinement à tous les besoins de cette culture; on doit en proportionner les dimensions aux produits présumés de l'exploitation, et les augmenter en raison du temps qu'il faudra les conserver localement pour attendre tranquillement le moment de leur vente la plus avantageuse. Enfin leur disposition générale et leur distribution particulière doivent présenter le service le plus commode et le plus économique, et sur-tout offrir au propriétaire la surveillance la plus facile et la plus immédiate sur toutes les opérations de la fabrication du vin; car de toutes les récoltes celle-ci est peut-être la plus coûteuse, et sûrement la plus exposée aux tentations de ceux que l'on y emploie, et la fabrication du vin ne souffre aucune négligence.

Les bâtimens d'un vendangeoir consistent ordinairement, savoir : 1°. dans un logement pour le propriétaire, qui est plus ou moins grand, plus ou moins complet, suivant ses facultés et selon qu'il est destiné à son habitation ordinaire, ou à lui servir seulement de pied à terre pour le temps des vendanges; 2°. dans un autre logement pour l'économe chargé de la surveillance journalière des caves, des tonneliers et des vignerons; 3°. dans une vinée de grandeur suffisante pour y placer commodément le nombre de cuves qui sera nécessaire aux besoins de l'exploitation; 4°. dans un pressoir, c'est-à-dire dans la pièce dans laquelle cette machine doit être placée; 5°. dans un cellier de grandeur convenable pour pouvoir y resserrer tous les vins nouveaux jusqu'à leur premier soutirage; 6°. dans des caves assez vastes pour contenir au moins deux années de récoltes en vins; 7°. enfin dans des emplacemens commodes pour resserrer sainement les différens approvisionnemens nécessaires à l'exploitation, comme échalas, perches, cercles, tonneaux, etc.

La récolte moyenne d'une semblable exploitation étant toujours connue localement, il est facile de calculer rigoureuse-ment le nombre et les dimensions des différens bâtimens qui doivent composer un vendangeoir ; mais l'art consiste à savoir les disposer de la manière la plus commode et la plus avanta-geuse pour le propriétaire.

Nous possédons plusieurs bons ouvrages sur la culture de la vigne et sur la fabrication du vin, malheureusement leurs au-teurs estimables ont négligé de parler de la meilleure disposi-tion des bâtimens d'une grande exploitation de vignes. On trouvera dans notre Traité d'architecture rurale un plan de vendangeoir projeté suivant les principes que nous venons d'ex-poser. (De Per.)

VENIN. Liqueur sécrétée par quelques animaux, et qui, in-troduite dans le sang des hommes et des autres animaux, les fait périr ou leur cause des maladies plus ou moins graves.

C'est principalement les vipères qui, en Europe, distillent du venin. Celui qui sort des mandibules de quelques arai-gnées, de la queue du scorpion, de l'aiguillon des abeilles et des guêpes, peut difficilement être rangé dans la même classe, puisque les suites de son introduction dans le sang ne sont qu'une inflammation locale qui se dissipe promptement. Quoi-qu'on dise le venin de la rage, on ne peut pas rigoureusement le regarder comme un venin, quelque affreuses que soient les suites de son mélange avec la lymphe des animaux vivans, puisque la salive n'en est pas un dans l'état naturel, qu'il faut qu'elle ait éprouvé une altération particulière. *Voyez* aux mots Vipère, Rage, Guêpe et Araignée. (B.)

VENOFERO. Nom de l'avoine folle dans la ci-devant Provence. (B.)

VENT. Mouvement plus ou moins violent de l'air dans une même direction.

L'intérêt des cultivateurs doit les obliger à étudier l'action des vents, attendu qu'elle a beaucoup d'influence sur les pro-duits de leurs récoltes, soit indirectement, soit directement, et que, dans l'un et l'autre cas, il est quelques moyens pos-sibles de la diminuer lorsqu'elle est nuisible.

On attribue les vents à un grand nombre de causes plus ou moins certaines.

La plus évidente est celle qui provient de la raréfaction de l'air par la chaleur du soleil. Dans les pays chauds, et même en France pendant l'été, lorsque le ciel est serein, le lever du soleil est toujours précédé et suivi d'un vent frais, qui est la suite de la dilatation progressive de l'air par cet astre.

Une autre, qu'on ne peut révoquer en doute depuis les belles observations de Saussure sur les vapeurs vésiculaires, c'est l'effet de la transformation de l'eau dissoute dans l'air en nuages, qui, ayant un plus grand volume, doivent nécessairement chasser l'air en le comprimant, et l'affluence de l'air qui se presse pour remplir les vides qui sont la suite de la fusion des nuages en pluie. *Voyez* aux mots PLUIE, NUAGE et AIR.

La condensation de l'air par le froid, produisant une diminution dans son volume en tel ou tel temps, doit aussi donner lieu à un vide qui attire celui qui est dans le voisinage. C'est pourquoi les vents du sud et du sud-ouest dominent si souvent en Europe.

L'action de la pesanteur du soleil, de la lune et des planètes sur l'atmosphère doit y causer des mouvemens analogues à ceux des marées de l'Océan, c'est-à-dire des refoulemens, et produire par conséquent des vents. *Voyez* au mot ATMO-SPHÈRE.

Les expériences des physiciens prouvent que l'étincelle électrique décompose l'eau. L'électricité des nuages, c'est-à-dire la foudre, doit produire, le même effet dans l'air, et y occasionner ces vents violens et locaux qui accompagnent les orages. *Voyez* TEMPÈTE.

Quoi qu'il en soit, si entre les tropiques les vents sont constans ou périodiques, ils sont extrêmement variables en Europe, sur-tout en France, et le plus souvent on ne peut deviner ce qui les fait naître, ce qui les fait changer, la cause en étant peut-être à plusieurs centaines, à plusieurs milliers de lieues. Ainsi je ne m'étendrai pas plus longuement sur leur théorie.

Le premier et le principal des points de vue sous lesquels les cultivateurs doivent considérer les vents, c'est comme conducteurs des nuages, c'est-à-dire comme cause secondaire de la pluie. En effet, s'ils ne l'occasionnent pas toujours, c'est toujours par leur intermédiaire qu'elle arrive. J'ai expliqué sommairement aux mots NUAGE et PLUIE quelles étaient les circonstances qui la produisaient et la faisaient tomber, j'y renvoie le lecteur.

Un autre avantage des vents, c'est de changer perpétuellement de place les molécules de l'air, d'en faire un tout homogène, également sain pour tous les êtres vivans, malgré les causes d'altération qui se développent dans beaucoup de lieux par suite de la décomposition des animaux, des végétaux et des minéraux. Sans les vents, les pays intertropicaux seraient déserts, toutes les grandes villes et beaucoup de campagnes en Europe même seraient inhabitables. Ils portent par-tout l'oxygène qu'ils enlèvent aux plantes en état actuel de végétation, et le gaz acide carbonique produit par quelque cause que ce soit. Du reste, ils jouissent des mêmes facultés chimiques que l'air, puisqu'ils ne sont que de l'AIR. *Voyez* ce mot.

On divise les vents en quatre vents principaux, qui sont ceux de l'est, du midi, de l'ouest et du nord ; en quatre secondaires, qui sont le sud-est, le sud-ouest, le nord-est, le nord-ouest ; en huit tertiaires, qui sont, sud-sud-est, sud-sud-ouest, ouest-sud-ouest, ouest-nord-ouest, et nord-nord-ouest, etc. Quelquefois, mais seulement pour l'usage de la navigation, ces dernières divisions se subdivisent encore en deux, ce qui fait que le cercle, ou *rose de boussole*, l'est en trente-deux parties ou rhumbs.

Chaque matin, comme je l'ai déjà fait remarquer, lorsque le vent dominant est faible, le soleil, en dilatant devant lui l'air refroidi par la nuit, produit un vent qui s'affaiblit à mesure que cet astre s'élève sur l'horizon. C'est principalement pendant l'été et dans les pays chauds, que ce fait se remarque. Les cultivateurs de plantes en SERRE, sous BACHE, sous CHASSIS (*voyez* ces mots), doivent donc n'ouvrir ces abris que lorsque ce vent froid a cessé pour la localité où ils se trouvent, c'est-à-dire après dix heures, à Paris.

Ainsi que je l'ai dit au mot PLUIE, les vents pluvieux sont à Paris, dans l'ordre de leur importance sous ce rapport, sud-ouest, ouest, sud, nord, sud-est, nord, nord-est et est ; sur les montagnes de la ci-devant Auvergne, dans les plaines du ci-devant Languedoc et de la ci-devant Provence, ce ne sont plus les mêmes qui causent la pluie. Ducarla a consigné dans le Journal de physique de 1781 que le vent du sud est le vent pluvieux du bas Languedoc, le nord-ouest dans le haut Languedoc. Il y a sans doute autour de la grande chaîne des montagnes du centre de la France et encore plus autour des Alpes, autant de vents pluvieux qu'il y a de points que les nuages ne peuvent pas franchir sans se résoudre en pluie, et par conséquent à l'opposite autant de points où les vents sont desséchans. Chaque cultivateur doit donc chercher à connaître quels sont les vents dominans de son canton, quels sont ceux qui apportent la pluie ou la sécheresse, la chaleur ou le froid. Je dis la chaleur ou le froid, car quoique le vent du nord soit le vent froid par excellence ; cependant à Dijon, à Langres et autres villes voisines, le vent d'est, pendant l'été, est beaucoup plus froid que celui du nord, parce qu'il a passé sur les Alpes et a déposé sur leurs neiges toute la chaleur dont il était chargé ; à Paris même on ressent souvent l'excès de froidure de ce vent, ou de son voisin le nord-nord-est : c'est en même temps lui qui est le plus desséchant, parce qu'il a déposé toute l'eau qu'il tenait en dissolution ou en suspension (les nuages) sur les mêmes montagnes.

Dans quelques cantons, on appelle ces vents desséchans VENT-ROUX ou ROUX-VENTS. *Voyez* ce mot.

Cette qualité desséchante des vents est souvent très-nuisible aux cultivateurs. Comme les rayons du soleil le plus brûlant, elle empêche les graines de germer, fait périr le jeune plant, les nouvelles pousses, en soutirant toute l'humidité qui leur est inhérente, s'oppose à la fécondation des fleurs, fait tomber les fruits avant leur maturité; souvent, pendant l'hiver, les neiges disparaissent par ses effets avec plus de rapidité que par suite d'un dégel. Dans beaucoup de lieux, on dit, dans ce cas, que *le vent la mange*. Quelquefois le résultat en est très-nuisible aux blés, que ces vents mettent à nu et qu'ils exposent subitement aux fortes gelées.

Les vents desséchans, connus dans le midi de la France sous les noms de *mistral*, de *mistrau*, de *mango-fangos*; en Italie, sous celui de *siroco*, produisent les mêmes effets à un degré encore plus éminent, parce qu'à une extrême sécheresse ils joignent une extrême chaleur : aussi les hommes et les animaux sont quelquefois frappés de mort, les arbres dépouillés de leurs feuilles, et les céréales desséchées en peu d'instans, par son fait.

Quoique les vents saturés d'humidité ne soient pas directement dangereux, ils produisent souvent de désastreux effets, en s'opposant à la transpiration des animaux et des plantes, en diminuant la production de l'oxygène, la transmission du gaz acide carbonique, etc.

Outre ces inconvéniens chimiques des vents, les agriculteurs ont encore à redouter leurs effets physiques. Combien de récoltes perdues ou diminuées, parce que les blés ont été couchés par le vent avant leur complète maturité, et ont été dispersés par eux après leur sciage? Combien de fruits jetés à terre, d'arbres, de maisons même renversées à la suite des Ouragans? *Voyez* ce mot.

Contre tous ces effets, l'agriculteur n'a que des Abris (*voyez* ce mot), soit naturels, soit artificiels, à opposer; mais lorsqu'ils sont bien choisis ou bien disposés, ils remplissent presque toujours leur objet, au moins en partie. Je ne puis donc trop en recommander l'emploi.

On a cherché à mesurer la force du vent par le moyen d'un instrument appelé Anémomètre (*voyez* ce mot); mais la connaissance de cette force ne mène à rien d'utile pour l'agriculture. Un vent fort parcourt 10 mètres par seconde, et celui d'une tempête 25 mètres. Le plus fort vent, comme celui qui renverse les maisons, arrache tous les grands arbres isolés, parcourt 45 mètres dans le même intervalle.

S'il est peu désirable de rechercher la force du vent sous les rapports de la culture, il l'est beaucoup de savoir quelle est sa direction, puisque c'est cette direction qui nous apprend, dans tel ou tel lieu, s'il est chaud ou froid, sec ou pluvieux. La vue de la direction des nuages suffit aux agriculteurs, lorsqu'il y en a, et lorsqu'il n'y en a pas, le sentiment de l'action du vent sur le visage, encore mieux sur un doigt mouillé. La Girouette est le supplément de ces moyens. *Voyez* ce mot.

On a remarqué que le vent qui souffle le jour de l'équinoxe d'automne règne souvent jusqu'à l'équinoxe du printemps et réciproquement.

La théorie de ce fait est encore à établir, ainsi que la plupart de celles qui ont rapport à l'objet qui m'occupe.

Tel vent était autrefois favorable aux cultivateurs et est devenu défavorable par suite des changemens survenus à la surface du sol : ainsi lorsque les environs de Narbonne étaient couverts de marais et de bois, celui du nord-ouest, fort desséchant, améliorait l'air et méritait des autels, qui lui furent en effet élevés dans cette ville sous le nom de *circius ;* mais aujourd'hui que ces marais et ces bois ont disparu, il y porte l'infertilité en enlevant l'humidité nécessaire à la végétation; il est devenu un des plus grands fléaux de la culture dans ce pays.

Quelquefois on attribue aux vents roux dont il a été parlé plus haut des phénomènes qui ne leur sont point dus : ainsi les feuilles des arbres fruitiers sont, certaines années, à demi coupées par un insecte, le charançon oblong, et se dessèchent : alors on dit qu'elles ont été frappées par les vents roux. Ainsi il arrive assez souvent que dans les terrains secs toutes les feuilles d'un arbre noircissent du jour au lendemain, par suite du défaut d'humidité autour des racines, et on dit qu'il a été frappé par les vents roux : ainsi des arbres dont les racines ont été dévorées par les larves des hannetons offrent le même phénomène.

Les arbres renversés par le vent peuvent souvent se relever avec succès, au moyen de cordes et de poulies à mouffles attachées à un arbre voisin ou à un fort pieu enfoncé en terre à cet effet; mais avant on creuse un large trou du côté où les racines se montrent au jour, afin de pouvoir les enterrer de nouveau en les recouvrant de terre bien fumée, afin de favoriser, autant que possible, leur régénération. Pour plus de sûreté, on laisse la corde qui les a relevés, ou on lui en substitue une d'écorce de tilleul, et on décharge leur tête, afin de diminuer pendant quelques années les chances d'un nouveau renversement. Avec ces précautions, on peut espérer qu'au bout de trois ans l'arbre sera aussi assuré qu'auparavant. (B.)

VENT. Dégagement de gaz hydrogène phosphoré dans les intestins des animaux domestiques, et sa sortie par l'anus. On les reconnaît au bruit qui se fait dans le ventre de ces animaux.

De mauvaises digestions en sont presque toujours la cause : rarement ils ont d'autres suites que des coliques légères, qui cèdent à l'infusion d'une plante aromatique et à une diète de quelques heures. (B.)

VENT (ARBRE EN PLEIN). Arbre fruitier qu'on laisse croître à toute la hauteur à laquelle il est dans sa nature de parvenir, ou au moins dont on ne dérange la croissance en hauteur que pour lui faire pousser des maîtresses branches à une plus petite distance de la terre.

Les arbres forestiers, sur-tout lorsqu'ils sont isolés, portent aussi quelquefois le nom d'arbres en plein vent.

Nos pères ne connaissaient que les pleins-vents, car il paraît que ce n'est que dans le commencement du seizième siècle que les arbres en espalier, en contr'espalier et en buisson, ont eu de la vogue, et plus tard les quenouilles, les pyramides et les nains. Aujourd'hui ils deviennent rares aux environs des grandes villes, et c'est fâcheux, parce que s'ils rapportent plus tard, si leurs fruits sont moins gros, ils vivent beaucoup plus long-temps, produisent bien davantage, et leurs fruits sont plus savoureux. *Voyez* VERGER.

Je désire donc que, sans proscrire les arbres taillés, on ne néglige pas autant la multiplication des pleins-vents.

Il est des espèces d'arbres, et encore plus de variétés, qui ne viennent bien qu'en plein vent ; je les ai indiquées à leur article.

Les arbres en plein vent, francs de pieds, sont les meilleurs ; mais ils sont rares parmi les poiriers et les pommiers, parce que leurs variétés se reproduisent peu souvent par le semis de leurs graines, et que leurs marcottes et leurs boutures donnent des pieds très-faibles et de peu de durée.

C'est dès la PÉPINIÈRE (*voyez* ce mot) qu'il faut commencer à disposer les arbres à devenir des pleins-vents.

D'après ce que je viens de dire, ils proviennent toujours originairement de semence.

Dans les espèces précitées, ils doivent être greffés sur SAUVAGEON ou sur FRANC, à raison de l'importance qu'il y a de leur donner une longue existence ; cependant il arrive quelquefois qu'on greffe les poiriers sur coignassier pour avoir plus tôt du fruit, ou sur épine pour pouvoir les placer dans un plus mauvais sol : dans ces deux cas, ils s'élèvent moins. *Voy.* DEMI-TIGE.

Une grande question divise les cultivateurs sur l'époque et sur la hauteur auxquelles il convient de greffer les arbres en plein vent.

Comme anciennement on ne greffait que des arbres extraits des forêts, qu'on croyait gagner du temps en les arrachant déjà forts, et qu'il fallait attendre qu'ils eussent complètement repris dans la place où on les mettait, on les greffait à 6, 8, 10 pieds et en fente, et au moins à six ou huit ans d'âge, quelquefois le double : actuellement que la presque totalité de ces arbres est élevée dans les pépinières, on les greffe souvent à deux ou trois ans en écusson et à un ou 2 pouces de terre.

Il s'agit de savoir si ces derniers arbres sont ou aussi plus vigoureux, ou aussi plus productifs, ou aussi plus durables que les premiers.

Le pour et le contre ont été également soutenus et appuyés d'exemples indubitables.

Les observations que j'ai personnellement faites pour me former une opinion m'ont laissé dans l'incertitude, car j'ai aussi trouvé autant d'exemples probans d'un côté que de l'autre.

Cette difficulté de s'assurer du fait prouve qu'on a mis trop d'importance à cette question.

La théorie est en faveur de la greffe sur de jeunes arbres et à une petite distance des racines. *Voyez* Greffe.

Pour satisfaire tout le monde, on réserve dans les pépinières les plus beaux jets de francs, pour, après les avoir conduits, selon les principes, pendant quatre à cinq ans, les greffer en fente à 4 à 5 pieds : ces pieds s'appellent des Egrains. *Voyez* ce mot.

Un an après qu'un égrain a été greffé, il peut être planté au lieu où il doit définitivement rester. Il vaut souvent mieux attendre l'année suivante.

Le mode de plantation des arbres fruitiers de toute nature a été indiqué au mot Plantation, j'y renvoie le lecteur.

Les arbres fruitiers en plein vent une fois plantés ne demandent plus que des labours à leur pied. Rarement, dans leurs premières années, on est dans le cas de les émonder de leurs branches mortes, de leurs branches chiffones, de leurs branches gourmandes. Moins la serpette les touche et mieux ils croissent ; il est cependant des cas où il est bon d'arrêter leur croissance en hauteur, ou leur croissance en largeur. Alors le simple cassement de l'extrémité prédominante des branches de leur dernière pousse suffit. *Voyez* Taille, Rajeunissement.

Souvent aussi, sur-tout dans le cerisier, pour accélérer le grossissement de leur tronc, et par suite la pousse de leurs branches, il est bon de fendre leur écorce longitudinalement. *Voyez* Cerisier et Ecorce.

Débarrasser les arbres en plein vent des Lichens et des Mousses, des Guis qui les couvrent quelquefois, est toujours bon, mais jamais nécessaire. *Voyez* ces mots.

Ainsi que je l'ai déjà observé, les arbres en plein vent se

mettent à fruit plus ou moins promptement, selon les espèces et les variétés ; ici je dois ajouter selon le terrain et l'exposition. En effet ce n'est que lorsqu'ils ont fini la *fougue* de leur pousse qu'ils commencent à donner du fruit, et la même espèce dans le même climat s'y met plus promptement dans un mauvais que dans un bon terrain, à une exposition sèche et chaude, qu'à une exposition humide et froide. Les maladies accélèrent souvent ce moment. *Voyez* Arbre, Accroissement, Fructification.

Comme la quantité de fruits dont les arbres en plein vent se chargent n'est réglée que par les circonstances atmosphériques, il arrive souvent qu'elle est considérable. Alors ces fruits consomment par leur nourriture la plus grande partie de la sève qui devait s'accumuler dans leurs racines pour la production de l'année suivante : de là les récoltes biennes et même triennes de ces sortes d'arbres. Cet ordre alternatif d'abondance et de disette de fruit ne se dérange que lorsque des gelées, des pluies froides, des sécheresses, etc., empêchent ou font couler les fleurs une année. *Voyez* Coulure.

Si on demande pourquoi les arbres en plein vent donnent des fruits plus petits que ceux en espaliers, toutes autres circonstances égales, je répondrai : le plus grand nombre de ces fruits et la moindre chaleur de l'air dans lequel ils se trouvent. Si on demande pourquoi ils sont plus savoureux dans les mêmes circonstances, je répondrai : parce qu'ils sont plus petits, que les feuilles qui les nourrissent sont plus nombreuses, qu'elles se trouvent dans un air plus renouvelé. *Voyez* Fruit.

Les arbres fruitiers en plein vent se placent dans les jardins, dans les vergers, sur les lizières et au milieu des champs. On ne peut trop les multiplier par-tout où cela est possible, et où ils ne nuisent pas trop aux autres productions.

Qui croirait qu'il y a des cantons en France où on n'en voit pas un seul ?

Dans les années où il y a surabondance de fruits sur les pleins-vents, on est souvent embarrassé de leur emploi ; cependant il n'est pas de ces fruits qu'on ne puisse utiliser ou conserver.

Ainsi on fera du kirchwasser avec les cerises ou on les fera sécher au four. *Voyez* Cerisier.

Ainsi on en agira de même relativement aux Pruniers. *Voyez* ce mot et celui Pruneau.

Ainsi on fera du cidre avec les pommes, du poiré avec les poires, ou en en fera des compotes, des confitures, des marmelades, etc. *Voyez* Pommier et Poirier. (B.)

VENTADOUIRO. Espèce de fourche à quatre dents plates et rapprochées, en bois léger, qu'on emploie, dans le midi de la France, pour séparer les menues pailles du grain. C'est le *ventilabrum* des Latins.

Par le moyen de cet instrument, on nettoie le grain aussi bien et bien plus rapidement qu'avec le van ; mais il faut être habitué à en faire usage et qu'il y ait un assez fort courant d'air. *Voyez* VANNAGE. (B.)

VENTAISON. Blé venté. Maladie du froment dans laquelle le grain est RETRAIT (*voyez* ce mot), et qu'on attribue au vent dans le plus grand nombre de lieux et quelquefois à la présence de l'épine-vinette.

Il est certain que les vents froids et pluvieux, en empêchant la fécondation de s'exécuter, concourent souvent au retrait des blés, mais beaucoup d'autres causes peuvent aussi y concourir. *Voyez* VENT et COULURE. (B.)

VENTE EN USANCE. Se dit d'un bois actuellement en exploitation.

VENTILATEUR. On a donné ce nom à une machine inventée par l'illustre Duhamel pour préserver les grains des ravages des CHARANÇONS. *Voyez* ce mot.

Cette machine consiste en une grande caisse, qui offre un double fond en treillage sur lequel est fixé un canevas ; caisse qu'on remplit de grain à travers duquel on fait passer, au moyen de deux puissans soufflets dont la tuyère donne entre les deux fonds, un fort courant d'air. Les charançons, à qui le mouvement et le froid déplaisent beaucoup, abandonnent le grain.

Ce moyen est bon ; mais il n'est nulle part en pratique à raison de la dépense et des embarras qu'il cause. Celui indiqué par M. Parmentier est préférable. *Voyez* BLÉ. (B.)

VENTOUSE. Roger Schabol applique ce nom à une branche qu'on laisse sans la tailler aux espaliers trop vigoureux, afin qu'elle consume, dans les premiers jours du printemps, l'excès de leur sève. On coupe, casse ou tord ensuite cette branche.

Ce nom et cette pratique ne sont presque pas connus des jardiniers et il n'y pas de mal ; car le premier n'est pas juste, et la seconde peut être avantageusement suppléée par une taille d'abord plus longue, ensuite par la courbure des branches, etc. (B.)

VENTRE, BAS-VENTRE, ou ABDOMEN. MÉDECINE VÉTÉRINAIRE. Le bas-ventre est une des cavités du corps ; il est séparé de la poitrine par une cloison qu'on nomme le *diaphragme*.

Le bas-ventre renferme l'estomac, les intestins, l'épiploon, le pancréas, le foie, la rate, la vésicule du fiel (dans les animaux qui en sont pourvus), les reins , les parties internes de la génération , et enfin des glandes et des vaisseaux.

Tout le monde sait que dans les quadrupèdes le ventre est la partie inférieure du corps. Il est formé latéralement par les côtes et les flancs , et inférieurement par une espèce de nappe musculeuse , dans la longueur de laquelle on remarque une ligne qu'on nomme la *ligne blanche.* Au milieu de cette ligne est le nombril ou ombilic.

La peau recouvre toutes ces parties ; elle est plus mince, et pour ainsi dire dénuée de poil au fur et à mesure qu'elle approche des cuisses ; elle se prolonge pour former le fourreau qui sert de gaîne au membre , et le scrotum qui enveloppe les testicules. Elle recouvre aussi les mamelles dans les femelles.

Le ventre doit être considéré sous plusieurs rapports :

Par sa forme et par son plus ou moins de volume. Il décèle dans plusieurs animaux , et sur-tout dans le cheval , les dispositions à certaines affections maladives.

Il dénote aussi la légèreté et la pesanteur des allures ; enfin il indique si le cheval est ce qu'on appelle *bon mangeur* , ou *petit mangeur.*

Dans le mouton et le lapin , son trop de volume fait soupçonner l'existence de la cachexie aqueuse.

Les poulains sont ordinairement ventrus ; mais cet état se passe à mesure qu'ils avancent en âge.

Lorsque le ventre a peu d'ampleur , que la côte est courte et le flanc retroussé , le cheval est dit efflanqué , lèvreté et avoir le flanc cousu. Les chevaux dont le ventre est ainsi conformé ont ordinairement beaucoup d'ardeur ; ils mangent peu , mais ne peuvent suffire à un service de longue durée. Ils ont assez fréquemment les jarrets douloureux et des dispositions à la *pousse.*

Le ventre trop volumineux , dont les flancs sont creux et qui présente plus d'ampleur vers les parties inférieures que vers les flancs , est dit *ventre avalé, ventre de vache.*

Les chevaux chez lesquels le ventre a cette conformation sont soupçonnés n'avoir point de légèreté et être disposés , comme ceux qui ont le flanc retroussé , à devenir poussifs.

Le ventre est aussi exposé aux hernies ; celles qui sont dues à des accidens peuvent avoir lieu sur toute sa surface, et celles qui sont le produit d'efforts se manifestent aux aines et à l'ombilic.

Les Indigestions, la Suppression et la Rétention d'urine ; l'Inflammation du foie, celle des reins et des intestins ; l'Engorgement de la rate, les Coliques et toutes les espèces de Tranchées sont des maladies du bas-ventre ; elles donnent quelquefois lieu au Vertige. L'abondance des vents chez les jeunes sujets détermine souvent l'irritation dans les instestins et donne lieu à la Diarrhée.

Voyez ces différentes affections, chacune à leur article. (Desp.)

VENTS. Médecine vétérinaire. Bruit quelquefois sourd, quelquefois sonore, occasionné par la sortie des flatuosités qui distendent l'estomac ou les intestins : dans le premier cas, on les appelle *rots*, et dans le second ils sont appelés *pets*.

Les vents sont accompagnés de borborygmes et de coliques quelquefois violentes et meurtrières ; les alimens donnés en vert à l'étable, ceux qui n'ont que peu ou point fermenté causent des vents *Voyez* Tranchées.

Les animaux qui sont affectés de hernies rendent beaucoup de vents.

Les hernies inguinales sont celles qui en excitent le plus.

On a aussi remarqué que les chevaux qui tiquent y sont très-sujets. (Desp.)

VENTURES. On donne ce nom, dans quelques cantons, aux menues pailles, dans d'autres, aux mauvais grains qui sont séparés du grain par l'opération du Vannage. *Voyez* Van. (B.)

VER. Synonyme de Vérat. *Voyez* ce mot.

VER BLANC. C'est la larve du Hanneton. *Voyez* ce mot.

VER BLANC DU TERREAU. C'est la larve de la Tipule des potagers (*voyez* ce mot), qui cause quelquefois de grandes pertes aux cultivateurs en mettant à l'air le collet des racines des plantes. Un des meilleurs moyens de s'en débarrasser, c'est de placer une poignée de charbon en poudre au pied des fleurs qu'on veut le plus spécialement en garantir. (B.)

VER COQUIN. On donne ce nom, dans les pays de vignobles, à la larve de la Pyrale de la vigne. *Voyez* ce mot.

VER DU FROMAGE. Larves de diverses sortes de mouches, qui vivent aux dépens du fromage.

VER DES GALLES. *Voyez* Galle.

VER GRIS. Nom que les jardiniers donnent à plusieurs chenilles qui se cachent dans la terre pendant le jour et qui dévorent les légumes. *Voyez* Noctuelle.

VER HOTTENTOT. On a appliqué ce nom à la larve du criocère de l'asperge.

VER MERDIVORE. C'est la larve de la mouche merdivore. *Voyez* Mouche.

VER MINEUR DES FEUILLES. On a donné ce nom aux chenilles des teignes et des Pyrales qui vivent aux dépens du parenchyme des feuilles.

VER DU NEZ DES MOUTONS. *Voyez* Œstre.

VER DES NOISETTES. C'est ordinairement la larve du

Tome XVI.   7

Charançon de la noisette, quelquefois ce sont des larves de Teignes ou de Pyrales. *Voyez* ces mots.

VER DES OLIVES. Nom de la larve de la mouche des olives. *Voyez* Mouche et Olivier.

VER SOLITAIRE. Espèce du genre ténia.

VER DE TERRE. *Voyez* Lombric.

VER DU TRÈFLE. Larve de l'eumolpe obscur, qui mange le collet des racines du trèfle et en fait souvent périr les pieds.

VER DES TRUFFES. Larve d'une mouche. *Voyez* Truffe.

VER DES TUMEURS DES BÊTES A CORNES. *Voyez* OEstre du boeuf.

VER TURC. Nom vulgaire de la larve du hanneton.

VERS A SOIE. C'est dans les annales du plus ancien peuple de la terre qu'il faut aller chercher l'origine de l'art d'élever les vers à soie et de dévider leurs cocons. Inventé à la Chine 2700 ans avant l'ère chrétienne, cet art passa, de proche en proche, dans les Indes, dans la Perse et dans quelques autres parties de l'Asie. Il était parvenu jusque dans l'île de Cos au temps de Pline l'ancien ; mais il paraît qu'on n'y en avait encore qu'une connaissance imparfaite.

L'obscurité ne se dissipa qu'au commencement du sixième siècle : alors deux religieux revenant des Indes à Constantinople, y apportèrent, avec des œufs de vers à soie, des notions sur la manière de les faire éclore, d'élever les chenilles qui en proviennent, et de tirer le précieux fil dont elles composent leurs cocons. Cette nouvelle industrie, accueillie avec empressement par l'empereur Justinien, devint en peu de temps l'une des principales sources de la richesse de l'empire, et en fut, suivant la remarque de Montesquieu, l'un des plus fermes soutiens.

Les premiers vers à soie qu'on éleva en Europe, se nourrirent de la feuille du mûrier noir. Malpighi observe qu'aucun auteur ancien n'a parlé du mûrier blanc : l'autre au contraire a été célébré par tous les poëtes latins, et Pline l'appelle le plus sage des arbres, à cause de sa tardive végétation. Mais la feuille du mûrier blanc, plus précoce, plus délicate et plus tendre, convenant mieux aux vers à soie, on ne tarda pas à se procurer cette espèce : il est du moins certain qu'elle était depuis long-temps cultivée dans la Grèce, lorsque Roger, roi de Sicile, ravit à cette contrée le privilége qu'elle exerçait exclusivement depuis six cents ans en Europe, de faire de la soie et de la façonner. S'étant emparé en 1130 des principales villes du Péloponèse, il fit passer leurs nombreux ouvriers en soie et avec eux leur industrie à Palerme.

Elle se répandit rapidement dans le reste de l'Italie, et l'Espagne la reçut des Arabes.

A l'égard de la France, ou a prétendu que le premier mûrier y fut planté par le seigneur d'Allan au retour de la dernière croisade. On assure de plus que ce même arbre subsiste encore aux portes de Montélimart.

Néanmoins l'opinion commune et la plus probable est que le mûrier et son inestimable chenille furent apportés en France par des gentilshommes du Dauphiné qui avaient suivi Charles VIII à la conquête du royaume de Naples.

A quelque époque, au surplus, que remontent les premiers essais de culture du mûrier, les progrès en furent si lents, que, sous le règne de Louis XI, les manufactures françaises n'employaient encore que des soies d'Espagne et d'Italie. Les mûriers ne commencèrent à se multiplier que du temps de Charles IX. En 1564, François Traucat, simple jardinier de Nîmes, y jetait les fondemens d'une pépinière dont les nombreux sujets devaient couvrir en peu d'années le Languedoc, la Provence et le Dauphiné. A la même époque, Olivier de Serres faisait, au Pradel, ses premières plantations de cette espèce d'arbre; mais lorsque, encouragé par Henri IV, il s'efforçait vingt ans plus tard d'en propager la culture dans les provinces au-delà de la Loire, Traucat, non moins protégé par le roi, avait déjà enrichi de quatre millions de plants les provinces du midi.

Le mûrier peut croître dans tous les climats; mais il n'est pas aussi certain que, hors d'une certaine température, ses sucs s'élaborent assez bien pour que sa feuille acquière les qualités nécessaires à la bonne nourriture des vers : soit donc par ce motif, ou soit que dans le nord la graine ne puisse pas être garantie de la pernicieuse influence des rigueurs de l'hiver, ou soit enfin que pour naître et pour se maintenir sain et vigoureux, l'insecte ait besoin d'un printemps précoce et d'une progression constante de chaleur, privilége des seuls pays méridionaux, il est constaté que c'est là seulement que l'éducation de ces chenilles peut être entreprise avec succès et devenir un objet de haute importance.

Mais l'art de la *magnanerie* y est encore trop livré à la routine et aux préjugés, on dédaigne la théorie, et on résiste à l'expérience.

Il ne peut donc qu'être utile de rassembler ici les règles que l'une et l'autre avouent, et de répéter les leçons des plus savans observateurs et des agriculteurs les plus judicieux et les plus habiles.

A tout ce que nous pourrons puiser d'instructif dans les ouvrages de l'abbé de Sauvages, si riches en observations théoriques et pratiques ; dans ceux de Rozier, pleins de vues si sages, dans l'écrit de M. Nysten, qui, dans la recherche des causes des maladies des vers à soie, a fait un si ingénieux usage de la physique pneumatique et de la chimie, et dans les traités de Dandolo, auxquels l'Italie a de si grandes obligations, et qui sont encore trop peu connus en France, nous ajouterons les faits que nous avons nous-mêmes recueillis et les avis des plus habiles praticiens que nous avons consultés ; nous emprunterons aussi de divers ouvrages inédits qui sont en nos mains, des observations importantes et des notions nouvelles ; et si notre opinion n'est pas toujours d'accord avec les idées généralement reçues et avec la doctrine des maîtres, nous rendrons raison de notre sentiment, et en discutant les principes qui diffèrent des nôtres, nous ne serons animés que du désir de chercher la vérité et d'éclairer la classe des lecteurs pour qui nous écrivons principalement.

La description anatomique du ver à soie appartenant plus à l'histoire naturelle qu'elle n'intéresse l'agriculture, nous renverrons ceux de nos lecteurs qui désirent de connaître la structure de cet insecte à l'article de cette chenille dans le nouveau Dictionnaire d'histoire naturelle, publié par Déterville, et nous nous bornerons ici à expliquer le mécanisme de la mue.

Il y a des vers à soie qui ne se dépouillent que trois fois de leur peau avant de filer leur cocon : telle est, en Europe, la variété connue dans quelques départemens méridionaux de la France sous le nom vulgaire de *milanais ;* leur graine est d'un onzième moins pesante que celle des vers communs, leurs cocons de deux cinquièmes plus petits, et cependant ils consomment presque autant de feuilles : de plus, toutefois, Dandolo conseille de les multiplier. Il prétend que la soie de leurs cocons est plus belle et plus fine, et qu'ils en donnent proportionnellement une plus grande quantité. D'ailleurs, l'éducation de ces sortes de vers est d'environ quatre jours plus courte que celle des autres vers ; elle hâte, par conséquent, la reproduction de la feuille sur l'arbre plutôt dépouillé ; économise le temps des ouvriers et les frais de salaires, et laisse les vers exposés à d'autant moins de dangers que leur vie est plus abrégée.

Toutes les autres espèces que nous élevons muent quatre fois avant de filer, et deux fois dans le cocon. L'intervalle d'une mue à l'autre dépend, pour les quatre premières, des progrès plus ou moins rapides de l'accroissement de l'insecte à chaque période de sa vie, par l'effet d'une chaleur plus ou moins forte et d'une nourriture plus ou moins abondante. La peau, qui n'a pas pris la même extension que les organes qu'elle enveloppe, gêne la chenille et lui ôte de plus en plus le pouvoir de manger et la liberté des mouvemens. Il y va de la vie, pour le ver, de se débarrasser de cette surpeau. Pour cet effet, il dégorge une sorte de soie blanche dont il attache les brins d'un côté sur divers points de son corps, et de l'autre à tout ce qui l'entoure, afin que sa peau soit retenue lorsqu'il fera des efforts pour la quitter. L'écaille qui couvre le museau, poussée par celle qui s'est formée dessous et par l'effet d'une agitation convulsive de la tête, ou arrachée par les pattes antérieures du ver, tombe séparément la première. Alors la chenille commence à glisser hors de son fourreau devenu trop étroit, par l'ouverture du premier anneau, en s'aidant du mouvement vermiculaire qu'elle imprime à son corps du bas en haut. Une liqueur qui se répand entre l'ancienne peau et la nouvelle en facilite la séparation et prévient les frottemens douloureux; et aussitôt que les pattes de devant sont libres, l'insecte s'en sert comme de crampons et achève de se dégager en tirant en avant, tandis que l'enveloppe qu'il abandonne reste en arrière fixée par des amarres et par les crochets des deux appendices de l'anus.

L'époque de cette pénible opération est toujours pour le ver un temps critique. Outre l'état de langueur qui accompagne les mues, qu'on peut regarder comme autant de maladies périodiques pour les vers à soie, ils en éprouvent d'accidentelles, propres à chaque âge. Nous dirons les noms de ces affections morbifiques, nous en rechercherons les causes, nous en décrirons les symptômes et les effets, nous indiquerons les moyens de les prévenir ou d'y remédier, lorsque l'ordre que nous nous sommes proposé de suivre amènera ce sujet.

Comme tous les autres animaux soumis à la domesticité, le ver à soie a éprouvé des modifications qui constituent, dans son espèce, des RACES et des VARIÉTÉS. (*Voyez* ces mots.) Nous avons déjà parlé d'une de ces races, la milanaise, et nous aurons bientôt occasion de faire mention de plusieurs autres.

La possibilité de plusieurs récoltes de soie dans le courant de la même année n'est point douteuse : la durée des éducations est en général de moins de deux mois, elles se terminent ordinairement du 1 au 15 de juin; il y aurait donc jusqu'à la fin de l'été plus de temps qu'il n'en faudrait pour en entreprendre et en achever une nouvelle, et le mûrier qui, à peine dépouillé de sa feuille, la reproduit, fournirait sans difficulté l'aliment nécessaire. Cette reproduction a lieu douze fois par année au royaume d'Aschant : les générations des vers à soie s'y succèdent de mois en mois sans interruption et y donnent douze récoltes, mais toutes ensemble ne valent pas le produit d'une seule éducation d'atelier, et la soie, légère sans substance, ne forme que des tissus de peu de durée.

BIBLIOTHÈQUE ROYALE

En Europe, le seconde feuille du mûrier, fruit de la sève dans sa plus grande activité pendant la plus forte intensité de la chaleur, trop dure même pour les vers parvenus à toute leur vigueur, leur serait par la même raison un aliment peu convenable durant leur premier âge. Ils prospéreraient difficilement avec une telle nourriture. Les orages et les chaleurs accablantes appelées *touffes,* si fréquentes au mois de juillet, opposeraient un nouvel obstacle à leur succès. Enfin la main d'œuvre, à l'époque de la moisson, est infiniment plus chère que pendant la saison ordinairement consacrée à l'éducation des vers à soie. Il paraît donc que, sous le rapport du revenu, il ne peut y avoir aucun avantage à en faire plus d'une par année, et si l'on envisage la question sous le point de vue de la conservation du mûrier, on se décidera avec encore plus de raison pour la négative. Les feuilles des arbres ne leur sont pas moins indispensables que leurs racines. (*Voyez* FEUILLE.) On ne peut, sans danger pour le mûrier, lui enlever ce moyen d'absorber l'humidité et les gaz nécessaires à sa nutrition, et de rejeter ceux qui lui seraient nuisibles. Il ne répare cette perte forcée que par une dépense surabondante de sève, au détriment des autres parties, et tel est le mal que lui occasionne quelquefois un seul dépouillement, qu'on est forcé de s'en abstenir l'année suivante. Quel funeste résultat n'aurait-il pas à craindre de cette opération répétée deux fois chaque année? Forcé de se couvrir trois fois de feuilles, ses jeunes pousses, frustrées de la seconde sève destinée à les fortifier, languiraient faute de nourriture, et l'arbre, bientôt épuisé, périrait lui-même. Le produit incertain et à coup sûr minime qu'on l'aurait contraint de donner pendant un petit nombre d'années, compenserait-il la perte du revenu assuré qu'avec plus de ménagement on aurait pu raisonnablement espérer d'en tirer pendant un demi-siècle? Concluons de ces réflexions que deux récoltes par an seraient un moyen infaillible de n'en plus obtenir bientôt aucune, et que c'est sur-tout ici que le mieux est l'ennemi du bien.

Quelques écrivains ont répété, sur la foi d'un poëte, qu'on pouvait nourrir les vers à soie avec les feuilles de l'orme, du rosier, de la ronce, de la laitue, etc. C'est une erreur qu'ont détruite les expériences de Malpighi et de l'abbé de Sauvages. Il est aujourd'hui universellement reconnu qu'il n'y a pour ces chenilles d'autre aliment que la feuille du mûrier. L'insecte sépare dans son estomac cette résine liquide, matière de la soie, des autres principes auxquels elle est unie, et la file lorsqu'elle a pris d'abord la consistance et ensuite la ténuité nécessaires.

En Sicile, dans la Calabre, dans quelques parties de l'Espagne, on ne cultive que le mûrier noir pour la nourriture des vers à soie. Il produit un fil plus solide , mais plus grossier que le mûrier blanc ; il a une plus longue existence , mais il croît avec plus de lenteur ; on le multiplie plus difficilement , il porte moins de feuilles et les donne plus tard.

Quelques expériences ont été faites dans le midi de la France sur l'usage de la feuille du MURIER A PAPIER (*voyez* ce mot), et l'on a observé qu'avec cette nourriture les vers devenaient, après la seconde mue, moins susceptibles des maladies auxquelles ils sont sujets ; et que, si la soie qu'ils donnent alors est plus grosse, elle est aussi moins collante.

Quoi qu'il en soit, jusqu'à présent on préfère généralement le mûrier blanc à toute autre espèce.

·Les principales variétés du mûrier blanc sont le *mûrier d'Espagne*, qui ressemble le plus au mûrier noir, mais dont la feuille est plus tendre et plus large, et devient trop grasse et trop succulente pour peu que le terrain dans lequel l'arbre est planté participe de ces qualités ; le *mûrier romain,* dont les feuilles sont les plus larges et les plus remplies de sucs, et qui, par cette raison, a besoin d'un sol sec et aride pour n'être pas d'un usage dangereux ; le *colomba* à feuille petite , mince, lisse , flexible et la plus soyeuse de toutes ; le mûrier dont la feuille appelée *rosée,* est aussi délicate et aussi luisante que la précédente, moins exposée, à cause de sa plus grande consistance, à se flétrir, à se chiffoner et à fermenter, et qui ne serait inférieure en rien à celle du *colomba,* si l'arbre qui la porte n'était plus lent à croître, ne donnait des pousses plus courtes , et se garnissait autant de feuilles.

L'analyse exacte des feuilles des diverses variétés de mûrier blanc apprend qu'elles sont toutes composées , en général , d'un tissu fibreux, d'une substance colorante, d'une substance sucrée, la seule nutritive, enfin d'une quantité de matière résineuse plus grossière, mais cependant de la même nature que la soie dépouillée de sa partie animale. On ne peut guère douter, d'après ces produits, que la partie résineuse ne soit la seule qui contribue à la formation de la soie, comme la partie sucrée contribue à celle des liqueurs animales qui font vivre l'insecte. Il est facile de concevoir que l'espèce de feuille qui contiendra le plus de ces principes sous un moindre volume de parenchyme ou de fibres indigestes sera la meilleure nourriture qu'on puisse offrir au ver à soie.

Les diverses variétés de mûriers qu'on est dans l'usage d'employer en France pour l'éducation de ces chenilles présentent, comme on le sent bien, des différences très-marquées dans leur analyse, et ces différences sont encore augmentées par l'âge de l'arbre, sa culture, le terrain , la saison plus ou moins pluvieuse. On peut cependant réduire ces espèces à deux principales : le mûrier greffé et le sauvageon. Si les proportions absolues de leurs principes varient, par les raisons que nous venons d'exposer, elles sont du moins toujours relatives entre elles dans les mêmes circonstances.

En prenant le résultat moyen d'un grand nombre d'expériences faites à ce sujet, il s'est trouvé que la substance résineuse contenue dans la feuille du mûrier blanc commun des plaines du bas Languedoc est à la quantité qu'en fournit leur sauvageon, comme un est à 3 ; c'est-à-dire que si 31 décagrammes (12 onces) (1) de feuilles de mûrier blanc greffé produisent 3 grammes (un gros) de résine soyeuse, 31 décagrammes (12 onces) de feuilles de sauvageon en donneront 9 grammes (3 gros). La proportion sera moindre en faveur de ces dernières, si on en compare le produit avec celui des feuilles des arbres crûs sur les montagnes ; mais le premier rapport se rétablit entre les deux qualités, prises l'une et l'autre dans les pays élevés. Les expériences postérieures de Dandolo ont donné les mêmes résultats.

Il ne serait peut-être pas impossible, en suivant cette voie d'analyse, et poussant plus loin ses recherches, de parvenir à assigner les différences qui existent entre les diverses variétés de mûrier greffé, et de déterminer celle qui est la plus favorable aux chenilles.

Le ver à soie, nourri avec une feuille peu fournie de matière soyeuse, mais très-abondante en parenchyme indigeste, doit nécessairement avoir une constitution plus faible, et donner moins de soie que celui qu'on aurait élevé avec de la feuille de sauvageon. L'état de l'atmosphère et plusieurs autres causes dont il sera parlé à leur place, venant à relâcher les fibres de l'insecte, il n'a plus la force de digérer ce parenchyme, l'estomac en reste surchargé, et la coagulation des humeurs y devient la cause de plusieurs maladies.

Si l'on pouvait douter que la partie résineuse de la feuille de mûrier contribue seule à la formation de la soie, il suffirait, pour établir ce fait, de rappeler ce qui arriva dans le bas Languedoc en 1782. Les pluies abondantes du mois d'avril y rendirent les feuilles très-aqueuses et très-pauvres en principes résineux. La chenille, avec une telle nourriture, ne put se fournir de soie : on voyait, au temps de la montée, les vers très-beaux et très-sains en apparence, au lieu de filer leur cocon, rester au pied des bruyères et y périr. Un très-grand nombre de ces chenilles furent ouvertes par un naturaliste éclairé ; mais au lieu des deux vaisseaux soyeux, ordinairement très-

---

(1) L'ancien poids, réduit ici en poids métrique, est le petit poids de Languedoc appelé *poids de table*.

sensibles à cette époque, il ne trouva qu'une liqueur blanche et insipide.

La quantité prodigieuse de fruits que porte le mûrier greffé occasione aussi de graves inconvéniens qui seront signalés dans la suite.

Outre la supériorité que donne au sauvageon la qualité de sa feuille, et la propriété de produire une soie plus fine et plus lustrée, il a encore, sur le mûrier greffé, l'avantage d'un plus prompt développement de bourgeons et de convenir essentiellement aux vers dans leur premier âge. Comme cependant on a en général peu multiplié les arbres de cette espèce, peut-être serait-il plus avantageux aux cultivateurs qui n'en possèdent qu'un petit nombre, d'en réserver la feuille pour les vers à la quatrième mue. C'est à l'époque où ils en sortent qu'arrivent, pour l'ordinaire, les temps étouffés qui, en relàchant les organes de ces chenilles, leur rendent trop difficile la digestion d'une nourriture telle que la feuille du mûrier greffé, trop abondante en parenchyme, susceptible, dans leur corps, d'une fermentation dangereuse et trop dépourvue de matière soyeuse.

Une aveugle cupidité a cependant fait adopter presque partout l'usage introduit vers 1720 par les habitans d'Alais, de ne cultiver que des mûriers greffés : ils sont plus promptement en plein rapport que le sauvageon ; ils produisent des feuilles plus grandes, plus épaisses et par conséquent plus pesantes ; leurs rameaux sont plus chargés de mûres, ce qui ajoute encore à la pesanteur : voilà les raisons d'une préférence qui, en compromettant le succès des récoltes et en détériorant la qualité des soies, a fait chèrement acheter les avantages qu'elle peut procurer aux propriétaires qui vendent leurs feuilles.

Quoique l'inconvénient soit beaucoup moindre dans les terrains maigres des montagnes que dans les plaines humides et fertiles, où la feuille acquiert une consistance peu résineuse, mais très-aqueuse et très-sucrée, le conseil de revenir à l'usage du sauvageon ne doit pas être plus dédaigné par les contrées élevées que par les pays plats (1).

La feuille des arbres nains n'est préférable à celle des arbres à haute tige que parce qu'elle est plus hàtive et plus facile à cueillir : il n'y a d'ailleurs aucune différence dans la nature et dans la combinaison de leurs sucs.

Il ne paraît pas que l'exposition ait une influence marquée sur la qualité de la feuille.

---

(1) On trouve résumé tout ce qui s'est dit pour et contre ce système, dans un mémoire de M. Duvaur, couronné en 1795 par l'académie de Valence.

Elle se perfectionne à mesure que l'arbre avance en âge, jusqu'au moment où, devenant trop vieux, il commence à décliner : alors sa sève, progressivement affaiblie et resserrée dans des canaux de plus en plus durcis, n'entretient dans les branches qu'une végétation languissante, et ne fournit aux feuilles que des principes dégénérés. Dans la jeunesse de l'arbre, trop abondante, trop active, elle se compose d'élémens trop désordonnés, et se distribue sans équilibre.

Les engrais le rompent aussi par l'inégalité de proportion ou d'affinité entre leurs principes divers et ceux auxquels ils vont se combiner dans les différentes parties de l'arbre.

Il résulte de tout ce qui vient d'être dit sur la qualité de la feuille, que la meilleure est celle des arbres parvenus à leur parfaite maturité, dans une terre franche, légère et sablonneuse, mais pas trop aride et plutôt sèche et maigre qu'humide et forte. Chacun peut, sur ces données, mesurer le degré de bonté de sa feuille, et apprécier par avance l'influence qu'elle aura sur la réussite de ses vers.

Plusieurs accidens contribuent à détériorer la qualité de la feuille, et à en rendre l'usage pernicieux aux vers, si elle leur est donnée sans précaution.

La miellée (*voyez* MIÉLAT) les réduit, par la dysenterie, à un tel état de faiblesse, qu'à la mue ils n'ont plus la force de se dépouiller de leur peau. La prompte putréfaction de leurs excrémens, dans cet état de fluidité, vicie l'air dans lequel ils vivent. Enfin, la miellée, si elle est abondante, bouche les stigmates de la chenille, et la fait mourir faute de respiration.

Il ne suffit pas, pour assainir les feuilles miellées, de ne les cueillir que lorsque le soleil ou le vent les ont séchées. Elles restent alors même encore trop imprégnées du redoutable poison, et s'il ne survient une pluie qui la nettoie entièrement, il est indispensable de les en purger de quelque autre manière. Pour cet effet, on est dans l'usage, en beaucoup d'endroits, d'entasser et de presser dans des sacs la feuille infectée de miellée. On cherche à la dissoudre par le dégagement de l'acide carbonique qu'opère la fermentation, et pour dissiper l'odeur qu'elle a fait contracter aux feuilles, on les étend dans un lieu frais et aéré, et l'on a soin de les remuer souvent. Rozier remarque judicieusement que la feuille soumise à ce procédé subit deux altérations, celle de la miellée et celle de la fermentation, et qu'elle est plus mauvaise que si elle n'en avait subi qu'une. Le lavage, ajoute-t-il, est donc préférable, puisqu'il n'altère pas la qualité de la feuille, au moins d'une manière aussi sensible. Le lavage peut se faire, ou en exposant la feuille dans des corbeilles à jour dans un grand courant d'eau, ou en la trempant à plusieurs reprises dans des baquets dont l'eau doit être chaque fois renouvelée. Après avoir laissé égoutter la feuille pendant quelques minutes à l'ombre, on l'y étend sur des draps qu'on secoue de temps en temps par les quatre coins, jusqu'à ce qu'elle soit entièrement séchée, ou, mieux encore, on l'expose à un prompt et fort courant d'air, répandue sur le plancher d'un grenier, ouvert sur deux faces opposées.

A moins que les vers à soie ne se trouvent pressés par la faim, ils ont de la répugnance pour la feuille tachée de rouille, accident assez fréquent pour celle des mûriers plantés dans des terrains bas, trop près des eaux, ou dans des champs trop fermés : la partie rouillée étant dure et presque sans suc, les vers la dédaignent : il leur faut donc une plus grande quantité de cette feuille ; mais ce déficit en est le seul inconvénient, elle ne leur fait d'ailleurs aucun mal.

Soit qu'il y ait ou non des rosées et des pluies pernicieuses ou innocentes, l'abbé de Sauvages, qui a établi ces distinctions, avouant lui - même que la feuille mouillée est en général funeste à nos chenilles, et les expériences de M. Nysten ayant découvert dans cet aliment la source de plusieurs de leurs maladies, il est plus prudent de le proscrire que de se livrer à des recherches difficiles et vaines.

Il est rare qu'au temps de la récolte des vers à soie il pleuve sans interruption pendant plusieurs jours, que quelques rayons de soleil ne percent pas les nuages, ou que les intervalles entre les averses ne suffisent pas pour sécher la feuille. On doit être attentif à saisir ces momens favorables pour la cueillir, et pour achever de dissiper l'humidité qu'elle pourrait avoir conservée, il faut la berner ou la jeter en l'air à l'aide d'une fourche. Si la pluie est continue, on peut couper quelques rameaux, et les suspendre dans un lieu ouvert, jusqu'à ce que le courant d'air en ait séché les feuilles. Mais, outre que ce moyen ne saurait être souvent répété sans de grands inconvéniens pour l'arbre, il n'est praticable que pendant les premiers âges des vers, lorsque leur consommation est encore peu considérable, et que la feuille, à peine épanouie, n'étant pas susceptible de se conserver fraîche, ne peut pas être cueillie par avance. Plus tard, aussitôt que des signes presque toujours certains, tels que l'humidité de l'atmosphère, la persévérance des vents pluvieux, etc., annoncent une pluie durable, qu'on se hâte de s'approvisionner de nourriture pour plusieurs jours. La feuille, dans sa maturité, si elle n'est pas trop entassée, peut d'autant plus facilement être gardée assez long-temps, sans qu'elle se flétrisse, que l'humidité de l'air contribue à la préserver d'une trop prompte dessiccation.

Quand la pluie se prolonge, et quand, avant qu'elle ait cessé, la provision se trouve consommée, plutôt que de donner de la feuille mouillée aux vers, il ne faut pas hésiter à les laisser jeûner, principalement avant et après la mue, et s'ils ne sont pas dans un état de parfaite santé, ils peuvent supporter cette abstinence pendant deux fois vingt-quatre heures sans qu'il en résulte d'autre mauvais effet que le ralentissement de leur marche; mais comme la chaleur excite leur appétit, il devient d'absolue nécessité lorsqu'on ne peut leur donner de quoi la satisfaire, d'éteindre les feux de l'atelier, et de laisser les vers à leur température naturelle (1).

Supposant enfin que la pluie s'obstine pendant le dernier âge des vers, au moment de leur plus grand appétit, il faudra bien se résoudre à leur laisser manger de la feuille mouillée : heureusement ils sont alors dans la plus grande force de leur tempérament, et par conséquent mieux en état d'échapper aux fâcheuses conséquences d'une mauvaise nourriture; il sera néanmoins sage d'en retarder de quelques heures la distribution, pour donner à l'insecte le temps de se vider, et pour que l'aiguillon de la faim le rende moins difficile; de multiplier les feux de flamme dans l'atelier, et d'enlever la litière aussitôt que le repas sera achevé, parce que l'humidité jointe à la chaleur en accélère la fermentation.

Les cas cités par l'abbé de Sauvages et par M. de Nysten, où des feuilles échauffées par l'entassement ont été données aux vers à soie sans produire aucun effet sensible, ne peuvent être regardés que comme des exceptions. L'échauffement provient de la fermentation, qui est elle-même un commencement de décomposition : il est donc impossible que généralement des vers nourris de feuilles qui ont éprouvé cette altéraration dans leurs principes ne s'en ressentent pas et dans leur santé et dans la qualité de leurs produits. Rien n'est donc plus condamnable que le moyen trop communément employé pour faire perdre, par la transpiration, à la feuille grasse la surabondance de ses sucs, de l'exposer au soleil ardent, et de la renfermer ensuite dans des toiles fortement serrées; il suffirait, pour atteindre au même but, de garder plus long-temps la feuille succulente dans l'entrepôt, et à l'égard de celle qui est transportée de loin en grande quantité à la fois, on fera bien de ne la servir qu'après qu'elle aura resté quelques heures éparpillée dans le magasin, et qu'on l'aura brassée et rafraîchie au courant d'air.

L'action du soleil sur la feuille encore attachée à l'arbre suffit dans les temps secs pour faire évaporer la légère humidité que lui occasionne sa transpiration naturelle : c'est donc une règle à observer, autant du moins que les circonstances le

---

(1) Le jeûne accélère toujours les époques des mues et de la montée.
(Note de M. Bosc.)

permettent, de ne la cueillir le matin que lorsque le soleil est déjà depuis un certain temps sur l'horizon, et le soir qu'avant la chute du serein.

Dans la manière la plus usitée de ramasser la feuille, on la foule dans des sacs suspendus à l'arbre ou dans des tabliers, dont les femmes employées à ce service relèvent et nouent les deux bouts inférieurs sur leurs reins : dans ce dernier cas, la chaleur du corps se communique bientôt aux feuilles; dans le premier, il est rare qu'elles ne soient pas échauffées jusqu'à un certain degré lorsqu'on les jette sur le tas commun. Le principe de fermentation s'y augmente et tend de plus en plus à se développer pendant leur séjour, quelquefois long, à cause de la distance, dans des draps, où, pour la facilité du transport, elles sont fortement comprimées en grande masse. Pour remédier à cet inconvénient, on a proposé de laisser tomber les feuilles, à mesure qu'on les coupe, sur des toiles placées au pied des arbres : il y aurait à cette méthode économie de temps, car il en faudrait moins pour relever ces draps et leur en substituer d'autres quand ils seraient couverts de feuilles, que pour échanger les sacs et les tabliers pleins contre de vides; le travail de la cueillette continuerait sans interruption, et jusqu'au moment où les feuilles seraient réunies sur l'entrepôt général qui doit être à l'ombre, pour être de là transférées à l'habitation, les feuilles resteraient exposées à un salutaire courant d'air qui leur enleverait jusqu'à la dernière trace d'humidité, et les ferait arriver à l'atelier presque aussi fraîches que si elles sortaient de l'arbre, sur-tout si on avait l'attention de ne serrer les enveloppes dans lesquelles elles doivent faire le trajet, qu'autant qu'il serait nécessaire pour les empêcher d'en sortir et de se répandre.

Pour cueillir la feuille, on coule du haut en bas, sur toute la longueur du rameau, une main qui l'entoure, légèrement fermée, tandis que l'autre, le tenant par le sommet, le force à s'incliner. Cette opération tord et rompt toujours un trop grand nombre de branches et laisse à la serpette trop de dégradations à réparer. Si chaque feuille pouvait être coupée avec des ciseaux, l'arbre sans doute s'en trouverait infiniment mieux, et il y aurait moins de feuilles froissées, meurtries ou déchirées; mais cette pratique, nous l'avons nous-mêmes vérifié, emploierait près de cinq fois plus de temps que le procédé en usage, et l'on ne pourrait fournir la quantité de nourriture nécessaire à une chambrée un peu considérable qu'avec une dépense auprès de laquelle est d'une bien faible considération le dommage que peut souffrir l'arbre par l'autre méthode.

Lorsqu'aucun accident n'oblige à traiter la feuille par les moyens extraordinaires que nous avons indiqués, les soins pour sa conservation se bornent à l'étendre dans le magasin aussitôt qu'elle est arrivée des champs. La couche n'en saurait être trop mince ; plus elle présentera de superficie à l'air, et moins les feuilles auront à craindre d'altération.

Sestini (Voyage dans l'Asie mineure) rapporte qu'à Brousse on sert aux vers à soie des branches de mûrier non dépouillées de leurs feuilles : c'est aussi l'usage en Perse, et il est certain que, par cette méthode, la feuille est conservée plus long-temps fraîche et savoureuse, offre un meilleur aliment aux chenilles et est consommée tout entière, ce qui est doublement avantageux pour la salubrité et pour l'économie. En Europe, on a quelquefois essayé de ce procédé ; mais la mutilation de l'arbre, qui en est une suite inévitable, l'a fait abandonner comme plus nuisible qu'utile. *Voyez* Mûrier.

On sait par expérience que 2 mètres cubes de branches de mûrier bien garnies rendent à-peu-près 41 kilogrammes (100 livres) de feuilles ; mais ce n'est que par l'effet d'une longue habitude qu'on parvient à juger au coup d'œil de la capacité des arbres. Il est donc plus sûr de les diviser en deux classes : l'une, des arbres touffus ; l'autre, de ceux qui sont peu fournis de feuilles. On en fait cueillir une égale quantité sur un arbre de chaque classe ; on divise ensuite par la pensée les branches de tous les arbres en masses de même volume que la masse dépouillée qui sert de point de comparaison ; et en multipliant par le produit de celle-ci le nombre total des autres, sans toutefois confondre les classes, on évaluera avec une sorte de précision l'ensemble de sa récolte.

Cette estimation est nécessaire, soit pour connaître la valeur des arbres dont on vend la feuille à forfait, soit pour déterminer la quantité de feuilles dont on aura besoin proportionnellement à la quantité de graines que l'on veut mettre couver.

Lorsque les feuilles ne sont pas trop surchargées de mûres, que les vers sont tenus dans une température convenable, et telle que la prolongation de leur vie, par défaut de chaleur, n'augmente pas la consommation, il faut à-peu-près 820 kilogrammes (20 quintaux) de feuilles pour avoir 41 kilogrammes (100 livres) de cocons ; mais ce rapport change avec la force des éducations ; elles prospèrent d'autant moins qu'elles sont plus considérables, et en supposant une bonne réussite, si une couvée de 6 décagrammes (2 onces) de graine exige 820 kilogrammes (20 quintaux) de feuilles par 3 grammes (une once), il suffira de 697 à 738 kilogrammes (17 à 18 quintaux) pour une couvée de 15 à 18 décagrammes (5 à 6 onces), de 615 à 656 kilogrammes (15 à 16 quintaux) pour une couvée de 30 à 36 décagrammes (10 à 12 onces), et de 492 kilogrammes (12 quintaux) pour une couvée des 45 à 60 décagrammes (15 à 20 onces).

On fait en général les couvées plus fortes que ne le comportent les règles que nous venons d'établir, d'après l'abbé de Sauvages. Si l'éducation n'éprouve aucun accident, ou l'on vend les vers surabondans, ou l'on achète un supplément de feuilles, suivant l'avantage que présente l'une ou l'autre spéculation.

Il est essentiel de vérifier avant le dernier âge des vers s'il reste assez de feuilles pour les nourrir jusqu'à la fin de leur vie. Pendant la grande frèze qui suit la quatrième mue, ils en consomment deux fois autant que dans tout le temps qui a précédé : si donc on n'a pas alors les deux tiers de la quantité dont on s'était assuré en commençant l'éducation, on doit se procurer ce qui en manque ; mais si le prix en est tellement élevé qu'il ne laisse point de chance de bénéfice, il vaut mieux vendre une partie de ses vers, ou jeter les plus faibles et les plus retardés, ou même les sacrifier tous, quand la valeur excessive de la feuille (on l'a vue monter jusqu'à 24 fr. les 41 kilogrammes (100 livres) peut faire trouver dans la vente de ce qui en reste un profit plus certain que dans le produit des cocons.

Passons des considérations relatives à la feuille de mûrier à celles qui ont pour objet la graine de vers à soie : c'est ce nom que l'on donne vulgairement aux œufs de leur papillon.

Le choix de la graine mérite toute l'attention du cultivateur. Il n'est jamais aussi sûre d'aucune que de celle qu'il a faite lui-même ; il semble donc que tant qu'elle conserve sa bonne qualité, il ne devrait pas en changer ; cependant les personnes mêmes qui ne regardent pas le renouvellement comme indispensable, jugent prudent qu'il ait lieu de quatre en quatre ans. Nous n'approfondirons pas si cet usage n'est pas l'effet d'un préjugé, et si la dégénération de la graine ne doit pas être plutôt attribuée aux vices des éducations qu'à une disposition naturelle, mais nous inviterons ceux qui auront à se procurer une nouvelle graine de se défier de celle qui vient de loin, quelque réputation qu'elle puisse avoir, et de se borner à troquer de leurs propres cocons contre des cocons d'une chambrée renommée par ses succès et d'un pays montueux du voisinage : par ce moyen, on peut soi-même surveiller la ponte, recueillir les œufs, en soigner l'hivernage, et se mettre ainsi à l'abri de tous les dangers du changement. On reconnaît la bonne graine à sa couleur gris cendré ; elle doit pétiller sous l'ongle qui l'écrase, et laisser échapper une liqueur visqueuse et transparente.

La graine *vierge* et stérile produite sans accouplement est aplatie et conserve sa couleur primitive jonquille clair, tandis que la graine fécondée passe successivement de cette nuance au jonquille foncé, au gris de lin, au pourpre sale, et enfin à la teinte ardoisée qui la distingue.

On appelle *morfondue* la graine dont le germe a péri; elle est blanchâtre, affaissée, ne pétille point sous l'ongle, ne renferme aucune humidité, et surnage dans l'eau, lorsqu'elle éprouve cette altération, pour avoir été exposée à un trop fort degré de chaleur; mais quand cet accident a pour cause l'humidité et le défaut d'air, on ne la distingue de la meilleure graine que par sa couleur brune et par l'humeur fluide, au lieu d'être glaireuse et liée, qui en découle lorsqu'on l'écrase.

Renfermée en grande quantité dans un même paquet pendant un long transport, la graine se détériore infailliblement. Nous renvoyons au livre de l'abbé de Sauvages les personnes curieuses de savoir comment on évite cet inconvénient dans le trajet de la Chine ou des Indes en Europe : il suffit dans un voyage plus court de séparer la graine en paquets de 3 décagrammes (une once), ou de la placer dans des tubes ouverts par les deux bouts, afin que les émanations de la transpiration s'exhalent à travers la toile claire dont on doit couvrir les extrémités de ces étuis.

La crainte de l'échauffement des graines doit en interdire l'entassement en toute circonstance. Le plus sûr moyen de se préserver de ce danger dans l'intervalle de la ponte à la couvée, est de conserver la graine sur l'étoffe ou sur les feuilles qui l'ont reçue, et de ne l'en détacher qu'au moment de la mettre à éclore.

C'est aussi le temps d'autres soins non moins importans : il faut la garantir en été des effets de la chaleur, qui pourrait la faire éclore spontanément : alors un lieu sec et frais lui convient; en hiver, elle veut être tenue dans une pièce sans humidité, à une température de 10 à 12 degrés : un réduit voûté au rez-de-chaussée est l'entrepôt le plus favorable.

L'embryon se prépare par une gradation insensible au développement qui doit l'amener à la vie, lorsque la chaleur qui lui est nécessaire l'aura complété. Le froid contrarie cette disposition de la nature, il retarde la naissance des vers, les fait éclore inégalement, et leur laisse une incurable débilité. L'altération que le froid occasionne à la graine se manifeste par la couleur jaunâtre qu'elle prend, et par son aplatissement, effet du resserrement du fœtus qu'elle renferme.

Plusieurs écrivains italiens, et Dandolo lui-même, attribuent une grande vertu à l'usage encore parfois pratiqué, de tremper la graine dans du vin, au moment de la mettre à couver; mais diverses expériences comparatives ont prouvé que cette préparation est au moins inutile; il y a même telle qualité de vin qui pourrait la rendre nuisible. Les cultivateurs qui ne sont pas esclaves de la routine et des préjugés doivent s'abstenir de tous ces vains ou dangereux apprêts.

M. Dandolo conseille aussi une double immersion de la graine dans de l'eau fraîche de puits ou de citerne : l'une, lorsque les œufs sont encore collés sur l'étoffe, afin de les en détacher plus facilement; l'autre, quand ils en ont été enlevés, et cette dernière fois pour déterger leur enveloppe, dont les pores pourraient être bouchés par la liqueur desséchée dont les papillons auraient pu la souiller à la ponte, pour les détacher les uns des autres, et pour séparer la graine féconde de celle qui ne l'est pas. Le premier de ces lavages paraît superflu : les œufs n'adhèrent pas assez fortement au drap pour n'en pas tomber facilement à sec, et le second bain ne remplit qu'imparfaitement son objet; car la graine *morfondue* ne surnage pas dans toutes les circonstances. Nous concluons donc, avec l'abbé de Sauvages, que « le meilleur apprêt est de n'en point faire. »

Les vers, à leur naissance, ont besoin d'une nourriture tendre proportionnée à la délicatesse de leurs organes; il semble donc qu'on devrait les faire éclore à la première pousse des feuilles; d'ailleurs la durée ordinaire des éducations étant de quarante-cinq à cinquante jours, on peut espérer qu'au moyen d'une couvée précoce, les vers arriveront à la montée avant l'époque, pour eux si funeste, des touffes. Mais l'hiver a ses retours; la végétation est d'autant plus hâtive qu'il a été plus tempéré, et les gelées tardives n'en sont que plus à craindre; si elles brouissent les bourgeons du mûrier, point de nouvelles feuilles avant quinze ou vingt jours : on est alors réduit, faute de nourriture, à jeter la couvée et à recommencer; on paie la graine beaucoup plus cher, si l'on n'en a pas gardé double provision, et quand elle est rare on court le risque d'un mauvais choix. On rapporte qu'en Chine, pour obvier à cet inconvénient, on conserve de la jeune feuille de mûrier desséchée, dont on fait le premier aliment des vers de l'année suivante, après l'avoir ramollie dans l'eau. Cette pratique, inconnue en France, mériterait d'autant plus d'y être essayée, que la naissance tardive des vers y est l'une des principales causes du mauvais succès des éducations. En attendant, la règle la plus sûre pour commencer la couvée est de ne la retarder, après l'éruption des feuilles, que jusqu'au moment où la saison est assez avancée pour ne laisser plus appréhender aucun accident. On nourrit les vers naissans avec la feuille la moins développée; on presse ensuite leur marche, et évitant ainsi l'écueil des couvées prématurées, on atteint le but presque aussitôt.

Toutes circonstances égales, le produit des petites couvées est en général proportionnellement plus fort que celui des grandes; si une des couvées de 3 décagrammes (une once) de graine rend 41 klogrammes (100 livres) de cocons, une chambrée de 30 décagrammes (10 onces) n'en donnera que 25 kilogrammes (60 livres) par 3 décagrammes, et on n'en tirera guère que 12 kilogrammes (25 livres) aussi par 3 décagrammes, d'une couvée de 60 décagrammes (20 onces).

Cette diversité de résultats a pour causes l'impossibilité de donner des soins aussi attentifs et aussi efficaces à un grand nombre de vers qu'à un petit, la difficulté d'en loger aussi au large une grande quantité qu'une médiocre, et l'altération de l'air atmosphérique, plus prompte et plus durable par la fermentation de la litière et les émanations des chenilles dans un atelier considérable que dans un moindre. Pour tirer un meilleur parti de leur récolte, quelques gros propriétaires partagent leur graine en petites couvées qu'ils distribuent, hors de chez eux, à des personnes de confiance. Mais ces ouvriers sont pour la plupart de pauvres cultivateurs occupés d'autres travaux, et qui laissent trop souvent à des femmes et à des enfans sans expérience la conduite de la chambrée. Il est rare que cette multitude d'éducations séparées prospère autant qu'on aurait droit de l'attendre de leur exiguité, et que la spéculation soit plus avantageuse que si on les avait réunies en une seule. Le terme moyen entre les deux extrêmes serait la division de la totalité de sa graine en autant de couvées de médiocre quantité et indépendantes les unes des autres, qu'on pourrait en placer sous ses yeux. Chaque chambrée étant dirigée par un chef particulier, sous l'inspection immédiate du propriétaire, cette méthode réunirait aux avantages des éducations peu nombreuses ceux que peuvent y ajouter l'émulation et l'œil du maître.

Les vers à soie éclôraient en Europe, comme en Asie et aux îles de France et de Bourbon, par le seul effet de la chaleur de l'atmosphère; mais la couvée spontanée ne convient pas à nos climats : la naissance des vers y coïnciderait rarement avec la poussée des feuilles, et l'inconstance de notre température occasionnerait dans l'incubation des perturbations désastreuses.

La couvée artificielle est donc préférable. Elle commence d'abord après la ponte : on peut regarder comme en faisant partie tous les soins qu'on prend de la graine ; car ils ont pour objet de la garantir, en été, de l'action de la chaleur, et en hiver de celle du froid, et de la préparer à éclore au moment convenable. Les procédés qui déterminent l'éclosion ne sont que le complément d'une longue incubation.

On fait éclore la graine ou aux nouets, ou à l'étuve.

Les nouets sont des sachets de toile ; on la choisit douce et usée, pour qu'elle laisse plus aisément échapper la transpiration de la graine entassée. On n'en renferme ordinairement dans chaque nouet que 3o grammes (une once), et jamais plus du double, quoique, afin de pouvoir l'éparpiller au besoin dans les sachets mêmes, on leur donne une beaucoup plus grande capacité.

Des femmes les suspendent, pendant le jour, à leur ceinture, et les placent pendant la nuit sous le chevet de leur lit. Quelques *magnaniers* ne les mettent que dans leur couche, où, quand ils se lèvent, un de leurs enfans couve à leur place. Ces deux méthodes exigent que les sachets soient fréquemment ouverts, et les graines souvent remuées, pour que le contact de l'air empêche l'humidité inséparable de leur transpiration, de les agglutiner, et pour ramener du centre aux bords celles qui ont occupé le milieu. Cette indispensable précaution étant presque inévitablement négligée la nuit, la chaleur trop long-temps concentrée donne aux œufs une odeur acide qui en annonce l'altération. Les vers qui naissent dans cette atmosphère d'autant plus malsaine que les miasmes émanés des couveurs ou des couveuses n'ont pu que contribuer considérablement à en augmenter l'infection, risquent de contracter une constitution faible et languissante ; beaucoup y meurent et un grand nombre de ceux qui échappent y puisent les germes de plusieurs maladies.

Quelquefois les nouets, aplatis de manière que la graine n'ait pas plus de 5 à 7 millimètres (2 à 3 lignes) d'épaisseur, sont couchés sur un matelas à une certaine distance de l'instrument propre à chauffer les lits, connu sous le nom de *moine,* placé sous une épaisse couverture. On en approche la graine chaque jour davantage. On est attentif à la visiter et à la remuer souvent et même d'heure en heure, aussitôt qu'elle change de couleur. Cette précaution assujettissante, et dont l'omission entraîne les suites les plus fâcheuses, suffirait, indépendamment du danger des incendies, pour faire rejeter ce mode, bien qu'en lui-même il soit préférable à l'incubation par la chaleur animale.

Quand on fait couver à l'étuve, la graine, étendue dans des corbeilles doublées de papier, en couches de la même épaisseur que dans le procédé dont il vient d'être rendu compte, est enfermée dans un réduit d'environ 4 mètres (2 toises) en carré. L'air s'y renouvelle par une petite ouverture au toit. On le chauffe ou par un poêle ou par un foyer : un thermomètre fixé au milieu de la corbeille sert à régler la gradation de la chaleur. Cette méthode a sur les précédentes l'avantage d'opérer dans la graine une transpiration plus libre, plus égale et plus continue, et de laisser la facilité de la remuer sans l'exposer à se refroidir.

Le succès de la couvée est encore plus certain, et l'opération plus commode et plus économique dans le four hydraulique, espèce d'étuve portative dont les dimensions sont pour l'ordinaire de 650 à 975 millimètres (2 à 3 pieds) de longueur et autant de largeur, sur une hauteur d'environ 13 décimètres (4 pieds). Cette *couveuse* se compose de deux caisses de fer-blanc, enchâssées l'une dans l'autre, mais séparées par un intervalle de 54 à 81 millimètres (2 à 3 pouces). On remplit ce vide d'eau chaude dont on entretient ou augmente la température, à l'aide d'une lampe, disposée sous l'appareil, et dont on diminue au besoin la chaleur, en remplaçant par de l'eau fraîche celle qu'on en fait écouler par un robinet. L'instrument est divisé en plusieurs étages, sur lesquels on pose, par une porte latérale, des cases de carton couvertes d'une couche de graines de peu d'épaisseur. Des tubes ouverts à leurs extrémités, pénétrant dans l'intérieur de la machine, y entretiennent la communication avec l'air extérieur, et un thermomètre, plongé dans une de ces ouvertures, marque au dehors la température du dedans.

Rien n'est plus contraire aux principes d'une bonne couvée que la trop prompte exaltation de la chaleur; la nature agit avec une plus sage lenteur, et quand on veut la seconder, ce ne peut être qu'en l'imitant. De brusques coups de feu impriment à l'embryon une agitation convulsive, et le forcent à une action anticipée, tandis que ses mouvemens ne doivent se développer que par gradation, et ses organes ne se mûrir, pour ainsi dire, que peu-à-peu. Cette violence ne peut être suivie que de fâcheux effets, et dans ce cas, ou les vers ne naissent pas, ou du moins ils naissent mal. Dans la juste mesure, l'incubation doit durer de huit à dix jours, et comme l'éclosion a lieu communément à 24 degrés de chaleur, et que d'ailleurs la graine hivernée à 10 ou 12 degrés se trouve, à l'époque de la couvée, dans une atmosphère naturelle de 14 à 15 degrés, il convient de donner à celle de la *couveuse*, dans le principe, une chaleur de 16 degrés, et de l'augmenter d'un degré chaque jour. La graine change plusieurs fois de couleur pendant l'incubation; elle devient successivement bleue, violette, couleur de soufre, grise, blanche : Malpighi attribue cette variété de nuances aux mouvemens intérieurs du ver, à mesure qu'il se développe et qu'il se dispose à percer la coque. On ne s'arrête guère qu'au dernier de ces changemens de couleur. C'est du sixième au huitième jour que la graine blanchit, et l'on dit alors qu'elle *s'émeut*. Les œufs restent au plus deux jours dans cet état, et au bout de ce temps les vers, rongeant leurs coques avec les dents, *commencent à éclore.*

Aux premiers qui paraissent, la graine, en termes de l'art, *répond;* c'est le moment de donner plus d'activité à la chaleur, pour empêcher que les chenilles ne naissent à trop de distance les unes des autres; il est important de les égaliser.

Pour faire la levée des vers, on étend sur la graine une feuille de papier qui les couvre entièrement, et qu'on crible de trous d'environ 2 millimètres (une ligne) de diamètre. Les vers, à peine éclos, passent par ces filières, dont les bords, en râclant leur peau encore humide, font tomber les œufs qui peuvent s'y trouver attachés. On dispose sur ce papier quelques bourgeons de feuilles de mûrier, qu'on enlève délicatement aussitôt qu'ils sont couverts de chenilles, pour les placer à 27 millimètres (un pouce) de distance l'une de l'autre, sur un clayon formé d'éclisses de châtaignier, et garni au fond de papier gris. Cette opération se renouvelle deux fois par jour, jusqu'à ce que la couvée entière soit épuisée; ce qui doit arriver avant la fin du troisième jour, si la graine est de bonne qualité. Il faut assigner à chaque *levée* une place distincte, afin de pouvoir administrer aux vers, suivant leur âge, les soins nécessaires pour les amener tous au niveau de ceux de la première.

Les vers à soie naissent gris, noirs ou roux; suivant l'opinion commune, leur couleur dépend du degré de chaleur qu'ils ont éprouvé à la couvée. La couleur rousse ou rouge est généralement décriée, sans doute parce qu'elle a plus de rapport que les deux autres avec celle du feu, car on suppose que c'est de l'excès de la chaleur qu'elle provient. L'abbé de Sauvages a démontré l'injustice de la prévention qui règne contre les vers de cette nuance; mais il admet le principe de l'influence de la chaleur de l'incubation sur la couleur des chenilles, et il accuse la couvée spontanée de produire la couleur noire à laquelle il impute à-peu-près les mêmes effets que d'autres attribuent à la couleur rousse. Nous nous autorisons de ces contradictions pour oser douter que la couleur des vers soit un indice de leur bonne ou mauvaise constitution et un présage de leurs futures destinées; et même, pour nous persuader que leur teinte a plutôt pour cause la chaleur de la couvée que le mélange des races, nous voudrions que ce fait fût constaté par des expériences plus positives que celles qu'on rapporte. Nous regrettons que M. Nysten n'ait pas tourné ses recherches vers cet objet, et nous invitons les cultivateurs éclairés à s'en occuper. En attendant, et en nous fondant sur les principes mêmes de l'abbé de Sauvages, nous pensons qu'on ne doit supprimer à leur naissance que ces vers, toujours en petit nombre, qui, trop prématurément ou trop tardivement éclos, ne peuvent jamais être mis en harmonie avec la masse de la couvée, et dont l'éducation séparée coûterait plus qu'elle ne pourrait produire. Ces insectes sont encore alors trop petits pour qu'on puisse distinguer les infirmes et même les morts.

Voilà les vers parvenus au moment d'être placés dans l'atelier : avant de décrire les soins dont vont dépendre leur succès, examinons sur quels principes la *magnanière* doit être construite ; mais arrêtons-nous d'abord à quelques réflexions sur le choix du chef qui doit présider à l'éducation.

On donne à ce chef le nom de *magnadier* ou *magnanier* ; le plus probe, le plus intelligent, le plus actif, le plus expérimenté a besoin d'être surveillé ; ils sont tous plus ou moins livrés à la routine, et les préjugés les plus populaires, les plus absurdes, exercent sur eux le plus d'empire ; les phases de la lune sont leurs plus sûrs oracles, et ils opposent à toute idée de perfectionnement une résistance invincible. Il est cependant des principes élémentaires que beaucoup d'entre eux seraient en état de comprendre, et des notions nouvelles qu'ils pourraient retenir. C'est aux propriétaires éclairés à les leur inculquer et à contraindre leurs *magnaniers* à en faire l'application. Les livres ne sont point faits pour des manœuvriers qui ne savent pas lire, ou qui ne les entendraient pas ; mais c'est pour que les maîtres qui aiment à s'instruire soient en état de connaître, de juger et de propager, pour leur propre avantage, les saines doctrines que les écrivains agronomes s'efforcent de leur offrir les leçons réunies de la théorie et de l'expérience. La docilité est donc une des qualités que le *magnanier* doit joindre à la fidélité, à la vigilance et à une longue pratique.

Venons maintenant aux considérations relatives à l'atelier.

L'emplacement le plus convenable pour un édifice destiné à l'éducation des vers à soie est celui où ces insectes sont le plus à l'abri d'une trop forte chaleur, de l'humidité et de la stagnation de l'air. C'est donc pour de tels établissemens un dangereux voisinage que tout ce qui réfléchit de trop près les rayons du soleil ; que des marais, des étangs, des eaux tranquilles, foyers perpétuels des brouillards ; que des bas fonds, des vallons étroits, des plaines peu ouvertes, d'où s'élèvent incessamment des vapeurs, et que des masses de grands arbres qui gênent l'action des vents. Sur une éminence l'air est plus frais, plus sec et plus agité, et c'est-là sur-tout qu'est avantageusement située une *magnanière* à l'exposition du nord au midi.

L'usage est de donner à ces bâtimens la forme du parallélogramme. Nous dirons bientôt pourquoi la forme elliptique, proposée autrefois par M. Maret, secrétaire de l'académie de Dijon, pour les salles des hôpitaux, nous paraît préférable.

Sur un rez-de-chaussée frais sans être humide, et dont on fait le magasin des feuilles, doit s'élever un étage que rien ne sépare du comble. Il se divise en trois pièces : l'une, de peu d'étendue, pour servir d'étuve à la couvée lorsqu'on ne fait pas usage du four hydraulique, et de premier séjour aux vers naissans qui ont besoin d'être tenus dans un lieu resserré et facile à chauffer ; l'autre, consacrée à une infirmerie pour les vers malades ; l'espace qui reste entre ces deux cabinets est le logement des vers, et ne doit former qu'une vaste salle.

C'est une précaution sage contre l'invasion des rats que d'enduire toutes les faces intérieures et extérieures de la maison, à la hauteur d'un mètre (3 pieds), d'une couche de mortier bien uni, et d'arrondir les angles des encoignures.

Suivant Dandolo, un atelier pour une éducation de 60 décagrammes (20 onces) de graine doit avoir en largeur 10 mètres (30 pieds) sur une longueur de 25 mètres (76 pieds), et en hauteur sous le comble un peu plus de 6 mètres (19 pieds). Il exige six cheminées, dont quatre dans les angles et deux vis-à-vis l'une de l'autre au milieu des faces longitudinales : dans les *magnanières* ovales, on les disposerait à une égale distance entre elles ; nous disons des cheminées, et non des poêles, parce que les vers à soie s'accommodent mal de la chaleur étouffée des poêles, et qu'on ne peut allumer que dans des cheminées un feu clair, d'autant plus préférable qu'il contribue très-efficacement à exciter la circulation de l'air dans les temps calmes.

Cependant Dandolo conseille l'emploi d'un poêle ventilateur au milieu même de la pièce, pour les occasions où il est nécessaire d'élever la température : une colonne d'air extérieur sans cesse renouvelé s'échauffe en traversant ce foyer, dans des tubes disposés pour la recevoir au dehors et pour l'introduire dans l'atmosphère interne : en sorte qu'un air pur y est sans cesse versé sans en diminuer la chaleur, et en l'augmentant au contraire. Ce procédé est sans contredit une des plus utiles innovations opérées par le comte Dandolo ; mais à cause de la complication d'un tel fourneau, la dépense ne peut être que considérable, et alors il ne saurait convenir qu'aux grands établissemens.

Pour que la couche supérieure de l'air extérieur puisse pénétrer dans la *magnanière* par les interstices des tuiles, elles doivent porter à nu sur les solives de la charpente, et il est bon aussi de pratiquer de petites lucarnes dans la toiture.

La multiplicité des portes et des fenêtres en opposition directe du nord au midi est une condition, selon nous, de rigueur : leurs dimensions, principalement celles des portes, ne sauraient être trop grandes pour les fonctions qu'elles ont à remplir, et dont nous parlerons ci-après, et il faut que l'ouverture des fenêtres descende jusqu'au pavé. Elles seront garnies d'un châssis vitré, qu'on tiendra fermé quand le temps sera assez froid pour faire descendre le thermomètre au-dessous du quinzième degré ; mais si la température extérieure est à ce degré ou au-dessus, on pourra substituer aux châssis à verre des châssis de toile claire. Par cette précaution, on se procurera le renouvellement de l'air, en se garantissant en même temps de l'action trop forte du soleil, qui pourrait incommoder les vers dans les places où ses rayons frapperaient directement.

Ces conseils, nous ne nous le dissimulerons pas, ne sont pas conformes aux maximes consacrées et par l'usage et par l'approbation des auteurs les plus estimés, Dandolo excepté ; mais quelques réflexions que nous allons présenter suffiront peut-être pour justifier nos idées, ou du moins pour encourager quelque propriétaire indépendant des préjugés d'essayer nos innovations et l'application de nos principes.

Il est généralement reconnu en physique que le mouvement vital ne peut subsister sans le concours immédiat de l'air ; que tout ce qui tend à altérer la pureté de cet élément tend aussi à déranger et même à détruire l'économie animale ; que l'air le plus pur, s'il n'est renouvelé, est bientôt vicié par le mouvement vital ; que la fermentation et la putréfaction dégagent des corps organisés une quantité prodigieuse de substances aériformes, toutes incapables d'entretenir la respiration et la vie.

Le ver à soie, comme tous les autres animaux, a besoin d'un air pur pour prospérer ; et comme il respire ce fluide par un grand nombre d'ouvertures, il n'est pas surprenant qu'un insecte si délicat soit très-sensible à ses bonnes ou à ses mauvaises qualités.

Faut-il citer des expériences à l'appui de ces principes ? Des vers placés avec de la feuille de mûrier sous un bocal de verre hermétiquement fermé ont commencé à languir au bout de six heures, et vingt-quatre heures après ils étaient sans mouvement ; mais la seule exposition au grand air, le vent du nord soufflant, les a bientôt tirés de cet état d'engourdissement et leur a rendu leurs forces. Dans le gaz hydrogène, soit des marais, soit des métaux, dans l'azote de la respiration séparé de sa partie acide par l'eau de chaux, dans l'acide carbonique, dans tous les gaz méphitiques, ces chenilles ont péri en peu de temps ; mais le gaz hydrogène est celui dont les effets meurtriers paraissent les plus prompts.

Or, les débris de la nourriture de la chenille imprégnés de l'humidité que la feuille cueillie, même dans les circonstances les plus favorables, retient toujours ; celle qui entre en si grande quantité dans sa composition comme principe ; les émanations continuelles de l'insecte ; enfin cette humeur visqueuse qu'il laisse échapper en différens temps, ne tardent pas à entrer en décomposition. A mesure que les principes se désunissent, la chaleur de cette litière augmente, la fermentation insensible s'y établit, et il s'en dégage une grande abondance de gaz délétère.

Le ver plongé dans cette atmosphère empoisonnée respire le germe de maladies d'autant plus fâcheuses qu'il a séjourné plus long-temps sur ce fumier pernicieux. Les excrémens des chenilles entassées, mêlés aux matières végétales, participent bientôt à la fermentation générale ; ils en changent la nature et la rendent plus funeste encore par l'expansion de l'azote et de l'hydrogène et du principe salino-huileux, qui précèdent immédiatement et accompagnent la putréfaction. Nous avons vu dans cet état la litière acquérir une chaleur de vingt-huit degrés ; il s'en exhalait une odeur fétide, et quelques heures avaient suffi pour produire ces accidens. Le mal s'aggrave dans les temps chauds et humides, et l'air renfermé des ateliers, s'il ne se renouvelle pas, est d'autant plus vicié, que les chenilles y sont entassées en plus grande quantité, qu'ils sont habités par un plus grand nombre d'hommes, qu'on y tient plus de lampes allumées, qu'on y laisse vieillir plus long-temps les litières, et que l'air extérieur y a moins d'accès. De nombreuses expériences dont nous avons les détails sous les yeux confirment ces observations, et prouvent invinciblement que les vers ne peuvent être sains et vigoureux que dans une *magnanière* bien aérée.

Mais l'air renfermé des *magnanières*, ayant perdu son ressort, ne peut résister aux efforts de l'air extérieur, toujours plus condensé, et qui, suivant la loi de l'équilibre commun à tous les fluides, tend sans cesse à le déplacer. Lors donc que l'on procurera une entrée à cet air extérieur, et une issue à l'air vicié, il s'établira un courant de dedans en dehors, qui sera d'autant plus rapide, que la différence de densité entre les deux atmosphères sera plus grande, et sur-tout que les vents qui souffleront seront plus violens et auront une action plus directe sur la masse à renouveler.

On a proposé de pratiquer des soupiraux aux planchers des *magnanières* pour donner entrée à l'air frais des appartemens inférieurs, et pour évacuer le gaz acide carbonique qui , étant plus pesant que les autres vapeurs méphitiques et même que l'air atmosphérique, tend toujours à se précipiter. Mais comme ces ouvertures ne peuvent être que très-petites, eu égard à la masse d'air à renouveler , le courant qu'on détermine par là est faible et insuffisant. La colonne d'air qui se forme n'a pour base que le diamètre de ces ouvertures ; elle va frapper directement le plancher supérieur, où trouvant une issue par des lucarnes correspondantes, ou à travers les joints des tuiles, elle s'échappe sans se mêler avec la masse du milieu de l'atelier et sans lui communiquer son impulsion. La facilité de la manœuvre exigeant que ces ouvertures ne soient pratiquées que dans les angles de l'atelier, il en résulte qu'il n'y a que l'air de ces angles qui soit renouvelé. A l'égard de l'autre objet, nous observerons que le gaz acide carbonique qui se forme dans les *magnanières* est toujours si intimement combiné avec l'azote et l'hydrogène, qu'il perd une grande partie de ses propriétés. L'état de mélange et de combinaison avec ces deux gaz le rend équipondérable à l'air atmosphérique et peut-être même plus léger : semblable à une balle de plomb qui, plus pesante spécifiquement que l'eau , surnage cependant à la faveur du liége auquel on l'a unie. On peut aisément se convaincre, au moyen de l'eau de chaux , qu'il existe autant d'acide carbonique dans les couches supérieures des *magnanieres* que dans les couches inférieures.

Les trappes néanmoins peuvent avoir une certaine utilité dans les ateliers construits en parallélogrammes. Cette forme s'opposant dans les temps calmes, où il est difficile d'établir des courans d'air, à l'expulsion de celui qui croupit dans les angles, les soupiraux peuvent procurer le déplacement de ces vapeurs, qui, à cause de leur ténacité, ne se laissent pas entraîner facilement par le mouvement général de l'atmosphère; mais la forme elliptique parerait à tous les inconvéniens , et voilà le motif qui nous la fait regarder comme la plus avantageuse pour les *magnanières*.

Quoi qu'il en soit, le besoin des portes et des fenêtres ne se fait jamais mieux sentir que quand le vent du sud règne et que la chaleur étouffée menace de la fermentation : c'est principalement alors qu'il devient important d'ouvrir de toutes parts et les jours dû midi comme ceux du nord.

Cette maxime effraiera sans doute les cultivateurs qui , ne se guidant que d'après une routine aveugle ou de vieilles erreurs , sont dans l'usage, si préjudiciable dans les temps où tout ce qui se rencontre dans les ateliers est près de la fermentation et de la putréfaction, de tenir exactement fermées les fenêtres exposées au midi; ils craignent, disent-ils, d'introduire dans la *magnanière* un air contraire à leurs vers.

Quoiqu'il soit vrai que l'air de l'atmosphère n'est pas aussi pur avec le vent du midi que lorque c'est la bise qui souffle, il faut convenir cependant qu'il l'est bien plus que l'air infect et chargé d'exhalaisons qui croupit dans les *magnanières*. D'ailleurs avec le vent du sud, l'atmosphère est également chargée de vapeurs au nord comme au midi, dans un espace aussi circonscrit que celui d'un village ou d'une maison, et l'air qui s'introduit dans les appartemens par les fenêtres tournées au nord, est absolument de la même nature que celui qu'on respire par les fenêtres du midi.

Le point important est d'établir un courant d'air continuel qui puisse procurer l'évaporation des émanations perpétuelles des chenilles, de leur nourriture et de leurs excrémens.

Un exemple bien frappant du succès qu'on peut attendre des courans d'air introduits à propos dans les *magnanières* donnera plus de poids à nos raisonnemens.

Les vers d'une chambrée assez considérable donnaient les plus belles espérances, ils avaient commencé à monter : un vent du midi survint, et les fit presque tous tomber sans force au pied des bruyères et regorger la soie, quoiqu'on eût la précaution de laisser ouvertes une porte et une lucarne au nord, les jours opposés restant soigneusement fermés. Le conseil de les ouvrir fut donné au *magnanier;* mais, entraîné par le préjugé ordinaire, il ne pouvait s'y déterminer, dans la crainte que le vent du midi n'empoisonnât le petit nombre de vers qui ne paraissaient pas encore affectés de la touffe ; il résista pendant un jour entier, et il fallut tout l'ascendant de son confesseur sur son esprit pour le décider à donner enfin accès au vent du midi, qui continuait à souffler. Le thermomètre se soutenait au 20e. degré à l'air libre; on fit un feu clair de sarmens, en même temps que les portes et les fenêtres au nord et au midi furent ouvertes : le courant d'air ne tarda pas à s'établir; il traversait directement les clayons qui supportaient les vers; les portes étant restées ouvertes toute la journée et une partie de la nuit, trents-six heures après les vers étaient déjà presque tous remontés, et la récolte fut fort bonne.

Toutefois il est des temps où l'air, dans une parfaite stagnation, résiste même aux moyens que nous avons proposés pour en opérer le renouvellement, et avec encore plus d'obstination à ceux qui ont été jusqu'à présent en usage.

M. Faujas de Saint-Fonds a recommandé dans ces circonstances critiques de faire secouer fortement par deux personnes un drap de lit autour des tables, afin de pouvoir procurer dans l'air un ébranlement salutaire ; mais cet ébranlement, dirigé de haut en bas, est presque sans effet et ne favorise pas l'entrée de l'air extérieur, et de plus il paraît difficile d'exécuter une pareille manœuvre dans un atelier où l'espace que l'on laisse entre les tables et les murailles est souvent à peine suffisant pour le passage des ouvriers.

Nous proposons un autre expédient : il consiste à employer, au lieu de portes de bois, des châssis dont les vides seraient remplis de paille entre deux toiles clouées sur les montans et sur les traverses. Ces châssis agités deviendront des ventilateurs qui chasseront sans obstacle l'air de l'atelier vers les issues opposées, qu'on aura soin d'ouvrir ; on les fera battre pendant un quart d'heure ou une demi-heure, suivant leur grandeur et celle de la masse d'air à expulser. Nous avons vu, par ce procédé, renouveler dans l'espace de 4 minutes environ 41 mètres cubes (1200 pieds) d'air vicié à dessein, et nous fûmes assurés, au moyen de l'eudiomètre, que ce renouvellement avait été complet.

Nous aurions moins étendu nos réflexions sur la nécessité indispensable du courant d'air, si cette vérité n'était encore presque universellement méconnue. Grâce aux préjugés que le moindre froid est mortel aux vers à soie, on calfeutre en général jusqu'à la plus petite ouverture, et l'on compromet ainsi le succès de sa récolte. Les chenilles ne résistent à cette absurde méthode dans les départemens méridionaux de la France, que quand les vents du nord dominent et se jouent de toutes les précautions qu'on prend pour en garantir les *magnanières*. Ce vent impétueux, et qui sait pénétrer jusque dans les appartemens les mieux clos, a bientôt chassé et remplacé par un air pur et salubre l'atmosphère croupissante et infectée des ateliers. Il dessèche l'humidité pernicieuse des litières, arrête la fermentation naissante et ramène par-tout la vie et la santé. Le tableau ci-après des récoltes dans le bas Languedoc depuis 1762 jusqu'à 1782, et des vents qui ont régné chaque année pendant les mois de mai et de juin, prouvera par des faits incontestables la salutaire influence du renouvellement de l'air dans l'éducation des vers à soie, et fera mieux sentir le besoin de disposer un atelier de manière à ce que ce renouvellement puisse s'y opérer complétement et avec facilité par des moyens artificiels, quand les moyens naturels viennent à manquer.

TABLEAU des récoltes de cocons dans le bas Languedoc depuis 1762 jusqu'en 1782, et des temps qui ont régné pendant les mois de mai et de juin des mêmes années.

ANNÉES.	RÉCOLTES.	TEMPS QUI A RÉGNÉ.
1762	Bonne.	**M A I.** Le vent du nord a été le dominant. Il a soufflé pendant 18 jours, le ciel presque toujours serein. Il y a eu quelques rosées, et le 16 un orage, par un vent du nord. **J U I N.** Le vent du nord a été très-violent pendant presque tout le mois. Trois orages par un vent du nord.
1763	Très-médiocre.	**M A I.** Les vents du sud et d'ouest ont rendu le temps très-variable pendant tout le mois. **J U I N.** Quelques jours de vent du nord; mais le sud a repris et régné pendant plusieurs jours. Temps couvert et point de pluie.
1764	Très-bonne.	**M A I.** Vent du nord; quelques jours d'est. Beau temps. **J U I N.** Nord très-violent jusque vers le 15, que presque tous les vers étaient montés. Le vent du sud et les chaleurs arrivées alors ont porté coup aux traîneurs.
1765	Très-médiocre.	**M A I.** Vent du sud; quelques jours de nord. **J U I N.** Vent du sud constant jusqu'au 20. Temps couvert.

ANNÉES.	RÉCOLTES.	TEMPS QUI A RÉGNÉ.
1766	Bonne.	**MAI.** Pluvieux. Vent dominant , nord-ouest. **JUIN.** Vent du nord. Pluie fréquente.
1767	Mauvaise.	Feuilles gelées les 19, 20 et 21 avril.
1768	Très-bonne.	Temps froid depuis le commencement de mai jusqu'après la montée.
1769	Très-bonne.	**MAI.** Vent du nord impétueux et froid jusqu'au 12. Le reste du mois très-beau. **JUIN.** Temps favorable : le vent du midi n'a soufflé que pendant deux jours de ce mois.
1770	Médiocre.	**MAI.** Temps très-froid. **JUIN.** Chaleurs très-fortes , et vent du sud-ouest pendant la montée.
1771	Modique.	Feuilles gelées pendant la nuit du 19 au 20 avril ; rétablies à la fin de mai.
1772	Bonne, et devenue mauvaise dans la plaine.	**MAI.** Vent du nord froid et impétueux pendant 20 jours. **JUIN.** Vent du nord jusqu'au 14. Vent du sud jusqu'à la fin du mois, avec de très-fortes chaleurs.

ANNÉES.	RÉCOLTES.	TEMPS QUI A RÉGNÉ.
1773	Très-abondante.	**MAI.** Temps froid jusqu'au 10. Pluie jusqu'au 27. **JUIN.** Beau temps et vent frais jusqu'à la fin du mois ; quelques jours de pluie.
1774	Bonne, et devenue mauvaise dans la plaine.	**MAI.** Vent du nord froid et pluvieux. **JUIN.** Vent du nord jusqu'au 10 ; vent du sud jusqu'au 20, qui fit du mal.
1775	Bonne.	**MAI.** Vent du nord très-violent, et temps froid jusqu'à la fin du mois. **JUIN.** Vents du sud-ouest et du sud-est sans fortes chaleurs jusqu'au 10. Vent du nord le reste du mois.
1776	Mauvaise.	**MAI.** Vent du nord depuis le 11 jusqu'au 26. Vent de midi le reste du mois. Point de pluie. **JUIN.** Vent du sud presque tout le mois ; quelques jours de nord-ouest.
1777	Très-mauvaise.	Le vent du nord a régné pendant le mois de mai et le mois de juin. Sur une série de 21 années, cette récolte est la seule qui paraisse faire exception aux principes avancés sur l'influence des vents. Les observations manquent sur les causes particulières qui ont prévalu.

ANNÉES.	RÉCOLTES.	TEMPS QUI A RÉGNÉ.
1778	Très-Bonne.	**MAI.** Nord très-violent depuis le 26 jusqu'à la fin du mois. **JUIN.** Le vent du nord a soufflé constamment presque tout le mois. Il a sur-tout été très-violent pendant le temps de la montée.
1779	Très-médiocre.	**MAI.** Vent du sud pendant presque tout le mois. Quelques jours de vent d'ouest. Chaleurs très-fortes. **JUIN.** Vent du nord assez constant. Temps étouffé et marin très-nuisible le 8 et le 10.
1780	Au-dessous de la médiocre.	Feuilles un peu brûlées en avril. **MAI.** Vent du nord depuis le 14 jusqu'au 21, et du 24 au 28. Vent du sud très-pernicieux du 29 au 5 juin. **JUIN.** Vent du sud et d'ouest. Sud et nord-ouest alternativement tout le mois.
1781	Très-médiocre.	Les observations météorologiques des mois de mai et de juin manquent; mais d'après celles des années précédentes, on peut inférer de la médiocrité de la récolte, que le temps ne fut pas favorable, et que le vent du nord ne souffla pas souvent.
1782	Mauvaise.	Pluvieux. **MAI.** **JUIN.** Dans les premiers jours du mois, vent du nord auquel ont succédé le midi, un temps étouffé funeste aux vers, et des chaleurs excessives.

On objectera sans doute à notre système sur la multiplicité des fenêtres fermées seulement par des châssis à verre ou à canevas, que le grand jour sera toujours répandu dans la *magnanière*, et que la lumière du soleil est nuisible aux vers à soie. Cette opinion est si bien enracinée chez les *magnaniers* qu'ils poussent là-dessus la crédulité jusqu'à la superstition. Rozier la traite de préjugé, mais l'abbé de Sauvages l'a adoptée. Malgré cette dissidence, nous ne chercherions pas à savoir de quel côté est la raison, si l'erreur pouvait être indifférente; mais elle nous paraît entraîner de trop graves conséquences pour que nous ne nous fassions pas un devoir d'exposer nos doutes contre le sentiment le plus accrédité.

En recherchant les causes de la prétendue aversion des vers à soie pour la lumière, l'observateur des Cévennes, d'ailleurs si judicieux, a cru les trouver dans le genre de cette chenille, qui, produisant un papillon nocturne, n'a pas été créée pour vivre à la clarté du soleil.

S'il fallait avoir recours à l'analogie pour démontrer l'erreur de cette opinion, on pourrait citer cette immense quantité de BOMBICES, de NOCTUELLES, de PHALÈNES, de PYRALES, etc. (*voyez* ces mots) qui sont également des animaux nocturnes, mais dont les chenilles vivent constamment au plus grand jour; mais des expériences positives vont nous fournir des réponses encore plus victorieuses.

Nous avons suivi des vers élevés en assez grande quantité, depuis leur deuxième mue jusqu'à la montée, sur des clayons constamment exposés au grand jour, de neuf heures du matin jusqu'à quatre heures du soir. Un tendelet les garantissait du soleil, en sorte que le thermomètre se soutenait du 19e. au 20e. degré; il ne s'éleva au 25e. qu'une fois, au temps de la montée. Ces vers réussirent parfaitement; ils ne se pelotonnèrent pas, et fournirent de très-beaux cocons bien étoffés. Comme ils étaient exposés à un courant d'air perpétuel, il ne s'en perdit presque point, quoique l'année fût très-mauvaise, et qu'étant fort retardés, l'époque de leur montée se trouvât celle des grandes chaleurs.

Dans un appartement sombre, un autre clayon de vers, éclairé à moitié par un rayon de lumière venant d'en haut, offrit le même résultat.

Un autre clayon enfin, dans un cabinet parfaitement obscur, recevait directement un rayon de soleil. Les vers qui y étaient exposés n'en paraissaient pas incommodés : vers midi, la chaleur devenant plus forte et faisant monter le thermomètre jusqu'au 35e. degré, elle desséchait leur peau sans cependant les faire fuir.

Dans aucune de ces expériences, les vers n'ont paru fuir ni

rechercher la lumière ; ils ne se sont pas ramassés en pelotons ; ils se sont comportés, en un mot, comme ceux qu'on élève à l'ordinaire dans un atelier obscur, ou éclairé par la faible clarté des lampes.

Si les vers paraissent se rassembler quelquefois d'un côté du clayon de préférence à l'autre, c'est dans l'inclinaison de ce clayon ou dans l'inégalité de distribution de la nourriture qu'il faut en chercher la cause. On pourrait croire peut-être que le froid y contribue, et que ces animaux se rapprochent et se pelotonnent pour concentrer leur chaleur ; mais cet accident arrive dans les temps les plus chauds comme dans les plus froids, et d'ailleurs le ver à soie n'a aucune chaleur sensible. Plusieurs de ces insectes ont été mis dans un très-petit bocal de verre, au centre duquel était fixé un thermomètre construit exprès, dont chaque degré, correspondant à ceux du thermomètre de Réaumur, occupait un espace de près de 14 millimètres (6 lignes). La liqueur de ce thermomètre ne s'est jamais élevée au-dessus de celle d'un pareil instrument de même marche, placé à côté du bocal dans l'air libre.

Cette expérience, répétée un grand nombre de fois devant nous et dans les différens âges du ver à soie, ne permet pas de douter que cette chenille n'a par elle-même d'autre chaleur, du moins sensible à l'extérieur, que celle de l'atmosphère dans laquelle elle vit.

Voici donc la clarté du jour démontrée au moins indifférente aux vers à soie ; mais nous pensons qu'elle leur est aussi avantageuse que l'obscurité leur est nuisible, et c'est ce que nous allons tâcher de prouver.

Les feuilles des plantes et des arbres, quoique séparées de leur tige, mais conservant encore leur mouvement de végétation, telles que sont les feuilles fraîchement cueillies que l'on donne aux vers à soie, étant exposées à la lumière, fournissent une très-grande quantité d'air le plus pur que l'on connaisse dans la nature. Ce produit est d'autant plus pur et plus abondant, que les végétaux sont doués d'une plus grande force de végétation et qu'ils reçoivent plus directement l'action de la lumière du soleil ; mais ces mêmes feuilles ne donnent dans l'obscurité qu'un air empoisonné et mortel, soit qu'il n'ait pas été convenablement modifié par le soleil, comme le croyait M. Ingenhouz, soit à cause d'un commencement de fermentation excité par l'absence de cette lumière, comme l'assure M. Sennebier.

Ce n'est pas ici le lieu de développer la théorie et les phénomènes variés que présente cette opération admirable de la nature, qui a su faire servir l'acte de la végétation à la purification de l'atmosphère, opération indispensable, sans la-

quelle nous ne pourrions plus subsister dans un air bientôt
corrompu. Le témoignage et les expériences des physiciens les
plus célèbres rendent ces faits incontestables, et nous avons
vu répéter avec le plus grand soin celles qui pourraient être
appliquées à l'éducation des vers à soie.

Si la lumière du soleil, soit directe, soit réfléchie, a une si
grande influence sur les feuilles, que sa présence purifie l'air
dans lequel elles sont plongées, et que son absence le détériore, il demeure bien démontré que la profonde obscurité
dans laquelle on a coutume d'élever le ver à soie, bien loin
de lui être favorable, lui devient au contraire nuisible, et
que cette pratique est vicieuse. Elle contrarie d'ailleurs le vœu
de la nature, puisque le ver à soie, destiné par elle à vivre en
plein air, est aussi fait, pour cela même, pour vivre à la lumière. *Voyez* CHENILLE.

Les fleurs et les fruits ne jouissent pas du même privilége
que les feuilles; ils donnent constamment, au soleil comme
dans l'obscurité, des émanations pernicieuses. Les mûres, qui
sont en même temps la fleur et le fruit du mûrier, ont le double
désavantage qui résulte de cette conformation. Aussi cet inconvénient augmente-t-il d'autant plus ceux qui accompagnent
l'usage du mûrier greffé, et que nous avons déjà signalés, que
cet arbre fournit une quantité infiniment plus considérable de
ces fruits doublement funestes; et les expériences que nous
allons rapporter feront voir de quelle importance il serait,
pour la santé des vers, qu'on ne leur servît que des feuilles
dépouillées de mûres.

Cent petites mûres pesant 14 grammes (4 gros 36 grains)
ont vicié, dans l'espace de trois heures, 298 centimètres (15
pouces) cubes d'air, au point qu'un moineau qui y a été renfermé pendant une minute est mort dans des convulsions, sans
qu'aucun des secours usités en pareil cas ait pu le sauver. Au
soleil et dans l'obscurité, le résultat a toujours été le même.

Quarante petites feuilles de mûrier récemment cueillies,
mises dans un vase contenant 357 centimètres (18 pouces)
cubes, exposées à quatre heures après midi à la chaleur atmosphérique sous un pot de faïence, pour dérober tout accès à la
lumière, ont fourni dans quinze heures un air tout aussi vicié
que celui des mûres, et dans lequel la bougie s'éteignait; mais
le même air, ayant été laissé avec les mêmes feuilles au soleil
pendant quelques heures, s'est bientôt assez rétabli pour entretenir la flamme et donner, à l'eudiomètre, 13 degrés. Cinq
heures plus tard, toujours au soleil, il s'est trouvé beaucoup
plus pur que l'air atmosphérique et a marqué 32 degrés.

L'heureuse influence de la lumière sur l'air de nos *magnanières* étant ainsi démontrée, nous ne craignons pas de con-

soiller l'usage d'un moyen que nous offre la nature, également simple et facile dans son exécution, et qui n'est d'ailleurs susceptible d'aucun inconvénient. Quelle abondance d'air pur nécessaire au ver à soie ne se procurerait-on pas en élevant ces insectes avec le concours de la lumière, tandis que l'obscurité profonde où l'on a coutume de les plonger contribue à accroître la masse déjà si grande des vapeurs méphitiques des ateliers destinés à leur éducation !

L'échafaudage des tablettes sur lesquelles on établit les vers à soie se compose d'autant de paires de montans liés par des traverses qu'en comporte la longueur de l'atelier, sauf la place nécessaire pour la manœuvre, en les espaçant de 2 en 2 mètres (6 pieds) au plus. Ces montans et leurs traverses sont de bois de 108 millimètres (4 pouces) d'équarrissage. On les fixe dans le carrelage et aux travettes du toit. Leur distance en largeur doit être réglée de manière que l'ouvrier, placé sur le bord, puisse en étendant le bras atteindre aisément le milieu. On pose sur les traverses ou des planches ou des nattes de roseaux attachés les uns aux autres par des ficelles de spart ; mais dans ce dernier cas on soutient ces lits de cannes par des traverses longitudinales, dont les bouts reposent sur celles qui sont attachées aux montans. L'usage des nattes est préférable : les planches s'imprègnent d'humidité et la conservent ; les roseaux sont au contraire promptement séchés, parce que, quelque rapprochés qu'ils puissent être, il y a toujours entre eux un intervalle à travers lequel l'air passe et se glisse dans la litière et lui enlève son humidité.

Le premier étage des tablettes doit être élevé de 487 millimètres (18 pouces) au-dessus du plancher : 406 millimètres (15 pouces) suffisent entre les deux autres étages, excepté le plus haut, qu'on tiendra à un mètre (3 pieds) au moins au-dessous du comble.

On multiplie les rangs d'établis autant que le permet la largeur de la *magnanière*, ou que l'exige la quantité des vers. Mais il doit rester entre chaque rang assez d'espace pour que deux personnes puissent se croiser, du moins en s'effaçant, et pour y faire passer des marche-pieds ou y dresser des échelles.

Le même appareil est nécessaire dans l'infirmerie, qui doit avoir aussi sa cheminée.

Les vers à soie occupent si peu de place jusqu'à leur deuxième mue inclusivement, qu'il suffit de quelques clayons pour les loger, quel que soit leur nombre. Ces clayons sont posés à 650 millimètres (2 pieds), l'un au-dessus de l'autre, sur des chevilles aussi de 650 millimètres (2 pieds) de longueur, attachées à deux montans fixés au mur et séparés par un intervalle de 427 millimètres (18 pouces). On multiplie les rangs à mesure que les chenilles grossissent et demandent plus d'espace.

La chaleur jouant un grand rôle dans leur éducation, il convient de commencer par quelques observations sur ce sujet le détail des soins minutieux qu'exigent ces insectes.

Si l'on considère la température des climats de l'Asie, d'où les vers à soie tirent leur première origine, on ne s'étonnera pas qu'ils puissent résister en Europe à une chaleur que les hommes ont de la peine à supporter. L'abbé de Sauvages l'a poussée jusqu'au 30e. degré dans ses ateliers, et plus d'une fois il a élevé ses chenilles, avec succès, à une température de 28 degrés. Mais cette exaltation ne peut avoir lieu sans danger que dans une atmosphère souvent renouvelée et que lorsqu'elle est amenée par gradation. Tout changement brusque de température est funeste aux vers : l'activité de leur appétit s'augmentant avec celle de la chaleur, ils surchargent tout-à-la-fois de nourriture leur estomac jusqu'alors accoutumé à une moindre quantité d'alimens, et leurs fonctions digestives en sont presque toujours troublées ; le mal n'est pas moins grand si l'on provoque leur faim sans la satisfaire, car la transpiration qu'excite en eux la chaleur n'étant pas suffisamment remplacée, leurs organes se dessèchent et se racornissent.

Les occasions où un très-haut degré de chaleur peut être nécessaire sont extraordinaires et rares ; elles ne se présentent guère que dans le cas où la pousse des feuilles, beaucoup trop promptement accélérée, force à précipiter la couvée et les premiers âges, afin d'assurer aux vers une nourriture convenable ; et encore avons-nous vu que presque toujours il vaut mieux leur donner d'abord de la feuille moins tendre que de trop hâter leurs progrès. Le succès de ces insectes dépend bien moins de l'intensité de la chaleur que de l'égalité de la température et de son élévation graduelle, lorsqu'il faut l'augmenter. C'est parce que celle de l'atmosphère est variable qu'on a recours à des moyens artificiels pour se soustraire aux fâcheux effets de son inconstance. Dans l'éducation ordinaire, on entretient la chaleur de l'atelier de 16 à 20 degrés : elle est portée de 20 à 24 degrés dans l'éducation hâtée. Cette dernière méthode faisant parcourir aux vers, dans un moindre espace de temps, tous les périodes de leur vie, a l'avantage de réduire la consommation de la feuille, et de terminer la récolte avant l'époque si redoutable des touffes ; mais elle a aussi de graves inconvéniens : dans ces progrès forcés et peu naturels, la chenille ne peut élaborer d'une manière convenable son humeur résineuse, et ne donne le plus souvent qu'un cocon faible et sans consistance.

La manière d'échauffer les *magnanières* n'est pas indifférente. Nous avons déjà exposé les motifs qui doivent faire préférer les feux clairs de bois et les cheminées, nous ajouterons seulement que le charbon de terre, tel que les maréchaux l'emploient, peut néanmoins remplacer le bois, au besoin, pourvu toutefois qu'il soit brûlé sur une grille et dans une cheminée; mais le charbon de terre prétendu épuré et désoufré doit être banni des ateliers avec autant de sévérité que le charbon de bois. Ce combustible exhale, lorsqu'il brûle, des vapeurs méphitiques aussi pernicieuses, et qui exposent aux mêmes dangers les hommes et les animaux qui les respirent.

On n'est pas d'accord sur les effets de la fumée dans les magnanières. Quelques cultivateurs la regardent comme nuisible, d'autres comme indifférente, et d'autres enfin comme avangeuse. Elle est au moins très-certainement incommode, et la chaleur dont elle est accompagnée, et qui se répand inégalement avec elle et comme elle dans diverses parties de l'atelier, suivant la direction que lui imprime le mouvement de l'air, ne peut, en rompant l'équilibre de la température, qu'être plus préjudiciable qu'utile.

Le premier objet des soins à donner aux vers qui viennent de naître est de les égaliser, et c'est par la combinaison de la nourriture et du feu qu'on parvient à les faire arriver à-peu-près tous en même temps, quoique de différentes levées, aux mues et à la montée. Pour cet effet, on place les clayons qui contiennent les derniers éclos à l'étage le plus élevé, et on leur donne une ou deux fois de plus à manger qu'aux premiers nés, qu'on tient dans les rangs les plus bas. La raison de cette conduite est que la chaleur est plus forte dans la partie supérieure de l'appartement, ordinairement chauffé avec de la braise. Mais aussitôt que le niveau est établi, les clayons d'en haut doivent changer de place avec ceux des rangs inférieurs, et en faisant ensuite monter et descendre tous les clayons tour à tour, on est sûr de conserver dans les chenilles l'égalité de grosseur et de force qu'on leur a procurée. La quantité de feuilles doit être alors la même pour tous.

Les vers à soie ont des momens d'inaction et de sommeil sur lesquels on a réglé le nombre de leurs repas; mais ces insectes sont si petits, si rapprochés, si confondus pendant les deux premiers âges, qu'il est impossible de déterminer, d'après ces données, avant la seconde mue, les heures convenables pour la distribution de la nourriture. On donne de nouvelle feuille dès que la précédente est mangée, et on en répand chaque fois sur les clayons un demi-travers de doigt d'épaisseur ; mais si les vers ne laissent que la nervure, c'est un avertissement d'augmenter la dose.

La feuille la plus tendre étant la meilleure pour les vers dans leur jeunesse, il faut alors choisir de préférence celle des jeunes sauvageons de pépinières ; il est bon de la cueillir deux fois par jour, et de ne la servir que coupée en menus morceaux. Ainsi hâchée, on la répand plus également sur les vers ; elle leur offre plus de bords, et c'est communément par là qu'ils l'attaquent, et ils sont plus à même de manger sans se déplacer et sans se faire obstacle les uns aux autres.

La litière, dans le premier âge, est si peu épaisse et si peu humide, qu'on peut la laisser sans danger sous les vers ; mais ils ont besoin d'être éclaircis avant la mue. Pour cet effet, on déchire la litière en petits carrés de 54 à 81 millimètres (2 à 3 pouces), et on met entre chacun de ces fragmens une distance égale à la dimension. Faut-il garnir un nouveau clayon, on y porte le nombre de pièces de litière jugé convenable, et on leur donne entre elles le même espace, et, dans les deux cas, on jette de la feuille tant sur les vides que sur les pleins, en laissant toutefois une bordure vacante, afin qu'ils ne s'étendent pas trop et ne s'écartent pas. Les vers quittent bientôt la vieille litière pour la feuille fraîche, et ils s'y établissent avec une sorte d'équilibre et d'uniformité.

S'il y a de l'inconvénient à laisser trop entasser les vers, il n'y en a pas moins à leur trop grande dispersion. La feuille qui se trouve sur les places vides se flétrit, se dessèche et se perd. Les vers au premier âge ne sont pas trop clair-semés tant qu'ils conservent entre eux une distance de l'épaisseur de leur corps.

Aux approches de la mue, on remarque dans les vers un redoublement progressif d'appétit. Cet état est appelé la *petite frèze* dans les quatre premiers âges, et la *grande frèze* au cinquième. La durée de celle qui précède la première mue est ordinairement d'un jour. La chenille consomme dans ces vingt-quatre heures au moins autant de nourriture qu'elle en a pris pendant tout le reste de l'âge. Au bout de ce temps, l'appétit décline graduellement, et le ver tombe peu-à-peu dans un état de dégoût, de langueur et d'inaction qui l'exposerait à être enseveli sous la feuille, si on continuait à la répandre comme de coutume, et sans égard pour les vers alités. Mais comme quand les précautions ont été bien prises pendant la couvée et au premier moment de la naissance pour conduire tous les vers ensemble à la mue, il n'y a guère que quelques traîneurs en retard, on ne risque rien de diminuer les repas aussitôt que le plus grand nombre fait mine de cesser de manger, et de les supprimer entièrement quand les deux tiers de la chambrée travaillent à se dépouiller. On tente bien, tant qu'on le peut, d'enlever les paresseux, en jetant çà et là sur les clayons quelques feuilles entières, au moyen desquelles, quand les chenilles s'y accrochent, on les porte ailleurs pour accélérer leur montée par les procédés indiqués ; mais, à défaut, on n'hésite point à en faire le sacrifice : ce sont quelques victimes immolées à l'intérêt de la majorité, et il est rare qu'avec un *magnanier* attentif et prévoyant la perte soit jamais importante.

La même raison qui détermine à rendre les repas moins considérables et plus rares quand le plus grand nombre des **vers** est dans cet état de torpeur où on dit qu'ils *dorment,* commande qu'on ne se presse pas de redonner de la nourriture lorsqu'il n'y a encore que quelques vers sortis de la mue. Il vaut mieux qu'ils se soumettent momentanément à une abstinence forcée, que d'accabler les autres sous le poids des feuilles et que d'augmenter la litière, d'autant plus humide et susceptible de fermentation qu'elle est plus épaisse.

Outre les vers qui meurent faute de pouvoir se dépouiller de leur peau, on en perd pendant le premier âge, par l'effet de la maladie qu'on nomme vulgairement la *rouge* et de celle des *brûlés.* La *rouge* est ainsi appelée de la couleur des chenilles qui en sont atteintes. Nous avons déjà eu occasion de dire qu'on l'attribue à un trop fort degré de chaleur dans l'incubation. En persistant à douter que cette cause influe sur la teinte des vers, nous ne sommes point étonnés que ceux qui ont été mal couvés ou qui sont mal éclos n'aient qu'une courte existence et périssent pour ainsi dire au berceau. Leurs organes seulement ébauchés et leurs humeurs imparfaites se refusent, ou ne se prêtent qu'à peine aux fonctions auxquelles ils sont destinés, et l'on peut regarder les vers dans cet état comme morts nés.

Pour peu qu'un vent du nord refroidisse la température, la plupart des *magnaniers* non-seulement augmentent le feu dans l'atelier, mais ils en bouchent toutes les ouvertures pour interdire tout accès à l'air extérieur. Les vers doivent à cette chaleur concentrée dans une atmosphère immobile, les germes d'une maladie qui quelquefois ne se développe que dans les âges suivans, et règne jusqu'au dernier, mais qui souvent aussi tue les vers dès le premier ; et c'est alors qu'on dit vulgairement qu'ils ont été *brûlés.*

Nous avons indiqué les moyens de prévenir ces accidens, dans les préceptes relatifs à la couvée et à l'éclosion ; mais lorsqu'on n'a pas su empêcher le mal, il est sans remède : il fallait se prémunir par avance contre ce désastre, en ménageant avec une extrême prudence l'action du calorique ; car, ainsi que l'observe l'abbé de Sauvages, « si le feu est l'âme des fonctions vitales des vers à soie, il en devient le fléau le plus terrible, administré sans précaution. »

Lorsque le ver à soie sort de sa première mue pour entrer dans le second période de sa vie, son museau est d'un gris clair, mais redevient peu-à-peu noir comme auparavant ; les longs poils bruns dont il était couvert ont fait place à des poils noirs plus rares et plus courts, qui, répandus sur sa peau blanche, la rendent tigrée : dès le second jour, il se forme sur son dos deux arcs de cercle noirs, en forme de parenthèses, et sa taille est d'environ 9 millimètres (4 lignes) de longueur.

La distance entre les vers de cet âge doit être de deux épaisseurs de leur corps ; il est donc indispensable de les éclaircir, ce qui continue à se faire de la même manière que pour l'âge précédent.

On ne délite pas encore, mais on châtre la litière : cette opération consiste à en enlever la couche inférieure aussi épaisse qu'il est possible, sans désunir la couche supérieure. On profite de l'occasion pour supprimer le papier du fond des clayons, afin que l'air, dont l'action devient de plus en plus utile, pénètre plus facilement par les fentes que laissent entre elles les éclisses assez grossièrement entrelacées. Les vers sont alors déjà assez gros pour qu'on ne craigne plus qu'ils s'échappent par ces interstices.

Il est important que la castration de la litière, comme le délitement dans les autres âges, se fasse avant que les chenilles aient amarré leur peau, ou du moins avant que leur engourdissement les empêche de remplacer par de nouveaux fils ceux qui pourraient avoir été rompus dans la manœuvre. Privées de ces brins, il leur deviendrait impossible de se dépouiller, et elles périraient inévitablement.

Avant la première mue, l'extrême petitesse des vers ne permet que difficilement de reconnaître ceux qui se retardent dans leurs progrès ; mais on les distingue plus aisément au second âge, et l'on donne le nom de *menuailles* à tous ceux qui n'ont pas acquis la taille qu'ils devraient avoir.

L'inégalité a plusieurs causes : si elle provient de l'insuffisance de nourriture, on y remédie en mettant à part les vers de cette classe, en leur prodiguant la feuille et en augmentant la chaleur : s'ils ne rejoignent pas les autres, ils n'achèvent pas moins leur carrière avec assez de succès pour dédommager des soins particuliers qu'ils auront coûtés. Mais il n'en est pas de même lorsque les vers restent petits, par les vices de leur constitution ou par l'effet des atteintes qu'elle a reçues. On appelle les vers de cette dernière espèce *passis*, c'est-à-dire flétris : leur peau est en effet ridée ; au lieu de progression dans leur croissance, ils diminuent de plus en plus de grosseur ; ils abandonnent la feuille, quittent la litière, errent sur le clayon, et périssent d'une sorte de consomption. Cette maladie est la plus redoutée, parce que ses effets s'en font ressentir d'âge en âge, depuis le premier jusqu'à la montée. Les *brûlés*, dont nous avons parlé ; les *passis*, dont il s'agit en ce moment ; les *arpians* et les *luzettes*, dont il sera fait mention plus bas, ont puisé dans la même source, dans une chaleur étouffée au commencement de leur vie, l'affection qui les fait périr plus ou moins tard, et après avoir inutilement occasionné plus ou moins de dépense en feuille et en main d'œuvre ; car la maladie est incurable, et les chenilles qu'elle attaque ne font jamais de cocon. Lorsqu'elle est générale et avérée, le parti le plus sage est de jeter tous les vers, de recommencer, si on a pris cette résolution de bonne heure, ou de vendre sa feuille.

Ce n'est que par une observation extrêmement attentive qu'à la fin de la première mue on peut reconnaître l'effet qu'a produit sur les vers leur dépouillement : leurs mouvemens échappent aux yeux ; mais, après la seconde mue, on voit sans peine que ces insectes sont devenus plus effilés, plus vifs, plus agiles : ils semblent se réjouir d'être délivrés du fardeau qui les oppressait, et prendre une nouvelle vie.

Les vers arrivent au troisième âge avec un museau devenu gris, de noir qu'il avait été jusqu'alors, et qui conserve jusqu'à la fin de leur vie sa nouvelle couleur : celle de leur peau, bai clair au commencement, s'éclaircit et blanchit par degrés ; leur longueur est de 14 millimètres (6 lignes), et ils paraissent deux ou trois fois plus gros qu'avant la seconde mue.

Aussitôt que les vers en sont sortis, on les transporte dans le grand atelier. On a soin de l'échauffer un jour auparavant, de manière que les vers y trouvent la même température que dans l'étuve qu'ils abandonnent. Ils quittent la litière de leurs clayons pour se jeter sur la feuille fraîche et entière qu'on répand sur eux, et qu'on place, pour la facilité de la translation, sur d'autres clayons portatifs, à mesure qu'ils l'ont couverte. Il ne faut pas négliger de rechercher les chenilles restées dans la litière. On ne laisse dans le premier logement que celles qui sont en retard et qui ont besoin d'être poussées, et on les fait passer dans la *magnanière* aussitôt qu'on les a mises au niveau des autres. Le soin d'égaliser doit être continuel, et plus l'éducation avance, plus il acquiert d'importance.

Les vers demandent beaucoup plus d'espace qu'il ne leur en fallait aupparavant : il doit y avoir entre eux trois fois l'épaisseur de leur corps.

Le nombre des repas se règle : on en donne quatre dans les vingt-quatre heures, mais il est essentiel que la distribution se fasse ponctuellement de six en six heures. La feuille se coupe encore, mais à grands morceaux ; plus elle est tendre, et mieux elle convient aux vers, non que leurs dents ne commencent à être assez fortes pour mâcher celle qui a plus de consistance, mais la feuille trop dure est une cause de *grasserie*.

Les expériences de M. Nysten ont confirmé, à cet égard, l'opinion de l'abbé de Sauvages : il a vu, parmi les vers auxquels il donnait à cet âge de larges feuilles entièrement développées, un plus grand nombre de *gras* que parmi ceux qu'il nourrissait avec de la feuille tendre. Cette maladie est plus commune dans les pays où l'on cultive des mûriers d'Espagne, que dans les contrées où l'on ne fait pas usage de cette variété, et dans les plaines où la feuille donne une nourriture trop succulente, que dans les montagnes, où elle est moins riche en parenchyme et moins substantielle.

On attribue aussi la *grasserie* à la couvée spontanée, au mauvais hivernage de la graine, à la concentration de la chaleur dans la couvée artificielle, à l'effet de la transpiration du corps humain sur les graines qu'on fait éclore aux nouets, et à une température trop froide pendant la mue. Sans nous arrêter à déterminer le degré d'influence de chacune de ces causes, nous nous bornerons à dire que tout ce qui occasionne engorgement dans les organes des vers et défaut de transpiration, contribue à produire cette funeste affection : la liqueur nutritive épaissie ne circule qu'avec peine; elle s'infiltre dans toutes les parties du corps, les bouffit, donne aux vers une couleur livide, transsude en humeur trouble et d'apparence sanieuse, et finit par déchirer la peau, amincie par trop de distension. La mort des chenilles attaquées de cette maladie est toujours prompte, et rien ne saurait les sauver.

Les *arpians* ou *harpions* désolent aussi le troisième âge : ce sont les vers de la classe des *brûlés* et des *passis* qui ont traîné leur existence au-delà de la deuxième mue. On les reconnaît à leur corps mince et grêle, à leur maigreur, au défaut d'appétit; ils s'isolent et s'attachent à tout ce qu'ils touchent, parce que sans ce secours dans l'état de faiblesse où les réduit le marasme, ils ne pourraient pas se tenir sur leurs pattes.

Plus il y a de malades et sur-tout de *gras*, plus il est nécessaire de déliter fréquemment. D'ailleurs, la dose des repas devenant plus considérable au troisième âge, il s'entasse en peu de temps sous les vers d'épais débris de feuilles, mêlés à une grande quantité de matières animales. La moindre humidité, secondée par la chaleur, aurait bientôt mis cette masse en fermentation; il est important de prévenir même le commencement de cet effet, et on n'y parvient qu'en enlevant chaque jour une partie de la litière, et en la changeant tout entière une fois pendant la frèze, qui, dans cet âge, dure deux jours, et encore une fois immédiatement après la mue.

On connaît deux façons de déliter, l'une au filet, l'autre à la main.

Au filet, on étend le réseau sur les tables, et on le couvre de feuilles : les vers viennent s'y placer, en passant à travers les mailles. On le soulève alors dans toute son étendue, tandis qu'un ouvrier jette la vieille litière sur le pavé et nettoie le plancher. Le filet est ensuite abaissé, et l'on se sert d'un second pour renouveler l'opération, parce que le premier est resté sous les vers. Cette méthode exige le concours au moins de trois personnes, et celles qui l'ont expérimentée prétendent qu'elle est moins facile et moins commode qu'on ne pourrait le croire lorsqu'on ne l'a pas éprouvée.

A la main, demi-heure après que la feuille a été servie, deux ouvriers l'enlèvent par bandes transversales avec les vers qui viennent d'y monter : ils les placent sur la bande voisine, ramassent dans la vieille litière les chenilles saines qui peuvent y être restées et les rejoignent aux autres ; font tomber cette litière à terre, balayent et frottent la table nue, et y remettent la nouvelle feuille avec les vers dont elle est chargée. Pour déliter la seconde bande, les vers sont portés sur la première, et ainsi d'une bande sur l'autre, dans chaque rang de l'établi. L'opération serait plus facile, plus prompte et plus parfaite, si l'on avait à portée une table de relais, sur laquelle on pût entreposer successivement dans des clayons portatifs les vers des tables à déliter. Mais on veut économiser le terrain, et réduire, autant qu'il est possible, les dimensions de l'édifice, pour qu'il coûte moins à construire et à chauffer, et l'on sacrifie la commodité à l'économie (1).

La litière enlevée des tables ne doit pas séjourner un seul instant dans la *magnanière* ; et comme il n'a pu que s'en exhaler, en la remuant, des miasmes pernicieux, il est prudent de donner plus d'activité au courant d'air aussitôt qu'elle a été emportée.

La propreté constante de l'atelier ne saurait être trop recommandée ; toute ordure doit en être sévèrement bannie ; on doit en balayer le plancher deux fois par jour, et l'arroser chaque fois, pour empêcher la poussière de s'élever : elle serait nuisible aux vers.

Les vers à soie, au sortir de la troisième mue, ont 27 millimètres (un pouce) de longueur, leur peau est d'un bai plus foncé qu'à la seconde ; mais elle s'éclaircit dès le second jour, et bientôt après devient blanche. On leur sert les feuilles entières : leur voracité, considérablement augmentée pendant ce quatrième âge, exige qu'on y proportionne la dose des repas

---

(1) J'ai vu, en Italie, enlever ces feuilles nouvelles couvertes de vers, avec un instrument composé d'une vingtaine de broches parallèles, d'un pied de long et de 6 lignes d'écartement, qu'on manœuvrait au moyen d'un court manche. (*Note de M. Bosc.*)

sans pourtant en augmenter le nombre. Une grande et rapide croissance est le fruit de cet excessif appétit. La distance entre eux de quatre fois la grosseur de leur corps leur suffit à peine, et l'un des soins les plus essentiels de cette époque est de les éclaircir. Les fréquens délitemens ne sont pas moins nécessaires : ils le sont d'autant plus que la litière est plus épaisse, et les excrémens en plus grande quantité.

On voit encore, dans cet âge comme dans le précédent, des *arpians* qui ont résisté jusqu'à ce moment aux causes de dépérissement et de mort qui agissaient en eux depuis leur première jeunesse.

C'est ordinairement d'abord après la quatrième mue que se déclare la *luzette*, qu'on nomme aussi la *clairette*, parce que les vers que cette maladie attaque deviennent transparens. L'abbé de Sauvages la regarde comme une prolongation et une simple modification de la maladie des *passis*, et l'attribue à la même cause; mais les expériences de M. Nysten semblent contredire cette opinion. Il croit que la *clairette* dépend, ou d'un dérangement dans les fonctions digestives des vers, ou d'une abstinence forcée, par la négligence dans la distribution de la feuille, ou par la trop grande accumulation des vers : en faisant jeûner des vers à soie sains pendant vingt-quatre heures, il leur a donné toute l'apparence des vers affectés de la clairette, et il les a rappelés à leur état naturel en les nourrissant. Si le remède réussit dans ce dernier cas, il est peu vraisemblable qu'il puisse être efficace contre l'altération des fonctions digestives. Quoi qu'il en soit, il faut sans doute toujours y recourir avant que la maladie ait fait assez de progrès pour que les humeurs des vers soient dépravées ou desséchées : les deux observateurs que nous venons de citer ont trouvé, l'un et l'autre, la liqueur qui remplit le canal alimentaire blanche et limpide, au lieu de jaune qu'elle est dans la chenille en état de santé, et c'est à cette différence qu'est due la transparence des vers malades. L'abbé de Sauvages rapporte de plus que le vaisseau soyeux était vide dans ceux qu'il a disséqués, ce qui prouve qu'à moins d'une prompte guérison ces vers sont hors d'état de filer : et en effet, quoiqu'il y en ait qui montent sur les bruyères, ils y meurent sans faire de cocon.

« Les vers à soie, dit l'abbé de Sauvages, qui ont été bien soignés jusqu'au cinquième âge, sortent de la quatrième mue avec une grosse tête, une queue large ou épatée, et le corps gros et ramassé » : leur longueur est alors de 57 millimètres (un pouce 9 lignes); mais elle s'étend jusqu'à 90 millimètres (3 pouces 4 lignes) dans leur plus grande croissance, entre la frèze et le commencement de leur maturité. Comme, à cause de cet accroissement, ils auront besoin de beaucoup d'espace, et que d'ailleurs il faut qu'ils soient très-clair-semés, on les dispose sur les tables de manière qu'ils n'en occupent qu'une bande au milieu, du tiers de la longueur totale. On les étend de jour en jour de chaque côté, en jetant de la feuille sur les bandes vides jusqu'à ce qu'ils en remplissent toute l'étendue.

On leur sert toujours quatre repas, mais beaucoup plus considérables, aux heures précédemment prescrites, et on en augmente chaque jour la dose; car les progrès de l'appétit des vers sont alors aussi grands que rapides; et l'on ne doit pas s'en étonner, puisque c'est le moment où leurs organes prennent un développement prodigieux, et où se forme avec le plus d'abondance la matière gommeuse qu'ils vont bientôt filer en soie. C'est le temps de la grande *frèze* ou *briffe*, pendant laquelle ces chenilles consomment deux fois plus de feuilles qu'elles n'avaient fait depuis leur naissance. On en répand sur les tables vers le septième ou huitième jour après la mue, jusqu'à 135 millimètres (5 pouces) de hauteur, et les *magnaniers* économes et attentifs la retournent entre les repas, afin que les vers profitent de tout et ne laissent que la nervure, et pour que la litière n'acquière pas trop d'épaisseur.

Quelque système qu'on ait suivi pour la chaleur, soit qu'on ait hâté l'éducation ou qu'on ne l'ait pas pressée; que chaque âge n'ait duré que cinq jours, ou se soit prolongé jusqu'à dix, il est dangereux d'abréger le temps de la grande frèze. Une sécrétion précipitée ne donnerait qu'une matière soyeuse mal élaborée, et les cocons qui en proviendraient seraient petits, faibles et peu étoffés. A cette époque, la plus importante et la plus critique, la température ne devrait pas excéder 16 ou 17 degrés, ni être au-dessous; car le froid a aussi ses inconvéniens et ses dangers.

Cette température n'est pas difficile à obtenir lorsqu'on n'a pas à lutter contre la chaleur de l'atmosphère; mais si on est au mois de juin, la saison est déjà plus chaude, le soleil élève une grande quantité de vapeurs, des orages se forment, et lorsque les vents du nord ne dispersent pas ces exhalaisons humides, elles surchargent bientôt l'air et lui font perdre toute son élasticité. La chaleur n'acquiert pas plus d'intensité; mais l'atmosphère sans ressort imprime un sentiment de pesanteur et d'accablement sur les hommes et sur les animaux; elle leur ôte l'appétit et les jette dans un état très-grave de relâchement et de stupeur. L'air, saturé de vapeurs et immobile, ne peut dissoudre ou chasser les particules de la transpiration insensible qui croupissent sur les corps. Les alimens et les humeurs animales ne tardent pas à entrer en fermentation, et il en résulte des maladies d'autant plus dangereuses, que l'être qui en est attaqué a les organes plus faibles.

Tels sont les caractères et les effets de ce terrible fléau des vers à soie, connu sous le nom de *touffe*; et combien les suites n'en sont-elles pas plus funestes pour ces chenilles lorsque ce redoutable état de l'air extérieur s'aggrave dans la *magnanière* par les émanations d'une litière en effervescence, par la trop forte exaltation et par la concentration de la chaleur.

C'est dans de telles circonstances que se développe ordinairement la *muscardine*, maladie dans laquelle le ver, mort dans un état de mollesse et de flaccidité, se dessèche et se change en peu de jours, sans perdre sa forme, en un corps dur, susceptible de la plus longue conservation, si on ne l'expose pas à une trop forte humidité, et qui recouvert alors d'une espèce de duvet blanc, qui lui donne l'apparence d'une *dragée*, en a reçu le nom.

Suivant l'abbé de Sauvages, aux premières atteintes de ce mal, les vers ne sont que languissans, sans appétit, et de couleur blafarde ou tannée, et alors il y a encore du remède; mais quand la maladie est devenue incurable, on juge de ses progrès par les taches livides ou noirâtres qu'on remarque sur différentes parties du corps de l'insecte, et auxquels succèdent d'autres taches, tantôt d'une teinte jaune, tantôt de couleur de cannelle. Le docteur Fontana prétend que la maladie est indiquée par les excrémens liquides et olivâtres, et par une rougeur qui, au troisième période, se répand sur toute la surface du corps. Mais M. Nysten n'a retrouvé aucun de ces signes caractéristiques dans les nombreux ateliers où régnait la muscardine qu'il a soigneusement visités. « Les seuls phénomènes constans qu'il a observés sont, dit-il, l'inappétence, un état de langueur et un ralentissement très-marqué des battemens du vaisseau dorsal; mais ces symptômes, continue le même écrivain, ne s'observent que très-peu de temps avant la mort des vers, et ils sont communs à plusieurs maladies très-différentes. » Nous avons nous-mêmes attentivement examiné les vers dans les chambrées affectées de la muscardine. A l'état d'accablement, d'immobilité, de dégoût et de mollesse d'un grand nombre, on ne pouvait douter de l'altération de leur santé; mais jamais aucun indice particulier qui nous ait paru exclusivement propre aux muscardins, ne nous les a fait distinguer avec certitude des chenilles affectées d'autres maladies; et plus d'une fois, parmi celles où nous avions remarqué les mêmes caractères, nous avons vu les uns devenir *muscardins* et les autres *morts-blancs,* autrement *morts-flats.* Nous pensons donc avec M. Nysten que la première de ces maladies n'a point de symptômes fixes auxquels on puisse infailliblement la reconnaître. « La dissection des vers malades, dit encore ce naturaliste, n'apprend pas plus à cet égard que leur apparence extérieure. Les vers présumés malades de la muscardine ne diffèrent pas, au moins d'une manière sensible, de ceux des vers sains; on trouve seulement quelquefois un peu d'alimens et moins de mucosités dans le canal intestinal des premiers que dans celui des seconds. »

M. Nysten a aussi vérifié que les vaisseaux où se prépare la soie ne contiennent pas plus de matière soyeuse dans les muscardins que dans les vers sains, et il a opposé ce fait à l'opinion, qui place le siége de cette maladie dans la matière soyeuse. Une autre preuve de cette erreur, c'est qu'on voit souvent les chrysalides de vers qui ont épuisé leur résine à faire un cocon se transformer en muscardins.

Quoique la muscardine se manifeste quelquefois dans les premiers âges des vers à soie, elle est beaucoup plus commune dans les derniers, et principalement au temps des touffes. Mais les chaleurs accablantes sont-elles la seule cause de cette maladie? On a soigneusement examiné tout ce qui pouvait contribuer à la développer : la nourriture, l'éducation, les influences atmosphériques. Nous rapporterons succinctement les résultats de ces épreuves.

Les feuilles du sauvageon et du mûrier greffé, à deux époques de la végétation, et du mûrier d'Espagne, ont été comparativement analysées; on les a fait manger aux vers, imprégnées d'acide phosphorique, parce que cet acide prédomine dans les vers morts de la muscardine. Des feuilles échauffées, des feuilles-mouillées leur ont été servies; mais ces expériences, en éclairant sur beaucoup de points importans, n'ont fourni aucune lumière sur leur objet principal.

Le défaut d'air dans la couvée, la stagnation de l'atmosphère dans l'atelier, sa malpropreté, toutes les négligences dans l'éducation, peuvent sans doute contribuer à disposer les vers à la muscardine, mais seulement comme causes secondaires, car on a vainement tenté de leur procurer cette maladie par de tels moyens.

L'action des gaz n'a pas eu plus de succès. Des vers exposés à celle du gaz oxygène ont péri, sans doute par la trop vive irritation de leurs organes, mais ils ne sont pas devenus muscardins. Les gaz azote, acide carbonique, hydrogène, hydrogène sulfuré, et plusieurs autres, mélangés dans diverses proportions, les ont diversement affectés, et ne leur ont pas mieux donné la muscardine.

Sur deux quantités égales de vers mis en expériences pendant la touffe, les uns dans un cabinet aéré, où un libre accès était laissé à l'air extérieur, les autres dans un cabinet bas, humide et calfeutré, les muscardins furent cinq fois et au-delà plus nombreux dans le premier de ces ateliers que dans le second ; mais en revanche le second fournit au-delà de sept fois plus de morts-blancs que le premier.

Il y a donc lieu d'admettre la touffe comme la cause occasionnelle de la muscardine, mais sans pouvoir expliquer l'action de l'air sur le développement de cette maladie. Ni la chaleur sèche, ni la chaleur humide, ni l'électricité, essayées tour à tour par M. Nysten, ne lui ont donné des résultats sur lesquels on puisse établir un système incontestable.

La théorie du comte Dandolo n'est guère plus concluante ; selon lui, la muscardine est l'effet du plus haut degré d'attractions chimiques que le ver à soie puisse éprouver. C'est par la combinaison des substances acides, alcalines et terreuses dans ses organes que s'altère la substance animale, et qu'elle se transforme en un composé chimique solide, d'une nature toute différente de sa nature primitive. Privé de poumons et d'organes urinaires, il ne possède, outre le tube intestinal par lequel se font ses déjections, que la transpiration cutanée, pour se débarrasser de ses fluides surabondans. Ce moyen peut suffire pour chasser l'eau et les particules acides et alcalines qu'elle tient en dissolution ; mais il ne saurait contribuer à expulser les molécules terreux que les alimens introduisent dans le corps de l'insecte : ces molécules s'y accumulent de plus en plus, et quand, par l'effet d'un mauvais régime, la transpiration est supprimée, l'excédant des substances acides et alcalines ne peut sortir et devient excessif : l'union de ces substances avec les terreuses, par l'action de leurs affinités chimiques, occasionne aux vers diverses maladies, et produit sur-tout la *muscardine*.

Tel a été le premier système de l'agronome milanais. Plus tard, il a regardé l'acide carbonique introduit par l'inspiration dans le corps de l'insecte, lorsqu'il ne trouve qu'une faible quantité d'air respirable, agissant, comme un réactif chimique et acide, sur les substances qui constituent l'insecte et en occasionnent une combinaison nouvelle, dont la muscardine est le résultat, qui se développe avec plus ou moins de rapidité, suivant que la cause d'où elle dérive a plus ou moins d'intensité. Tout cela n'est guère fondé que sur des idées susceptibles de controverse, et au lieu de se livrer à des conjectures hasardées, il faut attendre de l'observation et du temps la découverte du secret de la nature.

La muscardine est épidémique ; on a douté qu'elle fût contagieuse, l'abbé de Sauvages a même formellement nié qu'elle pût se communiquer. Dandolo partage cette opinion ; mais des faits décisifs démontrent qu'elle est erronnée. Des vers pris dans une chambrée saine, et mêlés à des vers d'une chambre infectée de la muscardine, ont presque tous contracté la maladie et en sont morts ; mais la contagion ne s'est déclarée qu'après plusieurs jours de communication, et que par le contact immédiat des vers sains avec les vers malades, et il est constaté

qu'elle n'est transmissible ni par les vers morts de l'épidémie,
ni par les tables sur lesquelles elle a régné. Il n'est pas moins
certain que cette maladie n'est pas héréditaire, et le fait est
même si constant, qu'il est inutile d'en apporter des preuves.

On a combattu la muscardine par le changement d'air, les
bains froids, l'usage des feuilles imprégnées d'une dissolution
alcaline, les fumigations alcalines et ammoniacales ; mais
tous ces moyens sont restés sans effet, ou n'en ont pas eu d'uniformes et de constans.

Les expériences de M. Nysten sur l'emploi de l'acide muria-
tiqué oxygéné ne paraissent pas avoir été suivies de résultats
plus satisfaisans. Il est possible que ce moyen soit un remède
impuissant contre la muscardine quand la maladie est formée;
mais comment se persuader que, pour contribuer à les prévenir
et à garantir les vers à soie du ravage des autres épidémies dues
aux qualités délétères de l'air, on se servît sans aucun succès
d'un agent qui, en brûlant les miasmes dont l'atmosphère est
infectée, laisse en même temps échapper cet air pur, cet oxygène, premier et indispensable élément de la respiration et de
la vie ?

Nous voyons, dans un mémoire inédit sur les causes qui
s'opposent aux succès des vers à soie dans le bas Languedoc,
composé depuis vingt-sept ans, que l'auteur, persuadé que les
moyens désinfectans proposés par M. Guyton de Morveau pour
les salles des hôpitaux et les chambres des malades, pourraient
être également salutaires aux vers à soie, essaya avec succès
l'usage de l'air déphlogistiqué de nitre : c'est le nom qu'on donnait alors à l'acide muriatique oxygéné. Les fumigations acides
ont depuis lors pareillement réussi à M. Paroletti ; plus récemment, des expériences faites en grand sous les yeux de
l'académie du Gard, ont confirmé les avantages de ce procédé.
Ces expériences furent répétées : la première année, on observa
que l'expansion de l'acide muriatique oxygéné dissipait entièrement l'humidité de la litière ; que les débris des feuilles n'é-
taient plus qu'une espèce de paille sèche sans fermentation,
et par conséquent sans chaleur et sans odeur ; et tandis que la
jaunisse ravageait toutes les chambrées du village, celle que
l'on désinfectait, et qui renfermait les vers de 45 décagrammes
(15 onces) de graines, échappa seule à l'épidémie. La seconde
année, la chaleur ayant été imprudemment exaltée et concentrée dans un atelier au second âge des vers, tous furent menacés de la maladie des *passis*, et déjà un grand nombre en
avaient péri ; le reste, sans force, attendait la mort sur une
litière infecte, et qu'on ne pouvait pas changer, parce que les
chenilles, sans appétit, ne mordaient pas à la feuille. On eut
recours à la combustion désinfectante : les vers ne se rani-

mèrent d'abord que lentement, et au bout de plusieurs jours leur peau, toujours flétrie, ne laissait encore que peu d'espérance ; mais les fumigations furent multipliées ; on prodigua l'acide muriatique oxygéné, et on vit enfin les vers rendus, contre toute vraisemblance, à une pleine santé. Nous ajouterons à ces faits, dont nous avons été nous-mêmes témoins, une observation qui est due à M. Nysten. Il s'est assuré que les cocons provenus de vers soumis à l'action des vapeurs acides sont plus pesans que ceux des vers qui n'ont pas subi cette épreuve, d'où l'on peut induire avec quelque apparence de raison que les fumigations d'acide muriatique oxygéné augmentent la sécrétion de la matière soyeuse ; enfin la *bouteille améliorante*, dont l'usage est si fortement recommandé par le comte Dandolo, et dont il s'est constamment servi avec tant de succès, n'est autre chose qu'un moyen de désinfection guytonienne.

Tout nous autorise donc à les conseiller, du moins dans les temps bas et mous et dans les plaines et les lieux humides ; peut-être cependant serait-il prudent de les diminuer pendant les quatre maladies des vers, époque où les stimulans semblent être contraires à ces insectes : on les leur prodiguerait au contraire au sortir de la mue, lorsqu'on recommence à leur donner de la feuille ; enfin c'est sur-tout vers le temps de la montée que ces gaz vivifians peuvent être utiles, en excitant les vers à s'élancer sur la bruyère avec cette vigueur qui est le garant du succès.

L'appareil le plus convenable pour ce genre de désinfection est une bouteille dont le bouchon est traversé par un tube de verre. On met dans la bouteille une certaine quantité de sel commun mouillé, et le tiers de cette quantité d'oxyde de manganèse ; on jette sur le tout, chaque jour, matin et soir, un petit verre d'acide sulfurique. Par ce moyen, le dégagement du gaz s'opère avec lenteur et d'une manière continue, et le muriate de soude et l'oxyde de manganèse n'ont besoin d'être renouvelés que deux ou trois fois seulement pendant toute l'éducation.

Autant ces moyens d'épurer l'atmosphère des *magnanières* paraissent être salutaires, autant est redoutable l'usage des parfums, si général et approuvé à plusieurs égards par l'abbé de Sauvages lui-même.

Si les litières viennent à infecter de leur odeur fétide les ateliers et les vers plongés dans une langueur dangereuse, dans le dessein de ranimer ces insectes, on brûle des herbes odoriférantes, ou même quelquefois des corps résineux ; mais il est hors de doute qu'au lieu de purifier l'air par ce procédé, on ne fait qu'augmenter la masse des vapeurs sans la corriger ;

le thym, le serpolet, la lavande, presque tous les végétaux, mais principalement les aromatiques, dont on se sert de préférence, contiennent une huile très-expansible et un acide que le feu développe et rend pénétrant. Ces principes se mêlent à l'air de la *magnanière*, qu'on tient pour l'ordinaire bien fermée, de peur que le parfum ne s'échappe, et le charge de cette huile et de cet acide empyreumatique qui irritent les fibres délicates du ver à soie. M. de Réaumur avait déjà éprouvé que l'odeur de l'huile de térébenthine était mortelle pour cet insecte : ces stimulans, en causant aux chenilles des espèces de spasmes convulsifs, semblent les ranimer; mais cet effet n'est qu'illusoire et momentané, car la chenille, sortie de ces convulsions, retombe bientôt dans un état de langueur et d'abattement plus dangereux encore que celui d'où l'on voulait la retirer.

Le lard et les résines dont on fait aussi quelquefois des fumigations en pareil cas, contenant une bien plus grande quantité d'huile que les végétaux, fournissent aussi un acide bien plus abondant et plus développé, et par là sont d'un usage infiniment plus dangereux. Si même ces vapeurs avaient une certaine intensité, elles deviendraient mortelles pour l'insecte. Des vers à soie exposés, dans un appareil convenable, à la vapeur de la poix résine brûlante, de l'encens, du karabé, de la térébenthine, de la couenne de lard, à celle des bois résineux et des plantes aromatiques brûlées de manière qu'elles ne donnassent que de la fumée, ont répandu une liqueur jaunâtre et sont tombées dans l'engourdissement aussitôt qu'ils ont été frappés de ces vapeurs un peu concentrées. Deux des plus funestes sont celles de l'amadou et du vieux linge brûlant, auxquelles tant de gens ont une si grande confiance.

Les végétaux d'ailleurs et les corps résineux, par la manière dont on les brûle, laissent échapper une grande quantité de gaz hydrogène et d'azote; l'air respirable que contient la *magnanière* est diminué d'autant, et l'atmosphère en devient plus méphitique et plus insalubre.

M. Faujas de Saint-Fond, en proscrivant les fumigations, a néanmoins recommandé celle de corne, de plume, de vieux cuirs ou d'autres matières animales de cette espèce, qui développent une certaine quantité d'ammoniac, afin, dit-il, de le combiner avec les molécules d'acide carbonique qui flottent dans l'air; mais ce savant naturaliste n'avait pas sans doute fait des recherches sur la nature de l'atmosphère renfermée des *magnanières*. Des différentes vapeurs méphitiques qu'on peut reconnaître dans cette atmosphère, le gaz acide carbonique, à moins de quelques circonstances particulières, est celui qui s'y rencontre en plus petite quantité, et les exhalaisons alcalines qui se dégagent des excrémens du ver à soie ou

de la putréfaction des litières seraient plus que suffisantes.
pour saturer cette petite portion d'acide carbonique, si cette
combinaison pouvait s'opérer dans ces circonstances ; mais cet
ammoniac, de même que celui des matières animales qui se
décomposent, n'étant pas dans l'état caustique, le seul qui
puisse permettre son union avec l'acide carbonique, la satura-
tion réciproque de ces deux substances ne peut avoir lieu ;
peut-être même est-il avantageux de conserver cet acide carbonique, du moins en petite quantité, comme nécessaire à
la production, ou, pour mieux s'exprimer, à la précipitation
de l'oxygène que fournissent les feuilles de mûrier. C'est principalement l'azote et l'hydrogène qui souillent l'atmosphère
des *magnanières*, et malheureusement la chimie ne connaît
encore aucun moyen pour neutraliser ces deux gaz mortels. Il
faut nécessairement, pour garantir le ver à soie de leurs effets
pernicieux, recourir à l'introduction d'un air pur et frais qui
les chasse entièrement, ou qui, s'y mêlant en si grande proportion qu'il sera possible, diminue le danger que courent les
animaux qui les respirent.

Si le raisonnement prouve que les fumigations animales sont
inutiles aux vers à soie, l'expérience démontre que, comme
toutes les autres, elles leur sont funestes quand ils y sont exposés. Dans le gaz acide carbonique, la vapeur d'une plume,
du cuir, de la râpure de corne de cerf, de la soie, de la laine,
n'ont pu tirer les chenilles de l'engourdissement dans lequel
ce gaz les avait plongées ; dans l'air atmosphérique, elles ont
été jetées en moins d'une minute, par l'effet de ces mêmes
vapeurs, dans un état voisin de la mort.

Le vinaigre est aussi considéré comme un désinfectant par
quelques cultivateurs ; l'usage peut en être d'une certaine utilité dans quelques circonstances : l'évaporation de cet acide
végétal, procurée par une chaleur capable tout au plus de le
porter à l'ébullition, sera avantageuse dans le cas où l'on aurait eu l'imprudence de laisser habiter les malades dans les
ateliers ; mais cet agent, spécifique pour détruire, pendant
quelques instans, l'odeur des fumiers et des fosses d'aisance,
n'a aucune action sur le gaz hydrogène ni sur celui qui est
produit par les premiers degrés de la fermentation, ou vicié par
les émanations animales. Dans les circonstances même où le
vinaigre peut être le plus utile, si, comme c'est l'ordinaire,
on l'emploie en le répandant sur une pelle rougie au feu, il
devient aussi pernicieux que les autres fumigations : cet acide
se décompose et fournit une grande quantité d'acide carbonique et d'acide empyreumatique, dont nous avons fait connaître l'action dangereuse sur les vers à soie.

Les fréquens arrosemens du pavé avec de l'eau fraîche, proposés par l'abbé de Sauvages, peuvent être aussi efficacement employés, pourvu qu'on ait soin de tenir les fenêtres ouvertes et de faire battre les portes pendant l'opération, sans quoi cette précaution deviendrait aussi funeste qu'elle peut être utile. L'eau réduite en vapeur, dans une atmosphère qui ne peut se renouveler, en augmentant sa densité, lui ferait acquérir un plus grand degré de chaleur, exciterait plus puissamment la fermentation et exposerait les vers à une foule d'accidens fâcheux. Le froid produit par l'évaporation est toujours en raison de la promptitude de cette évaporation, et rien ne contribue plus à cet effet qu'un courant d'air rapide ; enfin une non moins puissante considération en faveur des arrosemens, c'est que c'est seulement dans l'état de dissolution aqueuse que l'acide carbonique peut être absorbé par les feuilles et contribuer à la formation de l'air pur.

L'ignorance où l'on est encore sur la nature de la *muscardine* et sur les causes de cette maladie n'a pas empêché le comte Dandolo d'en préserver absolument ses ateliers par des moyens analogues à ceux que nous venons de prescrire. Il est avéré qu'elle n'attaque que les vers à soie, et comme ce sont les seules chenilles qui vivent renfermées, il est évident que cette affection ne provient que de quelques vices de leur éducation artificielle et domestique. Ce qu'il y a donc de plus sage et de plus prudent, c'est de se conformer aux méthodes qui ont réussi à écarter ce redoutable fléau, et à cet égard le succès constant de celles de Dandolo doit leur faire accorder la préférence : or, elles peuvent se résumer en peu de mots. Exposer les vers, dans toute circonstance contrariante, au grand air, au froid, à l'incommodité des délitemens multipliés, à manger de la feuille plus que flétrie et même à souffrir la faim, plutôt que leur laisser respirer un air vicié sur une litière corrompue, dans une atmosphère suffocante et sans ressort, et se gorger de feuilles humides, pratiques encore trop généralement suivies, tel est l'abrégé des préceptes de l'agronome milanais et le secret de son art pour soustraire les chambrées à la contagion. C'est essentiellement dans tout ce qui peut faciliter la circulation de l'air qu'on doit y chercher des remèdes : nous avons précédemment indiqué les moyens artificiels de renouveler l'atmosphère quand elle est stagnante, et c'est ici que les principes que nous avons alors développés trouvent leur plus importante application.

Lorsqu'à la chaleur accablante d'une atmosphère sans mouvement se joint une forte humidité, les vers à soie passent de l'état de contraction qui les caractérise en santé, dans un état de relâchement tel que, peu d'heures après leur mort, ils noircissent et tombent en putréfaction. Cette maladie, dite des *morts-*

blancs, ou vulgairement des *tripes*, et moins improprement
nommée par M. Nysten des *morts-flats*, n'a, comme la muscardine, que des symptômes incertains : la chenille périt sans
avoir rien perdu de son embonpoint, de sa taille et de la blancheur de sa peau. On reconnaît cependant les vers malades à
leur immobilité : étendus sur la litière, ils ne conservent
d'autre signe de vie que le mouvement de systole et de diastole
du vaisseau dorsal. On a jugé, à l'inspection de l'estomac de
ceux qu'on a disséqués, soit vivans, soit après leur mort, que
le grand relâchement de cet organe trouble leurs fonctions digestives, et qu'il en résulte la dépravation totale des humeurs.
Quelques-uns, plus robustes, ou d'abord moins affectés du mal
que ceux qui expirent sur la litière, parviennent à ébaucher
un cocon imparfait, qui devient réellement leur tombeau, et
qu'ils salissent par l'épanchement d'un liquide brun, d'une
odeur infecte dont ils sont pleins : ces cocons s'appellent
fondus. D'autres montent sur les rameaux, mais ils y périssent
sans avoir filé, et on les y trouve suspendus par une patte, la
tête et la queue en bas : on donne le nom de *capelans* à ees
vers, ainsi qu'à ceux qui sont jonchés sans vie sur les tables,
à cause de la couleur noire qu'ils prennent dès qu'ils ne sont
plus.

Les moyens préservatifs sont encore ici l'unique ressource,
et tous ceux que nous avons indiqués pour assainir, mettre en
mouvement et sécher l'atmosphère, conviennent à cette maladie comme à la muscardine ; nous recommandons particulièrement l'usage des feux clairs.

Ils peuvent aussi prévenir la *jaunisse*, en contribuant à
donner à l'atmosphère une température douce et sèche, propre
à rétablir dans les vers leur transpiration arrêtée ; car c'est lè
défaut de transpiration qui est la cause prochaine de cette maladie, comme de la *grasserie*, dont elle n'est qu'une variété.
Nous renverrons donc nos lecteurs à ce que nous avons dit des
gras, et nous ajouterons seulement que la couleur qui distingue
les *jaunes* et qui leur donne ce nom, a pour cause l'infiltra-
tion de la lymphe dans le tissu de la peau. L'abbé de Sauvages
est porté à croire que cette teinte provient de la décomposition
de la matière soyeuse ; et cette opinion paraît assez fondée,
puisque les vers qui auraient filé des cocons blancs ne deviennent pas *jaunes* lorqu'ils sont attaqués de cette maladie dans
le dernier âge. La présence des vers *jaunes* est un avertissement de la maturité des vers.

Nous avons, en traitant de la construction des ateliers,
parlé, d'après Rozier, de la nécessité d'une infirmerie, c'est
ici le lieu d'en assigner plus particulièrement l'usage. On comprend que, dans les grandes épidémies, quand les vers sains

sont le petit nombre, ce petit hôpital devient inutile ; il l'est aussi pour mettre à part les vers attaqués de la maladie la plus contagieuse, de la *muscardine*, puisqu'elle n'est annoncée par aucun signe apparent. Mais cet atelier séparé ne serait pas moins un établissement convenable pour y renvoyer tous les vers valétudinaires menacés de maladie, ou retardés dans leur marche.

Le cinquième âge du ver à soie dure jusqu'au moment où cet insecte est parvenu à sa parfaite maturité ; son appétit baisse ; il cesse de manger ; les vaisseaux gommeux, pleins de matière soyeuse, pressent le canal alimentaire ; l'animal se vide de ses derniers excrémens, ce qui réduit les dimensions de son corps, et à mesure que le résidu de la nutrition en gagne la partie postérieure et cesse ainsi de le rendre opaque, il acquiert peu-à-peu une transparence qu'on observe d'abord dans la tête, que l'insecte tient élevée ; un brin de soie sort de la filière ; il erre sur les tables ; il abandonne la litière, grimpe sur les montans, et semble chercher un lieu solitaire et caché où il puisse filer en sûreté son cocon.

Les rameaux destinés à faire les cabanes doivent être prêts ; ce sont des arbrisseaux secs, et, autant qu'on le peut, à tige droite, à tête touffue et à branches menues et tortillées : l'alaterne, le filaria, le petit chêne vert épineux sont très-propres à cet usage ; on y emploie aussi le genêt et la bruyère.

On forme de ces rameaux, sur chaque table, des allées de 498 millimètres (18 pouces) de largeur, et qui règnent d'un bord latéral de la table à l'autre ; les arbustes, placés debout, forcent par le haut contre le plancher supérieur, confondent leurs branches, et forment ainsi le berceau ; l'étage le plus élevé étant à une trop grande distance du toit pour que les rameaux y puissent atteindre, on les implante dans de petits fagots qu'on couche aussi par rangs.

Là où l'on a l'espoir d'obtenir 41 kilogrammes (100 livres) de cocons par 30 grammes (une once) de graines, il faut 41 kilogrammes (100 livres) pesant de bruyère pour *ramer* dix tables. Les vers de deux tables sont réunis sur une seule, afin de rendre le service plus prompt et plus facile, et de mieux ménager la feuille, dont on perd davantage en la jetant sur des vers clair-semés et qui n'ont plus d'appétit.

On ne doit *ramer* qu'après avoir enlevé la litière et rendu les tables nettes ; les vers y sont ensuite rapportés, et comme tous n'arrivent pas à-la-fois au plus haut point de la maturité, on jette sur les cabanes, pour ceux qui mangent encore, une petite quantité de feuilles de la qualité la plus propre à ranimer leur appétit émoussé. La consommation en est ordinairement si peu considérable, qu'on ne délite plus, à moins que le refroidissement de la température et l'humidité de l'atmosphère, en retardant la marche des chenilles, ne rendent de nouveaux repas nécessaires.

L'opération du délitement à travers les rameaux n'est pas facile, et en resserrant l'espace, ils interceptent la circulation de l'air. Ces inconvéniens sont sans doute des motifs puissans pour ne pas *ramer* trop tôt; mais l'établissement trop tardif des cabanes est d'une toute autre conséquence : si le ver, dès qu'il est mûr, ne trouve pas à sa portée un endroit propice pour y attacher son cocon, il va le chercher au loin, en laissant échapper sa soie; il se raccourcit de plus en plus, et ne fait qu'un cocon faible et sans valeur; quelquefois même il s'épuise à un tel point qu'il se transforme en chrysalide sans filer : ces vers sont appelés *courts*. Le moyen d'empêcher cette déperdition consiste à surveiller les vers hâtifs et à les placer au pied de la bruyère, sur une table préparée par avance, et à défaut, dans des touffes de chiendent, ou dans des copeaux roulés de menuisier.

On offre le même secours, ou celui de cornets de papier, trois ou quatre jours après la montée des vers les plus diligens, à ceux qui, trop faibles ou trop engourdis, n'ont pu les suivre sur les rameaux; ce *ramage* particulier prend le nom d'*hôpital*; et éloigner les vers tardifs et languissans de la litière sur laquelle ils se traînent encore, c'est les *sevrer*. Comme leur infirmité vient souvent du raidissement de leurs fibres, occasionné par les déjections liquides et visqueuses que laissent tomber au moment de filer les vers déjà montés, on plonge ceux qui en ont été arrosés dans un bain d'eau fraîche pendant une minute, et après les avoir fait sécher au soleil, on les place à l'*hôpital*. En même temps que le lavage détruit la cause de la gêne de leurs mouvemens, la fraîcheur de l'eau donne du ton à leur peau, dont la contraction peut seule faire sortir la gomme des vaisseaux qui la contiennent.

Une autre cause contribue à multiplier les vers courts : on voit quelquefois non-seulement les chenilles qui ne sont pas encore montées s'arrêter au pied des rameaux, mais encore celles qui déjà en avaient atteint la cime en descendre, ou plutôt en tomber. Ces accidens, qui arrivent ordinairement dans les temps d'orage sont communément attribués au bruit du tonnerre ou à la commotion que produit dans l'air la détonation de la matière électrique. Mille expériences ont démontré que cette opinion n'est qu'un préjugé : on a fait battre la caisse, tirer des coups de pistolets dans les ateliers, lorsque les vers avaient déjà jeté les fils de la bave, ou même formé la première gaze de leur cocon, aucun n'a jamais été épouvanté ou dérangé par le bruit du tambour ni par l'explosion de l'arme à feu; et tous les brins filés ont résisté à la secousse qu'elle imprimait à l'air. Le tonnerre et les éclairs , comme l'observe Rozier, ne sont donc pas la cause du mal, mais ils l'indiquent ; et en effet ces météores annoncent un défaut d'équilibre dans l'électricité de l'atmosphère ; la surabondance de ce fluide , jointe à l'électricité de la soie dont les vers sont remplis, les surcharge et les accable, et comme aux approches d'un orage le temps est bas et lourd, et la chaleur suffocante , les sinistres effets de la touffe viennent se joindre à ceux de l'électricité : le relâchement subit qu'a produit cette chaleur étouffante dans les organes du ver est d'autant plus funeste qu'au moment de filer il est au plus haut point de contraction ; c'est par défaillance, comme le dit l'abbé de Sauvages, qu'il tombe du haut des rameaux.

Le feu de flamme, le renouvellement de l'air, une chaleur tempérée , en un mot tout ce qui a été prescrit pour préserver les vers des dangers de la touffe, est impérieusement exigé dans les circonstances critiques dont nous venons de parler ; et en général la température des *magnanières* doit, pendant toute la montée, être plutôt abaissée qu'exaltée.

Lorsque le ver à soie a trouvé la place qui lui convient pour faire son cocon, il jette tout autour de lui une multitude de fils d'une extrême ténuité qu'on nomme la *bave*, et au milieu desquels il suspendra son cocon. Il dépose sur un point de cette légère bourre la première goutte de sa gomme, et à mesure qu'il retire la tête en arrière, cette résine, déjà liée et filante, se durcit et forme le brin de soie ; mais la viscosité de la surface conserve assez d'humidité pour que les divers contours que l'animal lui fait faire se collent l'un à l'autre. Plus il les rapproche et plus le tissu du cocon est ferme et grenu ; il est au contraire d'autant plus lâche et plus mou que le ver a moins serré ses fils. Pour en diriger les circonvolutions qui doivent donner au cocon la forme ovoïde, il tourne continuellement en divers sens sur lui-même ; sa peau toujours plus contractée, pour pousser la matière soyeuse vers la filière, s'accourcit toujours davantage ; et quand cette matière est épuisée et le cocon achevé, la dernière mue s'opère, et sous les anneaux raccourcis et comprimés l'un sur l'autre vers la tête , « il se forme, dit l'abbé de Sauvages, un nouvel animal intermédiaire entre le ver et le papillon, c'est-à-dire la chrysalide , qui lie ces deux états, et dans laquelle les principaux linéamens du papillon qui en doit éclore se trouvent déjà dessinés. »

Tous les cocons n'ont pas le même degré de perfection : les *peaux* ou *chiques*, les *satinés* ou *veloutés*, les *doubles* sont des cocons plus ou moins défectueux. Les *chiques*, peu fournis de soie , sans consistance, et en quelque sorte seulement ébauchés, proviennent de vers courts, ou faibles et languissans, soit naturellement, soit par l'effet des vices de leur éducation. La contexture des cocons *satinés* ou *veloutés* est molle et lâche, ils s'affaissent sous la moindre pression. Enfin, on entend par cocons *doubles* ceux qui renferment deux vers. Il paraît que ce n'est point seulement par l'effet du hasard, ou du défaut d'espace et d'une trop grande proximité sur les rameaux, que deux chenilles filent ensemble le même cocon : on ne voit point de cocons *doubles* mélangés de deux couleurs; le ver à soie blanche et le ver à soie jaune ne s'associent jamais dans leur travail. L'abbé de Sauvages assure avoir observé que de deux papillons qui sortent d'un cocon double, l'un est le plus souvent mâle et l'autre femelle : cette circonstance autoriserait à penser que, même dans l'état de ver, ces insectes distinguent le sexe qu'ils auront sous une autre forme, et qu'un instinct d'amour agit sur eux par avance; mais d'autres expériences ont donné lieu de douter de la réalité de ce fait. Quoi qu'il en soit, les cocons *doubles* ont plus d'épaisseur et de volume que les cocons simples; et ce qui en diminue la valeur, c'est que les deux vers ayant filé chacun séparément et en sens contraire, leurs brins se sont souvent croisés et unis l'un à l'autre, d'où il résulte qu'au tirage on ne peut dévider le cocon sans casser souvent les fils, ou que lorsqu'ils sont confondus ils donnent une soie inégale et grossière.

Trois ou quatre jours, à compter du moment où le ver a jeté les premiers fils de la bave, lui suffisent pour fabriquer son cocon; mais tous les vers ne montent pas à-la-fois, et ne travaillent pas avec la même activité; il est donc prudent de ne *déramer*, c'est-à-dire de n'ôter les cocons de la bruyère que deux ou trois jours après que les plus lents ont terminé leur ouvrage : si les cocons restaient plus de dix à douze jours sur les rameaux, leur poids éprouverait, par le desséchement, une diminution préjudiciable à la vente.

Aussitôt qu'on a *déramé*, on procède au choix des cocons destinés à fournir de nouvelles graines; on en obtient ordinairement 30 grammes (une once) de 41 décagrammes (une livre) de cocons, dans lesquels on suppose qu'il se trouve autant de femelles que de mâles. On prétend qu'il est possible de reconnaître le sexe des papillons à la forme de leur enveloppe, et que les cocons arrondis par les bouts renferment des femelles, tandis qu'il ne sort que des mâles des cocons pointus; mais l'expérience ne confirme pas ces assertions, et il n'y a point de signe certain pour prévoir les sexes. Quand le nombre des papillons femelles est plus grand que celui des papillons mâles, on remédie à cette inégalité en faisant servir les mâles à plusieurs accouplemens; mais, dans la crainte que leur vertu fécondante ne s'altère par ce double service, on n'y a recours que dans les cas d'absolue nécessité.

On doit, en choisissant les cocons pour graine, s'attacher avant tout à ceux des tables où les vers ont le mieux prospéré et fourni le plus promptement leur carrière; il est vraisemblable que la vigueur de ces vers aura passé aux papillons, et que la graine s'en ressentira.

Sous le rapport de la couleur, la préférence n'est que l'effet d'un préjugé, lorsqu'elle n'est pas inspirée par le désir de propager une nuance plutôt qu'une autre. Quoique, dans l'état de confusion où un long mélange a jeté les espèces, la même graine produise des cocons de teintes différentes, il est néanmoins certain qu'elle en donne toujours un plus grand nombre de la couleur préférée. Sur ce principe, pour multiplier les cocons blancs, il ne faut en prendre que de cette couleur pour graine : l'art de la teinture parvient bien à blanchir les soies jaunes, mais elles conservent toujours quelque chose de leur teinte primitive, leur décrassage consomme beaucoup plus de savon que celui des soies naturellement blanches, et leur déperdition, dans cette opération, est plus forte. Il y a d'ailleurs des tissus et des objets de bonneterie dont la fabrication exige un blanc si pur qu'on ne peut l'obtenir que de soies originairement blanches. Tels sont entre autres les crêpes, les blondes et les tulles. On a donc un grand intérêt à multiplier les soies blanches, et ce soin n'a pas été négligé, particulièrement en Provence; mais comme les produits de ce genre n'ont pas égalé en qualité les soies blanches de la Chine, l'attention du gouvernement et de la Société d'encouragement fut ramenée, il y a quelques années, sur les tentatives faites trente ans auparavant pour introduire en France l'éducation du ver à soie *sina*, et auxquelles on n'avait donné aucune suite. La graine de cette espèce de ver, tirée alors de la Chine et distribuée à quelques particuliers dans les provinces méridionales et sur les bords de la Loire, s'y était conservée sans dégénération, et multipliée en assez grande quantité. Répandue depuis dans un plus grand nombre de mains, son produit commence à fournir à une partie des besoins des manufactures, et la prospérité des établissemens formés à Lyon par M. Poidebard pour l'éducation en grand du ver à soie *sina*, doit encourager à les imiter, sur-tout dans les climats encore plus favorables à ces sortes d'entreprises que la contrée qu'il a choisie pour y placer la sienne. Comme tous les agronomes qui ont élevé des vers à soie blanche, Dandolo a reconnu que, sous le rapport de la nourriture, de la durée de leur vie et de leur régime, ils n'ont rien qui les distingue de tous les autres vers de quatre mues, et ce qui a été observé à cet égard pour les chenilles à soie blanche ordinaire, l'a été aussi pour celles de la Chine; et cependant celles-ci ont l'avantage de donner des soies d'un plus grand prix, d'une meilleure qualité, indépendamment de la supériorité de la couleur et d'une manipulation plus facile et moins chère à la teinture.

Le comte Dandolo réduit la durée de l'accouplement à cinq heures seulement, et il veut que la ponte se fasse à la température de 17 degrés. Il est parvenu, par ce dernier moyen, à n'avoir que de trois à cinq pour cent de graine stérile, tandis que lorsque la ponte a lieu à 15 ou 20 degrés, la quantité d'œufs non fécondés s'élève de 8 à 10 pour cent : dans le premier cas, la liqueur prolifique a trop peu d'énergie; dans le second, elle s'épuise trop promptement.

Le volume des cocons pour graine est en lui-même assez indifférent; cependant comme on a remarqué que les gros papillons femelles sont en général faibles, peu actifs et accablés du poids de leur vaste abdomen; que souvent ils n'achèvent pas leur ponte et périssent de défaillance à la moindre chaleur, on augure mieux des petits, plus vifs et plus robustes, et on recherche les petits cocons.

Il est important de s'assurer si la chrysalide dont on attend un papillon est vivante. On reconnaît qu'elle est morte si les cocons sont tachés, et s'ils sont très-légers comparativement à leur grosseur; mais on en juge plus infailliblement en secouant chaque cocon auprès de l'oreille. On rejette tous ceux dans lesquels on ne sent aucun mouvement, ou qu'un bruit sec et retentissant; la chrysalide, dans ces cas, est ou putréfiée et attachée au cocon, ou desséchée et en *dragée;* on sent, lorsqu'elle est vivante, qu'elle se meut moins librement dans l'espace qui la renferme, et que le son qu'elle rend lorsqu'on l'agite est plus sourd et plus amorti.

Les motifs que nous avons allégués pour choisir les cocons de graine parmi ceux des vers les plus sains expliquent assez pourquoi les *peaux,* les *chiques* et les cocons des vers *courts* doivent être exclus. A l'égard des cocons *doubles,* il n'y aurait pas les mêmes raisons de les proscrire quand ils ont été filés par des vers vigoureux; une importante considération porterait au contraire à les préférer, s'il était démontré que les cocons doubles continssent toujours un papillon mâle et une femelle; mais il n'est pas sûr qu'ils offrent cet avantage, et il est certain qu'à cause de leur force et de l'épaisseur de leur tissu, celui des deux papillons qui cherche à le percer éprouve une résistance toujours difficile à vaincre, et que souvent il meurt à la peine. Les cocons simples sont donc plus convenables.

Afin qu'en sortant du cocon le papillon ne s'embarrasse pas dans la bave, on a soin de l'enlever, on forme ensuite des chapelets de plusieurs centaines de cocons, en passant un long fil à l'aide d'une aiguille dans l'épaisseur de leur tissu; ces chapelets sont suspendus sur des perches dans un endroit où une chaleur tempérée laisse à la chrysalide le temps nécessaire pour se transformer en papillon bien constitué. Ce changement s'opère en dix-huit ou vingt jours, et il ne s'en écoule que huit ou dix entre la naissance des papillons les plus diligens et celle des plus tardifs.

Pour percer le cocon, le papillon heurte de sa tête avec violence le tissu d'une des extrémités du cocon, qu'il a humecté, et dont il a écarté les fils avec ses crochets antérieurs. On peut aider dans leur sortie les papillons des cocons doubles, en faisant une légère ouverture au cocon du côté de leur tête; nous disons du côté de leur tête et non indifféremment à l'un des bouts, parce qu'il n'est pas vrai qu'après avoir travaillé en sens opposé les deux vers restent dans cette situation; quand leur ouvrage est fini, ils dirigent l'un et l'autre leur tête vers le bout qui, sur la bruyère, était tourné en haut; on a soin de le remarquer, mais on le reconnaît sans cette précaution, en ce qu'il est plus arrondi et surmonté de deux légères protubérances.

Les papillons ne doivent pas être laissés sur les cocons; ils s'y accoupleraient et y produiraient leurs œufs, et l'on ne pourrait plus les recueillir. Aussitôt que les papillons sont nés, on les porte dans un endroit frais sans humidité, sur une table couverte par précaution d'un morceau d'étamine usée, afin de ne pas perdre la graine qu'ils pourraient y déposer. Là, ils s'accouplent, et l'accouplement durerait vingt-quatre heures, si l'on n'avait soin de l'abréger. On sépare ordinairement le mâle de la femelle après dix ou douze heures de conjonction : plus tôt, les femelles sont lentes à pondre, ne font qu'une petite quantité de graines, et ces graines sont souvent stériles ; plus tard, la femelle, épuisée de fatigue, meurt sans avoir pondu. Le désaccouplement se fait en saisissant les deux papillons par les ailes, et en les tirant doucement en sens inverse; des mouvemens violens ou brusques pourraient léser les organes de la femelle.

Immédiatement après la séparation, si le mâle n'est pas nécessaire pour féconder une autre femelle, il est jeté aux poules, qui en sont très-friandes; mais cette nourriture donne à leurs œufs un goût détestable. La femelle avant d'avoir la même fin est placée, ou sur des feuilles de noyer larges et fortes, ou sur un lambeau d'étamine noire et usée: noire, parce que la couleur tranche avec celle de la graine; usée, parce que la graine s'y attache moins fortement; ou enfin sur une toile de Laval; et dans ce dernier cas, lorsqu'on veut enlever la graine, on humecte la toile légèrement du côté opposé ; l'apprêt tombe et la graine se détache sans effort et presque d'elle-même. L'étamine et la toile doivent être étendues, et les feuilles suspendues en paquets contre un mur, au-dessus de la table où s'est fait l'accouplement, afin qu'elle puisse recevoir les papillons et les graines qui tombent. Peu de temps après que la femelle a été enlevée au mâle, elle commence ses pontes : quelques heures d'intervalle les séparent, et quoique le papillon ne fût pas entièrement épuisé après la quatrième, on ne lui en laisse pas faire davantage : les œufs d'une cinquième risqueraient d'être stériles. Les quatre pontes se font dans l'espace d'à-peu-près vingt-quatre heures, et produisent de quatre à cinq cents œufs par papillon ; l'animal les colle avec une matière visqueuse à la place où il les dépose en y appliquant le derrière. Il les disperse sur un grand espace lorsqu'il pond au grand jour ; il les entasse au contraire dans l'obscurité, et cette graine réunie en petits grumeaux est en général préférée.

Les papillons ne prenant aucune nourriture, et rien ne remplaçant par conséquent la déperdition de leurs humeurs, ils terminent par l'épuisement leur courte existence : celle des mâles est de huit ou dix jours, la vie de la femelle est un peu plus courte.

La ponte finie, on laisse pendant environ deux semaines encore les feuilles ou les étoffes chargées des œufs attachées à la muraille, ou si le lieu qui les renferme n'est pas assez frais, on les transporte dans un endroit où l'on n'ait pas à redouter que la chaleur produise la fermentation et agisse prématurément sur le germe du ver. Il faut soigneusement éviter tout ce qui pourrait occasionner de la poussière : en se collant sur la coque encore fraîche, elle en boucherait les pores et étoufferait le germe. Lorsqu'enfin on détache du mur les pièces qui portent la graine, on prend pour sa conservation jusqu'à l'année suivante les précautions que nous avons déjà indiquées.

Ici est la limite qui sépare le domaine de l'agriculture de celui de l'industrie manufacturière. Ordinairement l'agriculteur vend ses cocons, tant ceux que le ver a percés que ceux qui sont destinés au tirage. Comme cependant beaucoup de propriétaires font eux-mêmes filer la soie, ils ne pourront que nous savoir gré de terminer cet article par un court aperçu des procédés relatifs à cet art.

Le premier soin auquel on doit se livrer sous ce rapport quand on a déramé, est d'*étouffer* les cocons : on ne saurait retarder cette opération plus de dix ou douze jours sans s'exposer au danger de voir éclore les papillons.

Mais comment leur porter la mort sous le réseau dont ils se font un rempart, dans l'intérieur de ces globes précieux que l'intérêt même oblige à respecter? Les fluides les plus subtils paraissent seuls devoir y parvenir.

Parmi les substances volatiles, le camphre, à raison de son extrême expansibilité, son odeur forte et pénétrante, et comme propre à garantir les cocons de la corruption des chrysalides et de la piqûre des insectes, a été regardé comme un des meilleurs agens qu'on pût employer, et cependant cette méthode n'a pas été adoptée..

On a aussi proposé de renfermer avec les cocons, pendant trente-six heures, dans un vaisseau de bois fermé, des feuilles de papier trempées dans la résine liquide de térébenthine. Nous n'avons pas eu occasion de nous assurer de l'effet de ce moyen, mais si l'expérience en constatait l'efficacité, il n'en serait point de plus facile, de plus économique et par conséquent de préférable.

Réaumur a prouvé que, dans leur état de mort apparente, les insectes conservaient le besoin et la faculté de respirer : l'enveloppe serrée et gommeuse où s'enferme la chrysalide du ver à soie demeure donc accessible aux fluides aériformes dans lesquels elle est plongée. On sait aussi que les insectes peuvent être asphyxiés, quoique plus difficilement que les autres animaux : en conséquence on a essayé des substances gazeuses. Un séjour d'une heure dans le gaz acide carbonique a asphyxié les chrysalides dans leur cocon, mais sans les faire périr; l'action de l'acide sulfureux, plus actif et plus pénétrant, a eu plus de succès ; des cocons exposés pendant une heure à la lente combustion du soufre, dans un vaisseau grossièrement fermé, n'ont point garanti leur chrysalide de la mort.

Le calorique n'a pas moins de puissance, et c'est le moyen le plus usité; mais l'est-il avec les modifications les plus convenables? La simple exposition pendant cinq jours aux rayons solaires suffit pour étouffer la nymphe; mais l'incertitude du climat rend ce mode insuffisant ou précaire. Rozier conseillait d'ébouillanter les cocons et de les faire promptement sécher sur des claies bien aérées; mais sans parler des obstacles que ce procédé peut rencontrer dans l'inconstance de la saison, le ramollissement du tissu et l'humidité que retiendra la chrysasalide favoriseront la putréfaction et la décomposition, et la beauté et la qualité de la soie en seront altérées. L'étouffement à la vapeur de l'eau bouillante est sujet aux mêmes inconvéniens.

Il n'y a pas moins de dangers et d'imperfections dans l'étouffement au four. Ce procédé, presque universellement suivi, consiste à mettre les cocons au four après qu'on en a retiré le pain, ou dans des tiroirs que renferme une caisse de maçonnerie, et que l'on chauffe par l'intermédiaire d'un fond de tôle. On les y laisse plus ou moins long-temps, suivant le degré de chaleur, sans règle précise, et en s'en remettant, sur un point si délicat, à l'habitude de l'ouvrier : aussi les accidens sont-ils fréquens, et la détérioration des matières plus fréquentes encore. La torréfaction que subit le cocon en crispe et durcit le tissu, et l'exsudation de la nymphe le tache : cette opération nuit donc constamment et à-la-fois à la netteté du produit et à la facilité du filage.

On a cherché si l'on ne pourrait pas obtenir une chaleur exempte de l'âcreté qu'a toujours le contact du feu, ou celui d'un corps solide trop fortement échauffé, et de laquelle on pût varier et régler à volonté la température en suivant l'échelle du thermomètre. Toutes ces conditions seront remplies par l'appareil inventé sur ces principes par M. d'Hombres, d'Alais, et dont on trouve la description et le dessin dans la Notice des travaux de l'Académie du Gard pour l'année 1808.

La vapeur de l'eau bouillante n'agit point directement dans cet *étouffoir*. Des caisses de cuivre de 6 centimètres (2 pouces) d'épaisseur forment dans une armoire les supports de tiroirs à fond de canevas, dans lesquels on renferme les cocons. Le calorique introduit dans la caisse supérieure par l'un de ses angles, à l'aide d'un goulot qui s'adapte à un tube parti de la chaudière, descend dans la caisse suivante par un tuyau placé dans l'angle diagonalement opposé, et ainsi d'étage en étage jusqu'au dernier. Avec dix tiroirs en place et quatre autres de rechange, contenant chacun 12 kilogrammes (29 livres) de cocons en couches de 8 à 10 centimères (3 à 4 pouces) d'épaisseur, on peut dans une heure en étouffer de 4 à 500 kilogrammes (10 à 12 quintaux). Nous avons vu dans un vaisseau clos suspendu au milieu de la vapeur d'eau bouillante comprimée, et dont la température était réglée au moyen d'une soupape plus ou moins chargée, suivant le degré de chaleur qu'on voulait obtenir ; nous avons vu, disons-nous, des chrysalides de cocons blancs mourir en moins d'une demi-heure à une chaleur de 75 degrés, sans que les cocons eussent éprouvé aucune détérioration, soit dans leur couleur, soit dans leur tissu : seulement leur poids se trouvait diminué d'environ un septième ; mais toutes les méthodes font éprouver une semblable réduction. Ce dernier appareil, dont le *four américain* peut donner une idée assez exacte, est plus simple et moins coûteux que celui de M. d'Hombres ; mais la chaleur y agissant de la circonférence au centre, si on y entassait une grande quantité de cocons, ceux du milieu ne seraient pas étouffés quand les autres transsuderaient, et cet inconvénient nous paraît devoir faire accorder la préférence à la machine où les cocons, placés en couches minces entre deux lames de vapeur, ne peuvent qu'en recevoir également l'influence.

L'emploi du calorique n'est pas en général plus avantageusement modifié dans le *filage* de la soie que dans la manière habituelle d'étouffer les cocons. On ne parvient à dévider le peloton qu'ils forment que moyennant le ramollissement de la gomme qui a collé les nombreux contours du brin l'un sur l'autre, et c'est l'eau chaude qui l'opère. Le feu qui la chauffe est allumé dans un petit fourneau surmonté d'un vaisseau de cuivre appelé *bassine*, qui la contient. On avait fait en Italie dès long-temps des tentatives pour remédier aux inconvéniens de cette méthode ; mais la gloire d'y réussir complétement était réservée à M. de Gensouls, de Bagnols, et ce n'est pas le seul service qu'il ait rendu à l'art de tirer la soie. Il a imaginé de substituer à l'action immédiate du feu sur l'eau de la *bassine* celle de la vapeur de l'eau en ébullition. Le calorique, sous cette forme, puisé à la chaudière par un tube qui le porte horizontalement aux extrémités de l'atelier, vient, au moyen d'un robinet placé à portée de la main de la fileuse, chauffer l'eau au degré qu'on veut dans chaque bassine, par un tuyau qui y plonge et qui s'embranche au conduit principal. Les nombreux avantages de cette méthode ont été appréciés par la chambre de commerce, l'Académie des sciences et la Société d'agriculture de Turin, dans des expériences faites en grand sous leurs yeux. Voici le résultat de ces épreuves : la fileuse n'a plus à souffrir, comme avec les fourneaux ordinaires, de la chaleur d'un feu toujours vif et ardent ; plus de fumée qui incommode les ouvriers et qui ternisse la soie ; la tourneuse, obligée, suivant l'ancien procédé, de tisonner le feu, n'aura plus à quitter pour ce soin sa fonction principale : il fallait dix minutes pour élever la chaleur à 40 degrés ; on la porte dans le même espace de temps à 65, et cinq minutes suffisent pour mettre en ébullition dans la bassine fermée l'eau parvenue à 60 degrés. La soie filée à la vapeur a au moins autant de grosseur, d'élasticité et de force que la soie tirée à l'ordinaire ; il n'y a aucune différence au désavantage de la première, ni au moulin, ni à la teinture, ni dans la fabrication ; enfin, avec la machine de M. Gensouls, on consume deux tiers de combustible de moins que dans la pratique en usage, et l'on peut remplacer par des vaisseaux de bois les bassines en cuivre. Ces résultats, confirmés par les expériences faites dans le midi de la France, y ont fait aussi adopter le nouveau procédé par la plupart des grands ateliers de filature.

Le tour se place immédiatement derrière le fourneau : il consiste en un châssis formé de quatre fortes pièces de bois assemblées par des tenons dans les mortaises d'autant de pieds, liés eux-mêmes par de grosses traverses. Au milieu de cet échafaudage tourne, sur un axe de fer, un hasple à quatre ailes évidées, dont le haut est soigneusement arrondi et poli. Le mouvement lui est imprimé par une jeune fille, à l'aide d'une manivelle et d'une pédale, et se communique en même temps à deux poulies par deux tiges verticales de fil de fer nommées griffes, dont le bout supérieur est contourné en spirale, et qui, placées à la partie antérieure du tour, sont destinées à soutenir le brin de soie montant de la bassine à la hauteur de l'hasple. Ces griffes sont attachées à un *va-et-vient*, dont l'action constante empêche le fil de se porter toujours sur le même point. Dans les machines ordinaires, il revient à la même place après 875 révolutions de la grande roue de l'hasple ; mais ce retour est encore trop fréquent : la soie n'a pas le temps de se sécher assez pour que les brins ne se collent pas l'un à l'autre. Ce défaut, qu'on nomme le *vitrage*, la déprécie, en ce qu'il la rend plus difficile à dévider et occasionne un déchet considérable. Grâce à l'invention due à M. Gensouls, d'un nouveau mécanisme aussi simple qu'ingénieux, du prix le plus modique et propre à s'adapter à toutes les espèces de tours, ce n'est plus qu'après 2601 révolutions sur le dévidoir que le brin peut se retrouver sur le même point, et alors il n'y a plus rien à craindre des effets de l'humidité. La poulie attachée à l'axe, dans les tours ordinaires, agit, dans le nouvel appareil, par une corde sans fin sur une seconde poulie double et couronnée d'une troisième qui lui est adhérente, et qui par conséquent suit et parcourt les mêmes révolutions. Une seconde corde sans fin qui passe dans la gorge de cette troisième poulie communique son mouvement à une quatrième poulie, qui porte le *va-et-vient*. Le rapport des divers diamètres de ces roues fait tout le secret de ce mécanisme ; il est tel que la dernière poulie fait 1936 tours, et la première 2601 révolutions avant qu'elles se retrouvent dans la même position.

M. Jourdan, de Ganges, a imaginé de garnir de drap les griffes, afin que le frottement dépouille le brin de tout bouchon, gance, mariage et autres imperfections, et rende ainsi le dévidage inutile. Il économise en outre les frais d'une autre manipulation, en doublant la soie en même temps qu'il la tire.

La fileuse, assise à côté du tour et de la bassine, jette dans l'eau que contient ce vaisseau un nombre de cocons déterminé pour l'espèce de soie qu'elle veut faire : on en emploie ordinairement de cinq à dix-huit ou vingt pour former un brin ; mais le même M. Jourdan, que nous venons de citer, est parvenu à filer des soies à deux cocons, et à rendre imperceptible, même à la loupe, la soudure des bouts lorsqu'elle a passé par la croisure. M. Bonnard, de Lyon, a été plus loin encore, il a

11 *

filé à un seul cocon, expérience plus curieuse qu'utile, puisque la soie qui en provient ne saurait être employée sans être doublée.

On croise les soies en tordant ensemble deux brins, qui se dévident sur l'hasple chacun en un écheveau séparé ; ils roulent ainsi l'un et l'autre, et deviennent, par la torsion et le frottement, plus nerveux, plus ronds et plus unis. Mais le degré de croisure est arbitraire, et les fileuses n'ont pas même toujours l'attention de donner le même nombre de tours à la même soie. M. Gensouls a encore trouvé le moyen de corriger ce vice, il a substitué aux griffes une roue emboîtée dans un cercle. Elle est percée de deux trous sur son diamètre ; ils reçoivent les brins au sortir de la filière, et par le mouvement que lui imprime, en se déroulant, une ficelle dont la longueur est déterminée par le nombre de tours que doit faire la roue, les brins se croisent nécessairement dans la mesure fixée.

Avant cette opération, l'ouvrière a promené sur les cocons, dans la bassine, un petit balai auquel s'attache le bout du brin aussitôt que la chaleur de l'eau l'a décollé.

La première couche du cocon, formée d'un fil grossier, produit les côtes. Lorsque cette enveloppe est enlevée, les bouts de chacun des brins, dont la réunion ne doit former qu'un fil, sont rassemblés entre les doigts de la fileuse ; elle les tord légèrement, les croise, s'il y a lieu, avec ceux de l'autre écheveau, les fait passer dans la filière qui tient au fourneau, et ensuite dans les griffes, et les attache à l'une des ailes de l'hasple. Aussitôt la tourneuse, attentive, imprime le mouvement à la machine ; les yeux toujours sur les brins qui s'élèvent de la bassine, elle doit s'arrêter s'il s'en rompt quelqu'un, afin que la soie ne devienne pas inégale. La fileuse rattache les bouts cassés, et lorsqu'un cocon achève de se dévider, elle soude à son dernier bout le premier bout d'un nouveau cocon : elle en a pour cela toujours un certain nombre en réserve dans un coin de la bassine. On voit que cette ouvrière a besoin d'une constante vigilance, d'une grande activité et de beaucoup d'adresse.

Les nymphes que l'enveloppe laisse échapper à mesure qu'elle se dévide sont soigneusement enlevées de la bassine et jetées au fumier : il paraît qu'en Piémont on en fait un engrais particulier quand on ne les donne pas à manger aux cochons.

Nous avons dit que les soies étaient croisées ou non croisées : on distingue les dernières par la dénomination de *trames*, parce qu'elles servent en effet à cet usage dans la fabrication des tissus : on les emploie aussi pour la bonneterie. Parmi les premières, les unes portent le nom de *tramettes*, et l'on en faconne généralement des bas; les autres, improprement appelées *organsins*, à cause qu'on leur en donne communément l'apprêt, seraient mieux désignées par la qualification de soies fines : on en fait la chaîne des étoffes. Les soies blanches de cette espèce sont la matière des crêpes, des gazes, des blondes et des tulles blancs. C'est pour cette dernière sorte de dentelles que M. Jourdan a filé des soies admirables par leur finesse, leur égalité et leur blancheur, à quatre, à trois et même à deux cocons.

Les cocons doubles fournissent une soie plus grossière que les cocons simples; leur produit porte dans le commerce le nom de *doupions*, on en fait les soies à coudre.

Les *chiques* sont la soie tirée des cocons qui portent ce nom ou celui de *peaux*, et que nous avons dit être le rebut des chambrées. Cette soie, d'une qualité très-inférieure, sert principalement à la fabrication des rubans et des pluches.

Enfin, les cocons que le papillon a percés, les pellicules de ceux qui restent après qu'on en a retiré la soie, les côtes, qui sont leur première enveloppe, la bave blanche à laquelle ils sont suspendus sur les bruyères, tous ces débris, connus sous le nom de *frisons* ou de *moresques*, battus, écrasés sur un billot à diverses reprises, mis en ébullition dans de l'eau de savon, et ensuite cardés et filés, forment diverses sortes de matières appelées *coconille*, *fantaisie*, *filoselle*, *capiton*, suivant leur nature particulière ou leur préparation, et employées sous la dénomination générique de *fleuret* dans la fabrication d'une multitude de tissus et d'objets de bonneterie. Mais les cultivateurs manipulent très-rarement eux-mêmes ces résidus de l'éducation de leurs vers à soie et de leurs filatures, et il serait déplacé de s'étendre davantage ici sur les procédés qui les rendent propres à l'usage qu'on en fait dans les manufactures.

L'objet des cultivateurs qui élèvent des vers à soie est de faire produire à ces insectes la plus grande quantité possible de cocons et d'obtenir avec un petit nombre de cocons beaucoup de soie : nous aurons atteint le but que nous nous proposions si les règles que nous avons tracées peuvent contribuer à leur assurer chaque année 41 kilogrammes (100 livres) de cocons par 30 grammes (une once) de graines, et 41 décagrammes (une livre) de soie par 4 à 5 kilogrammes (10 à 12 livres) de cocons. (VINCENS DE SAINT-LAURENT.)

VERCHÈRE. Un des noms de la JACHÈRE.

VERDAGE. On donne ce nom, dans quelques cantons, aux RÉCOLTES ENTERRÉES en fleur pour engrais. (B.)

VERDALE. C'est, aux environs de Narbonne, une olive très-productive et donnant de la bonne huile. *Voysz* OLIVIER. (B.)

VERDAU. C'est le nom que donnent les cultivateurs de Montreuil à une petite chenille verte qui dévore au printemps les bourgeons de leurs pêchers. Elle se transforme en l'ALUCITE VERDELLE, que j'ai figurée pag. 401 du tom. LIX des Annales d'agriculture. (B.)

VERDEAU ou VERDIEAU. Nom d'une variété du POIRIER SAUVAGE.

VERDELET. Les aides des PATRES portent ce nom sur les montagnes de la ci-devant Auvergne. (B.)

VERDURES. On appelle ainsi, dans le langage des nourrisseurs de vaches à lait, les herbes fraîches qu'ils donnent à ces vaches, qui, comme on sait, sont toujours tenues à l'étable. *Voyez* VACHE.

Comme les verdures procurent beaucoup plus de lait que les fourrages secs, les nourrisseurs cherchent à s'en procurer le plus tôt possible au printemps et le plus tard possible en automne. (B.)

VERETTE. C'est le CLAVEAU pour quelques cultivateurs. (B.)

VERGE. Nom de l'IVRAIE dans les environs de Troyes. (B.)

VERGE. Ancienne mesure de longueur. *Voyez* MESURE.

VERGE D'OR, *Solidago*. Genre de plantes de la syngénésie superflue et de la famille des corymbifères, qui renferme plus de quarante espèces, dont une est fort commune dans les bois, et huit à dix autres, fréquemment cultivées dans les jardins, à raison de la beauté de leurs fleurs.

Toutes les verges d'or ont les feuilles alternes, et les fleurs jaunes, petites, et disposées en panicules terminales, souvent unilatérales.

La VERGE D'OR COMMUNE, *Solidago virga aurea*, Lin., a les racines vivaces; les tiges droites, striées, velues, hautes de 2 à 3 pieds; les feuilles inférieures elliptiques, velues, dentées, les supérieures lancéolées et souvent entières; les épis droits. Elle croît dans les bois et fleurit à la fin de l'été. On la regarde comme détersive et vulnéraire. Tous les bestiaux la mangent quand elle est jeune. L'abondance avec laquelle elle se trouve dans certains lieux fait désirer qu'on la ramasse pour faire de la litière et du fumier, ou pour chauffer le four. Elle serait propre à l'ornement des parterres, si on n'en avait pas quantité d'autres espèces plus belles à y placer.

La VERGE D'OR DU CANADA a les racines vivaces; les tiges droites, velues, de 2 à 3 pieds de haut; les feuilles lancéolées, dentées, trinervées, rudes; les épis inférieurs recourbés. Elle est originaire de l'Amérique septentrionale, et fleurit à la fin de l'été. C'est une très-belle plante, qu'on voit très-fréquemment dans les jardins, dont elle fait l'ornement pendant une partie de l'été et toute l'automne. Ses variétés sont presque toutes autant d'espèces.

La Verge d'or très-élevée a les racines vivaces ; les tiges hérissées, hautes de 4 à 5 pieds ; les feuilles lancéolées, ridées, dentées ; les fleurs placées du même côté de la panicule. Elle croît naturellement dans l'Amérique septentrionale, et fleurit en automne. On la cultive dans la plupart de nos jardins, où elle se fait remarquer par la hauteur et la largeur de ses touffes. On lui attribue plusieurs variétés qui doivent être regardées comme espèces.

La Verge d'or a épis recourbés, *Solidago nutans*, ressemble beaucoup à la précédente, mais s'en distingue fort bien par le caractère qu'indique son nom. On la cultive dans plusieurs jardins paysagers principalement dans celui de M. Gillet Laumont, à Domont.

La Verge d'or toujours verte a les racines vivaces ; les tiges droites, glabres, hautes de 5 à 6 pieds ; les feuilles lancéolées, un peu charnues, très-entières, très-glabres et luisantes, seulement un peu rudes en leurs bords ; les fleurs tournées du même côté et à pédoncules velus. Elle se trouve dans l'Amérique septentrionale, et se cultive très-fréquemment dans les jardins, où elle se fait remarquer par sa beauté. Elle fleurit au commencement de l'automne, et ne disparaît qu'aux fortes gelées.

La Verge d'or a larges feuilles, *Solidago flexicaulis*, Lin., a les racines vivaces ; les tiges droites, flexueuses, noueuses, rougeâtres, glabres, hautes de 2 pieds ; les feuilles ovales, aiguës, dentées, glabres ; les grappes droites. Elle est originaire de l'Amérique et se cultive dans nos jardins, où elle fleurit en septembre. Quoique de moitié moins grande que les autres, elle y tient avantageusement sa place, parce que son aspect est différent.

Je pourrais étendre cette liste de plusieurs autres espèces, qu'on voit également dans les jardins, mais dont les caractères sont plus difficiles à saisir, et que les botanistes même les plus consommés sont embarrassés à déterminer, car je les ai presque toutes observées en Amérique.

Toutes les plantes de ce genre se placent avec avantage dans les grands parterres, contre les murs des terrasses, dans l'intervalle des derniers rangs des massifs, sur le bord des lacs et des rivières, etc. Par-tout elles produisent de bons effets au coup d'œil. Leurs fleurs, qui ont beaucoup d'éclat en masse, mais extrêmement peu d'odeur, terminent avec celles des astères, qu'on met souvent en opposition avec elles, le calendrier de Flore, c'est-à-dire ne disparaissent que par suite des premières fortes gelées. Quelques-unes même les bravent pendant une partie de l'hiver. On les multiplie de graines, qu'on sème, aussitôt qu'elles sont mûres, dans une plate-bande exposée au levant et bien préparée, ou, plus habituellement, par le déchirement des vieux pieds. Elles ont tant de propension à étendre leurs touffes, qu'un des désagrémens de leur culture est la difficulté de les fixer dans des limites. Il faut pour cela rogner tous les ans au printemps, ou déplanter tous les deux ou trois ans, pour diminuer leur grosseur, les pieds qui sont dans les parterres. Toute espèce de terre et toute exposition leur sont propres ; mais elles croissent mieux dans un bon fonds, et sont plus brillantes au soleil qu'ailleurs. Leurs tiges doivent être coupées au commencement de l'hiver et peuvent être employées à chauffer le four ou à faire du fumier. (B.)

VERGE A PASTEUR. C'est la CARDÈRE VELUE.

VERGÉE. Mesure de terre anciennement en usage dans quelques lieux. *Voyez* MESURE.

VERGER. Lieu clos planté d'arbres fruitiers en plein vent.

Nos pères plantaient des vergers, ai-je observé dans les notes faisant suite à la nouvelle édition d'Olivier de Serres, imprimée chez madame Huzard, et nous détruisons ceux qui existent. Avaient-ils raison ? Avons-nous tort ? Nos jardins remplis d'espaliers, de pyramides, de quenouilles, de nains les remplacent-ils avantageusement ?

Il est très-certain que quand on examine un vaste pommier dont les branches plient sous le poids des fruits dont elles sont chargées, on est porté à croire qu'il n'y a pas de meilleur moyen de se procurer des pommes que de planter des PLEINS-VENTS. (*Voyez* ce mot.) C'est aussi ce qu'ont d'abord fait tous les peuples lorsqu'ils ont commencé à devenir agriculteurs. Cependant, d'un côté, on a remarqué que les arbres de cette espèce employaient beaucoup de terrain, ne donnaient abondamment du fruit qu'au bout de plusieurs années, et encore de deux ou trois années l'une ; que ce fruit était généralement petit et très-sujet à manquer par l'effet de l'intempérie des saisons, etc., etc. D'un autre côté, on a observé que la même espèce d'arbres, soumise à des procédés particuliers, fournissait un produit dès la troisième année, et que ce produit était beaucoup plus assuré, plus beau, et même en définitif plus considérable : de là on a été porté à préférer les arbres placés dans les jardins à ceux des vergers ; et c'est ce qu'on fait en ce moment, sur-tout autour des grandes villes et dans tous les lieux où l'opulence peut payer l'augmentation de dépense qu'une culture plus soignée amène nécessairement.

Je suis loin de blâmer le goût actuel, qui est très-favorabl au développement de l'industrie agricole, et auquel on doit le perfectionnement des variétés ; mais je voudrais cependant voir conserver les vergers, qui, à côté des inconvéniens annoncés plus haut, présentent des avantages incontestables, dont le principal est d'exister, une fois plantés, sans dépenses, pendant plusieurs générations, et de fournir par conséquent annuellement, presque pour rien, des fruits à leurs propriétaires. D'ailleurs, il est beaucoup d'arbres, tels que les cerisiers, les pruniers, les noyers, etc., qui ne se prêtent pas facilement aux caprices du jardinier, et qui demandent par conséquent à être laissés en plein vent. On dira peut-être que ces arbres, ainsi que tous les autres, pourront être dispersés sur le bord des routes, sur la lisière des champs, dans les vignes, etc., et cela est vrai ; mais ils y seront plus battus par les vents, plus exposés aux intempéries de l'atmosphère, au pillage des malfaisans, etc. On doit conclure de ces réflexions, je crois, qu'il est à désirer, pour l'avantage général de la société, que les trois modes de culture des arbres fruitiers soient simultanément employés par-tout ; savoir, celui des jardins, des vergers fermés, et en plein champ.

Ordinairement on place le verger à côté de la maison, et on l'entoure de murs, ou de haies, ou de fossés, pour le mettre à l'abri des bestiaux et des voleurs : c'est le lieu des ébats des enfans, souvent même des animaux domestiques, tels que les génisses, les poulains. On calcule rarement son exposition ; cependant elle n'est pas d'une petite importance pour la réussite et la vigueur des arbres, l'abondance et la qualité des fruits qu'ils doivent produire. L'ouest et le nord sont les pires aux environs de Paris ; cependant les pommiers y prospèrent souvent ; un terrain profond et substantiel est celui qui convient le plus, car on doit éviter également et la trop grande aridité et la trop grande humidité.

Depuis François Ier, qu'on peut regarder comme le créateur des vergers en France, jusqu'à Olivier de Serres, qui a le premier posé les bases de leur culture, il ne paraît pas qu'on se soit beaucoup attaché au perfectionnement des variétés employées dans les vergers ; mais depuis cette dernière époque jusqu'à nos jours, la science agricole a fait des progrès si rapides, que le nombre de ces variétés s'est prodigieusement accru.

Mais quelle est la nature des arbres qu'il convient de placer dans les vergers ? Je répondrai, 1°. les SAUVAGEONS, 2°. les FRANCS, les uns et les autres greffés, s'entend. *Voyez* ces mots.

Les sauvageons ont une surabondance de vigueur que ne possèdent pas les francs ; ils étendent plus loin leurs rameaux, durent plus long-temps, sont moins délicats sur le choix du terrain ; mais ils donnent du fruit beaucoup plus tard, et le fruit est plus petit. Il s'agit de choisir d'après ces données. Nos aïeux préféraient les sauvageons, comme je l'ai observé plus haut, parce qu'ils pensaient toujours à leurs enfans lorsqu'ils faisaient une plantation quelconque, et qu'ils étaient peu délicats sur la qualité des fruits; nous choisissons communément des francs, parce que nous sommes plus accoutumés aux fruits perfectionnés. Il me semble que la raison indique ici le terme moyen comme le meilleur : en effet, quelques espèces de poires peuvent être greffées plus avantageusement sur sauvageons, d'autres sur franc, d'autres sur coignassier, et certaines espèces de pommes ne doivent pas être placées indifféremment sur sauvageon ou sur franc. Quant aux autres arbres, tels que les coignassiers, les cerisiers, les pruniers, les amandiers, les abricotiers, les pêchers, les châtaigniers, les néfliers et les cormiers, ils ne présentent pas des différences aussi marquées lorsqu'on les greffe sur un sujet plutôt que sur un autre; mais cependant on ne peut se dispenser d'y faire attention lorsqu'on désire avoir des arbres qui remplissent toutes les conditions requises, ne fût-ce que la considération de l'époque de la maturité des fruits, époque qui varie de plusieurs mois, selon la préférence qu'on a donnée à l'un plutôt qu'à l'autre.

La distance qu'il convient de mettre entre les arbres des vergers varie selon la nature du terrain et l'espèce des arbres. Elle doit être considérable dans un bon terrain, et lorsque c'est une espèce de première grandeur, un noyer, par exemple. L'excès en plus est dans tous les cas plus avantageux que l'excès en moins, et pour la quantité du fruit, et pour la durée des arbres, et pour l'abondance de l'herbe que doit fournir le sol. *Voyez* PLANTATION.

Le mode de plantation des vergers peut être, selon le goût du propriétaire, en ligne ou en quinconce ; cependant ce dernier est à préférer, parce qu'il met chaque arbre dans la position la moins défavorable relativement aux autres. *Voyez* QUINCONCE.

Quelques écrivains veulent qu'on place la même sorte d'arbre dans la même ligne : je ne suis point de cet avis. Selon moi, on doit, d'après les principes des assolemens, placer un arbre à noyau entre deux arbres à pepin et, d'après les lois de la physique, un petit arbre entre deux grands. Il sera bon de calculer aussi le placement des espèces selon les règles indiquées par M. Rast-Maupas pour les plantations perpétuelles, règles que j'ai fait connaître au mot PLANTATION.

On ne devrait jamais manquer de défoncer le terrain destiné à être transformé en verger; cependant l'augmentation dans la dépense arrête presque toujours : c'est un très-mauvais calcul, car les effets d'un défoncement agissent pendant toute la durée des arbres, et le produit d'une seule année lorsque les arbres sont en plein rapport, le rembourse souvent. On croit communément que la largeur du trou produit le même effet pendant les premières années ; mais c'est une erreur, puisque cette largeur n'a aucune influence sur l'amélioration générale du sol (*voyez* Défoncement) ; cependant un trou large vaut toujours mieux qu'un trou étroit, et, mieux que les trous, les Tranchées (*voyez* ce mot) de 6 pieds de large sur 3 de profondeur.

Une fois plantés, les arbres des vergers se conduisent comme les autres Pleins-vents. *Voyez* ce mot.

Généralement le sol des vergers est laissé en pâturage : c'est là, comme je l'ai dit au commencement de cet article, qu'on laisse s'ébattre les jeunes animaux qui ont besoin d'air et d'exercice pendant que leurs mères sont au travail ; souvent aussi on l'abandonne aux oies, aux dindons et autres volailles. Quelque destination qu'on lui donne, il faut l'entretenir en bon état de production par des labours et des engrais de loin en loin, tous les cinq à six ans, par exemple. C'est une erreur de croire qu'on ne doive pas y établir des prairies artificielles, des cultures de céréales, de plantes qui demandent des binages d'été, comme pommes de terre, maïs, haricots, etc., l'expérience prouvant que les arbres gagneront d'autant plus qu'on le soumettra à un cours d'assolemens plus régulier. *Voyez* Assolement.

Ce qui me resterait à dire sur les vergers étant commun à la culture des arbres fruitiers dans les jardins, je renvoie le lecteur aux articles de chacun de ces arbres et au mot Fruitier. (B.)

VERGEROLLE, *Erigeron*. Genre de plantes de la syngénésie superflue et de la famille des corymbifères, qui réunit plus de trente espèces, dont trois ou quatre sont assez communes ou assez remarquables pour intéresser les cultivateurs.

La Vergerolle odorante, *Erigeron graveolens*, a les racines vivaces ; les tiges droites, cylindriques, velues, rougeâtres, rameuses, hautes de 2 à 3 pieds ; les feuilles alternes, sessiles, lancéolées, entières, parsemées de poils glanduleux ; les fleurs jaunes, solitaires, sur des pédoncules glanduleux, dans les aisselles des feuilles. Elle se trouve dans les lieux secs, sur le bord des chemins des parties méridionales de l'Europe et même des environs de Paris, fleurit au milieu de l'été et exhale, dans la chaleur ou lorsqu'on la froisse, une odeur forte et désagréable. On la connaît vulgairement sous le nom d'*herbe aux punaises*, parce qu'on croit qu'elle chasse les punaises et les teignes des appartemens où on en met quelques rameaux : c'est un fait faux, ainsi que je l'ai vérifié.

Cette plante n'est pas sans agrémens par la grosseur de ses touffes, la couleur et le nombre de ses fleurs. On peut la placer avec avantage dans les lieux les plus secs et les plus chauds des jardins paysagers. On la multiplie de graines, qu'on sème, aussitôt qu'elles sont mûres, dans quelque terrain que ce soit, ou par déchirement de ses vieux pieds.

La Vergerolle du Canada a les racines annuelles; les tiges droites, cylindriques, velues, hautes de 2 à 3 pieds; les feuilles alternes, linéaires, lancéolées, velues; les fleurs jaunâtres et disposées en grosse panicule terminale. Elle est originaire du Canada, d'où elle a été apportée, il y a deux cents ans, en France, avec les peaux de castor qu'elle servait à emballer. Aujourd'hui c'est une des plantes les plus communes dans beaucoup de lieux. Je l'ai vue couvrir presque exclusivement des cantons entiers dans les départemens où on laisse reposer les champs pendant plusieurs années successives : là, elle peut être avantageusement coupée avant sa floraison, pour faire de la litière et augmenter le tas de fumier, fabriquer de la potasse, ou plus tard pour chauffer le four. Il est presque impossible de la détruire complétement dans un champ, parce que ses semences voyagent sur l'aile des vents et peuvent y être apportées de plusieurs lieues ; mais il ne paraît pas qu'elle nuise beaucoup aux récoltes, parce qu'elle pousse tard et qu'elle est étouffée par la plupart des plantes de la grande culture, même les céréales, qui sont presque mûres quand elle commence à monter en graine.

La Vergerolle acre a les racines vivaces; les tiges droites, cylindriques, velues, hautes d'un pied ; les feuilles alternes, sessiles, lancéolées, obtuses, velues; les fleurs violettes, assez grandes et solitaires sur des pédoncules axillaires. Elle croît dans les lieux secs, principalement dans les calcaires, et fleurit à la fin de l'été. Elle est très-commune dans quelques cantons.

Les bestiaux ne mangent aucune de ces plantes. (B.)

VERGLAS. Pluie qui s'est glacée immédiatement après sa chute sur les arbres, sur les plantes, sur la terre.

Le verglas fait quelquefois plus de mal aux arbres que les Gelées, mais pas autant que le Givre, parce qu'il a moins d'épaisseur que ce dernier. *Voyez* ces deux mots.

Il n'est pas donné à l'industrie humaine d'empêcher la chute du verglas, et rarement il lui est possible d'empêcher ses effets et de réparer ses suites. (B.)

VERGNE. Ancien nom de l'AUNE. (B.)

VERINADE. Nom de l'EUPHORBE CHARACIAS dans le département des Pyrénées-Orientales. (B.)

VERJUS. Parmi les espèces de raisins cultivées, il en est une qui, dans les cantons du nord et du centre de la France, ne parvient jamais qu'à une maturité imparfaite ; on l'appelle *verjus* : elle est désignée dans le midi sous les noms de *bordelais* et *bourdelas*. Son suc est d'un grand usage dans l'économie domestique. *Voyez* VIGNE.

Si le hasard est la cause vraisemblable de l'art de convertir en vinaigre les vins qu'on remarquait tourner à l'aigre, la simple observation a dû, long-temps avant qu'on perfectionnât l'art du vinaigrier, apprendre que certains fruits possèdent une saveur plus ou moins acide avant leur maturité : les groseilles, l'épine-vinette et sur-tout le raisin ont constamment cette saveur plus ou moins ACIDE. *Voyez* ce mot.

Le verjus ne saurait être considéré à la rigueur comme un véritable vinaigre, puisqu'il n'est point le produit de la fermentation acétueuse : c'est un liquide plus ou moins pur que la pression sépare des raisins encore verts et qu'on fait dépurer par le repos.

Cet acide, qui est le même que le malique, n'existe pas seulement dans le verjus, il se trouve encore dans le moût des autres espèces de raisins d'autant moins abondamment qu'ils sont plus mûrs ; c'est pour le saturer complétement qu'on emploie la chaux, les cendres ou d'autres bases terreuses ou alcalines, dans la purification du sucre de raisin. M. Chaptal a remarqué que les vins qui contiennent le plus d'acide malique fournissent les plus mauvaises qualités d'eaux-de-vie.

Le suc de verjus n'est pas difficile à préparer : il s'agit seulement de prendre les grains de raisins qui portent ordinairement ce nom, de les écraser encore verts, et de les laisser ainsi dans un vaisseau découvert pendant environ trois semaines ; après on exprime le suc par le moyen d'une presse, on mêle le marc avec de la paille hachée, pour favoriser l'écoulement du suc ; on le laisse dépurer vingt-quatre heures ; on le filtre à travers le papier, et on le distribue dans des bouteilles de médiocre capacité après avoir achevé de les remplir avec de l'huile d'œillet, plus propre qu'aucune autre à couvrir les liquides de ce genre, attendu qu'elle conserve sa fluidité en hiver, et ne laisse pas, comme celle qui se fige, passer l'air atmosphérique.

C'est par ce procédé qu'on prépare et qu'on conserve tous

les sucs des fruits; mais il en existe un autre, employé pour les sucs décidément acides : il consiste à les mettre dans des bouteilles débouchées, qu'on chauffe à la chaleur du bain-marie jusqu'à ce que la liqueur ait acquis une légère température. Les bouteilles refroidies, bouchées exactement, sont portées à la cave.

On fait avec le suc de verjus plusieurs mets assez recherchés : ils portent son nom. Si on l'a laissé exposé au soleil sur plusieurs assiettes jusqu'à ce qu'il soit desséché et que l'extrait qui en résulte soit conservé dans des bouteilles bien fermées, on peut avec quelques grains de cet extrait assaisonner des œufs dans toutes les saisons (1). (Par.)

On appelle aussi spécialement verjus les raisins qui se sont développés sur les ceps après la floraison des autres, et qui le plus souvent sont frappés de la gelée avant leur maturité. Il est des années où il se produit plus de ces sortes de verjus, d'autres où une partie et même la totalité sont utilement vendangés, quoique le vin qu'ils fournissent ne soit jamais de première qualité. (B.)

VERMEIL ou VERMEILLER. Nom vulgaire du lombric.

VERMICEL ou VERMICHEL. Pâte formée en cylindres contournés comme des vers, qu'on a d'abord fabriquée exclusivement en Italie, et qu'en ce moment on fabrique dans presque toute l'Europe.

Pour faire du vermicel, on prend du gruau de blé, celui à grain dur est le meilleur; on le pétrit avec le moins d'eau possible et au moyen de leviers fort longs; on y ajoute un peu de sel et souvent quelques pincées de safran en poudre, et après quelques heures de fermentation, on fait passer, au moyen d'une presse, la pâte qui en est résultée, et qui est alors si dure que le doigt peut à peine la faire céder, à travers un crible de cuivre, ayant soin de couper les cylindres à mesure qu'ils ont acquis 3 à 4 pouces de long, pour pouvoir les manier, les faire sécher et les empaqueter facilement.

En qualité de pâte non fermentée et très-compacte, le vermicel devrait être indigeste ; mais comme il est très-mince, il fournit beaucoup de points d'action aux sucs de l'estomac, en conséquence on se plaint rarement qu'il fasse mal : au contraire, on le donne fréquemment aux convalescens pour les refaire, car il passe pour plus nourrissant que le pain même. Il

---

(1) Dans le quinzième siècle, on faisait à Paris une bien plus grande consommation de verjus qu'aujourd'hui : il y en avait de commun, fait avec l'oseille ; de moyen, fait avec le raisin ; et de fin, qui était du jus de citron. Les Normands substituaient au second le jus d'une variété de pomme très aigre. *(Note de M. Bosc.)*

est fort agréable au goût, soit cuit dans le bouillon, soit cuit dans le lait.

Le *macaroni*, le *kagne*, le *lazagne*, le *pâtre*, ne sont que des espèces de vermicels qui ont passé par des trous plus gros ou d'une forme différente.

Les pâtes qu'on coupe au couteau et qu'on fait cuire avant leur dessiccation peuvent aussi entrer dans la même série.

Les Italiens sont encore les plus grands mangeurs de pâtes de tous les peuples de l'Europe. Je doute qu'ils trouvent réellement de l'avantage à les préférer au PAIN. *Voyez* ce mot et le mot BLÉ. (B)

VERMICULAIRE BRULANTE. *Voyez* ORPIN.

VERMIER. On appelle ainsi, dans quelques parties de la France, les larves des CHARANÇONS, des ALUCITES, les CAMPAGNOLS, les MULOTS, les SOURIS et autres ennemis du grain. (B.)

VERMILLON DE PROVENCE. C'est le CARTHAME DES TEINTURIERS.

VERMINE. L'acception propre de ce mot doit s'appliquer aux pous qui tourmentent l'homme à tout âge et sur-tout dans son enfance, lorsqu'on ne leur fait pas une guerre continuelle; mais les cultivateurs l'étendent souvent à tous les insectes en général qui nuisent aux produits de leurs récoltes, même dans quelques endroits aux rats et aux souris, aux limaces, aux vers de terre, etc.

Ce mot est devenu trop vague pour l'état actuel de nos connaissances, et en conséquence il ne doit pas être conservé. *Voyez* au mot INSECTE. (B.)

VERMINIER. Nom commun des RATS, des SOURIS, des MULOTS et des CAMPAGNOLS dans les environs d'Alençon. (B.)

VERMINIÈRE. C'est une fosse dans laquelle on détermine la production d'une grande quantité de larves de mouches, et dans laquelle les oiseaux de basse-cour trouvent, sans dépense pour le propriétaire, un supplément de nourriture pendant six mois de l'année. Quoique la surabondance d'une nourriture animale nuise à la qualité de la chair et des œufs des poules, il est trop avantageux d'avoir une verminière pour que les principes de sa construction ne soient pas décrits dans cet ouvrage. On les trouvera à l'article POULE. (B.)

VERMOULURE. Ce mot se donne aux trous que font les insectes dans les bois ainsi qu'à la poussière qui en résulte.

Un très-grand nombre de genres d'insectes déposent leurs œufs sur les bois vivans et morts, et il en naît des larves qui vivent aux dépens de ces bois, y creusent des galeries, et finissent, avec le temps, par faire mourir les arbres, et par mettre hors de service les poutres, les ustensiles aratoires, les meubles et autres objets en bois que l'homme fabrique pour son utilité ou son agrément.

Les insectes qui sont les plus dangereux sous ce rapport sont les ANTRIBES, les SYNODENDRES, les APATES, les IPS, les LYCTES, les BOSTRICHES, les VRILLETTES, les SPONDYLES, les LYMEXYLONS, les CAPRICORNES, les SAPERDES, les LAMIES, les LEPTURES, les CALLIDIES, les RHAGIONS, les SIREX, une ABEILLE, quelques ANDRÈNES, les SÉSIES, les HÉPIALES, les COSSUS, quelques BOMBICES, quelques TEIGNES et quelques ALUCITES. J'ai mentionné ceux de ces genres qui nuisent le plus particulièrement aux résultats des cultures, j'y renvoie pour connaître les moyens de s'opposer aux ravages des espèces qui les composent. Ici, je ne veux que présenter des observations générales sur ceux de ces moyens qui s'appliquent aux bois mis en œuvre.

L'expérience prouve que plus les bois sont durs et moins ils sont facilement attaqués par les larves des insectes, ainsi le cœur du chêne l'est moins que son aubier, le noyer moins que le tremble, etc. Elle prouve encore que plus les arbres avaient de sève au moment de leur coupe, et plus ils sont recherchés par les mêmes insectes.

La conséquence de ces faits, c'est qu'il est utile de faire disparaître l'aubier des arbres, soit en l'enlevant avec la hache, soit en le durcissant par l'écorcement de ces arbres deux ans avant leur coupe (*voyez* ÉCORCEMENT), et de ne couper tous les arbres qu'on destine à un service durable que lorsque leur sève est dans la plus grande stagnation possible, c'est-à-dire au milieu de l'hiver.

Un autre résultat de l'expérience, et qui tient encore à la moindre quantité de sève, c'est que les arbres écorcés, écarris, ou, mieux encore, réduits en planches, qu'on met dans l'eau pendant plusieurs mois, sur-tout dans l'eau de mer, ne sont presque jamais attaqués des vers.

Outre ces moyens directs, il en est encore d'indirects qui produisent les mêmes effets encore plus certainement. Ainsi une poutre exposée à la fumée pendant long-temps s'imprègne d'acide pyro-ligneux, acide qui tue les larves qui tentent de pénétrer dans son intérieur; ainsi une planche qui a bouilli quelques heures dans une dissolution d'alun, de vitriol et autres sels, en est garantie pour toujours; ainsi, un meuble qui a été enduit d'huile bouillante au moment de sa fabrication, ou qui a été peint à l'huile, ou couvert d'un vernis, s'en défend beaucoup mieux, comme tout le monde le sait.

Je voudrais donc que les cultivateurs français, à l'exemple de ceux d'Angleterre, fissent peindre ou, encore mieux, goudronner tous leurs meubles, tous leurs instrumens aratoires qui en sont susceptibles, l'avantage d'une conservation vingt fois plus longue compenserait de beaucoup la petite augmentation de dépense qui résulterait de cette pratique. On éviterait aussi par là les frais de construction de hangars et de remises, frais souvent considérables, attendu qu'alors les chariots, les charrues, les échelles, etc., pourraient rester en plein air avec moins d'inconvénient.

Un meuble déjà attaqué peut être défendu, pour l'avenir, par les mêmes moyens.

Plus le climat qu'on habite est chaud, et plus les ravages des insectes destructeurs du bois sont étendus et rapides; mais entre les tropiques il y a plusieurs espèces d'arbres qui en sont exempts, à raison du suc propre qu'ils renferment, suc qui ne plaît pas aux larves lignivores.

Les espèces d'insectes qui en France font le plus de tort aux bois ouvragés sont les VRILLETTES, les PTILINS, les BOSTRICHES et les LYCTES.

Dans les pays chauds, les TERMITES dévorent en peu de jours les meubles les plus solides. (B.)

VERNAIS. Synonyme de MARAIS dans le département de l'Ain. (B.)

VERNE. Nom ancien de l'AUNE.

VERNIS. *Voyez* SUMAC.

VERNIS GRAS. C'est de l'huile rendue siccative au moyen de la litharge ou oxide vitreux de plomb. *Voyez* HUILE.

Les cultivateurs devraient plus fréquemment employer la peinture à l'huile sur leurs instrumens aratoires et autres ustensiles, afin de les conserver. Par ce moyen, avec une très-petite avance, ils s'éviteraient de grandes dépenses. (B.)

VERNIS DU JAPON. *Voyez* AYLANTHE.

VÉROLE (PETITE) DES MOUTONS. *Voyez* CLAVEAU.

VÉRONIQUE, *Veronica*. Genre de plantes de la décandrie monogynie et de la famille des rhynanthoïdes, qui renferme plus de soixante espèces, dont plusieurs sont très-communes et employées en médecine, et qui en conséquence sont dans le cas d'être signalées aux cultivateurs.

Les véroniques ont toutes les feuilles opposées; mais les unes ont les fleurs en épi, les autres en corymbes, et les troisièmes solitaires.

Parmi celles de la première division, il faut remarquer,

La VÉRONIQUE A ÉPI, qui a les racines vivaces; les tiges simples, presque entièrement droites, velues, hautes d'un pied; les feuilles ovales, oblongues, crénelées, velues; les fleurs bleues et en épi terminal. Elle croît dans les bois sablonneux, dans les pâturages secs, et fleurit au commencement de l'été. C'est une fort jolie plante, dont on place avan-

tageusement les touffes dans les parterres et les jardins paysa-
sagers, et qu'on multiplie de graines semées au printemps,
ou par déchirement des vieux pieds, effectué en automne ou
pendant l'hiver. Les moutons l'aiment beaucoup, mais les
autres bestiaux la dédaignent; il est des lieux où elle est
extrêmement abondante et dont elle orne singulièrement
l'aspect.

Les Véroniques de Sibérie, de Virginie, maritime,
longues feuilles, blanchatre, pinnée, et deux ou trois
autres, s'en rapprochent beaucoup et se cultivent dans quelques jardins. On les multiplie de même.

La Véronique officinale a les racines vivaces; les tiges
couchées, vélues, longues de plus d'un pied; les feuilles
ovales, obtuses, ridées, velues; les fleurs bleuâtres ou rougeâtres, quelquefois blanches, disposées en épis géminés au
sommet des tiges. Elle est extrêmement commune dans les
bois arides, dans les pâturages sablonneux, et fleurit au milieu du printemps. On l'appelle improprement la *véronique
mâle*, puisqu'elle est hermaphrodite comme les autres. Sa saveur est amère. Elle a joui et jouit encore même d'une certaine
célébrité, sous le nom de *thé d'Europe*, comme sudorifique,
vulnéraire, diurétique et astringente. Tous les bestiaux la
mangent, et même les moutons et les chevaux la recherchent.
Cette circonstance, jointe à celle de croître dans les plus mauvais sols, la rendent précieuse pour les cultivateurs, qui, s'ils
ne la sèment pas, doivent au moins la conserver dans leurs
pâturages. Quoique peu marquante, les gazons qu'elle forme
sont assez agréables lorsqu'elle est en fleur, pour qu'on doive
l'introduire dans les jardins paysagers.

Parmi celles de la seconde division, je noterai,

La Véronique aquatique, *Veronica beccabunga*, qui a
les racines vivaces; les tiges à demi rampantes, charnues, cas-
santes, les feuilles ovales, planes, épaisses, luisantes; les
fleurs bleues en grappes latérales. Elle croît abondamment
dans les fontaines, les ruisseaux et autres eaux qui gèlent rarement, et elle fleurit au commencement du printemps. Très-
fréquemment les ignorans la prennent pour le véritable *cres-
son*. (*Voyez* Sisymbre.) Il en est fait un grand usage en médecine comme antiscorbutique. On la mange en salade ou
cuite avec l'oseille dans quelques pays, quoiqu'elle ait une
saveur qui généralement ne plaît pas. Tous les bestiaux la
mangent, et les chevaux en sont très-friands. Elle est souvent si abondante dans certaines eaux, qu'il devient avantageux de la couper pour la leur donner, ou seulement pour
augmenter les fumiers. Comme elle prend racine à chaque
nœud, un seul pied suffit pour couvrir un espace considérable

dans le courant d'un seul été. Son aspect luisant et ses jolies fleurs autorisent à en mettre dans quelques parties des bords des ruisseaux ou des lacs des jardins paysagers.

La Véronique mucronée, *Veronica anagallis*, Lin., a les racines annuelles; les tiges droites, grêles, rameuses; les feuilles lancéolées, dentées; les fleurs petites et bleues. Elle se trouve souvent en grande abondance dans les fossés humides et même dans les eaux stagnantes. Elle jouit des mêmes propriétés économiques que la précédente et devient deux ou trois fois plus grande.

La Véronique a feuilles de serpolet a les racines vivaces, les tiges rampantes; les feuilles ovales, crénelées, glabres, les supérieures plus allongées et alternes; les fleurs blanches, rayées de bleu et terminées en grappes spiciformes. On la trouve par toute l'Europe dans les champs en jachère, le long des haies, sur la berge des fossés, où elle fleurit au milieu du printemps. Tous les bestiaux, et sur-tout les moutons, l'aiment beaucoup; et comme elle forme des touffes très-denses qui poussent des branches, c'est un grand avantage d'en avoir beaucoup dans les pâturages. Je crois qu'il serait même avantageux d'en semer exprès dans certains endroits si cela était facile.

La Véronique petit chêne, *Veronica chamædrys*, Lin., a les racines vivaces; les tiges un peu couchées, velues de deux côtés opposés, rameuses, hautes d'un pied; les feuilles sessiles, ovales, obtuses, dentées, ridées, velues; les fleurs bleues, veinées de rouge, disposées en grappes longues et presque spiciformes. Elle se trouve très-abondamment dans les bois et les pâturages secs, et fleurit au milieu de l'été. Son aspect est très-élégant, aussi doit-on ne pas négliger d'en placer dans les jardins paysagers aux lieux les plus arides. Tous les bestiaux la recherchent, les moutons et les chevaux sur-tout.

Dans la troisième division, il y a à remarquer,

La Véronique agreste, qui a les racines annuelles; les tiges grêles, rameuses, couchées, pubescentes, longues de 5 à 6 pouces; les feuilles pétiolées, en cœur; les fleurs bleues, pédonculées et axillaires. Elle croît dans les champs cultivés, et fleurit au commencement du printemps. Souvent elle couvre le sol dans les pays de jachère. Tous les bestiaux la mangent, et sur-tout les moutons, qui en sont friands.

La Véronique des champs a les racines annuelles; les tiges droites, velues; les feuilles presque sessiles, en cœur et crénelées; les fleurs bleuâtres, solitaires et sessiles dans les aisselles des feuilles supérieures. Elle se trouve dans les mêmes lieux que la précédente. Tout ce que j'ai dit de cette dernière lui convient parfaitement.

La Véronique a feuilles de lierre a les racines annuelles; les tiges couchées, rameuses, longues de 5 à 6 pouces; les feuilles en cœur, à cinq lobes, dont l'intermédiaire est le plus grand; les fleurs bleuâtres, solitaires dans les aisselles des feuilles. Elle est très-commune dans certains cantons, et fleurit même pendant l'hiver. Tous les bestiaux la mangent, et sa précocité la rend très-précieuse pour eux. (B.)

VERRAT. C'est le mâle du cochon.

VERRÉ. *Voyez* Verrat.

VERRINES. On donne ce nom, dans quelques endroits, aux cloches à couches, composées de plusieurs morceaux de verre à vitre assemblés avec du plomb. *Voyez* Cloche. (B.)

VERS. Ce nom s'applique vulgairement non - seulement aux vers de terre (Lombrics, *voyez* ce mot), mais encore aux larves de beaucoup d'insectes lorsqu'elles sont privées de pattes.

Les vers qui détruisent le bois dans les forêts appartiennent à un grand nombre de genres de la classe des coléoptères, tels que antribe, lucane, synodendre, apate, ips, bostriche, lyctus, mélassis, lymexylon, capricorne, prione, saperde, lamie, lepture, callidie, rhagie. Ceux qui détruisent les bois dans les maisons se réduisent presque aux vrillettes (*annobium*) et aux ptilins.

On garantit les bois de haut service des attaques des vers en les mettant tremper pendant quelque temps dans l'eau douce ou salée (celle de mer est préférable, encore plus en les mettant dans l'eau chargée d'alun). On en garantit les boiseries et les meubles en les imprégnant d'huile ou de vernis. *Voyez* Vermoulure.

On a recherché la cause pour laquelle les vers attaquaient moins les bois qui avaient trempé dans l'eau pure sans avoir pu la découvrir. Je puis certifier que c'est uniquement parce que l'eau a dissous la partie extractive ou gommeuse de la sève, c'est-à-dire ce qui leur servait de nourriture, et qu'ils ne trouvent plus qu'une fibre sèche et sans saveur.

Les vers qui vivent dans les fruits et les graines sont des larves de Teignes, de Pyrales, de Charançons, d'Alucite, de Bruches, de Mouches, de Tipules, etc. Il n'y a pas moyen de s'en débarrasser dans les campagnes, et on ne peut que très-difficilement le faire dans nos fruitiers, nos greniers, etc. *Voyez* ces différens mots. (B.)

VERSAILLE. On appelle ainsi le premier labour des jachères dans quelques lieux. (B.)

VERS INTESTINAUX. Vers qui vivent dans l'intérieur du corps des animaux. Ceux qu'il est le plus important aux cultivateurs de connaître appartiennent aux genres Ténia,

Hydatide, Echinorinque, Fasciole, Strongle, Ascaride, Crinon et Filaire. *Voyez* ces mots. (B.)

VERSAGE. On appelle ainsi, dans quelques lieux, le premier labour donné aux jachères, labour par lequel on se borne à re tourner la terre en larges sillons. *Voyez* Labour. (B.)

VERSAINE. Nom de la jachère dans quelques cantons.

VERSÉE (TERRE). On donne ce nom, dans la ci-devant Flandre, à la terre qui a reçu le premier labour d'hiver, et qui n'est que simplement retournée. Ordinairement c'est avec une charrue particulière, qu'on appelle binot, que cette opération s'exécute. Il me semble qu'elle n'est dans le cas d'être approuvée que dans les défrichemens et dans les terres très-fortes, car plus un labour est parfait, quelle que soit l'époque où il a lieu, et mieux il remplit son objet. (B.)

VERSÉS (BLÉS). Les grands vents et les fortes pluies qui surviennent lorsque l'épi du blé et des autres céréales est sorti de son fourreau, occasionnent souvent le renversement, le ploiement de leur tige.

Lorsque l'événement arrive peu après la floraison, la tige se relève souvent; mais jamais lorsque le grain est devenu gros.

Les blés versés ne prennent presque plus d'accroissement, ainsi leurs grains sont plus ou moins Retraits. *Voyez* ce mot.

Souvent ces grains germent, pourrissent, sont mangés par les oiseaux et les campagnols, de sorte qu'il faut toujours regarder cet événement comme un malheur.

Il est des variétés de froment qui, à raison ou de la grosseur de leur tige, ou de la petitesse de leur épi, sont moins sujets à verser que les autres. Ce sont eux qu'on doit donc cultiver de préférence dans les lieux sujets aux orages ou non abrités des grands vents.

On doit plus craindre d'avoir des blés versés dans les bonnes terres et dans les terres trop fumées, parce que leur épi y est plus garni de grains.

Les blés semés épais, malgré qu'ils se soutiennent mutuellement, sont plus sujets à être versés, parce qu'ils ont la tige plus grêle. *Voyez* Étiolement et Semis.

Quand on calcule la quantité de froment, d'avoine et même d'orge et de seigle, qui est perdue chaque année par l'effet de leur versement par les vents ou les pluies, on se demande comment il est possible que les cultivateurs ne prennent pas des précautions pour les prévenir.

Il est deux ordres de moyens à employer pour empêcher les blés de verser.

Les premiers consistent à les garantir 1°. des grands vents par des haies, des plantations d'arbres; 2°. à les mettre en mesure de résister à leur action par des perches transversales.

Les seconds auront pour objet d'empêcher les blés de devenir trop forts en en semant deux années de suite dans les terres fertiles, en ne mettant pas de fumier dans celles qui ne sont que bonnes, en semant clair, en coupant les feuilles au printemps (*voyez* ECIMAGE); enfin, comme je l'ai dit plus haut, en préférant les variétés à petits épis.

Lorsque les blés et les avoines sont couchés peu avant leur maturité complète, il n'y a souvent qu'une diminution de récolte; mais lorsqu'il s'écoule, comme cela arrive souvent, un mois avant cette époque, les herbes s'élèvent au-dessus des tiges, et la perte peut être complète par l'effet, comme je l'ai déjà annoncé, de la germination et de la pourriture; la paille même n'est souvent plus bonne qu'à jeter sur le fumier.

Ces circonstances font qu'il est souvent avantageux de couper les blés et les avoines le lendemain du jour où ils ont été versés, parce qu'ils fournissent un fourrage abondant et d'excellente qualité, et qu'il se développe une repousse qui donne un quart, même quelquefois une demi-récolte. On ne connaît pas assez en France ce moyen de salut, qui, il est vrai, est scabreux et doit être bien médité avant d'être mis en pratique.

Il est des propriétaires qui, quand leurs blés ou leurs avoines sont couchés et hachés par la grêle, les retournent de suite et les sèment en vesce d'hiver, en navette, en haricots, etc. *Voyez* GRÊLE et RÉCOLTES ENTERRÉES. (**B.**)

VERSOIR. Ce mot est synonyme d'OREILLE. C'est la partie de la charrue attachée au sep et qui sert à renverser la terre lors de l'opération du labour. *Voyez* CHARRUE. (**B.**)

VERT (BESTIAUX MIS AU). Dans l'état de nature, les animaux pâturent, vivent, même pendant l'hiver, d'herbe verte, et ne mangent de l'herbe sèche que par circonstance et peu à-la-fois. L'herbe verte est donc celle qui convient le plus à leur constitution, et toutes les fois qu'on les forcera à se contenter d'herbes sèches pendant toute l'année, cette constitution doit en souffrir.

Dans l'état de domesticité, on est déterminé à nourrir les animaux pâturans, principalement les chevaux, d'herbe sèche, c'est-à-dire de foin ou de fourrage, 1°. parce qu'employant leurs services pendant le jour tout entier, ils n'auraient que la nuit pour paître et qu'ils ne se reposeraient pas; 2°. parce qu'ayant ou pouvant avoir besoin de leurs services à toutes les heures du jour et de la nuit, on serait obligé, dans le cas contraire, de perdre beaucoup de temps à les aller chercher dans la campagne; 3°. parce que dans les pâturages abondans,

les prés, par exemple, ils perdent, par l'effet de leur piétinement, autant et plus d'herbe qu'ils n'en mangent; 4°. parce
qu'à quantité égale l'herbe verte est moins nourrissante que
l'herbe sèche, à raison de l'eau qu'elle contient, et si elle
n'est pas encore arrivée au moment de la floraison, à raison
de la moindre quantité de principe nutritif qu'elle offre;
5°. parce qu'il serait difficile, coûteux, et souvent même impossible d'aller couper l'herbe fraîche, à mesure du besoin,
pour la donner aux bestiaux dans l'écurie; 6°. parce que beaucoup de propriétaires de chevaux ne sont pas propriétaires de
terres et ne pourraient par conséquent avoir de l'herbe à volonté. Il est donc une infinité d'endroits, les grandes villes,
par exemple, beaucoup de genres d'emploi de chevaux, la
poste, le roulage, la guerre, etc., où on est forcé de nourrir
les chevaux au sec pendant toute l'année, et même d'économiser sur le temps de leur manger, en leur donnant des graines
telles que l'avoine, l'orge, le maïs, etc., plutôt que le foin,
parce que ces graines contiennent plus de substance nutritive
sous un égal volume.

Les mulets, les ânes et les bœufs sont presque par-tout dans
le même cas, et si les vaches, les brebis et les moutons y sont
moins souvent, c'est qu'on n'a pas besoin de leurs services pour
porter ou tirer, qu'on cherche davantage à économiser sur
leur nourriture, et que les alimens frais donnent plus de lait
et un lait de meilleure qualité aux femelles.

Dans tous les lieux où on nourrit les bestiaux au sec pendant toute l'année, il est utile à leur santé de les mettre au
vert au printemps pendant quelques jours au moins.

Dans ces lieux et dans ceux où on les laisse paître pendant
tout l'été, il ne faut pas les faire passer brusquement d'un régime à un autre, mais graduellement, c'est-à-dire leur donner
d'abord du fourrage vert mêlé avec du fourrage sec; car dans
le cas contraire la première herbe leur fait éprouver des dé-
rangemens dont les suites peuvent devenir dangereuses.

Il est des pays où l'on saigne les bestiaux avant de les mettre
au vert. Cette pratique est au moins inutile quand il ne s'agit
que de changer leur régime. *Voyez* ENGRAIS DES BESTIAUX.

Les jumens, les vaches et les brebis pleines ou nourrices,
doivent être mises au vert plus tôt et plus long-temps que les
autres.

Lorsque les chevaux maigrissent, dit Rougier de la Bergerie
dans l'article de Rozier correspondant à celui-ci, lorsqu'ils
sont sans appétit, quand ils sont échauffés ou fatigués par le
travail, il est utile de les mettre au vert pour les rétablir.
On ne peut pas douter de l'effet du vert en voyant leur ardeur
à y courir. C'est le retour au genre de vie de leur jeunesse.

Comme le vert affaiblit nécessairement les chevaux et les bœufs, il ne faut pas exiger d'eux, pendant qu'ils y sont et quelque temps après, un travail aussi fort que celui auquel ils étaient auparavant assujettis.

Les jeunes animaux qui sont mis au vert au premier printemps souffrent souvent beaucoup, parce qu'il diminue l'énergie de leurs organes digestifs.

Il vaut mieux attendre le moment où l'herbe est arrivée à un certain degré de maturité, pour mettre les bestiaux au vert, que de les y mettre dès qu'elle commence à poindre, parce qu'alors elle ne contient presque pas de parties nutritives et les affaiblit.

Une expression usitée dans quelques cantons d'élève de bestiaux, *l'herbe des champs rend amoureux*, semble devoir convaincre de la nécessité d'y mettre les étalons de toutes les sortes.

Dans les campagnes, on met des bestiaux au vert en les envoyant pâturer ; dans les villes, en leur donnant de l'herbe verte à l'écurie. Ces deux manières ont leurs avantages et leurs inconvéniens, qu'il serait superflu de développer, puisqu'on peut rarement choisir dans le dernier cas.

Le vert aux champs a toujours plus d'effet que le vert à l'écurie, principalement parce qu'il agit sur le moral et sur le physique en même temps. On doit donc le préférer toutes les fois que cela est possible.

Tantôt on donne aux bestiaux à l'écurie de l'herbe de pré, de la Luzerne, du Trèfle, du Sainfoin, de la fane de Seigle ou de Froment, selon les circonstances, et il faut prendre des précautions diverses selon l'espèce de ces herbages, dont les qualités ne sont pas les mêmes. La Chicorée sauvage a eu d'excellens effets entre les mains de Cretté de Palluel; la Pimprenelle doit être également recherchée. Il en est de même du Maïs, de la Spergule, des Vesces, des Pois, des Feuilles des arbres, etc. *Voyez* ces mots.

Les avantages du vert sont moins sensibles sur les vieux animaux, il a même souvent des inconvéniens graves pour eux, en ce qu'il affaiblit leur estomac au point qu'ils ne peuvent plus bien digérer.

Je m'arrêterai ici, parce que l'objet que je traite fait déjà partie de l'article Hygiène vétérinaire.

On doit à Gilbert de très-bonnes observations sur l'usage du vert pour les bestiaux. (B.)

VERTICILLÉ. On appelle de ce nom, en botanique, les feuilles ou les fleurs des plantes lorsqu'elles entourent la tige sur le même plan de coupe. (*Voyez* Plante.) La Garance a les feuilles, et le Lamier les fleurs verticillées. *Voyez* ces mots. (B.)

VERTIGE ou VERTIGO. Médecine vétérinaire. Le vertige ou vertigo se distingue en vertige essentiel et en vertige symptomatique.

Nous ne pouvons considérer ici le vertige, comme dans l'homme, en vertige dans lequel les malades croient que les objets qui les entourent tournent autour d'eux ou qu'ils tournent eux-mêmes, et en vertige accompagné de mouvemens désordonnés, et dans lequel les yeux sont hagards ; ce dernier est le seul qu'il soit possible de reconnaître dans les animaux : au reste, ces distinctions nous paraissent être plutôt les différens degrés de la maladie que des différences dans la maladie elle-même. Ainsi dans le vertige, comme dans beaucoup d'autres affections, le vétérinaire est presque toujours privé des premières indications.

Dans le vertige, le cheval porte parfois la tête basse et d'autres fois très-élevée ; il s'appuie contre l'auge ou contre la muraille (ce qui s'appelle *pousser à l'auge, pousser au râtelier*) ; il se recule, tire sur ses longes et puis se porte en avant avec violence ; lorsqu'on veut le faire marcher il chancelle ; ses jambes sont tremblantes ; il paraît vouloir se précipiter, en sorte qu'il est très-difficile de lui faire exécuter des mouvemens.

Solleysel s'explique ainsi dans la description qu'il donne du vertige. « Les chevaux sont sujets à une infirmité que nous nommons vertigo, qui leur ôte tellement l'usage des sens, qu'ils sont presque sans connaissance ; ce mal les fait chanceler et tomber, et même se donner la tête contre les murs. »

Le vertige essentiel est celui dans lequel le cerveau seul paraît affecté, et qui n'est accompagné d'aucune autre maladie apparente. Ce genre de vertige reconnaît pour cause l'inflammation des membranes qui recouvrent et enveloppent le cerveau, l'engorgement des vaisseaux qui s'y distribuent (ce qui arrive quelquefois après des coups de soleil), une pression sur sa substance, enfin toute lésion ou dérangement dans son organisation, provenant ou de causes internes qu'on ne peut reconnaître, ou de causes externes, telles que l'enfoncement des os du crâne, un épanchement sanguin ou séreux produit par des coups et des chutes.

Le vertige symptomatique est aussi une affection de cerveau ; mais il est le symptôme de la plupart des inflammations du bas-ventre, et sur-tout des indigestions : celles dans lesquelles il se manifeste avec force sont presque toujours mortelles.

Dans les herbivores, la médecine vétérinaire est privée des

secours prompts que lui fournissent les vomitifs dans les carnivores, secours qu'on peut faire marcher de front avec les saignées, qui, tout avantageuses qu'elles sont pour calmer les accidens du vertige, deviennent très-nuisibles lorsque l'estomac et les intestins sont encore dans un état de plénitude, et n'ont pu être évacués.

Le traitement de cette espèce de vertige se compose donc du traitement des maladies qui y ont donné lieu (*voyez* Indigestion, Rétention et Suppression d'urine, Tranchée ou Colique, etc., etc.), et du traitement du vertige essentiel lorsque les premiers accidens sont passés.

Le vertige essentiel, lorsqu'il est dû aux causes externes dont nous avons parlé, doit être combattu par les moyens qui sont propres à faire cesser chacune de ces causes : par exemple, s'il y a enfoncement des os du crâne, on s'occupera du replacement de ces os; dans l'inflammation et l'engorgement des vaisseaux, les saignées faites à l'arrière-main, au plat des cuisses; les sétons placés aux fesses et à l'encolure, et les breuvages antispasmodiques, tels que ceux faits avec l'infusion de menthe, de genièvre, ou autres plantes aromatiques qu'on trouve sous la main, et dans lesquelles on ajoute le muriate d'ammoniac, depuis 3 décagrammes jusqu'à 6 dans les gros animaux, suivant la force du sujet, et l'assa fœtida à celle de 8 grammes (2 gros) à 16 grammes (4 gros).

Il faut aussi tenir, de temps à autre, dans la bouche des nouets d'assa fœtida. (Desp.) (1)

VERTU DES PLANTES. On donne vulgairement ce nom aux propriétés médicinales vraies ou supposées des plantes.

On ne peut nier qu'il y ait des plantes, des genres de plantes, des familles de plantes qui agissent sur nos organes et sur ceux des animaux de manière à contre-balancer l'effet de certaines affections maladives; c'est-à-dire que le jalap soit purgatif, l'ipécacuanha émétique, les pavots somnifères, les malvacées adoucissantes, etc.; mais il faut avouer qu'on a beaucoup mésusé des résultats de l'expérience pour attribuer aux plantes des vertus exagérées et même imaginaires.

---

(1) Dans quelques cantons de l'Angleterre, on croit qu'on peut prévenir le vertigo en mettant un bouc dans l'écurie, et on en cite de nombreux exemples. On ne peut récuser le fait, ni en adopter l'explication. J'observerai cependant que le vertigo étant une maladie nerveuse, et les odeurs fortes étant un remède contre ces sortes de maladies, il n'est pas impossible que le fait ne puisse avoir réellement lieu.

(*Note de M. Bosc.*)

J'ai, pour obéir à l'usage, indiqué les vertus des plantes dont on fait le plus fréquemment usage en médecine, et en conséquence je renvoie le lecteur aux articles qui les concernent, pour apprendre à les connaître.

L'ouvrage le plus méthodique qui ait été publié sur cet objet, dont on puisse par conséquent recommander la lecture avec le plus de sécurité, est la dissertation de mon collaborateur Décandolle sur les familles des plantes considérées sous le point de vue de leurs vertus. (B.)

VERVEINE, *Verbena*. Genre de plantes de la diandrie monogynie, et de la famille des pyrénacées, qui rassemble plus de vingt espèces, dont une se trouve très-abondamment en Europe, et une autre se cultive dans les jardins, à raison de l'excellente odeur de ses feuilles.

La VERVEINE OFFICINALE ou *verveine commune*, a les racines annuelles ; les tiges obtusément tétragones, un peu velues, très-rameuses, hautes d'un à 2 pieds ; les feuilles opposées, sessiles, lancéolées, incisées inégalement ; les fleurs bleuâtres ou rougeâtres, à quatre étamines, et disposées en épis très-grêles et paniculés au sommet de la tige. Elle croît dans toute l'Europe autour des villages, le long des chemins, dans tous les lieux incultes dont la terre est fertile, et fleurit pendant tout l'été. Toutes ses parties sont amères et passent pour vulnéraires, fébrifuges, détersives et résolutives, mais on en fait très-peu fréquemment usage. Autrefois elle jouissait d'une grande réputation. On lui attribuait un grand nombre de propriétés imaginaires, entre autres de réconcilier les cœurs ulcérés. Les druides la regardaient comme sacrée, ne la cueillaient qu'avec des cérémonies imposantes, l'employaient pour nettoyer les autels des dieux, pour ceindre le front des hérauts d'armes, etc. Aujourd'hui le meilleur parti qu'on puisse en tirer dans les lieux où elle est abondante, et ces lieux sont nombreux, c'est de l'arracher ou couper à la fin de l'été, soit pour la porter sur le fumier et augmenter, par son moyen, sa masse, soit pour, en la brûlant lentement dans une fosse, en tirer de la potasse, soit enfin pour l'employer à chauffer le four.

La VERVEINE A TROIS FEUILLES ou la *verveine odorante*, a les tiges frutescentes, rameuses, hautes de 3 ou 4 pieds ; les rameaux jaunâtres, glabres et tétragones ; les feuilles lancéolées, aiguës, rudes au toucher, plus pâles en dessous, réunies trois par trois autour du même point de la tige ; les fleurs violâtres ou blanchâtres disposées en grappes paniculées à l'extrémité des tiges et des rameaux. Elle est originaire du Chili, et se cultive dans nos jardins à cause de l'excellente odeur de citron qu'exhalent ses feuilles dans la chaleur et quand on les froisse. Elle est en fleur pendant presque toute l'année. Les gelées ou l'humidité du climat de Paris l'affectent presque tous les hivers lorsqu'elle est en pleine terre ; mais, tenue en pots, il suffit de la rentrer dans une chambre pour pouvoir lui faire passer cette saison sans inconvéniens. Plus au midi, on en forme avec beaucoup de facilité et d'avantage dans les jardins paysagers et autres, comme je l'ai vu en Italie, des touffes, des massifs, des palissades. Il lui faut une terre un peu consistante et des arrosemens fréquens en été. Un recepage lui est presque nécessaire tous les cinq à six ans, car elle perd de sa beauté par la vieillesse. On la multiplie par marcottes et par boutures. Les premières se font en tout temps et s'enracinent ordinairement dans l'année lorsque leur bois n'est pas trop vieux. Les secondes se font au commencement du printemps, lorsque la végétation commence à se développer, dans des pots remplis de bonne terre et placés sur couche et sous châssis. Bien conduites, elles réussissent presque toujours. On les relève l'année suivante à la fin de l'hiver pour les repiquer isolément dans des pots, où elles restent deux ans, et ensuite on les change tous les deux ans de terre en augmentant la grandeur du pot en proportion de leur croissance.

Cette plante fait aujourd'hui l'objet d'un commerce assez important, tout le monde voulant en avoir un pied sur sa fenêtre ou sur sa cheminée, afin de se procurer de temps en temps le plaisir d'écraser une de ses feuilles et de jouir de l'élégance de son aspect.

VERVUES. On donne ce nom, dans quelques cantons, aux Gouttières des arbres. *Voyez* ce mot.

VESCE, *Vicia*. Genre de plantes de la diadelphie décandrie, et de la famille des légumineuses, qui renferme une cinquantaine d'espèces, offrant presque toutes un fourrage extrêmement du goût des bestiaux, sur-tout des bœufs et des vaches, et des graines propres à engraisser les mêmes bestiaux, la volaille, etc., et dont une se cultive en grand, et entre très-avantageusement dans les assolemens de la plus grande partie des terres arables.

Toutes les vesces ont les tiges grimpantes ; les feuilles alternes, composées de plus de quatre folioles accompagnées de stipules et terminées par une vrille. Leurs fleurs sont ou portées sur un pédoncule commun allongé ou presque sessile dans les aisselles des feuilles supérieures.

Les espèces de vesces vivaces les plus dans le cas d'intéresser les cultivateurs sont :

La Vesce a épi, *Vicia craca*, Lin. Elle a les racines vivaces ; les tiges grêles, hautes de 2 à 3 pieds ; les fleurs nombreuses, imbriquées, bleues, portées sur des épis plus longs que les feuilles; les folioles obtuses, velues, au nombre de neuf à douze paires, les stipules étroites et semi-sagittées. Elle croît très-abondamment en France dans les champs, les haies, sur le bord des bois, et fleurit pendant une partie de l'été. Toutes les fois que je l'observe, je me demande comment il est possible qu'elle ne soit pas cultivée, car elle me paraît avoir des avantages supérieurs à beaucoup d'autres plantes qui le sont. Il est des cantons où elle est extrêmement commune dans les blés. Tantôt elle y est vue avec plaisir, parce qu'elle rend la paille meilleure pour la nourriture des bestiaux, tantôt elle y est vue avec peine, parce qu'elle nuit considérablement aux produits de la récolte en grain. C'est le *vesceron*, le *jardeau* de quelques agriculteurs. On ne peut la détruire que par le semis de plantes étouffantes comme la luzerne, le trèfle, ou de plantes qui exigent des binages d'été, comme la pomme de terre, le maïs, les fèves de marais, etc. Certains prés en offrent également beaucoup, mais là elle ne fait jamais de mal.

Il est probable que le motif qui a empêché jusqu'ici de cultiver la vesce à épi, c'est que ses longues tiges ont indispensablement besoin de tuteurs et qu'on n'a pas su comment leur en donner. L'inspection des champs qu'elle infeste, et dont j'ai vu grand nombre, indique le mode de culture qui lui convient. Ainsi je la sèmerais fort clair et je lui donnerais ou des tuteurs permanens, c'est-à-dire des plantes vivaces susceptibles d'être mangées par les bestiaux, ou des tuteurs temporaires, c'est-à-dire des céréales ou autres plantes annuelles dans le même cas. Ces dernières pourraient être semées chaque hiver sur un hersage ou un léger binage à la houe à cheval. *Voyez*, pour de plus grands détails, l'intéressant mémoire de Thouin, inséré dans ceux de l'ancienne Société d'agriculture de Paris, année 1788.

La Vesce des buissons, *Vicia dumetorum*, Lin. Elle a les racines vivaces; les tiges assez grosses, hautes de 2 à 3 pieds; les feuilles à stipules dentées, à folioles larges, ovales, mucronées; les fleurs rouges, disposées en épis pendans. Elle croît dans les haies, les bois des pays de montagnes. Tout ce que j'ai dit de la précédente convient à celle-ci, même mieux, puisqu'elle a les folioles plus larges. Je ne l'ai trouvée au reste nulle part abondante.

La Vesce des haies, *Vicia sepium*, Lin. Elle a les racines vivaces; les tiges hautes de 2 à 3 pieds; les feuilles à folioles ovales très-entières, à stipules finement dentées; les fleurs bleues réunies quatre par quatre dans les aisselles des feuilles supérieures. Elle se trouve dans les mêmes lieux que la précédente, et les mêmes observations lui sont applicables.

Cette vesce, qui pousse une des premières au printemps,

n'est point cultivée, malgré les expériences si encourageantes de MM. Swaine et Thouin, trimestre d'agriculture 1788. Le premier en a retiré un énorme produit; mais il se plaint que les insectes ne permettent pas d'en récolter la graine. Je remarque que cet inconvénient est bien réel pour les pieds sauvages et ceux qu'on cultive à la manière ordinaire, mais que si, au lieu de laisser la première fleur venir à graine, on la coupait, les femelles des insectes (ce sont des bruches) seraient mortes à l'époque de la seconde floraison, et qu'alors il ne manquerait pas une des semences qui en proviendraient.

La Vesce de Cassubie a les racines vivaces; les tiges striées, velues; les folioles oblongues, légèrement pubescentes; les stipules sagittées. Elle croît dans le midi de l'Europe, et s'élève à plus de 2 pieds. M. Piottaz a proposé, dans le Calendrier géorgique de Turin, de la cultiver pour fourrage, j'ignore si son vœu a été exécuté.

La Vesce pisiforme. Elle a les racines vivaces; les tiges grêles, hautes de 2 à 3 pieds; les feuilles à folioles grandes, ovales, glabres, au nombre de huit; les fleurs jaunâtres, disposées en épis plus courts que les feuilles. Elle croît, mais rarement, en divers lieux de la France méridionale. Comme la plus fournie de fane, c'est la plus importante à cultiver pour fourrage, mais non la plus cultivée. Elle est la *lentille du Canada* de quelques agronomes, la *vesce blanche* de quelques autres. Son grain est mangé sec comme les lentilles, soit entier, soit en purée. On le fait entrer avec avantage dans la composition du pain. Les terrains les plus légers lui conviennent; elle ne craint point le froid. La commission d'agriculture a publié une très-bonne instruction sur sa culture.

La Vesce bisannuelle, *Vicia biennis*, Lin., a les racines bisannuelles; les feuilles de 3 à 4 pieds de haut; les pédoncules multiflores; les folioles lancéolées, glabres; les stipules semi-sagittées. Elle est originaire de Sibérie. Je la cite à raison de sa grandeur et du nombre de ses feuilles, et parce que Thouin a proposé de la semer pour fourrage avec le mélilot de Sibérie, d'après les principes émis plus haut.

Les espèces de vesces annuelles qu'il est bon de faire connaître aux cultivateurs sont,

La Vesce lathyroide. Elle a les racines annuelles; les tiges couchées, longues de plus d'un pied; les feuilles composées de six paires de folioles, dont les inférieures sont en cœur; les fleurs bleuâtres ou rougeâtres, solitaires ou géminées dans les aisselles des feuilles supérieures. Elle croît dans les lieux secs et sablonneux de beaucoup de parties de la France et fleurit de très-bonne heure au printemps. C'est pour certains cantons de pâturages une plante très-précieuse. Les habitans de la Sologne, qui sont exposés à manquer de fourrage à la fin de l'hiver, lui doivent souvent la conservation de leurs moutons. Quelque petite qu'elle soit, il pourrait sans doute être utile de l'introduire dans beaucoup de pâturages, où elle ne se trouve pas naturellement. Dès le mois d'avril, elle est cachée dans les herbes de manière à ce que ses graines échappent à la voracité des poules, des pigeons et autres oiseaux, qui en sont très-friands.

La Vesce a feuilles de lin, *Vicia linifolia*, Bosc. Elle à les racines annuelles ; les tiges grêles, hautes de 2 à 3 pieds ; les feuilles à folioles linéaires et entières ; les fleurs bleuâtres, géminées dans les aisselles des feuilles supérieures. Je l'ai trouvée en abondance dans les seigles des cantons granitiques de la ci-devant Bourgogne. Elle ne m'a paru décrite dans aucun ouvrage. Le fourrage qu'elle donne est excellent : aussi ne la regarde-t-on pas, dans les cantons précités, comme une plante nuisible, quoiqu'elle diminue considérablement le produit des récoltes. Ce que j'ai dit à l'occasion de la vesce à épi lui convient en partie.

La Vesce jaune, *Vicia lutea*, Lin. Elle a les racines annuelles ; les tiges hautes d'un à 2 pieds, très-rameuses ; les feuilles à folioles ovales, allongées, émarginées ; les fleurs jaunes, solitaires dans les aisselles des feuilles supérieures. Elle croît dans les sols pierreux, au milieu des champs, des buissons, etc. Quelques essais faits par la Société d'agriculture de Versailles, et dont j'ai été témoin, prouvent que sa culture est plus avantageuse que celle de la vesce ordinaire, principalement parce qu'elle peut être coupée jusqu'à trois fois dans le courant de l'été et encore fournir un pâturage abondant pour l'hiver, saison pendant laquelle elle végète et même fleurit. Je fais des vœux pour que sa culture s'étende. Elle fournit à chaque coupe, dont la première doit être faite à l'époque de l'apparition des fleurs, et à 2 ou 3 pouces de terre, à-peu-près autant que pareil terrain en vesce ordinaire, coupée de même.

La Vesce commune ou *cultivée*, *Vicia sativa*, Lin. Elle a les racines annuelles ; les tiges grêles, hautes d'un à 2 pieds ; les feuilles à cinq ou six paires de folioles ovales, entières ; les fleurs bleues ou blanches, solitaires ou géminées dans les aisselles des feuilles supérieures ; les gousses droites et les semences noires ou blanches. Elle est naturelle aux parties méridionales de l'Europe et se cultive de toute ancienneté pour sa fane et pour sa graine, l'une et l'autre, comme je l'ai déjà observé, également du goût des bestiaux.

« La vesce, dit Olivier de Serres dans son Théâtre d'agriculture, ouvrage que les cultivateurs ne peuvent trop méditer, fournit de bonne pâture, si, estant semée en terre fertile, elle est fauchée en herbe et sans en espérer le grain ; mais en plus grande abondance donne-t-elle de la mangeaille au bestail, si on la mesle par esgale portion avec de l'avoine, pour ensemble semer ces deux grains et en faucher l'herbe vers le commencement de mai. Toutes sortes de bestes aiment cette viande, mais par sus toutes la bouvine s'en plaist très-bien. Les bœufs du labourage en sont toujours forts et robustes. Les vaches en abondent en laict, et s'en engraisse toute l'omaille (bêtes destinées à l'engrais) jeune et vieille qui en est nourrie.

» Deux saisons, pour ensemblement semer la vesce et l'avoine, y a-t-il, l'automne et le printemps ; toutefois les primeraines de ces semences-ci sont toujours les plus fructueuses, comme aussi abondent plus en herbage les grasses que les maigres terres. Si estes en pays où l'avoine résiste à l'hyver (car quant à la vesce n'en faut faire doubte, sous quelque aer que ce soit), ne délayés ce mesnage plus avant que la fin d'octobre ; mais votre climat estant par trop froid, attendés la fin de l'hyver. Quant à la terre, il est bien fascheux d'employer le meilleur fonds, veu que le moyen satisfaict raisonnablement à ces choses ; par quoi ce sera en terre de moyenne fertilité que logerés ces semences-ci ; si sans grand intérêt de vostre labourage, pour l'abondance de bonnes terres qu'aurés, vous est permis de vous servir en cet endroit de partie de vostre plus fécond terroir. Serait à souhaitter que le lieu fust sans aucunes pierres, pour la commodité des faucheurs. Défaillant telle aisance, ne laissés de vous servir du lieu qu'aurés tel qu'il se rencontrera, car la faucille en fera la raison. Et bien que cest herbage couste plus à moissonner qu'à faucher, pour cela ne faut laisser de s'en pourvoir, estant beaucoup plus cher, ou de nourrir mal le bestail, ou d'en aller chercher loin le fourrage avec despense et fascheux soins. De l'arrouser ne vous mettés en peine ; toutefois ayant l'eau à commandement, donnés-leur-en en la sécheresse, car cela fera plus abonder l'herbage que si le laissés avoir soif.

»Grande commodité causent ces herbages-ci aux pays diseteux de foins et pastis ; quinze à seize arpens de terre produisant la nourriture pour toute l'année de dix à douze bestes bouvines, dont elles s'entretiennent vigoureusement; comme aussi ceste viande est agréable aux chevalines. Et ce qui augmente le mesnage est que la vesce engraisse plus tost qu'emmaigrit le terroir, après laquelle et l'avoine ensemble meslée, peut-on utilement semer du froment, du seigle et autres blés hyvernaux, pourveu que le fonds en ait été bien et diligemment labouré. Par ainsi, selon la disposition de vostre labourage, ferés de ceste pasture par ci par là, ès lieux où mieux se rencontrera la quantité requise pour vostre nourriture. Au recueillir de ceste pasture faut soigneusement observer commun ceci à tous autres foins, que de la serrer estant sèche, pour le danger de tout perdre, estant humide, portée au grenier. »

Je n'ai pu me refuser la satisfaction de copier ce passage, si remarquable par sa concision, et qui est un traité complet de la culture et des usages de la vesce. Ce qui me reste à dire n'est que son commentaire.

On connaît deux variétés de vesces relativement à la graine : la grise, c'est celle qu'on préfère pour semer avant l'hiver, c'est la *vesce d'hiver*; la noire, qui prospère mieux quand elle est semée après cette saison, c'est la *vesce de printemps* ou *d'été*. Elles peuvent cependant se suppléer sans inconvéniens graves.

Des expériences faites dans le comté de Suffolk, en Angleterre, semblent constater que les vesces d'hiver et de printemps sont deux espèces; que les premières n'arrivent pas à maturité lorsqu'on les sème après l'hiver, et que les secondes gèlent constamment lorsqu'on les met en terre avant cette saison. Mais ce qu'on appelle vesce d'hiver et de printemps dans ce comté sont-elles les mêmes que celles appelées ainsi en France ?

Il est presque certain que lorsque les vesces d'hiver ont manqué, celles de printemps prospéreront. La prudence exige donc que les cultivateurs aient constamment de la graine de ces dernières en quantité suffisante pour pouvoir en recouvrir la portion de terre affectée aux premières.

Une très-bonne méthode pour assurer la récolte de la vesce d'hiver, c'est de la semer sur des labours faits du levant au couchant, labours qui lui donnent plus de chances favorables pendant la mauvaise saison, à raison de la situation de ses pieds, les uns au midi, les autres au nord. *Voyez* SEMAILLE, EXPOSITION, NORD et MIDI.

Toute terre qui n'est pas marécageuse, ou dans le cas d'être noyée par les pluies, ou qui n'est pas aride au dernier degré, convient à la vesce. Elle aime les expositions sèches et chaudes, c'est-à-dire abritées.

Les sols où le calcaire domine sont ceux où elle prospère le plus certainement.

Un seul labour suffit toujours aux vesces dans les fonds légers, il est bon d'en donner deux dans ceux qui sont argileux. On doit choisir un beau temps pour cette opération, et émietter la terre le plus possible. Comme un binage à la houe à cheval améliore singulièrement un labour déjà bon, il ne faut pas l'économiser lorsque la possession de ce précieux instrument, ou le temps, le permet. *Voyez* HOUE A CHEVAL.

Généralement, on sème 150 livres de vesce, terme moyen, plus ou moins selon la nature du sol, c'est-à-dire davantage dans les terres fortes, parce qu'il périra davantage de plant, moins dans les terres légères, où presque tout doit réussir. Cette graine sera recouverte par un, deux et même trois hersages; car la surface de la terre doit être rendue aussi unie que possible.

Dans le climat de Paris, le temps le plus favorable aux semis de la vesce est, en automne, le mois de novembre. Quand elle est mise en terre plus tôt, elle devient trop forte, et quand elle y est mise plus tard, elle ne devient pas assez forte; et dans l'un et l'autre cas elle est exposée à souffrir également de l'effet des gelées et des temps constamment humides.

Presque toujours les vesces d'automne, comme je l'ai déjà laissé entrevoir, souffrent pendant l'hiver, quelquefois même on est obligé de les labourer au printemps : ce qui engage à les semer, c'est d'abord le besoin de fourrage précoce, ensuite l'espérance d'une abondante récolte, si le temps est constamment favorable; car une telle vesce rend un tiers, même moitié plus que celle du printemps.

Quelquefois une vesce d'hiver, qui semble n'avoir pas réussi, pousse avec vigueur au printemps, par la faculté que possède la graine de se conserver long-temps dans la terre sans germer et sans pourrir; ce qui doit engager à ne la retourner qu'après avoir acquis la certitude qu'elle est perdue, ou à attendre jusqu'au milieu de mai.

J'ai vu rétablir un champ de vesce d'hiver, qui avait été maltraité par la gelée, en fauchant la sommité des tiges; ce qui avait déterminé leur ramification.

Au printemps, les vesces se sèment en mars; on y emploie un peu moins de graines, parce qu'il en manque peu. Ces vesces lèvent souvent en un petit nombre de jours, quelquefois elles ne sont pas encore levées en mai; le tout selon que le temps leur est favorable, c'est-à-dire qu'il y a de l'humidité et de la chaleur.

Comme on ne bine point les vesces, celles qui sont trop claires offrent une infinité de mauvaises herbes qui salissent le champ pour plusieurs années: cette considération milite en faveur de la pratique de les semer après des cultures de plantes qui demandent des binages d'été, tels que des pommes de terre, des haricots, du maïs, etc. Au contraire, celles qui sont épaisses étouffent complétement ces mêmes mauvaises herbes, et nettoient par conséquent le champ pour les récoltes de l'année suivante. Ce motif doit donc engager à employer plutôt plus de semences que moins; on le doit sur-tout quand on n'est pas dans l'intention de laisser mûrir la graine. *Voyez* Assolement, Succession de cultures, et Récolte enterrée.

Au reste, rarement on met des engrais dans les terres destinées aux vesces, mais on a tort si l'intention, en les cultivant, est d'en obtenir de la graine : plus souvent on les sème sur des terres marnées ou chaulées. Du plâtre répandu à la volée sur leurs feuilles, un peu avant leur floraison, accélère singulièrement leur végétation et augmente leurs produits. *V.* Platre.

Couper les vesces à l'époque de leur floraison, est une culture améliorante du fonds, ainsi que le prouvent la théorie et la pratique ; mais pour cela il faut qu'elles soient épaisses.

« Un point important, dit Arthur Young, est de pouvoir engraisser une terre de manière que le fumier ne l'infeste pas de mauvaises herbes : or, on prévient cet inconvénient en engraissant pour semer des vesces ; les mauvaises herbes poussent à la vérité, mais l'épais feuillage de cette plante les étouffe. » (*Expériences d'agriculture.*)

On a recommandé de semer par rangées la vesce qu'on destine à la semence. (*Voyez* Rangée.) Je ne doute pas du bon effet de cette pratique, attendu qu'elle donne de l'air aux tiges, de l'espace aux racines, et qu'elle permet les binages ; mais je ne l'ai vue exécutée nulle part. Pourquoi ne binerait-on pas, dans ce cas, l'intervalle des rangées avec le Cultivateur ou la Houe a cheval ?

On sème la vesce ou seule, ou mêlée avec le seigle, le froment, l'avoine, le sarrasin, etc. ; quelquefois, mais cela ne doit pas être encouragé, avec les mauvaises graines résultant du vannage des céréales. Une telle pratique a de grands avantages, en ce qu'elle fournit des appuis à cette plante. L'avoine, comme susceptible des atteintes de la gelée, ne se sème qu'avec la vesce de printemps. Dans ces cas, quand c'est pour fourrage, on emploie ordinairement deux parties de graine de vesce contre une de céréale. Quand c'est pour graine, on ne met qu'un sixième, un huitième, un douzième de céréale.

Ainsi que je l'ai déjà indiqué, on sème la vesce, 1°. pour la couper quand elle entre en fleur, ou, ce qui revient au même, pour la faire paître à la même époque ; 2°. pour la couper lorsque la moitié des graines est arrivée à maturité ; 3°. pour la couper lorsque la plus grande partie des graines est mûre ; 4°. pour l'enterrer en fleur comme engrais. Je dois présenter quelques observations sur ces trois modes d'emploi.

Les vesces, sur-tout celles semées en automne, poussant de bonne heure au printemps, fournissent un fourrage abondant à une époque (c'est en mai dans le climat de Paris) où

13 *

celui des prairies naturelles et artificielles n'est pas encore arrivé au point de développement convenable. Ce fourrage très-nourrissant, et du goût de tous les bestiaux, convient principalement aux vaches et aux brebis nourrices, aux agneaux encore au lait, et aux chevaux qui ont besoin d'être mis au vert. Il offre, ainsi qu'Olivier de Serres l'observe, une précieuse ressource en tout temps pour les pays qui n'ont aucune prairie.

Coupées quinze jours ou trois semaines plus tard, les vesces offrent un autre avantage, c'est que leurs graines, déjà en partie formées, offrent aux bœufs, aux vaches, aux chevaux et aux brebis ou moutons fatigués, même épuisés, un moyen de se rétablir avec rapidité, à raison du plus de matières nutritives qu'elles contiennent : alors aussi on la dessèche souvent pour leur servir de nourriture pendant l'hiver. C'est la *dragée*, la *mélarde* de beaucoup de cultivateurs.

Lorsqu'on veut faire suivre une culture de froment à une culture de vesce, il faut avoir soin de couper cette dernière avant la maturité des premières graines ; car, après cette époque la terre serait trop épuisée pour donner sans engrais une bonne récolte du premier.

Arthur Young cite un fermier qui, dans l'année de jachère, a semé des vesces, qu'il a coupées de très-bonne heure pour fourrage, et qu'il a remplacées de suite par des sarrasins qu'il a enterrés au moment où ils entraient en fleur, et il loue beaucoup cet assolement, qui réellement réunit à l'avantage d'une récolte celui de tenir la terre parfaitement nette et de l'améliorer pour le froment qui succède.

On a généralement observé que toutes les productions semées dans un champ où il y a eu de la vesce sont plus abondantes qu'ailleurs ; ce qu'on doit principalement attribuer à l'humidité qu'elle a conservée à la terre, humidité dont l'effet a été de favoriser la solubilité de l'humus contenu dans cette terre.

Il n'est pas rare de récolter de quatre à cinq cents bottes de vesce dans un arpent lorsque toutes les circonstances sont favorables.

Quelquefois aussi on sème la vesce à la fin de l'été, soit seule, soit mêlée avec du seigle, du froment ou de l'avoine, pour servir de pâturage aux moutons, aux vaches, etc., au commencement de l'hiver, ou pour leur être donnée dans l'écurie lorsque les regains sont consommés. Cet emploi de la vesce est très dans le cas d'être recommandé. *Voyez* MÉLANGE, PRAIRIE TEMPORAIRE.

Lorsque la plus grande partie des graines sont mûres, car rarement il est prudent, à raison de la disposition qu'elles ont à se disperser, d'attendre qu'elles le soient toutes, on fauche les vesces pour leurs graines, que tous les bestiaux aiment, et qui sont extrêmement du goût de toutes les volailles, principalement des pigeons, qu'on peut en nourrir exclusivement pendant toute l'année. Dans ce cas, la fane est dure, privée de feuilles, et bien moins propre à la nourriture des bestiaux. Moins on la bat et meilleure elle reste : complétement privée de graines, elle n'est plus propre qu'à faire de la litière.

La vesce a besoin d'être desséchée très-rapidement, car elle perd très-facilemeut ses feuilles et ses graines. De plus, on ne peut se dispenser de la serrer aussi sèche que possible, étant, lorsqu'elle n'est pas mûre, très-susceptible de moisir, et lorsqu'elle l'est, de germer ; ce qui la rend impropre à la nourriture des bestiaux et des volailles. Quelques cultivateurs soigneux, pour n'avoir à craindre ni l'un ni l'autre de ces inconvéniens, stratifient leur vesce avec des branches d'arbres ou de petits fagots secs, et encore mieux avec de la paille de froment ou d'avoine, et ils sont dignes d'approbation.

Dans quelques cantons, on la fait sécher sur des buissons ou sur des perches élevées à 2 pieds au-dessus du sol malgré la perte de graines, qui est nécessairement la suite de cette méthode.

Il est constaté par les écrits des agronomes grecs et romains que la vesce, comme le Lupin (*voyez* ce mot), enterrée en vert, a été de toute ancienneté regardée comme un excellent Engrais. (*Voyez* ce mot et celui Récolte enterrée.) Toutes les expériences modernes tendent à convaincre des avantages de ce moyen fertilisant, moyen qui, s'il est moins puissant ou moins durable que celui des fumiers, est bien plus économique et s'offre toujours sous la main du cultivateur. Aujourd'hui que les principes sur lesquels repose l'agriculture sont mieux connus, on fait en France, en Angleterre et en Allemagné un plus fréquent usage de la vesce enterrée comme engrais ; mais cet emploi n'est pas encore assez général, ce n'est que lorsque chaque exploiteur sèmera chaque année une pièce de vesce à cette intention que les amis de l'agriculture devront applaudir.

Assez fréquemment on sème la vesce avec le sarrasin à la fin de l'été, pour les enterrer tous deux en automne, et semer, sur la terre qu'ils ont engraissée, des céréales, au printemps suivant.

Pour que la vesce ne s'embarrasse pas dans la charrue lorsqu'on laboure pour l'enterrer, on la fauche ou on la roule un jour ou deux avant le labour.

Quelque excellente que soit la vesce, soit en feuilles, soit en graines, elle est sujette à quelques inconvéniens lorsqu'on la donne sans ménagement aux bestiaux et aux volailles. Souvent elle fait d'abord maigrir les vaches et les chevaux. Il semble résulter de quelques faits qu'elle convient mieux aux vieux qu'aux jeunes. Dans tous les cas, il ne faut la leur donner qu'en petite quantité, mêlée avec d'autre fourrage à-la-fois, non couverte de rosée quand elle est verte, et même, dans ce cas, la saupoudrer d'un peu de sel.

Cette plante est sujette aux pucerons, et lorsqu'ils sont trop abondans, ils nuisent à sa croissance, et en rendent le fourrage dégoûtant pour les bestiaux.

Quant à la graine, ce sont les pigeons qui s'en accommodent le mieux. Il faut la ménager aux poules, aux dindons et aux canards ; les cochons ne doivent en manger que de loin en loin, ou mêlée avec d'autres graines. C'est par excès de principes nutritifs qu'elle paraît nuire à ces animaux ; aussi appelle-t-on *cochons brûlés* ceux qui sont malades pour en avoir trop mangé. On a essayé de la convertir en pain, mais on n'en a obtenu qu'un aliment de mauvais goût et d'une digestion difficile.

C'est toujours la graine de la dernière récolte qu'il faut semer de préférence; mais cependant elle peut se garder bonne pendant plusieurs années.

Quand la vesce, considérée relativement aux plantes qu'il convient de placer avant ou après elle dans le même terrain , je renvoie aux articles Assolement et Succession de cultures, où cet objet a été traité de main de maître par mon collaborateur Yvart. (B.)

VESCE A GRAINE BLANCHE. *Voyez* Vesce pisiforme.

VESCE A UNE GRAINE. C'est la gesse chiche ou *jarosse d'Auvergne.* (B.)

VESCE DE CANADA. *Voyez* Vesce pisiforme.

VESCERON. *Voyez* Vesce a épi.

VÉSIGON. Médecine vétérinaire. Maladie du cheval ; affection du jarret.

Le vésigon est une tumeur molle, indolente, rarement douloureuse, et d'un volume plus ou moins considérable. Elle est située entre la partie inférieure et latérale de l'os de la jambe (le tibia) et l'espèce de corde tendineuse qui passe sur la pointe du jarret.

Le plus souvent le vésigon se montre à la face externe, mais il se manifeste aussi quelquefois à la face interne; lorsqu'il paraît des deux côtés en même temps il est dit *vésigon* soufflé ou chevillé.

Dans les chevaux de selle, il peut être occasionné par des efforts, des contusions et des distensions ; mais il arrive souvent aussi que la dureté de la main du cavalier détermine ces sortes de tumeurs. Des accoups, des arrêts trop prompts et non prévenus, et plus encore un état de contension long-temps soutenu, lorsqu'on met le cheval sur les hanches et qu'on cherche à le rassembler, sont autant de causes qui produisent les vésigons.

Dans les chevaux de trait, les efforts, les contusions, la dureté de la main du cocher, les arrêts trop courts, les reculades inconsidérées, les coups de fouet donnés en même temps que l'on retient le cheval, sont des causes qui donnent lieu aux vésigons. Il en est de même pour le cheval de charrette : les efforts que font les chevaux, soit en montant, soit en descendant, la brutalité des conducteurs qui en exigent plus qu'ils ne doivent, ou qui les battent à contre-temps et avant qu'ils ne soient placés convenablement pour exécuter ce qu'on leur demande, sont encore des causes qui déterminent ces sortes d'accidens. J'ai vu des chevaux de charrette qui avaient des vésigons énormes, ceux des plâtriers et des carriers y sont plus exposés que les autres, attendu le travail forcé auquel ils sont assujettis.

Les marchands de chevaux sont dans l'usage d'avoir des écuries dont le devant est très-élevé, pour donner plus d'apparence à leurs chevaux : cette position fatigue beaucoup les jarrets et donne des vésigons. Mais lorsque cet état n'a pas duré long-temps, et que les chevaux sont changés pour être placés dans des écuries dont l'aire n'a que l'inclinaison nécessaire à l'écoulement des eaux, les vésigons disparaissent.

J'ai eu plusieurs fois occasion d'observer ce fait.

Lorsque le vésigon est léger, il disparaît ordinairement dans la flexion du jarret, et ne reparaît que dans l'appui.

Le traitement consiste dans l'emploi des spiritueux en frictions, tels que l'eau-de-vie camphrée, l'essence de térébenthine, la teinture de cantharides, l'ammoniac uni à l'huile d'olive, et l'emplâtre vésicatoire.

Lorsque ces substances n'ont pas produit l'effet désiré, il faut appliquer le *feu* (ou *cautère actuel*) en raies, entre lesquelles on sème des pointes, ou en pointes seulement, et recouvrir le tout d'un emplâtre de résine fondue, qu'on applique chaude sur la partie, en observant cependant de ne pas employer cette résine assez chaude pour qu'elle brûle. (DESP.)

VESSE-LOUP, *Lycoperdon.* Genre de plantes cryptogames, de la famille des champignons, qui renferme plus de cinquante espèces, dont deux ou trois sont si communes dans les pâturages secs, le long des bois et des chemins, qu'il n'est point d'habitant des campagnes qui ne les connaisse.

Un sphéroïde plus ou moins régulier, nu ou entouré d'un volva, sessile ou stipulé, lisse ou rugueux, d'abord solide et charnu intérieurement, ensuite creux, et lançant, par une ouverture qui se fait à son sommet, une poussière séminale noire, qui était attachée à des filamens, forme le caractère de ce genre.

La Vesse-Loup des bouviers est souvent grosse comme la tête d'un enfant et ordinairement plus que le poing. Sa chair est d'abord blanche, puis jaune, enfin noire. On la trouve très-abondamment dans les pâturages, mais presque toujours solitaire. Son nom vient de ce que les bergers jouent souvent avec elle comme avec une paume. Sa poussière, prise intérieurement, est un dangereux poison, et lancée dans les yeux peut faire perdre la vue; mais on l'emploie extérieurement pour arrêter les hémorrhagies produites par des blessures, ou pour dessécher des ulcères, sans qu'on ait remarqué que cela eût des inconvéniens. Après la dispersion de ses semences, il reste une peau épaisse, mollasse, filandreuse, qui, trempée dans une eau où on aura mis un peu de salpêtre et de farine, devient un très-bon amadou, dont on fait exclusivement usage dans quelques cantons.

Cette vesse-loup tient très-peu à la terre, aussi les grands vents de l'automne l'arrachent-ils souvent et la font rouler dans les plaines d'une manière très-pittoresque, ainsi que j'ai eu plusieurs fois occasion de l'observer.

La Vesse-Loup étoilée a un volva qui se déchire et forme sur la terre cinq à six rayons qui lui donnent la forme d'une étoile, au centre de laquelle est un globule d'un pouce au plus de diamètre. Elle est très-commune dans les bois sablonneux, ou les pâturages secs, et s'y fait remarquer par sa forme singulière. Son volva se relève par la sécheresse et s'étend par l'humidité, de sorte qu'elle peut servir et sert réellement à pronostiquer le beau temps ou la pluie quelques jours à l'avance. On peut la conserver pour cet objet dans une chambre pendant un grand nombre d'années.

M. Mayeur, cultivateur à Bourigneux près Béthune, emploie la fumée de cette espèce pour endormir les abeilles, et pouvoir faire sur elles, sans crainte d'être piqué, toutes les opérations qu'il désire. *Voyez* Abeille. (B.)

VEULE. Synonyme de faible. On dit qu'une plante est veule lorsqu'elle ne soutient pas bien sa tige. Au reste ce mot a beaucoup vieilli. (B.)

VÉTÉRINAIRE. Chez les Grecs, celui qui traitait les animaux domestiques malades pris collectivement, et celui qui en prenait soin journellement en santé, eurent chacun un nom particulier : le premier était appelé κτηνιατρος, et le second κτηνοτροφος; celui qui avait le soin des chevaux en particulier se nommait ιπποκομος : aucun de ces noms ne parvint jusqu'à nous. Il n'en fut pas de même du nom du médecin exclusif des chevaux; il était nommé ἱππιατρος, et la médecine de ces animaux ἱππιατρεια : ces noms composés ont formé nos deux mots *hippiatre* et *hippiatrique*. Nous en avons seulement changé un peu la signification en leur donnant de l'étendue: ainsi, tandis que les mots grecs ne signifient que le médecin des chevaux et la science de guérir leurs maladies, en français ils comprennent encore la connaissance des soins que ces animaux exigent dans les diverses circonstances de leur vie, soit en santé, soit en maladie. Ainsi l'art de l'équitation, dont Xénophon nous a laissé un si bon traité, et qui chez les Grecs embrassait l'hippiatrique, chez nous au contraire n'est qu'une partie de l'hippiatrique : comme on voit, nous avons un peu travesti ce mot. Quoi qu'il en soit, on ne trouve dans cette langue aucun mot qui paraisse avoir quelque analogie avec le mot *vétérinaire*, et c'est chez les Latins qu'il faut aller la chercher.

Les mots *veterinaria* et *veterinarius* se trouvent employés dans leurs auteurs pour désigner, le mot *veterinaria*, la médecine des bêtes de somme, et le mot *veterinarius*, celui qui la pratiquait. Quelquefois ces deux expressions sont accompagnées des mots *medicina* et *medicus : quare veterinariæ medicinæ prudens esse debet pecoris magister, ut*, etc., *Junii Moderati Columellæ De re rustica libri XII, curante Jo. Matthia Gesnero, 2 vol. in-8°., Mannhemii, 1781, lib. VII, cap. III, de arietibus eligendis.*

Ces mots dérivent du mot *veterina*, qui signifiait *bêtes de somme*, et dont l'étymologie ne nous est pas bien connue. *Jean Massé*, médecin champenois, dont il nous reste une traduction des *Vétérinaires grecs*, fait venir le mot *veterina* de *venterina*, et par conséquent de *venter*. Veterina *doncques ont esté appellées des Latins quasi* venterina, *et sont toutes bestes propres et idoines à porter faix sur le dos, ainsi dictes pour autant qu'on lie le faix estant sur leur dos par dessous le ventre, et de là est deriué* veterinarius, etc. (*L'art vétérinaire ou grande maréchallerie, par maistre* Jean Massé, *docteur en médecine, in-4°., Paris, 1563, annotations, pag.* 1ʳᵉ.) Il faut observer ici que le bœuf était compris parmi les bêtes de somme. Les mots *mulo-medicina* et *mulo-medicus* étaient synonymes des mots *veterinaria* et *veterinarius*, et désignaient aussi la médecine des bêtes de somme et celui qui s'en occupait. (Vegetii Renati *artis veterinariæ sive mulo-medicinæ libri quatuor, Basileæ, 1528, in-4°. Traduction d'anciens ouvrages latins relatifs à l'agriculture et à la médecine vétérinaire*, par M. Saboureux de la Bonneterie, 6 *vol. in-8°., Paris 1771*.)

Le traité qui a été publié sur cet objet comme ouvrage de ce

Vegetius Renatus est ce qui nous reste de plus complet des Latins sur cette science. Il paraît avoir été écrit par un homme qui avait étudié cette profession et qui avait vu par lui-même. Dans une préface, il venge la médecine vétérinaire des dédains dont elle a été l'objet, et il la place comme science après la médecine de l'homme ; ensuite il se plaint que la plupart de ses prédécesseurs n'aient donné par écrit que des recettes, au lieu de décrire les signes des maladies, et l'on voit, dans le cours de l'ouvrage, qu'il a tâché souvent d'éviter cet écueil en décrivant les symptômes de quelques affections. Ses écrits paraissent être ceux d'un homme au niveau des connaissances de son siècle et de la science dont il s'occupait : ils pourraient faire croire qu'ils sont du même *Vegetius Renatus*, qui a écrit sur l'art militaire, si le prénom abrégé *Pub.* qu'on trouve dans quelques éditions au lieu de celui de *Flavius*, qui appartient à l'auteur de l'art militaire, ne paraissait indiquer deux personnages différens. (Pub. Vegetii, *viri illustris, mulo-medicina, etc., opera Joan. Sambuci Pœnnonii, Basileœ*, 1574, *in-4°. Quatre livres de* Puble Vegece Renay : *De la médecine des chevaux malades et autres vétérinaires aliénés et altérés de leur naturel, traduits nouvellement de latin en français, Paris*, 1563, *in-4°.*) Si ce n'est pas la même personne qui a écrit les deux ouvrages, tout fait croire au moins que les deux auteurs étaient contemporains.

Les Grecs modernes qui écrivirent après Végèce continuèrent d'employer les mots de leur langue, beaucoup meilleurs que ceux de la langue latine ; ils dédaignèrent même de consulter les auteurs latins, et dans le Recueil de vétérinaire fait par les ordres de l'empereur Constantin Porphyrogénète et intitulé : Deux livres d'hippiatriques (των ιππιατρικων βιϐλια δυω), on ne trouve que des écrits d'auteurs grecs soit anciens, soit modernes, sans qu'aucun vétérinaire latin y soit cité.

Plus tard, quand les peuples du Nord eurent renversé l'empire d'Occident et quand ils se furent emparés de toute l'Europe, la barbarie qu'ils amenèrent avec eux fit disparaître les mots grecs et les mots latins pour leur substituer son propre langage. Le mot *march*, *mark* ou *marh*, qui signifiait cheval et qui existe encore dans plusieurs langues du Nord, devint l'origine de tous les mots qui indiquèrent ce qui avait rapport au cheval, et c'est alors que les mots *maarschalk*, *marschal*, *marskalken*, *marchalk*, *mariscal*, *maréchal*, *marescialo*, dérivés des mots *mark*, ou *march*, ou *marh* cheval, et de *schalck* serviteur, vinrent chasser et remplacer les mots *ippiatria* et *veterinaria*.

Chez nos pères, le *maréchal* était celui qui avait le commandement, le soin des haras et des chevaux du chef, soit à l'armée, soit ailleurs; la *maréchallerie*, par une conséquence naturelle, comprenait tous les soins qu'on doit avoir de ces animaux, l'éducation, l'hygiène, la médecine. La qualité de maréchal exigeait donc beaucoup de savoir dans les temps d'ignorance et de barbarie; c'était même pour cette raison un des emplois principaux de la maison du prince. Par quel concours de circonstances ce nom passa-t-il aux généraux en chef des armées et devint-il la plus glorieuse des récompenses militaires? Nous l'ignorons. Il est assez probable que le maréchal, d'abord commandant de la maison du prince, devint ensuite maître de la cavalerie, et que ce nom fut après donné au commandant en chef de l'armée.

Une invention attribuée à ces peuples guerriers, celle de la ferrure avec des clous, telle qu'on la pratique actuellement, et qui paraît dater des siècles encore demi barbares, exigea une autre profession et une autre dénomination, ce fut la profession exclusive de forger des fers pour les chevaux et de les attacher à leurs pieds. Les Francs, ou plutôt leurs descendans, continuèrent à l'appeler *maréchal;* mais pour le distinguer du maréchal qui avait le soin et la direction en chef des écuries et des haras, et comme il y avait déjà mélange des mœurs et du langage des peuples vaincus et des peuples vainqueurs, il fut nommé *fébure maréchal.* Dans les endroits où il était encore parlé latin, on le nomma *ferrarius, solearum equinarum faber;* beaucoup plus tard enfin les mots *maréchal expert* et *maréchal ferrant* désignèrent, le premier, le maréchal instruit chef de l'écurie, et le second, le simple ouvrier occupé exclusivement à ferrer les chevaux.

Les autres nations de l'Europe qui descendent des mêmes peuples que les Français, ont été beaucoup plus loin qu'eux sous ce rapport, et pour désigner une profession nouvelle ont inventé des mots nouveaux : ainsi chez toutes celles où l'on trouve des dérivés du mot *markschalk* pour désigner le médecin des chevaux, l'hippiatre proprement dit, on trouve d'autres mots pour désigner l'ouvrier qui ferrait les animaux. Ainsi le *marchalk* des Russes n'est point leur *kovayb* (*kovatchèrvièr*) celui qui ferre les pieds des chevaux.

Le *marskalk* des Suédois n'est point leur *hofsmed* ou maréchal ferrant.

Le *marskalken* des Danois n'est point leur *en grov smed.*

Le *marschall*, le *roszarzt* ou *pferdarzt* des Allemands ne sont point leur *hufschmidt.*

Le *maarschalk* des Hollandais et des Flamands n'est point leur *hoef-smid.*

Le *marshal* des Anglais n'est point leur *farrier.*

Le *maresciallo* ou *marescalo* des Italiens n'est point leur *ferraro*, *ferratore*, leur *maniscalco*.

Le *mariscal* des Espagnols et des Portugais, l'*albeitar* des premiers et l'*alveitar* des seconds, qui est le *vétérinaire* des Arabes, ne sont point leur *herrador* ou leur *ferrador*.

Les dérivés des mots *marschall* chez tous ces peuples modernes sont évidemment anciens, tandis que les mots employés pour désigner le maréchal ferrant sont tous modernes et se rapportent ou au pied de l'animal ou au métal qu'on emploie pour le chausser : cette circonstance indiquerait d'une manière positive l'origine moderne de la ferrure, si l'absence de terme pour désigner la profession du maréchal ferrant chez les peuples anciens n'avait d'abord fait découvrir cette vérité. Il est assez singulier que les Français aient été les seuls qui n'aient pas adopté de bonne heure un nouveau mot pour distinguer la profession du maréchal instruit, de celle de l'ouvrier chargé purement de forger des fers, et qu'ils se soient servis si long-temps de mots qui ont souvent fait confondre deux professions bien différentes, ceux de *maréchal expert*, l'hippiatre, le vétérinaire proprement dit, et *maréchal ferrant*, l'ouvrier chargé de ferrer les pieds des chevaux.

La maréchallerie ou la vétérinaire, chez nos pères, était une science importante et très-considérée : en effet, le cheval était alors un animal bien autrement important pour les grands. La noblesse, dont le talent principal était de savoir se battre, qui ne se distinguait ordinairement que par là, et qui souvent n'acquérait cette réputation que dans des combats corps à corps, ou dans des tournois, où la bonté et la force du cheval faisaient la plus grande partie de la science du cavalier, s'occupait alors elle-même un peu de ses écuries et de ses haras : comme aussi le grand luxe consistait à avoir à sa suite un grand nombre de gentilshommes et de serviteurs à cheval, et comme alors les propriétés foncières, divisées en grandes seigneuries, avaient des haras dont les produits formaient souvent un des principaux revenus de la terre, le maître des chevaux, le maréchal, comme on l'appelait, était un des grands officiers de la maison, et il était obligé de connaître mieux que qui que ce soit l'éducation, l'hygiène, la médecine des chevaux; une réputation plus brillante que la sienne, dans ces sciences, lui aurait fait perdre sa place, parce que l'intérêt du seigneur était d'avoir le plus habile, le plus instruit. Une preuve de la considération dont jouissait cette science et de l'intérêt qu'on y portait, se tire des ouvrages écrits à cette époque sur cet objet, et qui nous restent encore. Avant l'imprimerie, quand il coûtait tant à faire rédiger des ouvrages, les manuscrits d'art vétérinaire étaient nombreux, et il nous en reste quelques-uns qui sont faits avec un luxe de dépense qui montre évidemment que la science dont ils traitaient présentait un grand intérêt.

A la renaissance des Lettres en France, sous François Ier., la vétérinaire, ou la maréchallerie, comme on l'appelait alors, était encore en grande considération ; ce prince guerrier sentait bien lui-même de quel avantage il était pour sa cavalerie d'avoir des gens instruits dans une science qui embrassait l'éducation du cheval, son hygiène, sa médecine ; et parmi les ouvrages qui restaient de l'antiquité et dont la connaissance lui parut utile à l'instruction des personnes qui s'occupaient de cet objet, les deux livres de la *Vétérinaire des Grecs* furent compris, et le médecin *Jean Ruelle* fut chargé, par le prince, de les traduire en latin et de les publier : aussi en a-t-il donné, en 1528, une très-belle traduction latine (*Veterinariæ medicinæ libri duo*, Johanne Ruellio, *suessionensi, interprete, in-fol., Parisiis*, 1530). Il fallait même que cette science fût un peu cultivée par les personnes les plus instruites en Europe, puisque peu après, en 1537, on en donna à Basle une édition grecque. Ce fut encore dans ce même temps que *Laurens Rusc* publia, en latin d'abord et ensuite en français, sa *Maréchallerie*, où est traité à-peu-près tout ce qui est du ressort de la vétérinaire par rapport au cheval, tel que l'extérieur, les haras, l'hygiène, la médecine. (*Hippiatria sive marescalia Laurentii Rusii, Parisiis*, 1531, *in-fol., avec figures en bois.* — *La mareschallerie de* Laurens Ruse; *translaté de latin en français, Paris*, 1533, *in-folio, avec figures en bois.*) A cette époque, les médecins eux-mêmes ne dédaignaient pas de s'occuper de la médecine vétérinaire.

Non-seulement cette science était l'objet de l'étude des gens les plus instruits en France, elle l'était également dans toute l'Europe, et sur-tout dans la partie de l'Europe la plus civilisée, et les Italiens s'en occupaient encore plus que les Français. Mais comme nous ne voulons parler ici que de sa marche en France, et encore très-succinctement, nous nous abstiendrons d'examiner ce qui s'est passé à l'étranger. Nous avertirons que le mot vétérinaire désignant parfaitement ce qu'on appelait alors maréchallerie, nous l'emploierons désormais pour désigner cette science, et le mot maréchallerie ne sera plus mis en usage que pour désigner l'art de forger les fers et de les attacher sous les pieds des chevaux.

La ferrure actuelle avec des clous ayant amené avec elle beaucoup de maladies des pieds, nouvelles, et inconnues des anciens, et qui exigent même une ferrure particulière pour être traitées avec avantage ; de plus, cette profession exigeant une pratique longue pour pouvoir être exercée, les maréchaux instruits qui s'occupaient de vétérinaire et qui ne savaient point forger, se trouvèrent dans la nécessité d'abandonner cette partie aux ouvriers forgerons; ceux-ci commencèrent alors à se mêler de l'art de guérir, et à se donner un peu plus d'importance : nous allons voir comment plus tard, ils s'emparèrent entièrement de cette profession. Malgré cela, la vétérinaire, sous le nom de maréchallerie, se soutint à-peu-près sur le même pied jusqu'à la fin du règne du meilleur de nos rois, de Henri IV, et jusqu'au commencement du règne de son successeur. On en trouve une preuve bien convaincante dans la préface du petit ouvrage intitulé : *Hippostologie, c'est-à-dire discours des os du cheval, par M.* Jehan Hervart, *conseiller, médecin ordinaire et secrétaire du roi, in-*4°., *Paris,* 1599, *avec figures en taille douce.* La manière dont est traitée cette partie, qui n'était qu'une partie d'un grand ouvrage sur la médecine vétérinaire, fait regretter que l'auteur n'ait pas achevé son entreprise.

La révolution qui, après ce règne, s'opéra sous le ministère du cardinal de Richelieu, quoique extrèmement avantageuse à l'état, vint néanmoins porter à la vétérinaire, ainsi qu'à l'agriculture, un coup funeste : l'esprit d'aristocratie des grands heureusement enchaîné par le génie de ce ministre, ces grands, attirés à la cour auprès du monarque par des places lucratives, abandonnèrent leurs châteaux, cessèrent de s'occuper eux-mêmes de leurs revenus et de faire les dépenses nécessaires à l'entretien de leurs propriétés. Tout ce qui, pour prospérer, exigeait des dépenses et sur-tout la présence du maître, languit. Les haras furent de ce nombre ; l'agriculture elle-même s'en ressentit ; les habitans des campagnes, pressurés par leurs seigneurs, qui dépensaient tout leur revenu dans les villes, tombèrent dans la misère ; la population mâle, ne trouvant plus à vivre dans les campagnes, se réfugia en partie dans les camps et vint recruter ces armées nombreuses qui sous Louis XIV firent plus d'une fois trembler l'Europe. La vétérinaire, abandonnée des grands et des riches au moment où les autres sciences commencèrent à faire des progrès et par conséquent où elle aurait pu profiter elle-même, languit, et tomba dans le discrédit.

L'amusement de l'équitation commença à remplacer l'art de créer et d'élever les bons chevaux, et sur-tout de les guérir. L'écuyer remplaça le maréchal dans les maisons des princes, et comme l'étude de l'équitation est beaucoup plus facile que l'étude de la physiologie et celle de l'art de guérir les maladies, ces dernières études se trouvèrent négligées par les écuyers, et le traitement des maladies des chevaux passa et se concentra entièrement dans les mains du maréchal ferrant, du maréchal forgeron, dont on avait toujours besoin.

Les ouvrages qui furent écrits et publiés dans ces temps indiquent bien cette marche : ainsi la médecine vétérinaire n'y vient plus qu'en seconde ligne, au lieu d'y venir en première comme dans ceux qui avaient été écrits dans les temps précédens ; presque tous aussi portent des titres qui ont plus de rapport avec le manége qu'avec la vétérinaire, et traitent beaucoup plus du premier que de la seconde. La différence est encore plus grande entre les ouvrages qui traitent *ex professo* de l'une ou de l'autre : le luxe dans la typographie des ouvrages de manége et d'équitation indique d'abord que ceux-ci intéressaient davantage les personnes riches et plus capables de faire des dépenses, tandis que les autres ouvrages, plus simples, moins chers, paraissent faits pour des personnes moins aisées : c'est une remarque qu'on ne peut s'empêcher de faire lorsqu'on compare les ouvrages de *Salomon de la Broue* (1), de *Pluvinel* (2), de *Newcastle* (3), avec ceux de *Beaugrand* (4), du sieur *de l'Espinay* (5), du sieur *Dumesnil* (6), du sieur *de Solleysel* (7). C'est à cette époque aussi que le manége fut porté à sa plus grande perfection, et on pourrait l'appeler l'époque de l'équitation.

---

(1) Préceptes principaux que les bons Cavalerisses doivent exactement observer en leurs escoles, etc., etc., composez par le sieur *de la Broue*, et divisez en trois livres. La Rochelle, 1593, in-fol., fig. — Le Cavalerice françois, composé par *Salomon de la Broue*. Paris, 1602, in-fol., fig.

(2) Le Manége royal de monsieur *de Pluvinel*, in-fol. oblong. Paris, 1623, avec figures. — Instruction du Roi en l'exercice de monter à cheval, par messire *Antoine de Pluvinel*, escuyer principal de Sa Majesté. In-fol., Paris, 1625, avec figures. (Dans ces figures se trouvent les portraits des principaux seigneurs de la cour de Louis XIII.)

(3) Méthode et Invention nouvelle de dresser les chevaux, par le très-noble, haut et très-puissant prince *Guillaume*, marquis et comte de Newcastle, etc.; grand et gros in-fol. Anvers, 1658, avec belles figures.

(4) Le Mareschal expert, par feu *N. Beaugrand*, maitre maréchal à Paris. Paris, 1622, petit in-8°.

(5) La grande Mareschallerie du sieur *de l'Espinay*, gentilhomme périgourdin. Paris, 1642, petit in-8°.

(6) L'Art de Mareschallerie, ou Nouveau Traité des maladies des chevaux, etc.; par le sieur *Dumesnil*, conseiller et maître d'hostel ordinaire de la maison du Roy. Paris, 1628. Petit in-4°. de 106 pages et d'une planche.

(7) Le Parfait Mareschal, qui enseigne à connoistre la beauté, la bonté et les défauts des chevaux, etc., etc.; par le sieur *de Solleysel*, escuyer ordinaire de la grande escurie du Roy, etc. Paris, 1664; gros in-4". avec quelques figures de mors et de fers.

Ce premier changement en prépara un second : la cavalerie, cette partie si importante des armées, et qui a fait si souvent le sort des états, en décidant le gain d'une bataille et d'une campagne, devint pendant le règne de Louis XIV l'objet d'études sérieuses; elle fut presque mise au rang des sciences sous le règne suivant, où il fut possible de s'en occuper plus tranquillement, à cause de la paix. L'art de l'équitation et du manége passa des écuries des grands dans les casernes de cavalerie; des officiers furent chargés d'en enseigner les élémens aux sous-officiers et aux soldats, et il nous reste de cette époque des écrits qui montrent que cet art s'améliora, et fut porté aussi loin peut-être qu'il pouvait l'être. Les réglemens, les uniformes, les armes ont changé depuis, parce que la tactique de la guerre a changé; mais les règles concernant la manière de dresser les chevaux de guerre, concernant le régime à leur faire suivre, concernant l'équitation militaire, seront toujours les mêmes, et je ne crois pas qu'elles puissent être plus perfectionnées qu'elles ne l'ont été à cette époque.

Les personnes et les officiers chargés de cet enseignement, les plus instruits sur-tout, sentirent bien de quelle importance était l'étude de l'art de guérir les maladies des chevaux, puisque cette étude est même indispensable à celui chargé seulement de prévenir leurs maladies, et ils s'en occupèrent autant qu'ils le purent; mais comme cette science exige des études préliminaires que la plupart n'avaient point faites, études qui demandent aussi d'être faites dans la jeunesse pour l'être avec fruit, ils ne purent s'en occuper que d'une manière accessoire : ils sentirent leur insuffisance, et ils allèrent chercher dans les auteurs qui les avaient précédés et qu'ils regardèrent comme les plus savans, les recettes et les descriptions des maladies qu'ils crurent être bonnes, et ils les copièrent. Cette science ne fut même pas professée à cette époque, tandis que les autres l'étaient dans les principaux manéges et presque dans tous les régimens de cavalerie. De la Guerinière, dont le nom restera toujours célèbre parmi les écuyers de l'école française, dans la préface de son ouvrage intitulé : *Ecole de cavalerie contenant la connoissance, l'instruction et la conservation du cheval, in-fol., fig.; Paris* 1733, avoue lui-même qu'il a été obligé d'avoir recours à un médecin de son temps pour traiter ce qui a rapport à l'anatomie et à la médecine des chevaux.

Gaspard de Saunier fait peut-être une exception : instruit par son père, *Jean de Saunier*, inspecteur de la grande écurie du roi sous Louis XIV, dans tout ce qui a rapport à la connaissance du cheval, il fut attaché comme écuyer à plusieurs princes et généraux qui commandèrent des armées sur la fin de ce règne, et fut souvent employé plutôt comme vétérinaire par les commandans des armées, que comme écuyer ; aussi s'adonna-t-il plus particulièrement à l'étude des maladies du cheval et aux traitemens qu'elles exigent. L'ouvrage intitulé *La parfaite connoissance des chevaux*, etc. , grand in-fol. , *fig.*, et qu'il publia à la Haie en 1734, à l'âge de 70 ans, est la médecine des chevaux, autant qu'elle pouvait être complète à cette époque ; et c'est le résultat d'une pratique longue et très-étendue. Un séjour de plusieurs années en Italie lui fit connaître l'ouvrage de Ruini (*Dell' anatomia et dell' infirmita del cavallo di* Carlo Ruini, *senatore bolognese, in Bologna,* 2 *vol. in-fol.*, *fig.* ; 1598). Il en a joint les planches à son propre ouvrage, comme avait déjà fait *Jean Jourdain*, à la fin de sa traduction des *Vétérinaires grecs*. (*La vraye cognoissance du cheval, ses maladies et remèdes*, par I. J. D. E. M. , *avec l'Anatomie de Ruini, in-fol.*, *fig.* ; *Paris*, 1647.) La réputation que Gaspard de Saunier s'était déjà acquise avant la publication de son grand ouvrage , lui avait valu la place d'inspecteur d'un haras, que le roi fit établir à Saint-Léger , dans le duché de Montfort-l'Amaury.

Ces mêmes guerres de Louis XIV avaient fait sentir au gouvernement qu'il avait besoin de s'occuper de l'éducation et de la médecine des chevaux plus qu'il n'avait fait jusqu'alors : il commença à chercher les moyens d'en avoir un grand nombre et de bons, et les premiers réglemens sur les haras parurent au commencement du dix-huitième siècle. Malheureusement pour la vétérinaire il n'y eut point encore de haras royaux de créés : ces réglemens n'étaient que pour les haras particuliers et pour la création de gardes-étalons, et la perte de ces étalons ne tombant point à la charge du gouvernement , il ne put encore sentir la nécessité d'avoir des hommes instruits dans la médecine vétérinaire ; l'exercice de cette science continua donc encore quelque temps à être la profession des maréchaux ferrans, qui se passaient par héritage, la pratique de traiter les maladies, comme ils passaient à leurs enfans leurs boutiques de maréchallerie. *Le nouveau parfait maréchal*, par de Garsault (*in*-4°. , *avec fig.*, *à Paris*, 1741) est encore fait par une personne qui ne s'était point livrée spécialement à ce genre d'étude, et qui ne s'en était occupée plus tard que parce qu'elle avait senti son indispensable nécessité pour l'emploi qu'elle occupait. *De Garsault* avait été capitaine en survivance du haras du Roi ; aussi son ouvrage commence-t-il par ce qui a rapport au haras.

Dans les grandes villes cependant , où les équipages commencèrent à se multiplier et à devenir une espèce de **luxe**, que les petits se permirent aussitôt que leur fortune leur donna les moyens d'avoir deux chevaux, les maréchaux , obligés de traiter des animaux qu'on ne pouvait renouveler souvent à cause de leur prix, furent obligés d'étudier un peu pour ne pas perdre leurs meilleures pratiques, et les plus employés, qui voyaient souvent les mêmes accidens et les mêmes maladies, acquirent assez de réputation et des connaissances positives. Tel fut *Lafosse* le père, que son savoir fit créer maréchal des petites écuries du Roi, et dont il nous reste quelques traités, qui jetèrent un grand jour sur les maladies des chevaux, et dont un mémoire sur la nature de la maladie nommée *musaraigne*, mérita de faire partie des travaux de l'Académie des sciences, et d'être imprimé dans le recueil des Mémoires des savans étrangers, tom. 4, pag. 190; 1763.

La place de maréchal des petites écuries du Roi le mit à même de faire des études plus sérieuses, plus suivies; il eut un cabinet d'anatomie, et aidé par son fils, qu'il avait instruit à son école, il commença le grand ouvrage qui fut publié par le fils, et qui est le plus considérable de ceux où l'anatomie du cheval ait été décrite et traitée par un auteur praticien qui l'avait étudiée sur le cadavre (*Cours d'hippiatrique, ou traité complet de la médecine des chevaux, orné de 65 planches gravées avec soin; par M.* Lafosse*, hippiatre; grand in-folio. Paris*, 1772). Cet ouvrage fit et fait jouir encore leurs auteurs, dans toute l'Europe, d'une grande célébrité bien justement méritée. Les *Lafosse* ne se contentèrent pas d'écrire, ils eurent aussi dans les petites écuries, et par la protection du grand écuyer, une école publique de maréchallerie : la nécessité d'avoir un grand nombre d'hommes instruits dans la vétérinaire s'était fait sentir.

En même temps que les *Lafosse*, il avait paru un homme qui avait envisagé la science vétérinaire sous un point de vue beaucoup plus étendu : c'était *Bourgelat*. D'abord simple écuyer, il s'aperçut bien vite qu'il était impossible de connaître bien un animal, si on ne connaissait pas son anatomie et la physiologie; il vit qu'il était bien plus difficile encore de s'occuper de traiter ses maladies sans cette science; il sentit aussi que des études spéciales étaient indispensables pour les apprendre, et que ce genre de savoir était assez important pour qu'il devînt une branche de l'instruction publique : il pensa que le cheval, quoique le plus précieux de tous nos animaux domestiques ne méritait pas seul de fixer l'attention, et que les autres animaux, à cause de leur grande utilité, et à cause des pertes énormes qu'entraînaient les mortalités auxquelles ils étaient exposés, étaient également dignes de notre sollicitude; il vit quels grands avantages résulteraient pour l'état si leur éducation, généralement mauvaise, pouvait être perfectionnée et dirigée par des hommes capables d'en raisonner sur des bases fixes et vraies ; il lui parut que c'étaient les mêmes personnes qui traiteraient les animaux quand ils seraient malades, qui devaient être en même temps instruites des moyens de les améliorer et de les multiplier. Il ne borna plus la vétérinaire, comme les *Lafosse*, à la médecine du cheval, il l'étendit à celle de tous les animaux domestiques, à leur éducation, à leur multiplication, et il en fit dès-lors une science pour les villes, pour les armées, pour les campagnes, une science d'économie publique. La médecine des animaux n'était plus qu'une division de l'enseignement, et la médecine des chevaux qu'une sous-division.

Bourgelat avait fait connaissance avec M. *Bertin*, intendant de Lyon : quand M. *Bertin* parvint au ministère, il mit sous les yeux de S. M. Louis XV les plans du premier, et le roi, empressé de protéger tout ce qu'il croyait avantageux au bien public, donna sa sanction à la formation d'une école vétérinaire. Ce fut en 1761 que les premiers fondemens de celle de Lyon furent jetés, et ce fut le premier janvier 1762 que *Bourgelat* y ouvrit des cours. Plus tard, en 1766, il établit celle d'Alfort, près Paris, sur les mêmes bases que celle de Lyon. Dès-lors la médecine vétérinaire, qui avait commencé à s'éclairer par les leçons de *Lafosse*, secondée par les écrits que Bourgelat s'empressa de publier, marcha vers une grande amélioration, et quelques années après l'Ecole commença à donner des élèves instruits.

La France a eu jusqu'à présent la gloire de marcher la première dans la route des institutions qui améliorent le sort des sociétés, et ce n'est qu'après elle que les autres peuples s'y sont ordinairement présentés : c'est ce qui est encore arrivé par rapport aux écoles vétérinaires ; il n'en existait pas en Europe avant celle de Lyon. A peine celle-ci et celle de Paris furent créées, que les autres puissances adoptèrent cette nouvelle institution, et s'empressèrent d'envoyer ou des hommes déjà instruits, pour étudier les bases sur lesquelles elle était fondée, ou des jeunes gens destinés à approfondir toutes les branches des sciences qui y étaient enseignées. La Prusse envoya M. *Naumann*; le Danemarck, *Wiborg* et *Abildgaard*; l'Autriche, *Wolstein*; le Piémont, *Brugnone*; l'Espagne, *don Estevez* et *don Sigismund Malatz*; Naples, *Dominelli*; la Bavière, *Will*, et plus tard *Schwab*.

Bientôt après des écoles vétérinaires s'établirent dans ces différentes capitales sur le même pied que celles de France, ou sur des bases peu différentes.

L'orgueilleuse Angleterre n'envoya pas d'élèves; mais un de ceux formés à l'école de Lyon passa à Londres, fit connaître la nouvelle institution, et les Anglais, si grands ama-

14 *

teurs de chevaux, ne tardèrent pas à en former une pareille. Des souscripteurs se réunirent, fournirent de l'argent, et sans que le gouvernement avançât des fonds, mais avec son approbation et sa protection ; une école fut formée, le local fut acheté, des bâtimens furent construits exprès, et un joli établissement se forma ; des élèves y arrivèrent, le département de la guerre en envoya quelques-uns, et les cours s'ouvrirent : la science fit alors des progrès. L'auteur du projet, M. *Vial de Saint-Bel*, Français, et élève de l'école vétérinaire de Lyon, fut donc l'auteur de la fondation de l'école vétérinaire de Londres, et il en fut et le premier directeur et le premier professeur.

Ces établissemens ne furent pas tous établis sur le même pied, ils éprouvèrent même des variations à différentes époques, et ils ne furent jamais aussi bien organisés que les écoles de Lyon et de Paris. En ce genre, la France possède encore les deux plus beaux établissemens.

L'école vétérinaire de Londres, sous la surveillance des personnes qui ont rempli les souscriptions, qui sont par conséquent possesseurs de l'établissement, est administrée entièrement par le directeur nommé par ces personnes. Quand l'homme qui dirige remplit bien son emploi, c'est la meilleure administration, tout marche bien : dans le cas contraire, tout marche mal. Cette administration très-simple a donc de graves inconvéniens. Le directeur à Londres n'a qu'un professeur adjoint, pour l'aider dans ses leçons et dans l'administration de l'école : cela diminue les frais ; mais quoique les élèves soient logés dehors et ne soient soumis qu'à très-peu de surveillance de la part du chef, c'est encore beaucoup trop de travail pour deux personnes, sur-tout quand un grand nombre de consultations viennent à chaque instant déranger du travail courant. Ces consultations, étant payées et entrant dans la bourse des professeurs, forment une occupation d'intérêt qui les engage à négliger souvent d'autres branches des études plus intéressantes pour les élèves. L'école vétérinaire de Londres, telle qu'elle est établie à présent, a encore un très-grave inconvénient, celui de laisser à la disposition seule du chef la délivrance des brevets de capacité. Honnête homme, il sera accusé de partialité par les élèves qui ne pourront obtenir que difficilement ces brevets ; s'il n'est pas d'une probité et d'un désintéressement à toute épreuve, dans quels graves inconvéniens n'entraînera pas la faculté qu'il a de donner ces brevets à qui bon lui semble, surtout quand avec cette faculté il a encore à sa disposition la nomination des places de vétérinaire vacantes dans les différens corps de cavalerie : quel vaste champ ouvert à la cupidité d'une part et de l'autre à ces accusations calomnieuses de la malveillance et de l'amour-propre blessé ! Tel était l'état de l'école vétérinaire de Londres en 1817, sous MM. *Coleman* et *Sewel*, lorsque je la visitai. Je ne m'étendrai pas davantage sur les détails administratifs, mon but, dans ce petit examen, est de donner seulement un aperçu comparatif de l'organisation de quelques-unes des principales écoles vétérinaires qui existent actuellement.

L'école de Berlin n'eut long-temps que deux professeurs, dont l'un était en même temps regardé comme directeur : M. *Naumann* a jusqu'à présent occupé cette place. L'école ne fut même jamais définitivement organisée, les guerres presque continuelles de l'Europe empêchèrent cette organisation de se faire. Ce n'est que depuis la paix de 1815 que l'école a éprouvé de grandes améliorations ; tant l'état de paix est nécessaire aux peuples pour toutes sortes d'améliorations intérieures ! L'école vétérinaire ne fait pas partie de la grande université de Berlin ; cependant elle est dirigée par une personne attachée à cette université, par un conseiller en médecine, qui rend compte de ses opérations au ministre.

Lorsqu'on voulut organiser l'école, on s'aperçut bien que deux professeurs ne suffisaient point pour donner l'instruction nécessaire pour former de bons vétérinaires : il s'est alors présenté une difficulté, c'était celle de trouver de bons professeurs, et elle ne put pas être surmontée : il fallut donc en former, on en chercha le moyen ; en même temps on tâcha de prévenir pour la suite une pareille difficulté en arrangeant les choses de manière que le gouvernement pût avoir toujours sous la main des sujets capables de devenir professeurs. Dans ce but, on attacha à l'école des jeunes gens sous le titre de *répétiteurs*. Non-seulement ils répètent les leçons des professeurs, mais encore ils professent des branches de la médecine vétérinaire aussi bien qu'ils le peuvent et d'après les connaissances qu'ils ont eux-mêmes acquises. Ils se forment ainsi au professorat, et peuvent même acquérir de la réputation avant de devenir professeurs.

Pour savoir s'ils sont capables d'occuper un jour dignement ces places, le conseiller d'état chargé de l'école fait faire, tous les mois, par les professeurs et les répétiteurs, un examen d'une partie des élèves de l'école. A cet examen préside un ou deux médecins nommés par le conseiller chargé de l'école : ces médecins sont seulement présens à l'examen ; ils prennent des notes sur la manière dont les élèves répondent, sur la manière dont les professeurs et les répétiteurs les interrogent et sur l'espèce d'instruction que donnent les uns ou les autres : ils rendent compte de l'examen au conseiller. Avec cette marche, au bout de quelque temps on peut juger si les jeunes répétiteurs peuvent devenir des professeurs. Si l'on n'espère pas qu'ils puissent se mettre en état de bien professer un jour, on leur donne une place de vétérinaire dans un arrondissement rural ou dans l'armée, et on les remplace à l'école par d'autres jeunes gens. Ces places de répétiteurs n'ont point des appointemens aussi considérables qu'en ont celles de professeurs, elles n'ont même pas toutes les mêmes appointemens. Ceux-ci augmentent avec les années de service et en raison de l'importance des branches de la science que le répétiteur professe : cette marche a donc l'avantage de stimuler l'émulation des jeunes gens en laissant aux chefs la facilité de récompenser le mérite. Les places de professeurs et de directeur sont celles qui sont les plus élevées. Il y avait à Berlin, au commencement de 1821, un directeur en même temps professeur (M. *Naumann*), un autre professeur, trois répétiteurs, et un jeune homme non attaché à l'école, mais qui recevait de légers appointemens pour y professer la chimie et la pharmacie.

Lafosse le fils présenta plusieurs fois au gouvernement français des plans d'organisation d'une école vétérinaire ; il voulait que cette école fût uniquement destinée à apprendre aux élèves à traiter les maladies du cheval, et, par suite, que son principal but fût de fournir des hommes capables de servir l'état, en remplaçant les maréchaux ordinaires et ignorans, qui étaient dans les régimens de cavalerie, par des *maréchaux instruits*. Son plan a été exécuté lors de l'organisation de l'école vétérinaire de Vienne. Dans les premiers temps, elle dépendait de la chancellerie de la guerre ; le plus grand nombre des élèves était des élèves militaires entretenus aux frais de l'état ; ils restaient deux années à l'école, et de là entraient dans l'armée. L'établissement resta long-temps sur ce pied ; mais enfin on vit qu'il pourrait rendre de plus grands services, en créant des hommes propres à répandre des connaissances dans les provinces de l'empire, sur-tout dans les cas d'épizooties. On vit alors clairement ce que la difficulté de trouver des professeurs instruits avait déjà fait entrevoir, c'est que deux années d'étude ne suffisaient pas pour acquérir les connaissances fondamentales d'une science aussi difficile, et on songea à faire quelques changemens. Ils s'opérèrent enfin. L'école fut placée à l'instar de celles de France, dans la chancellerie de l'intérieur ; deux classes de vétérinaires furent formées selon qu'ils restaient plus ou moins de temps à l'école pour acquérir plus de connaissances ; enfin, en 1820, il fut décidé que le titre de vétérinaire de première classe ne serait donné qu'aux élèves qui auraient suivi des cours de médecine humaine, et qui auraient obtenu au moins le titre de docteur en chirurgie. Ces vétérinaires sont les seuls qui doivent occuper les places de professeurs aux écoles, les places de vétérinaires dans les haras impériaux, et les places de vétérinaires appointés dans les provinces.

En 1821, l'école possédait un directeur en même temps professeur de pathologie générale et des maladies épizootiques en particulier; un second professeur, chargé de l'anatomie; un troisième, chargé de la chirurgie, de la ferrure et de ce qui a rapport aux haras; un quatrième, chargé d'enseigner la pathologie appliquée, la matière médicale et la police médicale; enfin un répétiteur attaché au précédent professeur, et chargé de la pharmacie. L'école était extrêmement mal bâtie, pas assez étendue, mais l'empereur venait d'accorder de l'argent pour sa reconstruction sur un nouveau plan.

Depuis le commencement de 1822 les constructions marchent rapidement, et si les plans que je vis à Vienne sont entièrement exécutés, par rapport au local l'école vétérinaire de Vienne sera la plus belle de toutes.

L'Italie possède trois écoles vétérinaires bien organisées, une à Turin, une à Milan et une autre à Naples. Toutes trois avaient été organisées sur des bases à peu de chose près les mêmes que celles sur lesquelles étaient établies celles de France avant le décret du 15 janvier 1813, par conséquent, sur les bases actuelles de l'école vétérinaire de Lyon : les écoles de Naples et de Turin ont été un peu modifiées; mais l'école de Milan avait conservé jusqu'en 1820 presque entièrement l'organisation qu'elle avait sous les Français : en 1814, les professeurs, français d'origine, avaient été remplacés sans que l'école éprouvât de changemens.

Outre les deux écoles vétérinaires de Berlin et de Vienne, il en existe encore, dans le nord de l'Europe, d'autres qui, sans être sur une aussi grande échelle, n'en sont pas moins dignes de remarque : celle de Copenhague s'est illustrée par les travaux de son fondateur, M. *Viborg*, et elle continue à jouir de sa célébrité; celle de Hanovre ne fait que commencer; celle de Dresde s'organise par les soins de M. *Sciler;* celle de Munich, déjà organisée par M. *Will*, et rendue recommandable par ses écrits, continue à se recommander par les travaux de M. *Schwab;* enfin il s'élève dans ce moment une école vétérinaire à Stuttgard, sous la direction de M. *Walz;* une autre s'organise en Hongrie, à Pestz, sous la protection de l'université de cette ville; enfin une a été établie à Stockholm. Outre ces écoles, dans beaucoup d'universités d'Allemagne, il y a un professeur spécial de vétérinaire.

Le royaume d'Espagne ne possède que l'école vétérinaire de Madrid, celui de Portugal a cherché à en établir une à Lisbonne; mais jusqu'à présent il paraît que la difficulté de trouver de bons professeurs a retardé son établissement; dans ce moment, le gouvernement entretient et fait instruire à l'é-cole vétérinaire d'Alfort trois jeunes gens qu'il paraît destiner au professorat, s'ils se rendent dignes des soins qu'il a pour eux.

En France, jusqu'en 1813, les écoles vétérinaires de Lyon et d'Alfort étaient restées sur le même pied ; mais à cette époque un décret détruisit cette égalité en créant de nouvelles chaires à l'école d'Alfort. On s'était aperçu depuis long-temps que trois années d'études, suffisantes pour créer des vétéri-naires capables de traiter des animaux malades, n'étaient pas suffisantes pour donner aux élèves qui marquaient le plus d'in-telligence les connaissances nécessaires pour les rendre ca-pables de faire participer leurs compatriotes à celles que leur pratique les mettait à portée d'acquérir par la suite. Souvent même ce manque de connaissances les empêchait de pouvoir répondre convenablement aux demandes consultatives que les autorités leur adressaient. Il n'y en avait qu'un trop petit nombre que des études préliminaires ou consécutives avaient mis dans ce cas. C'était un mal, et le gouvernement cherchaà y remédier. Un second cours d'études fut créé à l'école d'Alfort. Les élèves appelés à le suivre furent choisis parmi les plus ins-truits de ceux qui avaient terminé le premier cours, et par conséquent qui avaient déjà trois années d'étude. Les élèves de l'école de Lyon y furent appelés comme ceux de l'école de Paris. Ce second cours fut appelé Cours de médecine vétéri-naire ; il dure deux années, et est formé de trois chaires, celle de zoologie, celle de physique et de chimie, et celle d'éco-nomie rurale. En suivant ces leçons, les élèves suivent à vo-lonté les cours de leurs premiers professeurs, et ils se perfec-tionnent encore ainsi dans leurs premières études.

Le second cours obligea les élèves qui le suivaient à sacrifier deux années de plus à leur instruction, et à faire les frais de leur entretien pendant ces deux années : les élèves qui le sui-virent sans être nommés par les jurys des écoles, eurent à payer de plus les frais de leur pension. Ces sacrifices parurent assez considérables : aussi, pour récompenser le zèle des élèves qui s'y soumirent, le gouvernement attacha au grade de *mé-decin vétérinaire* des droits assez honorables et même assez lu-cratifs pour engager les jeunes gens à faire tous leurs efforts pour l'acquérir. Ainsi, les places d'inspecteurs vétérinaires dans l'armée ne pourront être données qu'à des médecins vé-térinaires, celles de vétérinaires dans les haras ne seront éga-lement données qu'aux médecins vétérinaires ; enfin, chaque chef-lieu de préfecture pourra avoir un médecin vétérinaire attaché au département, et aux appointemens de 1,200 francs. Certes, de pareilles distinctions de la part du gouvernement et des intérêts aussi forts doivent stimuler puissamment à acquérir le premier grade, et doivent faire compter pour rien les légers sacrifices qu'il impose. Si l'on ne connaissait pas l'attrait de l'indépendance pour les jeunes gens, on serait fort étonné de n'en pas voir un plus grand nombre suivre à leurs frais un cours qui leur promet de si grands avantages dans une carrière où la plupart n'entrent dans leur jeunesse que pour la parcourir pendant leur vie ; des calculs mal entendus, et sur-tout ce désir souvent encore plus mal entendu d'être livré à soi-même, sont les causes principales qui empêchent tant de jeunes élèves de suivre ce second cours, et qui leur font dédaigner les avantages scientifiques, honorifiques et pécuniaires qu'il promet.

Dans cet article très-précis, je me suis efforcé de montrer la marche que la médecine vétérinaire avait suivie, particulièrement dans notre patrie. Si je ne me suis pas davantage étendu sur cet objet, c'est qu'il n'entre pas entièrement dans le plan de cet ouvrage, plus spécialement consacré à l'application utile et pratique des sciences qui ont rapport à l'économie rurale. (*Voyez* au mot MÉDECINE VÉTÉRINAIRE.) (HUZARD fils.)

VIANDE. C'est le nom générique sous lequel on désigne les parties molles, la chair, et sur-tout les muscles de ceux des quadrupèdes, des oiseaux et des poissons que les hommes ont reconnus comme les plus propres à leur servir de nourriture.

La viande diffère en qualité, suivant les espèces d'animaux, leur âge, leur sexe, leur état sauvage ou domestique, la quantité et la nature des alimens dont ils ont été nourris, l'embonpoint qu'ils ont acquis, ou l'état de maigreur dans lequel ils sont tombés, suivant encore qu'ils sont pourvus ou privés des organes de la génération, ou enfin relativement au climat et aux lieux qu'ils habitent.

Les préparations qu'on fait subir aux viandes pour les rendre propres à paraître sur nos tables, donner à la chair des carnivores la délicatesse de celle des animaux herbivores, frugivores et granivores, appartiennent spécialement à la cuisine, à cet art connu dès l'origine du monde, inventé par le besoin, perfectionné par le luxe, et porté par l'intempérance au plus haut degré de raffinement; à cet art, en un mot, au progrès duquel la société aurait le plus grand intérêt, si, destiné à apprêter les alimens, il s'occupait de les rendre salutaires autant qu'il cherche à leur donner de l'agrément. Ces préparations, que plusieurs ouvrages ont célébrées, sont trop nombreuses pour nous permettre seulement de les passer en revue : il suffira d'indiquer les procédés les plus efficaces pour soustraire, pendant un certain temps, les substances animales à la putréfaction, et éviter que leur usage ne deviennne préjudiciable à la santé (1).

Des différens moyens de conserver les viandes. Il est des circonstances où, dans l'impossibilité de fournir à un certain nombre d'hommes de la viande fraîche en proportion de la consommation, on a besoin de la remplacer par celle qu'on a amenée, par des procédés particuliers, à un état capable de servir de nourriture principale aux marins, et de braver les voyages de long cours sans s'altérer. Nous avons fait connaître ces procédés au mot SALAISON, en présentant le muriate de soude comme le plus puissant antiseptique connu (2).

Viande confite dans la graisse. L'huile, l'axonge, le beurre et la graisse ont encore un pareil emploi dans les pays où ces condimens sont à bon compte.

En Asie et en Afrique, la viande de chameau à moitié cuite est divisée par morceaux, arrangés dans des jarres, et sur lesquels on verse du beurre fondu.

Là où l'huile est commune, ce fluide sert à conserver, par exemple, le thon, le saumon et le brochet; mais il est nécessaire que ces poissons soient parfaitement frais, nettoyés et essuyés, coupés par fragmens d'un pouce ou 2 au plus d'épaisseur, ayant soin, chaque fois qu'on en tire un morceau, que le reste soit bien couvert de graisse.

Ces agens de la conservation ont quelques défauts dont on peut les corriger : le plus frappant, c'est une disposition de passer à la rancidité, et de contracter alors un goût âcre et fort, qu'ils communiquent ensuite à la viande ou au poisson : rien n'est plus aisé que de la détruire. Il suffit de les soumettre préalablement à l'opération du beurre fondu, c'est-à-dire d'évaporer leur humidité surabondante, de les tenir sur le feu pendant un certain temps dans l'état fluide, et d'enlever avec l'écumoire la matière caseuse ou albumineuse qui se rassemble à la surface, et prend une forme demi-concrète.

---

(1) La viande bouillie diminue d'environ moitié de son poids, et la viande rôtie, seulement du tiers. La viande de vache diminue moins de volume par la cuisson que celle de bœuf; mais cet avantage ne peut être mis en comparaison avec la supériorité de saveur et de nutrition de la viande de bœuf. *(Note de M. Bosc.)*

(2) Quand il ne s'agit que de retarder l'altération des viandes, les mettre dans du poussier de charbon, ou dans du terreau presque sec et sans odeur particulière, remplit passablement bien le but. *Voyez* CHARBON et TERREAU.

M. Roquefeuille, capitaine de vaisseau, qui a fait le tour du monde en trois ans, a parfaitement conservé les viandes qu'il avait embarquées après les avoir mises dans trois sels, le dernier mélangé du triple de charbon. Il paraît que ce procédé est le meilleur de tous ceux qui ont été proposés. *(Note de M. Bosc.)*

Viande marinée. L'application des acides n'est pas seulement utile à la conservation des fruits et des légumes, elle a encore de grands avantages pour les substances animales menacées de s'altérer dans les grandes chaleurs. En laissant macérer les viandes pendant quarante-huit heures dans le vinaigre, on parvient à les attendrir et à corriger même cette saveur rude et ammoniacale qu'on trouve souvent au gibier et même à la chair des animaux de boucherie, sur-tout au temps du rut; mais il faut convenir qu'en sortant de cette espèce de saumure ou marinade, ces viandes n'ont plus la saveur qui leur appartient, car, quelles que soient les précautions dont on se serve, celle du vinaigre se fait toujours remarquer; et si quelquefois on en aime le goût, on désirerait le plus souvent qu'il ne fût pas aussi sensible. Dans ce cas, le vinaigre faible doit être préféré.

L'usage de conserver le poisson est beaucoup plus général dans le Nord que parmi nous; non-seulement on le sale, on l'enfume et on le confit dans l'huile, mais on emploie encore le vinaigre pour en prolonger la durée pendant six mois.

Les acides minéraux peuvent aussi concourir à la conservation des viandes; mais il ne faut pas qu'ils soient dans leur état de concentration ordinaire, car ils agiraient sur leur tissu et les rendraient coriaces; l'alcool rectifié est aussi moins propre que l'eau-de-vie à ce genre d'opération. Dans cette circonstance, on a laissé de la viande pendant neuf mois dans l'alcool à 13 degrés, elle a fourni au bout de ce temps de fort bon bouillon, et si on préconise l'acide muriatique comme un moyen merveilleux de leur donner une saveur agréable et de favoriser leur digestion, c'est lorsqu'il est étendu dans une grande quantité d'eau.

Un autre fait qui constate la préférence que l'on doit donner aux acides affaiblis, pour conserver pendant quelques jours les substances animales au milieu des chaleurs excessives de l'été et les préserver de leur tendance naturelle à la corruption, c'est le procédé qui consiste à les faire macérer dans le lait caillé : non-seulement elles y conservent tout leur caractère, mais on remarque qu'elles acquièrent plus de disposition à se cuire, deviennent plus délicates et d'une digestion plus facile. Cette pratique, adoptée dans les départemens du Haut et du Bas-Rhin, offre aux habitans des petites communes rurales, où les bouchers ne tuent qu'une ou deux fois par semaine, l'avantage de se procurer de la viande dans un état frais (1).

____

(1) En Islande, on conserve la viande pendant l'année entière, en la plongeant dans du petit-lait mêlé avec de l'oseille pilée.

(*Note de M. Bosc.*)

Viande boucanée. Les soldats auxquels on distribue quelquefois de la viande pour huit ou dix jours sont dans l'usage de lui faire éprouver une légère dessiccation préalable au feu et à la fumée, ce qu'on appelle *boucaner;* ils parviennent par ce moyen à la manger le dixième jour, sinon aussi délicate, du moins aussi saine que quand elle est nouvelle; mais les viandes salées préalablement à l'opération qui les fume, comme le bœuf de Hambourg, le lard, le petit-salé, les jambons, sont d'une conservation infiniment plus durable exposées dans une cheminée à une distance suffisante de la flamme du bois vert. D'abord elles perdent leur humidité surabondante, éprouvent une sorte de combinaison, leurs surfaces s'enduisent ensuite d'une espèce de vernis noirâtre, qui les préserve pendant un certain temps de la rancidité, et leur donne un goût de fumée qui ne déplaît point à la plupart.

C'est à la faveur d'un procédé à-peu-près semblable que les Hollandais préparent les *harengs saures :* dès que ces poissons sont retirés de la saumure, on les suspend dans des espèces de cheminées faites exprès, sous lesquelles on fait un feu susceptible de donner beaucoup de fumée, et où ils sèchent en moins de vingt-quatre heures et se recouvrent d'un vernis conservateur.

Viande desséchée. La dessiccation est un des plus puissans moyens de conservation des viandes. Les Lapons s'en servent pour prolonger la durée de leur poisson, et ils la poussent aussi loin qu'ils le peuvent; elle est, comme nous venons de le dire, bien plus efficace quand on l'applique à la viande salée.

Il y a une trentaine d'années que M. Cazalet, professeur de physique et de chimie à Bordeaux, a présenté un procédé pour dessécher le bœuf et le mouton de manière à les conserver pendant cinq à six ans; il consiste à mettre la viande dessosée, et sans la cuire, à l'étuve, et à la vernir ensuite, soit avec de la gomme, soit avec de la colle de poisson, ou de la gélatine bien rapprochée. Cette viande, renflée dans l'eau et préparée, avait autant de saveur que la même viande la plus fraîche (1).

---

(1) Proust, *Annales de Chimie,* tome 18, assure qu'une livre de viande séchée au soleil se réduit des trois quarts, et qu'après sa dessiccation elle donne d'aussi bon bouillon qu'avant; mais il faut une grande chaleur pour la mettre rapidement en cet état.

Les sauvages du Canada pilent la viande après l'avoir fait sécher au feu et à l'air, puis la pressent dans des sacs de peau et l'imprègnent de graisse fondue. Cette viande se conserve une année et plus en état d'être mangée.

Il est un grand nombre de circonstances où les cultivateurs français pourraient utilement faire usage de ce procédé.

(*Note de M. Bosc.*)

On peut conser ver la viande dans un endroit où il ne règne
que 10 ou 12 degrés de chaleur ; mais on doit s'abstenir de
la porter à la cave, parce qu'elle contracte toujours, dans cette
partie inférieure du bâtiment, un goût désagréable, sur-tout si
dans le voisinage il existe un tuyau de fosse d'aisance, quand
bien même il serait revêtu d'un double mur.

La température au degré de la congélation est un préser-
vatif efficace contre la putréfaction pendant tout aussi long-
temps que la substance animale y est exposée : c'est de là que
provient l'habitude où l'on est dans les climats glacés du nord
de l'Europe de garder la viande dans la neige, ainsi que celle
d'emballer le poisson dans la glace pour l'envoyer de l'Écosse
au marché de Londres. *Voyez* GLACIÈRE (1).

Exposée à une température au-dessous de zéro, la viande
reste donc dans l'état de fraîcheur qu'elle avait à l'instant où
le froid l'a surprise : c'est ainsi que les habitans du Canada
gardent leur provision en ce genre pendant le fort de l'hiver ;
mais lorsqu'il s'agit d'en faire usage, il faut la soumettre au
dégel insensible, afin qu'elle perde moins de sa saveur naturelle.

Viande cuite. La viande de boucherie et la volaille rôtie encore chaude, qu'on a saupoudrée de sel égrugé, peut, étant
couverte avec un papier propre et changée de plat tous les
jours, se conserver un certain temps ; mais si on l'arrose
avec une gelée ou du jus, quoique dans un vase où l'air extérieur pénètre difficilement, le fluide s'aigrit et gâte bientôt la
viande : elle se garde mieux à sec.

Viande altérée. C'est en vain qu'on se flatte de rétablir complétement la viande qui a éprouvé un commencement d'altération, en la lavant à plusieurs reprises avec de l'eau saturée
d'acide carbonique, en la faisant bouillir avec un nouet de
charbon, ou en plongeant dans le bouillon qui la cuit un charbon allumé; on peut bien, à l'aide de ces précautions, diminuer
sa défectuosité, mais elle n'a jamais la couleur, la saveur,
la consistance et l'aspect d'une viande fraîche, quoique mas-
quée à force d'assaisonnement.

Quand le poisson arrive dans cet état qu'on nomme *pâmé,*
il faut se hâter de le vider, de le jeter dans plusieurs eaux
fraîches, de le cuire ensuite dans un court-bouillon, qu'on ne
peut plus faire servir une autre fois. Si, traité ainsi, il n'a

---

(1) On a mangé, sur les côtes de la mer de Sibérie, de la viande de
rhinocéros et d'éléphant, qui était gelée depuis la grande catastrophe
qui a changé l'ordre des saisons du globe, c'est-à-dire depuis quelques
milliers de siècles. On voit, au cabinet impérial de Saint-Pétersbourg, la
tête desséchée d'un de ces animaux.   (*Note de M. Bosc.*)

pas le mérite du poisson frais, on peut du moins le manger
le jour même et le lendemain sans répugnance. (Par.)

VIDANGE. On donne ce nom, à Paris, aux excrémens humains retirés des fosses d'aisance, et dont l'emploi en agriculture est profitable. *Voyez* AISANCE et POUDRETTE.

Un tonneau en vidange est celui qui n'est pas plein.

Comme l'action de l'air décompose le vin, l'intérêt des
cultivateurs, ainsi que celui des consommateurs, est que leurs
tonneaux ne restent jamais en vidange, et comme l'infiltra-
tion ou l'évaporation fait perdre une bouteille par mois aux
tonneaux pleins dans le nord de la France, ils doivent les
remplir avec du vin de qualité égale pris dans un autre tonneau, et ils le font avec d'autant plus de régularité, que leur
vin est plus fin et qu'ils craignent qu'il soit jugé moins bon,
à la dégustation qui précède la vente.

Généralement, dans les campagnes et même dans les petites
villes, on tire à même du tonneau le vin nécessaire à la consommation journalière, ce qui le tient en vidange et occasionne son affaiblissement, même sa détérioration. Il serait
bien avantageux pour l'intérêt particulier et par suite pour
l'intérêt général, que ce mauvais usage fût abandonné. Qui
empêche d'avoir de grandes bouteilles de terre contenant 15 à
20 litres, bouteilles dans lesquelles on mettrait en une seule
opération tout le vin d'un tonneau? Ce conseil, je l'ai mis à
exécution et je m'en suis fort bien trouvé. *Voyez* VIN et BOU-
TEILLE. (B.)

VIEILLE ÉCORCE. On donne ce nom dans les forêts aux
arbres qui ont été successivement réservés pour baliveaux pendant cinq coupes successives de taillis, de sorte que si l'amé-
nagement du taillis est de vingt ans, ces baliveaux en ont
cent vingt, ce qui est l'âge moyen des FUTAIES. D'après la loi,
il doit toujours y avoir quatre vieilles écorces dans chaque
coupe de taillis. (B.)

VIETE ou VIETTE. On donne ce nom, dans quelques
lieux, à la portion du sarment de l'année précédente, qui reste,
après la TAILLE de la VIGNE *Voyez* ces mots.

On conserve un bouton aux viettes des ceps faibles, et
deux et même quelquefois trois à ceux des ceps vigoureux. (B.)

VIEILLESSE. Époque où les êtres animés commencent à
perdre de leur action vitale d'une manière sensible, et qui finit
par la mort.

Les agriculteurs, sans des raisons de haute importance, ne
doivent point conserver leurs bestiaux jusqu'à cette époque,
puisqu'ils les entretiennent pour un service utile, et qu'ils
deviennent alors incapables d'en rendre.

Comme, excepté le cheval, la chair des bestiaux sert à la nourriture de l'homme, et que cette chair diminue de bonté à mesure qu'ils avancent en âge, on est en général déterminé à les livrer au boucher peu après l'époque de leur arrivée au *maximum* de leur accroissement. *Voyez* Bœuf, Mouton, Cochon, Chèvre, Lapin, etc.

La vieillesse des arbres est indiquée par la mort de l'extrémité de leurs branches les plus élevées, et se prolonge plus ou moins selon les espèces et la nature du sol. Il est toujours d'une bonne administration de les couper avant que cette indication devienne très-marquée, parce que le bois se carie alors au cœur et devient impropre à la charpente, à la menuiserie, etc. *Voyez* Couronnement, Carie et Bois.

Les Chinois donnent, en quelques années, à des arbres de grande stature l'apparence de la vieillesse en les plantant dans de petits pots remplis de mauvaise terre, et en retranchant sans cesse leurs racines et leurs branches; mais cela ne réussit pas toujours, on le conçoit facilement, puisque ces arbres nains sont extrêmement chers dans le pays précité.

Quoique la mode de ces arbres nains et d'apparence caduque n'existe pas en France, j'indique le 4e. vol. des *Transactions de la Société horticulturale de Londres*, et le court extrait que j'en ai donné dans le tome 18 de la nouvelle série des *Annales d'agriculture*, à ceux qui voudraient en créer. (B.)

VIF (BOIS). Indication des arbres qui présentent une belle végétation; on nomme encore ainsi les *bois durs*, par opposition avec l'acception du mot *mort-bois*.

VIGNE. Par sa position géographique, par la nature de son sol, par la variété de ses climats, par le nombre de ses abris, par l'étendue de sa population, la France est plus qu'aucun autre pays dans le cas de se livrer avec succès à la culture de la vigne; aussi depuis plusieurs siècles les produits de ses vignobles sont-ils regardés comme une des sources principales de sa richesse territoriale, et l'exportation qui s'en fait comme le moyen le plus certain de fixer en notre faveur la balance de notre commerce avec l'étranger.

Cependant, de toutes les natures de biens, la vigne passe pour être la moins avantageuse; et en effet on voit une population extrêmement pauvre dans presque tous les pays de vignobles, et les propriétaires qui n'ont que des vignes sont presque tous dans une gêne continuelle. Ces résultats tiennent, et à la nature même de ce bien, et à des causes politiques, et à des erreurs de culture, et à la position du propriétaire.

A la nature du bien, parce que la vigne est sujette à des accidens nombreux qui la rendent souvent improductive pendant plusieurs années consécutives, et qu'il faut cependant lui donner les mêmes façons que si elle avait payé ses frais. A quoi il faut ajouter que lorsque dans ce cas il survient une année abondante, le prix du vin s'avilit à un tel point que la vente de la récolte ne rembourse pas des avances des années antérieures.

A des causes politiques, parce que les impôts sur la vigne, sur le vin et ses produits sont extrêmement exagérés, fort inégalement répartis, puisque les vignes les moins productives paient souvent autant que celles qui le sont le plus, et que la qualité du vin, qui fixe sa valeur, entre rarement avec exactitude dans les élémens de la taxe qu'il supporte. Les guerres maritimes, aujourd'hui si fréquentes, de si longue durée, ont aussi les suites les plus funestes pour la plupart de nos vignobles, sur-tout sur ceux voisins des côtes et des grands fleuves.

Le perfectionnement de l'art d'extraire l'eau-de-vie des graines, des céréales, des pommes de terre, des fécules, etc., a aussi beaucoup nui à l'exportation de nos vins et de nos eaux-de-vie de vin dans le nord de l'Europe, en Afrique et en Amérique.

A des erreurs de cultures : Il est des vignes si mal placées relativement à la nature du sol et à l'exposition, dont les cépéages sont si mal choisis, dont les labours, la taille, l'échalage sont si négligemment exécutés, qu'elles ne rendent pas assez pour rembourser les frais qu'elles occasionnent. Je dois ajouter que la fureur d'avoir des vignes est telle, qu'il est des cantons privés d'une population suffisante pour en consommer les produits, et de routes pour l'exporter, où on ne cesse d'en planter, et où par conséquent le vin tombe au plus bas prix.

De la position du propriétaire : Plusieurs mauvaises années se succédant souvent, il ne peut, s'il est pauvre, ni faire les avances convenables pour entretenir sa vigne en bon état, ni attendre que le prix du vin soit remonté ; aussi la plupart, sur-tout en Bourgogne, sont-ils à la merci des commissionnaires avides, qui s'enrichissent à leurs dépens. *Voyez* COMMISSIONNAIRE.

C'est donc entre les mains de riches propriétaires qu'il est, sous tous les rapports, avantageux que soient les vignes, afin qu'ils puissent y verser libéralement des avances en tout temps, et qu'ils puissent attendre que les circonstances ramènent le prix du vin à un taux tel qu'ils trouvent du bénéfice à le vendre.

Mais, dira-t-on, il est un grand nombre de vignobles où il est d'usage d'abandonner le tiers, la moitié, les deux tiers de la récolte au vigneron, à charge de toutes les dépenses et de tous les travaux, et où par conséquent le propriétaire n'a qu'à recevoir son revenu, fort ou faible. Oui, répondrai-je; mais j'ai vécu dans plusieurs de ces vignobles, et l'expérience m'a convaincu que, soit que le vignoble produise du vin fin ou du vin commun, ce mode d'arrangement était aussi nuisible au propriétaire qu'au vigneron et qu'à la vigne même.

En effet, là j'ai vu les vignes extrêmement mal cultivées, c'est-à-dire que les vignerons y mettaient le moins possible de leur travail, nulle industrie réparatrice et point d'argent; aussi ne donnaient-elles que des produits inférieurs en quantité. Là, j'ai vu les vignerons, malgré leurs propriétaires, arracher les bons plants, qui presque toujours donnent de faibles récoltes, pour leur substituer ce qu'ils appellent des *grosses races*, qui fournissent davantage, mais de mauvais vin, sans s'inquiéter si la réputation du vignoble n'en souffrirait pas. Là, j'ai vu les vignerons, toujours obérés malgré la vie misérable qu'ils menaient, concourir à avilir le prix du vin en le vendant à tout prix, et malgré cela être forcés, dans le cours de l'année, de demander des avances à leur propriétaire, avances qui finissaient par être perdues en totalité ou en partie.

Pour compléter ce qu'il y a à dire sur cet objet, je copie le morceau suivant, rédigé par M. Dussieux.

« Quelques écrivains irréfléchis ont confondu la culture de la vigne en général avec le mode de la cultiver, et parce qu'il y a des vignerons à la mendicité et des propriétaires dans l'indigence, ils ont proposé d'arracher une partie de nos vignes pour relever la valeur de la partie restante.

» Pour que la proposition fût admissible, il faudrait que le terrain qu'occupent les vignes manquât à la reproduction d'une denrée plus précieuse, celle du blé, par exemple; ou que le vin fût tellement commun en France que ses habitans, suffisamment abreuvés de cette liqueur, et les demandes des étrangers plus que satisfaites à cet égard, il y en eût un excédant en pure perte pour l'état comme pour les propriétaires; mais combien il s'en faut qu'une telle supposition soit vraie, et par conséquent plausible! Faut-il encore répéter que les terres à blé ne sauraient convenir à la vigne, et que le terrain le plus propre à cette plante est celui qui, dans notre climat, convient le moins à tout autre genre de reproduction? Un arpent de vigne de Lafitte, de Latour, de Margaux en Médoc, ou de Haut-Brion dans les graves de Bordeaux, qui rapporte annuellement trois pièces de vin à raison de 5 à 600 francs chacune, donnerait à peine en seigle ou en bois 10 à 12 fr. par an. Par quel végétal utile remplacerait-on la vigne dans les territoires d'Arbois, de Condrieux, et sur presque toute la côte du Rhône?

» Ajoutons à cela que le terrain consacré en France à la culture de la vigne serait d'une étendue presque double de celle qu'elle y occupe aujourd'hui, que son produit suffirait tout au plus à la consommation de ses habitans. En prenant pour base de ce produit les vignes dont la culture est soignée et dont une aveugle parcimonie ou une affligeante indigence ne restreint point les frais d'exploitation, on obtient, année commune, sept poinçons par arpent; mais comme dans la combinaison de la valeur vénale du produit d'un tel arpent nous avons soustrait un huitième de chaque propriété, censé employé au renouvellement du vignoble, nous devons borner le rapport à six poinçons et un huitième.

» Voyons maintenant quel est le nombre d'arpens ou de demi-hectares employés à cette culture. Plusieurs écrivains se sont occupés de cette importante question, d'autant plus difficile à résoudre, qu'il n'a encore paru aucun travail élémentaire ou méthodique qui puisse diriger une pareille recherche; mais en suivant ceux adoptés par les économistes, on voit qu'il y a 1 million 600 mille arpens (1) employés en France à la culture de la vigne, et que cette quantité, à six poinçons un huitième par chaque arpent, donne un total de 9 millions 688 mille barriques (2).

» La population de l'ancienne France s'évaluait assez généralement à vingt-quatre millions d'individus, desquels on doit en déduire quatre pour les enfans hors d'état de boire du vin. On doit supposer que la moitié des autres citoyens en est privée, ou par indigence, ou parce que d'autres boissons, comme le cidre ou la bière, le suppléent. Ainsi la consommation du vin se trouvera restreinte aux besoins de dix millions d'individus de l'un et de l'autre sexe.

» La consommation habituelle et modérée d'un homme est de deux barriques ou poinçons, la moitié suffit pour celle d'une femme : on en devait donc consommer en France 15 millions de pièces. Si on ajoute à cette quantité de vin celle qu'on emploie à la fabrication des eaux-de-vie et des vinaigres, aux usages de la pharmacie et de la cuisine, et enfin celle qu'on exporte à l'étranger, on trouvera un nouveau déficit de 1,800 mille pièces sur ce que devrait être le rapport des vignes de France, soit pour la consommation intérieure, soit pour

---

(1) 1,613,939 hectares, selon Chaptal, *de l'Industrie française*; 1,73 ,600 hectares, selon Jullien, *Topographie des vignobles.*

(2) 35,358,890 hectolitres, selon Chaptal, même ouvrage; 31,021,952 hectolitres, selon Jullien, même ouvrage.

son commerce du dehors, puisqu'il faudrait pour remplir l'une et l'autre de ces destinations un produit général d'au moins 16 millions 800 mille pièces, c'est-à-dire, d'une part, la récolte de 2 millions 800 mille arpens, donnant chacun 7 barriques, et en outre l'emploi en jeunes ceps, pour le renouvellement des vignes, de 343 mille arpens. Il faudrait donc que la culture de la vigne occupât, sur le sol français, 2 millions 743 mille arpens, tandis qu'un million 600 mille seulement lui sont consacrés. Dans le premier cas, le produit territorial des vignes de France, converti en argent, chaque arpent produisant 7 barriques, et chaque barrique représentant la valeur de 45 fr. 25 cent., porterait cette seule branche de revenu annuel à la somme de 761 millions 270 mille fr. (1).

» Le gouvernement français doit donc le plus grand encouragement à la culture des vignes, soit qu'il considère ses produits relativement à la consommation intérieure, soit qu'il les envisage sous le rapport de notre commerce avec l'étranger, dont il est en effet la base essentielle. »

Les climats trop chauds et les climats trop froids sont également contraires à la nature de la vigne, aussi ne la cultive-t-on en grand et avec profit qu'entre le 25e. et le 52e degré de latitude. Schiras, en Perse, est je crois le point le plus méridional, et Coblentz le point le plus septentrional où on la voit prospérer.

Mais dans les climats froids il est des localités qui, au moyen des abris, éprouvent pendant l'été une chaleur égale à celle des climats chauds ; ce sont celles qui sont exposées au midi, et garanties par des montagnes des vents du nord, de l'est et de l'ouest.

Plus les vallées sont profondes, et plus la culture de la vigne se prolonge du côté du nord, comme le prouvent celles du Rhin, de la Moselle, etc.

L'exposition est donc la première chose qu'on doit considérer dans chaque pays quand on veut planter une vigne dans le milieu et le nord de la France.

.....*Denique apertos*

Bacchus amat colles...., dit Virgile, et beaucoup de personnes pensent qu'on ne peut recueillir de bon vin dans les plaines. Cela est vrai en général, sur-tout dans le nord ; cependant il est beaucoup de vignes en plaines, ou presque en plaines dans tous les pays de vignobles. Le canton de Saint-

---

(1) On voit que ce calcul est fautif, puisqu'il repose sur une erreur de plus de moitié, dans le nombre des arpens ; mais ses conséquences n'en sont pas moins vraies : c'est pourquoi j'ai dû le conserver.

(*Note de M. Bosc.*)

15 *

Denis est en plaines, et c'est celui qui donne le meilleur vin d'Orléans. Le Médoc est en plaines, et on sait combien est supérieur le vin qu'il fournit. Il en est de même de beaucoup de vins de Languedoc, de la côte du Rhône, du pays d'Aunis. Il est plusieurs excellens vignobles en Bourgogne qui sont dans la même situation.

Plus on approche du côté du nord, et plus il paraît nécessaire de ne planter les vignes que sur les coteaux, à raison de la plus grande action des rayons du soleil, et de la moindre influence de l'humidité du sol.

Il est beaucoup de vignobles en France où les vignes sont, naturellement ou par art, disposées en terrasses placées les unes au-dessus des autres. J'indiquerai ailleurs les moyens de les établir presque sans dépense au moyen de haies transversales.

Lasteyrie a figuré, tome 2 de son ouvrage intitulé Collection des machines et instrumens employés à l'agriculture, un coteau de Catalogne qui est complétement disposé en terrasses pour la culture de la vigne. Il est bien à désirer, sous tous les rapports, que les nôtres le soient de même. *Voyez* TERRASSE.

L'exposition du nord est généralement regardée comme la plus mauvaise pour la vigne; cependant les vins du Rhin, si estimés de quelques personnes, proviennent de vignes situées au nord, du moins dans la vallée du Rhin jusqu'à Bonn, et dans celle de la Meuse jusqu'au-delà de Liége; cependant les excellens vins de la montagne de Reims, contrée où se termine la vigne sous ce méridien, proviennent de vignes ayant cette exposition.

Les meilleurs crus des vignes d'Indre-et-Loire, de Saumur, d'Angers, sont encore au nord. Il est peu de vignobles dans l'est de la France où il ne se trouve des vignes à cette exposition, ainsi que je l'ai vérifié, et souvent ces vignes sont celles dont les produits sont les plus estimés, comme je le ferai voir plus bas.

Les vignes au nord ont par-tout un avantage sur les autres, c'est qu'elles sont moins sujettes aux effets désastreux des gelées du printemps. *Voyez* EXPOSITION.

La vigne s'accommode de toute espèce de terrain, pourvu qu'il ne soit pas imperméable à ses racines, ou abreuvé par des eaux corrompues; mais pour qu'elle donne un raisin abondamment fourni de principe sucré, il faut qu'elle soit dans un terrain sec et léger.

La nature du sol est donc, dans le même cas, la seconde chose qu'on doit examiner.

J'ai annoncé plus haut qu'il y avait des variétés de raisins qui étaient plus sucrées, d'autres plus productives, etc. ; qu'il s'en trouvait qui voulaient être mélangées avec d'autres pour donner des vins de bonne qualité.

Le choix de la variété ou des variétés est la troisième chose à laquelle il faut faire attention encore dans le même cas. Je reviendrai plus bas sur cet objet.

Enfin la culture ayant une puissante influence sur l'époque de la maturité, sur la qualité, sur la grosseur du fruit, c'est sur le choix de cette culture qu'il faut ensuite porter ses regards. La suite de cet article le prouvera.

Plus on s'élève sur les montagnes, et plus la température diminue. Les vignes plantées sur celles très-hautes des pays chauds se trouveront donc dans le cas de celles plantées dans les plaines des pays tempérés ou froids. C'est pourquoi on cultive la vigne en Abyssinie, dans le Liban, lorsqu'on ne le peut dans le Sennar, à Damas.

Plus l'inclinaison d'un coteau est considérable, et plus il reçoit directement les rayons du soleil : la vigne donnera donc du vin d'autant meilleur dans le nord, que ce coteau sera plus rapide.

La chaleur qui s'est accumulée dans la terre pendant les jours de l'été commence à en sortir dès que les nuits deviennent fraîches, c'est-à-dire avant que le raisin soit complétement mûr. Il conviendra donc de tenir les raisins d'autant plus près de terre, afin qu'ils profitent de cette chaleur, qu'ils seront dans un climat plus froid.

Cette influence de la chaleur de la terre varie, au reste, beaucoup. Elle est plus grande, 1°. dans les terres noires, parce qu'elles absorbent mieux les rayons du soleil ; 2°. dans les vignes où les ceps sont peu rapprochés, parce que les mêmes rayons ont pu y pénétrer en plus grande quantité ; 3°. dans les terrains en pente, parce qu'il s'est moins perdu de rayons ; 4°. dans les terres sèches, parce que la chaleur n'est pas entraînée ou enchaînée par l'eau, à laquelle elle tient beaucoup. Elle est plus durable sur les coteaux, contre les murs et autres lieux abrités des vents, qu'au sommet des montagnes et dans les plaines. C'est par l'effet des abris causés par le grand nombre de feuilles, de tiges et d'échalas, qui empêchent l'évaporation rapide de cette chaleur terrestre, qu'on peut expliquer le fait contraire à un des précédens, observé dans certaines vignes des environs de Paris, où les ceps se touchent, que la maturité est plus hâtive que dans celles voisines, où ces ceps sont plus espacés.

La partie moyenne des coteaux donne par-tout le meilleur vin, parce que les raisins y mûrissent mieux. J'ai constamment remarqué que ceux de la partie la plus élevée et de la partie la plus basse étaient en retard, les premiers, parce qu'ils étaient battus par les vents, les seconds, parce qu'ils avaient

le pied dans l'eau et qu'ils poussaient plus vigoureusement.
Voyez ARROSEMENT et ENGRAIS.

Les variétés à maturité hâtive ayant plus de chances favorables pour arriver à leur complète maturité dans les pays
froids que les variétés tardives, elles devront être préférées.

Comme les bois et les eaux refroidissent la température de
l'air, il faudra en éloigner d'autant plus les vignes qu'elles
seront dans un climat plus froid.

C'est à obtenir le mucoso-sucré dans le raisin, c'est-à-dire
le principe véritablement fermentescible, que doivent tendre
les travaux du vigneron : or, on ne l'obtient qu'en favorisant,
par tous les moyens possibles, la complète maturité du raisin.

Pour que le raisin parvienne à sa maturité, il faut que la
quantité de la sève soit dans une juste proportion avec l'intensité ou la durée de la chaleur atmosphérique. S'il n'y a pas
assez de sève, la végétation est suspendue, les feuilles tombent, et le fruit reste au point où il était quand la chaleur l'a
saisi. Si, au contraire, il y a trop de sève ou pas assez de chaleur, il pousse continuellement de nouveaux bourgeons, de
nouvelles feuilles; mais le raisin reste vert, ou ne parvient
qu'à une demi-maturité.

Les vignes en terrain trop sec et trop exposé aux feux brûlans du midi sont peu productives, mais donnent du vin de
bonne qualité. Souvent pendant l'été elles jaunissent et perdent leurs feuilles, ce qui, répété plusieurs fois de suite amène
la mort des ceps. *Voyez* SÉCHERESSE et JAUNISSE.

De ces deux cas, le second est le plus commun en France;
mais il y a des années où le premier nuit beaucoup au résultat
des vendanges, même dans les climats froids. Il serait avantageux, certaines années, de pouvoir arroser certaines vignes
des parties méridionales de la France, comme, au rapport
d'Olivier de l'Institut, on le fait généralement en Perse.

Les anciens connaissaient l'utilité de tenir les racines des
vignes dans un état constant de fraîcheur. On lit, dans les
Géoponiques, qu'en les plantant *il faut mettre autour de chaque
cep trois ou quatre pierres de médiocre grosseur que l'on couvre
de terre, en évitant soigneusement d'endommager les yeux, et
par-dessus on met encore d'autres pierres de même grandeur.
Ces pierres empêchent que les terres se tassent trop et main-
tiennent la fraîcheur pendant l'été.*

Des vignes trop rigoureusement épierrées ont souvent prouvé
par leur mort la bonté de ce précepte.

C'est pour y obéir que Rozier avait fait paver ses vignes des
environs de Beziers.

Je crois donc qu'on ne met pas généralement assez d'importance à la dessiccation du sol des vignes, dans les cantons où

il est argileux et exposé à recevoir les eaux supérieures; cependant la mauvaise qualité des vins dans un tel sol fait voir que l'influence de l'eau est très-nuisible sous ces deux rapports.

En conséquence, je dois recommander de couper, au préalable, les terrains de cette nature où on se propose de planter des vignes, par des fossés profonds dirigés sur les pentes, et qui seront remplis de pierres ou de branches d'arbres. *Voyez* Pierrée et Égout.

Pallas rapporte qu'on arrose généralement les vignes dans la Crimée, je l'ai également vu faire aux environs de Milan. Combien est mauvais le vin de vignes ainsi conduites!

C'est sur-tout dans les climats froids qu'une terre plutôt sèche qu'humide convient à la vigne, lorsqu'on met quelque importance à la bonté de ses produits.

Cependant il est quelques variétés, sur-tout parmi celles qui donnent de gros raisins, qui prospèrent dans les sols argileux humides. Une des meilleures que je connaisse est le pulsare, si en faveur, et avec raison, dans les vignobles du Jura.

Mais quelle nature de terre convient à la vigne? L'importance, que dans certains vignobles et même certaines parties de vignoble on attribue à la terre sur la qualité du vin, est-elle bien réelle?

Si on parcourt les pays de vignobles, on voit d'excellens vins et de très-mauvais vins provenant de vignes cultivées dans la même sorte de terre.

« Le petit vignoble de Morachet, dit M. Dussieux, est distingué en trois parties; chacune de ces parties n'est séparée de l'autre que par un petit sentier; d'ailleurs elles forment un ensemble dont l'exposition est la même sur tous les points : même nature de terrain, quant à la couche supérieure; mêmes espèces de plants, même culture, même époque de vendange, mêmes soins et mêmes procédés dans la fabrication des vins. Jugeons maintenant, par les prix des récoltes, de la différence de leurs qualités. Quand une pièce de vin du premier Morachet se vend 1,200 francs, celle du second se vend 800 fr., et et celle du troisième 400 fr. seulement. »

M. Dussieux semble croire que la nature ou la disposition des couches inférieures inconnues est la cause de cette différence de qualité; mais l'abri est-il le même pour toutes les parties de ce vignoble? Mais l'âge du premier est-il le même que celui du second et du dernier? Je vérifierai ces faits.

Cette influence de l'âge, qui se remarque dans tous les fruits et qui les rend plus petits et moins nombreux, mais très-sucrés, est extrêmement puissante sur la vigne, ainsi qu'on en a mille et mille preuves. C'est à elle qu'on attribue en Bourgogne la qualité supérieure de la première cuvée du clos de Vougeot, clos dont j'ai examiné la terre en minéralogiste et en agriculteur, et qui, comme Morachet, se divisait aussi, avant la révolution, en trois parties fort inégales en valeur ; c'est à elle qu'est due la différence si marquée qui existe entre les vins de Migraine, près Auxerre, des Closets, près Epernay, et ceux du reste de ces vignobles. Dans tous les vignobles que j'ai vus, on m'a cité des faits du même genre. Tous les villages depuis Dijon jusqu'à Beaune, offrent une différence dans la nature de leur vin, différence dont j'ai fréquemment pu juger sur les lieux, dans ma jeunesse.

Mais les causes de ces différences peuvent être si variées, qu'il est toujours fort hasardeux de dire laquelle a agi le plus puissamment dans telle localité.

Point de doute pour moi que la nature et la disposition des couches inférieures de la terre, dans une profondeur qui varie suivant cette nature, n'influent sur la qualité du raisin ; mais comme la culture ne peut avoir d'action sur elles au-delà de 2 à 3 pieds, sans des dépenses qu'elle ne peut supporter, il ne faut considérer leur influence que sous un point de vue général.

Les cas où cette influence est la plus nuisible sont ceux où la couche de terre cultivée est peu épaisse, et où il se trouve dessous ou une roche ou une argile imperméable aux racines.

Quelques vignes qui sont dans ce dernier cas et en même temps sur des coteaux peu inclinés ou en plaine, offrent de plus un inconvénient très-grave. C'est que la couche d'argile retenant les eaux pluviales, les ceps ont une partie de leur pied dans l'eau ; ce qui fait avorter leurs fleurs, empêche de mûrir leurs fruits, ou ôte à leurs vins toute qualité, et rend leurs bourgeons plus sensibles à la gelée.

Lorsque le mois de mai est pluvieux, les grappes de la vigne s'allongent plus que lorsqu'il est sec, ce qui ne serait pas un mal si le reste de la saison était favorable.

Je crois devoir attribuer à cette cause, jointe à la grande chaleur du climat, le fait que j'ai observé dans le jardin de botanique établi par Michaux à quelque distance de Charleston, Caroline du sud. Là, les vignes apportées de France offraient, pendant six mois de l'année, sur la même grappe, des boutons, des fleurs, dont la plus grande partie avortaient, des grains verts de toutes les grosseurs et des grains mûrs. Cette circonstance empêchera probablement toujours la culture de la vigne dans cette partie de l'Amérique.

La plus grande partie des vignobles de la France que j'ai parcourus, et j'en ai parcouru beaucoup, sont dans une terre argilo-calcaire, tantôt primitive, comme ceux de Langres à

Lyon, passant par Dijon, Nuits, Châlons; ceux de la Moselle, du Barrois, du Haut-Rhin, de la Haute-Saone, du Doubs, du Jura, de la Haute-Marne, tantôt secondaire, comme ceux de l'entre-deux mers à Bordeaux; une partie de ceux des environs de Paris, etc.

La plus grande partie des vignes des départemens formés de la ci-devant Champagne, qui, comme on sait, fournissent des vins fort estimables, sont plantés sur la craie; souvent il n'y a pas plus de 5 à 6 pouces d'argile, ou, mieux, de marne au-dessus de la roche, au reste toujours fendillée. Dans les années sèches, ces vignes souffrent beaucoup, comme je l'ai observé en 1810.

L'abbé Zucchini, dans un mémoire sur la culture de la vigne dans le Trévisan, dit qu'on croit dans ce pays que le terrain qui convient le mieux à la vigne est celui composé d'argile et de craie mêlée de cailloutage, c'est-à-dire celui qui conserve un certain degré de fraîcheur pendant l'été.

Creuzé Latouche avait attribué à la craie la faiblesse des vins de Champagne; mais mes observations dans cette contrée me portent à croire qu'elle est due au peu de chaleur du climat, car il est rare que la blancheur de la craie, qui est à un pied de profondeur, terme moyen, puisse influer sur la maturité du raisin.

Dans ces sortes de terrains, l'abondance des pierres est tantôt regardée comme un avantage, tantôt comme un inconvénient.

La nature de terre qui en offre ensuite le plus est un gravier argileux, tel que celui des graves de Bordeaux, des environs de Nîmes, de Montpellier, de la côte du Rhône, de Montélimart, d'Allan, de Donzère, de Châteauneuf-du-Pape, autrement la Nerte, de quelques cantons des environs de Paris, etc.

Il est d'excellens vins et de très-mauvais vins dans les détritus des granits, comme ceux de Côte-Rotie, de l'Hermitage, de la Romanèche, de Chenard, de Beaujeu, parmi les premiers; et de tant de localités de la haute Bourgogne, des Vosges, des Cévennes, du Limousin, parmi les derniers.

Les vins d'Anjou croissent dans les schistes, et je sais, par expérience, combien ils sont bons. Ce sont des vins blancs, que leur caractère sucré et pétillant rapproche beaucoup de ceux de Côte-Rotie, de Saint-Peray et autres voisins.

Il en est de même de ceux si estimés d'Oberwesel, Kaub, Vogtsberg et Kulhberg sur les bords du Rhin. J'en ai bu aussi dans les départemens de l'est, qui différaient peu en qualité de ceux récoltés dans le calcaire argileux primitif.

Tantôt les déjections volcaniques donnent un vin de première qualité, comme les vins du Rhin (une partie), les vins du Vésuve, de l'Etna, de Rochemaure en Vivarais; tantôt ils en fournissent de fort médiocres, comme ceux de l'Auvergne. Mais ici le climat est froid, à raison de son élévation.

Les argiles qui retiennent les eaux pluviales ne donnent jamais que des vins médiocres.

Quelquefois les terres à vignes sont extrêmement surchargées d'oxide de fer jaune ou rouge, et n'en sont pas moins propres à donner un bon vin.

Creuzé Latouche, déjà cité plus haut, recherche quelle est l'influence de la nature du sol sur la bonté des vins rouges, comparativement aux vins blancs. Ses résultats ne m'ont pas paru assez concluans pour devoir être transformés en principes; mais il est à désirer qu'on étende ses observations à un plus grand nombre de localités. Il était trop persuadé de la prédominance de l'influence du sol pour n'être pas exposé à erreur.

En général, comme je l'ai déjà observé, on ne doit consacrer aux vignes que les terres légères et peu propres, soit par leur nature, soit par leur position, à donner des produits en céréales ou autres cultures, parce que ce sont celles où la vigne trouve justement la quantité d'humidité nécessaire pour faire arriver les raisins à toute leur grosseur, et pas assez pour qu'elle puisse contrebalancer l'action de la chaleur solaire sur la formation du mucoso-sucré, et sur l'évaporation, lors de la maturité, de la partie aqueuse surabondante; formation et évaporation d'où dépend la bonté du vin. Par cette sage distribution, telle pièce de terre qui n'aurait fourni que des buissons, parce que sa pente trop inclinée, la grande quantité de pierres dont elle est parsemée n'en permet pas le labour à la charrue, ou parce que, trop exposée aux feux du soleil et n'ayant pas une épaisseur de terre assez considérable, la plupart des autres articles de la culture n'y auraient pas trouvé, pendant l'été, assez d'humidité pour prospérer, produit un gros revenu, quelquefois plus considérable qu'aucun autre du même genre.

Un sol riche est avantageux lorsqu'on désire l'abondance, mais non quand on recherche la qualité, par la raison que, dans le premier cas, la végétation se prolonge plus long-temps, et que les feuilles sont plus grandes; c'est-à-dire que la végétation ne cesse que lorsque les chaleurs sont déjà tombées, et que les raisins sont trop abrités des rayons du soleil, véritables producteurs du mucoso-sucré.

Comme ayant des racines à demi pivotantes et à demi traçantes, la vigne s'accommode également d'un sol profond ou d'un sol qui n'a qu'un pied et moins d'épaisseur de terre. Aux motifs de préférence pour un sol de cette dernière nature se joint la considération que ses racines y ressentent plus facilement les impressions de la chaleur solaire, qu'elle y entre plus promptement en végétation au printemps, et y élabore mieux sa sève en été, et que le raisin y arrive plus promptement à maturité en automne. Je ne puis trop répéter que, puisque c'est l'intensité de la chaleur qui, avec le choix de la variété, influe le plus sur la qualité du vin, il faut saisir toutes les circonstances pour augmenter cette intensité ; et qu'en tout pays, le raisin qui mûrit un mois plus tôt, jouissant de la chaleur du soleil d'été, doit être plus sucré que celui qui ne mûrit que lorsque cette chaleur s'est affaiblie.

Il est un grand nombre de localités où, sous une couche peu épaisse de terre argilo-calcaire, on trouve une roche fendillée dans tous les sens, et dont les lits sont peu épais. Ces localités sont extrêmement avantageuses à la culture de la vigne, en ce qu'une partie des racines s'insinue dans ces interstices, et y trouve, pendant les chaleurs de l'été, quelle que soit la sécheresse de la surface, le degré d'humidité justement nécessaire à sa végétation. *Voyez* LAVE CALCAIRE.

C'est par le même principe, ainsi que je l'ai déjà observé plus haut, que les terrains les plus surchargés de pierres sont préférés dans beaucoup de cantons, et que Rozier avait fait, avec succès, paver ses vignes des environs de Beziers, vignes que j'ai vues, et qui sont en effet dans un terrain très-aride et à une exposition extrêmement brûlante. Cette expérience, au reste, n'a duré que quelques années, l'acquéreur de son bien n'ayant pu résister aux plaisanteries de ses voisins.

Lasteyrie, dans le second volume de sa *Collection des machines employées à la culture*, a figuré un mur de terrasse, dans les trous duquel on a planté des vignes. Je n'ai pas vu pratiquer cette culture en France ; mais je dois la noter, malgré que je la croie désavantageuse.

Ce que j'ai dit plus haut de l'influence de la variété sur la qualité du vin ne peut me dispenser de revenir sur cet objet, parce que je ne l'ai pas considérée sous tous ses rapports.

Et ce n'est pas d'aujourd'hui que l'influence de la variété est reconnue, car Caton, Celsus, Columelle chez les Romains, et Olivier de Serres chez les modernes, mettent son choix au premier rang des considérations auxquelles doivent faire attention ceux qui entreprennent la plantation d'une vigne.

Cette influence agit directement ou indirectement : directement, lorsqu'une variété arrivée à sa complète maturité a ou n'a pas, par sa nature même, abondance de mucoso-sucré ; indirectement, lorsque, mûrissant avant ou après la diminution de la chaleur solaire, elle peut acquérir ou non cette abondance de mucoso-sucré dans tel ou tel climat.

Ainsi, le pineau de Bourgogne et autres véritables pineaux ;

ainsi, le morillon hâtif du Jura, à bois taché de brun, parmi les noirs; le fié vert du Jura, le meslier des environs de Paris, parmi les blancs, donneront par-tout du bon vin; ainsi, le meunier, le gamet de Bourgogne, le saumoireau ou gonais de l'Aube, en donneront par-tout du mauvais; et le terret du Gard, l'aspirant de l'Hérault, le boutillant des Bouches-du-Rhône, parmi les rouges; et le broumesque de l'Aude, le bon boulenque de Vaucluse, parmi les blancs, qui fournissent de bons vins dans ces départemens, n'en offriront que de détestables aux environs de Paris, faute de pouvoir y acquérir le degré de maturité convenable.

Mais malheureusement beaucoup de vignerons tirent à la quantité plutôt qu'à la qualité, et alors ils choisiront, en rouge, le carignan de l'Hérault, la chaliane de la Drôme, le feld-linger du Bas-Rhin, le merveillat de Vaucluse, le pique-poule de la Haute-Garonne; et en blanc, la clairette de Vaucluse, le courtanet de Lot-et-Garonne, le lourdaut de la Drôme, le melon de la Côte-d'Or, le sauvignon du Jura, le sémillon de Lot-et Garonne, toutes bonnes variétés; ou, parmi les rouges, le croc noir de la Mayenne, le raisin rouge du Cantal, le moutardier de Vaucluse; et parmi les blancs, la Rochelle de Seine-et-Marne, le piquant-Paul des Basses-Alpes, le Saint-Pierre de la Charente-Inférieure, la vicane du même département, toutes variétés qui s'annoncent comme devant donner des vins plats, c'est-à-dire sans force.

J'aurais pu beaucoup augmenter cette liste, la rendre utile pour la pratique, si j'étais plus assuré de la justesse de la nomenclature de la pépinière du Luxembourg, et si je ne craignais de donner des notions repoussées par l'expérience. Je préfère laisser beaucoup à désirer, que de hasarder des conseils d'un effet incertain. Il me faudra encore plusieurs années d'étude, et des voyages spécialement consacrés à l'observation des vignobles, pour être en état de parler pertinemment sur cet objet. Ce que j'offre aujourd'hui au lecteur n'est qu'un léger aperçu de ce que j'espère pouvoir présenter un jour au public, si les circonstances favorisent mes désirs.

Sestini, dans son Voyage de la Grèce asiatique, donne les noms de vingt et une variétés de raisins cultivées à Cyzique; ce qui prouve qu'on sait les distinguer dans l'Asie mineure comme en France.

On a souvent remarqué que lorsqu'une variété à cépéage vigoureux se trouve trop voisine d'une autre à cépéage faible, la première absorbe toute la nourriture de la seconde, la fait souvent couler à l'époque de la floraison et même occasionne quelquefois sa mort.

Il se trouve dans le vignoble d'Epernay deux sous-variétés

de pineau, dont l'une ne porte pas de fruit lorsque l'autre en est surchargée, et cela avec beaucoup de régularité.

On a établi que les raisins à peau mince donnaient les meilleurs vins; mais quoique cela soit vrai généralement dans le nord, témoin le pineau, je ne crois pas qu'il faille repousser dans le midi ceux à peau épaisse.

La différence des variétés des vignes, relativement aux climats, doit être prise en sérieuse considération, sur-tout quand on les transporte du midi au nord; car la plupart ne trouvant plus dans ce dernier climat le degré de chaleur nécessaire à la complète maturité de leur raisin, n'y peuvent donner ces vins capiteux ou liquoreux qui les rendent si précieux dans le premier. On peut voir chaque année la preuve de ce fait dans la pépinière du Luxembourg, où les plants du midi se font remarquer par la vigueur de leur végétation, la grosseur de leurs grappes et de leurs grains, et le peu de saveur de leur suc.

Il est encore un point de vue sous lequel les cultivateurs de vigne doivent considérer les variétés des cépéages : c'est la durée des vins. Beaucoup d'auteurs ont parlé de cet objet en général, mais je ne trouve nulle part des notions positives sur ce qui le concerne : c'est un travail tout neuf que je me propose d'entreprendre, mais qui exige tant d'expériences et un si long temps, qu'il est douteux que je puisse le terminer.

Beaucoup de variétés de raisins demandent un terrain plus fertile que d'autres, soit parce qu'étant très-vigoureuses, il leur faut plus de principes nutritifs, soit parce qu'étant très-faibles, elles ont plus de peine pour aller chercher au loin ces principes, ou pour suppléer par leurs feuilles à ceux qu'elles ne trouvent pas dans une terre aride. Ces circonstances se remarquent mieux dans les variétés du midi que dans celles du nord, les premières étant, comme je viens de le dire, généralement plus vigoureuses et plus fortes dans toutes leurs parties que les dernières, et certaines fournissant immensément de grappes, des grappes pesant plusieurs livres, et offrant des grains de la grosseur du pouce. Le pulsare du Jura doit être cité à l'appui de ce que je viens de dire, parce qu'il est le type des bons vins rouges de Salins, d'Arbois, de Lons-le-Saulnier, qu'il croît mieux dans l'argile qu'autre part; qu'il a de gros grains, des grappes très-garnies et très-nombreuses.

Je finis ce trop court exposé de l'influence de la variété sur la qualité du vin par engager les propriétaires de vignes à donner à cet objet plus d'attention qu'on n'en a donné jusqu'à présent, et à publier le résultat de leurs observations. Ce n'est que par leur concours qu'il est possible d'espérer avoir un jour un traité complet de la vigne, ce qui a paru jusqu'à présent sous ce titre n'étant que l'exposé de la culture usitée dans tel ou tel vignoble.

Un si grand nombre de faits tendent à prouver l'influence de la culture sur la qualité du raisin, et par conséquent sur celle du vin, qu'il n'est pas permis de la méconnaître; les grappes qui mûrissent en Sicile et dans les îles de l'Archipel au sommet des plus grands arbres, en Italie sur des arbres rabattus à 10 ou 12 pieds de haut, dans les plaines du Languedoc sur des souches de 2 à 3 pieds, ne peuvent mûrir dans le nord que lorsqu'elles sont tenues à quelques pouces de terre ou appliquées contre un mur.

Ceci indique qu'il doit y avoir, sous ce seul rapport, autant de modes de culture de vigne qu'il y a de climats.

Une terre riche en principes végétatifs peut nourrir des vignes plus élevées, et sur le même espace un plus grand nombre de vignes qu'une terre aride Ces deux sortes de terres, du moins dans les extrêmes, exigent donc une culture différente.

Les vignes plantées sur des coteaux très-inclinés en demandent également une un peu différente de celle en plaine, et parmi ces dernières celles qui conservent les eaux des pluies pendant l'hiver (leur nombre ne laisse pas que d'être considérable) une culture différente de celles qui restent sèches pendant toute l'année.

Chaque variété en exige également une particulière, et cette circonstance entre peut-être pour beaucoup dans le non succès des efforts faits par tant de propriétaires qui ont tenté de relever la qualité de leurs vins par l'introduction de plant pris dans les plus fameux vignobles.

Ils ont donc tort ces écrivains qui ont voulu que la culture usitée dans leurs vignes fût la meilleure, et qui en conséquence exigent qu'elle soit adoptée par-tout.

Les détails auxquels je me livrerai en parlant de la culture des différens vignobles de la France prouvera ces faits d'une manière irrésistible.

Les racines de la vigne sont en partie pivotantes et en partie traçantes, et toujours fortement garnies de chevelus : on en a cité qui pénétraient perpendiculairement jusqu'à 60 pieds sous terre. Ses tiges sont cylindriques, grêles relativement à leur longueur, et ont en conséquence besoin de s'appuyer sur les branches des autres arbres pour se soutenir en l'air. Elles sont divisées, dans leur jeunesse, par des nœuds ou des saillies plus ou moins grosses, d'où sortent les feuilles, les vrilles et les fruits. Leur écorce, de couleur fauve, plus ou moins foncée dans la jeunesse (quelquefois elle reste verte ou se tache de brun),

devient brune en vieillissant, se sépare en lanières et se renouvelle chaque année.

Dans le sarment de l'année, la moelle occupe presque tout
le diamètre du bois; l'année suivante, elle diminue par la
contraction de l'aubier. On n'en voit presque plus dans les
très-vieux pieds. *Voyez* Moelle.

On a remarqué, dans les vignobles septentrionaux de la
France, que les cépages à petite moelle et à nœuds rapprochés donnaient du vin de première qualité : les pineaux ont
en effet ces deux caractères.

Un pied de vigne s'appelle un cep, quelquefois une souche
dans le langage des vignerons.

Après la vendange, on nomme sarment les bourgeons alors
aoutés. *Voyez* ces mots.

On indique par les mots courson, sifflet, etc., la portion du sarment qui a été laissée par suite de l'opération de la
taille.

Un sarment couché en terre prend le nom de provin dans
beaucoup d'endroits.

Lorsqu'on réserve un sarment de grande longueur pour obtenir une plus grande quantité.de raisins, on appelle ce sarment une sautelle, un courbau, un arc, un archet, etc.

Les feuilles de vigne sont palmées, c'est-à-dire découpées
en cinq lobes eux-mêmes dentés. Elles sont portées sur un
long pétiole presque cylindrique et placées alternativement
sur la tige. Leur grandeur, la forme de leurs découpures,
leur couleur varient beaucoup. Tantôt elles sont planes, tantôt
elles sont plus ou moins tourmentées, tantôt elles sont bullées.
Leur surface inférieure est ou glabre ou hérissée de poils raides, ou garnies de filamens blancs. Elles se colorent en automne
ou de rouge, ou de jaune, ou de brun.

Les vrilles de la vigne sont opposées à ses feuilles ; elles se
divisent ordinairement en deux parties, lesquelles se con-
tournent et s'entortillent autour des branches des arbres, des
échalas et autres objets du même genre qui sont à leur portée.
Elles doivent être regardées comme des grappes avortées,
et en effet on peut les ramener à porter des grains en supprimant les véritables grappes à l'époque de leur développement,
et en pinçant en même temps l'extrémité du bourgeon qui les
porte, pour y faire refluer la Sève. *Voyez* ce mot.

L'Œil et le Bouton (*voyez* ces mots) sont enveloppés par
trois ou quatre écailles coriaces, sous lesquelles, sur-tout dans
la partie supérieure, se trouve une bourre de couleur blanche
ou rousse, qui la garantit des eaux de la pluie et des gelées de
l'hiver.

Dans quelques endroits, on donne au bouton le nom de
Bourgeon (*voyez* ce mot); mais c'est mal à propos.

La vigne est du nombre des arbres qui développent toutes
leurs feuilles et leurs fruits sur le bourgeon ou la pousse de
l'année. Ce fait est d'une grande importance à connaître, car
c'est sur lui qu'est fondée une partie des principes sur lesquels
est appuyée la culture de la vigne.

C'est, ainsi que je l'ai déjà dit, à la base du bourgeon que
se trouvent les grappes, autre circonstance également très-
fort dans le cas d'être prise en considération.

Non-seulement il faut un bourgeon pour avoir du raisin,
mais encore un bourgeon sortant du bois de l'année précédente.
Tous ceux qui sortent du vieux bois, et il en sort presque tous
les ans, sont constamment stériles.

Un bouton pointu indique un bourgeon stérile, c'est-à-dire
qui ne portera pas de grappes; au contraire un bouton obtus
dont la forme se rapproche de deux qui se seraient réunis, annonce un bourgeon à fruit : plus il est gros et plus il promet
de grappes.

Comme les bourgeons poussent rapidement et conservent
long-temps leur contexture herbacée, ils seraient fréquemment cassés par les vents, par les oiseaux, etc., si les vrilles
ne les soutenaient pas, ou s'ils n'étaient pas appuyés par des
moyens artificiels.

C'est sur une grappe simple ou composée, et opposée aux
feuilles inférieures, que sont portées les fleurs de la vigne,
et par conséquent ses fruits. Chacune de ses fleurs offre un
calice de cinq dents, cinq pétales peu colorées et caduques,
cinq étamines et un ovaire supérieur surmonté d'un style à
stigmate obtus.

Le fruit est une baie qui doit renfermer cinq semences os-
seuses, en forme de cœur allongé, mais qui en offre presque
toujours moins, quelques-unes avortant. Ce fruit contient en
outre deux matières de nature fort différente, 1°. une peau à
la surface intérieure de laquelle adhère une résine colorée, ou
en rouge, ou en gris, ou en jaune, ou en blanc; 2°. une pulpe,
ou un suc muqueux non coloré.

Plusieurs des auteurs qui ont écrit sur la vigne ont recherché quel était le pays dont elle était originaire; mais aucun,
faute de documens ou d'analogies, n'a pu l'indiquer. Les rapports d'André Michaux, qui l'a trouvée dans les bois du Ma-
zanderan, et Olivier, membre de l'Institut, qui l'a vue dans
plusieurs parties des montagnes du Curdistan, ainsi que la considération que la plupart des articles de nos cultures et de nos

animaux domestiques sortent de la haute Asie, ne permettent pas de douter que la Perse ne soit son pays natal (1).

Pallas a aussi trouvé la vigne de la nature sur les bords septentrionaux de la mer Caspienne et de la mer Noire. Elle est sur-tout très-commune en Crimée. Ses grains sont noirs, très-petits, sans saveur et ses pepins très-gros.

Quelques écrivains ont mis en doute que la vigne fût cultivée dans l'ancienne Egypte ; mais une peinture représentant six Egytiens qui foulent les raisins avec leurs pieds dans une grande cuve carrée, qui a été copiée par Nectoux dans les souterrains d'El-Kal, l'antique Elethya, ne permettent plus de soutenir cette opinion.

On retrouve dans le Fayoum le mode de fabrication du vin qui était usité dans l'antiquité. Ce mode consiste à écraser le raisin dans une grande jarre de terre, à introduire le tout dans un sac de laine, et à tordre avec force au-dessus d'une autre jarre, où le jus seul tombe. Lorsque ce jus a fermenté, on transvase ce vin dans une amphore et on le garde pour la consommation.

Tous les pays où on cultive la vigne depuis long-temps, en offrent des pieds qui croissent naturellement dans les haies et les buissons, où elles ont été semées par les oiseaux, mais jamais dans les grands bois. Ces vignes, si communes dans le midi, s'y nomment *labrusque*. Les regarder comme les représentans de la vigne sauvage, serait une erreur, car je n'en ai pas vu deux qui fussent semblables ; elles varient peut-être plus que les vignes cultivées.

On peut facilement utiliser ces vignes pour fortifier les HAIES, ainsi que je l'ai indiqué à la fin de l'article qui concerne ces dernières.

La durée de la vie de la vigne, dans l'état naturel, est encore indéterminée. Strabon en cite des pieds qui avaient une si énorme grosseur, que deux hommes pouvaient à peine embrasser leur tige ; Pline parle d'une vigne qui existait depuis six cents ans. Il est mort à Besançon, en 1793, un pied de vigne dont le tronc avait un mètre 8 décimètres de diamètre. Il existe en Bourgogne plusieurs vignes dont la plantation date de plus de quatre cents ans. Je pourrais beaucoup multiplier ces citations, si elles pouvaient avoir quelque utilité.

Le bois de la vigne était regardé comme indestructible par les anciens, et ils l'employaient en conséquence pour faire les statues de leurs dieux, les portes de leurs temples, etc. ;

____

(1) *Voyez* mon mémoire sur l'acclimatation des végétaux étrangers, pag. 597 du second volume de l'édition du *Théâtre d'agriculture*, d'Olivier de Serres, chez madame Huzard, libraire, rue de l'Eperon, à Paris.

il passait pour avoir des vertus surnaturelles ; aujourd'hui on ne l'emploie plus que pour faire de petits ouvrages de tour.

« La connaissance de la structure et de l'usage des différentes parties de la vigne, dit Dussieux, ne doit pas être considérée comme un objet de vaine curiosité, puisqu'elle a une grande influence sur la manière de la diriger et de la cultiver. Quand nous considérons, par exemple, combien est poreux le bois de la vigne, le volume de sa moelle et le peu d'adhérence de sa peau extérieure, nous nous faisons l'idée des principes qui doivent nous guider dans sa taille. La force et la rapidité avec laquelle s'élance la sève, indiquent la nécessité de COURBER les sarmens et de pincer les BOURGEONS (*voyez* ces deux mots) pour avoir abondance et grosseur dans les fruits. »

N'ayant ni liber, ni couches corticales, la végétation de la vigne diffère de celle des autres arbres, et elle peut être greffée sans avoir besoin du contact des deux écorces. *Voyez* GREFFE.

J'ai fait voir aux mots VARIÉTÉ, RACE, etc., que plus anciennement les plantes étaient cultivées, même dans un seul local, et plus on donnait de soins à leur culture, plus elles offraient de variétés. Or, la vigne, dont la première culture se perd dans la nuit des temps, a donc dû en fournir immensément. Mais quand on considère de plus quel trajet elle a fait pour arriver en France, quand on voit qu'elle a été cultivée pendant des siècles dans l'Asie mineure avant de passer en Grèce, ensuite combien de temps elle a été cultivée dans ce dernier pays avant d'être apportée à Marseille ; quand on remarque l'étendue des pays où elle se cultive en ce moment, la différence de leur sol, de leur climat, de leur exposition, du mode de leur culture, etc., on doit croire que ses variétés augmentent encore tous les jours.

M. van Mons, de Bruxelles, a obtenu par le semis des raisins une variété aussi grosse qu'une forte reine-claude, qui mûrit au plus tard dans la première quinzaine d'août, et qui ne manque jamais de rapporter. Son suc est très-consistant et très-doux.

Le même cultivateur a fait sur les moyens d'obtenir des variétés de raisins, des observations que j'ai consignées au mot VARIÉTÉ, comme s'appliquant à celles de tous les arbres fruitiers.

Il doit donc y avoir, et il y a effectivement dans les vignobles de France une grande quantité de variétés de vigne, les unes plus précoces, les autres plus tardives, les unes à grains plus petits ou plus gros, plus sucrés ou moins sucrés, à

grappes plus nombreuses ou plus grosses, etc., etc. Les unes à
fruits rouges, les autres à fruit violet, gris, jaune, blanc,
verdâtre, et dans toutes ces couleurs à grains ronds et à grains
ovales. Chaque variété qu'on appelle CÉPÉAGE, PLANT ou
COMPLANT, doit donner, non-seulement dans le même climat, dans le même terrain, à la même exposition, et à la
suite du même mode de culture, un vin de nature différente, mais même ce vin doit varier avec chacune de ces cir--
constances.

Il n'y a pas de vigneron qui ne sache que telle variété de
raisin de son vignoble donne du meilleur vin, du vin de plus de
garde, une plus grande quantité de vin, etc.; mais celui de
tel vignoble ignore qu'il y a dans d'autres cantons, quelquefois
même très-voisins, des variétés qu'il ne connaît pas, et que
quelques-unes d'entre elles sont préférables, sous certains
rapports, à celles du sien.

Cependant il y a déjà long-temps que des personnes éclairées par un long séjour dans différens vignobles ont senti la
nécessité de faire connaître ces variétés, et depuis près d'un
demi-siècle les écrivains qui ont traité de la culture de la
vigne et de l'art de faire le vin, n'ont cessé de solliciter un
travail propre à fixer leur nomenclature et leur valeur absolue
ou comparative.

D'autres personnes, il est vrai, prétendent que le sol et le
climat font seuls le bon vin, et que l'influence des variétés est
nulle; mais celles-là n'ont pas étudié la culture de la vigne et
la fabrication du vin dans les vignobles mêmes.

Cette erreur peut être facilement réfutée seulement par trois
considérations.

Qui peut nier que si, comme la chimie l'a prouvé, plus
le raisin renferme de sucre et plus le vin qui en provient fournit
d'alcool, ce ne soit un moyen assuré d'augmenter la valeur
des vignobles de la France méridionale que d'y planter ceux
de ces raisins qui contiennent le plus de sucre?

Les anciens étaient persuadés des inconvéniens de planter
beaucoup de variétés de vignes ensemble, sur-tout les tardives
avec les hâtives, relativement à la qualité du vin, ainsi qu'on
le voit au chapitre 15 des Géoponiques; mais ils pensaient
avec raison qu'il était prudent de planter séparément trois
ou quatre de ces variétés de qualité et de couleur différente :
d'un côté, afin que l'une manquant l'autre en dédommage,
de l'autre, afin qu'en les mélangeant on obtienne un vin de
bonne nature et de longue garde; en conséquence on y conseille des visites dans les vignes à l'époque de la maturité des
raisins, pour marquer les ceps dans le cas d'être arrachés

16 *

l'hiver suivant. C'est ce que font encore les propriétaires jaloux de conserver la célébrité de leurs vins, célébrité que leurs vignerons, lorsqu'ils sont copartageans dans les récoltes, tendent continuellement à faire décroître, parce que pour avoir la quantité, ils plantent des variétés à nombreuses grappes et à gros grains, variétés qui donnent généralement dans le nord des vins inférieurs.

La cause la plus assurée de la détérioration des vins jadis célèbres, est l'usage, malheureusement si étendu, de faire cultiver les vignes à moitié profit. En effet, le vigneron qui s'inquiète peu de l'avenir, mais qui connaît le prix d'une pièce de vin, tend toujours plutôt à la quantité qu'à la qualité : c'est pourquoi il plante de préférence du gamet en Bourgogne, du gouais en Champagne, etc., c'est-à-dire les variétés qui produisent le plus. Je reviendrai sur cet objet.

Qui peut nier que le principe sucré se développant d'autant plus que la maturité du raisin est plus parfaite, il ne soit avantageux pour la France septentrionale d'indiquer les variétés qui mûrissent le plus tôt ?

Qui peut nier que les dépenses de la culture étant les mêmes pour les variétés qui donnent beaucoup, et pour celles qui donnent peu, il ne soit possible d'augmenter les produits d'un vignoble en ne le composant que des premières ?

D'un côté, on a remarqué dans plusieurs vignobles, principalement du midi, que le grand nombre de variétés réunies ne donnaient jamais un vin de bonne qualité : en effet, il y a des raisins acerbes, des raisins sucrées et des doux ; il y en a qui mûrissent plus tôt, d'autres plus tard, etc. Comment les principes de ces raisins peuvent-ils se combiner dans la cuve ?

De l'autre, Creuzé Latouche, que j'ai déjà cité, a toujours fait du meilleur vin dans ses propriétés, près de Châtellerault, lorsqu'il a trié les variétés des raisins et diminué le nombre de celles qui entraient dans sa composition. Il pense que ce moyen de relever les cuvées est préférable à ceux d'y mettre du sucre et du miel, etc. (*Voyez* VIN.) Je citerai d'autres faits du même genre, lorsque je parlerai de la pratique de la culture en différens vignobles de la France.

Il est prouvé par l'expérience que chaque espèce de plant convient à un climat, à une nature de terre, à une exposition, etc., mieux que les autres. On sent bien que les plants étant aussi variés et les circonstances où on les met par-tout différentes, il n'y a que la pratique locale qui puisse indiquer le mieux.

Rozier à Béziers, et Latapie à Bordeaux, frappés de l'importance dont serait la connaissance des variétés de raisins

pour la perfection de la culture de la vigne et de l'art de faire
du vin, entreprirent, avant la révolution, quelques essais
de plantations pour arriver à ce but, relativement aux vignes
du ci-devant Languedoc et de la ci-devant Guyenne ; mais
leurs efforts furent contrariés, et n'ont pas eu de suite.

Il était réservé à mon collaborateur Chaptal, à qui la science
œnologique a tant d'obligations, et qui était plus que personne
en état d'apprécier les grands avantages qui résulteraient pour
la France d'un meilleur choix des variétés de raisins, de remplir les vœux des amis de l'agriculture à cet égard, au moyen
de la puissante intervention du gouvernement.

Ce célèbre chimiste fit donc venir, pendant qu'il était ministre de l'intérieur, de chacun des départemens où on cultive
la vigne, une collection de toutes les variétés connues, et les
fit planter dans la pépinière du Luxembourg, qu'il venait de
rétablir.

Pour parvenir à la connaissance exacte des variétés de
vignes, il n'y avait réellement que ce moyen, c'est-à-dire de
réunir dans un même local toutes ces variétés, afin de pouvoir les étudier dans les circonstances les plus semblables possibles, les comparer au même moment, et faire enfin pour
elles ce que Duhamel a si utilement tenté pour les autres
fruits. Parcourir les départemens à l'époque de la maturité des
raisins, avant d'avoir acquis une grande masse de connaissances, ne peut remplir le but ; car comment écarter l'influence du climat, du sol, de la culture ? Comment se ressou-
venir de la saveur d'un raisin mangé à Bordeaux lorsqu'on
voudrait lui comparer celle d'un raisin mangé dans les vignobles de la ci-devant Bourgogne, puisque le plus souvent on
a la plus grande peine à apprécier la différence de celle de deux
grappes qu'on tient dans la main ?

Quelques personnes ont blâmé M. Chaptal d'avoir placé
cette collection à Paris, c'est-à-dire si près de l'extrémité de
la zone où la vigne peut être cultivée, plutôt que dans un
des grands vignobles des parties méridionales ou intermédiaires de la France. Mais où trouver les ressources qui
existent à Paris ? Où y a-t-il des peintres aussi habiles, des
bibliothèques aussi nombreuses, un concours d'hommes aussi
éclairés ? Il était bon d'ailleurs, par plusieurs raisons inutiles
à développer, qu'elle fût immédiatement sous les yeux du
gouvernement.

Il y a seize ans que la plantation de la collection des vignes
de France a été commencée à la pépinière du Luxembourg, et
il y en a dix que j'ai commencé le travail propre à en débrouiller
la synonymie et à fixer les caractères des variétés qui s'y rouvent,
travail dont j'ai été chargé par M. de Champagny, successeur

de M. Chaptal au ministère de l'intérieur, qui prenait un vif intérêt au succès de cette opération.

J'ai cru d'abord que l'ardeur avec laquelle je voulais me livrer à ce travail me fournirait les moyens de surmonter ses difficultés ; mais j'en ai trouvé de telles, que les effets de cette ardeur ont dû être ralentis dès la seconde année.

Premièrement la plantation offre beaucoup d'erreurs qui étaient la plupart difficiles à éviter, à raison de l'époque où on coupe les boutures, les accidens de route, de déballage, de plantation, etc. ; il m'a fallu d'abord penser à les rectifier par la comparaison des mêmes noms dans plusieurs départemens, et j'ai, je crois, réussi pour quelques-unes ; mais la plupart sont, encore en ce moment, incertaines pour moi. Il est des envois de départemens dans lesquels je n'ai pas encore pu me reconnaître, parce que les variétés ayant été plantées à la suite les unes des autres, leurs noms inscrits de même et sur un simple catalogue, il suffit d'une seule transposition de cep ou d'une transposition de nom, pour que toute la série qui suit cette transposition soit faussement nommée.

J'ai déjà observé des milliers de ces plants, j'en ai décrit cinq cent cinquante et Redouté en a figuré cent ; mais l'incertitude où je suis de la nomenclature de beaucoup ne me permet pas de faire usage ici des résultats obtenus et consignés dans mes notes.

Pour faciliter mon travail, j'ai composé un tableau synoptique dont je vais donner ici l'explication.

Les raisins se distinguent fort bien par la couleur. C'est sur ce caractère, le premier qu'on demande quand il est question des variétés de cette sorte de fruit, qu'est fondée ma première division. La seconde est établie d'après la forme, qui est ou ronde ou ovale.

Après la forme vient la grosseur, qui divise assez bien les grains des raisins en deux sections; savoir, les gros et les moyens. Dans la première série sont ceux qui ont plus de 15 millimètres de diamètre.

Les feuilles qui sont ou plus hérissées que cotonneuses, ou plus cotonneuses que hérissées, ou presque glabres, qui sont très-profondément divisées, ou peu profondément divisées, épaisses ou minces, unies ou bullées, planes ou tourmentées, d'un vert clair ou d'un vert foncé, plus ou moins longues ou larges, à lobes plus ou moins écartés, servent ensuite, par ces considérations, à faire cinq nouvelles subdivisions. Puis leur pétiole, qui est ou tout rouge, ou strié de rouge, ou non coloré, en fournit encore trois autres.

Je dois observer ici que les feuilles les plus basses sont toujours plus divisées et plus hérissées que celles du sommet.

Aussi sont-ce toujours les intermédiaires que je choisis lorsque je les décris.

Quand les feuilles commencent à s'altérer, c'est-à-dire aux approches des froids, elles fournissent d'excellens caractères, qu'il ne faut pas conséquemment négliger. Celles des vignes à raisins noirs deviennent généralement rouges ou brunes ; celles des vignes à raisins blancs, jaunes ou fauves. Il en est plusieurs qui prennent ces couleurs de très-bonne heure, la plupart ne les prennent que fort tard. Dans les unes, elles commencent à se développer par les bords, dans les autres, par le disque ; les taches qui en résultent sont ou régulières ou irrégulières. Il en est où elles naissent de l'intervalle des nervures, d'autres où elles offrent des cercles concentriques. Dans les pineaux, ce sont de petites lignes brunes parallèles. Ces nuances se présentent à-peu-près les mêmes sur tous les pieds, et toutes les années sur les pieds de la même variété.

Ces onze caractères combinés forment cent cinquante-six cases, où se placent toutes les variétés possibles de raisins, de manière que chaque casse n'en contient qu'un petit nombre, qui se différencient par les caractères qu'elles présentent soit à la vue, soit au goût, au toucher, etc.

Ce que je considère d'abord dans un pied de vigne en fruit mûr, ce sont les bourgeons, c'est-à-dire les pousses de l'année, sur lesquelles, comme on sait, naissent exclusivement les feuilles et les fruits. Ces bourgeons sont généralement fauves, mais d'un fauve plus ou moins foncé, plus ou moins mêlé de vert, et quelquefois ils sont tachés.

Viennent ensuite les caractères pris des boutons qui sont plus ou moins écartés.

Le troisième objet de mes remarques est le pétiole, qui, comme je l'ai déjà observé, est ou tout rouge, ou strié de rouge, ou entièrement vert. Ces derniers caractères, quoique affaiblis quand la vigne croît à l'ombre, n'en sont pas moins toujours appréciables. Dans quelques variétés, ce pétiole est hérissé, dans d'autres il est lanugineux, enfin dans d'autres il est l'un et l'autre à-la-fois.

Après avoir examiné ces divers objets, j'arrive au fruit, qui, ainsi que je l'ai déjà observé, présente les caractères les plus nombreux et les plus importans.

En effet, sa couleur est ou rouge, ou violette, ou jaunâtre, ou blanche dans des nuances sans nombre ; sa forme est ou ronde, ou ovale ; sa grosseur est au-dessus ou au-dessous de 15 millimètres de diamètre transversal ; sa peau est épaisse ou mince ; son suc est ou très-sucré, ou peu sucré, ou âpre ; ses pepins sont gros ou petits, courts ou allongés, en nombre variable entre cinq et zéro ; les grappes se rapprochent de la forme cylindrique, ou de la forme conique, sont ou serrées, ou lâches, ou longues, ou courtes, c'est-à-dire de moins d'un décimètre.

Des considérations d'un autre ordre viennent encore augmenter le nombre de ces caractères; car il est des raisins qui, toutes circonstances égales, mûrissent plus tôt que d'autres; des raisins qui se conservent plus ou moins sans altération sur pied; des vignes qui donnent constamment beaucoup ou peu de fruits, qui sont plus ou moins sujettes à la coulure, plus ou moins sensibles à la gelée, qui croissent mieux dans tel ou tel sol, à telle ou telle exposition, etc., etc.

C'est sur toutes ces données réunies que j'ai basé mon travail. Le nombre de ces données compense leur incertitude.

La comparaison d'une aussi grande quantité de vignes a dû me fournir les occasions de faire des remarques de quelque intérêt.

Ainsi je suis déjà autorisé à penser qu'il n'y a pas de vignoble d'une certaine étendue qui ne renferme des variétés qui lui sont exclusivement propres, et que quelques-unes de ces variétés seraient beaucoup plus avantageuses à cultiver dans tel ou tel autre que plusieurs de celles qui s'y trouvent.

Ainsi j'ai déjà reconnu qu'il y a des variétés qu'on devrait multiplier dans les jardins de Paris de préférence à celles qui s'y cultivent. Je citerai six variétés distinctes de muscat, supérieures à tous égards aux deux qui y sont les plus communes, et une d'entre elles, le muscat noir du Jura, est si précoce qu'il peut être mangé dès la mi-août; l'autre, le muscat de Hongrie, a les grains deux fois plus gros que notre muscat rouge.

Ainsi je me suis assuré en 1809, année où beaucoup de raisins n'ont pas mûri, que l'ordre de la maturité entre les différentes variétés n'était pas toujours la même. C'est le franc pineau qui s'est le moins écarté de son habitude à cet égard.

Les inconvéniens du défaut de concordance dans la synonymie des variétés de raisins se développent de plus en plus à mesure que j'avance dans mes recherches. Il y a telle variété qui a cinq à six noms, et tel nom qui s'applique à cinq à six variétés différentes. Quelquefois, pour des variétés très-communes, cette confusion peut donner lieu à des erreurs d'une grande conséquence.

Par exemple, le nom de gamet, qui, dans la Côte-d'Or, indique un si mauvais raisin, s'applique à Lyon, aux environs de Paris, et ailleurs, à une variété de pineau qui fournit un excellent vin. Ces deux variétés sont voisines relativement à plusieurs de leurs caractères, mais leur pulpe est fort différente en saveur, la première étant fade et la seconde sucrée, ainsi que je l'ai constaté en les goûtant comparativement, dans différens vignobles et dans la pépinière du Luxembourg.

Puisque, comme il n'est pas possible d'en douter, on trouve aux environs de Paris des expositions et des natures de sol propres à la vigne, pourquoi donc le vin y est-il si mauvais? Parce que la chaleur n'y est ni assez forte ni assez prolongée pour amener à maturité les raisins des variétés qu'on y cultive, que ces raisins périssent le plus souvent avant l'époque de la vendange. D'après cela, ne peut-on pas espérer qu'on obtiendrait un meilleur vin en substituant des variétés très-précoces comme les morillons du Doubs et du Jura, à bourgeons tachés de brun, qui mûrissent vers la mi-août, au meslier et au meunier, qui font la base de la plupart de ces vignes, et qui mûrissent un mois plus tard, encore plus au plant de lune, qui est si tardif qu'il est rare qu'il arrive à complète maturité.

Ce raisin gamet, que déjà un ancien duc de Bourgogne caractérisait par l'épithète d'*infame*, à raison de son influence sur la détérioration des vins de ce pays, n'est cultivé que parce qu'il charge beaucoup. Eh bien! il y a, dans la liste des vignes que j'ai étudiées à la pépinière du Luxembourg, cinquante variétés à raisins rouges non connues aux environs de Beaune, qui chargent deux fois plus que lui, et qui, d'après leur saveur sucrée, doivent être dans le cas de donner un vin fort rapproché de la qualité de celui du vrai pineau.

J'ai essayé de ranger les raisins par groupes, à-peu-près comme Duhamel a rangé les autres fruits, mais j'ai trouvé qu'il était impossible de le faire. En effet, excepté les muscats, qui se rapprochent d'une manière fixe par leur saveur, quelques chasselas et quelques pineaux qui se lient aussi passablement bien, on ne trouve plus que des réunions de trois ou quatre variétés qui se confondent avec les autres par des nuances insensibles.

L'incertitude où je suis encore sur la véritable dénomination de beaucoup de raisins m'empêche d'en décrire ici. Je dirai seulement que j'ai déjà distingué dix variétés qui sont confondues sous le nom de pineau noir; que je connais quatorze muscats noirs, violets ou blancs, et vingt chasselas.

Lorsque je détaillerai, à la fin de cet article, le mode de la culture des différens vignobles de France, j'aurai soin d'indiquer les variétés qui y sont les plus estimées sous quelque rapport que ce soit.

Dans les climats chauds, la vigne vient presque sans soins et donne des produits abondans. Ce n'est que par artifice qu'on peut en tirer quelque parti dans ceux du nord. Cette seule observation suffit pour convaincre que chaque climat doit avoir un mode de culture particulier, et c'est ce qui est en effet.

Par exemple, en Italie, comme je l'ai déjà observé, on laisse monter les vignes sur les arbres. Si on voulait en faire de même dans les parties septentrionales de la France, le raisin ne mûrirait qu'imparfaitement, et le vin qui en proviendrait ne serait pas buvable. Cette manière de conduire la vigne ne convient même déjà plus aux parties de l'Italie les plus voisines des Alpes, ainsi qu'à quelques cantons du Dauphiné, des Basses-Pyrénées, où elle a lieu. Celles de ces vignes que j'ai vues aux environs de Turin, de Milan, de Vérone, de Padoue, etc., étaient très-chargées de grappes petites, peu fournies de grains, chacune d'une époque de maturité différente. Aussi n'ai-je bu d'autre bon vin dans le nord de l'Italie que celui récolté sur les coteaux volcaniques du Vicentin, chez des propriétaires qui avaient adopté la culture usitée dans le midi de la France.

Les vignes hautes étaient déjà reconnues comme ne pouvant fournir que du mauvais vin, dès le temps de Pyrrhus, dont l'ambassadeur Cynéas plaisante les Romains sur l'âpreté du vin qui se buvait sur leurs tables.

Cette culture de la vigne s'appelle culture en *hautains* ou *hutins*. Elle offre plusieurs modes.

La manière la plus simple consiste à planter des arbres étêtés de 8 à 10 pieds de hauteur et de 2 pouces de diamètre, les ormes et les érables de préférence, à 2 toises de distance ; et lorsqu'ils sont repris, de planter à leur pied, tantôt un seul, tantôt deux, tantôt trois, tantôt quatre ceps de vigne, qu'on fait monter d'abord sur la fourche, et qu'ensuite on dirige en guirlande d'un arbre à l'autre. Par-tout il m'a paru qu'il y avait beaucoup à gagner pour la maturité du raisin, et par conséquent la bonté du vin, de ne pas laisser les sarmens s'entortiller autour des branches des arbres, branches qu'au reste on laisse les moins nombreuses possible, au-delà de quatre à cinq, et qu'on élague tous les ans. On rogne plutôt qu'on taille les sarmens qui s'écartent trop de la direction des guirlandes. Le terrain intermédiaire entre les rangées se cultive en céréales ou en légumes.

Cette culture de la vigne, lorsqu'elle est convenablement soignée, produit un effet fort agréable à l'œil, mais je l'ai vue rarement exécutée avec intelligence.

Dans quelques cantons du midi de l'Italie, on plante des arbres morts pour supporter la vigne, arbres qui durent douze à quinze ans.

Dans le Trévisan, on fait de grandes fosses à 20 pieds les unes des autres et à 10 pieds de chaque arbre, qui sont plantés en quinconce, et on y met quatre pieds de vigne, qui sont espacés de 2 pieds et demi, pieds qu'on couche ensuite pour les approcher des arbres qui doivent les supporter. Cette prati que est très-recommandable.

Une manière très-avantageuse et en même temps très-agréable de cultiver la vigne, c'est de la planter en quinconce ou en ligne, alternativement avec des arbres qu'on tient très-bas, à 2 ou 3 pieds par exemple, et auxquels on laisse un petit nombre de bourgeons chaque année. La distance entre les arbres est de 10 pieds. On taille les ceps de manière qu'ils aient, chaque année, six sarmens, dont chacun s'attache à l'arbre le plus voisin. Ces sarmens, qui font guirlande, portent une quantité de fruits qui sont assez près de terre pour jouir du bénéfice de la chaleur qui en émane et qui ne sont pas privés de celui des rayons du soleil. C'est en petit la culture en hautain usitée en Italie; mais elle est bien mieux calculée, et plus en rapport avec les principes.

On a indiqué les érables comme employés dans ce cas; mais je leur préférerais l'épine (*cratægus oxyacantha*), parce qu'elle grossit moins rapidement, s'accommode mieux des mauvais terrains, et donne moins d'ombre par ses feuilles.

Cette même disposition de la vigne se voit dans l'île de Madère.

J'ai lieu d'être surpris que cette pratique, si en concordance avec la théorie, ne soit pas plus généralement adoptée. Un pieu pourrait remplir par-tout l'objet des arbres vivans, si on craignait leur présence.

Il est beaucoup de lieux où on substitue à ces arbres des échalas de la grosseur du bras et de 6 à 8 pieds de haut, qui offrent quelques fourchures. On les fiche profondément en terre à la distance de 6 à 8 pieds, et on plante un cep à la base de chacun d'eux, pour en conduire les sarmens de l'un à l'autre par étages de guirlandes.

Dans les départemens les plus méridionaux, tels que les Bouches-du-Rhône, le Gard, l'Hérault, l'Aude, etc., on tient les ceps fort écartés, et on laisse monter leur souche jusqu'à 2 pieds sur un seul brin. Là on laboure souvent à la charrue. On appelle ces vignes *courantes*.

Dans les vignobles des environs de Cahors, d'Albi, d'Agen et dans tout le Médoc, on dispose souvent les vignes en treilles basses, disposées en rangées fort écartées, qu'on laboure également à la charrue; souvent aussi on les tient sur une seule tige, mais à un pied seulement de terre. On voit aussi quelques vignobles ainsi disposés aux environs de Vesoul, de Besançon, de Grenoble, de Lyon, de Dijon, d'Autun, d'Angers, d'Orléans, d'Auxerre, de Troyes, et même de Reims et de Laon ; ce qui prouve que cette méthode des treilles a des avantages réels et de tous les pays.

Je détaillerai ce mode de culture à l'article de celle des vignes de la Haute-Marne, parce que c'est un propriétaire de ce département qui l'a le mieux fait connaître.

Dans le département du Doubs et autres voisins, on accolle la vigne en LIGNOULOT, en ECHOURÉ, ou en CHEVAUX DE BOIS. *Voyez* ces mots et ACCOLER.

Les jeunes vignes des environs de Bordeaux, des environs de la Rochelle, des environs de Lyon, d'Angers, sont déjà assujetties contre un échalas, parce que leurs sarmens commencent à n'avoir plus, dans ces localités, assez de force pour se soutenir par eux-mêmes ; les vieilles sont très-peu élevées au-dessus de terre. On n'y laboure qu'à la pioche.

Dans la ci-devant Bourgogne, la ci-devant Champagne, dans les environs de Paris et d'Orléans, enfin dans tout le reste de la France, tous les ceps sont tenus le plus près possible de terre, et chacun a son échalas. On n'y laboure qu'à la pioche.

Quoiqu'on cultive la vigne en berceau dans quelques cantons de la France, même à Wissembourg, dans le département du Bas-Rhin, je ne crois pas que cette méthode doive être employée hors des jardins, principalement parce que les grappes sont presque toutes privées de l'influence des rayons solaires, et que la hauteur où elles se trouvent fait qu'elles sont continuellement refroidies par les vents ; ce qui retarde leur maturié.

Plus le climat est froid, et plus les ceps doivent être tenus bas, afin que ces raisins puissent mieux mûrir ; car il est d'expérience, ainsi que je l'ai déjà annoncé, que ceux qui sont à une petite distance de terre, profitant de l'abri qu'elle leur donne, et des émanations de calorique qui en sortent pendant la nuit, toutes les fois que la température de l'air diminue, doivent acquérir plus de qualité.

En Italie même, auprès de Barletta, dans la Pouille, sur le lieu même où se donna la fameuse bataille de Cannes, on tient les vignes fort basses (à 2 pieds), et ce, dit-on, pour que le raisin mûrisse davantage.

On doit diviser les vignes basses en deux sortes, celles qu'on ne provigne pas, et qu'on appelle grosses vignes dans quelques lieux, parce qu'elles fournissent plus de bois et de fruits, et celles qu'on provigne plus ou moins fréquemment, mais au moins tous les cinq ans. Ces dernières, rendues plus faibles par cette opération (*voyez* COURBURE DES BRANCHES et MARCOTTAGE), offrent moins de bois, plus de fruits, mais du vin de meilleure qualité. Leur durée est aussi plus grande, quoique chaque pied subsiste moins long-temps, parce qu'elles se renouvellent sans cesse.

Lorsque les vignes sont sur des coteaux fort rapides, on peut laisser les ceps plus élevés, parce que les raisins profiteront de la réverbération du soleil par le moyen du sol, comme ils en profitent quand ils sont palissadés contre un mur.

A cette occasion, je citerai trois faits.

Aux environs de la ville de Saunes, dans le royaume de Léon en Espagne, pays sec, élevé et froid, chaque cep de vigne est placé au fond d'un entonnoir de 2 pieds de hauteur et de 6 pieds de diamètre, entonnoir sur les parois duquel rampent les sarmens soutenus sur de petites fourches.

Aux environs de Chartres, on plante quelques vignes dans des fosses encore plus profondes, comme je le dirai plus bas.

On voit en Normandie deux ou trois vignes, restes de celles, en assez grand nombre, qui y existaient autrefois : dans l'une d'elles, celle d'Argens, on n'emploie pas d'échalas, les sarmens rampent sur la terre jusqu'aux approches de la maturité, qu'on les relève, en attachant ensemble, par leur extrémité, ceux de chaque cep, de manière que les raisins se présentent au soleil sans cependant s'éloigner trop de terre. Il en est de même dans les vignobles des environs du Puy en Velay, vignobles les plus élevés de France, ainsi que dans quelques vignobles des environs de la Rochelle; mais dans ces derniers-là, c'est la violence des vents qui détermine ce mode de culture.

Il existe une méthode particulière de planter les vignes aux environs de Cebolla, dans la nouvelle Castille. On les plante au sommet de monticules de 2 à 2 pieds et demi d'élévation, et écartées de 3 pieds, et on en rabat les sarmens en les tenant à un pied de terre.

Dans l'île de Tine et autres voisines, faisant partie de l'Archipel de la Grèce, on laisse ramper la vigne sur le sol, et cette pratique ne paraît pas, au rapport de M. Zalloni, nuire à la qualité du vin qu'elle produit ; ce qui ne serait pas sans doute dans un climat moins chaud et sur un sol moins sec.

Je n'ai point d'objection à faire contre la culture de la vigne sans échalas, elle me paraît aussi bien entendue que possible ; il n'en est pas de même de la culture avec échalas. La grande quantité de bois qu'elle consomme, la nécessité de l'économiser, les dépenses qu'elle occasionne, l'emploi de temps qu'elle exige, tant pour l'acquisition et le placement ou le déplacement de ces échalas, que pour les labours, qui ne peuvent être faits qu'à la main, exigent qu'on la modifie.

Les plants de la vigne, ainsi que je l'ai déjà observé plus haut, sont généralement plus forts dans le midi que dans le nord : les plus faibles que je connaisse, sont ceux de la côte de Reims et des environs de Paris. Cette inégalité s'est, jusqu'à présent, conservée dans la pépinière du Luxembourg, plantée depuis quinze ans, et mon intention est d'en observer les suites. Ce n'est pas la plantation rapprochée, en usage dans les vignobles précités, qui a produit cet effet, comme on le dit; car, dans ce cas, les plus vigoureux pieds étoufferaient les plus faibles, et la cause cessant, l'effet cesserait. On peut donc dire que l'influence du climat est celle qui agit dans ce cas.

Le défoncement du terrain est une opération préliminaire, je dirai presque indispensable à toute plantation de vigne, quoiqu'on s'en dispense dans quelques pays ; un à 2 pieds est la profondeur ordinaire de ce défoncement : c'est quelques mois et même un an à l'avance, qu'il faut le faire. On trouvera, au mot qui le concerne, la théorie et la pratique de cette opération : ainsi, il n'est pas nécessaire que j'en parle ici avec détail. *Voyez* Défoncement.

Dans la Corrèze, on plante généralement les vignes dans des tranchées d'un pied de large, défoncées à un pied et demi ; mais les propriétaires éclairés savent qu'il vaut mieux défoncer tout le terrain, et le font quelquefois malgré l'augmentation de la dépense.

La vigne étant presque toujours plantée dans des terrains pierreux, il faut souvent enlever une grande quantité de pierres afin de faciliter l'allongement de ses racines, et pour rendre les labours moins pénibles. Dans ce cas, on réunit ces pierres en tas, qu'on appelle Mergers dans la ci-devant Bourgogne, où le défoncement s'appelle Minage (*voyez* ces mots). Il est avantageux, dans beaucoup de localités, de faire comme à la Côte-Rotie, c'est-à-dire de disposer ces amas de pierres longitudinalement et transversalement, afin d'arrêter les terres que les pluies entraînent. Ce sont des espèces de terrasses économiques et bien plus solides que celles qui sont faites en mur, sur-tout lorsqu'elles sont traversées par des buissons, ainsi que cela est presque toujours ; elles ont, de plus, l'avantage de servir plus ou moins d'abris.

Lorsqu'on arrache une vigne dans l'intention de la replanter après quelques années de repos, l'économie commande de faire en même temps le défoncement du terrain ; cependant, il vaudrait mieux attendre l'année qui précédera la replantation.

On croit qu'il est utile d'enlever, lors de l'arrachage d'une vieille vigne, les plus petites parcelles des racines. Quand bien même l'opinion sur laquelle est fondée cette croyance serait fausse, il serait bon de le faire, puisque ses racines sont un excellent chauffage (*voyez* Racine). Presque par-tout on

trouve des entrepreneurs qui se chargent d'arracher et de défoncer les vieilles vignes pour le bois qu'elles fournissent;
mais ce n'est pas une économie à conseiller, parce que, pourvu
qu'ils aient le bois, ils ne s'inquiètent pas de la bonté de leur
travail.

Il est encore des vignobles, mais j'ai honte de les nommer,
où on emploie, pour planter la vigne, un plantoir de fer, qu'on
fait entrer, à grands coups de maillet, dans une terre plutôt
binée que labourée. Comment peut-on penser que des vignes
ainsi plantées prospéreront? Il en est cependant qui deviennent belles, dit-on, tant sont grandes les ressources de la
nature; mais elles languissent pendant long-temps. *Voyez*
PLANTATION et PLANTOIR.

Dans d'autres endroits, au lieu d'un plantoir, on se sert de
la taravelle, instrument semblable à une tarière, et avec lequel on perce des trous dans la terre, même à travers les
couches de pierres. Je n'approuverai pas davantage cette méthode, qui était fort en usage du temps d'Olivier de Serres,
mais qui est tombée en désuétude, parce que c'est de la terre
remuée qu'il faut aux racines des plantes. *Voyez* LABOUR.

Décandolle rapporte, dans le 11e. vol. des *Mémoires de la
Société d'agriculture de la Seine*, que les vignes du cap Breton
et quelques autres des landes de Bordeaux sont plantées dans
des sables mobiles, et que lorsque ces sables ont rempli les
vallons, on enlève les ceps et on les transporte dans un autre
vallon (*voyez* DUNE). Cette transplantation est même si fami-
lière, que dans l'ancienne coutume du pays, les vignes étaient
regardées comme propriété mobilière. Je cite cette singularité,
non pour encourager à l'imiter, car elle conduit à une augmentation dans la dépense de la culture, et à une diminution
dans la quantité et la qualité du produit, mais pour faire voir
jusqu'où peut s'étendre l'industrie de l'homme.

J'ai prouvé plus haut que le choix de la variété est de première importance pour la qualité du vin, je dirai ici qu'il est
telle variété qui vient bien au midi et qui ne peut amener ses
fruits à maturité dans le nord, telle qui se plaît à l'exposition
du levant, telle qui ne réussit que dans les terrains argileux,
telle qui ne produit qu'à la suite des hivers pluvieux. Il y a
des faits sans nombre de ce genre qu'il serait utile de connaître, mais auxquels on fait généralement peu attention.

Souvent la qualité du vin d'une année comparée à une autre
provient de ce que certaines variétés ont été plus productives
que certaines autres, et ont, par conséquent, plus influé dans
la fabrication. Dans chaque canton, on peut, par l'observation, acquérir la preuve de ce fait.

M. Bernardy, propriétaire dans le département de l'Ardèche,

cite le *chicheau*, variété hâtive, qui, dans les années froides et à l'exposition du nord, ne sent que l'eau, et qui, dans les années chaudes et aux bonnes expositions, est une des plus sucrées.

En principe, les variétés les plus tardives quant à leur pousse, et les plus hâtives quant à la maturité de leurs fruits, sont par-tout les plus avantageuses, parce qu'elles sont les moins exposées aux effets des gelées du printemps, et que leur fruit mûrit plus complétement.

Les vignerons reconnaissent, par exemple, que le gamet donne un mauvais vin; mais ils disent que cela est beaucoup compensé par l'abondance de ses récoltes dix fois plus considérables, par sa faculté de repousser et produire après la gelée, par la possibilité de le placer dans tous les sols et à toutes les expositions. C'est le même gamet déjà cité, qu'une ordonnance de Philippe-le-Hardi, de 1395, fit arracher des vignes de Bourgogne, sous peine de 60 francs d'amende par chaque pied conservé. Plus tard, savoir en 1731, il le fut aussi, ainsi que le melon, des vignes de la Franche-Comté par un arrêt du parlement de cette province.

Aujourd'hui il domine malheureusement dans tous les vignobles du nord et de l'est de la France.

Quelques écrivains ont cru qu'il était avantageux de tirer le plant des vignobles du midi, mais cela n'est rien moins que prouvé. Je pencherais à croire, au contraire, qu'on gagnerait à les tirer du nord. Au reste, ce n'est pas de cela qu'il faut que les propriétaires s'occupent le plus spécialement, c'est de choisir, dans leur propre vignoble, ou dans ceux de leurs voisins, les variétés (plants ou cépéages) les plus convenables sous tous les rapports. Je le répète, la plantation du Luxembourg m'a prouvé d'une manière positive qu'il n'y avait pas de vignoble, quelque peu étendu qu'il fût, lorsqu'il était isolé, qui ne fournît des variétés qui lui étaient propres, et dont certaines offraient des avantages sous les rapports du sucré, de la précocité, de l'abondance, de la rusticité, etc., etc., avantages toujours connus des vignerons, mais nulle part généralement pris en considération.

J'ai annoncé plus haut l'importance de ne pas trop multiplier les variétés, car il est de fait que les vignobles du midi, comme ceux du nord, qui renferment le moins de ces variétés, sont ceux qui donnent les meilleurs vins, quoique l'opinion contraire prédomine dans quelques lieux.

Je voudrais entrer dans le détail des applications de ces principes, mais je ne le puis, puisqu'ils varient selon les climats, les expositions et les terrains. Je dirai seulement que la douceur du grain des raisins n'est pas toujours un bon indice, puisque le chasselas ne peut faire qu'un mauvais vin, et que des raisins très-âpres en font d'excellent. On trouvera plus bas, lorsque je parlerai de la pratique des vignobles de France, quelques indications à cet égard, qui, étant avouées par l'expérience, ne seront pas dans le cas d'être contredites.

Le bois des jeunes vignes étant plus poreux que celui qui a été durci par l'âge, doit filtrer une sève bien moins élaborée et plus aqueuse; il donnera plus de raisin, mais ces raisins fourniront un vin moins généreux et moins susceptible d'être conservé : ce n'est qu'à douze ou quinze ans qu'une vigne nouvelle commence à donner de bon vin.

Les vignobles où, comme dans ceux des environs de Romans, de l'île d'Oleron, etc., on replante les vignes tous les vingt ou trente ans, ne doivent donc pas donner des vins de bonne qualité et de longue conservation; plus généralement les vignes sont laissées sur pied de cinquante à cent ans. On ne voit guère que dans la ci-devant Bourgogne des ceps qui aient trois, quatre et cinq siècles de plantation. Je mets au rang des jeunes vignes celles qu'on renouvelle perpétuellement en les provignant et en séparant les provins de leur souche deux ou trois ans après leur formation.

C'est avec du plant enraciné ou des BOUTURES (*voyez* ce mot), qu'on fait les plantations des vignes en tous pays. La voie des semences est repoussée, parce qu'elle ôte la jouissance de trois ans au moins, et donne des variétés sans nombre dont on ne connaît pas la qualité.

Une observation seule suffit pour fixer l'opinion des cultivateurs sur les avantages de planter des crossettes et des boutures plutôt que du plant enraciné, c'est la difficulté de bien disposer dans la terre les racines de ce dernier, et l'influence de cette bonne disposition sur la vigueur future des ceps. (*Voyez* au mot PLANTATION.) Aussi une crossette ou une bouture qui a poussé des racines est d'une conservation assurée si le terrain n'est pas trop sec; et le plant enraciné pousse et meurt souvent à la seconde ou à la troisième année.

On est en discussion sur la question de savoir si les boutures simples, c'est-à-dire faites avec du bois de l'année précédente seulement, sont aussi bonnes que celles dans lesquelles entre un talon de bois de deux ans ; on appelle ces dernières CROSSETTES. (*Voyez* ce mot.) Dans beaucoup de vignobles, on n'emploie que ces dernières. J'ai vu les premières réussir tout aussi bien que les secondes ; je crois cependant qu'on doit préférer les crossettes lorsqu'on peut s'en procurer suffisamment, et je

TOME XVI.

me guide dans cette détermination d'après les principes de
la théorie émis aux mots Bouture et Bourrelet.

Il est deux manières de planter les crossettes, ou directement, plus ou moins de temps après qu'elles ont été coupées,
ou l'année suivante après qu'elles ont poussé des racines dans
une pépinière.

Ordinairement on les coupe au moment de la taille et on les
conserve, le pied dans l'eau, jusqu'à celui de la plantation ;
souvent alors elles poussent des racines, qui se dessèchent dès
qu'elles sont plantées. Il vaudrait mieux les conserver à moitié
enfouies dans de la terre humide.

Dans quelques vignobles, on coupe les boutures avant l'hiver, et on les enterre complétement pendant cette saison,
pour empêcher la dessiccation ; mais cette pratique peut être
évitée, puisque les sarmens, excepté à l'extrémité du climat
de la vigne, peuvent rester à l'air pendant les plus fortes gelées, et qu'elle est sujette à de graves inconvéniens, énumérés
au mot Etouffer.

De quelque manière qu'on plante les crossettes lorsqu'elles
ne sont pas enracinées, leur reprise est plus assurée lorsqu'on
les enfonce à plus d'un pied et qu'on courbe leur partie inférieure, parce que plus il y a de sève accumulée, et moins cette
sève monte avec vigueur, et plus elles sont disposées à pousser
des racines. *Voyez* Sève.

Quand on plante du plant enraciné, cette précaution n'est
point nécessaire, même elle est nuisible par suite du même
principe.

On plante la vigne avec succès pendant tout l'hiver ; la nature du sol et le temps qu'il fait doivent déterminer le moment : plus tôt dans les terrains les plus secs, et plus tard dans
ceux qui le sont moins. On gagne généralement à planter avant
les gelées. *Voyez* Plantation.

Lorsqu'on veut faire des boutures pendant l'été, et principalement dans l'intervalle des deux sèves, ce à quoi l'on est
quelquefois forcé, il faut couper leurs feuilles, et si le terrain est trop sec ou trop exposé au soleil, les arroser et om-
brager : avec ces précautions, elles réussissent toujours.

La distance à laquelle il convient de mettre le plant varie
au point qu'il est impossible de la fixer, même par approxi-
mation. Elle dépend du genre de culture qu'on veut adopter,
du désir d'avoir plus de vin ou de meilleur vin, et de la nature du terrain. On sent en effet que ceux qui font des hautains, que ceux qui font des treilles susceptibles d'être étendues à volonté, doivent planter plus éloigné que ceux qui
tiennent leurs vignes basses ; que moins les ceps seront gênés

et mieux ils seront nourris , mieux ils seront exposés aux influences de la chaleur solaire ; que dans les terres très-maigres, ils doivent, pour durer plus long-temps, être moins rapprochés que dans les autres.

On voit , dans les Géoponiques, que les anciens espaçaient les ceps de 2 pieds et demi, défonçaient d'un pied, et plantaient un *jugerum* (28,800 pieds carrés) avec le travail d'un seul homme pendant trois jours.

Dans le département de l'Ain , les ceps sont disposés en quinconce à un pied et demi de distance. Il en tient douze cents dans ce qu'on appelle une ouvrée, c'est-à-dire l'étendue que peut labourer un homme en un jour (cinq mille dans un arpent).

Les vignes plantées sur deux rangées écartées de 2 pieds , séparées des quatre rangées voisines par un intervalle vide de 3 pieds , sont certainement les plus avantageuses relativement à leur durée , à l'abondance et à la qualité de leur produit , parce qu'elles ont plus d'espace pour allonger leurs racines , et que leurs feuilles et leurs fruits jouissent plus complétement des bénignes influences de l'air et du soleil. L'espace intermédiaire n'est pas perdu pour le produit , puisqu'on peut y diriger les ARCS OU SAUTELLES, ou y semer des plantes basses, comme LENTILLES, HARICOTS NAINS , ORGE , RAVE , etc.

Lorsqu'on veut, dans un pays un peu méridional, les environs de Lyon, de Bordeaux , par exemple , avoir abondance de vin sans épuiser le sol, il faut mettre encore une plus grande distance, 6 , 8 et même 10 pieds entre chaque cep, que je suppose plantés en lignes droites et parallèles , et disposer les sarmens parallèlement au terrain, dans la ligne des rangées , à des échalas fixés dans l'intervalle des ceps. Je lis , dans le Traité de la vigne de Bidet, qu'un propriétaire des environs de Bordeaux fit arracher la moitié des ceps d'une de ses vignes pour la disposer ainsi , et que cette vigne lui donna le double de ce que donnait une vigne de même contenance située à côté, et conduite suivant la méthode ordinaire.

Planter des vignes en rangées écartées de 20 à 30 pieds , comme on le fait dans quelques parties des départemens des Bouches-du-Rhône, de l'Isère et de Lot-et-Garonne, pour cultiver des céréales et autres articles , est une excellente méthode : en effet, non-seulement on a abondance et excellence de vin , mais encore les ceps , que je suppose en palissades , font l'office d'abri et augmentent les produits de ces intervalles : ce sont de véritables HAIES. (*Voyez* ce mot.) On cite des terrains que les vents brûlans rendaient stériles, et qu'une plantation de ce genre a seule fait devenir très-productifs. *Voyez* ABRI.

17 *

M. **Coignet**, cultivateur à Izi près Pithiviers ,qui a obtenu une médaille à la Société royale et centrale d'agriculture de Paris, pour avoir doublé le produit de ses vignes en diminuant de moitié la dépense de leur culture, n'a pas d'autre secret que d'espacer davantage ses ceps. *Voyez* mon rapport, dans les Mémoires de la Société royale et centrale d'agriculture, année 1819.

On sent en effet qu'ayant plus d'espace pour aller chercher sa nourriture, plus d'air et plus de soleil, cette vigne se trouvait dans les circonstances les plus favorables ; à ces avantages, il faut ajouter que les travaux qu'elle exigeait étaient moindres. Je donnerai, à la fin de cet article, une méthode de culture qui rentre dans celle-ci, et que je crois préférable dans toutes les localités où on est obligé, par le climat, de tenir les vignes basses.

Beaucoup de renseignemens que j'ai acquis depuis la première édition de cet ouvrage, m'ont de plus en plus convaincu de l'avantage d'une telle pratique, à laquelle il faudra bien se soumettre en Champagne et en Bourgogne, où les terres sont fatiguées de porter de la vigne. *Voyez* Assolement.

Plus donc les vignes sont dans un climat chaud, et plus elles seront écartées. Aux environs de Paris, c'est-à-dire à une des extrémités de la zone de la vigne, on les plante à 2 pieds, et c'est la moindre distance possible.

Dans le développement des différens modes de culture usités en France, développement qu'on trouvera plus bas, j'aurai soin d'indiquer la distance la plus généralement admise dans chaque vignoble.

Les vignes se plantent rarement à la surface même du sol, c'est-à-dire qu'on place les crossettes dans des fosses plus ou moins larges, plus ou moins profondes, tantôt régulières, parallèles et longitudinales, allant d'un bout du terrain à l'autre, ou transversales, perpendiculaires à la longueur de ce terrain ; tantôt irrégulières, non parallèles et courtes ; tantôt rondes, d'un pied ou plus de diamètre, et disposées avec ou sans ordre. Cette dernière manière, qu'on appelle à l'*augelot* ou à l'*argelot*, est la moins avantageuse, au rapport de beaucoup de praticiens.

La plantation des vignes dans des fosses, soit longitudinales, soit orbiculaires, a souvent le grave inconvénient de favoriser la gelée de leurs jeunes pousses au printemps, parce que ces pousses sont plus abreuvées d'humidité que celles qui sont plus élevées au-dessus du sol et plus battues par les vents : aussi c'est toujours sur les vignes nouvellement plantées, ainsi que je m'en suis personnellemens assuré, que la gelée exerce ses ravages avec le plus d'intensité. Que de plantations on a été obligé de renouveler par cette seule cause après deux et trois ans de prospérité !

Dans mon opinion, les fosses doivent être, 1°. dirigées du levant au couchant autant que la localité le permet, afin que les rayons du soleil du midi frappent le plus également possible les ceps; 2°. assez écartées pour que les rangées antérieures ne portent pas d'ombre sur les postérieures; 3°. assez profondes, si le terrain le permet, pour que le raisin y soit, dans les climats septentrionaux sur-tout, abrité des vents froids. Je dis si le terrain le permet, parce qu'il est des lieux où la vigne prospère et où on ne pourrait pas faire ou conserver une fosse d'un pied de profondeur, et que dans les terres humides cette fosse produirait positivement l'effet contraire à celui qu'on en attendrait.

Encore ici je renvoie aux détails de culture usités dans les vignobles de la France, détails qui se trouveront plus bas.

L'hiver qui suit la plantation des vignes, on coupe toutes ses pousses, hors une, qu'on destine à servir de souche et qu'on taille sur un ou deux yeux, selon sa force : c'est ordinairement la plus grosse et la plus droite.

On lit, dans le Traité de la culture de la vigne par Bidet, une observation qu'il est bon de citer ici.

« M. David, propriétaire à Aix, fit planter quatre planches de vignes à côté les unes des autres; il fit tailler deux de ces planches la première année après la plantation conformément à l'usage, et laissa les autres sans y toucher : les premières annoncèrent des ceps vigoureux, et les secondes des ceps faibles et de nulle espérance. L'année suivante, il fit tailler les quatre planches, et le résultat fut que celles qui ne l'avaient pas encore été donnèrent des bourgeons beaucoup plus beaux, des raisins en beaucoup plus grande abondance, et cette supériorité se soutient toujours. »

Cette observation est en concordance avec ce qui se pratique dans les pépinières bien conduites, où le plant faible ne se rabat que la seconde année. *Voyez* PÉPINIÈRE et RECE-PAGE.

Olivier, de l'Institut, remarque, dans son *Voyage dans l'empire ottoman*, que certaines îles de l'Archipel trouvent un grand avantage à en agir de même.

Le but de tout propriétaire de vigne jaloux de faire du bon vin, n'importe dans quel climat, étant, comme je l'ai déjà dit, et comme je le répéterai encore, d'avoir du raisin bien mûr, il doit s'opposer à ce qu'on plante dans sa vigne des arbres qui, par l'ombre et par l'humidité qu'ils y porteraient, l'empêcheraient de mûrir. Il est cependant des vignobles qui en sont surchargés, où on voit même s'y toucher les noyers, qui non-seulement nuisent aux raisins par leur ombre, mais encore par leurs émanations. Aussi quel vin sort de ses vignobles ! Au plus, doit-on se permettre d'y laisser croître de loin en loin quelques pêchers, quelques amandiers, qui, par leur nature, sont moins nuisibles que les autres.

Dirai-je la même chose des légumes annuels qu'on place souvent entre les ceps ? Certainement il est des cas où ils sont nuisibles, mais aussi il en est d'autres où ils sont utiles en fournissant des abris et en conservant de l'humidité au sol. Il est de plus des espèces, comme la lentille, comme le lupin, qui, lorsqu'elles y sont mises modérément, n'y font jamais de mal.

Si dans quelques lieux on voit les vignes opprimées, si je puis employer ce terme, par d'autres objets de culture, il en est d'autres où l'on pousse jusqu'à l'exagération le principe de les laisser jouir de toute l'influence des rayons du soleil, où l'on proscrit, par exemple, les haies qui, lorsqu'elles ne sont pas trop rapprochées ou qu'elles sont tenues basses, sont beaucoup plus utiles, à mon avis, en formant abri et en garantissant les vignes des voleurs, que nuisibles en projetant de l'ombre, et répandant de l'humidité et en fournissant retraite aux oiseaux. En général, on ne met pas assez d'importance à la considération des abris dans la plupart des vignobles, et ils influent cependant très-puissamment sur l'époque de la maturité des raisins, et une semaine d'avance, à cet égard, double souvent la bonté d'une récolte. Si une haie de 3 pieds de haut nuit, ce ne peut être qu'aux ceps qui s'en trouvent éloignés de 6 à 8 pieds; et qu'est-ce que la perte de quelques grappes pour un arpent ? J'engage donc les propriétaires de vignes exposées aux vents froids de l'est ou du nord, ou aux vents humides de l'ouest, à faire des essais de plantations de haies, car je suis convaincu qu'ils y trouveront leur avantage. *Voyez* Abri et Haie.

C'est toujours une nuisible chose que de placer, comme le font tant de vignerons, les herbes qu'ils arrachent de leurs vignes, pour les faire sécher, à la partie supérieure des bourgeons : ces herbes y portent de l'humidité, de l'ombre, du froid, et nuisent par conséquent à la transpiration et à l'accroissement des feuilles qui s'y trouvent.

Les plantes qui se voient le plus généralement dans les vignes sont, la *mercuriale annuelle*, l'*arroche étalée*, le *panic digité*, le *froment rampant* (le chiendent), la *myosote des champs*, le *mouron des oiseaux*, la *fumeterre officinale*, la *crapaudine annuelle*, les *euphorbes réveille-matin* et *peplus*, le *laitron des champs*, les *laitues des champs* et *vireuse*, l'*orpin âcre*, les *morgelines bleue* et *rouge*, le *liseron des champs*, la *scabieuse des champs*, l'*aristoloche-clématite*, la *morelle noire*, le *souci des vignes*, la *valériane-mâche*, le *chardon des champs*, l'*héliotrope d'Europe*, la *roquette des champs*, la *ronce à fruits bleus*, le *pavot-coquelicot*, le *tussilage-pas-d'âne*, la *bugrane épineuse*, l'*ail des vignes*, la *moutarde des champs*, les *thlaspis bourse à pasteur* et *des champs*, la *spergule des champs*, le *raifort sauvage*, l'*ortie grièche*, les *anserines blanche* et *des murs*, le *lycopside des champs*, le *seneçon vulgaire*, les *renoncules âcre* et *rampante*, le *pissenlit*, la *ciguë petite*, les *lamiers amplexicaule* et *purpurin*, les *véroniques des champs* et *agreste*, la *vervcine officinale*, les *géranions cicutaire*, *à feuilles rondes* et *pied de pigeon*, l'*orge des murs*, la *renouée-traînasse*, le *paturin annuel*, l'*alkekenge-coqueret*.

Dans beaucoup de lieux, on prétend que la fleur du souci communique son odeur au vin des vignes où il croît ; dans d'autres, que la mercuriale, l'aristoloche, la verveine et la ronce donnent leur goût au vin : je ne crois pas que ces faits méritent d'être discutés.

Ces plantes, en pourrissant dans la terre, font l'office d'engrais, c'est-à-dire améliorent un peu le sol. *Voyez* RÉCOLTES ENTERRÉES.

Le provignage est l'opération la plus généralement pratiquée dans les vignobles. Il n'y a que ceux où on cultive en hautains et en palissades où on ne la connaisse pas. C'est surtout dans les vignobles de la ci-devant Bourgogne et autres plus au nord qu'on en fait un usage général. Son principal objet est la multiplication des ceps ; mais il offre d'autres résultats d'une grande importance : en effet, 1°. le sarment étant courbé, le bourgeon qui en sort donne plus de fruit et de meilleur fruit ; 2°. prenant de nouvelles racines, il tire plus de sève de la terre, et par conséquent fait davantage grossir ce fruit ; 3°. il permet de tenir toujours les raisins à une petite distance de terre dans les climats où cela devient nécessaire ; 4°. dans les vignobles où le provignage se pratique lors même qu'on n'a pas besoin de nouveaux ceps, et où, comme dans la ci-devant Bourgogne, on ne sépare pas le provin de sa mère, on peut conserver des pieds pendant des siècles ; ce qui est extrêmement favorable à la qualité du vin, comme le prouvent le clos de Vougeot, les Marcs-d'Or, Migraine, les Closets et tant d'autres dont la supériorité des produits tient à l'âge des ceps, qui ont quatre à cinq cents ans. (*Voy.* FRUIT.) Sous ce rapport la culture de Bourgogne mérite d'être préférée.

Les inconvéniens du provignage sur les jeunes ceps lorsqu'on sépare le provin de sa mère, comme on le fait dans tant de vignobles, c'est de prolonger le temps où ils donnent des vins inférieurs, et sur les vieux de les affaiblir et même de les faire mourir. (*Voyez* MARCOTTE.) Ce n'est donc qu'avec prudence qu'il faut le pratiquer.

Des propriétaires font quelquefois provigner tous les ceps d'une vieille vigne pour la renouveler. Cette opération est bonne, mais si coûteuse, qu'elle ne peut devenir générale dans les pays où le provignement partiel n'est pas usité.

Il est des pays où on plante les nouvelles vignes au moyen des provins qu'on lève dans les vieilles, ce qui épuise ces dernières. Je crois qu'il vaut toujours mieux planter des boutures ou des crossettes en pépinière, lorsqu'on a des motifs pour ne pas les mettre directement en place.

On appelle CUISSART dans quelques lieux ce que j'appelle ici crossette, et crossette ce que j'appelle simplement BOUTURE.

Le provignage ne pouvant se faire sans une véritable courbure des branches, il n'est pas étonnant que les vignes qui subissent, tous les ans ou tous les deux ans, cette opération soient si productives et n'aient pas besoin de sautelles, d'arceaux, de ployons, etc. *Voyez* COURBURE et ARQURE.

Les marcottes établies avec des sarmens incomplétement AOUTÉS réussissent rarement, ainsi qu'on le reconnaît dans toutes les années de gelées anticipées.

Il arrive assez souvent que la portion hors de terre des provins périt par suite de la position forcée où on l'a mise : on l'appelle alors *faux bout*. Quelquefois cependant l'œil le plus près de terre se conserve et pousse, mais son bourgeon offre rarement du fruit.

Un moyen de multiplier la vigne avec rapidité est celui qui a été employé au cap de Bonne-Espérance à l'origine de la colonie, c'est-à-dire de coucher les sarmens provenus de la taille, dans toute leur longueur, à 3 ou 4 pouces de profondeur dans un sol humide. De chaque nœud il sort, d'un côté, des racines, et de l'autre des tiges : ainsi, l'année suivante, on peut planter autant de pieds de vigne qu'on a mis de nœuds en terre : or, chaque sarment en contient une demi-douzaine, terme moyen.

Cabanis, dans un mémoire lu à la Société d'agriculture de Brives, prouve, par des faits, l'avantage qu'il y a de marcotter à la fin de juin les bourgeons latéraux de la vigne pour avoir du plant enraciné au printemps suivant. Par ce procédé, en effet, on obtient en trois mois ce qu'on n'obtient qu'en un an par la pratique dont il vient d'être parlé, et les ceps sont moins épuisés.

Comme toute la théorie du provignage se trouve aux articles

Marcotte, Bourrelet et Courbure des branches, et comme je dois développer plus bas, à l'article de chaque vignoble, la pratique qui lui est particulière, je ne parlerai ici de cette opération que succinctement et d'une manière générale.

Il est des vignobles où on ne provigne que dans la jeunesse de la plantation, pour augmenter le nombre des ceps, ou pour regarnir les places où le plant n'a pas réussi ; il en est d'autres où on ne provigne que de loin en loin pour remplacer les ceps morts ; enfin il en est où on provigne tous les ans un quart, un sixième, un huitième des ceps, ou moins encore.

Dans le troisième cas, on agit avec l'intention de rendre la vigne éternelle ; mais on ne réussit pas : car la vigne est soumise, comme les autres plantes, à la loi de l'assolement. L'arracher pour lui substituer d'autres cultures est donc une chose indispensable au bout d'un temps, qui est d'autant plus court que le sol contient moins d'humus, ou que les plants sont plus rapprochés, qu'on a plus tiré à l'abondance, à moins qu'on ne lui donne de la nouvelle terre ou des engrais. Mais le transport de la nouvelle terre est très-coûteux ; mais les engrais détériorent la qualité du vin ; mais il est certaines localités qui ne peuvent être utilement plantées qu'en vigne ; mais on ne peut se décider à changer de nature de culture dans les localités dont le vin a une réputation faite. Toutes ces considérations tiennent à des circonstances particulières, c'est aux propriétaires seuls qu'il appartient de les approfondir pour ce qui les regarde.

Je reviendrai sur cet objet dans l'exposé des différens modes de culture usités en France.

Il y a long-temps qu'on a greffé la vigne pour la première fois : les anciens, au rapport de Columelle, le faisaient en perçant la souche avec une vrille ; mais cette pratique a toujours été circonscrite dans certaines localités ou dans des cas particuliers. En effet, cet arbuste reprend si facilement de marcottes et de boutures, qu'il y a fort peu d'avantages à le greffer lorsqu'il n'est question que d'en multiplier les variétés. *Voyez* Greffe.

Comme plante qui n'a point de liber, la vigne ne peut se greffer qu'en fente, et en quelque lieu de la fente que se place la greffe, elle reprend toujours. C'est lorsque la sève commence à entrer en mouvement qu'il faut faire cette opération. Elle manque rarement quand on l'a exécutée en terre. Plus le bois est jeune et plus on est assuré de la réussite. J'ai vu des bourgeons ainsi greffés sur du bois de l'année précédente pousser de 6 à 8 pieds en une saison. Si la greffe réussit mal dans les terrains arides et exposés à toute l'ardeur des feux du midi, c'est parce qu'elle est desséchée avant d'être reprise. Aussi, ai-je conseillé de la faire en terre, ce qui est presque toujours possible, puisqu'il ne s'agit que de commencer par faire un provin.

Il est bon de couper, quinze jours à l'avance, les sarmens qu'on veut greffer, et de les conserver enterrés à moitié dans un lieu frais, afin qu'ils soient plus avides de sève lorsqu'on les placera sur les sujets.

La plus grande utilité de la greffe dans ce cas, c'est de pouvoir transformer, en deux ans, une vigne qui renferme quinze à vingt variétés de cépéages en une autre qui n'en contiendrait que deux, trois ou quatre au plus, l'expérience ayant prouvé, ainsi que je l'ai annoncé plus haut, et comme je le dirai encore plus bas, que si le mélange des raisins de deux, ou trois, ou quatre variétés est quelquefois avantageux, la réunion d'un plus grand nombre est toujours nuisible.

Quelquefois on coupe les ceps, ou, mieux, les souches des ceps, rez-terre, pour leur faire produire des bourgeons, qui peuvent se faire attendre deux ans, sur le principal desquels on établira le sarment qui doit servir à la taille des années suivantes. Ce sont les vignes abandonnées depuis plusieurs années auxquelles on fait subir cette opération.

La taille de la vigne a pour but de régler la multiplication des fruits, c'est-à-dire de s'en procurer chaque année la même quantité, et de le rendre plus gros et plus hâtif. Elle se fonde sur les mêmes principes que celle des autres arbres; cependant elle offre un caractère fort distinct, c'est que le fruit venant sur les bourgeons de l'année, cette circonstance la rend beaucoup plus simple. En effet, il suffit de savoir que les boutons inférieurs sont ceux qui donnent les bourgeons à fruits, pour qu'on sache la faire. En conséquence, elle se réduit à couper, au-dessus du premier œil, les pousses de l'année précédente, c'est-à-dire les sarmens, dans les ceps qui sont les plus faibles, et au-dessus du second ceux des ceps qui sont vigoureux, soit par la nature de la variété, soit par celle du terrain, soit par toute autre cause. La partie laissée sur la souche s'appelle, comme je l'ai déjà observé, un COURSON, BROCHETTE dans beaucoup de lieux. Lorsqu'on veut se procurer une plus abondante récolte, et qu'à cet effet on laisse un ou deux sarmens, on les coupe à six, ou huit, ou dix yeux de la souche. *Voyez* ARQURE, SAUTELLE, MERRAIN, etc.

La déviation du canal perpendiculaire de la sève par l'effet des tailles annuelles de la vigne est favorable à la production des fruits, en ce que la circulation de la sève est moins impétueuse. *Voyez* COURBURE DES BRANCHES, TAILLE et SÈVE.

Pour forcer un plant de vigne stérile à donner des grappes l'année suivante, il ne faut que casser ses bourgeons entre les deux sèves, vers le milieu de leur hauteur, sans tout-à-fait séparer la partie supérieure. *Voyez* CASSER.

Il est des pays, comme dans le département de l'Ain, où on coupe les sarmens à 5 à 6 pouces au-dessus de la tête du cep, pour ensuite opérer la taille sur le reste. Comme cette opération, qu'on appelle SALGOTTER, augmente le travail et fait perdre du temps sans utilité, elle doit être par-tout proscrite.

On ne risque rien à tailler long les souches qui n'ont point donné de fruit l'automne précédente, parce que leurs racines n'étant pas épuisées de leur sève organique, pourront nourrir, l'année suivante, un plus grand nombre de grappes.

Dans la taille de la vigne, il faut procéder de telle manière qu'il y ait chaque année la même abondance de grappes proportionnée à son âge et à la nature de terrain où elle est plantée. *Voyez* CHARGER, DÉCHARGER et TAILLE.

L'importance où il est souvent de tenir les ceps le plus bas possible dans chaque genre de culture, oblige de tailler toujours de préférence sur les sarmens inférieurs, et à supprimer tous les autres. Il est sur-tout indispensable, dans le nord, de faire en sorte que les ceps ne s'élèvent jamais au-delà de la quantité strictement nécessaire pour que les grappes ne touchent point la terre. Deux mères branches suffisent à ces sortes de vignes; car si elles en avaient plus, leur fruit serait plus lent à arriver à maturité.

On objectera peut-être que plus les vignes seront basses et plus les grappes seront exposées à la pourriture. Je ne le nierai pas, mais j'observerai que ces effets ne seront beaucoup à craindre que dans les terrains et les années humides, et qu'il faut bien hasarder quelque chose. Le point le plus important, c'est d'avoir du fruit bien mûr, afin d'obtenir de bon vin et beaucoup de vin.

Dans les vignes basses, les bourgeons adventifs, qui sortent quelquefois au bas de la souche, sur le vieux bois, sont très-utiles, en ce qu'ils permettent de couper les branches sur lesquelles on avait taillé jusqu'alors, et de rajeunir le cep, en taillant sur ces bourgeons adventifs appelés NOS dans quelques lieux. (*Voyez* RAJEUNISSEMENT.) C'est sur-tout après les fortes gelées que cette circonstance devient précieuse. Comme ces nos ne portent pas de raisins, on les retranche toutes les fois qu'on ne les juge pas utiles sous les rapports précédens.

Ce sont constamment les plus forts boutons du plus fort sarment qui donnent les bourgeons les plus chargés de grappes et de grosses grappes.

Chaque vignoble ayant sa sorte de taille ; chaque exposition, chaque variété de ceps devant avoir la sienne, ce que je dirai, lorsqu'il sera question de la culture de ceux de France, suppléera à ce qui ne se trouvera pas ici.

La question de l'époque où il convient de tailler, question qui a causé de grands débats, est résolue par les principes au mot TAILLE, et ce dans l'opinion de ceux qui veulent que ce soit après l'hiver ; mais comme il y a des inconvéniens à-peu-près égaux des deux côtés, et que presque toûjours le temps manque, on peut tailler pendant tout l'hiver.

Olivier de Serres avait reconnu les avantages de la taille retardée pour la production plus grande du fruit ; car il établit en maxime, vol. 1, page 236 de la nouvelle édition, que *plus tost la vigne est taillée, plus elle jette de bois, et plus tard plus de fruit.* Mais pourquoi cela ? Parce que par la taille retardée il y a déperdition de sève, et que tout affaiblissement de la végétation, lorsqu'il n'est pas exagéré, augmente le nombre des grappes et diminue les chances de la coulure. *Voyez* FEUILLE et FÉCONDATION.

Cependant j'observerai ici qu'il est reconnu, dans tous les pays de vignobles, que plus tôt on taille, et plus tôt la sève entre en activité, et plus les bourgeons sont forts et abondamment chargés de grappes. Tailler immédiatement après la chute des feuilles est donc avantageux dans tous les climats où on ne craint pas les effets des gelées de l'hiver sur les coursons, ni des gelées du printemps sur les bourgeons ; mais il faut retarder le plus possible cette opération dans les pays froids ou dans les expositions sujettes aux gelées d'avril et de mai. C'est pour ne pas faire attention à cette circonstance, que tant de vignerons des environs de Paris perdent, presque tous les ans, la récolte des portions de leurs vignes situées dans des terrains humides, dans des lieux enfoncés, dans le voisinage des bois, des eaux, etc., quoiqu'ils les aient cultivées exactement comme les autres.

On lit dans les Géoponiques que la taille d'automne est favorable à la poussée des racines et des bourgeons, et que celle du printemps l'est au fruit. Je ne sais jusqu'à quel point cette observation est fondée.

La taille de la vigne avant l'hiver, dans les pays froids, rend la portion conservée des sarmens plus sensible aux fortes gelées : aussi n'y procède-t-on jamais que forcément dans les vignobles, au nord de Lyon.

Dans ce cas, il conviendrait de tailler au-dessus d'un nœud, afin de garantir le bois inférieur des effets de la gelée. Ce serait du second bouton que sortirait le bourgeon, le plus élevé étant supposé détruit par la gelée ou par la dessiccation.

Une attention importante quand on cultive une vigne composée de plusieurs variétés d'époque différente de maturité, c'est de tailler les premiers les ceps tardifs, afin d'accélérer leur pousse; mais dans combien de vignobles a-t-on cette attention? Peut-être dans aucun.

Le bois des vignes des environs de Paris ne put s'aoûter dans l'automne de 1816, parce que les feuilles furent frappées de la gelée dès les premiers jours de septembre. Celles de ces vignes qui furent taillées conformément à l'usage, en mars ou avril, ne donnèrent pas de fruits. Celles qui ne le furent pas du tout en offrirent comme à l'ordinaire. Ce fait s'explique par la déperdition de sève qui fut la suite de la taille, déperdition que les ceps n'étaient pas en état de supporter. *Voyez* SÈVE et TAILLE.

Il arrive fréquemment que l'extrémité des sarmens ne s'est pas suffisamment aoûtée avant les gelées et qu'elle en reçoit l'impression; mais il est assez rare, dans le climat de Paris, que la totalité du sarment meure. Ainsi il reste toujours quelques bourgeons pour la production des nouveaux. Cette mort d'une partie du sarment nuit cependant toujours à la vigueur de la pousse suivante et par conséquent diminue la récolte du fruit.

Dans ces cas, il convient de tailler court pour faire naître des bourgeons vigoureux, porteurs de larges feuilles qui répareront le mal pendant l'été.

On taille les vignes basses sur deux et trois yeux, et les vignes hautes sur un seul œil, parce que la végétation des bourgeons est d'autant plus forte que la taille est plus courte, et que la hauteur de la tige est moindre.

Un temps sec doit être préféré à un temps humide, pour procéder à l'opération de la taille des vignes, qu'il gèle ou qu'il ne gèle pas. Ce fait est prouvé par la pratique, au midi comme au nord; mais sa théorie n'est pas encore connue.

On appelle *tailler à vin*, c'est-à-dire tailler pour avoir beaucoup de vin, lorsqu'on laisse de nombreux coursons, de nombreuses *sautelles* ou *pleyons*. Cette taille épuise beaucoup la vigne et accélère le moment de son remplacement. C'est celle de la plus grande partie des vignerons qui sont à moitié produit ou qui tiennent des vignes à ferme.

Lorsqu'on taille seulement sur un œil, on risque, si cet œil périt, de voir mourir le cep, s'il est faible par sa nature. C'est pourquoi il est souvent plus prudent d'en laisser deux, sauf à faire ensuite un ébourgeonnage plus rigoureux.

Les vignes trop déchargées de bois et taillées trop courtes

donnent moins de vin, sur-tout si elles sont en bon fonds : ce fait s'explique par le trop de vigueur des bourgeons qui se développent au printemps. *Voyez* TAILLE.

On taille ou en bec de flûte, ou en rond. La première de ces méthodes est préférable par les motifs développés au mot TAILLE.

On a substitué, au rapport de M. Farnaud, les ciseaux à la serpette, pour la taille de la vigne, dans le département des Hautes-Alpes. Je ne vois aucun avantage réel et plusieurs inconvéniens à cette nouvelle manière de tailler. *Voyez* CISEAUX et SÉCATEUR.

Les sautelles ou pleyons sont principalement usités dans les vignobles du nord, qui tirent le plus à la quantité. Ce sont des sarmens laissés presque dans toute leur longueur, et qu'après avoir inclinés, ou même courbés en arc, on attache à un échalas.

Lorsqu'en faisant cette opération, on laisse en même temps monter un bourgeon, la racine souffre peu, parce que ce bourgeon supplée à la faiblesse de la végétation du sarment. C'est d'après ce principe qu'on doit tailler, sur-tout les vignes basses, comme plus délicates que les autres.

Une observation faite par les vignerons doit être consignée ici, parce qu'elle est appuyée sur la plus saine théorie, c'est que si on ne se hâte pas de courber les sarmens laissés fort longs (les sautelles, pleyons, etc.), dans l'intention d'avoir beaucoup de fruit, on en a peu. En effet, la sève, montant avec rapidité, développe les boutons à bois qui se trouvent les plus élevés, et ne fait qu'effleurer ceux à fruit qui sont au bas, lesquels finissent même quelquefois par *s'éteindre*, c'est-à-dire s'oblitérer, lorsque le cep est très-vigoureux, ou l'année humide et chaude. *Voyez* COURBURE DES BRANCHES.

Les vignes qu'on force à produire une trop grande quantité de fruits donnent de plus mauvais vin et durent moins long-temps. Le principe en est commun à tous les arbres. Un propriétaire jaloux de la réputation de son cru et du bien-être de ses enfans, doit donc empêcher son vigneron de laisser trop de coursons, de faire trop de sautelles. Il faut que chaque cep ait juste le nombre de bourgeons et de grappes qu'il peut nourrir. Ainsi on en laissera davantage sur celui qui est très-vigoureux, que ce soit par l'effet de sa nature, de son âge, ou de la terre où il se trouve. Il est aussi quelques vignobles où on est obligé de replanter les vignes tous les quinze à vingt ans, c'est-à-dire peu après qu'elles sont arrivées à l'époque de leur plein rapport, parce qu'on les force trop en production dans leurs premières années. Qu'une vigne sur le retour soit ainsi traitée, il n'y a pas grand mal ; mais que, pour avoir abondance de mauvais vin, on se mette dans le cas de renouveler les jeunes, c'est ce qui devrait être proscrit par l'opinion. Inutilement dira-t-on que c'est une spéculation souvent avantageuse aux cultivateurs, chose qui est plus que douteuse pour moi et pour tous ceux qui sont instruits, car il est dans leurs vrais intérêts de donner une qualité supérieure aux produits de leur culture, pour les vendre et plus certainement et plus chèrement.

Les vignes plantées en terrain aride ne supportent pas toujours l'arqûre : il en est de même des variétés faibles par leur nature même. Il ne faut donc pas se livrer avec trop d'avidité à cette opération.

Les sautelles de l'année précédente, avec un, deux, et même trois sarmens de la dernière pousse, sont quelquefois conservées pour être mises en terre, l'année suivante, au point d'où sortent ces sarmens, et fournir ainsi une, deux ou trois boutures, qui seront d'autant plus vigoureuses que la sautelle ayant déjà la courbure nécessaire, la sève sera moins gênée dans sa marche.

On ne doit sur-tout jamais négliger cette pratique dans les jardins où on cultive des vignes basses.

Dans quelques-uns des vignobles des environs de Paris, et sans doute autre part, on introduit l'extrémité des sautelles en terre ; c'est-à-dire qu'on les transforme en véritables marcottes qui, par le moyen des racines qu'elles prennent, favorisent le grossissement des grains. On lève et coupe ces marcottes l'hiver suivant. Cette pratique, très en concordance avec la théorie, doit être suivie principalement dans les terrains maigres et dans les expositions chaudes. *Voyez* MARCOTTE et SAUTELLE.

Dans l'Orléanais, on laisse les sautelles, qu'on y appelle *queue d'anneau*, deux ou trois ans sans les couper ; ce qui nuit nécessairement aux produits, puisque dans ce cas les grappes et les grains deviennent plus petits.

On voit dans Columelle que les anciens avaient remarqué que, lorsqu'on faisait une incision annulaire à un cep de vigne un peu avant sa floraison, on empêchait la coulure, on augmentait la grosseur des grains, et on accélérait leur maturité. *Voyez* INCISION ANNULAIRE et COULURE.

De tels avantages étaient bien propres à exciter les cultivateurs modernes à faire cette opération ; mais malgré que plusieurs amateurs et professeurs, entre autres mon collaborateur Thouin, aient prouvé, par de nombreuses expériences, que ces résultats étaient certains ; que nombre d'écrivains, moi du nombre, les aient proclamés dans des ouvrages très-répandus, elle n'était pas encore sortie des jardins, lorsqu'un vigneron de Mandre, près Paris, M. Lambry, s'étant imaginé de la faire sur ses vignes une année où la récolte manqua, par la coulure, dans une grande étendue de pays, en obtint une excellente, et par suite une somme d'argent bien supérieure à la valeur du fonds.

La Société royale et centrale, instruite de ce succès, après l'avoir fait vérifier par ses commissaires, accorda une médaille d'or à M. Lambry; donna toute la publicité possible à son procédé, et fit un appel aux mécaniciens pour avoir un instrument propre à accélérer l'incision.

L'élan donné, beaucoup d'instrumens furent proposés, et l'année suivante des milliers de personnes firent plus ou moins en grand des incisions annulaires aux vignes, et presque toutes avec succès.

Cependant on remarqua que l'incision annulaire faite, même avec modération, affaiblissait les ceps et les empêchait de donner du fruit l'année suivante et même plus tard; ce que la théorie annonçait en effet. *Voyez* Sève, Feuille et Racine.

Cependant plus tard on observa que le vin provenant de raisins dont les ceps avaient subi cette opération était moins généreux, et moins susceptible de garde que celui des autres; fait qui fut confirmé par des rapports officiels envoyés au ministre de l'intérieur par les préfets de la Côte-d'Or et de l'Yonne, départemens où ils nous ont appris qu'elle était anciennement pratiquée sous le nom de controlage.

Aujourd'hui donc on n'incise nulle part les vignes destinées à produire du vin, et même très-peu de propriétaires jaloux d'avoir de bonne heure de belles grappes de chasselas, incisent celles en treille, parce que ces belles grappes ont moins de saveur que celles venues naturellement.

Je me dispenserai donc de m'étendre ici plus au long sur cette opération, quelque importante qu'elle soit pour la théorie, renvoyant à l'article qui lui est spécialement consacré ceux des lecteurs qui voudront en savoir davantage.

La taille et l'ébourgeonnement auxquels on assujettit chaque année la vigne fait qu'elle reste toujours faible, qu'elle ne croît pas autant en grosseur, en cinquante ans, dans nos vignobles, qu'elle le fait en dix en Italie, où on l'abandonne à elle-même sur de grands arbres. On trouvera au mot Feuille, Têtard, Elagage, la théorie de ce fait.

Cet affaiblissement de la vigne est un avantage réel, quoiqu'il l'empêche de vivre aussi long-temps, puisqu'il est la cause de la plus prompte maturité et de la meilleure qualité du raisin.

Les labours de la vigne varient de mode, de nombre et de temps presque dans chaque vignoble. Dans plusieurs des départemens méridionaux, on fait usage de la CHARRUE; dans le nord, de HOUES ou de PIOCHES de différentes formes, quelquefois même de la BÈCHE et de la FOURCHE. (*Voyez* ces mots.) Il est à désirer que la charrue soit plus généralement employée qu'elle ne l'est, à raison de l'économie. Après la charrue, l'instrument qui expédie le plus vite la besogne, est la pioche des environs de Paris, qui a un pied de long sur 6 pouces de large, et dont le manche est recourbé et très-court; mais il force le vigneron à se tenir toujours aussi courbé que possible, le fatigue extrêmement, et le fait devenir voûté de bonne heure.

Des trois sortes principales de houes, celle qui est à fer carré convient aux terres compactes et dépourvues de pierres, la triangulaire à celles du même genre qui ont beaucoup de pierres, et celle à deux ou trois fourches à celles qui sont légères et caillouteuses ou graveleuses.

Les labours à la petite bêche à fer arrondi m'ont paru les plus expéditifs et les moins fatigans. Il est à désirer qu'ils soient pratiqués dans un plus grand nombre de vignobles.

Toujours on doit donner un labour profond à la vigne pendant l'hiver, et deux ou trois binages dans le cours de l'été; savoir, un avant la floraison, un lorsque les grains sont à moitié de leur grosseur, et un lorsqu'ils commencent à entrer en maturité. Quand on ne fait pas ce dernier binage, on retarde un peu le second, mais on ne doit se permettre que le moins possible de le supprimer, car labourer vaut fumer; il est même des lieux où on en donne quatre, et on s'en trouve bien.

Dans les vignes en pente, il n'est point indifférent de labourer dans tel ou tel sens; on doit chercher à faire toujours remonter la terre, au lieu de la faire descendre, comme cela est ordinaire. Il est vrai que l'ouvrier a plus de peine en allant de haut en bas que de bas en haut; mais aussi on est moins exposé à voir la partie supérieure de la pièce de vigne complétement dégarnie de terre. Quelques particuliers, pour allier, autant que possible, ces deux circonstances, font labourer diagonalement, et on ne peut que les approuver.

Lorsqu'on a donné le labour précédent à une vigne, en commençant du levant au couchant, il faut donner le suivant en commençant du couchant au levant.

Le mot RACLET est synonyme de binage dans quelques départemens.

On appelle souvent les deux derniers binages des sarclages, parce qu'on ne fait réellement que gratter la terre pour faire périr les mauvaises plantes qui y ont cru, et qui, si on ne faisait pas le dernier, empêcheraient la maturité du raisin, et favoriseraient l'action des gelées tardives sur lui.

Dans beaucoup de vignobles, entre autres dans celui d'Orléans, on tient le terrain de la ligne du ceps plus élevé que celui des intervalles de ces lignes : cette pratique a des avantages dans les terrains humides. C'est tout le contraire dans les environs de Paris, où les ceps sont plantés dans des fosses qui ne se comblent qu'au bout de plusieurs années.

Les environs de Paris offrent un mode de labourer la vigne qui mérite d'être cité. Immédiatement après le déchalassement, c'est-à-dire en novembre, on pèle avec la pioche toute la superficie de la vigne, même on déchausse la base des ceps, dans l'épaisseur de 2 à 3 pouces, et on réunit la terre en petits monticules coniques dans l'intervalle des ceps. Après la taille, qui n'a lieu qu'au commencement du printemps, on donne un labour profond, pendant lequel on détruit les monticules. L'explication des bons effets de cette pratique a été donnée au mot Labour.

Dans les terrains secs et exposés au midi, les binages d'été doivent être très-légers, comme l'indiquent les Géoponiques, parce que, profonds, ils favoriseraient l'évaporation du peu d'humidité qui s'y trouve. C'est pour n'avoir pas fait attention à ce fait, que tant de vignerons ont vu leurs vignes se faner, se dessécher et même périr sans qu'aucune autre cause ait paru les amener à cet état. J'ai été plusieurs fois dans le cas d'être témoin de ces effets.

La vigne est très-disposée à pousser des racines rampantes et à fleur de terre : on doit d'abord faire tout ce qu'il convient pour diminuer cette disposition, ensuite détruire ces racines en faisant le labour d'hiver. En effet, elles sont exposées à périr pendant les sécheresses, et nuisent aux progrès des racines profondes. Quelque fondés que soient ces inconvéniens, je ne puis me dispenser de faire remarquer que généralement ce sont les racines superficielles qui concourent le plus puissamment à la vigueur des plantes et à l'abondance de leurs fruits. *Voyez* Racine.

Les anciens pensaient, ainsi qu'on le voit aussi dans les Géoponiques, qu'il *fallait laisser les racines superficielles aux vignes plantées dans des terrains humides, celles qui sont plus basses étant inutiles.* Et en effet il est constant que dans ces sortes de terrains les racines profondes pourrissent promptement, parce qu'elles ne peuvent pas recevoir l'influence des rayons du soleil et sont exposées à être imbibées d'eau.

Dans beaucoup de vignobles, sur-tout dans ceux qui sont le plus au nord, on fiche en terre à chaque cep, et fort près de lui, un long bâton qu'on appelle échalas, et auquel on attache les bourgeons au moyen de liens de paille, de jonc ou d'osier. Cette pratique est regardée dans ces vignobles comme indispensable, et cependant dans le voisinage on s'en passe, soit en laissant les ceps plus hauts, soit en mettant les sarmens en palissade : le vrai est qu'elle a des avantages et des inconvéniens qui, si ces derniers ne prédominent pas, sont au moins compensés. *Voyez* Échalas.

Les avantages des échalas sont de permettre d'exposer les grappes aux bénignes influences des rayons du soleil, et de permettre de placer un beaucoup plus grand nombre de ceps dans le même espace de terrain.

Leurs inconvéniens consistent d'abord à augmenter de beaucoup la dépense de la culture, soit par le haut prix auquel ils se vendent, soit par les opérations de placement, de déplacement, d'aiguisement, etc., qu'ils exigent; ensuite à redresser les bourgeons, qui devraient naturellement être penchés, et par là favoriser l'ascension directe de la sève; ce qui retarde la maturité du fruit, comme j'en ai acquis la preuve cette année. *Voyez* Courbure des branches, Espalier et Buisson-Arbre.

Dans les vignes plantées en variétés vigoureuses ou dans un bon fonds, on peut éviter de donner des échalas aux arceaux, en fixant, comme je l'ai déjà annoncé, leur extrémité en terre, c'est-à-dire en les disposant à-peu-près comme les marcottes. Cette manière est usitée dans les vignobles des environs de Paris (à Sèvres) sans presque d'inconvéniens, attendu qu'à chaque taille on coupe la totalité de ces arceaux et qu'on les remplace par des sarmens de la dernière pousse.

Pour rendre l'usage des échalas véritablement utile, il faudrait les planter dans l'intervalle des ceps, et y fixer les bourgeons, de manière qu'au lieu que ceux de chaque cep soient réunis en faisceau, ils fussent au contraire le plus écartés possible; mais comme alors le raisin serait plus ou moins complétement à l'ombre, il deviendrait nécessaire de le relever vers l'époque de sa maturité, pour le placer comme on le fait en ce moment; opération coûteuse, difficile, et qui pourrait avoir une influence désavantageuse sur le produit de la récolte.

C'est dans les principes de cette méthode, usitée dans quelques endroits très-circonscrits, qu'est établie dans quelques autres, par exemple, aux environs de Nemours, cette pratique célébrée, il y a quelque temps, par un agronome, sous le nom de *pavillons*, laquelle consiste à attacher les bourgeons d'un cep avec ceux des ceps voisins, de manière qu'ils se soutiennent réciproquement.

L'énorme quantité de bois que consomment les échalas, et la rapidité de la décroissance des forêts en France, doivent faire désirer qu'on puisse s'en passer. La culture en palissades basses, comme celle usitée dans le Médoc, dans la Haute-Saône, dans quelques cantons du Doubs, comme celle proposée par plusieurs savans cultivateurs, et en dernier lieu par M. Cherrier, diminue beaucoup leur consommation et la main d'œuvre; ce qui est beaucoup.

L'époque où l'on place les échalas varie selon les vignobles : le plus souvent, et le mieux, c'est immédiatement après le binage du printemps, avant le commencement de la pousse des bourgeons; quelquefois c'est après le second binage, c'est-à-dire quand les bourgeons ont acquis une partie de leur hauteur. Il faut les enfoncer assez pour que les vents ne puissent pas les renverser, et faire attention de ne pas blesser les racines, et de ne pas détacher les boutons dans l'action.

Les meilleurs bois pour faire des ÉCHALAS, sont le PIN et le SAPIN, le BUIS, le CHÊNE, le CHATAIGNIER refendu; j'ai indiqué la manière de les aiguiser, de les conserver, etc., à l'article qui les concerne, ainsi je n'en entretiendrai pas ici de nouveau le lecteur.

On appelle ACCOLER, l'opération d'attacher les bourgeons aux ÉCHALAS, il en a été longuement parlé à ce mot.

Chaque bouton de la vigne contient ordinairement trois yeux, que la sage nature a destinés à se suppléer mutuellement en cas d'accident. Lorsque le premier se développe avec beaucoup de vigueur, les autres avortent; dans le cas contraire, le second, même quelquefois le troisième, poussent également, mais restent beaucoup plus faibles.

Dans quelques endroits, on nomme AGASSIN ou PAGE le premier bouton qui se montre sur le bourgeon naissant, bouton dont il ne sort jamais de grappe.

D'un autre côté, il sort souvent des bords des plaies résultant de la taille, même du vieux bois, des bourgeons adventifs qui, ainsi que les pousses secondaires des vrais boutons, sont le plus souvent sans grappes.

Ce sont ces divers bourgeons qui, plus tard, sont l'objet de l'opération qu'on appelle l'ÉBOURGEONNEMENT. *Voyez* ce mot.

En général, bien ébourgeonner est chose difficile; cependant par-tout ce sont les femmes et les enfans qui en sont char-

gés : aussi combien de récoltes qui eussent été abondantes, qui
eussent donné de bon vin, sont devenues médiocres, et ont
produit de mauvais vin, parce qu'on a trop ou pas assez ébour-
geonné !

Un ébourgeonnement mal fait influe même sur les récoltes
des années suivantes, même sur la durée des ceps. C'est un
fait qui, pour être peu sensible, n'en est pas moins réel, ainsi
que la théorie et l'expérience le prouvent.

Quoique j'aie développé, au mot EBOURGEONNEMENT, les
principes de cette opération dans les arbres fruitiers, je dois
ajouter ici, 1°. que lorsqu'on laisse trop de bourgeons stériles
à la vigne, ils attirent une grande quantité de sève qui aurait
été employée à nourrir les fruits, et qui par conséquent
leur aurait profité ; 2°. que lorsqu'on laisse trop de bourgeons
à fruits, ils épuisent le cep, et que non-seulement la récolte
de l'année suivante est faible, mais même le pied s'en ressent
souvent pendant long-temps; il n'y a cependant que les vignerons instruits qui se déterminent à ôter des bourgeons qui
offrent des grappes. La même cause fait qu'on doit ménager
même les bourgeons stériles dans les plants faibles.

On doit laisser plus de feuilles et de bourgeons aux vignes
situées sur les coteaux secs et exposés au midi, et moins dans
les fonds ombragés et humides, parce que dans le premier cas
on favorise le grossissement des raisins, et que dans le second
on empêche qu'ils ne deviennent trop aqueux.

Les vignerons des environs de Metz n'arrêtent pas ceux des
bourgeons de la vigne qui portent du fruit, ni ceux qui sont
destinés à recevoir la taille de l'hiver suivant, il en résulte :
1°. que la sève se porte en haut et que les grains des raisins
restent petits ; 2°. que l'extrémité de ces bourgeons se recourbe et empêche le soleil d'accélérer la maturité du raisin et
d'améliorer son suc.

Dans le canton de l'Augnerai, département du Rhône,
on n'ébourgeonne et on ne lie pas les vignes, sous prétexte
que le sol trop léger se dessécherait en été. On opère de
même dans beaucoup d'autres cantons, sous divers motifs.

La floraison de la vigne est une opération importante pour
le produit de la récolte, il ne faut point alors la tourmenter
par des travaux de quelque espèce que ce soit. C'est du temps
qu'il fait pendant sa durée que dépend la fécondation ou la
coulure.

Je ne rappellerai pas ici les différentes causes de la COULURE,
parce que je les ai développées à l'article qui la concerne ;
mais j'observerai qu'il est des variétés de vignes qui y sont
beaucoup plus sujettes que les autres, soit par l'effet de leur

nature, soit parce qu'elles sont plantées dans un terrain trop sec ou trop humide, soit parce qu'elles fleurissent trop tôt ou trop tard. Il est des variétés dont la plupart des grains avortent toujours, on peut même regarder les corinthes comme des raisins dont les grains avortent nécessairement, puisqu'ils n'ont jamais de pepins.

Les vignerons ne peuvent pas le plus souvent influer sur les causes de la coulure; cependant elle a quelquefois lieu par suite d'une taille trop rigoureuse, d'un labour fait à contre-temps, d'une fumure trop abondante, etc.

Je ne connais que le vignoble d'Arbois où l'on pince l'extrémité des grappes avant la floraison, dans le but de prévenir la coulure et de faire grossir les grains.

On appelle *vigne de tendre fleur*, dans les environs de Metz, celle qui, étant plantée dans un sol trop fertile ou trop arrosé, coule presque tous les ans, soit par un excès de force végétative, soit par un excès d'humidité, circonstances qui augmentent la longueur et la grosseur des bourgeons, ainsi que le nombre et la grandeur des Feuilles. *Voyez* ce dernier mot.

Lorsque les ceps sont trop effeuillés, les boutons des feuilles se flétrissent : on dit alors, dans quelques vignobles, qu'ils *boivent*. On doit regarder cet effet, relativement à sa cause, comme une sorte de coulure.

Il est une opération d'agriculture qu'on appelle arrêter, pincer, et qui consiste à enlever l'extrémité d'un bourgeon pour arrêter sa pousse en longueur, et faire grossir sa tige et ses fruits. On la pratique dans presque tous les vignobles du nord et non dans ceux du midi. Exécutée à propos et modérément, elle produit l'effet ci-dessus; exécutée trop tôt, ou immodérément, non-seulement elle amène des résultats contraires, mais elle retarde beaucoup la maturité des raisins, parce qu'il se développe, sur-tout s'il pleut, de nouveaux bourgeons qui attirent toute la sève. C'est par-tout, lorsque les grains sont presque arrivés à toute leur grosseur, qu'il convient de la faire. Il faut sur-tout la séparer de l'ébourgeonnement, parce que cette dernière n'épuise déjà que trop les ceps de leur sève. Les pieds très-vigoureux et les pieds très-faibles doivent être également ménagés en la faisant, et ce par des motifs diamétralement contraires. Ce n'est jamais comme fournissant des feuilles propres à la nourriture des vaches et des moutons qu'on doit la considérer; ce n'est jamais à des femmes et à des enfans inattentifs qu'il convient de la confier. Les détails dans lesquels je suis entré aux articles cités plus haut, me dispensent de m'étendre ici plus longuement.

Quant à l'enlèvement des vrilles, auquel on met tant d'importance dans certains lieux, il est prouvé qu'il ne produit ni bien ni mal apparent.

On effeuille la vigne dans beaucoup de lieux, et ce dans l'intention de faire mûrir plus tôt les raisins, en l'exposant à l'action des rayons du soleil; mais presque toujours on produit un effet opposé, comme je l'ai observé plus haut, et de plus, en le faisant trop tôt ou avec trop d'exagération, on altère la saveur de leur suc.

J'ai développé les principes à cet égard au mot Effeuillage, mot auquel je renvoie le lecteur; mais j'ajouterai ici une considération que j'ai négligé de faire valoir alors, c'est que les feuilles garantissant les grappes des vents froids, arrêtant les vapeurs chaudes qui s'élèvent pendant la nuit de la terre, font plus d'effet que les rayons du soleil, alors faibles, et souvent voilés par les nuages et les brouillards.

Je n'approuve donc l'effeuillage que sous un seul rapport, la coloration du raisin; mais ce rapport n'est de valeur que pour les raisins de table, sur-tout les chasselas.

Si, malgré les raisons que j'ai fait valoir, on veut continuer d'effeuiller, j'engage à le faire modérément à diverses reprises, en cassant et non en arrachant le pétiole, et le plus tard possible.

Il n'est point de procédé d'agriculture plus absurde et plus contraire aux intérêts présens et futurs des cultivateurs que d'effeuiller complétement la vigne avant la récolte, pour consacrer la feuille à la nourriture des bestiaux, comme on le fait dans quelques lieux.

Dans d'autres endroits, on effeuille après la récolte, ou, ce qui est encore pire, on met les vaches et les moutons dans les vignes pour en manger les feuilles. Ces usages sont encore dans le cas d'être proscrits, parce qu'ils nuisent nécessairement aux récoltes futures, et amènent plus tôt les ceps à la caducité; cependant, dans le besoin, on peut y recourir, parce que de deux maux il faut choisir le moindre. *Voyez* Feuille et Aouter.

Mais, dira-t-on, n'y a-t-il donc pas moyen de tirer parti des feuilles de la vigne pour la nourriture des bestiaux? Il y a moyen, répondrai-je; mais alors il faut ou n'en enlever qu'une petite portion, comme on le fait dans les monts d'Or près Lyon, ou la cultiver pour cet objet seulement. Imitez M. de Père: il plante des vignes, dans ses domaines du département de Lot-et-Garonne, au pied des arbres isolés, uniquement dans l'intention d'en récolter la feuille pour la nourriture de ses bestiaux, et il trouve un grand bénéfice à le faire. Le projet de plantation d'un verger avec des *vignes arbustives*, c'est le nom qu'il leur donne, paraît devoir être d'une exécution facile dans les départemens méridionaux, et d'une réussite certaine. *Voyez* son Manuel d'agriculture pratique, ouvrage qu'il est à regretter de ne pas voir entre les mains de tous les agriculteurs.

M. de Père rapporte de plus, dans le même ouvrage, que les cultivateurs des environs de Vérone empilent les feuilles et les raisins des vignes sauvages dans des fosses, où ils se conservent jusqu'au printemps. C'est aussi ce que font les vignerons des monts d'Or précités, ainsi que j'ai pu le voir de mes propres yeux.

Dans les pays plus froids, des vignes qui entreraient en grande quantité dans la composition d'une HAIE semblable à celle dont j'ai donné l'indication à cet article, en fourniraient immensément, qu'on pourrait employer en vert ou en sec.

La vigne, jouissant de la faculté d'aller chercher les sucs qui lui sont nécessaires à une grande distance, peut subsister dans le même local un nombre d'années indéterminé, pour peu qu'il soit fertile; mais tout convie à la planter dans les plus mauvais sols, qu'elle épuise promptement des sucs qui lui sont propres. Elle doit donc se trouver fréquemment avoir besoin d'engrais pour soutenir l'abondance de ses produits; cependant un motif puissant s'oppose à ce qu'on lui en fournisse. Ils nuisent à la qualité du vin, et même lui donnent un mauvais goût.

D'un autre côté, le sol des vignes s'épuise, et le nombre, ainsi que la grosseur des raisins, diminue enfin; ce qui amène nécessairement une amélioration dans la qualité du vin, comme j'en ai acquis la preuve dans de vieilles vignes négligées de la côte de Reims, de la Bourgogne et d'ailleurs.

De tout temps les amis du bon vin se sont élevés contre les engrais animaux, les seuls essentiellement nuisibles. C'est à l'abus de l'emploi des boues de Paris que les vignobles des environs de cette ville doivent en partie la si mauvaise qualité de leurs vins. Oserai-je avouer que des propriétaires, dans les meilleurs vignobles de la France, dans la Bourgogne même, ne craignent point, par l'appât de la vente de quelques pièces de vin de plus, de nuire à leur vignoble, de nuire à la France entière en engraissant leurs vignes avec exagération au moyen de fumiers à moitié consommés? Sans doute un peu de fumier ne nuit pas sensiblement au vin; mais un peu de fumier ne produit pas assez d'effet, et on en augmente la quantité : de sorte qu'une fois qu'on a franchi le premier pas, qu'on a bravé l'opinion, qui repousse, dans tous les bons vignobles, l'emploi des engrais, on ne craint plus de l'exagérer, et on ne s'arrête que là où il n'y a pas possibilité de faire autrement.

Ici je voudrais pouvoir développer les motifs qui, hors les environs des grandes villes, doivent engager les propriétaires de vigne à toujours préférer la qualité à la quantité pour leur intérêt même; mais cette discussion sort du plan que je me suis fait, et me mènerait trop loin.

N'y a-t-il pas moyen de rendre à la terre une partie des principes qu'une longue végétation de la vigne lui a fait perdre, demandera-t-on? Oui, il y en a; mais les uns sont coûteux, et les autres sont méconnus.

Les curures des fossés, des rivières, des étangs, les boues des routes, des cours, etc., en sont un. *Voyez* Curure et Boue.

Le transport de nouvelles terres prises dans les champs cultivés en céréales ou dans les prairies, ou dans les bois, en est un autre.

La fabrication d'un compost avec la terre de la vigne et des feuilles d'arbres, des herbes sèches, des pelures de gazon, etc., en est un troisième. *Voyez* Compost.

L'enfouissement bisannuel ou triennal de plantes semées exprès, en est un quatrième. *Voyez* Récolte enterrée pour engrais.

Je m'arrête à ce dernier comme le plus économique et le moins connu.

Il est beaucoup de plantes annuelles qu'on pourrait semer dans les vignes immédiatement après la vendange, et qui auraient assez de temps, dans le climat de Paris, et à plus forte raison dans celui de Lyon, dans celui de Montpellier, pour parvenir à presque toute leur croissance, et pouvoir être enfouies par le premier labour d'hiver. Le sarrasin est dans ce cas. Pourquoi donc n'en sème-t-on nulle part dans cette intention? Certainement, je le sais, l'engrais du sarrasin est peu durable; mais enfin il produit un effet, et cet effet peut être répété tous les deux ou trois ans, comme je l'ai dit plus haut. Il ne lui faut qu'un léger ratissage pour qu'il réussisse sur une terre qui a eu deux binages d'été, et son enfouissage ne cause aucune dépense extraordinaire; il exige au plus de rapprocher l'époque du labour d'hiver, car il serait bon de l'exécuter avant les gelées, qui agissent si fort sur le sarrasin.

On voit dans Columelle, vol. 2, chap. 10, que les anciens semaient du lupin dans leurs vignes pour les engraisser. Pourquoi n'en ferions-nous pas de même? Il est d'ailleurs tant d'autres plantes annuelles qui peuvent pousser après la vendange, que c'est par-tout paresse ou ignorance si on ne les emploie pas.

Les cultivateurs du canton de Vaugnerás, département du Rhône, fument leurs vignes en y semant des vesces d'hiver en octobre, vesces qu'on plâtre au printemps, qu'on enterre vers le milieu de mai. On ne peut trop employer cette excellente méthode, qui a pour elle la théorie et la pratique.

Une des plantes qu'il conviendrait le mieux de cultiver dans les vignes, pour l'enterrer comme engrais, est la fève de marais. Tous les ans, il faudrait donc en garnir les places vides, pour enfouir, après avoir récolté les premières fèves, les tiges au pied des ceps les plus faibles à la suite du labour de juin.

Dans plusieurs vignobles, on enterre de la bruyère, des fagots de broussailles, les produits des élagages, etc., au pied des ceps pendant l'été, pour améliorer le sol, et on obtient ce résultat pour plusieurs années consécutives.

Je termine l'article des engrais par la citation d'un passage d'Olivier de Serres dans le cas d'être connu des lecteurs.

« La troisième et dernière œuvre de la vigne se donne après les vendanges, très-requise pour l'avancement de la vigne et l'augmentation de son rapport. La saison lui donne le nom d'*hivernage*, bien qu'elle s'emploie commodément en automne. Si on ne veut attendre la chute des feuilles, on pourra, dès que les raisins seront enlevés, mettre les manœuvres à la vigne, devant lesquels marchent des femmes et des enfans, qui arracheront les feuilles des ceps, qui pour fumer seront mêlées avec la terre. On pourra aussi retarder jusqu'à ce que les feuilles soient tombées d'elles-mêmes, mais sèches ne servent pas tant au fonds que vertes. »

J'observe que quoique la soustraction des feuilles avant les froids nuise toujours aux arbres, le mal est moins grand pour la vigne, dont on a souvent intérêt d'affaiblir la végétation pour lui faire porter plus de grappes. *Voyez* FEUILLE.

J'invite les propriétaires de vignes épuisées de méditer cet objet et de faire des expériences.

Si, malgré les inconvéniens des engrais animaux, et même des fumiers, on veut en faire usage, il faut les laisser se décomposer complétement à l'air, c'est-à-dire ne les employer qu'au bout de deux à trois ans lorsqu'ils auront perdu toute odeur, et encore les ménager.

Il est cependant des engrais animaux qui paraissent produire un grand effet sur les vignes sans nuire à la qualité du vin ; mais ils sont rares. Ce sont les Poils, les Ongles, les Cornes des animaux (*voyez* ces mots) ; ils jouissent de l'avantage de ne se décomposer que pendant les chaleurs humides, c'est-à-dire dans les circonstances où ils peuvent le mieux remplir leur but.

L'automne est l'époque la plus favorable pour le transport du fumier dans les vignes, parce que c'est celle où les vignerons sont le moins occupés, et parce qu'ayant le temps de se consommer pendant l'hiver, il est moins dans le cas de communiquer son odeur aux raisins.

Dans beaucoup de vignobles, on ne met du fumier que sur les provins ; ce qui diminue l'effet nuisible de ce fumier sur le vin.

Il vaut mieux mettre plus souvent que trop abondamment des engrais dans une vigne.

Dans le département de l'Aveyron, on fume les vignes tantôt avec du crottin de mouton, tantôt avec des broussailles enterrées, quelquefois avec les unes et les autres en même temps. Cette pratique est extrêmement bonne à imiter.

Ce n'est point en l'empilant au pied de chaque cep, comme on le fait si souvent, que le fumier doit être mis dans les vignes, mais en l'étendant le plus également possible, afin qu'il puisse profiter aux plus petites fibrilles des racines, qui toujours sont loin de la souche.

La prudence engage à ne fumer qu'une partie de la vigne, et de fumer plutôt souvent que trop abondamment.

Les vignes du pays d'Aunis et autres voisines, qui se fument avec des varecs, produisent des raisins qui non-seulement en prennent l'odeur, mais qui donnent de la soude par leur incinération. (*Voyez* Varec et Soude.) Les vins de ces vignes s'emploient principalement pour faire de l'eau-de-vie.

J'ai parlé autre part de la remonte à dos d'hommes ou de chevaux des terres entraînées par les pluies, remonte qui produit souvent les effets d'un engrais.

Dans le Beaujolais, dans le Barrois, etc., les vignerons creusent des fossés transversaux d'autant plus rapprochés que le terrain est plus en pente, et remontent, tous les ans ou tous les deux ans, les terres qui s'y sont accumulées ; ce qui leur cause peu de travail, à raison de la moindre distance. Il serait à désirer que cette pratique fût plus générale.

J'aimerais sur-tout que toutes les vignes en pente fussent divisées par des terrasses d'autant plus rapprochées que la pente est plus rapide, terrasses non pas constituées par des murs, comme dans la vallée du Gardon et autres lieux, mais par des

haies basses qui arrêtent les terres amenées par les pluies ordinaires, et qui ne peuvent être entraînées par les eaux des
orages. *Voyez* Terrasse et Haie.

Il n'y a pas de doute pour moi que la somme des produits
territoriaux de la France serait considérablement accrue par
l'adoption de cette méthode, si propre à empêcher le dénu-
dement des coteaux cultivés en vigne.

La marne, et sur-tout la chaux, sont souvent un excellent
amendement pour les vignes, mais souvent aussi elles n'y font
que du mal, en rendant trop promptement soluble la petite
portion de terreau que contient le sol. C'est donc avec beaucoup
de ménagement qu'il faut en mettre dans les terrains maigres
et exposés à tous les feux du midi, ainsi que dans ceux qui
sont de nature calcaire. *Voyez* Chaux, Cendre et Marne.

J'en dirai autant des amendemens minéraux, tels que les
Cendres de tourbe pyriteuse, les lignites et l'Ampelite.
Voyez ces mots.

Il n'est pas probable que le plâtre en poudre, semé sur les
feuilles de la vigne, soit un bon amendement, puisqu'en exa-
gérant le développement de ces feuilles, il retarderait probablement la maturité du raisin. Au reste, je ne connais pas d'expérience sur cet objet.

Il est beaucoup de localités où les vins ont un goût particulier, généralement peu agréable, et qu'on qualifie de *goût
de terroir.* Par-tout on est en effet convaincu que c'est la nature du sol qui le donne. Je n'ai pas à faire valoir des faits propres à prouver le contraire ; mais j'ai tout lieu de croire que la
variété influe bien plus souvent dans ce cas que la terre. Je
connais des raisins qui ont une saveur propre si prononcée,
qu'il est impossible qu'ils n'en donnent pas une au vin qui en
est composé.

Ce qui a probablement appuyé cette opinion, c'est que des
vins qui n'avaient point de mauvais goût en ont pris un lorsqu'on a fumé trop fortement les vignes qui les produisaient,
qu'on y a mis des boues de ville, des gadoues, etc. J'ai par devers moi une observation qui porte à croire que ce n'est pas
en passant dans la sève que ce mauvais goût s'est produit, mais
en se fixant sur le fruits par suite d'une simple émanation.
Une treille plantée dans un jardin, à l'angle d'un bâtiment,
portait la moitié de ses sarmens dans une cour ; on établit le
tas de fumier sous cette dernière partie, et ses raisins devin-
rent mauvais, lorsque les autres restèrent les mêmes : c'était
du chasselas.

On peut rajeunir un vieille vigne en la coupant entre deux

terres, et en supprimant, avant la fin de la première sève, la plupart des bourgeons qu'elle a poussés. En général, à moins qu'il soit nécessaire de faire des provins pour regarnir le terrain, on ne doit en laisser qu'un, et ce doit être le plus fort. On taille ensuite l'hiver suivant à un ou deux yeux, comme dans une vigne faite. Quelquefois il faut plusieurs années de soins pour arrêter la sortie des nouveaux bourgeons de terre.

Cette manière de renouveler la vigueur des ceps est fondée sur ce que la vigueur des arbres est d'autant plus grande, que la sève est moins déviée dans son cours par des coudes, qu'il y a beaucoup de ces coudes dans un cep annuellement taillé, et qu'il n'y en a point dans un sarment qui sort directement des racines. Je ne la trouve indiquée que dans un petit nombre de localités. Il est fâcheux qu'elle ne soit pas plus généralement connue.

D'après le principe des assolemens, un terrain qui a porté de la vigne pendant un siècle ne devrait plus en recevoir avant le même espace de temps; mais comme souvent ce terrain est impropre à toute autre culture, hors celle des bois, et qu'on ne veut pas laisser perdre les avantages de la réputation acquise, par ces terrains, de fournir de bon vin, on se contente de les laisser reposer pendant quelques années, en y cultivant des céréales, des prairies artificielles ou des légumes. Une bonne pratique dans ce cas serait de fumer fortement avant ces cultures, ensuite de faire un défoncement plus profond que l'ancien, avant d'y remettre de la vigne, et de fumer encore fortement. Les fumiers, en général si contraires à la vigne, répandus ainsi d'avance, ne se font plus remarquer que par leurs bons résultats.

Parmi les plantes qu'on peut mettre dans les terres dont on a arraché la vigne, le SAINFOIN (*voyez* ce mot) tient le premier rang, 1°. parce que celles qui sont sèches et chaudes lui conviennent très-bien; 2°. parce qu'il les retient dans les pluies d'orage; 3°. parce qu'il peut durer dix ans et plus; 4°. parce que c'est un fourrage d'excellente nature. Il est, en conséquence, très-fréquemment employé sous ce rapport dans les pays de vignobles dont la roche est calcaire.

Les effets des pluies continues sur les vignes et sur les produits de la vendange varient selon la saison où elles ont lieu : 1°. en hiver, elles s'opposent aux labours, à la taille et autres opérations, du moins dans certaines localités dont la terre est marneuse et susceptible de se délayer par l'eau ; 2°. au printemps, lors de la pousse, elles déterminent un développement extraordinaire des bourgeons et des feuilles, développement qui n'a lieu qu'aux dépens des fruits, dont les grappes sont plus rares et moins garnies ; 3°. lorsque les grappes sont en fleur, elles amènent la Coulure (*voyez* ce mot), sur-tout si elles sont en même temps froides ; 4°. pendant que les grains sont à moitié de leur grosseur, elles les empêchent de s'accroître, par la raison que la sève très-aqueuse est moins nourrissante ; 5°. quand les grains sont encore plus avancés, elles s'opposent à ce qu'ils prennent la saveur sucrée qui leur est propre, et qu'ils mûrissent à l'époque ordinaire ; 6°. après la maturité, elles retardent les vendanges et les font pourrir. Ce retard des vendanges est d'autant plus considérable, que ces pluies ont été en tout temps plus froides et de plus longue durée.

Dans aucun cas, une année pluvieuse n'est avantageuse à la vigne et à ses produits. *Voyez* Pluie.

Il n'est pas de moyens économiquement praticables pour mettre obstacle aux tristes effets des pluies continues sur les vignes et sur leurs fruits. *Voyez* Vin.

Lorsque la vigne est sur une pente rapide, les pluies, principalement celles qu'on appelle pluie d'orage, entraînent les terres dans les vallées, déchaussent les ceps et rendent souvent une localité incultivable pour l'avenir, à moins de frais qui ne sont pas toujours proportionnés à ses produits. *Voyez* Orage.

Laisser à la nature le soin de faire mûrir le raisin, est ce qui est le mieux, car toute maturité anticipée n'a lieu qu'au détriment de la partie sucrée : ainsi, je repousse l'Effeuillage, l'Incision annulaire, la Torsion des Bourgeons. *Voyez* ces mots et celui Maturité.

Cependant je dois dire que Pline cite, comme avantageux à la qualité des vins le procédé de tordre les grappes quelques jours avant la vendange ; ce qui, en effet, accélère et augmente sa maturité, et doit, par conséquent, avoir l'effet indiqué sans beaucoup nuire, à raison de l'époque de l'opération, à la qualité du vin. Plusieurs cantons de la Grèce suivent encore cette pratique ; mais je ne sache pas qu'elle soit connue dans les vignobles de France. Elle a contre elle la dépense de son exécution, dépense telle qu'on ne peut s'y livrer que dans les pays où la main d'œuvre est à bas prix.

Dans les pays chauds, les raisins seraient grillés s'ils étaient placés près de terre, tandis que cette disposition favorise leur maturité en Champagne, en Bourgogne, etc.

Le raisin des vignes des environs de Bonn qui sont plantées sur le basalte, mûrit plus tôt et plus complétement que celui

planté sur les collines calcaires voisines, et fournit par conséquent de meilleur vin : aussi les premières de ces vignes se
louent-elles plus cher que les secondes.

Lorsque le temps se refroidit dans les premiers jours d'octobre, il arrive trop souvent, dans le climat de Paris, que le
raisin cesse de mûrir et que les grains se pourrissent successivement. Le vin qu'on fait avec de tels raisins est sans force et
de très-peu de durée.

Les brouillards sont beaucoup moins nuisibles aux vignes,
du moins d'une manière directe, qu'on ne le croit communément
dans certains cantons. Leurs résultats sont de les rendre plus
sensibles à la gelée, tant au printemps qu'à l'automne, de
concourir à la coulure dans la première de ces saisons, et de
retarder la maturité du raisin dans la seconde. Tous ces effets
sont produits par le froid, sans lequel ces brouillards n'exis-
teraient pas. (*Voyez* Froid et Brouillard.) La rouille, la
brûlure, la multiplication des insectes, etc., ne sont point de
leur fait.

Si une humidité surabondante est nuisible aux vignes, une
sécheresse exagérée ne l'est pas moins. Dans ses premiers degrés, elle empêche les feuilles et les fruits de se développer;
dans ses derniers, elle fait dessécher les premières et rider les
derniers, ce qui fait perdre tout espoir de récolte, et produit,
sur les années suivantes, des effets analogues à ceux des gelées
d'automne. Quand cet excès de sécheresse arrive à l'époque qui
précède celle de la maturité des raisins, ces raisins se colorent plus tôt, grossissent moins, ont la peau plus épaisse, le
suc moins sucré, et donnent un vin moins abondant et de plus
mauvaise qualité. Ces effets se font plus ou moins sentir, selon
le climat, le sol, l'exposition, etc. Planter épais, abriter des
rayons du soleil par des arbres, des haies, etc., sont des
moyens de diminuer ces inconvéniens ; mais ils sont repoussés, parce qu'une chaleur ou une sécheresse modérée
sont ce qui convient le mieux à la bonne qualité des produits de
la vigne.

Dans les départemens septentrionaux, les vignes sont plus
sensibles aux effets de la sécheresse que dans ceux du midi,
parce qu'elles y ont des racines plus faibles, et qu'elles y sont
moins accoutumées.

Les feuilles des vignes exposées à une trop forte sécheresse prennent une teinte jaune et ne remplissent plus complétement leurs fonctions. Il est impossible de prévenir cet
état autrement que par des Arrosemens. *Voyez* ce mot et
ceux Jaunisse, Ictère et Ortiage.

Les vignes plantées dans les terrains marécageux offrent souvent le même phénomène, et ce par la même cause, l'affaiblissement de leur organisation, ces sortes de terrains étant entièrement contraires à leur nature, alors c'est par le DESSÉCHEMENT de ces terrains qu'on le fait disparaître.

Deux sortes de BRULURES (*voyez* ce mot) frappent souvent les feuilles des vignes, j'en ai parlé longuement à ce mot.

Dans la premiere, qu'on appelle ROUGEAU aux environs de Paris, ses feuilles rougissent subitement et tombent deux jours après; ce qui s'oppose à l'accroissement ultérieur des grains, qui se rident et se dessèchent. C'est pendant l'été, après un brouillard et par les vents du sud, que le rougeau se développe le plus fréquemment. *Voyez* COUP DE SOLEIL.

Dans le second, connu sous le nom de QUILLÉ dans les mêmes lieux, il n'y a que quelques places plus ou moins larges, plus ou moins nombreuses de la feuille, qui se désorganisent, et le mal est rarement grave. *Voyez* GELÉE.

Lorsque cette dernière sorte de brûlure agit aussi sur les raisins, on dit qu'ils sont BRIMÉS ou TACONNÉS. *Voyez* ces mots.

Les moyens indiqués pour empêcher ces effets, même la fumée, ne sont pas toujours praticables en grand, à raison de la dépense. Il est quelques cantons où on s'en garantit jusqu'à un certain point, en plantant toutes les vignes en rangées dirigées du levant au couchant. On sent en effet que le soleil levant, enfilant ces rangées, ne frappe directement que sur les ceps qui les commencent, et que la rosée a le temps de s'évaporer avant qu'il se soit assez tourné du côté du midi, ou assez élevé pour que ses rayons soient à craindre pour les autres. Je dois donc recommander aux propriétaires qui feront planter des vignes au levant, de faire autant que possible attention à cette considération, qui ne peut paraître futile qu'à ceux qui n'ont pas été à portée d'apprécier les pertes que font annuellement certains vignobles, par suite de la brûlure des feuilles ou des grains.

Quelquefois les bourgeons de la vigne poussent très-tard, on dit alors qu'ils sont ÉCHAMPELÉS. *Voyez* ce mot.

Souvent un bourgeon de vigne se durcit en partie contre nature, et ses fruits ne mûrissent pas. On a donné le nom de GERÇURE (*voyez* ce mot) à cette maladie, que je suppose être une sorte de brûlure, et qui est assez rare pour que je ne l'aie pas pu voir.

La CUSCUTE A UN SEUL STYLE, connue vulgairement sous les noms de RACHE, RASCHE et ROCHE, nuit souvent à la vigne dans les environs de Nîmes.

On doit supposer que la plupart des maladies qui attaquent les autres arbres sont dans le cas d'attaquer la vigne. Des Chancres se voient souvent sur les ceps. Leurs bourgeons offrent quelquefois les inconvéniens de la Pléthore, qu'on appelle *carniure* dans les environs de Paris, et que les boutures ou crossettes propagent ; d'autres fois leur accroissement devient excessif, c'est ce qu'on nomme *nielle* ou *geule* dans quelques lieux. La *goupillure* ou *goupillonnure* est un état de faiblesse provenant de la mauvaise nature de la couche inférieure du sol. Les raisins sont sujets à la Pourriture. *Voyez* ces mots et ceux Pleur, Miélat, Stérilité, Galle.

Les ceps amulés sont ceux à la base desquels il s'est formé une exostose, qui les affaiblit d'abord au point d'empêcher toute production de fruit, et qui finit par les faire mourir. Cette maladie est très-fréquente dans le vignoble de Verdun, où je l'ai observée ; mais je n'ai pu découvrir sa cause. Peut - être cette cause est-elle un puceron, voisin de celui qui fait périr tant de pommiers à cidre en Angleterre et dans l'ouest de la France. (*Voyez* Puceron lanigère.) Couper l'exostose jusqu'au vif est le moyen le plus assuré de sauver le cep qui l'offre.

Il est une plante de la classe des champignons parasites internes qui cause beaucoup de dommages à certaines vignes, c'est l'érinée de la vigne, plus connue sous le nom de *rouille*. Elle forme sur la face inférieure des feuilles des taches rousses irrégulières, plus ou moins grandes, plus ou moins nombreuses, composées par des tubes cylindriques tronqués, qui désorganisent la feuille et l'empêchent de remplir ses fonctions. J'ai vu des vignes qui en étaient si affectées qu'elles ne portaient plus de fruit, et qu'elles annonçaient une faiblesse notable. Il semble que certaines variétés y sont plus sujettes que d'autres, si j'en juge par quelques observations commencées par moi à la pépinière du Luxembourg. Couper les feuilles avant la maturité des bourgeons séminiformes de ce parasite paraît être le seul moyen d'en garantir une vigne pour les années suivantes.

Une autre champignon de la même famille, l'Isaire, s'attache à ses racines et en deux ans conduit à la mort le cep le plus vigoureux. De ce pied, il passe sur tous ses voisins, en faisant cercle ; de sorte que si on ne s'y oppose pas en faisant une tranchée profonde de 2 à 3 pieds entre le cep affecté et les sains, tous finiront par périr. *Voyez* l'article précité et ceux Champignon parasite et Mort du safran.

On reconnaît pendant l'été la présence de l'isaire sur les racines d'un cep, à ses feuilles jaunes et pendantes.

Comme étant originaire des pays chauds, la vigne est sujette en France aux effets des gelées. C'est le plus redoutable et le plus commun des fléaux auxquels sa nature l'expose. Les cultivateurs doivent tout faire pour s'en garantir, et pour en diminuer les suites.

Il faut ranger ces suites sous trois divisions :

La première comprendra les gelées anticipées de l'automne. Elles font dessécher les feuilles avant le temps, désorganisent les bourgeons non encore complétement aoûtés, empêchent plus ou moins le raisin de mûrir, et par conséquent de donner un vin de bonne qualité, amènent même la perte complète de la récolte.

Certaines variétés d'une végétation tardive, sur-tout lorsqu'elles ne sont pas très-fortes, sont plus exposées que d'autres aux effets précités.

Ces gelées, en empêchant les sarmens de compléter leur évolution, ont souvent des suites qui se font sentir sur les récoltes des années suivantes. J'ai vu, dans les environs de Paris, détruire des vignes qu'elles avaient frappées, après trois ou quatre ans d'efforts inutiles pour les remettre à fruit. Dans ce cas, il est toujours prudent de tailler sur un seul œil, et de ne faire aucune sautelle; c'est-à-dire qu'il faut sacrifier l'abondance de la récolte au rétablissement de la vigueur des pieds.

Je ferai entrer dans la seconde les fortes gelées de l'hiver, qui attaquent le sarment lorsqu'il a perdu ses feuilles. Leurs effets sur la récolte de l'année suivante sont les mêmes, quoiqu'à un moindre degré que les précédentes, lorsqu'il n'y a, comme cela arrive le plus ordinairement, que la partie supérieure du sarment de frappée; mais ils sont bien autrement désastreux quand la totalité de ce sarment l'est, qu'il n'y reste plus de boutons vivans, parce que le cep est alors forcé d'en pousser sur le vieux bois, opération qu'il fait difficilement, et dont les résultats sont si faibles, qu'il est presque toujours plus avantageux de planter une nouvelle vigne que d'y compter.

M. la Bergerie a remarqué que les vignes restées attachées aux échalas étaient plus sujettes aux effets des fortes gelées de l'hiver, que celles dont les sarmens étaient libres ou rampans. Ce fait s'explique et par la neige qui a pu les couvrir et par les émanations du calorique terrestre. Il est très-bon de le connaître.

Il est rare que le bois des ceps, c'est-à-dire le vieux bois, soit gelé, et on sent bien que lorsque cela arrive il n'y a autre chose à faire que d'arracher la vigne.

Une vigne dont les sarmens sont en partie gelés se taille plus tard, c'est-à-dire lorsqu'elle commence à entrer en sève, afin de pouvoir distinguer les boutons vivans et tailler au-dessus d'eux.

La troisième division des gelées sur les vignes renferme celles qui ont lieu au printemps. Elles sont très-fréquentes et agissent dans les parties les plus méridionales de la France comme dans les plus septentrionales. Il est des localités qui, par la précocité ou le retard de leur végétation, y sont plus sujettes que les autres ; car telle gelée qui tue un bourgeon qui pousse depuis trois à quatre jours seulement, ne fait aucun mal à celui qui est en végétation depuis douze ou quinze. De là on peut conclure que certaines variétés, et c'est ce qui est en effet, sont plus sujettes que certaines autres aux effets de ces gelées. Il en est d'autres qui le sont encore, parce qu'elles se trouvent dans des expositions abritées de l'action desséchante du vent, alors dominant, ou parce qu'elles sont dans des fonds, dans le voisinage des bois, des eaux, car l'humidité de l'air joue fréquemment un rôle dans ce cas.

Il a été observé que de deux vignes voisines et autant que possible dans les mêmes circonstances, celle qui avait été, au printemps, le plus nouvellement labourée, était la plus susceptible des atteintes des gelées tardives. Cela tient à ce que les labours favorisent l'évaporation de l'humidité du sol et que l'humidité aggrave les suites des gelées. (*Voyez* Gelée, Humidité et Labour.) Ce fait indique qu'il faut avoir terminé tous les labours d'hiver avant le développement des bourgeons, ne donner de binages que lorsque les gelées ne sont plus à craindre.

On a remarqué que les bourgeons des vignes légèrement gelés, qui n'étaient point frappés des rayons du soleil avant leur dégel, ne se désorganisaient pas : aussi les vignes au levant sont-elles plus mal situées, sous ce rapport, que celles au couchant. De cette remarque on a conclu que toutes les fois qu'avec des pompes on pourrait mouiller les bourgeons avant le lever du soleil, ou qu'avec de la fumée on pourrait intercepter l'action des rayons du soleil pendant quelques instans, on empêcherait les effets de la gelée, et c'est ce que l'expérience a prouvé un grand nombre de fois, depuis Olivier de Serres, qui en a parlé le premier, jusqu'à M. Leschevin, qui a inséré, sur cet objet, un excellent Mémoire dans les Annales d'agriculture. Mais la difficulté et la dépense de l'exécution ne permettent un fréquent emploi de ces moyens que très en petit.

Je dois cependant ajouter, pour la satisfaction de ceux qui voudraient employer la fumée, qu'il faut préparer sur le bord de la vigne, du côté du vent, de la litière ou des feuilles mortes, mêlées de broussailles, le tout un peu humide, et y mettre le feu une demi-heure avant le lever du soleil. L'important est que cet amas brûle sans flamme, et porte sur la vigne la fumée la plus épaisse possible.

Les anciens connaissaient le bon effet de la fumée pour empêcher les vignes de geler. On en trouve la preuve dans le chapitre 31 des Géoponiques, puisqu'on y conseille cette pratique.

M. Moëtte, propriétaire et négociant à Epernay, célèbre par l'étendue de son commerce de vins et ses belles plantations de pins, a su empêcher l'effet des gelées du printemps sur ses vignes en garnissant chaque cep, du côté du levant, d'un certain nombre de branches de pin, qui leur fournissaient un abri et contre les vents et contre les rayons du soleil, même peut-être une chaleur spéciale. (*Voyez* Pin.) Il a eu, en 1817, année où presque toutes les vignes n'ont point produit, une récolte double de celle de ses voisins et meilleure. Cent francs de dépense ont suffi pour garantir 5 arpens de vigne de Silleri, dont le vin se vend ordinairement 6 francs la bouteille. Depuis il a tous les ans augmenté l'étendue de ce moyen, et il m'a dit s'en trouver toujours extrêmement bien.

Cet exemple suffit, ce me semble, pour exciter à la plantation des pins dans les pays de vignobles dont les sommets des montagnes sont si souvent dénudés; ce qui augmenterait encore la puissance des abris. *Voyez* Montagne.

Dans la zone la plus élevée des vignes dans le Jura, le Piémont, etc., on couche les sarmens en terre, moins pour les garantir des froids de l'hiver, que pour retarder leur végétation au printemps et les mettre à l'abri des dernières gelées de cette saison.

C'est probablement pour la même raison qu'on les couche également sur les bords du Rhin, et aux environs d'Astracan.

Les suites des gelées du printemps sur les vignes varient selon leur intensité et l'époque où elles ont lieu. Le plus souvent elles diminuent et même anéantissent tout espoir de récolte pour l'année ; mais il faut qu'elles soient très-fortes et très-tardives pour nuire à celles des années suivantes. Lorsque les bourgeons périssent en entier, il est bon de ménager à l'ébourgeonnement ceux qui les remplacent, et qui alors ne portent point ou presque point de raisins, afin que le grand nombre des feuilles puisse réparer, à la sève d'automne, les pertes qu'ont faites les racines à celle du printemps. Il est même des vignerons qui, par le seul résultat de leur expérience, ne touchent point de tout l'été aux vignes qui se trouvent dans ce cas; et la théorie ne peut qu'applaudir à leur pratique.

Après la gelée, c'est la Grêle (*voyez* ce mot) qui nuit le plus aux vignes. Elle agit sur elles de trois manières : 1°. elle déchire les feuilles et les empêche par là de remplir leur destination, c'est-à-dire d'élaborer la sève fournie par les racines et de la renvoyer à la tige, aux fruits et aux racines dans l'état propre à les faire croître en grosseur et en longueur ; 2°. de désorganiser la peau encore tendre des bourgeons, et de causer par là une grande déperdition de sève ; 3°. d'entamer les grains avant ou au moment de leur maturité, ce qui, dans le premier cas, les empêhe de grossir et de prendre la saveur qui leur est propre, et dans le second, fait épancher la totalité du suc qu'ils contiennent.

Il faut avoir vu, comme moi, les effets d'une forte grêle sur un vignoble, pour se faire une idée de l'aspect affreux qui en est la suite. Il n'est qu'un seul moyen de s'opposer à ses ravages, encore n'a-t-il pas été éprouvé (*voyez* Paratonnerre) : aussi faut-il supporter son malheur avec résignation, car il est sans remède. Si la grêle est tombée avant le milieu de l'été, on se gardera d'ébourgeonner, afin que les nouvelles pousses fournissent aux racines la sève qui leur est nécessaire. Quelle que soit l'époque où elle est tombée, on taillera plus court ou on laissera moins de coursons sur chaque cep, afin qu'il puisse se réparer dans le courant de l'année suivante. Il est des grêles dont les effets se font sentir pendant les deux et même les trois années suivantes.

Olivier de Serres conseille de couper sur le vieux bois tous les bourgeons des vignes fortement atteintes par les gelées. Je ne puis qu'applaudir à ce conseil, sur-tout si l'accident a eu lieu avant le 15 août, car plus tard il vaut mieux attendre la taille d'hiver, qui, dans ce cas, sera plus rigoureuse qu'à l'ordinaire. *Voyez* Grêle.

L'influence des vents sur la vigne n'a pas été assez observée ; cependant elle est très-puissante. Les vents desséchans de l'est, les vents froids du nord, les vents pluvieux du sud-ouest lui sont également nuisibles à toutes les époques de sa végétation, et sur-tout au moment de sa floraison et aux approches de sa maturité. Les vents violens renversent les échalas, déchirent les feuilles, etc. Je ne puis donner de règles pour cet objet, attendu qu'elles varient selon les climats et les localités ; mais j'engagerai ceux qui voudront faire planter de nouvelles vignes d'y faire une sérieuse attention. *Voyez* Vent.

Il est certaines localités plus exposées aux orages que les autres. J'en connais sur la côte de Bourgogne où, sur cinq ans, il y en a deux et même trois où les récoltes sont anéanties par suite des effets de la grêle. On doit éviter de planter des vignes dans ces localités. *Voyez* GRÊLE.

Cependant les vents sont utiles au printemps, en ce qu'ils diminuent l'action de la gelée, comme on le voit presque tous les ans dans les vignes des coteaux, comparées aux vignes des vallées.

Les erreurs de la culture et les intempéries qui si souvent nuisent à la vigne et à l'abondance ou à la bonté de ses produits, ne sont pas les seules choses qu'elle ait à redouter; plusieurs insectes, des vers, des quadrupèdes et des oiseaux, lui causent également de grands dommages. Je vais' en présenter la liste à-peu-près dans l'ordre du mal qu'ils lui font.

La PYRALE DE LA VIGNE. Sa larve vit aux dépens de ses feuilles, et coupe leur pétiole ainsi que le pédoncule de la grappe. Elle cause de grands ravages dans les vignes des environs de Paris et autres. C'est moi qui le premier l'ai fait connaître aux naturalistes.

Une chenille mineuse sillonne quelquefois les feuilles de la vigne sans leur faire beaucoup de mal, je n'ai pas encore pu reconnaître quel était son insecte parfait. Elle appartient probablement aussi au genre PYRALE.

La TEIGNE DE LA GRAPPE. Sa larve est connue des vignerons sous le nom de *ver de la vigne*. Dussieux l'a confondue avec celle du sphinx de la vigne, quoiqu'elle n'ait que 4 à 5 lignes de long, et une ligne au plus de diamètre. Elle vit dans l'intérieur du grain, et va de l'un à l'autre en se filant une galerie de soie. Les grains qu'elle attaque sont perdus pour le produit, et portent même dans le vin des principes de détérioration, ces grains étant sans partie sucrée. Il est difficile de détruire cet insecte.

Les ATTELABES VERT et CRAMOISI, vulgairement connus sous les noms d'*urbet* et de *becmare*. Leurs larves coupent aussi les pétioles des feuilles afin de les faire faner. C'est principalement dans les vignes du midi de la France qu'elles causent le plus de ravages.

L'EUMOLPE DE LA VIGNE, souvent confondue avec les précédens, et se trouvant plus abondamment dans les vignobles intermédiaires, où on l'appelle *coupe-bourgeon* et *lisette*. Il coupe les bourgeons encore tendres pour s'en nourrir. Il vit aussi des grains de raisin.

Le CHARANÇON GRIS. Il se montre au moment où les bourgeons commencent à sortir, et il en mange l'extrémité, il les empêche par là de se développer complétement; ce qui nuit et au nombre des grappes, et à la grosseur future du raisin.

Les dommages qu'il cause doivent être fort graves. Je ne l'ai jamais vu très-abondant sur la vigne aux environs de Paris; mais il paraît qu'il l'est extrêmement dans le midi.

Le HANNETON. Sa larve, sous les noms de *ver blanc,* de *man,* de *turc,* etc., ronge les racines de la vigne et fait périr beaucoup de pieds, sur-tout dans les nouvelles plantations. Il ne faut pas négliger de la tuer lorsque les labours l'amènent à la surface de la terre.

Le SPHINX DE LA VIGNE, le SPHINX ELPENOR et le SPHINX PORCELLUS, Fab. Leurs larves sont grosses comme le petit doigt, et consomment beaucoup de feuilles de vigne pour leur nourriture; mais elles sont généralement très-rares, et nullement à craindre.

Voyez tous ces mots, aux articles desquels j'ai indiqué les moyens de s'opposer aux ravages des insectes qu'ils ont pour objet.

Les HÉLICES et les LIMACES mangent aussi les feuilles et les fruits de la vigne; cependant ils sont rarement à redouter. *Voyez* les articles qui les concernent.

Lorsque les vignes sont voisines des grands bois, les BLAIREAUX et les RENARDS viennent en manger le fruit quand il est arrivé à sa maturité; les SANGLIERS, lorsqu'ils étaient plus communs, en faisaient quelquefois de même. *Voyez* ces mots.

Un grand nombre d'oiseaux aiment les raisins, mais principalement ceux qui composent les genres GRIVE, ÉTOURNEAU LORIOT et FAUVETTE. Il est des pays où les grives sur-tout causent beaucoup de dommages aux vignobles, tels sont ceux qui sont dans l'usage de ne vendanger que fort tard. Celles des fauvettes qu'on appelle *becfigue* en Provence, et *vinette* en Bourgogne, ne laissent pas, malgré leur peu de grosseur, d'en causer aussi.

Avant d'entrer dans le détail de la culture usitée dans chacun des vignobles de la France, je dois donner la description de celle que je crois la plus convenable à adopter au nord de Lyon sous les rapports de l'étendue des produits, de la qualité du vin et de l'économie. Je l'ai déjà citée plus haut comme ayant été approuvée par les sociétés d'agriculture de Valence et de Metz, comme pratiquée dans le Médoc, dans le département de la Haute-Saône, etc. On l'appelle culture en LIGNOLOT dans quelques lieux.

C'est M. Cherrier qui parle :

« Nos procédés, dit M. Cherrier, sont d'ouvrir dans la direction que comportent la figure, la situation, la pente et l'exposition du terrain du midi au nord, des fossés continus et parallèles, de 15 à 18 pouces de largeur, laissant entre chacun un intervalle de 8 pieds. (Il vaudrait mieux qu'ils fussent toujours dirigés du levant au couchant pour faire plus complétement jouir les raisins des rayons du soleil du midi, les ceps s'ombrageant réciproquement quand ils sont dans la ligne du midi au nord.)

» En pratiquant ces fossés, on a attention de placer la terre meuble de la superficie sur l'un des revers, et l'autre tirée du fond sur l'autre revers.

» Après les avoir ainsi creusés et vidés à la profondeur de 15 à 18 pouces, on donne encore un labour grossier à la terre matte du fond, qu'on y laisse sans la retirer; on rejette sur cette première couche labourée environ 2 pouces de la terre meuble.

» Ensuite on prend des plants, soit enracinés, soit boutures, de 3 pieds de long au moins, qu'on fiche de quelques pouces dans la terre ferme du fond, et qu'on couche de 7 à 8 pouces sur la terre meuble en les ramenant sur le bord opposé du fossé, de manière qu'ils excèdent la surface du sol de deux à trois yeux.

» On dispose ces plants de suite sur un même alignement à 2 pieds de distance les uns des autres dans toute la longueur du fossé, les recouvrant successivement, d'abord du reste de la terre meuble qui en a été tirée, et ensuite de toute celle du fond, qui se trouve par là à la superficie.

» Les intervalles de 8 pieds ménagés entre chaque ligne plantée dans un terrain nouveau, peuvent être employés en légumes sans nuire à la culture que les plants exigent pendant les trois premières années, pour les élever et les mettre en état d'être provignés à demeure.

» Lorsque la plantation se fait dans une ancienne vigne qu'on veut renouveler, on pratique de même les fossés à la distance de 8 pieds, et on n'enlève que les ceps ou les souches qui se trouvent dans les alignemens. On cultive à l'ordinaire les autres ceps qui restent dans les intervalles jusqu'au moment du provignage des jeunes plants, temps auquel on arrache toutes les vieilles souches avec leurs racines.

» Au moyen d'une attention un peu suivie, ces jeunes plants, sur-tout s'ils ont été choisis enracinés, auront donné, après la seconde taille, des rameaux de 3 à 4 pieds au moins: alors ils sont propres à être provignés.

» On conçoit aisément que nos plants étant élevés à 2 pieds de distance les uns des autres sur des lignes parallèles espacées de 8 pieds, la distribution s'exécute naturellement et est rendue régulière, en provignant alternativement les ceps à 2 pieds de chaque côté des lignes plantées.

» Ainsi ces lignes forment le milieu des sentiers, et les intervalles vides auparavant se trouvent remplis et garnis de nouvelles lignes parallèles espacées, ainsi que les ceps, de 4 pieds en 4 pieds : c'est ce qu'on doit se proposer.

» Il est ordinaire que sur chaque plant il se trouve deux, trois et jusqu'à quatre rameaux : dans ce cas, on conserve les plus forts et on retranche les autres. On emploie le meilleur pour former le cep à demeure.

» Si quelques plants ont avorté ou ont été détruits, les sarmens surnuméraires peuvent y suppléer en les prolongeant par le provignement jusqu'aux plants qui sont à remplir.

» Les provins, ainsi distribués et placés, sont destinés à former autant de ceps à demeure ; on les raccourcit tous et on les taille, les plus forts à trois à quatre boutons, les plus faibles à deux seulement au-dessous de la superficie du sol : c'est le premier état de la plante.

» On peut encore se borner, cette année, à donner à chaque provin un bon échalas ordinaire, affermi bien solidement en terre, et remettre à l'année suivante la formation des treillages.

» Ces treillages consistent en de forts échalas de chêne, hauts de 6 pieds ou environ, enfoncés au maillet à 4 pieds les uns des autres, dans l'alignement des ceps. On attache à ces échalas, avec du fil de fer, une première traverse à 18 pouces de la superficie du terrain, et ensuite une seconde à 18 ou 20 pouces au-dessus de la première.

» Les provins étant taillés à deux, trois ou quatre boutons, doivent donner un pareil nombre de bourgeons d'autant plus vigoureux, que le provignage en favorise la végétation ; après les avoir débarrassés de tous les faux jets et des faux yeux, on conserve tous les autres bourgeons, on les dresse contre l'échalas à mesure qu'ils peuvent soutenir un premier lien peu serré, et on y ajoute successivement d'autres liens aussi à mesure de leurs progrès ; mais on observe de retrancher et de supprimer exactement et scrupuleusement les entre feuilles, ainsi que les tenons ou vrilles qui naissent continuellement sur toute la longueur des bourgeons.

» On a remarqué que cette suppression est, à ce moment, la seule nécessaire, et qu'elle est suffisante pour modérer, dans notre climat, l'excès naturel de la végétation de la vigne par la diminution graduelle de cette partie renaissante des organes qui l'entretiennent. Aussi nous nous écartons en ceci des pratiques communes en allongeant les nouveaux bourgeons sans les rogner ni les arrêter par le bout.

» Lorsque les circonstances rendent la rognure ou le cassement nécessaire sur quelques-uns, nous différons au moins, tant qu'il est possible, cette opération jusqu'au mois d'août, lorsque les raisins sont en verjus et que l'action de la sève est sensiblement ralentie. Elle peut alors contribuer utilement à la maturité du fruit et du bois de la vigne; si on arrête, et si on rogne plus tôt, elle en est retardée, et la plante est affaiblie dans ses racines à proportion de la soustraction faite à sa tige. Règle générale, il n'y a nul inconvénient à laisser croître la vigne de toute longueur, autant qu'on le peut; il y en a de très-dommageables à les rogner avant le ralentissement ou la cessation de la sève.

» Cet allongement sert efficacement à fortifier la plante, et ce doit être l'objet principal de cette première culture des provins, qui les dispose à la taille de la seconde année.

» L'opération de la taille des provins, dans la méthode ordinaire, n'est qu'une pratique uniforme qui les réduit à un seul rameau direct, allongé, et à une brochette ou courson que l'on ménage, autant qu'il est possible, sur la partie de la tige la plus rapprochée de la terre. Cette pratique est nécessitée autant par l'empire de l'usage que par la disposition des ceps dans nos vignes. Ici c'est le nombre et la force des sarmens qui règlent la taille; autant on a été attentif à favoriser l'allongement des bourgeons à la pousse, autant on a soin de les réduire à la taille.

» Si alors on allonge trop, on risque de n'avoir pas de bois convenable pour l'année suivante; la surabondance des fruits en rend la maturité incertaine, et nuit également à la quantité et à la qualité de la récolte.

» Si on taille trop court, on se prive inconsidérément d'une partie de la production de l'année, et les pousses trop vives et trop fortes sont d'autant plus exposées aux dangers des frimas tardifs du printemps et des gelées de l'hiver.

» On ne peut trop le répéter, l'élévation, l'allongement des bourgeons fortifient autant les racines et la tige de la vigne, que le cassement prématuré et la rognure les affaiblissent : à la taille, les effets sont absolument contraires; l'allongement indiscret des sarmens énerve la plante et affaiblit ses bourgeons par l'excès de la charge. Leur raccourcissement augmente la force du cep et la vigueur de ses rameaux : ainsi la taille trop longue donne des bourgeons trop faibles, et la taille trop courte en donne de trop forts.

» Pour saisir la proportion exacte et convenable, il importe donc que l'intelligence préside à la direction de la taille.

» Voici notre méthode.

» Chacun de nos provins porte deux, trois ou quatre rameaux, qui, au moyen de leur allongement, sont tous bien conditionnés.

» Dans le premier cas, si les deux rameaux sont à-peu-près égaux en force, on ne retranche que la partie du vieux bois excédant le supérieur, et on les taille tous deux à quatre, cinq, six ou sept boutons; si l'un des rameaux est plus faible, on accourcit la taille, et on y laisse un ou deux boutons de moins qu'à l'autre.

» Dans le cas où le provin porte trois rameaux, on n'en conserve que les deux plus forts; on les taille comme ci-dessus, et on supprime le plus faible; si les trois rameaux sont d'égale force, on préfère de conserver ceux du bas de la tige, et on rabat les supérieurs.

» Dans ce troisième cas où le provin a donné quatre rameaux, on supprime le supérieur; on taille les deux suivans comme ci-dessus, et le rameau le plus rapproché de terre est réduit à ces deux ou trois yeux.

» On conçoit que si le provin n'a donné qu'un seul bon rameau on le taille, suivant sa force, à quatre ou cinq boutons, et on supprime les autres.

» Tels sont les procédés de la taille de cette seconde année, qui donnent le second état de la plante ou le cep formé. Il est bon d'observer encore qu'on y cherche moins l'abondance de la récolte qu'à la préparer pour les années suivantes; que le principal objet de ces ménagemens n'est autre que d'obtenir des bois forts et vigoureux, et il sera rempli au moyen de l'ébourgeonnement et des labours faits en temps convenable.

» Après la taille on laboure à la bêche, ou avec les autres instrumens en usage, tout le terrain des sentiers, sans déranger les ceps taillés autrement que pour les mettre en place, et faire prendre l'alignement du treillage à ceux qui n'auraient pu y atteindre lors du provignage.

» On a soin de supprimer et retrancher, à la profondeur de 7 à 8 pouces, avec la serpette et non avec la bêche, toutes les racines barbues qui ont poussé de la tige près de la superficie de la terre, de manière que les racines inférieures acquièrent plus de force, et se trouvent à l'abri des impressions des fortes gelées et des chaleurs excessives.

» Lorsque, par ce premier labour, les ceps sont tous alignés et mis en place, on assujettit les rameaux taillés dans la direction qu'ils doivent désormais conserver.

» Si ces rameaux sont assez longs, ce qui est rare, pour atteindre la première traverse du treillage, on peut les y attacher en les écartant à droite et à gauche; mais il est toujours mieux de les soutenir par de vieux échalas fichés des deux côtés, et auxquels on les arrête par un lien d'osier, en les inclinant à 8 ou 10 pouces au-dessus de la superficie du sol.

» Cette disposition est d'autant plus favorable et commode, que l'inclinaison forcée du cep modère l'impétuosité de la sève, et que les échalas servent, avec la première traverse, à élever plus facilement les nouveaux bourgeons, et à les attacher à mesure qu'ils s'allongent.

» Les choses ainsi disposées présentent, comme on l'a déjà observé, le second état de la plante après le provignage ; nos ceps ne tardent pas à pousser avec d'autant plus de force, qu'ils sont bien enracinés et que nous n'avons taillé que sur des bois bien francs et bien aoûtés ; on aide encore utilement à cette pousse, au moyen d'un premier binage, qui aplanit les sentiers et donne une nouvelle terre au pied de chaque cep ; ensuite vient l'ébourgeonnement, lorsque les nouveaux bourgeons sont assez allongés pour distinguer facilement les raisins.

» A l'ébourgeonnement, nous supprimons les rameaux gourmands qui sortent du pied des ceps, et les petits jets qui naissent sur la tige autour des boutons, avec les sous - yeux infructueux ; si quelques - uns de ces sous - yeux montrent des raisins, nous nous contenterons de les arrêter par le petit bout.

» Nous conservons précieusement tous les autres bourgeons nés, dans l'ordre naturel, des boutons conservés à la taille, et nous nous gardons bien de les casser à ce moment, ou de les arrêter par le bout, à moins que quelques-uns, ce qui est rare, ne poussent du côté du sentier, et ne puissent être rapprochés du treillage sans les faire éclater. C'est le seul cas où nous les cassons par le bout ; mais nous n'en supprimons aucun, soit qu'ils aient du fruit ou n'en aient pas, tant que le treillage n'est pas garni.

» Ainsi, notre ébourgeonnement se réduit cette année à la suppression simple des gourmands infructueux et des petits jets inutiles ou nuisibles ; c'est ce qu'on peut appeler proprement nettoyer : après ce nettoiement vient le palissage.

» Tous les rameaux, taillés depuis deux jusqu'à cinq, six et sept boutons, donnent autant de bourgeons nouveaux ; nous les dirigeons tous sur le treillage, en élevant droits ceux du milieu, qu'on attache d'abord avec des joncs de marais ou de la paille aux échalas ou à la première traverse ; nous inclinons les autres horizontalement, et nous les allongeons sur les côtés, en les attachant successivement d'un échalas à l'autre, et en les croisant successivement sur ceux des ceps voisins.

» Lors de ce premier palissage, nous arrêtons, par le petit bout, celui des bourgeons nés du dernier œil du rameau principal, taillé à six ou sept boutons, parce que ceux du bas de la tige deviennent plus forts, et que le bourgeon arrêté doit être supprimé à la taille suivante ; mais nous laissons un libre essor à tous les autres, qui bientôt exigent un second palissage.

» A mesure que ceux - ci s'allongent, ils produisent des

entre feuilles (petits bourgeons axillaires) et des vrilles; nous les supprimons tous avec soin, et nous attachons des bourgeons perpendiculairement à la seconde traverse, lorsqu'ils peuvent y atteindre, les autres aux échalas des côtés ou aux bourgeons croisés des ceps voisins, sans en rogner aucun, et sans les casser par le bout, tant qu'ils peuvent être étendus; nous nous contentons d'en arrêter quelques-uns, lorsque leur trop grande élévation fait craindre qu'ils soient brisés par les vents, ou lorsqu'ils ne peuvent être inclinés et placés de cô.é sans faire confusion.

» Ces palissages, ainsi que la suppression des entre feuilles et des vrilles, se renouvellent successivement et se continuent à mesure que les bourgeons s'allongent, jusqu'à ce que le ralentissement ou la cessation de la sève ne laisse plus à craindre les inconvéniens et le danger du cassement ou de la rognure : alors on peut supprimer les extrémités des bourgeons sur l'une des entre feuilles supérieures. Ce retranchement, cette suppression, qui, auparavant, sont si dommageables, peuvent quelquefois produire, à ce moment, des effets également utiles et salutaires.

» Si cette opération est faite avec intelligence, dans un automne pluvieux et humide, qui rend la vendange trop tardive, elle accélérera la maturité du raisin, elle assurera davantage la maturité du bois de la vigne, elle préviendra les ravages des gelées de l'hiver, et la plupart des accidens qui causent la coulure au printemps.

» Notre culture donne la facilité et les moyens de ménager ces ressources, dont la température de notre climat doit faire sentir l'importance : ainsi l'on parvient, par l'observation et le travail, à corriger le vice des saisons qui s'opposent au succès de nos récoltes. On pourrait peut-être, avec des soins et une attention suivis, faire prospérer la vigne sous des températures encore moins favorables que la nôtre, et qui semblent se refuser absolument à cette production.

» Ainsi, par le moyen des procédés ci-dessus, dès la seconde année qui suit le provignage, toutes nos vignes se trouvent garnies de rameaux allongés qui se croisent et dont le feuillage tapisse le treillage à la hauteur de 4 à 5 pieds, dépassant la seconde traverse de 6 à 8 pouces.

» Jusqu'ici cette culture n'a eu pour objet que de fortifier les ceps et d'en multiplier les rameaux, parce que c'est de là que dépendent, pour la suite, le succès et l'abondance des récoltes. On est parvenu au point d'obtenir ces derniers avantages, par les ménagemens raisonnés de la taille de cette seconde année.

» La taille des provins a disposé nos ceps sur des rameaux

inclinés et assujettis à la direction du treillage ; chacun de ces rameaux taillés à cinq, six ou sept yeux, nous a donné la même quantité de bourgeons et de sarmens nouveaux, qui ont été allongés et palissés sur le treillage. C'est sur ces bourgeons qu'il est question d'asseoir la nouvelle taille, c'est-à-dire celle de la troisième année.

» Pour y procéder, j'examine la plante ; son état est indiqué par la vigueur ou la faiblesse des sarmens, et c'est sur ces dernières qualités que je règle la taille.

» Si des deux sarmens qui terminent un des côtés du cep, le supérieur (qui a dû être arrêté par le haut) se trouve de beaucoup plus faible, je supprime ce dernier en rabattant sur l'autre, qui, par ce retranchement, acquiert plus de force pour la pousse suivante : en conséquence, je crains moins d'allonger celui-ci, et je le taille, suivant sa vigueur apparente, à quatre, cinq et jusqu'à six ou sept yeux ; ensuite j'incline de côté horizontalement, et j'attache à un échalas ou à un des piquets du treillage, à quelques pouces au - dessous de la première traverse.

» Il reste deux, trois ou quatre autres rameaux, que je taille aussi, suivant leur force, à un, deux, trois, quatre yeux, et je les laise ou les assujettis dans la direction qu'ils ont reçue au palissage.

» Si l'autre côté du même cep a la même force, la même quantité de sarmens, il reçoit exactement la même taille ; si ce côté est plus faible avec le même nombre de sarmens, je taille en proportion moins long, de sorte que, si les rameaux sont plus faibles de moitié, du tiers, du quart, je ne laisse aussi à chacun que la moitié, le tiers ou le quart des yeux conservés sur l'autre côté.

» Par ces ménagemens, l'égalité s'établit naturellement, en ce que la pousse sera plus forte sur le côté faible taillé court, et qu'elle sera aussi moins vive sur le côté fort, en proportion de son allongement, à quoi la régularité de l'ébourgeonnement contribuera non moins efficacement que la taille même.

» Si des rameaux nés de la taille précédente sur l'un des côtés du cep, le sarment supérieur se trouve de beaucoup plus fort que les autres, ou si tous marquent une grande vigueur, je conserve le premier sans le rabattre ; je retranche seulement l'extrémité saillante du vieux bois qui nuirait au recouvrement de la plaie, et je ne laisse à ce rameau, quoique très-vigoureux, que quatre à cinq yeux, parce que n'y ayant pas ici de suppression, il a moins de force pour soutenir plus d'allongement.

» Si, au contraire, de plusieurs rameaux sortis de la taille, ceux de l'extrémité se trouvent faibles, et le plus fort rapproché de la tige, je rabats sur ce dernier l'extrémité du vieux bois avec les bourgeons faibles qu'elle a produits, et alors je taille plus long de quelques yeux ; j'incline le rameau ainsi taillé, et je l'attache, comme il a été dit ci-dessus ; dans l'un et l'autre cas, les rameaux inférieurs, qu'on appelle *coursons* ou *rochettes,* sont toujours ménagés et taillés, relativement à leur force, à un, deux ou trois yeux : ils doivent être considérés comme des provins implantés sur la tige du cep, qui les multiplie à mesure de l'allongement annuel des rameaux supérieurs, que nous appelons *rameaux conducteurs.* Règle générale, plus on supprime de bourgeons à la taille, et plus on doit allonger les rameaux conservés ; plus on allonge les rameaux conducteurs, et plus on doit tailler court et ménager les autres.

» Après la taille des ceps, on donne à l'ordinaire le labour foncier à la terre des sentiers, en évitant avec soin de blesser ou endommager les tiges inférieures avec les instrumens, parce que *vigne blessée est à moitié vendangée.* C'est une vérité qu'il est bon d'inculquer par l'expression proverbiale. Si lors de ce labour, quelques ceps ont encore produit des racines rapprochées de la superficie de la terre, on les ébarbe de nouveau, comme l'année précédente ; dans cet état, on attend le moment de l'ébourgeonnement.

» On a vu que, dans le premier état de la plante, après le provignage, l'ébourgeonnement se réduit à la suppression des faux jets et des faux yeux infructueux ; que les autres rameaux faux, sortis des boutons, sont tous conservés, débarrassés successivement des entre feuilles et des vrilles, élevés et allongés tant qu'il est possible sur leurs échalas, sans être cassés ni rognés par les bouts, qu'autant que les circonstances rendent cette opération indispensable.

» On a vu aussi qu'après la taille et la disposition des provins qui donnent le second état de la plante, où le cep est formé et placé à demeure, l'ébourgeonnement se réduit encore à la suppression simple des petits jets inutiles ou nuisibles, des faux yeux, des entre feuilles, des vrilles ; que tous les rameaux nés des yeux conservés à la taille sont allongés et palissés sur le treillage, tant en direction droite qu'horizontale ; qu'on se borne à arrêter seulement par le bout le bourgeon sorti du dernier œil du rameau principal ou conducteur, ce bourgeon étant destiné à être rabattu à la taille suivante, et quelques-uns des autres, lorsque leur trop grande élévation fait craindre qu'ils soient brisés et endommagés par les vents.

» Après la taille du cep, qui présente ici le troisième état de la plante, l'ébourgeonnement doit encore être le même ; c'est-à-dire qu'il se réduit à la suppression des petits jets inutiles, des faux yeux infructueux, des entre feuilles, des vrilles, et sur-tout des rameaux qui quelquefois sortent encore du pied du cep. On conserve tous les autres, on les distribue, on les palisse sur le treillage qui, cette année, doit se trouver entièrement garni, rempli et couvert de rameaux croisés sur les deux faces.

» On a observé que les coursons ou brochettes sont considérés comme autant de provins implantés sur la tige du cep; et aussi ils doivent être traités de même que dans le premier état de la plante; les rameaux conducteurs doivent être aussi traités selon les règles de direction relatives au second état.

» En conséquence, j'arrête par leurs extrémités les bourgeons supérieurs des rameaux conducteurs, et je palisse tous les autres, tant de côté qu'en ligne droite, à moins que quelques-uns ne fassent confusion ou ne s'écartent trop du feuillage, auquel cas je supprime ceux qui n'ont pas de fruit; j'arrête par le bout ceux qui en ont.

» J'en use de même à raison des coursons ou brochettes allongées; c'est-à-dire que, si le bourgeon supérieur est infructueux, je le supprime; je conserve le suivant, et je l'arrête par le bout.

» Si un courson a trois ou quatre bourgeons, j'arrête le supérieur au-dessus de la première traverse, et je l'y attache, s'il est besoin; j'enlève les autres, ou je les palisse de même, en les écartant un peu pour éviter la confusion, mais sans les rogner ni les arrêter, avant que cette opération soit rendue nécessaire, comme on l'a observé, ou que le ralentissement de la sève n'en laisse plus craindre les inconvéniens ni le danger.

» Si un courson conservé à deux yeux donne deux bourgeons, je les conserve, et les élève dans l'ordre et la direction du treillage.

» Si le courson n'a qu'un œil et un seul bourgeon, il est conservé avec d'autant plus de soin, élevé, allongé et palissé de même; et dans tous ces cas je suis exact à supprimer toutes les entre feuilles et les vrilles qui naissent à mesure qu'ils s'allongent par le progrès de la végétation.

» Tels sont, en général, les règles et les procédés de notre ébourgeonnement.

» Passons au troisième état du cep de vigne après le provignage.

» C'est le moment de sa grande force : elle a été préparée et favorisée, autant par l'allongement des bourgeons que par la multiplication des rameaux. L'excès de vigueur a été tempéré par les ménagemens graduels de la taille et de l'ébourgeonnement, qui ont rendu fructueusement utile la surabondance même des bourgeons. Tous sont allongés, palissés, bien conditionnés. C'est dorénavant à la taille à en régler la charge d'année en année, autant pour en modérer l'excès que pour prolonger la durée et entretenir l'état prospère de la plante.

» On peut déjà annoncer, d'après plusieurs essais, que cette méthode a sur l'ancienne des avantages réels en ce que :

» 1°. Elle est adaptée au climat, à la température du pays, à la nature et au caractère de la plante.

» 2°. L'éloignement des ceps et leur direction horizontale facilitent l'allongement des rameaux sans rien perdre des reflets nécessaires de la chaleur. Ainsi les dangers de la coulure des raisins, de la brûlure des feuilles, sont moins fréquens, beaucoup moins désastreux ; le succès des récoltes est plus constamment assuré ; la maturité des bois plus parfaite, celle des fruits plus entière et plus prompte : ces derniers avantages sont confirmés par l'expérience.

» 3°. En multipliant les rameaux sur les parties latérales obliques du même cep, la sève y est moins impétueuse, plus filtrée, mieux préparée ; par conséquent la plante donne des fruits plus succulens, des vins plus spiritueux, plus forts et de plus longue durée : au lieu que les fréquens provignages qui renouvellent nos ceps, et la taille qui les réduit chaque année à un seul rameau direct sur le tronc, concourent avec le climat à en rendre de plus en plus les productions faibles, par la surabondance des parties aqueuses que les plantes reçoivent immédiatement de la terre.

» 4°. Les plants de vigne ménagés suivant notre méthode et allongés sur le treillage, acquièrent par le temps plus de consistance, et deviennent capables de résister aux grands vents et aux chaleurs excessives ; ce qui en prolonge la durée et dispense de les renouveler autrement que par les ménagemens de la taille.

» 5°. On peut mettre au rang des autres avantages de notre culture la facilité d'économiser les engrais en les distribuant aux plants de vigne seulement à mesure que le besoin se manifeste, sans charger toute la superficie du terrain, comme on le pratique, de nouveaux amendemens souvent inutiles et quelquefois nuisibles à la plupart des ceps.

» 6°. Enfin, l'on juge qu'une étendue de terrain cultivée suivant mes principes peut donner une production double de celle d'une même surface traitée à l'ordinaire. »

Dans les vignes ainsi disposées, on n'enlève ni les pieux ni les traverses pendant l'hiver, ce qui est une économie de temps. On se contente, avant la taille, supposée faite au printemps, de remplacer ceux et celles qui sont pourris, et de les lier, lorsque le cas l'exige, par de nouveaux osiers.

Substituer du gros fil de fer, peint ou goudronné, aux traverses serait probablement une mesure économique, à raison de la longue durée de ce fil de fer, qui aurait encore pour avantage de ne porter aucune ombre sur les grappes.

Notre méthode présente donc accroissement de produits, diminution de dépense, économie de terrain et de travail ; elle prévient une grande partie des inconvéniens et des dangers qui causent le plus souvent la stérilité de nos vignes ; elle tend à assurer davantage l'abondance et le succès des récoltes, à préparer la maturité des raisins et à améliorer la qualité des vins.

Ainsi que je l'ai annoncé plus haut, une des conséquences nécessaires à l'exécution du projet d'établir la synonymie des vignes de France, était, après que celles plantées au Luxembourg auraient été convenablement étudiées, d'aller faire dans les vignobles l'application des résultats de cette étude, c'est-à-dire d'apprendre à connaître l'influence des divers climats, des diverses expositions, des divers sols, des divers modes de culture, sur la qualité du vin fourni par ces variétés.

Les efforts faits par moi pour mettre de la concordance entre les noms et les variétés existant à la pépinière du Luxembourg n'ont pas eu complétement les résultats désirés, mais y ayant acquis l'habitude de voir et de comparer près de quinze cents variétés, et en ayant décrit plus du tiers, je puis plus facilement remplir la seconde partie de ma mission.

En conséquence, en 1820, j'ai parcouru les départemens de l'Aisne, de la Marne, de la Meuse, de la Moselle, de la Meurthe, et en 1821 ceux de Seine-et-Marne, de l'Aube, de la Haute-Marne, des Vosges, du Haut-Rhin, de la Haute-Saône, du Jura ; cette année, je me propose de visiter ceux de l'Yonne, de la Côte-d'Or, de Saone-et-Loire, de l'Ain, de la Nièvre et du Loiret, et ainsi de suite en allant dans le Dauphiné, dans la Provence, dans l'Auvergne, dans le Languedoc, dans la Gascogne, dans l'Aunis, etc.

J'ai dû commencer mes tournées annuelles par le nord, à raison de ce que j'avais moins à y apprendre, ayant autrefois fait d'assez longs séjours en Champagne et en Bourgogne, et que le nombre des variétés qu'on y cultive est beaucoup plus restreint que dans le midi.

Quelle masse de faits je vais recueillir s'il m'est donné d'exécuter ce projet dans son entier !

Malheureusement, je suis forcé par la nature même de mon travail, la vendange ayant presque par-tout lieu avant la maturité complète des raisins, par la nécessité de ménager le temps, de ne rester que quelques heures là où il faudrait séjourner quelques jours, et je dois m'attendre, comme je l'ai éprouvé l'année dernière, à des mécomptes nombreux. (La maturité n'a commencé, cette année, qu'au 1er. octobre, de sorte que je n'ai pu entrer utilement dans les vignes qu'aux environs de Colmar.)

Pour mieux remplir mon objet, je m'adresse d'abord à un propriétaire éclairé (j'en trouve par-tout), et après avoir pris auprès de lui des informations générales et m'être fait indiquer les vignerons réputés les plus habiles, je vais avec eux dans les vignobles, ou, après avoir noté l'exposition, la nature du sol, je décris les variétés qui s'y cultivent; je mentionne toutes les circonstances de leur culture, d'après le dire de ces vignerons, ainsi que ses résultats, c'est-à-dire la qualité des vins fournis par chaque variété, ou son mélange avec telle autre ou telles autres.

Ce n'est qu'après que j'aurai ainsi exploré la totalité des vignobles de France que je m'occuperai de la comparaison des variétés de raisins et de leur synonymie, que je rédigerai enfin le grand travail sur les vignes que je suis chargé d'offrir à la France et que je voudrais rendre rendre digne d'elle.

Je l'ai observé plus haut, et je le répète, le catalogue des vignes plantées au Luxembourg ne peut me servir de guide pour fixer la synonymie des vignobles, non-seulement parce que, comme je m'y attendais, les noms inscrits sur ce catalogue ne sont pas ceux des variétés des vignobles, mais encore parce que, dans chaque département, il y en a beaucoup ayant des noms étrangers au catalogue, qui n'ont pas été envoyées à la pépinière du Luxembourg.

Dans l'impossibilité de me reconnaître dans un pareil dédale, je décris tout ce qui ne m'est pas positivement connu, pour en faire la comparaison en temps et lieu et en tirer les conséquences que me suggéreront mes études ultérieures.

J'avais cru devoir, fondé sur ce que la vigne a été d'abord cultivée aux environs de Marseille, où elle a été apportée par les Phocéens, commencer, dans la première édition de ce dictionnaire, la description des vignobles par ceux du midi; mais, par les motifs ci-dessus émis, je commencerai cette fois par ceux du nord, en partant de l'est et en embrassant un seul degré de latitude. Ainsi la France sera divisée en huit zones, comprises entre le 50e. et le 42e. degrés. Il y aura bien quelques départemens coupés plus ou moins inégalement, mais cela est de peu de conséquence.

Je rappellerai que la culture de la vigne cesse au nord-ouest d'une ligne qui part de Nantes et se termine à Coblentz,

qu'ainsi beaucoup de départemens établis aux dépens des anciennes provinces de la Flandre, de l'Artois, de la Normandie, de la Bretagne, en sont privés, ou n'en ont que de petites
portions. Il est probable que c'est plutôt à la puissance des
abris existans dans les vallées du Rhin, de la Moselle et de la
Meurthe qu'à toute autre cause, qu'est due la prolongation de
cette culture le long de ces fleuves au-delà du 5o^e. degré de
latitude.

Vignobles situés entre le 5o^e. et le 49e. degrés de latitude.

Département de la Moselle. C'est de ceux où se cultive
la vigne le plus reculé vers le nord. Il renferme, selon M. Jullien, *Topographie des vignobles*, 4500 hectares. Les meilleurs vins qu'ils produisent, appelés *vins de Moselle*, sont ceux
de Scy, Jussy, Sainte-Trufine, Tignomont, Papeville, Cha-
zable, Ancy, Nordeant, Donnot et Dole, sur la rive gauche
de la Moselle.

Les variétés envoyées de ce département à la pépinière du
Luxembourg sont les suivantes : *gul edel, muller reben, rischeling, burger, edlen weiss, raisin paillé, muscat rouge,
klein resting, faerber, gros blanc, menu blanc, pineau violet,
pineau rouge, blanc de Beuvrange, raisin de Bourgogne, muscat d'Espagne, muscat panaché, muscat rouge, chasselas,
tokai, gros Saint-Bernard, petit Saint-Bernard, frumenteau,
raisin de Hollande, raisin de Corinthe, raisin de binche,
rouge printannier, rouge ordinaire.*

Celles que j'ai décrites dans le vignoble de Scy, le plus réputé et le plus considérable de tous, sont :

Le *menu noir.* Il diffère fort peu du pineau franc, mais m'en
a paru distinct. C'est le premier pour la qualité du vin. Il fournit passablement dans certaines années.

Le *gros noir*, aussi appelé *coulard.* Il produit extrêmement
peu, mais son vin est excellent. On le détruit presque par-
tout.

Le *pineau rouge*, diffère extrêmement peu des précédens,
est également sujet à couler. Son vin est très-bon et donne de
la force à celui des autres variétés.

L'*auxois* ou *auxerrois.* C'est le *pineau gris* de la Bourgogne,
extrêmement voisin du *tokai.* Le vin qu'il donne est très-délicat, mais il ne se conserve pas long-temps.

Il y a un *auxois vert*, que je n'ai pu voir, lequel donne du
mauvais vin.

Le *vert noir*, variété importée de Saint-Julien, fournit

beaucoup et donne de bon vin. Il se plante de préférence dans les nouvelles vignes.

L'*aubin rouge* produit beaucoup lorsqu'il est taillé sur deux yeux, craint l'arqûre.

La *heime rouge* et la *heime blanche*. Leur vin est abondant et de bonne qualité.

Le *marengo noir* fournit beaucoup et son vin est bon : encore peu multiplié.

Le *noir de Lorraine*, ou *gros bec*, fournit beaucoup et du bon. Il est encore peu multiplié, mais gagne chaque jour.

Le *vert blanc* donne du vin de médiocre qualité.

Le *rouge blanc*. Il produit peu et son vin est médiocre.

Le *liverdun noir*, différent beaucoup de celui de Lorraine, donne de fort mauvais vin. On ne le plante que dans le bas des coteaux.

Le *petit blanc*, le *gros blanc* et le *foireux blanc* donnent de mauvais vin, mais en abondance.

Telles sont les variétés que j'ai décrites en détail, pour mon grand-ouvrage, dans le vignoble de Scy, et l'extrait des renseignemens qui m'ont été donnés par des propriétaires et des vignerons de cette commune. J'ai pu juger de la qualité du vin qu'elles donnent, par la comparaison que j'en ai faite à la table de M. Baudesson, l'un de ces propriétaires, de l'accueil duquel j'ai eu extrêmement à me louer. Ces vins sont faibles, mais fort agréables au goût et à la vue. A dix ans, ils diffèrent peu de ceux du Rhin du double de cet âge.

Le vignoble de Scy est en majeure partie exposé au sud-est; mais il offre toutes les autres expositions, même celle du nord.

On voit aussi quelques vignes sur les coteaux opposés, c'est-à-dire sur la rive droite de la Moselle, lesquelles sont au couchant et au nord. Leurs vins sont peu estimés; cependant on recherche ceux de Saint-Julien, de Peltre, de Magny, d'Augny et de Jouy.

Le sol de ces vignobles est marneux, très-surchargé de fragmens de la roche calcaire primitive, cornes d'Ammon, sur laquelle il repose. On le laboure, avec fort peu de fatigue, au moyen d'une petite bêche à fer arrondi. La portion entraînée par les eaux pluviales se remonte tous les deux ou trois ans; des engrais de fumier lui sont donnés tous les dix à douze ans.

On doit à M. Jaunez, ancien ingénieur, un manuel fort bien fait sur la culture des vignes de ce département, manuel dont M. Herpin a publié depuis un extrait.

En 1338, la République messine fit, par une loi, arracher

tous les mauvais plants des vignes des bords de la Moselle, et cette loi fut renouvelée trois fois depuis. Aujourd'hui ce sont ces mauvais plants qui sont les plus recherchés, parce qu'ils produisent davantage : aussi les propriétaires éclairés regardent-ils la réputation de leurs vins comme fort aventurée, et ils en gémissent.

L'arpent de vigne se divise en huit mouées, de 4 ares 43 centiares.

Une mouée contient 1920 ceps, espacés d'environ un demi-mètre.

Avant de planter, on défonce le terrain à environ 2 pieds, profondeur où se trouve la roche calcaire fendillée ci-dessus indiquée.

Pour planter, on creuse des trous alignés dans le sens de la pente, d'un pied de largeur sur un demi-pied de profondeur, et on place ou deux plants enracinés, ou deux crossettes, ou deux boutures, dans les angles inférieurs de chacun, qu'on incline vers les angles supérieurs et qu'on recouvre de terre.

Quelquefois, mais mal-à-propos, on évite la façon des trous en employant un plantoir.

Il est des vignes plantées en *panier,* c'est-à-dire dont chaque cep offre, par ses sarmens, la forme d'un gobelet, alors ils sont espacés du double.

Ordinairement le plant reçoit un labour et un ou deux binages par an.

La seconde année, quelquefois seulement à la troisième, on le taille sur l'œil le plus près de terre.

Ce plant commence à donner du fruit à la quatrième année. C'est alors qu'on le provigne pour en garnir le terrain, et ce toujours en montant, excepté pour remplacer un pied mort, lorsqu'il n'y a pas moyen de faire autrement.

Cette opération se répète environ tous les huit ans, tant pour rapprocher la tête de la souche de la surface de la terre, que pour donner aux racines que poussent les provins, une terre non épuisée : sans elle et sans les engrais la vigne ne subsisterait que peu d'années.

La taille s'exécute en février, en supprimant tous les sarmens, hors celui qui avait été disposé dès l'année précédente, sous le nom de MARIEN, pour fournir la principale récolte de l'année courante, lequel est taillé à sept à huit yeux. *Voyez* SAUTELLE, ARÇON et PLOYON.

Après le premier labour, dès que la sève est entrée en mouvement, on place les échalas, et à ces échalas, ainsi qu'à la souche, on fixe, avec de la paille, le marien réservé, en lui faisant faire un demi-cercle complet.

C'est à cette courbure forcée que j'attribue la plus grande

influence sur le peu de durée des ceps de ces vignobles; mais elle fait naître une grande quantité de grappes, et des grappes dont la fleur coule moins souvent. *Voyez* Courbure.

Deux et quelquefois trois binages à la houe sont donnés à ces vignes, le dernier dans le temps où le raisin commence à tourner.

Le bourgeon le plus près de la souche et le plus vigoureux est réservé pour le marien de l'année suivante, et en conséquence attaché, lors de l'ébourgeonnement, à l'échalas. Tous ceux des autres bourgeons qui ne portent pas de grappes sont retranchés, et les autres rapprochés à deux feuilles au-dessus de la grappe la plus élevée.

L'*épamprement* est ce qu'ailleurs on appelle le *châtrer*. Il a pour but de supprimer tous les bourgeons qui ont poussé tant sur les sarmens portant du fruit, que sur le marien. Cette opération a lieu au milieu de juillet.

Les frais de culture d'une mouée montent à une douzaine de francs.

Les vendanges se font du 1er. au 15 octobre; on cueille d'abord les raisins rouges, qui mûrissent les premiers; on les transporte à la cuve dans des hottes de sapin. La fermentation a lieu à l'air libre, mais M. Jaunez couvre ses cuves et s'en trouve bien. Il a aussi substitué avec avantage au pressoir à bascule un pressoir à coffre de son invention, qu'il m'a montré et qu'il décrit dans l'ouvrage ci-dessus, ouvrage auquel je renvoie pour de plus grands détails.

On déchalasse dans les premiers jours de novembre.

Les propriétaires de ces vignobles se plaignent du peu de profit qu'ils retirent depuis quelques années de leurs vignes, tant par l'effet des gelées du printemps, que de la coulure et du manque de maturité. Deux vents, celui des Ardennes et celui des Vosges, y amènent la gelée; c'est pour se garantir de celles d'automne que quelques vignerons n'ébourgeonnent qu'une fois dans les années froides et humides, où la maturité est retardée, comme dans celle où je me trouvais à Scy, c'est-à-dire ne châtrent pas, persuadés, disent-ils, que le grand nombre des feuilles s'oppose aux effets de ces gelées; ce qui est vrai jusqu'à un certain point.

Département des Ardennes. Ce département ne contient qu'environ 1800 hectares de vignes, situées dans le voisinage des villes de Mézières, Rethel, Rocroy, Sedan et Vouziers, et dont le vin est des plus communs. Les variétés qui s'y cultivent se réduisent au *mauzac*, au *plant gris*, au *plant doré*, au *bourguignon rouge*, au *chanet*, au *chardonnet* et au *chasselas blanc*, toutes variétés qui se trouvent également dans le département de la Marne et qui y sont soumises à la même culture. En conséquence je n'ai pas dû les visiter.

Département de la Marne. Qui ne connaît pas les vins de Champagne, tous provenant de ce département? Qui ne sait que le goût qu'ont pour eux les habitans de l'Angleterre et du nord de l'Europe attire tous les ans de grosses sommes en France?

Mais, se demande-t-on souvent, pourquoi ces vins nés dans la zone la plus septentrionale de celles où la vigne peut être cultivée sont-ils si recherchés? Pourquoi les si célèbres coteaux de Reims, d'Ay, d'Épernay, etc., sont-ils privilégiés et ne trouve-t-on dans le reste du département que des vins faibles et de peu de garde? J'oserai répondre, parce qu'ils proviennent du pineau, et que le pineau est la variété par excellence pour faire de bon vin dans le nord. Les soins apportés à la culture et à la fabrication entrent aussi pour beaucoup dans les causes de leur qualité supérieure, sur-tout l'usage de faire les vins blancs avec les raisins rouges, usage peu commun ailleurs.

Les variétés de ce département envoyées à la pépinière du Luxembourg se réduisent aux quatre suivantes : *gris noir, doré noir, doré blanc, épine blanc.*

Les vignes de la Champagne ont été visitées par mon ami Creuzé Latouche, qui a publié le résultat de ses observations dans les Mémoires de la Société royale et centrale d'agriculture.

D'après M. Jullien, *Topographie des vignobles*, il y a 20,600 hectares de vignes dans ce département.

Les trois principaux vignobles sont celui de la côte de Reims (auquel se joint celui de Saint-Thierry), celui d'Ay et celui d'Épernay.

C'est sur la côte de Reims et à l'exposition du nord que se trouvent les plus fameux crus ; savoir, 1°. en première ligne des rouges, ceux de Verzy, de Verzenay, Mailly, Saint-Basle et Bouzy ; et en seconde ligne, Rilly, Taisy, Ludes et Chigny ; 2°. en première ligne des blancs ceux de Sillery.

Voici l'ordre que j'ai observé dans les couches de la côte de Reims : terre végétale, 2 décimètres ; argile ferrugineuse contenant des meulières qu'on exploite pour meules et pour ferrer les chemins, 2 mètres ; sable argileux de diverses nuances, 8 mètres ; marne argileuse, 4 décimètres ; marne calcaire, 2 décimètres ; lignite, 4 décimètres ; argile, 11 décimètres ; tourbe pyriteuse, 1 ½ décimètre. Toutes ces couches sont de formation d'eau douce et contiennent en conséquence des lymnées, des planorbes, des cyclades, etc. Argile contenant des cérites, des vénus et autres coquilles marines, 12 mètres; craie fendillée, épaisseur inconnue.

C'est dans cette argile, mêlée des parties de toutes les couches supérieures et devenue par conséquent légère, que sont plantées les vignes de cette côte. Celles du bas sont presque sur la craie; l'humus est très-peu abondant dans ce sol, aussi s'occupe-t-on perpétuellement à l'améliorer au moyen d'engrais fournis par des composts, dans lesquels entrent constamment les lignites et les marnes de la partie supérieure de la côte.

Les nouvelles vignes se plantent sur un défoncement d'un à deux pieds de profondeur, par lequel on enfouit autant de fumier ou autre engrais qu'on peut s'en procurer.

C'est dans des trous d'un pied carré, disposés en lignes dans le sens de la pente du terrain, qu'on effectue les plantations avec du plant enraciné ou avec des crossettes ou avec des boutures, trois dans chaque trou, pour être assuré de la reprise d'un d'eux, les autres étant relevés et plantés ailleurs quand ils réussissent tous.

Comme les vignes de toute cette côte sont très-peu vigoureuses, on ne peut y prendre le plant nécessaire aux repeuplemens; on le tire de Velly ou de Vic, vignobles sur l'Aisne, dont le terrain est très-fertile.

Les ceps morts se remplacent par des provins pris sur leurs voisins. Il est très-rare qu'on replante entièrement une vigne.

Lorsque les plants sont en complète production, on les couche tous les ans en montant, de sorte que lorsque les pièces sont courtes, et elles le sont souvent, on est obligé de les abandonner à l'extrémité supérieure des champs, et d'en mettre de nouveaux à l'extrémité inférieure.

Le provignage effectué, on taille toujours sur deux yeux, de sorte que les bourgeons sortent presque à fleur de terre; et comme la mauvaise nature du sol s'oppose à ce qu'ils s'élèvent, toutes ces vignes n'ont qu'environ 2 pieds de hauteur, ce qui est très-favorable à la bonne qualité et à la complète maturité du fruit, mais ce qui nuit extrêmement à l'abondance des produits: aussi les propriétaires se plaignent-ils généralement que, malgré le haut prix de leurs vins, ils en tirent à peine de quoi payer leurs frais dans les meilleures années, et que dans les mauvaises, qui se répètent très-fréquemment, ces vignes étant très-exposées à la gelée, à la coulure, à la grêle, à la sécheresse, ils en sont pour la plus grande partie et même la totalité de ces frais.

Trois ou quatre binages d'été sont donnés aux vignes au moyen d'une houe à fer large de 4 pouces, dont le manche a 2 pieds de long.

Avant le labour, on y porte des terres de compost, amoncelées sous le nom de *magazin*, à proximité de ces vignes.

L'ébourgeonnage s'exécute avant la floraison. Il est plus rigoureux que ne le comporte la faiblesse des ceps, parce qu'il est très-important que le sol et les raisins soient frappés des rayons du soleil, pour que la maturité de ces derniers puisse s'effectuer; pratique, comme on voit, diamétralement opposée à celle usitée dans la plupart des autres départemens.

Il en est de même de la rognure ou enlèvement du sommet des bourgeons qui offrent des grappes, et de l'émondage, qui a pour but l'enlèvement des nouveaux bourgeons, opérations au reste peu nécessaires et par la même cause.

Ces sévères suppressions de bourgeons, et par conséquent de feuilles, ont encore pour résultat l'affaiblissement des racines et par suite la diminution des récoltes suivantes. *Voyez* FEUILLE, SÈVE et RACINE.

L'égalité de hauteur des ceps, leur écartement convenable, la propreté du sol, donnent à ces vignes un aspect très-agréable.

J'ai inutilement recherché dans la nature du sol, dans l'influence de la variété, de la culture, etc., la cause de la différence qui est reconnue généralement, et que la dégustation ne m'a pas permis de nier, entre la qualité des vins des vignobles les plus rapprochés. Il m'eût sans doute fallu passer plusieurs mois, ou même plusieurs années dans ce vignoble, pour acquérir des idées à cet égard, et je n'ai pu, pour ainsi dire, que le traverser.

Un fait cependant qui m'a été communiqué, et qui est en parfaite concordance avec la théorie, peut mettre sur la voie.

Le vin de Rilly est rangé dans la seconde classe, et un propriétaire de ce village, qui demeure à Reims et à qui son grand âge ne permet plus de soigner ses vignes, a la réputation de faire du vin égal à ceux de la première classe, et il le vend en conséquence. J'en ai fait la comparaison en nombreuse compagnie, et j'ai dû en porter le même jugement. Eh bien! les vignes de ce propriétaire, que j'ai examinées le plus attentivement possible, m'ont offert des ceps plus faibles, plus écartés, moins garnis de grappes, et de grappes plus petites que les vignes voisines, parce qu'on ne les avait pas amendées, labourées, provignées, etc. Leur vin était meilleur, parce qu'elles en donnaient moins et qu'elles étaient plus exposées à la chaleur solaire, véritable productrice du principe sucré. *Voyez* FRUIT.

La partie la plus basse du vignoble de Reims est en plaine, on n'en place le vin qu'au troisième rang; elle reçoit cependant les rayons du soleil pendant toute la journée, tandis que la partie haute ne les reçoit que jusqu'à dix ou onze heures ; ce qui semblerait être contradictoire avec ce que je viens de dire. Il faut en excepter cependant le territoire de Sillery, qui est à l'extrémité de la côte, presque au levant et peu élevée en ce lieu, dont les vignes du bas donnent un vin aussi estimé que celui de celles du haut.

Le terrain de Saint-Thierry est plus sablonneux que celui de la montagne de Reims, et son exposition est plus chaude, mais d'ailleurs les variétés qui s'y voient et leur culture sont les mêmes.

Les deux seules variétés qui constituent les vignobles de la côte de Reims sont le *rouge doré*, qui diffère extrêmement peu du pineau rouge de Bourgogne, et le blanc doré, qui se rapproche infiniment du *pineau blanc* de Bourgogne ; ils m'ont paru cependant devoir en être distingués. On y trouve aussi quelques pieds du *meusnier*, du *chasselas dur* ou *Bar-sur-Aube*, du *gouais blanc* ou *marmot*, variétés peu propres à donner de bon vin.

La vendange n'a lieu, dans les vignobles de la côte de Reims, que lorsque la maturité du raisin est complète. Tantôt les raisins rouges sont séparés pour faire du vin rouge, tantôt ils sont mélangés pour faire du vin blanc. C'est principalement à Sillery qu'on fabrique ce dernier.

Les précautions qui se prennent pour l'encuvage, le décuvage et autres opérations sont très-multipliées, aussi le résultat en est-il très-satisfaisant. *Voyez* Vin.

Les vignobles d'Ay, Avenay, Mareuil, Hautvillers, Damery et autres, sont situés au revers de la même montagne, et par conséquent exposés, pour la plus grande partie, au midi, et pour le reste au levant et au couchant. Les vins qu'ils produisent, sur-tout les vins blancs faits avec des raisins rouges, sont de première qualité. Le coteau où ils se trouvent est beaucoup plus rapide que celui de Reims, et la craie s'y montre, presque à la surface, en bancs épais inclinés du nord au midi. C'est sa partie moyenne qui fournit le meilleur vin. Il n'y a qu'une couche de 3 à 4 décimètres de sable gras mêlé de fragmens de silex au-dessus de cette craie ; mais comme elle est fendillée, les racines de la vigne peuvent pénétrer plus avant. Je n'ai pas vu dans leur partie supérieure, quoique je l'aie longée pendant plusieurs heures, la couche de lignite qui se montre au-dessus de ceux de Reims ; cependant on m'a assuré qu'elle y existait, et je n'ai pas de peine à le croire.

J'ai été enthousiasmé de la perfection de la culture de ce vignoble ; mais cette culture est si coûteuse, qu'il serait impossible de la continuer si le prix de ses vins diminuait.

Variétés qui passent pour donner le meilleur vin.

Le *petit plant doré* donne le vin le plus fin de tous les plants, mais il charge peu et ses grappes sont fort petites. C'est le vrai pineau de Bourgogne.

Le *gros plant doré noir.* C'est lui qui fait la base des vignes d'Ay, comme du vignoble de Reims, d'Epernay, etc. C'est un pineau fort rapproché du franc. (*Voy. le vignoble suivant.*) Ses grains sont quelquefois ovales.

Le *gros plant gris.* Fort rapproché du précédent, mais moins fin.

Le *petit blanc.* Grains ronds, serrés, petits, sucrés, vineux.
Le *chasselas blanc.* C'est le *Bar-sur-Aube.*
Le *muscat blanc.*
Le *muscat noir.*
Le *gros plant vert.* Inférieur aux deux précédens, mais encore bon. Dur aux gelées.

Variétés qui passent pour donner du vin de médiocre qualité.

Le *petit plant vert* (blanc).
Le *plant verdillasse.*
Le *languedoc* (blanc).
L'*enfumé* (noir).

Variétés qui passent pour donner le plus mauvais vin.

Le *gouais blanc*, le gouais d'Orléans (blanc).
Le *gros gouais* (blanc).
Le *marmot* (blanc).
Le *gouais de Mardeuil.*
Le *plant doux.*
Le *gouais noir.*
Le *meusnier* (noir).
Le *teinturier* (noir).
Toutes ces variétés me sont connues et ont été ou vont être décrites.

Le levant est l'exposition de la plus grande partie des vignes d'Epernay et des communes voisines; cependant il en est beaucoup au couchant et au nord.

Les vins produits par ces vignes passent pour être inférieurs à ceux de la côte de Reims et d'Ay; cependant il en est une de 14 arpens, appelée les Closets, appartenant à M. Moëtte, qui m'a paru, pour en avoir goûté concurremment à sa table même, supérieurs en force et en agrément à ceux d'Ay et de Sillery les mieux choisis. Cette vigne est à mi-côte et exposée au levant. C'est la plus anciennement plantée du pays, et cette circonstance, qui lui est commune avec les vignes de Vougeot, de Migraine, et autres ultra-séculaires, suffit seule pour expliquer la supériorité de ses produits, ainsi que je l'ai annoncé plus haut et au mot Fruit.

La culture, dans le vignoble d'Epernay, diffère peu de celle décrite plus haut à l'occasion des vignes de la côte de Reims; seulement les labours y sont mieux entendus en ce que, par celui d'hiver, on dégage la terre du pied des ceps pour en former, comme aux environs de Paris, de petits monticules dans leurs intervalles. La taille, l'ébourgeonnement, la rognure, ne diffèrent pas sensiblement.

J'ai décrit dix variétés de raisins dans les vignes d'Epernay, ce sont :

Le *demi-plant noir*, extrêmement peu différent, s'il l'est, du pineau de Bourgogne. C'est le plus ancien plant du pays, celui qui a été apporté aux Closets. Les petits propriétaires le repoussent comme produisant peu. Il donne le meilleur des vins blancs.

Le *pineau noir vrai*, répondant au *plant doré noir* d'Ay. Il est plus productif que le précédent, aussi fait-il le fonds des vignes. Il se rapproche infiniment du franc pineau.

Le *petit plant doré*. On le dit distinct du plant doré de la côte de Reims; mais je n'ai pu saisir leurs différences. Il donne peu de grappes, mais son vin est quelquefois supérieur à celui des deux variétés précédentes.

Le *perlusot*. Gros plant noir, donnant de fort bon vin. Je n'ai pu le voir.

Le *couleux noir*. J'en ai vu quelques pieds. Il n'a ordinairement que deux ou trois gros grains, les autres étant coulés.

Comme ces deux derniers plants mûrissent fort tard, ils gâteraient les cuves, s'ils étaient plus abondans.

Le *gamet noir*. Il existe dans ce vignoble; mais il y est si rare qu'on n'a pas pu me le montrer.

Le *meusnier noir*, connu sous le nom de plant de Brie. Il commence malheureusement à se multiplier dans les vignes des vignerons, quoiqu'on reconnaisse la mauvaise qualité et le peu de durée du vin qu'il produit. M. Moëtte n'en souffre pas dans ses propriétés.

Le *gamet* ou *épinette* (blanc) est regardé par tous les vignerons comme le pineau blanc, et j'ai dû me ranger de leur avis. Il fournit de bon vin; mais comme dans ce vignoble on est persuadé, avec raison, qu'il est plus profitable de faire le vin blanc avec le raisin rouge, on le plante le plus souvent seul, pour en fabriquer un vin plus fort mais moins délicat.

Le *marmot* (blanc) fournit beaucoup, mais donne un mauvais vin plat qui ne se vend qu'aux cabarets. On le plante ordinairement le long des chemins, comme moins tentant pour les passans, et au sommet des pièces, comme devant être arraché par suite du marcottage, en montant, qui se fait tous les ans.

Le *meslier*, ou *plant d'Orléans*, passe pour fournir du vin médiocre. Il est rare dans ce vignoble.

Le *pineau gris*. Je n'en ai vu que quelques pieds. Il passe pour donner un vin inférieur, quoi u'il soit fort estimé dans d'autres vignobles.

Le vignoble de Vitry est peu étendu. Il est exposé au levant et au midi. Le sol, au plus d'un pied de profondeur, est une argile parsemée de gravier, et reposant sur une roche très-fendillée de craie grisâtre.

Deux seules variétés s'y cultivent, le *gouais noir*, autre part appelé *bourguignon*, qui donne un vin dur mais foncé en couleur et de longue garde, et le *pineau blanc*, qui sert à donner de la force et du bouquet au vin du précédent. Lorsqu'on l'emploie seul, ce qui est rare, il produit un excellent vin, très-capiteux, dont j'ai goûté chez M. Bertrand, propriétaire et pépiniériste.

Les ceps y sont fourchus et élevés de 3 à 4 pieds, et ne se marcottent que lorsqu'on veut regarnir une place vide. Généralement on taille sur deux yeux. Lorsqu'il sort un bourgeon au-dessous de la fourche, on le réserve et on supprime le vieux bois. De longs échalas les soutiennent. On leur donne trois labours. Ils sont généralement trop rapprochés pour jouir des avantages de la lumière solaire d'une manière convenable.

Au reste, tout le vin de ce vignoble se consomme dans le pays, et c'est la quantité qu'on lui demande principalement.

Je n'ai point visité le vignoble de Sainte-Menehould, qui, dit-on, ne fournit que des vins de seconde qualité.

La partie méridionale et orientale du *département de l'Aisne* cultive environ 9,000 hectares de vignes dans les arrondissemens de Laon, Soissons et Château-Thierry. Je n'ai étudié que celles du premier de ces arrondissemens, par des circonstances étrangères à ma volonté; mais ce sont celles qui donnent les meilleurs vins, parmi lesquels se distingue la cuvée de Saint-Vincent-sous-Laon, celle de Cuissy et celle de Craone.

Ces vignobles sont tous sur des coteaux exposés en majeure partie au midi et au levant, mais quelquefois au couchant et au nord. Leur sol est généralement une argile d'un pied de profondeur, terme moyen, parsemée de petites pierres calcaires, reposant sur un tuf de même nature et très-fendillé, appelé *cran*, lequel repose lui-même sur la craie.

Lorsqu'on plante une vigne, on est obligé de miner le cran, pour fournir aux racines les moyens de s'approfondir et d'échapper par là aux effets de la sécheresse.

Les chevelus, les crossettes, ou les boutures, sont également employés dans la plantation des vignes. On les place dans des fosses rondes ou carrées, larges et profondes d'un pied, écartées de 3 pieds, disposées en lignes selon la pente du terrain.

On laboure les vignes faites à la bêche et à la tâche. Elles reçoivent quatre et même six façons, plus ou moins, selon les années et les terrains.

Il est deux sortes de vignes ; les *grosses* et les *basses*.

Dans les grosses, on tient les ceps élevés de 2 à 3 pieds, on taille court, et on fait des *arcs*. Ce sont les moins estimées, parce que le sol n'est pas assez fertile pour les supporter. Les bas des coteaux en offrent plus souvent que les hauts.

Dans les basses, on couche tous les ans les sarmens en remontant, et on ne laisse que trois ou quatre yeux hors de terre. Le but de cette pratique est de faire naître de nouvelles racines pour mieux nourrir le grain, et de rapprocher la grappe de terre pour accélérer sa maturation. Ce sont les plus multipliées.

Généralement on ne taille la vigne qu'au printemps dans les vignobles du Laonais, ce qui est conforme aux principes ; cependant, dans les fortes exploitations, on commence en décembre. Par-tout cette opération est finie à la fin de mars.

Immédiatement après la taille, on fait, à la bêche, le premier labour, et en même temps on provigne ou coupe les sarmens réservés ; ce qui a fait donner à ces trois opérations le nom de *provignage*.

Le second labour se donne ordinairement en juin, et s'appelle la *seconde roye* ; le troisième, vers le milieu de juillet. On en reste le plus souvent là ; mais ceux qui entendent bien leurs intérêts donnent un quatrième labour quinze jours ou trois semaines avant la vendange, pour faire grossir le raisin et en hâter la maturité.

C'est pendant ces labours qu'on ébourgeonne la vigne et arrête sa croissance en hauteur. Ces opérations se font en général sans intelligence. Par exemple, on laisse beaucoup de petits bourgeons stériles au bas des ceps, ce qui nuit beaucoup aux produits de la récolte.

J'ai vu plusieurs fois les yeux des arcs s'éteindre par l'effet de l'exagération de leur courbure, et par conséquent ne pas remplir l'objet de l'arqûre, qui est la plus grande production des grappes.

On greffe les vignes à Maussion et dans quelques autres vignobles.

Les échalas sont courts, faits avec de jeunes pousses de bois blanc, aussi durent-ils peu.

Les vignes exposées au midi, à mi-côte, dans le plus mauvais terrain, et les plus vieilles, sont celles qui produisent les meilleurs vins ; mais aussi elles en donnent le moins. Le vin des bas est grossier et sans force.

Rarement on les fume, mais on en remonte les terres, ou on y apporte des gazons.

Quelques arbres fruitiers se voient dans les vignes de qualité inférieure et non dans les bonnes. On plante dans presque toutes des haricots, des fèves, des pommes de terre, des choux, etc.

Quatre-vingts ans est la durée moyenne des vignes. Elles s'arrachent après ce temps, et le terrain est cultivé pendant huit à dix ans en céréales et en sainfoin.

Le *bon noir*, ou *maître noir*, donne le vin rouge le meilleur et le plus de durée. Il domine dans les bonnes vignes, comme à Cuissy, à Craone, à Roussy, etc. C'est un *pineau* fort voisin du pineau franc. Il produit beaucoup, coule et gèle rarement.

Le *bon blanc* a positivement les mêmes qualités. Il se rapproche infiniment du pineau blanc. On le mélange avec le premier, pour obtenir un vin encore de plus de garde.

Le *romeré blanc*. Il se confond souvent avec le précédent, dont il se rapproche en effet ; cependant son vin n'est que de seconde qualité.

Le *vert blanc* mûrit plus tard et en conséquence donne ordinairement du vin très-médiocre ; mais, dans les années chaudes, il donne du vin presque aussi estimé que celui du bon blanc. Il est très-fréquemment affecté par la gelée et par les causes de la coulure.

L'*esplein vert* (rouge) demande un sol fertile, donne abondamment, et son vin est bon dans les années convenables. Il n'est pas assez généralement connu.

Le *fromenté* (blanc). Ce plant se cultive dans le vignoble d'Arrancy ; le vin qu'il produit est mis au troisième rang : on le mêle le plus souvent avec celui du vert blanc.

Le *gamet* (noir) se voit dans quelques vignes, mais toujours en petite quantité, sous le nom de *grosse nature* : c'est celui qui résiste le mieux aux intempéries et le seul qui fournisse des grappes après qu'il a été frappé par la gelée. Le vin qu'il donne est un peu plus estimé que celui du suivant.

Le *gouais* (noir). Il est généralement confondu avec le précédent, parce qu'il n'est pas très-commun. Ceux qui le connaissent font fort peu de cas de son vin.

Le *gouais blanc* ou *melon*. Ses produits sont très-abondans, mais son vin est plat et de peu de garde. La gelée lui nuit rarement, mais il est fort sujet au *faux bout*, événement dont j'ai parlé plus haut lorsqu'il a été question du provignage.

Le *meusnier*. Son vin est, comme par-tout, plat et de peu

de garde. Comme il fournit beaucoup, on le multiplie autant que possible. Les vieux vignerons craignent qu'il fasse perdre la réputation du vin du Laonnois.

Le *pendillard*, qui est *rouge*, donne également un vin sans force et de peu de durée, n'est pas partout commun, mais peuple quelques vignes basses.

Généralement on vendange trop tôt dans les vignobles du Laonnois, et on y est déterminé par la crainte des gelées et de la pourriture. Les récoltes manquent très-souvent en partie et quelquefois totalement; ce qui fait que c'est un fort mauvais bien que celui des vignes pour ceux qui n'ont pas d'autre revenu. Rarement on fait du vin blanc avec les raisins rouges; on y consacre les blancs. On mêle les uns et les autres pour faire des vins communs, c'est pourquoi ils sont si peu colorés; mais on ne met pas d'importance à cette circonstance comme dans tant d'autres pays. Le vin commun ne se garde généralement qu'un à deux ans, mais les fins, sur-tout les blancs, peuvent se conserver huit à dix.

On voit quelques vignes dans le *département de l'Oise*, principalement autour de Senlis; leur culture ne m'a pas paru différer de celle des environs de Paris : je ne les ai pas encore étudiées.

Il en est de même du *département de l'Eure*, qui n'a envoyé à la pépinière du Luxembourg que deux variétés, l'une le *meusnier*, sous le nom de *souvignon*, l'autre le *morillon*, sous le nom de *raisin blanc*. C'est, aux environs d'Evreux et des Andelys qu'on voit le plus de vignes, par l'effet des abris qu'elles trouvent sur les coteaux méridionaux des vallées où coulent l'Eure et la Seine. Les vins qu'elles fournissent sont au-dessous des médiocres, peu abondans et se consomment sur les lieux. J'ai vu celles des Andelys, mais je ne les ai pas étudiées.

Vignobles situés entre le 49e. et le 48e. degrés de latitude.

Le *département du Bas-Rhin*, renferme, selon **M.** Jullien, 14,390 hectares de vignes. Je ne l'ai point visité. Ces vignes se tiennent hautes de 8 à 10 pieds, comme dans le Haut-Rhin, où je les ai étudiées. Les variétés rouges y prospèrent rarement : aussi ce sont les vins blancs, principalement ceux de Molsheim et de Riesling, qui en font la réputation.

Le vignoble de Wissembourg se distingue par une culture particulière fort peu analogue à son climat, mais qu'on y croit être la seule avantageuse. On y tient la vigne en berceaux plats de 3 pieds et demi de haut et de 4 pieds de large.

Les meilleures variétés qu'on cultive à Wissembourg sont en rouge, le *rouge ordinaire*, le *rouge de Bourgogne* et le *rouge de Lamberlsloch;* et en blanc, le *treutsch, le kleinhengot, schoemberg, dreymœner, roesling* (c'est de ces deux dernières variétés que sont plantés les fameux coteaux du Rhin) *Fremde, Gut-Edel, Feld-Lehms, Kniper, Sylvaner* et *Susstrauben.*

Dans ce vignoble, qui est une terre argilo-calcaire, on espace les ceps à 16 pieds; on fume tous les cinq à six ans; on taille en février ou en mars, en laissant sur chaque cep trois à quatre sarmens de 2 pieds et demi de long, et deux coursons à trois yeux. On attache à la mi-mai; on donne un labour en juin, un sarclage en août.

C'est de l'autre côté du Rhin, pays dont il n'entre pas dans mon plant de parler, qu'on est dans l'usage de coucher en terre les ceps, pour les empêcher d'être atteints des gelées de l'hiver et pour retarder leur végétation, parce que leurs pousses seraient presque chaque année frappées des gelées du printemps.

Le Rhingau se divise en haut et en bas : dans les années chaudes, le vin du haut pays a l'avantage, c'est le contraire dans les années froides.

Le *département du Haut-Rhin* possède environ 15,000 hectares de vignes.

On les trouve sur le revers des Vosges et dans la plaine qui les borde. Je les ai visitées en grande partie ; mais c'est à Ribauvillers que j'ai le plus étudié celles des côtes, et aux environs de Colmar que j'ai le mieux observé celles de la plaine.

Il faut d'abord que je remercie M. Charles Baysser, propriétaire fort éclairé de Ribauvillers, des facilités qu'il m'a offertes pour étudier les variétés de ses vignes, et des instructions qu'il m'a données sur leurs qualités respectives.

J'ai aussi reçu de bonnes informations de MM. Baumann frères, pépiniéristes à Bolleville, lesquels cultivent une grande variété de vignes, et qui les étudient avec soin : ils sont propriétaires dans le vignoble voisin, qui est fort estimé.

Voici la liste des variétés envoyées de ce département à la pépinière du Luxembourg :

Raisin de Languedoc, raisin d'outre-Rhin, raisin d'Espagne, gros rischeling, petit rischeling, raisin vert, rhin-esler, chasselas dur, chasselas mou, edlen blanc, edlen coulant, edlen rouge, hintfch noir, hintfch rouge, weiklefeln, schambre précoce, muscat blanc, muscat noir, muscat violet, swartz bon à manger, swartz ordinaire, tokai, grauklofeln, wautertiner, payonner, jungfrau, traüben elben.

Voici les variétés que j'ai observées :

Le *tokai* (gris). C'est véritablement celui dont on tire en Hongrie le fameux vin de ce nom, lequel, comme je l'ai déjà observé, diffère fort peu du pineau gris. On le regarde comme donnant le meilleur vin ; et en effet celui que m'a fait boire M. Baysser, comme en provenant, était excellent.

Le *gemcinès*. Il charge beaucoup, mais son vin est de médiocre qualité.

Le *risling* (1) (blanc). Le vin qu'il fournit est égal au tokai en qualité.

Le *schlizer-edel* ou *rothglusmer* (gris). Ses fleurs avortent souvent, et il est en conséquence généralement très-peu productif; mais le vin qu'il donne est excellent.

Le *gentil blanc* ou *weiss-edel* donne de bon vin.

Le *raisin de Bourgogne* (rouge). C'est le *pineau franc*.

Le *grauglafiner* (gris). Son vin n'est pas caractérisé. Il se cultive en petite quantité.

Le *reischlinger* ou *kiniperlé* (blanc). On n'estime nullement le vin qu'il donne, mais il produit abondamment. Il donne des grappes dès la seconde année de sa plantation.

Le *hintsch* (rouge). Il donne de mauvais vin et est rare.

Le *chasselas croquant*. C'est le *Bar-sur-Aube*.

Les coteaux qui s'étendent de Ribauvillers à Thann sont en général exposés au levant ; mais il y a des vallées où il se trouve des vignes exposées au midi et au nord, et le vin qu'on y recueille n'est pas regardé comme inférieur à celui des autres expositions de ces coteaux.

Le sol de ces vignes est une argile rougeâtre mélangée de fragmens de quartz, de granit, de grès, etc. Il a beaucoup de profondeur et est constamment humide.

Les ceps se plantent, après un labour très-profond, en lignes montantes, à un mètre de distance les uns des autres.

Les souches s'élèvent jusqu'à 4 pieds, et se divisent en trois ou quatre sarmens, qu'on taille tous les ans sur deux yeux, et dont on rabat de loin en loin le plus vieux, lorsque la sortie d'un nouveau bourgeon inférieur permet de le remplacer.

Trois labours sont donnés par an à ces vignes ; savoir, en mars, au moment de la taille ; en mai, après la floraison ; en août, avant la maturité : c'est une pioche à large fer qui sert à ces labours.

Les échalas qui soutiennent les ceps sont proportionnés à leur élévation, c'est-à-dire d'environ 6 pieds de long sur 3 pouces de diamètre. Ils sont en chêne, en châtaignier ou en sapin surchargé de résine. Ce sont ceux qui durent le plus long-temps (25 à 30 ans).

---

(1) L'orthographe des noms des variétés diffère : celle-ci m'a été donnée comme la bonne.

Les vignes de la plaine sont encore tenues plus hautes (6 à 8 pieds), et offrent des échalas de 12 à 15 pieds et de la grosseur du bras. Ce n'est qu'à 3 pieds que les sarmens commencent à porter des feuilles, parce que l'entre-deux des rangées n'est jamais frappé des rayons du soleil.

Dans la montagne, comme dans la plaine, il est reconnu nécessaire d'élever autant les ceps, à raison de la constante et abondante humidité du sol, et on prétend que la récolte est plus abondante qu'elle ne le serait de toute autre manière. Je n'ose m'élever contre l'expérience de deux ou trois siècles ; mais il m'a paru que le sol ainsi que les raisins, n'étant jamais frappés des rayons du soleil d'été, le premier ne pouvait pas se dessécher, et que les derniers devaient être moins sucrés et d'une maturité plus tardive. Il est de fait que les grappes sont nombreuses, mais il l'est aussi qu'elles sont très-allongées et peu garnies de grains, sur-tout dans la plaine, dont le vin au reste passe pour extrêmement inférieur à celui des coteaux.

Sans doute il serait bon que quelque propriétaire, ami de son pays, fît quelques essais pour savoir si la culture des vignes basses, comme celle des environs de Vesoul, à laquelle j'ai dû autant applaudir que j'ai dû blâmer celle-ci, ne serait pas plus avantageuse, même sous le rapport de la quantité. Je ne doute pas que l'économie et la qualité n'y gagnent beaucoup.

Les vignes du *département de la Meurthe* sont plantées sur les coteaux qui longent la rivière de ce nom et ceux de la Moselle. Elles couvrent 13,500 hectares de terrain. Je les ai principalement étudiées aux environs de Toul et aux environs de Nancy et aux environs de Pont-à-Mousson.

Ces vignobles sont chacun d'une petite étendue, la plupart exposés au midi, le reste au levant et au couchant. Il y en a peu au nord. Le sol est une argile ferrugineuse mêlée de cailloux, apportée des Vosges par la rivière, et de fragmens de la roche calcaire primitive sur laquelle il repose. Les ceps sont tenus sur deux branches, et les sarmens taillés sur deux ou trois yeux. On fait rarement des sautelles. On lui donne quatre labours par an, dont celui d'hiver est très-profond, au moyen d'une houe à trois dents recourbées; leur ébourgeonnement n'a lieu qu'une fois, en sorte que le sommet des bourgeons est très-garni de feuilles, qu'on croit, comme à Metz, utiles pour garantir les grappes de la gelée et avancer leur maturité ; ce qui n'est pas improbable.

Tous les cinq à six ans, on provigne les ceps, généralement dans la direction montante, de sorte qu'ils n'ont jamais plus de 3 pieds de haut.

Des vins fort agréables en rouge et en blanc sortent de ces

vignobles. Ceux de Toul sont principalemeut estimés. Ils sont légers et très-agréables.

M. Berthier de Roville a observé que les vignes plantées au midi, loin de la rivière, gèlent plus souvent que celles plantées au levant, ce qu'il explique par l'action des vents qui passent sur les sommets couverts de neige des Vosges, mais ce qu'on peut croire être l'effet, pour les vignes près de la rivière, de l'évaporation des eaux de cette rivière.

M. de Valcourt possède une petite pièce de terre où il ne lui a jamais été possible de faire croître de la vigne, quoiqu'il y en ait tout au tour. C'est une argile très-tenace, mais qui diffère peu en apparence de celle qui fait le fonds du vignoble.

M. Thomassin, curé d'Achain, près Château-Salins, en substituant le liverdun au gamet, a doublé le produit des vignes de sa commune, et a par là prouvé combien la variété influe sur la qualité et la quantité. La différence de ces deux variétés, fort semblables au premier aspect, c'est que le liverdun donne plus de fruit, pousse moins de bois et coule rarement, a les grains plus gros, plus écartés, plus sucrés.

Les différens rapports faits sur les utiles observations de M. Thomassin sont insérés vol. 68 et 69 de la première série des *Annales d'agriculture*.

Voici la note des variétés que j'ai décrites dans les vignobles du département de la Meurthe.

Le *petit noir*. Il diffère peu du pineau de Bourgogne, donne le meilleur vin après le *petit gris* ou *pineau gris*. C'est lui qui fait le fonds des vignes, quoique ses produits soient peu abondans.

Le *pineau noir*, qui ne paraît pas différer du *franc pineau*, donne aussi de bon vin.

Le *liverdun* diffère peu du précédent; il est assez multiplié dans les vignes de Nancy, et donne de très-bon vin. Ses sous-yeux repoussent des bourgeons susceptibles de donner des grappes lorsque les premiers ont été gelés.

Le *verdunois rouge*. Comme le précédent, il repousse des bourgeons susceptibles de porter du fruit, et fournit plus de vin que lui; mais ce vin est inférieur en qualité et en durée. Je ne puis le distinguer du *gamet*.

Le *verdunois blanc*. Peu productif et rare dans les vignes. Le vin qu'il donne est de bonne qualité.

L'*aubin blanc*. Il produit beaucoup, et le vin qu'il donne est fort estimé.

Le *jacmart* ou *renard*. Il est rare dans les vignes. La qualité de son vin n'est pas connue.

Le *got* ou *gouais*. Produit immensément; mais son vin,

de couleur jaune, est sans force et de peu de garde. Il ne faut pas le confondre avec le gouais du département de l'Aude, qui donne au contraire un vin fort dur qui n'est bon à boire qu'entre quinze à vingt ans.

Le *gouais blanc*. Son vin ne vaut pas mieux que celui du précédent.

Le *pineau gris* ou *ascrot*. Il donne le meilleur vin, mais il est très-peu multiplié.

Comment se fait-il qu'il soit si peu estimé dans le département de la Marne?

La *petite-blonde blanc*. Donne seule de très-bon vin, qui se garde long-temps, mais on préfère la mêler avec les raisins rouges pour faire du vin de cette couleur.

L'*éricé blanc*. Donne le plus mauvais vin, aussi l'arrache-t-on dans toutes les vignes bien soignées.

Le *fil d'argent*. C'est le *Bar-sur-Aube* des autres départemens, variété de chasselas à peau dure. On en tire de bon vin, mais faible et de peu de garde.

Le *faquan*. Autre variété de chasselas qui ne se cultive qu'en treille, mais qui passe aussi pour donner du vin d'assez bonne qualité.

Il se cultive dans le *département des Vosges* 3660 hectares de vignes. J'ai visité celles des environs de Neufchâteau, de Mirecourt, d'Épinal et de Saint-Diez. Toutes, sauf quelques parties, sont à l'exposition du levant et du midi. Le sol du premier est une argile rougeâtre, remplie de fragmens de la roche calcaire primitive fendillée sur laquelle il repose. Le sol des trois autres est une argile peu différente, qui repose sur des schistes ou des grès rouges, et qui est mélangée avec beaucoup de fragmens de roches quartzeuses de diverses espèces.

Le vin de ces vignes est léger et agréable; il se boit à deux ou trois ans, et peut se conserver dix à douze. Il diffère peu de celui du département précédent. Dans quelques endroits, je lui ai trouvé un goût de terroir qu'il perd à la longue. Sa fabrication influe considérablement sur sa qualité. Le meilleur de ceux que j'ai goûtés chez les propriétaires provenait des coteaux de Donremy, patrie de la pucelle d'Orléans.

Ces vignes se travaillent positivement comme dans les départemens de la Meurthe et de la Moselle, ainsi je ne parlerai pas de leur culture.

Je n'y ai trouvé abondans que le *pineau de Bourgogne*, qui donne le meilleur vin, mais en petite quantité, le *liverdun* ou *éricé rouge*, si voisin du *franc pineau*, que je le crois le même, et avec lequel se fait celui de seconde qualité; enfin le *gamet* ou *grosse race*, dont la récolte est presque toujours plus abondante, mais dont le vin est plat et de peu de garde. Le *bineau blanc*, le *pineau gris*, le *fagan* y sont fort rares.

Le *département de la Meuse* est beaucoup plus riche en vignes que celui des Vosges, parce qu'il est moins élevé et que les abris y sont plus puissans. M. Jullien lui en attribue 12,000 hectares. Trois des quatre arrondissemens qui le composent en possèdent, et je les ai visités tous trois. Ce sont, dans l'ordre de leur importance, ceux de Bar-le-Duc, de Verdun et de Commercy.

Je ne connais pas de coteaux plus rapides où l'on cultive la vigne que ceux de Bar-le-Duc. Il semble, quand on est en bas, qu'il est impossible d'y monter, et ainsi que je l'ai expérimenté, ce n'est pas sans beaucoup de fatigue et d'inquiétude qu'on parvient au sommet.

La terre de ces coteaux est une argile rougeâtre mêlée d'une immense quantité de fragmens de la roche calcaire primitive grise et fendillée sur laquelle elle repose.

Comme je suis arrivé dans ce vignoble le jour de la vendange, et qu'en tous pays ce jour est celui où les propriétaires et les vignerons sont les plus occupés de l'année, je n'ai pu disposer du temps ni des uns ni des autres : en conséquence après avoir parcouru seul une grande partie du vignoble, avoir vérifié les variétés qui s'y cultivent, observé le mode de leur culture, sans croire avoir suffisamment rempli mon objet, je me suis déterminé à demander à M. Henriquez, un des propriétaires les plus riches et les plus instruits, des notes sur leur culture, et je ne puis mieux faire que de transcrire ici la lettre par laquelle il a bien voulu satisfaire à ma demande.

« Pour se former une idée précise du soin qu'exige la culture des vignes aux environs de Bar-le-Duc, il faut savoir que la partie montueuse occupe à-peu-près les trois quarts de la surface du sol, et que c'est sur les pentes les plus rapides, qui ont de trente jusqu'à soixante-dix degrés d'inclinaison, que la plus grande partie des vignes sont plantées. Leurs racines ne sont le plus souvent recouvertes que d'une terre légère qui y a été transportée, et que les grandes pluies ou les orages entraînent plus ou moins.

» Il y a à Bar et dans l'arrondissement différentes espèces de raisins. Le *pineau noir* ou *franc pineau* est le meilleur et le plus multiplié; quelques *pineaux blancs*; beaucoup de *vert-plant* ou *gros plant*, qui produisent abondamment des vins communs. Il y a aussi des *bourguignons*, qui ne viennent bien que dans des bas et dans des terres fortes. Le vin de ces raisins est plus ferme et de plus de garde que celui des verts-plants, et il ne vaut pas mieux.

» Le pinceau gris est rare : les vignerons les appellent *af-fumés.*

» On taille la vigne depuis le 15 février jusqu'au 20 avril. Cet ouvrage consiste, si c'est un provin, à couper la broche à deux yeux, et le bois à la hauteur d'un pied 9 pouces environ, suivant la force du bois. Si c'est un cep, on ne laisse sur la souche que la broche et le jeune bois qu'on a élevé dans l'année précédente et qu'on coupe de la même manière que les provins ; et si le bois se trouve trop faible on le taille encore en broche, c'est-à-dire à deux ou trois yeux.

» On provigne dans le même temps les ceps qui sont vieux ou languissans (ordinairement chaque quatre ans). Provigner, c'est faire une fosse entre deux ceps ; il faut la creuser jusque sur les lits des racines, bien dégager ces deux ceps à leur naissance, ensuite ne laisser sur la souche qu'un bois, ou à défaut de bois une seule avance ou bourgeon sur le plyon, puis coucher les ceps bien uniment, de manière que celui qui était en haut prend la place de celui du bas, et celui du bas prend celle du haut, ou bien celui de la droite prend la place du cep de la gauche, et celui de la gauche prend celle de la droite ; après on remplit la fosse en deux fois, et on prend toutes les précautions pour que les ceps ne se dérangent point. La fosse finie, on coupe les bois qui sortent de terre à deux et trois yeux : cette façon est une des plus essentielles de la vigne ; quand elle est bien faite et à propos, elle l'entretient long-temps dans sa bonté. (*Voyez* Provin.) Beaucoup de vignerons sont dans l'usage de faire, autant que possible, leurs fosses en travers dans les côtes, parce qu'elles arrêtent davantage les eaux des grandes pluies, et évitent la descente des terres.

» En outre, il y a ordinairement dans le milieu et au bas des coteaux de grands trous pour recevoir les terres qui descendent lors des grandes pluies, on les appelle *fosses* ou *recueille-terres.*

» On bêche la vigne dans le même temps qu'on la provigne et qu'on la taille ; on doit la labourer à environ 2 pouces de profondeur, et même plus encore, à l'entour de chaque cep. Dans les vignes fortes, on nettoie les chevelus et racines qui se trouvent à la superficie, on redresse ensuite le cep en serrant la terre avec le pied.

» Pour plier la vigne, il faut éviter la sécheresse et la grande chaleur du jour en formant le plyon ; il faut le contourner avec adresse pour ne pas le rompre ou tordre, ce que les vignerons appellent *étrangler ;* et lorsque la sève commence à monter, il faut ménager les boutons pour ne pas les jeter bas.

» Lorsqu'on veut échalasser ou ficher, on profite du temps où la terre est meuble et encore humide, et en fichant ou faisant entrer dans terre l'échalas on larde le plyon, c'est-à-dire qu'on le passe entre le bois plié.

» L'ébourgeonnement, que les vignerons appellent *esvoutrage*, se commence aussitôt que les bourgeons ou avances sont assez développés pour apercevoir les raisins : alors on nettoie la souche de tous les petits boutons naissans, on conserve toujours sur la broche ou sur le bas du plyon deux avances de belle venue, soit qu'elles aient des raisins ou non; on examine ensuite toutes les autres, on pince celles où il y a des raisins à 2 ou 3 lignes au-dessus du fruit, et on jette bas toutes les autres qui n'en ont point. Quand on ébourgeonne trop tôt, on jette nécessairement bas des raisins, et quand on diffère trop long-temps, la sève se perd dans les avances inutiles; ce qui retarde beaucoup le développement du raisin et son accroissement.

» On commence à lier aussitôt que les avances, qu'on nomme alors bois, ont atteint environ 20 pouces; on rogne le plus bas des deux à trois yeux, on l'appelle alors *broche* ; on l'attache par une ou deux lieures après l'échalas; si on remarque une place vacante pour un ou plusieurs ceps, on a l'attention d'élever deux bois sur les ceps des environs qui paraissent de bons plants et qui sont assez vieux pour être provignés : c'est avec ces deux bois que, l'année suivante, on fait des fosses sur place ou bien des remplacemens. Avant de lier les jeunes bois, on les épluche, c'est-à-dire qu'on jette bas les petits pouillons ou petits bourgeons qui naissent entre les feuilles et le bois, ainsi que les crosses ou crossettes : on examine si, lors de l'ébourgeonnement, on n'a pas oublié quelques avances inutiles, on les jette bas et on pince les pouillons qui naissent sur les avances qui ont des raisins.

» Quand l'année est précoce, on rogne les bois vers la mi-juin; lorsqu'elle est tardive, vers la fin de juin la force du bois en détermine la hauteur, qui est pour l'ordinaire de 3 pieds environ.

» Aussitôt que la vigne est rognée, on la relie et on la répluche, ce que les vignerons appellent *repougner*. Cet ouvrage consiste à ôter aux jeunes bois les pouillons qui sont entre les feuilles, ainsi que les crosses : si on les laissait, ils nuiraient à la formation des boutons qui doivent produire des raisins l'année suivante ; il faut cependant de toute nécessité laisser les deux pouillons les plus élevés, pour que l'abondance de la sève puisse s'y porter; car si on néglige cette précaution, ou si la grêle ou les insectes les détruisent, les boutons qui ne doivent éclore que l'année suivante se développent aussitôt et frustrent nos espérances; les vignerons appellent cet accident *jeter sa ventrée* : dans le même temps, on pince de nouveau les pouillons qui sont sur les broches et les avances.

Le premier labour se donne aussitôt l'ébourgeonnement fait, le deuxième après le liage, le troisième lorsque la vigne est répluchée ; le quatrième et dernier quand les raisins commencent à mêler ; lors de ces deux derniers, on examine s'il y a encore quelques pouillons à rogner sur les ceps, et on pince ceux des bois qui, devenant trop grands, feraient rompre la lieure et le bois : cette opération arrête aussi l'écoulement de la sève, la fait refluer dans le fruit et le fait croître. Cependant lorsque la feuille est malade, on coupe le pouillon plus grand, pour avoir d'autres feuilles.

» La vigne étant une plante très-délicate et celle qui demande le moins de pluie, il faudrait ne la tailler que par le beau temps et jamais avant que la rosée soit tombée, sur-tout lorsqu'elle est froide.

» Une vigne est suffisamment fondée lorsqu'il se trouve sur les lits environ un pied de terre.

» On appelle vulgairement *routes* les côtes rapides ; *coluars*, les ceps qui sont de mauvais plants.

» Pour qu'une vigne soit suffisamment peuplée, il doit y avoir par 34 ares 34 centiares, ancien journal de Bar, douze mille ceps.

» Il doit être fait tous les ans dans le provignage douze ou quinze cents fosses par 34 ares ou 34 centiares.

» Les outils employés dans le vignoble de Bar sont, pour les labours, une fourche à larges fers, on la nomme le *croc* ; elle sert pour faire les fosses pour le provignement ; une houe triangulaire, appelée *chaverot*, pour travailler dans les labours d'hiver, l'entre-deux des ceps provignés ; une houe à fer arrondi, nommée *acoeu*, qui sert aux binages d'été ; une serpette à fer très-long pour la taille, et un panier ovale peu profond, appelé *charpagne*, pour transporter les terres. »

Le vin de Bar, rouge et blanc, est léger et plus chaud que ne semble le comporter la latitude de cette ville ; mais il a un goût de terroir qui le rend peu agréable à ceux qui n'y sont pas accoutumés. Il jouit d'une très-grande réputation dans le pays, et se vend proportionnellement beaucoup plus cher que ceux de Bourgogne de la seconde classe.

Inutilement j'ai cherché dans la nature du sol et dans les variétés la cause de ce goût. Beaucoup plus de temps que les deux jours que je suis resté dans le pays aurait été nécessaire. C'est *le terrain*, m'ont répété tous ceux que j'ai questionnés, et le terrain ne m'a pas paru différer de celui de Neufchâteau, de Nancy, de Metz, de Toul, etc., où on cultive les mêmes variétés et où les vins n'offrent pas ce goût.

Le vignoble de Commercy, que j'ai visité, est d'une petite étendue, comparé au précédent et au suivant. Il est placé sur des coteaux exposés au midi et au levant, dont le sol est une argile rougeâtre très-mélangée de fragmens de la roche calcaire primitive et fendillée qui forme les montagnes de tout le pays.

Les principales variétés qu'on cultive dans ce vignoble sont :

Le *bourguignon*, qui fait le fonds des vignes et donne, comme par-tout, un vin dur et fort coloré qui se garde long-temps ;

Le *hameye*, nullement différent du gamet ;

Les *pineaux noir* et *blanc*.

Ce que j'ai dit plus haut, et le fait que les pineaux sont rares dans les vignes, conduit à penser que les vins de Commercy sont peu distingués et cela est vrai, excepté pour le canton de Saint-Mihel, que je n'ai pas vu, et qui en fournissent d'assez bon, parce que le pineau noir y domine, m'a-t-on dit.

Comme leur culture ne diffère pas d'une manière remarquable des vignobles de Bar, je n'en parlerai pas particulièrement.

Les environs de Verdun offrent beaucoup de vignes dont la principale et meilleure partie est exposée au midi ; cependant on en voit dans toutes les autres expositions, beaucoup même de celles au couchant ont joui jusqu'à la révolution d'une grande réputation. Toutes sont plus sujettes aux gelées qu'autrefois.

La montagne où est placé le vignoble exposé au midi est remarquable par sa composition géologique ; sa masse est une pierre calcaire blanche, gélive, d'apparence crayeuse, dans laquelle on ne trouve pas de coquilles. Cette roche est surmontée d'un puissant banc d'argile recouvert de plusieurs couches de pierres dures, inaltérables à l'air et presque entièrement composées de petites huîtres, de quelques vis, de quelques sabots, de quelques térébratules, etc.

J'ai cité cette disposition des couches, parce que la nature du sol du vignoble en est la conséquence, c'est-à-dire qu'il est argileux et rempli de fragmens de pierres calcaires dures et tendres ; qu'il est sujet au suintement des eaux qui sont arrêtées par le banc d'argile.

On fait dans ce vignoble des vins blancs avec des raisins rouges et avec des raisins blancs, qui sont fort recherchés dans les pays voisins. Les premiers sont plus délicats et les seconds plus spiritueux.

Un binage inconsidéré, exécuté quelques jours avant mon arrivée, le raisin étant à moitié mûr, avait fait tomber toutes les feuilles d'une vigne de ce vignoble, et par conséquent a fait perdre sa récolte.

La culture est absolument la même que celle de Bar, excepté que l'arqûre complète (appelée *noyon*) y est plus en faveur ; aussi y ai-je vu beaucoup d'yeux éteints.

C'est là que j'ai appris à connaître, à l'aide des bienveil-

lantes indications de M. et de madame Baudau, propriétaires
de vignes et fort instruits du mode de leur culture, que
l'isaire et un puceron lanigère nuisaient quelquefois beaucoup aux vignobles. *Voyez* Blanc des racines et Amulé, etc.

Voici les variétés qui se cultivent dans ce vignoble :

Le *pineau blanc* ou *blanc de Champagne*. On en fait d'excellent vin; mais comme il produit peu, on ne cherche pas
à le multiplier.

L'*auxois* ou *pineau gris*. Il donne du vin de la meilleure
qualité, qui se garde sept à huit ans. Il y a des vignes qui ne
sont plantées que de cette variété.

Le *liverdun* (noir). Il m'a paru que c'était le *bourguignon*
des autres vignobles voisins. Le vin qu'il donne est abondant,
mais dur et de longue garde. Les pauvres vignerons le plantent
de préférence à tous les autres. Il ne souffre pas l'arqûre.

La *fignolette* (blanc). Sujet à couler, mais donnant en
abondance dans les années qui lui sont favorables. Son vin est
de la plus mauvaise qualité. On le détruit généralement.

La *varenne* (noir). Fournit également beaucoup, mais son
vin est peu estimé; devient d'année en année plus rare.

Le *gouais violet*. Mêmes observations que pour les deux
variétés précédentes; cependant il est de fait que son vin s'a-
méliore lorsqu'on le plante dans un mauvais terrain, et qu'il
en fournit moins.

La *cougnette* (noir). C'est le *pulsare* du Jura. Il est rare;
cependant donne beaucoup de vin et ce vin est bon.

Le *meunier* appelé *blanche-feuille*. Il n'est pas bien commun.

Le *teinturier* ou *teinte vin*. On n'en voit que quelques pieds
au bas des pièces de vignes.

Les *gouais noir* et *blanc*. Ils donnent comme par-tout du vin
dur et de peu de vente.

Le *noir menu* (noir). Fournit beaucoup; mais son vin est
constamment de mauvaise qualité, attendu que chaque grappe
offre toujours plus ou moins de grains verts au moment de la
vendange.

La *fignolette noire* ou *mignonette* donne du vin sans force :
c'est la plus mauvaise variété cultivée dans ce vignoble.

Les vins de la *Haute-Marne* sont peu connus à Paris; cependant plusieurs, qui sont intermédiaires entre ceux de la
Côte-d'Or et de la Marne, sont très-dignes d'estime par leur
délicatesse. Tous me sont connus, ayant séjourné plusieurs
années dans ce département, et l'ayant souvent traversé dans
toutes les directions.

Excepté un très-petit canton du côté de Bourmont, où on
trouve le granit et le schiste, tout le terrain de ce département
repose sur le calcaire primitif. Dans les plaines élevées, ce

calcaire est presque à la surface et divisé en couches minces appelées LAVES. *Voyez* ce mot.

Le vignoble le plus au nord de ce département est celui de Saint-Dizier, que j'ai visité, auquel il faut probablement joindre celui de Vassy, que je ne connais pas, mais dont M. Cherrier a décrit la culture.

Les vignes de Saint-Dizier, d'Ancerville et autres communes voisines, sont en plaine et dans un ancien atterrissement sablonneux de la Marne. Les ceps y sont tenus élevés de 3 pieds et très-rapprochés, aussi sont-ils plus sujets à la gelée qu'ailleurs. On n'y voit abondamment que quatre variétés ; savoir,

Le *bourguignon*, qui se rapproche du *gouais* de l'Aube, mais est distinct.

Le *gouais blanc*, le *gamet noir*, le *facan* ou *focan*.

Ce dernier, assez rapproché du *pineau blanc*, donne de très-bon vin, mais en petite quantité, et il ne repousse pas de grappes lorsque ses bourgeons ont été gelés au printemps.

On mêle ordinairement ces quatre variétés ensemble, pour faire des vins rouges au-dessous du médiocre, qui, selon que l'un domine le plus, prennent les noms de *clairet*, d'*ordinaire* et de *gros*. J'ai goûté des trois, et le premier m'a paru mériter la préférence, quoiqu'il ait un goût de terroir dont je n'ai pu reconnaître la cause.

Actuellement, c'est M. Cherrier qui parle :

« On plante les vignes avec des provins (plant enraciné), avec des marcottes (crossette), avec des boutures (sarment de l'année).

» Tous ces plants bien disposés réussissent ordinairement ; les premiers poussent avec plus de vigueur, et fructifient plus tôt que les seconds ; ceux-ci prennent racine *plus froidement* que les simples boutures.

» Les bons économes ont attention de n'employer que les plants dont le bois est bien franc et bien mûr, sur un allongement de 3 pieds au moins.

» Ils pratiquent dans l'alignement du terrain, de bas en haut, des fossés de 15 à 18 pouces de largeur, sur autant de profondeur, à la distance de 4 pieds les uns des autres, dans lesquels ils placent leur plant.

» Ces plants sont fichés de la longueur de 2 ou 3 pouces dans la terre ferme de la partie basse des fossés.

. » On rejette dans ces fossés une partie de la terre la plus meuble qui en a été tirée, ensuite on couche sur cette terre les plants de toute la largeur de la fosse, si la longueur du sarment le permet, ou au moins de 7 à 8 pouces ; on relève le sarment sans le forcer, dans l'alignement qu'on s'est proposé, en lui faisant faire le coude contre le revers de la fosse, qu'on remplit du reste de la terre ; puis on taille le sarment à deux ou trois yeux au-dessus de la terre, et on le garantit des accidens par un bout de vieux échalas.

» On diffère la taille de ce plant jusqu'en mars, crainte des gelées. Cette taille consiste à laisser un ou deux des meilleurs bourgeons, que l'on raccourcit jusqu'à un œil ou deux près de le tige dont ils sont sortis.

» Après la taille, on laboure le terrain à la bêche, et on fiche de bons échalas auprès de chaque cep.

» Au printemps, on donne un binage à la plantation ; plus tard, on supprime les bourgeons les plus faibles ; plus tard encore, on supprime également les petits bourgeons qui naissent dans les aisselles des feuilles ; on attache les bourgons conservés à l'échalas, et on donne un nouveau binage.

» La seconde année chaque bouton réservé donne un nouveau bourgeon ; on en conserve deux des plus forts, qu'on attache d'un premier lien peu serré aux échalas dès qu'ils peuvent y atteindre, et on suprime les autres. Plus tard on met de nouveaux liens et on enlève les entre-feuilles.

» A la troisième année après la seconde taille, on donne aux plants de vigne les mêmes soins que ceux observés pour les précédentes.

» Tous ces procédés coucourent à favoriser l'accroissement du plant. Leur effet est d'élever assez les sarmens pour pouvoir les provigner à la quatrième année et les espacer en forme d'échiquier, à 2 pieds de distance les uns des autres.

» Mais les mauvais praticiens, cherchant l'abondance dans l'économie du terrain, espacent les ceps de 10, 12 ou 15 pouces les uns des autres ; ce qui les prive de l'influence de l'air, de de la lumière, nuit à la maturité des raisins et du bois, et par conséquent aux productions suivantes et à la qualité des vins.

» Le provignage qui, en automne ou au printemps, commence les travaux de la quatrième année après la plantation, est à-peu-près la même opération que celle de la plantation ; elle s'exécute en creusant, près de chaque plant, une fosse de 10, 12 ou 14 pouces de profondeur, dans laquelle on couche le cep en entier, sans trop serrer ni tordre la tige ; et en prolongeant cette fosse, on dirige les sarmens jusqu'aux places qu'ils doivent remplir dans l'alignement et la disposition qu'on s'est prescrits, pour y être à demeure. On radoucit ensuite les sarmens à deux ou trois boutons près de la superficie de la terre, en observant que la taille soit un peu inclinée du côté opposé au bouton, et que le bois excède d'environ un pouce le bouton supérieur.

» Les soins qu'exigent les provins sont les mêmes que ceux

employés à la seconde et à la troisième année après la plantation.

» De chaque bouton des provins, il sort un bourgeon qui souvent porte des raisins. De ces bourgeons on conserve les deux plus forts et on les attache à l'échalas. On supprime les autres s'ils sont infructueux ; mais s'ils portent deux grappes on les conserve en les raccourcissant sur la feuille au-dessus du fruit. Les premiers étant arrivés à la hauteur des échalas, on les arrête en les cassant par le bout ; c'est ce qu'on appelle *ébrancher* ou *rogner la vigne*. On supprime en même temps les autres entre-feuilles et les tenons ou vrilles, c'est ce qu'on appelle *nettoyer* ou *éplucher*. Il est assez ordinaire qu'il repousse de nouveaux bourgeons à l'extrémité de ceux qui ont été arrêtés ; ceux-ci, ainsi que les entre-feuilles conservées sur les autres, s'allongent, et s'ils deviennent trop forts, on les raccourcit encore.

» Les bourgeons ou sarmens ménagés sur chaque provin sont au nombre de deux, trois ou quatre au plus. On n'en conserve que les deux meilleurs ; et ce sont ordinairement ceux qui ont été allongés ; on supprime les autres, ainsi que l'extrémité du vieux bois de la tige qui excède le sarment supérieur. On allonge la taille de celui-ci jusqu'à huit, dix ou douze yeux, suivant sa force, et l'on taille l'autre à un, deux, ou au plus trois yeux près de la tige ; le premier est appelé *ployant* ou *montant*, le second *brochette* ou *courseau*.

» Après la taille, et avant le mouvement de la sève, on fait prendre au ployant, ou montant, la forme d'un demi-cercle, et on l'assujettit, par l'extrémité supérieure, à l'échalas du cep voisin, en lui donnant, autant que possible, la direction du midi au nord ; on appelle cette opération *plier la vigne*, et l'espèce de demi-cercle qu'elle forme, dans cet état, ployant. Cette disposition, dont l'objet est de rendre le montant plus fructueux et de rapprocher de la terre les fruits de la vigne, a été jugée propre à en favoriser la maturité par l'action des reflets de chaleur ; la méthode en est généralement suivie, au moins à l'égard des espèces de plants dont le bois est très-vigoureux. *Voyez* COURBURE DES BRANCHES.

» Avant la taille des provins, et la plieure ou le plieage, se fait le premier labour foncier. Une des attentions bien recommandables en ce moment, c'est de couper ou supprimer toutes les racines qui ont poussé au pied de chaque cep, à 7 ou 8 pouces de la superficie de la terre, de manière que toutes les racines conservées se trouvent exactement enterrées à cette profondeur ; si on néglige cette pratique, les racines supérieures prennent une surabondance de vigueur et font bientôt périr celles du fond.

» En cet état, la vigne est dans sa plus grande force ; les opérations qui suivent la première taille des provins ont pour objet principal d'entretenir et de prolonger le même état de force en ménageant d'année en année, sur chaque plant, des sarmens allongés qui la renouvellent, et ramènent après la taille les mêmes opérations.

» La première opération qui suit est l'ébourgeonnement, c'est-à-dire le retranchement des jets nuisibles ou inutiles. C'est ce qu'on appelle *chaoutrer, châtrer la vigne*.

» On commence l'ébourgeonnement lorsque les raisins se font apercevoir.

» Les bourgeons produits par les boutons les plus bas et les plus rapprochés de la tige, sont réservés, au nombre de deux ou trois au plus, pour être élevés comme on l'a vu à l'égard des provins.

» Ceux-ci, que les vignerons appellent *montans* ou *merreins*, sont destinés à renouveler la plante et ménagés pour asseoir la taille de l'année suivante.

» A l'égard des autres bourgeons, on supprime avec le pouce tous ceux qui n'ont point de fruits ; ceux qui en ont sont arrêtés et raccourcis jusqu'auprès des boutons ou de la feuille qui se trouve immédiatement au-dessus des raisins.

» Plus tard on supprime tous les nouveaux jets poussés de la terre ou sur la tige, ainsi que ceux nés aux aisselles des feuilles des merreins, appelés par cette raison entre feuilles ; on supprime aussi avec les ongles les tenons ou vrilles, distribués sur la longueur de ces merreins ; on attache ensuite ceux-ci par un premier lien à l'échalas. On nomme cette dernière opération *relever la vigne*. Si à ce moment quelques-uns des merreins atteignent le haut de l'échalas, ou s'ils le dépassent, ils sont arrêtés ou raccourcis à cette hauteur près de l'une des entre feuilles qu'on laisse à l'extrémité supérieure.

» La suppression des faux bourgeons, des entre feuilles et des vrilles, est ce qu'on appelle *éplucher la vigne*. Après cette opération, on donne, avant que les raisins soient en fleur, un premier binage ou labour léger, pour détruire les herbes et ameublir le terrain.

» Plus tard, on épluche de nouveau la vigne pour la débarrasser des pousses inutiles qu'elle a faites et la tenir constamment à la hauteur de l'échalas.

» La seconde taille après le provignement s'exécute en réduisant la plante aux deux merreins élevés et ménagés pour la renouveler, on supprime tout le reste et on taille ces merreins comme l'année précédente, la supérieure à huit, dix ou douze yeux ; l'inférieure à deux ou trois. Après quoi, même disposition en demi-cercles, même labour foncier, même ménagemens des merreins, même ébourgeonnement, mêmes binages, mêmes rognures, etc.

» Ces opérations se répètent chaque année sur la même plante, jusqu'à ce qu'épuisée ou trop affaiblie, elle ne puisse plus fournir à la même production des merreins; ce qui communément arrive à la cinquième ou sixième année, et souvent dès la troisième ou la quatrième : alors on les provigne de nouveau, suivant les procédés décrits pour la renouveler. »

Le vignoble de Joinville est fort étendu, et se lie, par tous ceux des bords de la Marne, avec ceux de Rimaucourt, Bourmont, Chaumont, Château-Villain, etc., également connus de moi. Il offre, comme les autres, toutes les expositions, mais principalement celles du midi et du levant. C'est la partie de ce vignoble qui entoure les restes du château du sir de Joinville que j'ai principalement observée. Le sol est une argile rougeâtre, mélangée d'une immense quantité de fragmens de la pierre calcaire primitive dont j'ai parlé plus haut.

Les variétés qui dominent dans ce vignoble et autres précitées sont :

Le *pineau*, qui donne le meilleur vin, mais en petite quantité, et ne repousse pas de grappes après les gelées.

Le *gros pineau blanc*, qui m'a paru être le *façan* de Saint-Dizier.

Le *gros gamet*, qui est le *bourguignon* du même vignoble.

Le *petit gamet*, qui est le véritable *gamet* de Bourgogne.

Le *pineau gris*, dont j'ai déjà parlé plusieurs fois.

Les *gots* ou *gouais*, *noir* et *blanc*, dont il a également été question ci-devant.

Le *dammery*, que je n'ai pu voir, mais que je connais ailleurs.

La seule variété nouvelle pour moi que j'aie rencontrée dans ce vignoble, et que j'aie, en conséquence, essayé de décrire, est le *gentil*, qui donne de fort bon vin blanc, et qui est peu sensible à la gelée.

Les gamets et les gouais sont les plants préférés, quoiqu'ils donnent les plus mauvais vins; car là, comme ailleurs, ils produisent le plus et repoussent des bourgeons garnis de grappes, lorsqu'ils ont été frappés de la gelée.

Le plus souvent on mêle toutes les variétés rouges et blanches pour faire un seul vin.

La culture de ce vignoble est intermédiaire entre celle à tiges hautes, comme à Saint-Dizier, et à tiges basses, comme à Bar. On ébourgeonne à la rigueur. Du reste, elle ne m'a pas présenté de faits nouveaux de quelque importance.

J'ai bu à Chaumont, à Rimaucourt, à Château-Villain, etc., de ces vins faits en pur pineau et dans des années favorables, qu'on pouvait par-tout offrir comme vin de Bourgogne de seconde classe, et que j'aurais pris pour tels, si je n'avais connu leur origine.

Mais c'est l'arrondissement de Langres, du côté du midi, qui fournit les vins les plus estimés du département, vins qui, certaines années, sont même supérieurs, à mon avis, à ceux de la côte de Nuits, parce qu'ils sont plus faibles, et par suite plus délicats.

Les plus fameux de ces vins sont ceux d'Aubigny, de Prauthoy, de Montsaugeon, de Vaux, de Riverre-les-Fosses, d'Heuilly-Coton. J'en ai été journellement abreuvé pendant ma jeunesse, n'en demeurant qu'à deux lieues, dans une propriété où autrefois on cultivait aussi de ces vignes, mais où, à raison de sa plus grande élévation et de ses moindres abris, on a été obligé de les arracher, fait, soit dit en passant, qui prouve le le refroidissement du globe (1).

L'exposition générale de ces vignes est la même que celle des vignes de la Côte-d'Or. c'est-à-dire le levant, mais il y en a beaucoup au midi et quelques-unes au nord ; Aubigny en offre des unes et des autres. C'est à l'exposition du midi que se trouve la vigne princesse, qui donne le meilleur vin de tout le pays, vin dont j'ai été à portée d'apprécier toute l'excellence chez son propriétaire, M. Henry, allié de ma famille.

Les variétés qu'on cultive dans ce vignoble sont seulement au nombre de six ; savoir, dans l'ordre de leur qualité, en rouge, le *pineau de Bourgogne*, le *malin*, le *gamet;* en blanc, le *pineau*, le *melon blanc*, le *parisien*, que je crois être le même que le morillon blanc.

Il est fâcheux que ce précieux vignoble soit dans l'imminent danger d'être bientôt détruit, les frais de sa culture, terme moyen pris sur dix ans, excédant ses produits de près du double, à raison du haut prix de la main d'œuvre et du nombre d'années où il éprouve la gelée, la grêle, la coulure, pendant cet intervalle. Déjà la plupart des bourgeois peu aisés se sont défaits de leurs vignes avec une grande perte, et les vignerons qui les ont achetées se les ont déjà revendues plusieurs fois, par suite des emprunts que leur peu de produit ont nécessités.

Des plaintes semblables m'ont été faites dans plusieurs autres vignobles, tels que ceux de Reims, de Verdun, etc.

La culture des vignobles de l'arrondissement de Langres ne

---

(1) Cette propriété s'appelle Servin : elle est placée presque au point le plus élevé de la chaîne, c'est-à-dire à un quart de lieue au midi du Haut-du-Sec.

différe pas de celle de ceux de la Côte - d'Or. J'y renvoie le lecteur.

Les vins du *département de l'Aube* sont moins fins que ceux de l'arrondissement dont je viens de parler ; mais ceux provenant des vignes basses et plantées en pineau, sur des coteaux exposés au midi ou au levant, soit rouges, soit blancs, sont souvent fort agréables. Il n'en est pas de même des vins produits par les vignes hautes de gouais ou de gamet plantées dans les plaines, qui sont durs et ne peuvent être bus qu'après une douzaine d'années d'attente.

Le vignoble le plus oriental du département de l'Aube est celui de Bar-sur-Aube, que j'ai souvent traversé et des produits duquel j'ai eu souvent occasion de m'abreuver.

Ainsi que la plupart de ceux du département de la Haute-Marne, il est dans un sol argileux, rougeâtre, surchargé de fragmens de pierre calcaire primitive. Son exposition générale est au midi ; mais il y a des pièces à toutes les expositions. Les ceps y sont d'autant plus espacés que la terre est de plus mauvaise nature ou moins profonde, et la côte plus fortement inclinée. On ne leur conserve pas la disposition en lignes qui leur est donnée lors de la plantation, parce qu'on ne les provigne que lorsqu'il y a des places à regarnir, ou que la souche est arrivée à une hauteur d'environ 2 pieds, et qu'alors on dispose les provins en rond autour de cette souche. Les labours, qui surpassent rarement le nombre de trois, s'exécutent avec une pioche triangulaire, à pointe très-allongée.

L'ébourgeonnement, la rognure et l'émondage se font très-rigoureusement ; aussi les vignes ont-elles une apparence chétive pour peu que le terrain soit mauvais ou l'année sèche.

Les variétés les plus généralement cultivées à Bar-sur-Aube et communes voisines, du côté du levant et du côté du couchant, sont, dans l'ordre de leur estime :

En rouge.

Le *pineau en rouge de Bourgogne*. On l'arrache par - tout comme ne donnant pas des récoltes assez abondantes.

Le *pineau franc* ou *gamery*. Il remplace le précédent ; mais il n'est pas encore assez productif aux yeux des vignerons.

Le *françois* ou *bachet*. On m'a dit qu'il donnait de très-bon vin à Colombey-la-Fosse ; mais il passe pour un médiocre plant par-tout ailleurs.

Le *gamet noir*. C'est le plant de prédilection, parce qu'il fournit beaucoup et coule rarement.

Le *gouais*. On l'estime encore plus que le précédent, parce

que ses grains et ses grappes sont plus grosses et plus nombreuses, quoique son vin ne soit propre qu'au cabaret.

En blanc,

L'*arbone* ou *arbane* donne le meilleur vin blanc, offre beaucoup de grappes, se vendange après la gelée.

Le *fromenté* donne de très-bon vin, mais en petite quantité.

Le *Bar-sur-Aube* ou *chasselas dur* charge beaucoup et fournit un très-bon vin, mais ce vin se garde peu.

Le *gamet*. Il se mêle ordinairement avec les raisins rouges.

Le *pineau* est très-rare, et ne compte pas dans les cuves.

Le *purion*. Mauvais raisin qui pourrit très-fréquemment sur
pied et qui donne du vin d'abord passable, mais qui se gâte
promptement.

En violet,

Le *fromenté violet*. C'est le *pineau gris*. Il fournit un vin
très-délicat; mais comme on ne le plante pas à part, il est
constamment mélangé avec les raisins rouges.

La culture des vignes à Mussy-l'Evêque, à Bar-sur-Seine,
petites villes du département de l'Aube où j'ai passé plusieurs
fois, ne m'a pas paru différer d'une manière remarquable de
celle des vignes de Bar-sur-Aube.

Il est probable que celles des Rycèis qui y confinent, de
l'autre côté de la montagne, c'est-à-dire à l'exposition du midi,
mais que je n'ai pas encore pu visiter, se cultivent de même.

Ce vignoble des Rycèis est connu pour le meilleur du département. Il donne des vins rouges et des vins blancs également agréables, dont on consomme beaucoup à Paris.

Aux environs de Troyes, dans la vallée de la Seine, la culture des vignes change. C'est en treilles parallèles et hautes
de 3 à 4 pieds qu'on dispose les ceps, et ces ceps sont presque
exclusivement des gouais, des gamets, et autres grosses races;
aussi le vin qu'on y récolte est-il dur et très-coloré. Il faut, comme
je viens de l'observer, l'attendre long-temps pour pouvoir le
boire, pour peu que le palais soit délicat: aussi les riches de
Troyes vendent-ils leur récolte aux cabarets et se pourvoient-
ils, pour leur table, de vins de Bourgogne et de Champagne, comme j'ai pu personnellement en juger souvent.

Quelques vignerons font leurs marcottes dans des paniers à
claire-voie, paniers qu'ils mettent en terre au printemps suivant, sans déranger la marcotte. Par ce moyen, leur plant ne
souffre pas; mais la dépense des paniers et de la main d'œuvre
ne me permettent pas de les offrir en exemple.

C'est dans ce vignoble que j'ai vu faire la pressée de la vendange dans la vigne, au móyen des petits pressoirs montés sur quatre roues, que j'ai décrits au mot Pressoir.

Il serait fort désirable, selon moi, que cette pratique, à raison de son économie, s'étendît par-tout où on préfère les vins blancs.

La plantation et la culture de ces vignes étant les mêmes que celles des mêmes sortes dans le département de l'Yonne, je renverrai à l'article de ces dernières pour décrire ces deux opérations, d'autant que je n'ai pas encore pu étudier convenablement celles de l'Aube, quoique je me sois promené bien des fois au milieu d'elles, ayant fait plusieurs séjours à Troyes.

Les vignes du *département de Seine-et-Oise*, qui comprennent celles des environs de Paris, ne sont point renommées pour l'excellence de leur vin; il en est même, celles de Brie, dont les produits sont si acerbes qu'on dit proverbialement qu'ils *font danser les chèvres*. Mais si leur vin n'est pas bon, il est abondant et il trouve à se placer avec beaucoup plus d'avantage que de beaucoup meilleurs, dans les nombreux cabarets qui entourent la capitale et les villes voisines.

Ce département renferme plus de 24,000 hectares en vignes, parmi lesquels il en est quelques-uns, comme à Athis et à Mons, canton de Longjumeau, comme à Andresy, à Mantes, à Montmorency, etc., qui fournissent des vins potables dans les bonnes années.

Le grand défaut de ces vignobles, c'est qu'on n'y désire nullement la qualité et qu'on les force, pour augmenter leurs produits, non-seulement en fumier, mais même en immondices de Paris. Aussi ceux qui sont forcés de boire des vins de Surêne (1), d'Argenteuil et autres, leur trouvent-ils souvent un goût et même une odeur fort désagréables.

La quantité étant le seul but qui guide les vignerons des environs de Paris, et cette quantité dépendant de la variété ainsi que de la nature du sol, ils recherchent les cépéages les plus productifs et les terres les plus fertiles.

Là on plante généralement la vigne après un labour à la charrue, en ouvrant à la pioche les tranchées nommées *rayons*, de 2 pieds de largeur sur un pied et demi de profondeur. Deux rayons forment une planche, et dans chaque rayon il y a deux rangs de ceps. La distance d'un rayon à l'autre, qu'on

---

(1) On cite souvent le vin de Surêne comme ayant été servi sur la table de Henri IV et comme ayant par conséquent beaucoup dégénéré depuis cette époque; mais il a été reconnu que le vin que buvait ce roi venait d'un Surêne voisin de Blois, et appartenait par conséquent aux vignobles d'Orléans.

nomme l'ados de la planche, est d'environ 2 pieds et demi : les tranchées ne se rabattent qu'à la troisième année de la plantation. On unit alors la planche, qui est composée de quatre rangs de ceps ; on vide le sentier qui borde chaque planche, et on jette la terre sur l'ados. Pour qu'une vigne soit bien tenue, il est nécessaire que les sentiers soient toujours bien vidés, et que les planches soient labourées en dos d'âne. Cette précaution est nécessaire pour que l'eau, si contraire à la vigne, ne séjourne pas, ou puisse s'écouler facilement.

Chacun tire ses plants de son propre fonds ou du voisinage. Ce sont des crossettes, qu'on laisse tremper dans l'eau jusqu'à ce que le bouton soit prêt à débourer, qui servent presque exclusivement aux nouvelles plantations. On les couche au bord opposé à celui où on les assujettit ; ils s'enterrent de 7 à 8 pouces, et n'offrent au jour que quatre ou six yeux : leur écartement est d'un pied et demi dans les bons fonds, et de 2 dans les mauvais.

L'époque de la taille de la vigne est février et mars : règle générale dans tous les lieux où on n'a pas la ressource des engrais, et où le sol n'est pas fort et argileux, on ne laisse que deux yeux, et tout au plus trois. On a soin aussi de débarrasser la souche de tous les sarmens qui ne sont pas vigoureux, et le vigneron charge, c'est-à-dire laisse d'autant plus d'yeux aux sarmens taillés, qu'elle est plus forte ou le sol plus fertile.

Il est des vignes des environs de Paris où on ne fait pas de sautelles, parce que les ceps y sont trop rapprochés. Il en est où on en fait peu, d'autres où on en fait beaucoup ; mais nulle part elles n'offrent un demi-cercle, comme dans les départemens de la Moselle, de la Meurthe, etc. C'est un sarment étendu presque parallèlement au sol, et attaché tantôt à l'échalas d'un cep voisin, tantôt fixé en terre par son extrémité, où il prend racine. J'approuve beaucoup, comme je l'ai déjà dit, ces deux méthodes, qui ne nuisent point trop au développement des bourgeons des sarmens, et qui rapprochent les grappes de la surface du sol.

La vigne est dans sa pleine force à sept ans, et se soutient jusqu'à quinze et vingt dans le même état, pourvu que l'on ait soin de la provigner et, en le faisant, de fumer les fosses. Passé cette époque, la tête de la souche grossit, et le bois qu'elle produit pousse moins vigoureusement. Elle se soutient encore dix à douze ans ; à trente-cinq ou quarante, elle devient plus onéreuse que profitable. Alors on l'arrache ; on cultive des céréales, des légumes, des fourrages à sa place pendant quelques années, puis on la replante.

Le peu de temps que subsistent les ceps dans les vignes des

environs de Paris, suffirait pour les empêcher de fournir de bon vin, quand il n'y aurait pas tant d'autres causes qui concourent au même résultat, comme je l'ai déjà annoncé plusieurs fois.

Généralement les ceps sont trop rapprochés, aussi le soleil frappe-t-il rarement les grappes; mais on a prétendu, et peut-être pas sans raison, que ce rapprochement favorisait la maturité en empêchant les vents de dissiper trop promptement la chaleur qui s'élève du sol en automne.

A raison de la bonté du sol ou des trop fortes fumures, si on ne rognait pas au moins deux fois les bourgeons, ils atteindraient la hauteur de 8 à 10 pieds. Il y a des plants, tels que le négrier, le la rochelle, le morillon blanc et la feuille ronde, dont les sarmens finiraient par avoir 12 pieds de hauteur. Le bois des raisins blancs est généralement plus vigoureux que celui des raisins rouges.

Le mauvais choix du fumier, comme je l'ai observé plus haut, contribue beaucoup à la dureté et au goût désagréable des vins qu'on recueille dans les environs de Paris. C'est ordinairement pendant l'hiver qu'on le répand, en ayant soin de mettre le plus consommé au pied des ceps. (*Voyez* BOUES DES VILLES). On laboure ensuite.

On donne cinq façons à la vigne. La taille compte pour une; l'effilage des échalas, l'ébourgeonnage, l'accolage et le rognage, ainsi que l'épamprement comptent aussi pour une, et ensuite trois labours, celui d'hiver, à la houe; les autres (ce sont des binages), à la binette (houe fourchue); quelquefois on donne un quatrième labour au moment où les raisins commencent à entrer en maturité. J'ai indiqué, au mot LABOUR, les avantages de celui usité pour ces vignes.

Les échalas sont en usage; on les place après l'ébourgeonnage, vers le milieu d'avril. Quand on en a suffisamment, on en met un à chaque cep, sinon le même sert à deux.

On arrête la vigne au moment de l'accolage; on ébourgeonne en juillet. Cette dernière opération procure deux avantages, 1°. de découvrir la grappe, qui mûrit bien plus tôt; 2°. de fournir une nourriture fort saine aux vaches, aux chèvres, aux moutons et aux lapins.

Les vignes se regarnissent par provignage, et c'est pendant l'hiver qu'on y procède. Plus les provins sont faits de bonne heure, et plus ils prennent de chevelu, et plus les jets ainsi que les fruits sont beaux.

En taillant, le vigneron a soin de conserver tous les sarmens qui lui paraissent propres à provigner. Lorsqu'il y a des vides à remplir, il fait une fosse d'une grandeur proportionnée au nombre des brins qu'il doit y mettre ; elle forme un parallélogramme pour deux brins, un triangle pour trois, et un carré pour quatre : sa profondeur est d'un pied. Il y couche ensuite la souche entière, disperse les sarmens de manière à ce qu'ils sortent de six ou huit yeux hors de terre, et la remplit ; l'année suivante, il la comble entièrement.

L'excellente pratique de Bourgogne et de Champagne, c'est-à-dire le renouvellement annuel des sarmens visibles et la conservation éternelle des souches cachées en terre, n'y est nullement connue.

Lorsque la vigne est bien exposée, c'est la partie la plus élevée qui produit le vin le plus fort ; le milieu du coteau donne la meilleure qualité, et le bas la plus grande quantité.

Dans une vigne bien tenue on ne doit pas laisser d'arbres, attendu qu'ils diminuent le nombre et la grosseur des grappes, et retardent de quinze à vingt jours la maturité ; cependant les vignes des environs de Paris en sont couvertes, et de plus, reçoivent, dans les intervalles vides, des asperges, des haricots, des lentilles, etc.

On greffe seulement quand dans une vigne on a trop d'espèces ou des espèces sujettes à la coulure.

Les variétés qui se cultivent le plus fréquemment dans les environs de Paris sont, en noirs ; le *meunier*, le *gamet*, le *murelot* ou *languedoc*, le *morillon*, le *plant de roi* ou *bourguignon*, le *pineau franc*, le *noireau* ou *négrier*, le *saumoireau* ; en blanc, le *meslier*, le *bourguignon* ou *feuille ronde*, le *morillon*, le *gouais*, la *rochelle* ; en gris, le *muscadet* ou *pineau gris*.

Le *meusnier* donne un vin plat et de peu de garde ; mais il produit beaucoup, coule rarement et mûrit de bonne heure, toutes circonstances qui le font préférer. Son fruit, vendu sur les marchés de Paris, peu après celui de la magdeleine, qui se cultive dans les jardins, à raison de sa précocité, lui paraît supérieur et l'est en effet ; cependant il est des vignobles, comme celui de Surêne, où il est remplacé par le gamet, cause de la supériorité des vins de Montmorency. Le vin du meslier est plus chaud que celui d'aucune autre variété ; mais il conserve toujours une verdeur désagréable. On le mélange le plus communément avec les vins rouges pour leur donner de la force.

Le pire de tous les raisins de cette liste, pour la qualité du vin, mais le plus susceptible de beaucoup produire, est la rochelle, dégénérescence du saint-pierre.

Il est fâcheux que le muscadet soit rare, car je suis persuadé qu'il y donnerait du vin analogue à celui de Verdun, c'est-à-dire bien supérieur à tous ceux de ces vignobles.

Je n'ai point parlé des chasselas et des muscats, parce que ce n'est, pour ainsi dire, que par hasard qu'ils se trouvent dans quelques vignes.

On compte environ 6,000 hectares cultivés en vignes dans le *département d'Eure-et-Loir.* Les variétés les plus généralement connues dans ce département sont :

En noir, l'auvernat et le meusnier : le premier donne le meilleur vin lorsqu'il est à une bonne exposition ; la qualité de celui que donne le second est au-dessous du médiocre.

En blanc, le meslier, l'auvernat blanc et le blanc de Beaune. Le premier fournit le vin le plus estimé, et le dernier le moins estimé.

Le morillon et le danneville se voient aussi dans quelques vignes.

La culture ne diffère pas de celle des environs de Paris, excepté qu'on plante, aux environs de Chartres, les ceps dans des tranchées de 3 à 4 pieds de profondeur, tranchées où elle est abritée des vents froids et où les émanations chaudes, s'élevant de la terre pendant la nuit, ne sont par conséquent pas entraînées par eux.

J'ai parlé plus haut de la manière analogue à celle dont j'ai vu cultiver la vigne sur le sommet des montagnes du royaume de Léon, en Espagne.

Il y a une petite vigne au-dessus d'Argens, près Caen, *département du Calvados;* mais elle donne très-peu de vin, et ce vin est au-dessous du médiocre.

Je ne connais point de vignes dans les *départemens de l'Orne, de la Manche;* mais il paraît, par des documens historiques, qu'il y en a eu autrefois.

Il existe 10,350 hectares de vignes dans le *département de la Sarthe;* mais le vin qu'elles fournissent est fort peu estimé, à l'exception de celui du clos des Jasniers, qui est entièrement planté de *pineau rouge* et *blanc.*

Outre ces deux variétés, on trouve dans les autres vignes du même département, les *pineaux femelles noir* et *blanc* ou *doucin,* qui charge peu, et dont les grains tombent à l'époque de la maturité.

Le *verret.* Gros grain noir, qui charge beaucoup, mais qu'on multiplie peu, à raison de ce qu'on préfère les vins blancs aux rouges.

Le *mancel* charge beaucoup et donne de bon vin, mais il mûrit plus tôt que le pineau. Il faudrait le planter seul pour le vendanger à part.

Le *gouais*, ou *foirard*. Il est blanc , charge beaucoup et est très-doux; mais il mûrit trop tôt et ses grains tombent. On le cultive principalement seul en *voliers* (treillage).

Le *meusnier*, vulgairement *verjutier*. Il est blanc, charge beaucoup et est très-tardif dans sa maturité; ce qui fait qu'il est peu cultivé.

Je n'ai point eu occasion de voyager dans ce département, et je ne connais pas d'ouvrage où on traite de la culture de ses vignes, ainsi je n'ai rien à en dire de plus.

Le *département de la Mayenne* ne contient que 590 hectares de vigne, qui fournissent du vin fort peu connu. Je n'ai aucun renseignement sur leur culture.

Vignobles situés entre le 47e. et le 48e. degré de latitude.

Il y a beaucoup de vignes dans le *département du Doubs*, mais elles sont fort dispersées; leur étendue s'élève à près de 8,000 hectares, selon M. Jullien. Je n'ai visité que deux de ses vignobles, celui de Besançon et celui d'Ornans; mais ce sont les plus étendus et ceux qui donnent les meilleurs vins.

Les vignes de Besançon sont exposées au midi, au levant, au couchant et même au nord. Quelques-unes sont sur des coteaux à pentes disposés en terrasses d'autant plus étroites que la rapidité de leur pente est plus grande.

Il est beaucoup de cantons au-delà des limites actuelles de la vigne, où, au moyen des abris, on trouve une chaleur suffisante pendant l'été pour obtenir la maturité des raisins, et où on pourrait obtenir du vin en faisant usage du même moyen.

Je renvoie à ces vignobles ceux qui ne veulent pas croire aux avantages des terrasses lorsqu'elles sont faites sans autres frais que la main d'œuvre.

Ce sont les coteaux exposés au midi qui donnent le meilleur vin; cependant Beurre, dont le vin est un des plus réputés, est sur la rive gauche du Doubs, par conséquent exposé au nord. Les plus mauvaises vignes sont dans les vallées, et elles fournissent beaucoup plus que les bonnes.

Une roche calcaire primitive, reposant sur le schiste, et surmontée d'une argile sèche excessivement mélangée de fragmens de la première de ces roches, sert de base à ces coteaux.

C'est dans des fosses de 2 pieds de large et d'un pied de profondeur, dirigées dans le sens de la pente et écartées de 4 pieds, qu'on fait les plantations, le plus communément au moyen des boutures, mais quelquefois avec du plant enraciné.

Pendant l'hiver, on laboure, provigne et taille.

On exécute le premier binage en avril, après l'ébourgeonnement; le second se fait en juin, époque où on rogne les bourgeons conservés; le troisième a lieu à la fin de juillet : quelquefois ce dernier est évité. Une houe fourchue sert à ces opérations.

Quelques vignes sont greffées, et ce pendant le mois de mars.

Généralement, on taille les vignes rouges sur deux yeux et les vignes blanches sur trois; cependant le pulsare, quoique rouge, se taille sur cinq ou six.

L'usage le plus commun est de donner trois binages d'été, mais quelquefois on en donne quatre.

C'est pendant le labour d'hiver qu'on fait les fosses, et au premier binage qu'on couche les provins. Le bois de deux ans est reconnu préférable pour faire ces provins.

Il y a quatre manières de disposer les ceps, et cela quelquefois dans la même côte, à Beurre, par exemple.

Dans la première, on tient les ceps bas, on les couche tous les deux ou trois ans, dans le sens de la montée, et on attache les bourgeons à un court échalas : c'est la méthode de la Champagne et de la Bourgogne.

Dans la seconde, on les tient également bas, en rangées régulières, et on les palisse à deux perches horizontales distantes d'un à 2 pieds de la surface du sol, lesquelles sont attachées de distance en distance à de courts échalas avec de l'osier. C'est la méthode des environs de Vesoul, du Médoc et autres lieux, méthode décrite par M. Cherrier et que je regarde comme la meilleure.

Dans la troisième, on tient le cep à 3 ou 4 pieds de hauteur, on les conserve en rangées régulières, dans lesquelles sont implantés, de deux en deux, deux échalas de 4 à 5 pieds de haut, disposés obliquement et se croisant vers leur sommet pour supporter une traverse.

Dans la quatrième, les ceps sont également tenus à 2 ou 3 pieds de hauteur, et ont chacun un échalas de même hauteur, qui, au moyen de traverses et de perches, se lie à deux de ses voisins de droite et de gauche, lesquels sont également liés avec ceux correspondans des deux rangées de droite et de gauche, de sorte que toute la vigne représente un gril à carreaux égaux, qu'on appelle *liquoulot*.

Je n'approuve point ces deux pratiques, sur-tout la dernière, parce qu'elle empêche le soleil de dessécher le sol et de colorer les raisins, qu'elle exige une main d'œuvre et un emploi de bois considérable.

Les variétés qu'on cultive dans ce vignoble sont :

1°. Le *noirien* ou *pineau franc*. C'est lui qui compose la presque totalité des vignes dans la commune de Beurre, qui donne le meilleur vin, comme j'ai pu m'en assurer, par comparaison, sur le lieu même.

2°. Le *gamet noir*, qui est préféré dans le bas des coteaux et sur les montagnes des environs de la Vaivre. C'est lui qui donne le plus, qui résiste le mieux aux gelées, qui repousse des grappes après les gelées; mais son vin est dur.

Le *gamet blanc*, qui ne m'a pas paru différer du *melon*. Il est encore plus productif que le précédent, mais il lui est inférieur sous tous les autres rapports.

On y trouve encore, mais moins abondamment, le *bon blanc*, le *brégin*, le *treijeau*, le *ganche*, le *luisant blanc*, le *grapenaux*, le *pulsare*, tous plants que j'ai décrits et que je crois par conséquent connaître.

Le vignoble d'Ornans est principalement placé sur un coteau très en pente, exposé au midi et au levant; il offre aussi cependant quelques pièces au couchant et même au nord.

Sa terre est une argile rouge très-surchargée de fragmens de la roche calcaire primitive, qui lui sert de base.

Ses terrasses, nombreuses et perpendiculaires à la pente, permettent de rapporter en haut, à peu de frais, la terre que les eaux pluviales ont entraînée.

On donne trois binages à ces vignes, outre le labour d'hiver; savoir, en mai, en juillet et avant la vendange. C'est une petite houe à fer arrondi, et un pic à fer fort long et seulement large de deux doigts, qu'on emploie pour cela.

Leur plantation a lieu en lignes; mais par suite du provignage, elles ne tardent pas à devenir irrégulières.

Ce provignage a lieu tous les six ou huit ans pour le *gamet*, et tous les quarante ou cinquante ans pour le *pulsare*, les deux seuls plants qui s'y cultivent.

Les ceps se tiennent hauts de 2 à 3 pieds, se fixent à des échalas et se taillent sur deux ou trois yeux. Lorsqu'il pousse un bourgeon sur le vieux bois, on rabat ce vieux bois, afin de diminuer son élévation.

Rarement on fait du vin blanc dans ce vignoble, dont les cantons les plus estimés sont ceux de Loods, de Moultraie et de Fouillus-Franc.

J'ai bu du vin de ces cantons dans le pays même, chez l'estimable M. Louis Ordinaire, auteur de plusieurs écrits sur l'agriculture; mais il ne m'a pas paru très-distingué.

M. Jullien, *Topographie des vignobles*, estime que le *département de la Haute-Saône* renferme 12,000 hectares de vignes. Celles de ces vignes que j'ai visitées sont celles de Vesoul, de Gy, de Pesmes, de Gray et de Champlitte.

Le meilleur vin des environs de Vesoul est celui du vignoble de Navenne, exposé au couchant; ceux au levant et au nord sont presque égaux en qualité. Les vignes de la Motte au midi donnent du vin inférieur. Leur sol est une terre argileuse rougeâtre de 3 à 4 pieds de profondeur, remplie de fragmens de la roche calcaire primitive sur laquelle elle repose immédiatement; plus bas sont des schistes d'une épaisseur inconnue.

Les ceps sont disposés en lignes et espacés de 3 pieds en tous sens; on ne plante d'abord que la moitié du nombre des lignes, le reste se garnissant, par le moyen du provignage, à la troisième année. Pendant cet intervalle, on utilise le terrain par des semis de céréales ou de légumes.

Hors ce cas, on ne provigne que lorsque les ceps meurent ou sont devenus trop vieux, et ils le sont vers vingt-cinq ans. Dans tous ces cas, on sèvre les provins dès qu'ils ont pris racine.

La culture de ce vignoble est plus conforme à ce que je crois être les bons principes, qu'aucun de ceux jusqu'à présent décrits : c'est la méthode de M. Cherrier, indiquée plus haut, qui est suivie presque dans toute sa rigueur; c'est-à-dire qu'on tient les ceps très-bas, et que les bourgeons sont grossièrement palissés à des perches de saule, parallèles au sol, dont elles sont éloignées de 6 pouces, lesquelles perches sont attachées de distance en distance à des piquets de chêne au plus d'un pied de haut, de sorte que de loin les vignes ne semblent pas échalassées; ce qui produit un effet singulier aux yeux de ceux qui n'y sont pas accoutumés.

On ne fume pas dans les bons fonds, mais bien tous les douze à quinze ans dans les plus mauvais. Dans quelques lieux, et il serait fort bon de le faire par-tout, on améliore le sol par des semis de fèves de marais, de sarrasin, etc., qu'on enterre en fleur. Cette pratique est principalement en faveur à Courchaton.

Trois binages sont donnés annuellement à ces vignes, le premier lors de la taille en mars, le second après la floraison, le troisième quand le raisin commence à tourner.

On courbe beaucoup de sarmens et on les accole avec de l'osier.

Le *gamet* est presque le seul plant cultivé dans ce vignoble; cependant il y a quelques pieds de *pineau franc* et de *pineau blanc*. Les sarmens de ce dernier périssent quelquefois lorsqu'on les marcotte.

On se plaint que les gelées du printemps nuisent souvent aux vignes de ce canton.

Le vin rouge est seul en faveur. On le fait fermenter dans

des foudres de la contenance de trente pièces, de 200 litres chacune, pratique que je voudrais voir introduite par-tout, à raison de ses avantages économiques et pour la qualité du vin.

Quoique ce vin ne soit pas de première qualité, il m'a paru dans le cas d'être servi pour l'ordinaire sur les meilleures tables.

Le vignoble de Gy couvre une côte de plus d'une lieue de longueur, sur un quart de lieue de largeur, exposée directement au couchant. Il en est aussi quelques parties qui regardent le midi et le nord, d'autres sont en plaine. Son antique réputation est un peu diminuée, parce qu'il y a déjà long-temps qu'on y préfère la quantité à la qualité.

Les variétés qu'on y cultive le plus généralement, et que j'ai vue, sont :

Le *pineau franc* (noir). Il donne le meilleur vin, et passe pour constituer le quart du vignoble, tantôt planté seul, tantôt mélangé avec les suivans.

Le *pineau blanc*. Rarement on le vendange séparément.

Le NOIRIEN ou *pineau de Bourgogne*. Il est rare, et c'est fâcheux, car il donnerait du vin meilleur que celui du précédent.

Le *gamet* (noir). C'est la variété dominante. On en distingue deux sous-variétés : l'une dont les grains sont moins colorés, l'autre dont les grains coulent souvent. Toutes deux sont moins estimées que le type. Je ne me suis pas convaincu, par l'examen, qu'elles dussent être permanentes.

Le *melon* ou *gamet blanc*. Il y a des vignes qui en sont plantées en entier.

Le *luisant blanc*. Même observation.

Le *ferney* (blanc). Il mûrit fort tard et est peu commun.

On n'a pas pu me montrer le *pulsare*, les *rufey* noir et blanc, les *bretey* noir et blanc, le *maillé*, le *liotnau*, le *lendouleau* ou *plant d'Arbois*, le *meslier* jaune.

Le *noir d'Espagne*. Il est également fort rare.

Le sol du vignoble de Gy, d'une profondeur très-variable, est une argile jaunâtre fort mélangée de fragmens de la pierre calcaire primitive sur laquelle il repose. Il est fort compacte et fort sujet à retenir les eaux pluviales.

M. Marc nous a donné, tome 63 des *Annales d'agriculture*, de précieuses notions sur ce vignoble et sur celui de Champlitte.

C'est avec une houe à fer arrondi et à manche recourbé qu'on le travaille.

Les plantations s'y font en lignes écartées de 3 pieds, tantôt en ANGELOTS et avec des crossettes, tantôt en SILLONS. Elle commence à produire à la quatrième année, et elle est dans sa force la sixième ; elle dure tant qu'on la cultive bien.

On ne provigne que lorsqu'il y a des places vides à regarnir. En conséquence les fosses ont des dimensions et des formes variables.

Les échalas ont à peine 3 pieds de longueur : aussi de loin ai-je cru que les vignes étaient disposées en palissades basses comme à Vesoul.

Trois binages par an sont donnés à ces vignes.

Avant le premier, appelé SOMBRAGE, on taille sur deux ou trois yeux, quelquefois même sur six, et on fait des COURGÉES (*voyez* ce mot), pratique, à mon avis, préférable aux sautelles ou arceaux, comme fatigant moins les ceps. Avant le second, nommé RÉTERSAGE, on ébourgeonne ; et avant le troisième, indiqué par le mot RÉTÉRISSAGE, on rogne.

Il m'a paru, d'après les renseignemens que j'ai pris, qu'on vendangeait généralement trop tôt, parce que le produit se partage entre le propriétaire et le vigneron, et que ce dernier est toujours pressé de toucher de l'argent. Les raisins blancs se coupent plus tard que les rouges. Les uns et les autres s'égrappent dans la vigne même.

Le vignoble de Pesmes est placé sur une côte exposée généralement au midi, mais beaucoup de vignes sont situées au levant et au couchant. Elles s'étendent fort loin, sur une petite largeur, à droite de la rivière d'Ognion. Le vin qu'il fournit est peu estimé, et en effet il m'a paru plus dur et moins spiritueux que celui de Vesoul, dont le vignoble est cependant plus septentrional et moins bien exposé.

Le sol de ce vignoble ne diffère pas sensiblement de celui de Vesoul et de Gy. Sa culture est la même que celle de ce dernier, excepté qu'on y laisse plus de ceps sans échalas, et qu'on y multiplie davantage les courgées ; c'est principalement le pineau blanc dont on étend ainsi les sarmens du cep qui les nourrit au cep voisin.

Les variétés qui dominent dans ce vignoble sont, en noir, le *gamet noir*, après vient le *pineau franc* ; le *fernay* de Gy, qui s'appelle ici *durfey*, ainsi que le *luisant noir*, sont peu communs. En blanc, ce sont la *feuille ronde* ou *morillon blanc*, puis le *pineau blanc*, qui donnent le meilleur vin.

Généralement on mêle toutes ces variétés pour faire du vin rouge ; mais quelques propriétaires font, pour leur usage, avec du pineau franc du vin rouge, et avec le pineau blanc du vin blanc.

Le vignoble de Gray est situé sur les montagnes qui forment la vallée de la Saône. Sa majeure partie est au midi, mais les vignes de la maison du bois et de Rey, qui fournissent le meilleur vin, sont au levant.

On y cultive le *pineau de Bourgogne*, le *pineau franc* et le *gamet*. Le premier domine à la maison du bois, comme je l'ai constaté, et le second, dit-on, à Rey. Le vin du troisième, qui se plante principalement dans les bas des coteaux, autour de la ville, est dur et de peu de garde.

Le gamet résiste mieux à la gelée que le pineau.

Les plantations ont lieu en rangées assez écartées et peu régulières. Les ceps sont faibles et se passent le plus souvent d'échalas. On fait rarement deux courgées et plus de deux binages. L'ébourgeonnement, ainsi que la rognure et l'épluchement sont peu rigoureux.

La terre de ce vignoble est une argile rougeâtre, peu fertile, qu'on remonte ou qu'on recharge avec de la terre de pré, lorsqu'on en a le moyen, mais qu'on ne fume jamais.

La culture de ce vignoble ne diffère pas sensiblement de celle du vignoble de Gy, c'est pourquoi je ne la mentionnerai pas.

Le vignoble de Champlitte forme un cercle sur les coteaux peu élevés et peu rapides des environs de cette ville.

La terre est une argile rougeâtre, sèche, mêlée de fragmens de calcaire primitif.

Le *pineau de Bourgogne* et le *pineau franc* constituent la masse des plants, et ce sont eux qui ont mérité à ce vignoble la réputation dont il jouit. On y voit aussi le *gamet noir* et le *melon blanc*, le *tressan* ou *briset*, le *pineau blanc*, le *maillet*, les *mesliers jaune* et *vert*; mais ils influent rarement sur la qualité du vin, à raison de leur petite quantité.

On appelle *millerans* les gamets devenus vieux, et dont les grains sont diminués de moitié en grosseur.

La culture est encore la même qu'à Gy, si ce n'est qu'on n'y fume pas.

On égrappe les raisins destinés à faire le vin rouge, mais ceux tant rouges que blancs, avec lesquels on fabrique le vin blanc, étant pressés aussitôt leur récolte et fort peu, n'exigent pas cette opération.

Il m'a paru que ces deux sortes de vins étaient supérieurs à ceux de Gy, et que c'était au pineau qu'ils devaient cet avantage. Ils se rapprochent de ceux du Montsaugeonnois.

Mais il a été remarqué dans ce vignoble, comme dans plusieurs autres, que le gamet produisait dix fois plus que le pineau, et qu'il était moins susceptible de l'atteinte des gelées; aussi prend-il chaque année le dessus, et bientôt le vin de Champlitte sera placé au cinquième ou sixième rang comme celui de Gy.

J'ai long-temps demeuré dans le *département de la Côte-d'Or*, j'en ai parcouru presque tous les vignobles à différentes reprises, mais je ne savais pas alors devoir en décrire la culture, et je n'ai pas pris les notes qui m'auraient été nécessaires pour le faire convenablement : c'est à la vendange prochaine que je me propose de les visiter pour ainsi dire officiellement, et à cette époque cet article sera imprimé.

Toute la Bourgogne, comme les départemens que j'ai passés en revue jusqu'à présent entre le 48e. et le 47e. degré de latitude, est formée de roches calcaires primitives, contenant des cornes d'Ammon, des bélemnites, des gryphites, etc., recouvertes d'une épaisseur plus ou moins considérable d'argile mélangée des fragmens de ces roches. La terre végétale qui constitue la surface de ces argiles est peu fertile, sur-tout vers le haut des montagnes, où son épaisseur diminue. Il y a des vignes à toutes les expositions ; mais celles qu'on appelle proprement de la côte, sont généralement tournées au levant ; une partie d'entre elles est même en plaine.

M. Jullien nous apprend qu'on compte 24,000 hectares de vignes dans ce département.

Les vignobles les plus célèbres de ce département sont ceux de Vosne, de Chambertin, de la Romanée, Montrachet, de Vougeot, de Pomard, de Volnai, de Nuits, de Beaune, des Marcs-d'Or, d'Abosse, de Savigny, de Chassagne, de Santenai, de Saint-Aubin, de Mergeot, de Blegny, Mulseaut, etc., etc. ; je m'arrête, car il faudrait inscrire ici autant de noms qu'il y a de villages.

C'est au véritable pineau, variété propre à ce département autant qu'au climat, intermédiaire entre les climats chauds et les climats froids, que les vins de Bourgogne, ainsi que je l'ai déjà annoncé plusieurs fois, doivent leur mérite et leur réputation. La vieillesse de la plupart des vignes y entre aussi pour beaucoup.

Malheureusement le pineau est une variété extrêmement peu productive, et lorsqu'il est dans un terrain maigre ou épuisé, et lorsqu'il est vieux, il produit encore moins. La plupart des petits propriétaires, et sur-tout les vignerons qui partagent avec eux les résultats de la récolte pour salaire de leurs travaux, ont été déterminés, 1°. à mêler avec leur pineau beaucoup de gamé ou gamet, variété à grappes plus abondantes et à grains plus nombreux et plus gros, qui coule moins souvent, qui est moins sensible à la gelée et qui repousse des grappes après avoir éprouvé ses atteintes, mais qui fait un vin sans corps, sans bouquet et sans durée ; 2°. à fumer fréquemment leurs vignes ; 3°. à arracher celles qui étaient très-vieilles. Ces trois circonstances ont depuis une cinquantaine d'années considérablement altéré la qualité des vins en général. La révolution, qui y a d'abord fait tant de bien, a concouru à la dépréciation de ces vins, parce qu'elle a fait passer dans les mains de particuliers avides ou peu riches l'immense quantité de vignes qui appartenaient à l'église, et qui étaient, il faut l'avouer, régies par elle selon les vrais principes.

Ce n'est point pour nuire à la réputation des vignobles de la Côte-d'Or que je publie ces réflexions, c'est, au contraire, par intérêt pour la prospérité de ce département, auquel je suis attaché par tant de souvenirs. Je fais des vœux sincères pour que la masse des propriétaires actuels, mieux éclairés, voulût renoncer à la volonté de faire beaucoup de vin, et revenir à celle de leurs pères, qui préféraient la qualité à la quantité, seule manière de soutenir long-temps leur valeur. Je dis la masse, parce qu'il est encore beaucoup de personnes, et j'en pourrais citer plusieurs, sur qui l'appât de quelques pièces de vin de plus par an n'a point d'influence, et qui, en vrais Bourguignons, se croiraient coupables s'ils ne tendaient pas toujours à faire leur vin le meilleur possible. Honneurs leur soient rendus! Puisse la fortune les dédommager par la grande valeur de leurs vins de la petite quantité qu'ils se soumettent à en récolter!

Le vin de Fissin, vignoble appartenant à M. de Montmort, qui n'a rien voulu changer aux anciennes méthodes, est aujourd'hui celui qui est le plus estimé des connaisseurs, mais malheureusement pour les gourmets il se vend sur le pied de 12 fr. la bouteille.

Je n'ai jamais vu faire, ni à Dijon, ni à Nuits, ni à Beaune, de vins blancs avec du raisin rouge.

On cultive encore, dans les meilleurs vignobles, le *noirien* ou *pineau franc*, qui produit plus que le pineau de Bourgogne, mais dont le vin passe pour un peu moins fin, et le *pineau blanc*, qui seul fournit les excellens vins de Montrachet, de Mulseau, etc.

Outre les deux variétés précitées on trouve encore, mais moins fréquemment, les suivantes dans les vignes qui donnent les vins ordinaires.

Le *pineau gris*, dont on ne fait pas le cas que je crois qu'il mérite. Les *melons* (noir et blanc), la *clairette* (blanc), le *plant malin* (rouge), l'*aligoté* (blanc), le *cecan*, le *mauzac* (rouge), le *ciotat* (blanc), le *narbonne* ou *chasselas*, le *gamet blanc*, toutes connues de moi.

La base de la culture des vignes en Bourgogne comme en Champagne, consiste à provigner tous les ans régulièrement une partie des ceps sans jamais séparer les provins de leur mère, de manière qu'au bout de dix, douze, quinze ans au plus, selon la nature de la terre et l'espèce du plant, tous aient été couchés. Il en résulte que dans certaines de ces vignes, qui ont quatre à cinq cents ans de plantation, les souches parcourent sous terre des distances considérables (plusieurs centaines de toises peut-être), et cependant n'offrent jamais à l'observateur superficiel que des ceps de l'âge ci-dessus indiqué.

En provignant, on tâche de coucher toujours les ceps dans la même direction, pour que les souches anciennes ne se croisent pas avec les nouvelles, et on veille à ce qu'ils restent toujours à une distance suffisante les uns des autres, pour que leurs grappes puissent éprouver sans obstacle l'utile influence de la chaleur des rayons du soleil.

Quant à la taille, aux ébourgeonnemens, aux labours, ils n'offrent que des nuances de différence avec la pratique des vignobles voisins, principalement de la Champagne. On échalasse presque par-tout : je dis presque, parce que je me rappelle avoir vu sur la côte même quelques vignes rampantes, et quelques autres disposées en treille.

Il est remarquable que personne n'ait entrepris de décrire la culture de la vigne en Bourgogne, lorsque celle de tant de vignobles bien moins importans a trouvé des écrivains. Réparer cet oubli est pour moi un devoir que je remplirai si des circonstances indépendantes de ma volonté n'y mettent pas obstacle.

On égrappe en Bourgogne depuis qu'on a pris la mauvaise habitude d'introduire du sucre dans les cuves de vin rouge. Je dis la mauvaise habitude, parce que cette introduction du sucre, si avantageuse aux vins blancs lorsque la maturité du raisin n'a pas été complète, est toujours nuisible en définitif aux vins rouges, en les colorant trop, en leur ôtant leur bouquet, en diminuant leur durée. J'ai, d'une manière fort désagréable pour moi, acquis la preuve de ces faits par une pièce de vin de Nuits envoyée par un ami, que j'ai cru avoir été changée en route contre une pièce de vin de Provence, et que j'ai été forcé de boire à mon ordinaire, quoique je l'eusse payée pour être bue à l'entremets. Tous les Bourguignons auxquels j'ai parlé de cette mésaventure m'ont assuré qu'elle était la suite de l'emploi du sucre.

M. le maréchal de Raguse possède une vigne plantée en raisins blancs de Sauvignon par des moines, près de Châtillon-sur-Seine, sous le nom de servonier, qui donne de bon vin, mais qu'il a singulièrement amélioré, ainsi que j'ai été en position d'en juger, en faisant mettre de 10 à 20 kilogrammes de cassonnade par pièce dans la cuve.

Les vignobles du *département de l'Yonne* couvrent 35,000

hectares de terrain, selon M. Jullien : ils doivent être cités parmi ceux qui fournissent le meilleur vin d'ordinaire. S'ils sont toujours plus faibles que ceux de la Côte-d'Or, ils ont, dans les bonnes années, presque autant de bouquet.

On cite comme les plus réputés ceux de Tonnerre, dans lesquels se placent, 1°. ceux de la côte des Olivottes, les meilleurs de tous; ceux de Pitoy, de Perrière, de Preaux; 2°. ceux d'Auxerre, où on trouve Chainette, Migraine et la grande côte; 3°. ceux de Joigny, de Chablis, de Coulanges, de Frami, de Sens, d'Avalon, de Vermanton, etc.

J'ai traversé plusieurs fois ces vignobles, mais je ne les ai pas étudiés, en conséquence je n'entreprendrai pas d'en décrire la culture. Je puis dire seulement, 1°. que les ceps, à Tonnerre, à Joigny et autres vignobles voisins, sont plantés en rangées, le plus souvent dirigés de l'est à l'ouest, tenus bas comme en Champagne; 2°. que la culture des vignes d'Auxerre ci-dessous développée, l'est fort exactement.

Ce qu'on va lire est extrait d'un mémoire manuscrit, dont l'auteur ne m'est pas connu.

« Dans le canton d'Auxerre, la plupart des vignes sont disposées en treilles de 3 ou 4 pieds de haut.

» Les variétés les plus estimées dans ce vignoble sont les pineaux noir, blanc et gris (cendré); le plant vert, le tresseau, le romain, le plant d'Orléans, ou teinturier, le pineau de Collonges et le gamet.

» Le pineau est la variété qui donne le meilleur vin, et le gamet, celle qui fournit le plus mauvais. Malheureusement il produit beaucoup, et on le multiplie avec excès; ce qui commence à altérer la réputation des vins d'Auxerre.

» Les pineaux noir et blanc sont sujets à couler; le noir vit le plus long-temps. On connaît des vignes qui en sont plantées, telles que celle de Migraine, qui ont plus de deux siècles constatés. Plus le plant est vieux, et meilleur est le vin.

» Le pineau noir exige l'exposition la plus favorable, le sud ou le sud-est, et une terre forte à mi-côte. Dans les terres légères et maigres, il produit moins, ne dure pas long-temps et même dégénère. Ce fait est en opposition au principe général, mais n'en est pas moins vrai.

» Le pineau blanc, le plant vert et le romain réussissent bien sur le haut des côtes, et y sont d'un excellent produit; le teinturier ou plant d'Orléans se plaît dans les terrains bas et humides.

» Quand on plante une vigne dans un terrain humide, on

emploie des crossettes, et quand c'est dans un terrain sec, on fait usage de plant enraciné.

» L'époque de la plantation est le commencement de l'hiver pour les terres légères, et la fin pour les terres fortes. Il ne faut pas planter pendant les gelées.

» On met les crossettes pendant huit jours dans l'eau avant de les planter; c'est sur les ceps les plus vigoureux qu'il faut les prendre; tantôt on leur laisse du bois de deux ans, tantôt on ne leur en laisse pas.

» Il est passé en principe que les crossettes de romain ou de tresseau doivent être prises sur une vieille vigne, et les pineaux et autres cépéages sur une jeune, c'est-à-dire de six à sept ans.

» Le plant enraciné, qu'on appelle *chevelée*, s'obtient en mettant des crossettes en RIGOLES (*voyez* ce mot) dans un terrain un peu frais, à une distance de 6 à 8 pouces et un peu inclinés. On lui donne deux ou trois binages par an pour détruire les mauvaises herbes. Il ne se relève qu'au bout de deux ans, au moment précis de la plantation.

» Avant de planter, on trace des raies écartées d'environ 2 pieds et demi, et, autant que possible, dans la direction de l'est à l'ouest. Ces raies s'appellent des *perchées*.

» Après avoir tracé ces perchées, on trace les marteaux, qui sont des allées perpendiculaires aux perchées, plus ou moins nombreuses, plus ou moins larges, qui servent à placer les terres rapportées et les fumiers qui sont destinés à rétablir la vigne lorsqu'elle sera fatiguée de produire.

» Quand ces deux tracés sont finis, on creuse dans la direction des perchées des fosses à 2 ou 3 pieds de distance l'une de l'autre et d'un pied carré, et on y place les crossettes ou les chevelées. On ne fait ces fosses que les unes après les autres, de manière que la première est comblée avec la terre tirée de la seconde.

» Le premier labour ne se donne à la plantation que quand les boutons commencent à se développer. On taille ensuite à deux yeux (1).

» De plus, on donne deux autres binages dans le cours de l'été, et en automne on butte le plant pour le garantir des fortes gelées de l'hiver.

» Au printemps suivant, lors du premier binage, on détruit ces buttes.

» Il faut avoir attention, lorsqu'on laboure en été une plantation de crossettes, de choisir un jour sans soleil, parce que

____

(1) On appelle le bourgeon, dans ce département, ce que j'appelle, avec les agriculteurs, œil ou bouton.

la terre pourrait être desséchée au point que leur reprise serait retardée jusqu'à la pousse d'automne. On appelle cette circonstance *brûler*.

» Si le plant ne prenait pas racine, on *reconlerait* l'année suivante, c'est-à-dire qu'on planterait d'autres crossettes ou de la chevelée. Souvent ces chevelées sont prises dans des fosses où on a mis à cet effet deux crossettes dans la même, ce qu'on nomme une *guette*.

» La seconde année, on taille à un ou deux yeux, suivant la force du cep. On choisit, pour la taille, la branche la plus proche de terre et on abat l'autre ; puis on laboure comme la première fois.

» Cette année, on *amorce* la vigne, c'est-à-dire qu'on met sur son pied, au moyen d'une petite fosse (angelot), l'épaisseur de deux doigts de fumier.

» On laisse à la troisième année, encore suivant la force du cep, deux membres ou coursons, dont le plus fort sera taillé à trois yeux, et le plus faible à un œil, pour en faire un *no*, ou *recours*.

» A la quatrième année, on commence à provigner. Il est reconnu que plus une vigne est provignée et meilleure elle est, sur-tout le tresseau. C'est aussi le moyen de rétablir le pineau dégénéré.

» Lorsque la vigne est à sa sixième ou septième année, on la met en perches et on la fume.

» Les engrais que l'on emploie le plus communément sont des fumiers, quelquefois des vidanges et des boues de rue.

» C'est pendant l'hiver qu'on fait ordinairement cette opération. Pour une vigne fumée à *pan*, on *ruelle* la vigne de deux perchées l'une, et on met une épaisseur de trois à quatre doigts de fumier dans la rigole. De cette manière tous les ceps se trouvent fumés d'un côté, ce qui a moins d'inconvéniens que si on fumait des deux à-la-fois. Le fumier est recouvert ou de suite, ou à la fin de l'hiver, par le labour.

» Quant aux terres qu'on emploie au même objet, on préfère celles qui contiennent le plus d'humus.

» Pour entretenir une vigne en bon état, il faut fumer les provins toutes les fois qu'on en fait.

» Voici la série des opérations que nécessitent, depuis l'époque de la vendange, chaque année, les vignes qui sont en plein rapport.

» 1°. *Marquer.* C'est reconnaitre et marquer les ceps sur lesquels on veut prendre des crossettes. On le fait lorsque les raisins sont encore sur pied.

» 2°. *Délier.* C'est couper les liens par lesquels les sarmens étaient attachés aux échalas ou aux perches.

» 3°. *Rueller.* Opération qui consiste à relever contre les ceps la terre du milieu des perchées. Ses résultats préservent les ceps de l'action des gelées et favorisent l'écoulement des eaux.

» 4°. *Curer en pied.* On donne ce nom à la coupe des sarmens qui sortent des souches, ou *corées.* Quelques personnes curent au pied aussitôt après la vendange, d'autres seulement au moment de la taille. Dans les vignobles où on ébourgeonne rigoureusement, cette opération serait sans objet.

» 5°. *Tailler.* On est dans l'habitude de tailler de même tous les plants, à la réserve du gamet et du teinturier, auxquels il faut laisser moins de longueur qu'aux autres.

» Là, comme ailleurs, les avis sont partagés sur le moment où il est le plus convenable de tailler. Les uns le font avant, les autres après l'hiver; cependant on s'accorde assez à reconnaître qu'il faut tailler les vieilles vignes en automne, et les jeunes au printemps.

» Lorsque la vigne est forte, on laisse à un cep quatre membres (coursons), même plus, quand on vise à la quantité plutôt qu'à la qualité. Si la vigne n'est pas en perches (en treille), il faut choisir les plus voisins de la surface de la terre.

» Si un cep n'a pas assez de membres, on laisse un des sarmens qui partent du tronc, et on le taille à deux yeux pour former un no. Les deux bourgeons qui naissent, qu'on appelle *éseilles,* se conservent s'ils sont assez forts. Dans le cas contraire, le plus faible est supprimé. Ensuite on supprime le vieux bois qui est au-dessus du point de leur insertion.

» On laisse à chaque membre (courson) trois ou quatre boutons, si on veut ménager sa vigne; mais quand on fume beaucoup on en laisse davantage.

» Il est des cas où on est obligé de couper la vigne par le pied, et de recommencer une nouvelle souche avec un ou deux des bourgeons qu'elle repousse de ses racines; c'est principalement quand ses pousses sont excessivement faibles, ou qu'elle a été gelée.

» 6°. *Sarmenter.* C'est ramasser les sarmens après la taille.

» 7°. *Paisseler.* Cette opération consiste à ficher les paisseaux ou échalas en terre.

» On place les perches en même temps que le paisseau auquel on l'attache à l'aide de liens d'osier. C'est ce que les vignerons appellent *coudre.* On les met à un pied et demi au-dessus de terre. Elles se dépassent réciproquement de 6 pouces (*épon-*

dures), et elles sont attachées ensemble avec un lien (*mou-chet*).

» Les avantages que présentent les vignes mises en perche (treille) sont d'être infiniment plus propres, mieux exposées au soleil, mieux garanties des vents, et de coûter moins de mise dehors en paisseaux.

» La hauteur du paisseau est d'environ 4 pieds, et la longueur de la perche d'environ 8 pieds.

» 8°. *Baisser*. On donne ce nom à l'opération d'attacher les coursons aux paisseaux ou aux perches. Elle se pratique quelq es jours après le paisselage. L'osier ou la filasse sont les substances dont on se sert de préférence.

» 9°. *Sombrer*. Labourer profondément les vignes. Il est d'usage de sombrer les terres fortes en avril; cependant on est souvent obligé d'attendre plus tard, pour que la terre soit *coudrée* (desséchée). Quant aux terres légères, dites *pruches*, et aux lieux exposés à la gelée, on ne sombre guère que vers la mi-mai.

» 10°. *Momasser*. Ce mot est synonyme d'ébourgeonner. On momasse dès que les bourgeons ont acquis une certaine longueur, qu'ils montrent leur fruit. Les bourgeons poussés sur la souche sont d'abord abattus, et ensuite ceux surnuméraires qui n'ont pas de fruit. Cependant, si on veut faire un no à la prochaine taille, il faut laisser celui de ces bourgeons qui est le plus vigoureux.

» 11°. *Biner*. Léger labour qui se donne immédiatement avant ou immédiatement après la floraison. Lorsque la vigne est un peu avancée, et que les gelées ne sont pas à craindre, il est mieux de biner avant la fleur, dont cette opération favorise le développement. Jamais on ne doit toucher à la vigne quand elle est en fleur.

» 12°. *Accoler*. Attacher les bourgeons aux paisseaux. On accole à la fin de mai ou au commencement de juin, selon que la vigne est plus ou moins avancée.

» 13°. *Rogner*. Synonyme d'ABRÉTER, PINCER. (*Voyez* ces mots.) Il est des vignes qu'on ne rogne qu'une fois, ce sont les plus faibles; d'autres qu'on rogne deux et même trois fois.

» 14°. *Débiner*. Petit binage pour enlever les mauvaises herbes. Ce binage se fait au milieu d'août.

» 15°. *Provigner*. On provigne en couchant un cep tout entier dans une fosse faite du côté qu'il s'agit de garnir, et selon la direction de la perchée, cep dont on dispose les sarmens dans la même direction, et qu'on recouvre ensuite de terre.

» Dans les terres légères, on fait les provins en mai, et on fume les provins en les faisant; mais dans les terres fortes on les fait en hiver, et on attend la seconde année.

» Il est une autre manière de provigner, qu'on appelle *provigner en sautelle,* parce qu'on se contente de courber un sarment et de le plonger dans une fosse. Elle s'emploie lorsqu'un cep est trop faible pour être couché en entier, ou lorsqu'il n'y a qu'une place à garnir. Deux ans après, on coupe la sautelle rez le cep, et on met en terre la portion qui n'y était pas.

» Un provin est dit *baillard* quand son peu de longueur n'a pas permis de le mettre la première année au lieu qu'il doit occuper; on l'y amène successivement.

» 16°. *Greffer.* On fait rarement cette opération dans les vignes d'Auxerre. »

Les gourmets se plaignent que les vins d'Auxerre et autres du département de l'Yonne ne sont plus si bons qu'autrefois. Cela vient que là, comme par-tout, on vise beaucoup à la quantité, et qu'on fume avec exagération. Il est cependant des particuliers qui ne se laissent pas entraîner au torrent, et parmi eux je citerai M. Rougier la Bergerie, cultivateur célèbre, ancien propriétaire du vignoble de Migraine, auquel je dois des remercîmens pour les notes précieuses qu'il m'a fait passer sur les variétés des vignes de ce département.

Le *département de la Nièvre* offre environ 10,000 hectares de vignes, qui généralement fournissent un vin de la plus mauvaise qualité, excepté le blanc de Pouilly, qui est recherché à Paris, principalement à déjeûner. Quoique je sois jadis passé par cette ville, je ne puis donner ici d'information sur la culture des vignes de ses environs.

Selon M. Jullien, déjà cité, les vignobles du *département du Loiret* couvrent 33,000 hectares, distribués dans les arrondissemens d'Orléans, de Gien, de Montargis, de Pithiviers. J'ai traversé, mais non étudié les trois premiers de ces vignobles.

D'Orléans à Blois, les vignes sont sur une côte calcaire. De l'autre côté de la Loire, aux environs de Montargis et de Gien, elles sont dans un sable plus ou moins gros, reposant sur une argile tenace.

Les vins que fournit cette côte sont presque tous employés pour la consommation de Paris, au moyen du mélange de ceux de l'Anjou ou autres, pour leur donner du spiritueux. Il en est cependant quelques - uns qui jouissent d'une réputation méritée, tels qu'en rouge, ceux de Guignes, Saint - Jean-de-Bray, Beaugency, Meun, Sandillon, Saint-Denis; tels qu'en blanc, ceux de Marigny et de Rebrutin. Tous ceux qui proviennent des autres parties du département ne se distinguent pas par leur bonté; mais ils ont de la couleur, et cela les fait rechercher de ceux qui mettent beaucoup d'importance à cette qualité ; je ne puis en boire exclusivement pendant un repas, sans que ma digestion n'en soit troublée. Ils se consomment dans le pays ou dans les cabarets des environs de Paris.

La culture des vignes de l'Orléanais a été décrite fort au long, au commencement du dernier siècle, par M. Boullay, et c'est d'après lui que je vais en parler.

L'*auvernat* est la variété la plus estimée dans ce vignoble ; le *gouais* et le *samoireau* sont regardés comme les plus mauvaises. Le *fromenté noir* est moins sujet à la gelée et à la coulure, mais son vin a moins de qualité.

La vigne se plante en lignes appelées LINÉES, sur des dos-d'âne qu'on nomme POUÉES : l'intervalle est de 2 pieds, terme moyen. Tantôt ce sont des boutures qu'on emploie, tantôt du chevelu de deux ou trois ans. On donne quelquefois jusqu'à six façons dans le cours de l'année, et ordinairement quatre, lesquelles portent des noms différens : ainsi on appelle PARER, celle qui a lieu avant l'hiver, et qui consiste à augmenter la hauteur de la POUÉE ; la seconde, le labour qui se fait au milieu de mars ; puis le binage, on l'exécute au milieu de mai ; rebinage, qui ne diffère du binage que parce qu'il est moins profond et qu'on le donne à la fin de juillet. Les terres légères se labourent plus tard que les autres et quelquefois moins souvent. On laboure les pouées ou en les rabattant dans l'orne, ou, ce qui vaut mieux, en se plaçant dessus.

On fume beaucoup dans le vignoble d'Orléans, quoiqu'on sache que cela nuit à la qualité du vin. C'est avant ou à la fin de l'hiver que cette opération s'exécute, soit en enterrant le fumier dans la pouée, soit en le mettant dans l'orne. Boullay réprouve beaucoup ce dernier mode, mais il m'a paru que ses motifs étaient exagérés.

On taille généralement l'auvernat, qui diffère peu du franc pineau, en courgée, aussi bien que le *gros noir*, le *brélot*, le *samoireau mignon* ou *tendre*, le *dur* et le *teint*. Le *gros noir* se taille le plus bas possible, afin que le pied conserve plus de force. Le *gamet*, qui est un véritable *gouais*, produit beaucoup lorsqu'on le taille à trois nœuds et qu'on lui laisse quatre à cinq TAQUETS. Le *bourguignon* ou *fromenté*, se taille tantôt en COURGÉE, tantôt en VIETTE. Tous les blancs se taillent de cette dernière manière, à l'exception de l'auvernat, qui se taille comme le gouais.

On laisse des QUEUES D'ANNEAU en taillant cet auvernat et le *meslier*, afin qu'ils produisent davantage, et même une petite COURGÉE.

Le *muscat* ou *gennetin*, le *samoireau dur* et le *fourchu*, ne produisant beaucoup de fruits que quand ils sont vieux, doi-

vent être déchargés plus que les autres , afin qu'ils acquièrent
plus de vigueur.

Les échalas s'appellent des CHARNIERS dans le vignoble
d'Orléans. On en place le plus souvent deux, trois et même
plus, pour y attacher les ANNEAUX ou les COURGÉES; ce qui
doit produire bien de l'ombre. On y attache, avec de l'osier,
ces anneaux et ces courgées, et les bourgeons qui se développent ensuite, avec de la paille.

Boullay se plaint qu'on ébourgeonne trop rigoureusement
dans le vignoble d'Orléans, parce que ces bourgeons se donnent aux vaches des vignerons. Je rappellerai, à cette occasion,
les principes émis à l'article EBOURGEONNEMENT, et j'inviterai
les propriétaires à veiller sur cet abus, qui non - seulement
compromet la récolte de l'année et celle de la suivante , mais
avance la destruction de la vigne avec d'autant plus de rapidité , qu'elle est plantée dans un plus mauvais terrain ou avec
des variétés d'une faible constitution.

Comme ailleurs, la suppression des entre - feuilles ou nouveaux bourgeons se fait dans ce vignoble à mesure du besoin ,
jusqu'à ce que le raisin commence à mûrir.

Les ceps morts se remplacent par des provins , qu'on appelle
FOSSES; par des marcottes, qu'on appelle SAUTELLES, et par
des ENTRE-PLANTS.

Environ 12,000 hectares de vignes sont cultivées dans le *département du Cher*, parmi lesquelles celles des environs de
Sancerre donnent seules des produits dignes d'estime , soit en
blanc , soit en rouge. Il y a cependant quelques cantons aux
environs de Bourges et de Saint-Amand , qui envoient leurs
vins à Paris.

Je ne connais aucun des vignobles de ce département; mais
il paraît que leur culture ne diffère pas beaucoup de ceux du
département du Loiret.

Il existe 27,000 hectares de vignes dans le *département de
Loir-et-Cher,* qui sont cultivées positivement comme celles
d'Orléans et qui offrent presque les mêmes variétés. Les vins
de Blois , rouges et blancs , sont les seuls qui s'exportent
pour Paris. Tout ce qui n'est pas bu est distillé.

Je ne connais dans ce département que la côte de Blois ,
que j'ai longée deux fois sans pouvoir m'arrêter pour l'étudier.

Le *département d'Indre-et-Loire* offre 36,000 hectares de
vignes, qui donnent les bons vins rouges de Joué près Tours,
de Saint-Nicolas de Bourgueil près Chinon , etc. , et les bons
vins blancs de Vouvray, etc.

Voici la liste des variétés qui ont été envoyées par ce département à la pépinière du Luxembourg.

Pineau rouge ou *rouge noble*, ou *arnaisin rouge*, *pineau blanc* ou *blanc noble*, ou *arnaisin blanc*, *pineau gris* (sous le nom de *Malvoisie*); *auvernat*, *plant de Caux* (décrit par moi); *meusnier*, *grosleau rouge* (décrit par moi).

Les deux premières de ces variétés sont les plus cultivées, et celles qui fournissent le meilleur vin.

On plante beaucoup de *teinturier* sous le nom de gros noir, pour colorer les vins ; ce qui affaiblit leur qualité.

Il m'a paru, en traversant le vignoble de Tours, que sa culture ne différait pas essentiellement de celui d'Orléans ; mais j'ai besoin de l'étudier particulièrement.

Les 12,600 hectares de vignes qui se cultivent dans le *département de l'Indre* ne fournissent, à l'exception de quelques-uns, voisins de Châteauroux, que des vins communs. J'ai traversé cette ville ; mais je n'ai pas étudié la culture de ses environs, je n'en puis donc rien dire.

Mon estimable ami, Antoine Vallée, m'a fourni la note suivante sur les vignes du *département de Maine-et-Loire*, vignes qui couvrent 30,000 hectares de terrain et que je n'ai pas eu occasion de visiter.

« On ne cultive en général, dans le département de Maine-et-Loire, que le pineau blanc. Les cantons où l'on fait le vin rouge sont Champigny-le-Sec, près Saumur, et Allones près Bourgueil. Depuis vingt ans, quelques particuliers ont commencé, dans les vignobles blancs, à cultiver du plant venu du Bordelais, dont on obtient d'assez bon vin rouge ; mais la vigne blanche est toujours en proportion de cinq à un avec la rouge ordinaire connue dans le pays. Elle produit un raisin très-doux, à grains très-écartés, d'une bonne conservation, mais en trop petite quantité pour avoir la vogue. On trouve encore, clair-semées, dans les vignes blanches, différentes sortes de raisins, entre autres une variété nommée *gouais* dans le pays : c'est un grain très-rond, fort transparent, doux au goût, mais avec fadeur, et en général plus séduisant à la vue que le pineau. Cette espèce se perd peu-à-peu, quoiqu'elle donne beaucoup ; il ne faut pas la regretter, le vin qui en vient n'étant pas généreux. Tous les terrains sont connus en Maine-et-Loire, excepté le granitique : tous reçoivent la vigne. Les meilleurs crus sont les coteaux de Saumur (le fonds est tuf). Les cantons de Faye, Rablé et environs (le fonds est calcaire, souvent argileux et coquillier); et enfin les cantons de Savenières (dont le nom dérive, dit-on, de *sapor vini*), et d'Épiré, etc., où se trouve la coulée de Serrant, petit clos sur le penchant d'une colline escarpée, qui donne le meilleur vin de

Maine-et-Loire (1). Le fonds de ces derniers cantons, où croît le vin le plus généreux, est par-tout schisteux. Le rocher est souvent à fleur de terre, et même tellement à découvert, qu'on n'y plante rien. Les aspects de ces bonnes vignes sont en général tous dans le midi plus ou moins direct. On plante la vigne en rangées de 3 à 5 pieds, selon la bonté du sol. Quand le sol est pauvre de terre, on plante trois brins chevelus à-la-fois (pour qu'il en prenne un) dans un trou fait à la barre de fer dans le schiste, qui, en général, n'est pas trop dur pour résister.

» Toutes les vignes se plantent à bras.

» On se trouve bien d'ensemencer en trèfle pendant deux ans les coteaux ou terres où l'on veut planter la vigne. Le défrichement de ce trèfle la troisième année hâte la reprise et l'accroissement des chevelus. On provigne par l'arqûre d'un brin long, dont l'extrémité est confiée à la terre. Quand les vignes sont vieilles et qu'on veut les arracher, on les épuise de fécondité, en leur laissant beaucoup de ces longs brins que l'on nomme *courans*, et qui se couvrent de raisins : on appelle cela *tailler à l'anglaise*. Les bonnes vignes se taillent toutes à très-court bois.

» La vigne n'est en rapport qu'au bout de cinq ou six ans, encore ne fait-on pas de cas de ce qu'elle donne, si ce n'est à dix ans, ou même à quinze ans. Plus les vignes sont vieilles, meilleur est le vin. On leur donne au moins trois façons, toujours à bras.

» Après la vendange, qui se fait en général en octobre, on chausse les vignes, c'est-à-dire on nettoie les intervalles des rangées de ceps, en portant la terre à droite et à gauche au pied des ceps, afin de donner écoulement aux eaux. A la fin de l'hiver, on déchausse la vigne dès qu'on l'a taillée, pour éveiller la végétation, et on lui donne un troisième labour à la bêche courbe (la mare de Sologne) pendant l'été, pour tuer les herbes et imbiber le sol de lumière et d'air. On ne connaît point les hautains ni les échalas, excepté dans les vallées de la Loire, depuis Saumur jusqu'à Beaufort, où la vigne croît avec une luxuriance étonnante et grimpe par-tout sur les arbres comme en Italie, mais où elle donne de mauvais vin, qui se consomme sur le lieu.

» Les vignerons fument leurs vignes pour viser à la quantité ; les propriétaires sages et jaloux de la renommée de leur vin ne fument aucunement, mais façonnent et guerettent beaucoup.

---

(1) Sur le bord de la Loire, au-dessus et au-dessous de Saumur, se trouvent des vignes qui fournissent des vins blancs intermédiaires entre ceux du Rhin et ceux de Champagne : le plus estimé d'entre eux est celui du Puits.   (*Note de M. Bosc.*)

Ils *terrotent* avec des débris terreux de démolitions ou autres, et en reportant sur les coteaux la terre qui en dévale.

» On n'effeuille pas.

» On ne vendange guère qu'après qu'une petite gelée a fait tomber une assez grande partie des feuilles.

» En général, l'arpent de vigne ne donne guère plus de six ou huit busses, souvent moins. On ne connaît point d'ailleurs cette abondance désastreuse qui a lieu quelquefois, par un caprice de la nature, dans l'Orléanais et le Blaisois.

» La vigne peut durer quarante à cinquante ans, il est vrai, avec la ressource de remplacer, par les provins, les pieds qui périssent. Pendant les six premières années, on la laisse croître en buisson, puis on fait élite d'un maître brin, qui s'élève graduellement de taille en taille, et auquel on ne laisse que quelques yeux à chaque taille. Les vignes vieilles sont plus qu'à demi-hauteur d'homme. Les gens soigneux veillent à ce qu'on les émousse chaque année.

» Un riche marchand de vin de Rouvrai m'a dit braver ainsi les gelées pour ses vignes. « Je ne leur donne, me disait-il, aucune façon d'hiver, ni taille, ni labour, rien enfin ; j'attends la saison des perfides gelées blanches, et quinze jours avant ce moment seulement, je les fais tailler, j'inonde mes vignes d'ouvriers ; tout se fait à-la-fois, taille, déchaussage. Les vignes de mes voisins sont toutes sorties de l'étui que les miennes dorment encore. Quand les gelées viennent, ils voient périr leurs tendres tiges, souvent de 2 à 15 pouces, tandis que toutes celles de mes vignes sont encore dans le duvet. Il est vrai que je fais mes vendanges quand elles sont faites par-tout, mais aussi j'ai du vin des dieux. » Il disait vrai ; mais il faut convenir que les travaux ne seraient jamais faits à temps si tout le monde prenait cette méthode, qui demande qu'on fasse en dix jours l'ouvrage souvent de trois mois. »

M. Lemasne nous a appris que les vignes, dans le *département de la Loire-Inférieure*, sont composées de trois espèces de raisins blancs ; savoir, le *muscadet*, le *gros plant* et le *pineau*.

« Le muscadet a la feuille presque ronde et sans échancrure : c'est l'espèce la plus précoce, celle dont le fruit est le plus doux, le plus agréable et fait le meilleur vin. La grappe en est petite, les grains serrés les uns contre les autres et marqués de petits points roussâtres. Il produit moins que les autres plants, mais sa qualité est préférable. Une vignée plantée uniquement en muscadet ferait toujours de bon vin.

» Le gros plant est plus tardif, et par conséquent moins sujet à geler. Ses feuilles sont très-découpées, sa tige élevée, ses grappes fortes, ses grains gros, verts, d'un goût âpre. Il fournit plus de jus et porte l'abondance au pressoir ; mais son vin n'approche pas de celui du muscadet.

» Le pineau renchérit en bonté sur le gros plant, dont il est une variété. Il est encore plus tardif, il fournit plus de fruits et ils sont encore plus mauvais au goût : on ne saurait guère en manger sans en être incommodé. »

Le vigneron entremêle ces trois espèces, afin que leurs bonnes et mauvaises qualités se compensent mutuellement : ainsi, quand le muscadet gèle, le gros plant quelquefois se sauve; lorsque tous les deux viennent à bien, l'abondance du dernier est balancé par la bonté du premier, et l'un fait passer l'autre. Il y a à entremêler de la sorte des variétés qui ne mûrissent pas ensemble un inconvénient bien réel, car jamais on ne peut les récolter en temps opportun pour que toutes les deux soient également bonnes à être cueillies : aussi quelques propriétaires les font-ils vendanger l'une après l'autre.

Il n'y a que très-peu de raisins noirs dans les vignobles du département de la Loire-Inférieure, aussi tous les vins qu'ils fournissent sont blancs.

Varades, Montrelais, Valet, la Chapelle-Hullin, etc., fournissent les meilleurs de ces vins.

Trente et un mille hectares sont plantés en vigne dans ce département, où je ne suis jamais allé.

Le *département du Jura* possède 16,000 hectares de vignes recommandables par la qualité des vins rouges et blancs qu'elles fournissent. Les meilleurs sont, en rouge, ceux de Salins et des Arcures, et en blanc ceux de Château-Châlons, de l'Étoile, de Lons-le-Saulnier, Arbois et Poligny.

J'ai visité presque tous les vignobles de ce département, ainsi je me crois en état de donner des indications nouvelles sur leur culture; cependant comme M. Dauphin, propriétaire de vignes près Lons-le-Saulnier, a publié un mémoire sur cette culture, qui est le résultat de trente années d'observations et d'expériences, je dois d'abord le mettre sous les yeux du lecteur, en l'accompagnant de quelques mots sur la nature de leur sol et sur leur exposition.

J'ai aussi profité d'un Mémoire dont le nom de l'auteur ne m'est pas connu; mais que j'ai réimprimé tome 6 de la nouvelle série des *Annales d'agriculture.*

La base des montagnes qui entourent Lons-le-Saulnier est un schiste sur lequel reposent plusieurs bancs de calcaire primitif, c'est-à-dire à cornes d'Ammont à gryphites, etc., séparé par des argiles de diverses couleurs. Le sol des vignes est donc une argile mélangée des fragmens de ces deux sortes de roches. Dans les hauts, il est sec; dans les bas, il est constamment rendu humide par les infiltrations des eaux.

L'aspect général du vignoble est le couchant; mais autour de Château-Salins même il y a des vignes au midi, au nord et au levant. Il y a quelques vignes en plaine, notamment celles qui appartenaient à M. Dauphin.

Les variétés de raisins les plus communément cultivées dans les vignobles de Lons-le-Saulnier, selon M. Dauphin, sont, dans l'ordre de leurs qualités,

« Le RAISIN PERLÉ, OU POULSARE, OU PULSARE, OU PANDOULEAU, OU NOIRIEN. Il aime une terre substantielle, calcaire ou marneuse, un sol en pente ; il redoute l'humidité lors de sa floraison ; il craint aussi les gelées du printemps et de l'automne, et lorsqu'il en est atteint il ne rapporte que deux ans après. Son raisin, lorsqu'il est bien mûr, est légèrement musqué, et se conserve long-temps ; on le sèche au four. Le vin qu'il donne est généreux, excellent, soit rouge, clairet ou blanc ; on en fait un très-bon raisiné : lorsqu'il n'éprouve pas d'accident, il fournit beaucoup. Sa taille diffère de celle des autres variétés, en ce qu'il ne faut pas la faire sur les plus forts sarmens, mais sur les intermédiaires. On lui donne, suivant sa force, une ou deux grandes *courgées*, *archets*, ou *anses de pot*, sans craindre d'allonger. Il ne demande pas à être provigné souvent (1).

» Le PINEAU, MAURILLON, SAVAGNIN. C'est, dit M. Dauphin, le raisin par excellence, le père des meilleurs vins de France. Une terre légère et siliceuse, l'exposition du levant et du couchant sont ce qu'il demande : les gelées sont peu à craindre pour lui ; il mûrit huit jours avant les autres ; le vin qu'il donne est excellent, d'un bouquet agréable et de bonne garde. Son seul défaut, c'est d'être peu productif et de ne donner souvent que de deux années l'une.

» Cette variété se taille en petites courgées de six à sept nœuds, et demande à être provignée souvent.

» Le PETIT BACLANC, OU DUREAU, OU DURET. Il aime une terre forte et argileuse, et préfère l'exposition du levant ou du midi. Les gelées de l'hiver sont à craindre pour lui : sa taille est en petites courgées de six ou sept nœuds. Il mûrit bien, donne un vin très-coloré, de bon rapport et qualité, qui prend en vieillissant un petit goût de framboise.

» Le TRESSEAU, TROUSSÉ, GRAND PICOT, PLANT MODOT. Il préfère une terre forte, aime le midi et le couchant, brave les gelées. Il fait un vin abondant, mais dur. Il demande à être mélangé avec des plants doucereux. Sa taille se fait en courgées moyennes, et son ébourgeonnement doit être rigoureux, car il mûrit difficilement à l'ombre.

» Le MEUSNIER, OU L'ENFARINÉ. Ce plant se contente d'une terre maigre ; il craint peu la gelée ; mais si cet accident lui

---

(1) Cette variété est la plus précieuse, de toutes celles que je connais, pour planter dans les terres grasses et humides ; je la recommande en conséquence aux amateurs.

arrive, il ne repousse pas de raisins : sa maturité est précoce; son vin est passable : on le taille en courgée moyenne.

« Le PETIT GAMET. Il vient bien en terre forte, s'accommode de toutes les expositions, principalement du nord ; craint les gelées du printemps, mais repousse des raisins lorsque cet accident lui arrive.

» Ce raisin mûrit bien, fait un vin coloré passable, et est d'un bon produit. On le taille à deux ou trois yeux au plus, sur plusieurs sarmens. Il demande à être provigné souvent.

» Il ne faut pas confondre ce gamet avec le gros gamet, qui fait un vin plat.

» Le MUSCAT NOIR, ou MUSCAT HATIF. C'est celui qui mûrit le premier dans la pépinière du Luxembourg.

» Parmi les blancs,

» Le SAUVIGNON, ou SAVAGNIN JAUNE. Il aime la terre argileuse et en pente, préfère le midi et le couchant. Il mûrit bien, fournit beaucoup et fait un vin doux, potable dès la première année. On le taille en longues courgées.

» Le SAVAGNIN. Une terre siliceuse ou calcaire, une exposition en pente au midi ou au couchant, sont ce qui lui convient le mieux : les gelées lui sont souvent funestes, sur-tout dans les pays plats. Il mûrit tard, mais charge beaucoup, se conserve bien, et le vin qu'il produit est très-spiritueux. On doit le tailler en petites courgées serrées.

» Le FROMENTEAU GRIS. C'est le PINEAU GRIS, le FAUVE, de plusieurs autres vignobles. Il demande une terre en pente, graveleuse, et une exposition chaude; mûrit bien, fait un vin excellent, mais le produit en est médiocre. Il se taille en petites courgées.

» Le CHASSELAS, ou MOURLAND. Ce délicieux raisin à manger, garder et sécher, mûrit bien et est de bon rapport. On le taille alternativement en sifflet et en courgée. Son vin est doux et sucré, mais plat.

» La FEUILLE RONDE, ou SAUVIGNON BLANC, ou GAMET BLANC. On taille constamment cette variété en sifflet; elle craint les gelées du printemps. Son fruit mûrit bien et produit beaucoup; mais le vin qu'il donne est médiocre et sujet à filer.

» Toutes les terres et toutes les expositions propres à la vigne conviennent à cette variété. On peut se dispenser d'essayer d'autres cépages dans les lieux où elle ne réussirait pas. On la taille comme le petit gamet noir. »

Voici les variétés que j'ai de plus observées dans ce vignoble :

Le GROS BACLAN, ou *gros plant*, ou *mourland noir*. Rare

dans ce vignoble ; son suc a un goût désagréable et donne du mauvais vin, il change beaucoup et constamment.

Le GROS GAMET NOIR. C'est le véritable gamet de Bourgogne à grains légèrement ovales, qui produit un vin âpre et de peu de garde.

Le MOURLAND BLANC ou *valet blanc*. Diffère fort peu du *chasselas de Bar-sur-Aube*. Fournit un vin doux, fort agréable, mais qui file et ne se garde que six mois. Il est rare.

Le PULSARE BLANC. Ses grains sont légèrement ovales ou ronds ; c'est lui qui donne le meilleur vin blanc après le *gamet blanc*, qui m'a paru être le *pineau blanc de Bourgogne*.

Le PULSARE BLANC D'ESPAGNE. C'est le *ciotat*. Il est rare.

Le LOMBARDIER ou *pulsare gris*. A les grains rouges et ovales ; son vin est médiocre, mais abondant. Il est rare.

Le TEINTURIER. On ne le cultive que pour colorer les vins.

Le MELON. C'est celui de Bourgogne. Il est souvent confondu avec la *feuille ronde*, ou *mourland blanc*, ou *sauvignon blanc*. Son vin est gras et de peu de durée.

Le GRAND ROSAIRE. Son suc est très-désagréable au goût et donne de très-mauvais vin. Il est rare.

Le GUACHE, ou *gueuche blanc*, ou *foirard blanc*. Peu différent du gouais de l'Aube, mais distinct, à ce qu'il m'a paru. Donne un vin qui conserve sa verdeur, mais qui a beaucoup de feu. On le mêle avec le rouge, qu'il améliore et qu'il rend plus durable.

« On plante, dit M. Dauphin, la vigne de plusieurs manières dans le Jura. Celle en fossés est incomparablement la plus avantageuse. Il faut ouvrir dans toute la longueur du terrain des tranchées parallèles de 3 pieds de largeur et de 2 pieds et même plus de profondeur, si la terre le permet et si le fond est bon. La plantation à l'angelot est plus expéditive, mais moins bonne. Elle a lieu au moyen de petites fosses que creusent plusieurs ouvriers placés sur la même ligne, ce qui fait perdre l'avantage du quinconce.

» On plante encore les crossettes debout, au moyen d'un trou fait avec un pieu. C'est la plus mauvaise des méthodes.

» Les crossettes doivent être prises sur des ceps vigoureux, âgés au moins de huit à dix ans. On les met en terre de préférence en automne. Si elles ont bien prospéré, on les taille, la première année, à deux yeux ; l'année suivante, on taille sur les deux plus forts sarmens destinés à donner les mères branches, et on supprime tous les autres. A la troisième, on laisse aux deux mères branches trois ou quatre nœuds, et à la quatrième la vigne est formée. On ne monte qu'une mère branche quand le terrain est maigre.

» Je pense que plusieurs espèces de raisins valent mieux qu'une seule dans une vigne ; qu'il faut peupler plus en noirs qu'en blancs ; qu'enfin les plants fins sont toujours préférables aux plants grossiers, qui discréditent le vin, et ne procurent souvent qu'une funeste abondance.

» Les travaux de l'hiver sont les plus essentiels pour la vigne. Il faut la parcourir peu avant la vendange, pour reconnaître les ceps qui refusent obstinément de produire et ceux qui vieillissent. Les premiers sont condamnés au feu ou greffés ; les seconds, provignés.

» Le bon provignage exige un creux carré et profond. Les racines s'arrangent mieux dans cette forme. On y couche le cep en entier, et on laisse sortir deux ou trois sarmens, rarement quatre : on les espace le plus et le plus également possible.

» Le temps de provigner et de planter est le même, c'est-à-dire l'hiver. On commence par les terrains graveleux et secs, et on finit par ceux qui sont argileux et humides.

» On renouvelle la vigne par le moyen de la greffe dans quelques vignobles du Jura.

» Tout ce qui peut servir d'engrais est bon pour fumer la vigne ; il faut seulement observer que le fumier soit bien consommé. Quelquefois on lui donne des amendemens, tels que la marne, et alors il faut en mettre de calcaire dans les sols argileux et d'argileux dans les sols calcaires (1).

» Ce qu'il y a de mieux pour fertiliser une vigne avec un avantage très-durable, c'est de la couvrir de gazon de pré, ou de terre neuve et reposée.

» Le surplus des travaux de l'hiver consiste à remonter les terres, à faire des tranchées, à creuser des fossés pour l'écoulement des eaux, élaguer les haies, extirper leurs racines, les ronces et les plantes parasites vivaces, écarter enfin tout ce qui peut attirer l'humidité, qui favorise les gelées et retarde la maturité.

» Décider du point juste entre une taille trop forte et une taille trop faible, telle est la question qui se présente à chaque cep dans le Jura, comme ailleurs. Pour la résoudre, il faut avoir égard à la fertilité du sol, à l'espèce particulière du plant, à sa force, à son âge, à l'abondance ou à la médiocrité de la récolte précédente.

---

(1) M. Dauphin ne distingue pas la marne ordinaire de la marne schisteuse : c'est cette dernière qui est en faveur dans son canton, ainsi que j'ai pu m'en assurer Cette marne, bleuâtre, se délite fort bien pendant l'hiver.

» On peut tailler les vignes, sur-tout celles placées sur des coteaux, à la fin de l'automne, on y trouve même l'avantage d'une végétation et d'une maturité plus hâtive. La taille du printemps doit précéder le mouvement de la sève, afin qu'il y ait une moindre déperdition.

» Avant de tailler, il faut parcourir la vigne armé d'une pioche, pour mettre à nu la base des ceps, et retrancher toutes les racines qui ont poussé à fleur de terre. Cette précaution, toujours utile, devient indispensable pour les vignes jeunes et vigoureuses, et pour celles qui ont souffert de la gelée.

» On commence la taille par le pied du cep, en le nettoyant des faux bourgeons à petits yeux, des nœuds, des chicots, des mousses, et de tout ce qui peut détourner ou amuser la sève ou attirer l'humidité. On termine par la taille à fruit, qui se fait sur le bon bois, c'est-à-dire sur les sarmens poussés dans la saison précédente.

» Si vous taillez en sifflet, coupez chaque sarment à deux yeux, en observant que le petit bouton du collet qui joint l'ancien bois au nouveau ne se compte pas. Vous laissez un ou plusieurs coursons ou bras, selon la vigueur du cep. La taille allongée se fait sur le sarment le plus fort et le plus sain de la courgée précédente, pourvu qu'il n'exhausse pas trop le cep. Quand il est jeune et vigoureux, on le charge de deux courgées. Il faut couper net et à 2 lignes du bouton sur lequel on taille.

» Les échalas se placent après la taille. Ils doivent être fortement enfoncés et un peu inclinés du côté du mauvais vent.

» Les ceps sont tenus, dans les vignes du Jura, à une hauteur et à une distance à-peu-près égales, c'est-à-dire à 3 à 4 pieds; ce qui fait qu'ils ont entièrement la vue du soleil. Celles tenues en hautains ou treilles peuvent rendre davantage, mais la maturité de leurs raisins est plus difficile.

» La vigne exige trois labours. Au premier, la terre doit être bien défoncée. Si la vigne est en pente, on se place obliquement, afin de ne pas tirer la terre en bas.

» Le second labour devrait se croiser avec le premier et le troisième. Le plus léger sert principalement à nettoyer les vignes des mauvaises herbes qui retardent la maturité du raisin par l'ombre et l'humidité qu'ils répandent sur le sol (1).

____

(1) La plante qui domine le plus dans le vignoble de Lons-le-Saulnier, sur-tout dans les bas, est la RENONCULE RAMPANTE : il est absolument impossible de l'y détruire.

La teigne des grappes causait de grands dommages lorsque j'étais dans ce vignoble. Le de séchement partiel des feuilles, ou *maquin*, causé probablement par l'humidité surabondante du sol, était général à la même époque, sur-tout à l'exposition du nord.

» On laboure, dans le Jura, avec une houe fourchue.

» Dès que la fleur est passée, on ébourgeonne, c'est-à-dire qu'on enlève les bourgeons stériles et ceux qui ont poussé sur la souche ou entre deux terres.

» Lorsque les grains sont arrivés à moitié de leur grosseur, on ébourgeonne par le haut (rogne); lorsqu'ils commencent à mûrir, on retrousse les sarmens, et on les lie avec de la paille par-dessus les ceps, pour exposer les grappes au soleil.

» Dans quelques vignobles, en sol plat, on enterre les ceps de la vigne pour les garantir des gelées de l'hiver.

» On peut aussi rendre les gelées du printemps moins dangereuses pour les vignes, en les labourant par sillons convexes, et en faisant des tranchées qu'on garnit de pierres. »

Le mélange des variétés est général, à la vendange, dans ce vignoble; cependant quelques propriétaires ont des vignes plantées d'une seule, d'autres de deux ou de trois variétés.

On cuve tantôt dans des foudres, tantôt dans des cuves peu élevées et peu larges. Quelquefois la vendange y est laissée plusieurs mois avant d'en soutirer le vin.

L'ensemble du vignoble de Salins diffère peu de celui de Lons-le-Saulnier. Il offre toutes les expositions. Son meilleur canton, celui des Arsures, est au nord-ouest. Le plus mauvais vin est produit par les vignes voisines de la ville et exposées au nord. Dans les bas, le terrain est moins argileux que dans les hauts, où il repose souvent sur le plâtre primitif. Il est parsemé presque par-tout de fragmens de schistes et de calcaire primitif. On appelle *arbue* celui qui est intermédiaire entre les forts et les légers.

On donne à ces vignes trois labours ou binages par an : le premier en avril, avec une houe carrée assez large; les deux autres avec des *bigots* ou houes fourchues, dont les fers sont élargis soit à leur extrémité, soit au tiers de leur longueur.

Les nouvelles plantations s'exécutent avec des boutures ou chapons qu'on place en ligne à 3 pieds les uns des autres. On taille les bourgeons à deux yeux pendant trois ans, après quoi on commence à faire des *courgées* ou arcs complets aux sarmens des ceps les plus forts, opération qui se répète presque tous les ans, excepté pour le gamet.

Ce sont des échalas de sapin qu'on emploie pour soutenir les bourgeons.

Lorsqu'il y a des places à regarnir, on couche un des ceps voisins.

En général ces vignes sont trop hautes, trop touffues et le raisin y est trop peu souvent frappé des rayons du soleil, aussi ne mûrit-il pas convenablement. On retranche bien une partie des bourgeons aux approches de la vendange ; mais c'est uniquement pour rendre cette opération plus facile.

La brûlure de l'écorce des sarmens par l'effet de l'action du soleil sur les glaçons, y est fort redoutée, on l'appelle *buet*.

Celle de la surface des feuilles par la même action sur les gouttes de rosée, fait aussi beaucoup de mal, comme j'ai pu en juger par mes propres yeux. On l'y appelle MAQUIN. *Voyez* ce mot et BRULURE.

Le mode de culture ne diffère pas de celui usité à Lons-le-Saulnier, aussi je n'en parlerai pas.

Les variétés de raisins qui se cultivent dans ce vignoble sont en partie les mêmes que celles de Lons-le-Saulnier ; savoir, le *pulsare noir,* le *melon blanc*, le *gamet noir,* le *sauvignon noir,* le *pineau,* ou *noirien,* ou *tresseau* ou *trousseau,* le *chasselas de Bar-sur-Aube*, le *guache blanc* ou *foirard*, le *petit baclan*, et en partie différentes autres variétés. J'y ai observé et décrit les suivantes.

L'ARGAN, OU ARBOIS, OU MARGILLIN. Demande une exposition chaude, parce que son raisin mûrit fort tard ; son vin nouveau est au-dessous du médiocre, mais la vieillesse le rend passable.

Le TAQUET. Ce que j'ai dit du précédent lui convient complétement.

L'ENFARINÉ OU GRIS, a les grains recouverts d'une poudre grise. Le vin qu'il donne est très-mauvais, mais il en fournit beaucoup.

Le MALDOUX. Donne du vin encore plus mauvais ; cependant on le plante, parce qu'il charge considérablement, coule peu souvent, et ses grappes ne sont point exposées à la pourriture.

Le SERGUIN OU TROUSSEAU BLANC. Il est extrêmement rare. Son vin est sans qualité.

Le PINEAU DE SALINS ou MEZY. Fort éloigné des véritables pineaux, ses feuilles étant très-cotonneuses et très-hérissées en dessous. Il produit beaucoup, mais donne un vin plat et de peu de garde, qui sent le moisi et devient gris.

Toutes ces variétés sont peu communes et n'altèrent pas par conséquent d'une manière sensible l'excellente qualité des vins de Salins et des Arsures.

L'égrappage est en faveur dans ce vignoble, ainsi que le cuvage dans de grands tonneaux ; ce qui assure la force du vin.

Le vignoble de l'Étoile est dans un sol parfaitement analogue à celui de Château-Salins, mais plus infertile. On y fait des fosses transversales pour recevoir les terres et pouvoir les remonter plus économiquement tous les deux ou trois ans.

On taille en béchot, c'est-à-dire sans faire de courgée, du reste la culture diffère peu de celle des environs de Lons-le-Saulnier.

Le canton appelé la Vigne-Blanche, qui est exposé au midi, donne le meilleur vin; mais celui exposé à l'ouest, dont j'ai comparativement goûté, ne m'a pas paru lui être de beaucoup inférieur.

Le *gamet blanc*, qui s'appelle aussi *savinien*; le *savoignien*, *blanc* ou *bourguignon*, ou *moulan*; le *savonien noir*, le *gamet noir*, le *moulan noir* et le *pineau gris de fauve*, sont les variétés qu'on y cultive presque exclusivement, principalement la première.

J'ai déjà indiqué ces variétés, excepté le moulan noir, qui donne un vin généreux et très-riche en eau-de-vie, mais en petite quantité. Il n'est pas au reste très-multiplié.

Ce sont principalement les raisins blancs qui dominent, aussi est-ce au vin blanc que ce vignoble doit sa célébrité.

Le vignoble de Château-Châlons, si réputé, au pied duquel je suis passé, est à l'exposition du midi; son terrain et sa culture ne diffèrent pas de celle de ce dernier, dont il n'est éloigné que de deux lieues, seulement c'est le savoignien blanc qui y domine.

La majeure partie du vignoble de Poligny est en plaine à l'ouest, le reste est sur des coteaux exposés au midi et au nord. Son sol ne diffère pas de celui de Salins et de Lons-le-Saulnier. On voit souvent le schiste pourri mêlé avec les fragmens de pierre calcaire primitive qui le parsèment.

La culture de ce vignoble ne diffère pas sensiblement de ceux de Salins et de Lons-le-Saulnier; il m'a paru cependant que le provignage y était plus en faveur. On y fait usage des mêmes instrumens. Les variétés qui s'y voient, à deux ou trois près, se trouvent aussi dans les mêmes vignobles. Voici les noms et l'opinion qu'on y a du vin que fournissent ces variétés.

Le *margillin*, mauvais vin plat qui se garde peu.

Le *maldoux* : son vin diffère très-peu du précédent, mais il est plus dur et se garde davantage.

Le *pulsare noir*, donne le vin le plus délicat, qui devient encore meilleur lorsqu'il est mêlé avec celui du gros et du petit baclan et du maturé blanc; cependant il s'aigrit facilement.

L'*enfariné* ou *gris* : vin médiocre, mais qui s'améliore par l'âge. Il est très-multiplié.

Le *savanien blanc*, donne un vin de choix qui se mêle le plus souvent avec le rouge.

Le *vallet noir*, ou *trousseau*, ou *trousset*, fournit un vin délicat. Il est le plus multiplié.

La *guache noire*. Elle est rare.

Le *pulsare blanc*. Il est rare.

Le *sauvagnien*, ou *maturé*, ou *feuille ronde*. On le cultive
beaucoup; son vin est très-bon. On l'emploie principalement
à améliorer les vins rouges.

Le *petit* et le *gros baclan*. Le premier donne un bon vin qui
s'améliore encore en vieillissant, celui du second au contraire
est peu estimé.

Les variétés que j'ai observées pour la première fois dans
ce vignoble sont :

Le GROS PLANT DE PROVENCE NOIR, qui est acquis depuis
peu et est encore rare; sa grappe mûrit de bonne heure, ce
qui est un grand avantage. Il donne beaucoup d'espérances
pour la qualité et la quantité.

Le PETIT PLANT DE PROVENCE NOIR : mêmes observations.

Le GROS MOISI NOIR : encore mêmes observations. Il avorte
souvent dans les terrains frais et ses pieds y subsistent peu
d'années.

En général on est forcé aujourd'hui d'arracher toutes les
vignes plantées dans ces sortes de terrains où elles prospéraient
bien autrefois, sur-tout le pulsare.

Le vin fermente dans des foudres debout ou dans des cuves
fermées. Quelquefois la vendange est laissée un an sur le marc
dans ces foudres. Rarement il se fait du vin blanc.

Le vignoble d'Arbois ne diffère pas sensiblement, par la
nature de son sol, des variétés de ceux dont je viens de
parler.

Toutes les vignes sont plantées sur des coteaux et à toutes
les expositions, mais principalement au midi et au nord. Le
meilleur vin blanc se fait avec les raisins de celles du midi.
On en fait du rouge très-bon avec les raisins de celles du
nord.

Beaucoup de vignes sont en terrasses.

On plante dans des fosses parallèles et à 2 pieds de distance.

Les raisins des vignes plantées épais arrivent plus tôt à
maturité que ceux des vignes dont les ceps sont plus écartés,
sur-tout si c'est du maldoux; pareille observation avait déjà
été faite aux environs de Paris, ainsi que je l'ai dit plus haut.

Les terrains argileux, comme plus favorables au pulsare,
se vendent mieux que les autres.

On emploie fréquemment une marne bleuâtre, c'est-à-dire
schisteuse, pour amender le sol.

Le provignement a lieu toutes les fois qu'il s'agit de garnir une place vide.

Deux labours sont suffisans, au dire des vignerons.

Une opération propre à ce vignoble m'a beaucoup frappé et m'a paru dans le cas d'être appliquée à beaucoup d'autres, c'est celle du pincement de l'extrémité des grappes quelques jours avant la floraison, pour empêcher la coulure et donner de la force au reste. On supprime ordinairement le quart et quelquefois le tiers de la longueur de la grappe par ce PINCE-MENT. *Voyez* ce mot.

Le desséchement de la grappe par l'effet de la sécheresse ou d'une cause inconnue, s'appelle TACHE.

L'égrappage se pratique dans ce vignoble.

On fait fermenter le jus du pulsare rouge dans des tonneaux, et les vins grossiers dans des cuves.

Voici l'opinion que m'ont transmise les vignerons sur la valeur relative des variétés.

Le PULSARE ROUGE. Est sujet à couler; demande une terre forte et humide, et en conséquence se plante principalement dans les bas. Il domine d'un tiers sur les autres; son vin est léger et de garde.

Le SAUVAGNET BLANC. Il coule peu; demande aussi une marne argileuse; se taille plus court; domine d'un quart. Son vin est excellent et se garde autant qu'on veut.

Le TROUSSEAU (noir). S'accommode de toutes les sortes de terres, mais vient mieux dans l'arbue. Son vin est très-fort, prend de la couleur et se conserve très-long-temps.

Le NOIRIEN OU PINEAU (noir). Donne un vin fin, mais qui se conserve peu. Il n'y en a qu'un vingtième.

Le MELON BLANC. Donne un vin léger qui se conserve peu, mais qui est très-apéritif et par suite fort recherché.

Le BACLAN. Donne un vin violent, assez bon, qu'on mêle avec les autres; on le compare à celui du pineau blanc de Bourgogne.

L'ENFARINÉ, très-différent du *meusnier*, demande une terre très-forte pour que ses grains ne tombent pas à la maturité. Il compose un huitième du vignoble. Son vin est dur, mais s'améliore en vieillissant.

Le VALET NOIR. C'est le *taquet* de Salins. Il est peu abondant et se taconne souvent. Son vin est dur et se mélange avec celui du melon blanc et autres.

Le GAMET. Veut une terre forte; se soutient pendant long-temps; gèle difficilement et repousse des grappes après avoir été gelé. Il y en a peu, malgré ces avantages, parce que son vin est plat.

Le MALDOUX. Il rapporte beaucoup lorsqu'on pince l'extrémité de sa grappe avant la floraison. On en voit peu. Son vin est sans force, se décolore rapidement et se mêle avec celui du melon ou autres.

Le MARGILLIN PETIT. Est le pineau de Bourgogne, ainsi que je l'ai constaté.

Le MARGILLIN GROS. C'est l'*argan* de Salins. Il est rare.

Les GUACHES NOIR et BLANC. Sont très-rares et donnent du mauvais vin.

.Le PULSARE BLANC. Est également très-rare.

Je n'ai pas encore visité les vignes du *département de l'Ain* ; mais il a été publié plusieurs mémoires qui les ont pour objet, entre autres celui de M. A. C., que j'ai réimprimé, t. 10 de la nouvelle série des *Annales d'agriculture* : malheureusement il ne donne aucune indication détaillée sur les variétés de vignes qui s'y voient.

Voici le nom des variétés que ce département a fournies à la pépinière du Luxembourg : *chétuan, perpignan, pelosard, persune, berlette, foirat, neret, verdet, meslier rouge, gamet blanc, gros plant rouge, mornan blanc* (chasselas), *pecou rouge, gouais blanc, materolle, laguien.*

Selon M. Jullien, on y cultive 18,000 hectares de vignes.

Dans le Revermont, canton de ce département, on cultive en outre le *raisin mettie,* qui est le *pulsare* du Jura; le *gouan,* raisin blanc, qui donne du vin fort médiocre.

Il existe, dit l'auteur du mémoire précité, deux modes de culture pour la vigne dans le département de l'Ain, celui en hautain ou treille et celui des vignes basses.

J'observe qu'il faut distinguer les hautains des treilles, les premiers s'élevant sur des arbres ou sur de hautes perches perpendiculaires, et les seconds s'étendant sur des perches horizontales.

Aux environs de Belley, les vignes sont disposées en rangées, dont les intervalles recevaient des cultures de céréales, de fèves, de haricots, de trèfle, etc. Ce sont des merisiers plantés à trente pas les uns des autres, qui tiennent lieu d'échalas; on ne leur laisse que trois branches, qui, coupées au bout de trois ou quatre ans, fournissent des perches assez longues pour être employées au palissage. Il paraît, par les calculs des propriétaires, qu'une étendue de ces vignes fournit autant de vin qu'une vigne basse, et produit, de plus, en céréales, ou en légumes, ou en fourrage, les quatre cinquièmes de ce qu'on en retirerait s'il n'y avait pas de vignes; mais le vin est de très-médiocre qualité.

Les vignes ainsi disposées sont très-sensibles aux gelées du printemps, ainsi qu'à la coulure, et donnent de mauvais vin. Aussi l'auteur du mémoire désire-t-il qu'on en change le plant et qu'on leur fasse l'opération de l'Incision annulaire. *Voyez* ce mot.

Il ne donné point de détails sur la culture de ces vignes en treilles hautes; mais je suppose qu'elle diffère peu de celle usitée aux environs d'Auxerre, et que j'ai décrite à l'article du département de l'Yonne.

Ce sont donc des vignes basses, dont l'étendue est bien plus considérable, et qui donnent seules du vin de bonne qualité, dont il va être question.

Il y a, dans le département de l'Ain, deux modes principaux de planter la vigne : dans le premier, on *mine* (Défonce *voyez* ce mot) à 20 pouces de profondeur, et on plante dans des trous disposés en quinconce, à un pied et demi les uns des autres. Dans le second, on se contente de faire des fossés de 2 pieds et demi de largeur et de 18 à 20 pouces de profondeur, écartés d'autant, et on les plante quelques mois après.

Ce sont tantôt des plants enracinés, tantôt des crossettes qu'on emploie, plus souvent de ces dernières.

On peut planter avant, pendant et après l'hiver.

Il existe, observe l'auteur, une différence essentielle dans la plantation des hautains et celle des vignes basses. Celle des premiers doit être transversale à la pente du terrain, et celle des secondes, parallèle à la même pente. Il me semble qu'il y a cependant des avantages et des inconvéniens dans chacun de ces modes, et qu'ils se compensent à-peu-près.

Une ouvrée de vigne doit être garnie de douze cents plants et recevoir chaque année huit à dix fosses pour le provignage.

Le provignage a lieu depuis le mois de novembre jusqu'en mai. Les provins faits avant et pendant l'hiver sont les meilleurs et s'appellent *preux d'hiver*, ceux du printemps se nomment *preux d'été*.

On provigne dans des fosses carrées ou triangulaires de 18 à 20 pouces de profondeur.

Il faut choisir, pour provigner, un temps doux et une terre peu humide.

Généralement on met des cendres de branches d'arbres, principalement de buis, même du fumier, dans les fosses à à provins, qu'on recouvre de terre, terre sur laquelle se couche le sarment.

La taille n'a lieu que depuis le 20 février jusqu'au 20 mars.

Pour qu'une vigne dure long-temps, il ne faut laisser que deux *porteurs* à chaque cep, et couper tous les autres sarmens le plus près possible de la souche.

Il est des lieux où on taille en deux fois, c'est-à-dire où on

coupe d'abord tous les sarmens à cinq ou six pouces de la souche, pour revenir ensuite supprimer ceux qu'on ne veut pas
conserver. Cette opération se nomme *salgotter*.

A raison de la rareté du bois, il est beaucoup de vignes qu'on
n'échalasse pas dans le département de l'Ain ; ce qui nuit à
leurs produits, soit sous le rapport de la quantité, soit sous
celui de la qualité. Les vignes en treilles basses comme celles
du département de la Haute-Saône, comme celles du département de la Gironde, etc., etc., offrent un moyen de diminuer ces inconvéniens.

On appelle *fosserer* le premier labour qui se donne après
la taille. On l'exécute avec une houe triangulaire, qu'on fait
pénétrer à 5 à 6 pouces de la surface, houe désignée sous le
nom de *maille*.

Le *fellon* est une petite pelle de fer recourbée en dessus qui
sert pour les binages.

La houe fourchue, nommée *bigne*, s'emploie principalement
dans les vignes hautes.

L'usage de la pioche est bornée au provignage.

C'est avec de la paille qu'on attache les bourgeons aux
échalas, qu'on les ACCOLE, comme disent les vignerons.

Le mot *monder* s'applique à l'opération d'enlever les bourgeons qui ne portent pas de grappes, afin que les autres profitent de toute la sève. *Voyez* au mot ÉBOURGEONNER.

Les bourgeons restans poussant avec plus de force, comme
je viens de le dire, il devient nécessaire de les attacher par un
second lien à leur échalas ; ce qui constitue l'opération du *relever*, opération pendant laquelle on redresse les échalas abattus par les vents.

Les troisième et quatrième binages se donnent en juillet et
en août. Ce dernier n'est nécessaire que pour les vignes tardives.

On vendange tantôt plus tôt, tantôt plus tard, selon les années, les expositions et les terrains. L'important est que le
raisin soit parfaitement mûr.

En général, comme on cultive plus de variétés tardives que
de variétés hâtives, les vendanges sont fréquemment retardées
et mauvaises.

Tantôt on égrappe et tantôt on n'égrappe pas. C'est en écrasant qu'on exécute cette opération.

Les coteaux voisins de Chaussin, département de *Saône-et-
Loire*, fournissent de bons vins fort rapprochés de ceux de
Champlitte et de Montsaugeon. Je ne les ai pas visités ; mais il
m'a été dit que la culture y était la même que dans les vignobles précités.

Il n'en est pas de même de ceux, en si grand nombre, qui

longent la Saône et qui sont le prolongement de ceux de la haute Bourgogne, généralement connus sous les noms de Châlons et de Mâcon, les deux villes où se font le principal commerce de leurs vins. Je les ai traversés plusieurs fois, cependant j'en dirai peu de chose, parce que je n'ai pas étudié les variétés qui s'y cultivent, variétés seulement au nombre de trois; savoir, *noirien* ou *pineau*, *giboudot* et *cep rouge*, si j'en juge par l'envoi fait à la pépinière du Luxembourg.

Toute la côte de Châlons à Mâcon est un calcaire primitif, fort riche en cornes d'Ammon, en gryphites, etc. Il repose sur le schiste, qu'on découvre dans quelques points par suite d'éboulemens naturels.

L'exposition générale est l'est; cependant il est des vignes à toutes les autres expositions, principalement au midi.

Les meilleurs vins de la côte châlonnaise sont ceux de Mercurey, de Givry, Saint-Martin, Montbroge, etc.

Les meilleurs du Mâconnais proviennent des vignes du moulin à vent, de Pouilly, des terrains de la Romanèche, de Solutré, etc.

On vend souvent comme vins de Mâcon ceux du ci-devant Beaujolais, actuellement renfermé dans la circonscription du département du Rhône.

Les vignobles des environs d'Autun, de Tournus, de Charolles et de Louhans, sont des terrains schisteux ou granitiques, et ne donnent que des vins grossiers et de peu de garde.

La culture des vignes du département en question ne diffère pas sensiblement de celles des environs de Nuits. On mine la terre pour les planter. On provigne les plants tous les deux ou trois ans dans la même direction, autant que possible en montant. On taille sur deux ou trois yeux selon la force des ceps; on bine, laboure, ébourgeonne, rogne de même.

Je regrette cependant de n'avoir pas à offrir de plus grands détails à leur sujet.

Le *département de l'Allier* renferme 12,000 hectares de vignes qui ne donnent que des vins froids et de peu de garde. Je ne les ai point visitées et je n'ai aucun renseignement sur leur culture.

Les variétés de ces vignes envoyées à la pépinière du Luxembourg sont les suivantes, le *lyonnais blanc*, le *lyonnais bon vin*, le *menu héraud*, le *tressalier*, le *gros noir*, le *plant sauvage*, le *saint-pierre blanc* (un des meilleurs raisins pour la table que je connaisse), le *spin*, le *spin de Cahors*, le *spin héraud*, le *spin rouge*, la *mourlanche blanche* (chasselas), le *gros gris cordelier* (excellent), la *vache rouge*, la *magdelaine* (c'est le *maurillon hâtif*), le *bourguignon blanc*, le *cordelier gris* (c'est le *pineau gris*), le *maillonne*, etc.

On compte, selon M. Jullien, 12,632 hectares de vignes dans le *département de l'Indre*, lesquelles donnent des vins peu supérieurs à ceux du précédent. Je l'ai traversé en poste, et par conséquent n'en n'ai pas observé la culture. Je ne connais point d'écrits qui en parlent.

S'il y a des vignes dans le *département de la Creuze*, elles ne sont pas fort étendues, ainsi j'ai peu de regret à n'en pas parler.

Je n'en dirai pas autant du *département de la Vienne*, car M. Jullien y compte 80,000 hectares de vignes, qui ne fournissent que des vins de troisième qualité, qu'en plus grande partie on transforme en eau-de-vie.

Un des meilleurs vignobles de ce département est celui de Vaux, près Chatellerault, appartenant à M. Martinet, gendre de mon si estimable ami Creuzé Latouche, auteur de la Topographie du district de Chatellerault : il me servira de type pour parler de la culture de tous, attendu que M. Martinet m'a fourni des renseignemens très-précieux sur la valeur des variétés qui s'y trouvent.

Je dois d'abord dire que Creuzé Latouche avait fait planter une vigne de pineau que je lui avais fait venir de Beaune, et que son gendre, quelque ami qu'il soit du perfectionnement de l'agriculture, a été obligé de la faire arracher, quoique le vin en fût supérieur, parce qu'elle ne produisait jamais suffisamment pour payer ses frais de culture.

Le sol de ce vignoble est une terre blanche primitive, marneuse, contenant beaucoup de cornes d'Ammon, d'oursins, d'huîtres, etc., laquelle repose sur des bancs de grès très-dur.

Son exposition générale est au levant, mais il y a des pièces au midi.

Les variétés qui s'y cultivent sont :

Le BLANC NANTAIS OU CHENIN (blanc). C'est la plus cultivée, celle qui donne le meilleur vin. Elle est très-vigoureuse.

Le VERDIN (blanc) se rapproche du chasselas. Elle a des qualités recommandables, mais elle produit peu.

Le FOIREAU (blanc) : donne un vin très-délicat, mais fournit peu, aussi devient-il de plus en plus rare.

Les FIÉS JAUNE et VERT. Ils produisent peu, donnent de très-bon vin, mais de peu de garde : aussi renonce-t-on à les planter.

La FOLLE (blanche). C'est la variété qui donne le plus. Son vin est capiteux, mais se conserve peu de mois. On en fait de l'eau-de-vie.

Le GOUAIS BLANC : voisin du chasselas. Peu estimé.

Le PINEAU BLANC mûrit bien. Son vin est bon, mais il en produit peu. Ses sarmens se soutiennent sans échalas.

Le GROSEILLIER (blanc). Aussi bonne et aussi productive que la précédente. Rare.

Le FROMENTEAU BLANC. D'un bon rapport, mais peu commun.

La VICARNE (blanche). Donne abondamment du vin fort plat. Sa culture diminue chaque année.

Le CAULLI, ou JACOBIN, ou COS (noir). Donne beaucoup et de l'excellent vin. Il est fort répandu et croît vigoureusement dans les plus mauvais terrains.

La VIGNERONNE. Est d'un fort bon rapport et donne du vin de qualité.

Le GROS BRETON. C'est la variété noire la plus répandue. Elle fait d'assez bon vin.

Le PETIT BRETON. Ce que je viens de dire lui convient, mais il fournit moins.

Le LACET OU NOIR LACON. Il est peu cultivé, quoique son vin soit assez bon.

Le SALAIS OU ÉPICIER (noir). Bonne variété très-productive. On le cultive beaucoup.

Le NOIR DOUCIN. Son vin est agréable au goût et à l'œil. Il est médiocrement multiplié.

Le BALZAC (noir). Produit abondamment, donne un vin dur mais généreux et de garde : aussi le cultive-t-on beaucoup.

La VICARNE NOIRE. Très-gros raisin et très-mauvais vin. Peu cultivée.

Le NOIR D'ORLÉANS, ou NOIR-TEINT ou TEINTURIER. Son jus ne sert qu'à colorer les vins faibles.

Le MEUSNIER (noir) est fort estimé, mais ne s'emploie pas seul. Il est rare.

Le BORDELAIS (noir): fournit beaucoup et son vin est estimé; cependant on ne l'emploie pas seul.

Creuzé Latouche et son gendre ont émis l'opinion que l'infériorité des vins de ce département provient 1°. de ce qu'on y cultive trop de variétés, dont les unes sont mûres avec excès lorsque les autres sont encore vertes, et qu'on mêle toutes ces variétés dans la cuve; 2°. de ce qu'on laisse ramper les bourgeons sur terre, faute d'échalas; ce qui retarde la maturité des grappes et fait pourrir les grains; 3°. de ce qu'on n'ébourgeonne ni ne rogne les ceps; 4°. de ce qu'on laisse trop cuver.

Il paraît que dans ce vignoble on ne donne que deux labours ou binages.

Environ 18,000 hectares de vignes sont cultivés dans le *département des Deux-Sèvres*, dans lequel je ne suis pas allé, et sur lequel je n'ai pas de renseignemens relatifs à l'objet qui m'occupe. Les vins qui en proviennent ne peuvent être rangés que dans la troisième classe. Les meilleurs proviennent des environs de Niort et de Thouars. Ils ont principalement les désavantages de ne pouvoir souffrir le transport et de ne pas se conserver long-temps. En conséquence, tous ceux qui ne se consomment pas dans le pays, sur-tout les vins blancs, sont distillés; l'eau-de-vie qui en provient est estimée.

Le *département de la Vendée* offre environ 16,000 hectares de vignes, dont on ne retire que des vins presque tous blancs, de fort peu de qualité, et sujets à passer à la graisse dès la première année. On les consomme dans le pays.

M. Cavoleau, auquel on doit une excellente statistique de ce département, ne dit que quelques mots sur la culture à laquelle la vigne y est assujettie. Il nous apprend seulement qu'on ne s'y sert pas d'échalas, qu'on n'y donne que deux labours, et qu'il est à désirer que les essais faits dans le Boccage pour la cultiver à la charrue, prennent de l'extension. Je me joins à lui pour cet objet, car les raisons qu'il fait valoir sont très-fondées.

Vignes plantées entre le 47e. et le 46e. degré de latitude.

Le *département de l'Isère* occupe environ 20,000 hectares de terre à la culture de la vigne, et fournit d'excellens vins au commerce. Les meilleurs de ces vins sont ceux de Seyssuel, de Revantin, qui se vendent sous le nom de ceux de Côte-Rôtie.

Il y a dans ce département trois sortes de vignes, les hautains, les treilles hautes et les vignes basses. Tout le monde s'accorde à reconnaître que ces dernières produisent le meilleur vin; mais comme elles en donnent moins, leur nombre diminue chaque jour.

Je ne puis mieux faire que d'emprunter de mon collaborateur Décandolle, Mémoires de la Société d'agriculture de la Seine, tome 13, la manière de conduire les vignes en hautains aux environs de Grenoble.

« Pour cela on plante d'avance en quinconce les arbres destinés à les soutenir. Ces arbres sont le plus souvent des érables, parce qu'ils supportent facilement la taille compliquée qu'on leur destine. On divise l'extrémité de leur tronc en cinq grosses branches, appelées *maîtres*, chacune d'elles porte en dehors deux branches secondaires, appelées *valets*. La vigne, après avoir grimpé le long du tronc, est distribuée également sur les dix valets, d'où on la dirige ensuite en travers sur les cinq maîtres pour augmenter la solidité.

» Une deuxième méthode consiste à disposer les vignes sous

la forme d'espaliers élevés. On fait grimper le cep sur l'érable, puis on le déjette latéralement sur un treillage, soutenu à l'autre extrémité par un poteau appelé *fourchau*. Ces treillages sont fortement retenus ensemble par des pattes de fer.

» Un troisième procédé est de les soutenir en véritables contr'espaliers sur deux fourches, et il acquiert tous les jours plus d'extension, parce qu'il évite l'ombre et l'épuisement du sol, produit par les érables. »

Quelque peu étendu que soit le *départemeat du Rhône*, il produit considérablement de vins et de bons vins ; on les divise en deux classes, ceux au nord de Lyon, c'est-à-dire des environs de Villefranche, qui se confondent sous le nom de *vins du Beaujolais* avec ceux de Mâcon ; ceux au midi de cette ville, qui font la transition avec ceux du midi, dont ils ont une partie des caractères.

Les plus célèbres sont ceux de Côte-Rôtie, de Condrieux, de Sainte-Foy, etc.

Comme je l'ai dit plus haut, j'ai visité les vignobles du Beaujolais, dont la culture ne diffère pas beaucoup de celle des vignobles de la Côte-d'Or, mais je n'ai pas encore eu occasion d'étudier celle des vignes dès bords du Rhône.

C'est dans ce département principalement, qui comprend les montagnes du Mont-d'Or, qu'on conserve les feuilles de la vigne dans des tonneaux remplis d'eau, pour servir de nourriture aux chèvres et aux cochons pendant l'hiver, pratique que je voudrais voir suivre par-tout où la vigne, à raison de sa vigueur, peut supporter la soustraction de ses feuilles immédiatement après la vendange ; car les vignerons sont généralement si malheureux, que toute âme sensible doit désirer l'amélioration de leur sort. Or, ce moyen, dirigé avec sagesse, peut puissamment y contribuer.

Pourquoi les vignerous de tous les vignobles, et sur-tout ceux de celui-ci, n'emploient-ils pas leurs chèvres au transport des terres qu'ils remontent en hiver, transport si pénible pour eux ? *Voyez* Chèvre (au Supplément).

On doit à M. Cochard, neveu de l'abbé Rozier et propriétaire à Côte-Rôtie, à sept lieues au sud de Lyon, l'exposition suivante de la culture de la vigne et de la fabrication du vin dans ce célèbre vignoble.

« Deux variétés seulement constituent les vignes de Côte-Rôtie, la *serine noire* et le *vionnier blanc*. Chaque année, à l'époque de la récolte, le vigneron marque les pieds dégénérés, les arrache pendant l'hiver, ou on les greffe en bec de flûte ; il marque aussi ceux qui doivent les remplacer. Chaque cep est échalassé avec du bois de châtaignier qu'on n'enlève point.

On taille après la vendange les vignes en terrain sec et les autres dans les premiers jours de mars. Un labour se donne après cette opération ; on bine en avril à la suite de l'ébourgeonnement ; on sarcle et on lie en juillet et en août.

» La vendange se retarde le plus possible , c'est-à-dire lorsque le grain commence à pourrir. On égrappe généralement, et quelques personnes écrasent le grain entre deux cylindres. La plus grande attention préside au décuvage et à la fermentation dans les tonneaux. On ouille pendant la première quinzaine tous les jours, deux fois par semaine pendant la seconde, et ensuite tous les mois.

» Ce vin se soutire huit jours après sa confection, se colle avant la fin du mois avec de la colle de poisson, se soutire et se colle ensuite deux ou trois autres fois en laissant écouler quinze à vingt jours d'intervalle et à chaque soutirage on mute le tonneau ; ce qui, dit-on, donne du corps au vin ; mais ce qui réellement ne sert qu'à retarder sa fermentation. Ce vin se conserve quinze à vingt ans. »

Les vignes du *département de la Loire* sont principalement situées dans l'arrondissement de Roanne ; il y en a cependant aussi dans ceux de Saint-Etienne et de Montbrisson. Leur ensemble couvre environ 13,000 hectares de terrain. Les meilleurs vins qu'elles fournissent sont ceux de Pelussin, de Boen, de Renaison, de Château-Grillet, de Saint-Michel. J'ai traversé ce département ; mais je n'en n'ai pas étudié les vignobles, et je ne connais pas un écrit qui les ait pour objet, en conséquence je n'en parlerai pas plus au long.

Il en est de même des *départemens de la Haute-Loire* et du *Cantal*, que j'ai parcourus comme naturaliste, mais non comme agriculteur, et qui offrent le premier 4000, et le second seulement 227 hectares cultivés en vignes. Leurs vins sont de très-médiocre qualité et se consomment dans le pays.

On cultive 22,000 hectares de vignes dans le *département du Puy-de-Dôme*, département que j'ai parcouru comme les précédens, mais dont je n'ai pas assez étudié la culture pour oser en parler ici. Les vins qu'elles donnent sont peu spiritueux et ne se gardent pas long-temps. Il en est, tels que ceux de Chanturgue, près Clermont ; de Châteldon, près Thiers, en rouge ; et ceux de Corent, de Chauriat, aussi près de Clermont, en blanc, qui sont légers et agréables, comme je le sais par expérience.

On fait à Lezoux un vin blanc qui, arrêté au milieu de sa fermentation , est extrêmement agréable à boire, mais qui aussi fait casser les bouteilles dans lesquelles on le met , ainsi que je ne le sais que trop.

Dans le *département de la Corrèze*, la vigne n'est pas aussi généralement cultivée que la nature du sol, la latitude et l'exposition semblent y convier, parce que les montagnes y sont fort élevées et que le raisin ne mûrit que dans les basses vallées; cependant on l'y cultive sur 19,000 hectares de terrain. On doit à M. Planchard de la Grèze un très-bon mémoire sur la culture du vignoble de Brivezac et autres voisins, dont j'ai extrait ce qui suit.

« Le sol est un gneiss souvent mêlé de roches de granit, qu'il faut détruire au moyen du pic et même de la poudre lorsqu'on veut faire de nouvelles plantations; mais d'ailleurs il est léger et propre à la vigne. On l'améliore rarement avec du fumier, mais bien par des transports de terreau.

» La plantation a lieu en fosses plus ou moins profondes, selon la nature de la terre, et espacées de 2 à 3 pieds, au moyen de crossettes prises sur des ceps vigoureux.

» Planter avec des marcottes bien enracinées avant la production du fruit, est très-coûteux, aussi emploie-t-on rarement ce moyen.

» Les variétés se mélangent, quoiqu'il fût beaucoup plus raisonnable, à raison de la différence de leur culture, de placer chaque variété à part.

» Les plants qu'on préfère dans l'ordre de leur bonté, combiné avec celui de leur abondante production, sont, en rouge, le magrot ou pied noir, le fromental, le bordelais, le meister ou gasteterre, le bru, le mancez, l'agrier gros, le vermeil, ou morot, ou lestrong; le picard, le pic-à-poule et le périgord : ces trois derniers donnent de mauvais vin; et en blanc, la petite blanque-donzelle ou blanquier rousseau, ou œil-de-perdrix; la grosse blanque-donzelle, le bécudel, le fumat blanc, le mancez blanc, le bouillant. »

De ces variétés, il n'y a que le mancez qui se trouve en rang dans les vignes du département de la Corrèze envoyées à la pépinière du Luxembourg; mais j'en connais deux ou trois autres provenant des départemens voisins.

« Le jeune plant se taille court, les trois premières années, pour lui faire pousser de plus vigoureux bourgeons, et favoriser d'autant l'allongement de ses racines; à la seconde, on commence à donner des échalas aux pieds les plus vigoureux, tous en ont à la quatrième. A cette quatrième année, on provigne pour regarnir les places vides, en ayant attention de conserver la régularité de la plantation.

» La taille de la vigne faite varie selon le terrain, selon la variété, selon l'âge du cep, même selon l'année précédente; aussi ne peut-on pas donner de règle générale pour la faire :

c'est à l'expérience seule qu'il appartient de la pratiquer convenablement ; mais personne n'ignore qu'elle doit être courte, dans les mauvais terrains, sur les variétés faibles, sur les très-vieux ceps, sur ceux qui ont beaucoup produit, qui ont souffert de la gelée, etc. ; c'est-à-dire qu'il faut favoriser la production du bois de préférence à celle des fruits toutes les fois qu'on craint que cette production n'énerve le plant.

» La hauteur des ceps est dans les bas, où la terre est plus substantielle, de 3 à 4 pieds, et de moitié dans les hauts.

» Ce sont les parties intermédiaires des vignes qui donnent le meilleur vin.

» La taille d'automne semble préférable ; cependant la crainte des gelées fait qu'on n'opère généralement qu'en mars. Ne faisant qu'une seule vendange, il faut de plus avancer la taille des ceps tardifs, tels que le mancez et l'agrier, et retarder celle des espèces précoces, telles que le bordelais, le fromental, le magrot, et de la plupart des variétés blanches.

» L'usage est de ne donner que deux binages aux vignes, l'un en avril ou mai, l'autre en juin ; car on a remarqué que lorsqu'on en donnait un troisième, ou on faisait sécher le raisin, la saison étant chaude, ou on retarde sa maturité, la saison étant froide. Je ne compte pas comme binage la remonte des terres qui a lieu pendant l'hiver.

» C'est avec un pic de 10 à 14 pouces de long, souvent pourvu d'une tête en marteau, qu'on défonce le terrain. On bine avec une houe fourchue à branches aplaties à leur extrémité. La houe pleine ne s'emploie que pour nettoyer les sentiers ou razes, la bêche sert pour faire les fosses à provins.

» Les vignes qui doivent être échalassées le sont immédiatement après le premier binage.

» Aussitôt que la fleur est passée, on procède à l'épamprement ou ébourgeonnement, en commençant par les vignes maigres, auxquelles on ne laisse que les bourgeons pourvus de grappes ou nécessaires aux tailles futures. Plus tard, on épointe, c'est-à-dire qu'on pince l'extrémité des bourgeons pour favoriser l'accroissement du fruit ; cependant il est rare qu'on épointe le mancez. Les produits, tant de l'ébourgeonnement que du pincement, se donnent aux bestiaux.

» C'est alors qu'on attache les bourgeons aux échalas.

» La récolte se fait le plus souvent en masse et se met tout entière dans une seule cuve ; quelquefois cependant on sépare les raisins blancs pour en faire du vin de cette couleur. On n'égrappe point, quoique l'exemple du voisinage prouve l'avantage de cette pratique. L'époque du décuvage est généralement fort retardée lorsqu'on fait du vin marchand, au grand détriment de la qualité du vin, parce que le commerce le veut très-coloré, et que cette qualité exclut la vinosité; mais il n'en est pas de même quand on se propose de le distiller, car alors on ne le laisse que quarante-huit heures dans la cuve.

» Les vins de Brivezac sont très-bons dans les années favorables et quand ils sont bien faits.

» Ceux d'Allassac, de Saillant sont encore plus estimés.

»Il se fabrique beaucoup d'eau-de-vie dans ce département. »

Le *département de la Haute-Vienne* cultivait jadis plus de vignes qu'on n'en voit en ce moment, son climat s'étant refroidi comme tous ceux des montagnes élevées. On n'y compte plus que 3,000 hectares de terre en cette sorte de culture; c'est dans l'arrondissement de Limoges, sur les coteaux de la Vienne qu'il y en a le plus. Je ne suis pas en état de décrire leur culture, et je ne trouve dans les livres aucun renseignement sur elle. Le vin qu'elles fournissent est au-dessous du médiocre et se consomme dans le pays.

En descendant dans le *département de la Dordogne*, on retrouve la culture de la vigne dans toute son importance, puisqu'elle y couvre 62,000 hectares de terre et qu'elle fournit à l'exportation les excellens vins de la terrasse de Picharmont, des Farcies, de Campréal, de Saint-Foy, de Montbasillac, de Saint-Nessan, de Sancy, etc., etc.; ceux plus communs sont consommés dans le pays ou convertis en eau-de-vie.

Je ne connais pas d'ouvrage qui traite de la culture des vignes de ce département, que je n'ai fait que traverser : ainsi je suis forcé de m'en tenir à ce peu de mots, quelque désir que j'aie de m'étendre davantage.

Les vignobles du *département de la Charente* sont presque de la contenance territoriale indiquée plus haut, mais la qualité de leurs vins est fort inférieure, quoique quelques-uns, comme ceux d'Asnières, de Saint-Genis, de Saint-Saturnin, et autres des environs d'Angoulême, ceux de Chassors et de Julienne dans les environs de Jarnac aient de la réputation. Presque tous ceux qui ne se consomment pas dans le pays sont convertis en l'excellente eau-de-vie connue sous le nom de Cognac, laquelle est l'objet d'un commerce de grande importance. C'est à la variété de raisin appelée la *folle-blanche*, variété qui se cultive à la pépinière du Luxembourg, qu'est due la supériorité de cette eau-de-vie, au dire des propriétaires et des négocians, et je ne doute pas de la réalité de ce fait.

Encore ici je voudrais entrer dans quelques détails sur la culture de ces vignes; mais je ne les ai visitées qu'en passant, et je ne connais pas d'ouvrage où elle soit décrite.

La disposition des vignes par rangées écartées et entre les-quelles on sème du blé, est usitée dans ce département et s'y appelle *planter à sangles*.

La culture de la vigne est encore plus importante dans le *département de la Charente-Inférieure*, puisqu'elle y occupe 90,000 hectares.

La qualité des vins de ces vignes diffère peu de celle des vins de la Charente. Presque tous ceux qui ne sont pas con-sommés dans le pays se transforment, dans les années ordi-naires, en eau-de-vie qui se vend sous le nom de Cognac, ayant à-peu-près la même qualité.

Je dois à M. Fleuriau de Bellevue une collection de feuilles de toutes les vignes cultivées dans ce département, qui doit me servir pour débrouiller la collection du Luxembourg, mais dont je ne puis faire usage ici.

Le *chauché rouge*, appelé pineau de Poitou, est la variété qui donne le meilleur vin ; il diffère du pineau de Bourgogne : ses feuilles sont très-lanugineuses en dessous.

La folle-blanche est la variété la plus généralement cultivée.

Dans ces vignobles, on laisse les bourgeons ramper sur la terre ; ce qui sans doute peut, lorsque les grappes ne sont pas trop ombrées, accélérer leur maturité ; mais ce qui leur fait contracter un goût de moisi, de pourri. On prétend que la fré-quence et la violence des vents ont déterminé l'adoption de cette culture ; mais n'est-il pas facile d'empêcher les effets de ces vents par une culture semblable à celle du Médoc, ou par celle préconisée par M. Cherrier ?

Dans l'île d'Oléron et sur la côte voisine, on engraisse beaucoup les vignes avec du varec et de la vase de mer; ce qui fait qu'elles produisent immensément; mais leur vin n'est pas buvable. Là on taille toujours fort long et on attache les sar-mens réservés, c'est-à-dire les astes, horizontalement aux ceps voisins; ce qui fait qu'il est presque impossible de passer dans les vignes pendant tout l'été. Ces vignes ainsi forcées en productions (on n'est pas content quand un journal ne donne que quatre à cinq tonneaux de vin) durent peu : on les re-nouvelle tous les vingt ans. Du reste, leur culture ne diffère pas essentiellement de celle des vignes des palus des environs de Bordeaux.

Je n'ai point, au reste, de renseignemens détaillés sur la culture de ces vignes.

Vignobles compris entre le 45ᵉ. et le 44ᵉ. degré de latitude.

Le *département des Hautes-Alpes* ne contient qu'environ

7,000 hectares de vignes. Le vin qu'elles produisent est généralement médiocre, cependant il est quelques cantons sur les coteaux de la Durance et auprès de Gap, qui en donnent d'agréable. La clarette de la Saulce, par exemple, est presque aussi bonne que celle de Die.

Il ne m'est pas parvenu de renseignemens sur le mode de culture de ces vignes, qu'il paraît cependant qu'on veut améliorer, en substituant aux variétés qui s'y trouvent, celles appelées *dufour* et *grand-tourrier*.

La culture de la vigne, dans le *département des Basses-Alpes*, n'embrasse pas plus de 5,400 hectares : celles qui fournissent le meilleur vin se trouvent dans le canton de Mées. Je n'ai point de renseignemens sur leur culture.

Les vignobles du *département de la Drôme* sont très-importans, non par leur étendue, qui n'est que d'environ 18,000 hectares, mais par la qualité des vins qu'ils fournissent. Faujas de Saint-Fonds avait entrepris sur eux un travail auquel il m'avait pour ainsi dire associé, puisque j'étais du dîner annuel où on discutait, le verre en main, la bonté comparative de douze d'entre eux et l'influence de l'âge sur cette bonté. Ce travail a été abandonné à la révolution.

Les plus connus de ces vins, dans l'ordre de l'estime qu'on en fait, sont ceux de Valence, et principalement de l'Hermitage, qui en fait partie, et ceux de Die, appelés clairette ou clarette.

Le vignoble de l'Hermitage provient de plant de Condrieux, qu'un hermite de cette ville planta autour de sa cellule.

Ces vins, outre leur agréable bouquet, leur excellent goût, ont l'avantage de se conserver long-temps.

Je ne connais pas la culture de ces vignes, dont, dit-on, les unes sont en hautains, les autres en treilles et les autres basses.

La quantité de vignes existantes dans le *département de Vaucluse*, 21,000 hectares, serait considérable, vu son peu d'étendue, si le mode de leur culture était le même que dans la Bourgogne, par exemple ; mais comme elles sont plantées en rangées assez éloignées pour que leurs intervalles soient cultivées en céréales ou autres articles, au moyen de la charrue, il faut réduire de beaucoup le nombre de ces hectares. Je n'ai point visité ce département, ainsi je ne puis point parler de la culture de ses vignes, culture qui paraît, d'après quelques indications, ne pas différer d'une manière remarquable, de celle des environs d'Aix et de Marseille.

Les vins de ce département sont presque tous de qualité supérieure. On distingue cependant parmi eux ceux de Coteau-Brûlé, de Chateauneuf, de la Nerthe, de Saint-Patrice, de Sorgues et de Beaumes, etc.

Les vins du *département de l'Ardèche* sont généralement médiocres, parce qu'on vise plus à la quantité qu'à la qualité, et qu'on est toujours pressé de les consommer. Cependant ceux des coteaux de Cornas, de Saint-Perai, de Falsmate, etc., en fournissent de fort agréables et par conséquent de très-recherchés.

Environ 16,000 hectares sont plantés en vignes dans ce département.

Je prends les notes suivantes, telles qu'il les a rédigées, dans des observations de M. Caffarelli sur la culture de ce département, à jamais célèbre en agriculture, parce qu'il a donné naissance à notre Olivier de Serres, dont le travail sur la vigne est aussi complet et aussi parfait que le cadre qu'il avait adopté pouvait le comporter ; j'invite, à la lire page 207 et suivante de la nouvelle édition imprimée chez Mme. Huzard.

« La vigne est plantée dans des fosses profondes, creusées avec le plus grand soin. On les garnit de buis ou de fumier. Souvent on plante sur deux rangs éloignés de 3 pieds, et ensuite il reste 10 et 15 pieds jusqu'aux deux autres rangs, ce qui forme ce qu'on appelle des *échants*. L'intervalle est labouré à la bêche ou à la pioche, et ensemencé en grains, en légumes, ou planté en pommes de terre : cette méthode donne aux terres un aspect très-agréable. La vigne est sarclée, bien nettoyée, taillée long, et largement fumée pour entretenir sa vigueur. On l'*arçonne*, c'est-à-dire que l'on conserve un long sarment, auquel on laisse une douzaine d'yeux pour le plier en rond. Dans quelques endroits, par exemple du côté de Tournon, la vigne est encore échalassée, et tenue avec beaucoup de soin. Par-tout elle est régulièrement provignée, pour la renouveler ; épamprée et ébourgeonnée, pour fournir à la nourriture des innombrables chèvres que les particuliers entretiennent, qu'ils soient ou qu'ils ne soient pas propriétaires.

» Les espèces de raisins sont extrêmement mélangées, sans qu'on fasse attention à la qualité, ni aux diverses époques où ils parviennent à maturité.

» Les vins se font sans méthode, sans aucune attention. Les raisins bons, médiocres, mauvais, pourris, sont mis pêle-mêle dans les cuves; on y entre sans cesse et on interrompt la fermentation. Ne serait-il pas étonnant, après cela, que le vin eût de la qualité ? Je parle en général, car il y a quelques localités, entre autres celles citées plus haut, où on agit d'après de bons principes. »

L'âpreté du climat du *département de la Lozère* ne permet

d'y cultiver la vigne que dans quelques expositions privilégiées, aussi n'y compte-t-on que 800 hectares de terres qui en soient plantés ; aussi le vin qu'elles donnent est-il de la plus basse qualité. J'ai traversé ce département, mais je n'ai pu y faire d'observations sur l'agriculture, vu que la neige en couvrait le sol.

On compte, dans le *département de l'Aveyron*, environ 20,000 hectares de vignes, mais le vin qu'elles donnent est de médiocre qualité, sent souvent le goût de terroir et ne se conserve pas. On le consomme dans le pays. Je n'ai point de notions sur la culture qu'on donne à ces vignes.

Le commerce de vins que fait le *département du Lot* est principalement fondé sur leur force et leur coloration, c'est-à-dire qu'ils sont exportés pour être mélangés avec les vins faibles. On en tire aussi de la bonne eau-de-vie. Ils sont fournis de 40,000 hectares de vignes, dont la culture ne m'est pas assez connue pour entreprendre de la décrire, quoique j'aie traversé ce département,

Les vignobles du *département de Tarn-et-Garonne* s'élèvent à environ 30,000 hectares, d'après M. Jullien. Ils fournissent des vins de fort bonne qualité, dont, après la consommation du pays prélevée, une partie est mêlée avec les vins faibles de la Gironde, et l'autre est transformée en eau-de-vie.

Je n'ai point de renseignemens sur la culture de ces vignobles, qui n'ont pas fait d'envois à la pépinière du Luxembourg ; mais il m'a paru en les traversant que cette culture ne différait pas de celle du département du Lot.

Ce que je viens de dire s'applique également aux vignes du *département de Lot-et-Garonne* qui comprennent 60,000 hectares de terrain.

Je ne suis jamais entré dans ce département, et je ne connais aucun auteur qui ait décrit la culture de ses vignes.

Le plus grand vignoble de France est celui du *département de la Gironde* qui occupe près de 100,000 hectares de terrain.

Qui ne connaît pas le vin qu'elles fournissent, puisqu'il s'exporte dans toutes les villes de France, dans toutes celles du monde civilisé ?

Dans les environs de Bordeaux, on distingue cinq vignobles principaux : les Graves, où on ne cultive que du raisin rouge, il est dans du gravier ; le Médoc, où on cultive aussi le rouge de préférence, il est aussi dans le gravier ; les côtes ou coteaux de l'Entre-deux-mers, où les rouges et les blancs sont confusément mêlés, c'est un sol calcaire ; enfin les Palus, où il y a également mélange : c'est une argile mêlée de sable, produit des anciennes alluvions des rivières. Dans tous ces vignobles, on est persuadé que le nombre des cépéages ou variétés de raisin concourt à améliorer la qualité du vin. On a soin seulement de planter les variétés hâtives dans les terrains froids, et les tardives dans les bonnes expositions, afin que la maturité arrive en même temps.

Le pied rouge, ou pied-de-perdrix, est un des cépéages les plus estimés dans les vignobles des environs de Bordeaux.

Il y a des cépéages qui donnent un mauvais vin dans certaines localités et du bon dans d'autres : par exemple, le pelnouille, qui est fort estimé seulement dans le bas Médoc ; le petit verdat, qui ne mûrit que dans les Palus ; la folle, qui ne réussit qu'à Bergerac, etc.

On nomme *vignes pleines* celles qui sont plantées en quinconce, et *joalles*, ou *joualles*, ou *jovalles* celles qui sont en lignes très-écartées : ces dernières donnent constamment du vin inférieur, à égalité de terrain et d'exposition, ce qui a également été observé ailleurs.

Dans ces vignobles, on regarde l'exposition voisine du nord, c'est-à-dire celle qui ressent les impressions du soleil, mais qui est la plus éloignée possible du midi, comme la meilleure, parce que les vents du nord dessèchent la terre, et que l'humidité y est le plus grand ennemi de la vigne.

Avant de planter une vigne, dans le Bordelais, on laboure la terre et on la divise en planches de cinq pieds de large par des rigoles plus ou moins profondes et destinées à l'écoulement des eaux.

Les crossettes ne sont pas d'usage dans les vignobles des environs de Bordeaux. Ce sont des boutures simples, appelées *artes* ou *flèches*, qu'on préfère pour la plantation. On choisit les plus grosses, dont les nœuds sont les plus rapprochés, et on les plante des deux côtés de chaque planche à 6 pieds de distance dans les Palus, à 4 pieds dans les Graves, et à 3 pieds dans le Médoc, où on laboure avec des bœufs. Un plantoir est le moyen employé pour mettre en terre les boutures, qu'on coupe à un ou deux yeux au-dessus de la surface de la terre.

Beaucoup de boutures sont en même temps plantées en pépinière, pour pouvoir suppléer, l'année suivante, à celles qui n'ont pas réussi dans les planches.

Quelques personnes préfèrent exécuter leurs plantations avec du plant enraciné de trois ans, qu'on appelle *barbeau*, et, dans ce cas, elles font des tranchées ; mais on observe que les avantages de cette méthode ne compensent pas l'augmentation de dépense à laquelle elle donne lieu.

Des labours fréquens sont donnés aux vignes nouvellement plantées. Plus elles en ont et plus elles prospèrent. Chaque année on taille, à un ou deux yeux, le plus fort des sarmens qui ont poussé et on fait sauter tous les autres.

Les hautains et même les treilles donnent beaucoup de vin; mais il est reconnu, aux environs de Bordeaux, que leur vin est inférieur à celui des vignes basses, c'est pourquoi ces dernières sont presque les seules qu'on plante aujourd'hui.

Lorsqu'une vigne offre des places vides, on les remplit successivement, et après avoir fumé le terrain, 1°. avec des boutures, 2°. avec du plant enraciné, 3°. en couchant les ceps voisins. Si le terrain est si épuisé qu'il ne puisse plus nourrir de nouveaux ceps, ou la vigne si vieille qu'elle ne se prête pas à ce dernier moyen, et que ses productions soient peu abondantes, alors on l'arrache, et on cultive pendant quelques années à sa place, ou des céréales, ou du fourrage, ou des légumes, ou, mieux, successivement tous ces objets.

Les provins sont laissés deux ans attachés à leur mère, après quoi on les en sépare en les coupant; ils donnent du raisin la première année, et ensuite n'en donnent plus que la quatrième. *Voyez* Bouture et Courbure des Branches.

Dans les terres fortes, on provigne les sarmens; dans les légères, on les couche en entier.

Tous les quatre ou cinq ans, on déchausse la vigne pour la *débarber*, c'est-à-dire pour couper les petites racines qui tracent à la superficie du terrain, et on profite ordinairement de cette opération pour la *terreauter* ou fumer.

Les gelées nuisent aujourd'hui beaucoup plus à la vigne qu'autrefois.

On prévient les effets de ces gelées en ne taillant que lorsque les boutons s'ouvrent; souvent par ce moyen on retarde leur pousse, mais aussi on empêche le raisin d'arriver à toute sa maturité, et on énerve les souches.

La coulure a toujours lieu par les vents du nord-ouest. Les vignes les plus vigoureuses y sont les moins exposées.

On était autrefois persuadé, dans les vignobles des environs de Bordeaux, qu'on ne pouvait trop souvent labourer les vignes pour les entretenir dans un état satisfaisant de fertilité, et qu'il fallait ne leur donner du fumier qu'à la dernière extrémité. Aujourd'hui l'augmentation du prix de la main d'œuvre a amené une conduite diamétralement opposée, au grand détriment de la qualité du vin. Les vignobles de Lanion, autrefois réputés, sont tombés par suite de l'excès avec lequel on les a fumés. Les marchands ne cessent de se plaindre aux propriétaires des autres vignobles que chaque année leurs vins se dégradent, et ils ne tiennent compte de leurs remarques. On peut donc craindre une diminution dans l'important commerce d'exportation de ces vins, si on continue d'agir de même, car les consommateurs étrangers iront là où se trouvera la meilleure qualité. Ceux à qui on reproche d'exagérer ainsi les engrais se défendent en disant que le fumier ne détériore le vin que pendant deux ou trois ans, et qu'après il reprend sa bonne qualité. Cela est vrai jusqu'à un certain point; mais une fois l'opinion formée en sens contraire, elle ne revient point facilement, et d'ailleurs quand on a osé mettre une fois du fumier dans sa vigne, on ne craint plus de continuer à en mettre toutes les fois qu'on remarque une diminution dans les produits.

Les vignerons qui ont de la marne sous leur main la mélangent avec du fumier, et portent le tout dans leurs vignes un an après. Ils prétendent, avec quelque fondement, que cet engrais ne nuit pas autant à la qualité du vin que le fumier pur et non consommé. *Voyez* MARNE et CHAUX.

Une manière très-avantageuse de rendre la fertilité aux vignobles épuisés est de les terrer, c'est-à-dire d'y transporter des terres prises dans les champs ou autres lieux où il n'y a jamais eu de vignes. La dépense met seule obstacle à ce que ce procédé soit aussi étendu qu'il mérite de l'être. Autant que possible on doit apporter une terre d'une nature différente de celle qui fait le fonds du vignoble : par exemple, de l'argile dans les Graves et le Médoc; du sable dans les Palus et dans l'Entre-deux-mers. Dans ces deux dernières localités, quelques particuliers ont trouvé un grand avantage à écobuer une partie de la surface de la terre de leurs vignes; mais ils n'ont pas par cela augmenté ses principes fertilisans, comme ils l'ont cru, ils n'ont fait que l'amender en rendant plus dominantes les parties légères, et en calcinant les fragmens de la pierre calcaire. *Voyez* ECOBUAGE et CHAUX.

La première opération qu'on fasse dans les vignes après les vendanges, c'est d'ôter les échalas et d'ébarber, c'est-à-dire de couper l'extrémité des sarmens pour les employer, avec les feuilles qui s'y trouvent, à la nourriture des bestiaux; après quoi on les déchausse, façon qui consiste à découvrir le pied de chaque cep en faisant une espèce de fosse tout autour, et à couper avec une serpette les racines superficielles qui auraient pu naître dans le courant de l'année. On laisse ainsi le collet des racines à l'air pendant un certain temps; mais il faut les recouvrir avant les fortes gelées, qui pourraient les endommager. C'est ordinairement en les recouvrant qu'on fume les vignes, et cela en mettant un petit panier de fumier au pied de chaque cep qu'on juge en avoir besoin, par la faiblesse de ses pousses précédentes; car rarement on les fume en entier. C'est encore alors qu'on provigne et qu'on commence la taille.

Les différens cantons du Bordelais diffèrent cependant d'opinion sur l'époque où il faut tailler, plusieurs, tels que Sainte-Foi, Bergerac, etc., pensant qu'il est mieux de tailler après qu'avant l'hiver.

Les vignes taillées en automne sont plus exposées aux fortes gelées de l'hiver, et comme les cépéages qui ont beaucoup de moelle, principalement parmi les blancs, les craignent plus que les autres, il serait bon de tailler à différentes époques les uns et les autres.

On nomme *côte* la partie des sarmens qu'on conserve lorsqu'ils n'ont que deux ou trois boutons; si elle en a davantage, c'est un *tiran*; lorqu'elle est longue et courbée en un seul sens, c'est un *arte*, et à plusieurs sens un *tirette*.

Il faut toujours tailler le plus bas qu'il est possible, eu égard aux différentes variétés, excepté pour les hautains ou les treilles. On ne laisse généralement qu'un courson à deux yeux; cependant les variétés vigoureuses par leur nature peuvent supporter une et même deux flèches (sautelles) qui augmenteront leur produit.

Un des principaux objets de la taille après ceux-ci, c'est d'occasionner la sortie de nouveaux bourgeons au-dessous des anciens, afin de pouvoir supprimer ces derniers, et de tenir toujours la souche basse.

Lorsque les vignes sont si basses que les raisins traînent à terre, on aime mieux faire un trou pour les en éloigner, que de relever le cep, parce qu'on est persuadé que plus ils sont près de terre et meilleur est le vin.

Ce que je dis s'applique aux vignes de l'Entre-deux mers; car dans les Palus ce sont des vignes hautes, et dans les Graves des vignes moyennes. Je parlerai plus bas particulièrement de la culture spéciale de ces trois sortes de vignes.

Dans les Palus donc, dont les terres sont très-fertiles, on ne pourrait pas tenir les vignes aussi basses que dans le Médoc et dans l'Entre-deux-mers, leur nature y résiste, mais on les empêche de monter trop haut ; les trois, quatre ou cinq sarmens réservés sont taillés à douze, quinze et vingt yeux et palissés sur des échalas parallèlement au terrain. Cette disposition est nommée *taille en crucifix*.

Dans les Graves, qui sont moins fertiles que les Palus, on ne laisse monter les ceps qu'à un pied, et on ne laisse que deux ou trois astes chargés de dix à douze yeux, astes qu'on n'étend pas dans toute leur longueur, mais qu'on recourbe en cercle, et qu'on attache à des échalas. Chaque aste exige un échalas, mais on n'en met au cep dont ils sortent, qu'autant qu'il ne se soutiendrait pas de lui-même. Souvent la disposition de ces astes rend leur placement difficile, et on est obligé par cette cause d'en sacrifier d'excellens, pour tailler sur ceux de convenance inférieure.

Toutes les vignes qui produisent des vins de basse qualité sont échalassées.

On emploie pour échalas les jeunes pousses du saule blanc, du saule-marsault, du pin maritime, du châtaignier, de l'acacia et quelquefois du chêne : c'est l'*œuvre* quand ils sont de tiges refendues, c'est le *carasson* lorsqu'ils n'ont qu'un mètre et la *carassonne* lorsqu'ils sont plus grands.

Dans l'Entre-deux-mers, il y a beaucoup de vignes basses qu'on cultive sans échalas, et qu'on taille à deux ou trois yeux. Leurs bourgeons sont exposés à ramper, ce qui prive les raisins de l'influence des rayons du soleil, et rend le vin de médiocre qualité. C'est la variété appelée la folle qui domine dans ces vignobles, qui fournit les excellens vins de Castres, de Langon, de Sauterne, de Barzac, etc. Ces vignes s'appellent *vignes pleines*, parce que tout le terrain en est couvert.

C'est cette folle qui fait l'excellent vin de Bergerac ; mais là on taille encore plus court, et on y a beaucoup plus de soin des vignes que dans l'Entre-deux-mers, dont le terrain m'a paru fort peu fertile.

La culture dans le vignoble de Saint-Emilion, qui fournit un vin si rapproché de celui de Bourgogne, ne diffère pas de celle de l'Entre-deux-mers, ainsi que j'ai pu m'en assurer sur les lieux, y ayant fait vendange chez la veuve de mon éloquent et malheureux ami Guadet.

Ainsi que je l'ai déjà dit, on appelle, dans le Bordelais, *vignes en jovale* celles qui sont plantées sur deux, trois ou quatre rangées rapprochées, et qui laissent ensuite de grands espaces vides qu'on cultive en céréales et autres productions, et qu'on laboure avec des bœufs. Ces vignes sont toujours en sol maigre : ayant plus d'espace pour aller chercher leur nourriture, elles produisent beaucoup et durent long-temps. Leur taille rentre dans celles dont il vient d'être parlé.

Il n'y a pas très-long-temps qu'on greffe les vignes dans le Bordelais, et encore le fait-on rarement aujourd'hui hors le cas de substituer une variété à une autre. C'est en fendant la souche rez-terre, ou à la base du sarment de l'année précédente, qu'on y procède ordinairement. On s'est aussi imaginé de greffer sur racine, et on s'en est si bien trouvé, que dans beaucoup de lieux on ne greffe plus autrement.

M. Vignes, à qui on doit un très-bon mémoire sur la culture des vignes de Bordeaux, me fournit le reste de l'article qui les concerne.

Culture des vignes rouges et des vignes basses du Médoc.

Ces vignes, que je n'ai fait qu'entrevoir à Pauillac, sont plantées dans un sol caillouteux, mêlé d'un peu de terre, ou siliceuse, ou calcaire, ou très-rarement alumineuse ; on trouve, à peu de profondeur, une pierre ferrugineuse appelée *alios*.

Les vignobles sont généralement placés sur des pentes douces, sans fosses, haies ni arbres.

Les ceps sont plantés à la barre, en quinconce, espacés de 2 à 3 pieds, et rigoureusement alignés ; on les tient extrêmement bas (9 à 12 pouces), pour que les grappes se trouvent plus rapprochées des cailloux qui, par la réverbération de la chaleur que le soleil y a accumulée, hâtent leur maturité. On peut dire que la qualité du vin est en raison inverse de la hauteur du cep. Ils ont tous deux bras inclinés, auxquels on laisse de deux à huit boutons. Le tout est assujetti avec des carassons garnis d'un rang de traverses qu'on nomme *lattes*, de sorte que chaque rang forme un contr'espalier aussi long que la pièce.

Ces vignes sont travaillées à l'araire, les bœufs passent chacun dans un sillon.

A la première façon, on déchausse les ceps, et le peu de terre que la charrue a laissée dans leur entre deux est enlevé à la houe : alors ils sont au fond du sillon.

Au mois d'avril, on rechausse les ceps, et alors ils sont au haut du sillon.

Les troisième et quatrième façons se donnent dans les mois de mai, juin et juillet ; elles sont précédées par le levage, qui consiste à assujettir les pampres contre les lattes, pour que les bœufs puissent passer, et elles ne diffèrent des précédentes qu'en ce qu'il faut ramasser le chiendent, qui est toujours abondant.

On épampre avec précaution pour empêcher que le raisin ne grille.

Les vendanges commencent vers la mi-septembre, c'est-à-dire quinze jours ou trois semaines avant le reste du département.

On égrappe une plus ou moins grande quantité, selon le plus ou moins de maturité.

Les quatre variétés les plus estimées sont : le *carmenot sauvignon*, le *petit verdot*, le *manim* et le *malbec*.

Les autres fournissent davantage de vin, mais de moins bon, ce sont le *carmenot*, la *carmenegre*, l'*embalouzat*, le *parde* ou *œil-de-perdrix*, le *pele-avnille*. Ce dernier est le plus mauvais.

D'après M. Duperier, qui est propriétaire, on cultive presque exclusivement le *cabernet* dans le Médoc, et il paraît que c'est à lui qu'est due la supériorité des vins qui s'y récoltent ; cependant, selon lui, d'un côté, des expériences ont prouvé que des variétés étrangères, même celles tirées des Palus, où elles donnent un vin si grossier, s'y sont considérablement améliorées ; d'un autre côté, le cabernet, transporté ailleurs, n'a fourni qu'un vin sans bouquet, et par conséquent très-inférieur à celui du Médoc.

Le produit moyen de ces vignes est d'environ six barriques par arpent métrique.

Les frais de culture sont extrêmement chers, ils s'élèvent, non compris les barriques, à 400 francs par arpent.

Vignes des Graves de Bordeaux.

La dénomination indique la nature du sol : les vignes y sont plantées en plein et à petites fosses ; les ceps, à la distance de 3 à 4 pieds, sont placés irrégulièrement sur des billons de 4 à 6 mètres de large.

Au moyen des retours, on les maintient à la hauteur de 2 pieds, et on leur laisse un nombre de bras relatifs à leur force (2 à 4). Tous ces bras sont chargés d'astes lorsque les ceps sont vigoureux : on ne leur laisse que des cots lorsqu'ils sont faibles.

On garnit les vignes avec l'œuvre (échalas) du pin ou du saule.

La vigne se travaille avec une houe longue, large et mince, que sa douille extrêmement recourbée rend presque parallèle à la partie inférieure du manche.

Les variétés de raisins sont plus agréables au goût que ceux du Médoc. Les principales rouges sont la grande ou la petite *vuidure*, la *vuidure sauvignone*, l'*estrangey*, l'*eurageat noir*.

Les vins de Graves ont beaucoup moins de bouquet que ceux de Médoc, mais ils ont plus de corps ; ils ont quelque rapport avec ceux de Bourgogne.

Leur produit moyen est de 12 barriques par arpent métrique.

Leurs frais de culture s'élèvent à environ 250 francs par hectare.

Vignes moyennes des côtes.

Ce sont les vignes de la rive droite de la Garonne, depuis Saint-Macaire jusqu'à Bassens.

Le sol est un mélange de silice, d'argile et de terre calcaire, reposant sur une roche calcaire.

Les plaines du haut sont plantées en joualles, les coteaux en plein.

Les joualles sont à deux rangs, après lesquels il y a un vide de 6 pieds ; les ceps sont écartés de 3 à 4 pieds.

Dans les terres argileuses, on plante à la grande fosse, dans les graveleuses à la barre.

On ne laisse pas monter les ceps au-delà de 2 pieds, et on les échalasse indifféremment avec de l'œuvre ou de la carassonne, et à la taille on leur donne un ou deux astes et autant de cots, suivant leur force.

Ces vignes se travaillent profondément avec une longue houe à fer triangulaire. On leur donne deux façons tous les ans, et à tour de rôle un troisième, qu'on appelle accolage et qui consiste à creuser très-profondément les sillons et à en rejeter la terre contre les ceps.

On lève et on effeuille comme dans les Graves.

Quoique les côtes soient dans une meilleure exposition que les Graves, le raisin n'y mûrit pas aussitôt. On y prolonge trop la vendange, et on s'y attache presque uniquement à faire du vin qui ait beaucoup de couleur; en conséquence on le laisse cuver long-temps : on fait de la piquette avec les marcs.

Les vins de côtes n'ont pas de *sève*, sont peu délicats; mais ils ont du corps et sont *droits de goût*.

Le produit moyen des vignes est de 15 barriques par arpent, et les frais de culture vont à environ 200 francs.

On remonte les terres à dos de mulet.

Des vignes rouges hautes de Saint-Macaire.

Ces vignes, situées dans les plaines basses des environs de Saint-Macaire, sont remarquables par leur grand produit.

Elles sont en joualles, d'un, deux et trois rangs, après lesquels il y a un intervalle de 5 à 10 pieds cultivé en céréales ou légumineuses. Elles sont plantées à la barre et les ceps sont espacés de 3 à 4 pieds.

On tient les ceps à 3 à 4 pieds de hauteur, et ils sont soutenus par de forts échalas de 7 à 8 pieds.

A la taille, on laisse plusieurs cots et astes, et aux ceps vigoureux des *tirettes* de 9 à 15 pieds de longueur, qui vont s'attacher à des échalas plantés dans les espaces vides, en sorte qu'ils se chargent d'une prodigieuse quantité de raisins.

Pour ne pas épuiser les ceps, on alterne les tirettes tous les ans.

On lève et on épampre comme à l'ordinaire.

On donne trois façons à la bêche.

Les vendanges se font comme sur les côtes.

Les raisins se portent de suite dans la cuve, et lorsque la fermentation a cessé, on tire le vin pour fouler les marcs; après quoi, on remet le vin, qui fermente de nouveau. Ces opérations durent quinze jours ou trois semaines.

Les marcs sont pressés.

Les vins de Saint-Macaire sont extrêmement couverts, mais plats; ils ne peuvent supporter les longs voyages sur mer.

L'arpent donne jusqu'à 28 barriques de vin.

Les frais de culture s'élèvent à 150 francs par arpent.

Les variétés de cépéages sont connues sous les noms de *mancin*, *grapus*, *pardotte* et *mousouzere*.

Vignes hautes des Palus.

On nomme palus les alluvions, les terres souvent submergées des bords des rivières, mais garanties par des digues appelées porcintes.

Les vignes y sont disposées en quinconce et les ceps placés à 6 pieds les uns des autres.

On plante à petites fosses et avec des barbeaux de plants enracinés : la végétation y est prodigieuse.

Au moyen des retans, on maintient les ceps à la hauteur d 3 pieds ; on donne à chacun trois bras : un est perpendiculaire et les autres deux inclinés; on laisse à chacun deux bourgeons à sept à huit boutons chacun : le tout est assujetti par de grands et forts échalas.

On travaille avec une houe de la forme de celle des Graves, mais plus forte ; on donne trois façons peu profondes.

L'élévation des vignes des Palus et la force de leur végétation ne permettant pas de les lever, on les tond avec le croissant comme les charmilles.

La vendange se fait vers le 10 octobre, et on laisse cuver le vin pendant quinze jours.

On presse les marcs pour en faire de la piquette.

Les vins des Palus ont beaucoup de corps et de couleur; ils s'améliorent beaucoup sur mer. On les emploie quelquefois pour couper le médoc et le graves.

Le produit moyen de ces vignes est de 18 ou 20 barriques par arpent, qui coûtent de frais de culture 250 francs.

Les vignes des Palus craignent peu la coulure; mais elles sont fort sujettes à être gelées au printemps.

Les principales variétés qu'on y cultive sont le *verdot*, le *balouzet*, le *mancein*.

Des vignes blanches.

C'est dans la manière de tailler et de faire le vin que la culture des vignes blanches diffère essentiellement de celle des vignes rouges.

Dans la majeure partie des différentes qualités de terre, on taille à cots la plupart des espèces de vignes blanches.

La fermentation ne s'exécute pas dans des cuves sur la grappe, mais dans des tonneaux après le foulage et le pressurage immédiat de ces grappes.

Des vignes basses de la Brède.

Le sol est généralemeni siliceux et repose sur l'ALIOS.

La majeure partie des vignes est en joualles, à deux rangs sur quatre sillons vides cultivés en céréales ou légumineuses. Elles sont plantées à petites fosses et quelquefois à la barre. Leurs ceps ont 2 pieds de haut, sont écartés de 3 à 4 pieds, et soutenus par des carassons non réunis par des lattes.

Du reste, leur culture ne diffère pas de celle du Médoc.

On vendange vers la fin de septembre ; le vin est agréable, mais faible ; les vignes les plus hautes, au contraire, du Médoc, donnent le meilleur vin.

Les variétés qu'on y cultive le plus communément sont l'*enrageat* ou *folle*, le *prunéla*, le *sémillon*, le *blanc verdet* et le *sauvignon*.

Vignes blanches moyennes de Graves.

Leur culture est la même que celle des vignes rouges, à la taille près.

La qualité du vin est d'être sèche et légère.

Les principales variétés sont le *sémillon*, la *muscadelle*, le *prunéla*, le *blanc verdet* et la *folle*.

Vignes blanches moyennes des côtes.

Même terrain, même culture que pour les vins rouges.

On ne vendange que lorsque le raisin est parvenu à un excès de maturité qui fait qu'il semble pourri, ce qui nécessite trois ou quatre tris ou ceuillettes différentes : il en résulte que les vins sont extrêmement doux.

Les variétés les plus communément cultivées sont le *blanc auba*, le *sémillon*, le *sauvignon*, la *blanquette*, la *chalosse*, la *malvoisie*, la *cosse musquette* ou *muscadelle*.

Des vignes blanches hautes de Barzac et de Preignac.

Le sol, généralement siliceux, repose sur une roche calcaire.

Les vignes sont en joualles, le plus ordinairement de deux rangs de vignes et de quatre sillons vides.

Les ceps sont écartés d'environ 3 pieds, et sont maintenus à la hauteur de 3 à 4. On leur laisse plusieurs bras, qui poussent des bourgeons extrêmement longs ; ce qui nécessite des échalas de 12 à 15 pieds de haut.

La vendange se fait de la même manière que sur les côtes, mais avec plus de soin ; on y cultive les mêmes variétés. Les vins, également très-doux dans leur primeur, deviennent secs en vieillissant.

Les vins de Bordeaux rouges de la première classe sont ceux

de Lafitte, de Latour, de Château-Margaux, provenant du Médoc, et ceux du haut Brion, dans les Graves.

Ceux de Saint-Emilion, qui se rapprochent tant des vins de Bourgogne, que j'y ai été plusieurs fois trompé, quoique je connaisse bien ces derniers, qui ont été ma boisson pendant tant d'années, ne sont placés qu'à la quatrième classe.

Quéries est le seul canton des Palus qui fournisse des vins recherchés.

Les vins de Bordeaux blancs proviennent et des Graves et de la rive gauche de la Garonne, c'est-à-dire de Sauterne, de Barzac, de Preignac et de Langon. Là, le raisin n'est employé que lorsqu'il est arrivé à un excès de maturité. Les soins les plus minutieux sont pris pour la vendange ainsi que pour les opérations qui la suivent.

Aussi, quelque cher que se vendent ces vins, ils paient rarement leurs frais, ainsi que me l'a plusieurs fois attesté mon malheureux ami Gensonné, propriétaire dans ces derniers vignobles.

Tous les vins communs, appelés de Bordeaux, sont composés par le mélange de ceux du pays avec ceux de Bergerac, de Clairac, d'Auch, etc. : c'est pourquoi ils se ressemblent tous. Long-temps je les ai repoussés, même à Bordeaux, parce qu'ils n'avaient pas le caractère propre aux véritables vins, la chaleur, la vinosité ; mais aujourd'hui j'y suis accoutumé.

On fabrique aussi beaucoup d'eaux-de-vie dans le département de la Gironde.

La ville de Bordeaux est le centre d'un immense commerce en vins et en eaux-de-vie, nulle autre ville du monde ne peut entrer en rivalité avec elle à cet égard.

Dans le *département des Landes*, il se cultive 19,000 hectares de vignes ; mais, excepté quelques petites parties des environs de Saint-Sever, du Morancin, le long de la mer et de la Chalosse, de l'autre côté de l'Adour, qui en produisent d'assez agréables, il n'en sort que des vins communs.

C'est en hautains qu'elles sont cultivées en majorité. Je manque de renseignemens sur ce qui les concerne.

Les vignes du *département du Var* couvrent 40,000 hectares, leur culture ne m'est pas connue ; cependant il m'a été assuré qu'elle différait peu de celle pratiquée dans le département des Bouches-du-Rhône. Les vins de la Gaude, de Saint-Laurent, de Cagnes, près Antibes ; ceux de la Malgue, près Toulon, sont les meilleurs que fournissent ces vignes.

On fabrique passablement d'eau-de-vie avec les vins communs du département du Var.

On compte 45,000 hectares de vignes, d'après M. Jullien, dans le *département de Vaucluse*, lesquelles fournissent des vins de première qualité, dont les plus communs sont en rouge; ceux de Côteau-Brûlé, près Avignon; de Château-Neuf-du-Pape, près Orange; de la Nerthe et de Saint-Patrice; et en muscats, ceux de Beaumes, près Carpentras.

Les variétés qui s'y trouvent sont à-peu-près les mêmes que celles du département des Bouches-du-Rhône, et leur culture diffère fort peu de celle usitée dans le même département.

Il se cultive 26,500 hectares de vignes dans le *département des Bouches-du-Rhône*. Les vins ordinaires qu'ils fournissent ont peu de valeur; mais les muscats rouges et blancs de Cassis, de la Ciotat et de Roquevaire, près Marseille; ceux de Barbantane et de Saint-Laurens, près de Tarascon, jouissent d'une grande célébrité. Il en est de même des vins cuits des deux premiers de ces lieux, sur-tout d'Aubagne.

Je tire la plus grande partie des faits relatifs à la culture des vignes dans le département des Bouches-du-Rhône, d'un mémoire de M. Antoine David, imprimé en 1772.

« Le territoire de la ville d'Aix n'en donne que de mauvais, parce que les propriétaires tendent plutôt à la quantité qu'à la qualité. Par-tout le même effet a lieu par la même cause.

» Toute la côte de la mer fournit du vin qui souffre le transport. Il est exclusivement fait avec des raisins rouges, dont les principales variétés sont,

» Le MANOSQUEN OU TÉOULIER, dont le grain est noir, rond, dont la peau est coriace, le suc noir et agréable. On croit qu'il provient du pineau de Bourgogne.

» L'UNI NOIR, dont la grappe est longue, le grain rare, d'un noir rougeâtre et âpre au goût.

» L'OLIVETTE NOIRE, dont le grain est oblong, d'un rouge noir et la saveur douce.

» Ces trois variétés sont précoces, demandent l'exposition méridionale et le sommet des coteaux. Elles craignent beaucoup les gelées du printemps.

» Le PLANT D'ARLES, dont le grain est ovale, noir et d'une saveur douce.

» Le BRUN FOURCAT, dont le grain est gros, rond, noir, la peau assez dure et le suc doux.

» Le PETIT BRUN, dont la grappe est très-petite, le grain également très-petit et rond, noir et d'une saveur très-agréable.

» Ces trois dernières variétés sont moins précoces et se plantent à mi-côte.

» Le CATALAN : le grain est presque rond, noir, et la peau est molle.

» Le MOURVÈBRE : son grain est noir, rond, la peau est molle et la saveur peu agréable.

» L**e bouteillan**, dont le grain est gros , d'un noir rougeâtre et légèrement acerbe.

» L'**uni rouge** : la grappe est fort longue , le grain roussâtre et le suc très-doux.

» Ces quatre dernières sont très-tardives et se placent dans la plaine.

» Parmi ces plantes, le manosquen, l'uni noir, l'olivette noire, le plant d'Arles , le petit brun et le catalan ne se trouvent pas à la pépinière du Luxembourg ; et dans cette pépinière se voient de plus , l'olivette blanche , la panse commune. (C'est cette variété à grain ovale, très-gros, et à peau très-épaisse, dont on conserve les grappes jusque bien après l'hiver.) La panse muscade (semblable à la précédente , mais musquée et des plus agréables au goût); le muscat blanc , le plant de demoiselle , le plant salé , le plant de Languedoc , le plant pascal , la clairette , l'uni blanc, l'esparguins, le barbaroux , le figanière , le damagne et le monastère.

» Le brun fourcat est la variété qui a été reconnue comme donnant le vin le plus susceptible d'être transporté par mer. Le vin de mourvèbre est fort estimé.

» A Marseille, selon M. Delyle Saint-Martin , on a reconnu que les variétés les meilleures pour faire de bon vin et des vins de conserve, sont l'*uni,* le *brun fourcat* et le *mourvèbre.* Le premier lui donne du piquant , le second le bouquet, le troisième le corps , et tous les trois beaucoup d'esprit.

» Le choix des plants, dit M. Antoine David , est le premier objet qu'on doive avoir en vue lorsqu'on veut faire du vin généreux. Les auteurs, tels que Garidel et Quiqueran , sont d'accord sur ce point. Chaque espèce , foulée séparément, produit un vin particulier. Le vin blanc de Cassis est fait en grande partie avec l'uni blanc ; le vin blanc de Riez, avec l'aubier. Dans chaque canton il y a toujours une espèce de raisin qui domine dans le vin qu'on y fait , et qui en détermine le bouquet.

» Le manosquen doit être mis en grande quantité dans les plantations des coteaux ; le brun fourcat dominera dans leur partie moyenne. Dans la plaine, l'association du catalan, du mourvèbre , du bouteillan, de l'uni rouge, est en quelque façon indispensable , parce que le goût propre aux deux premières de ces variétés, répugne à beaucoup de personnes. Le bouteillan rendra le vin plus délicat, et l'uni rouge lui donnera plus de montant : en conséquence on plantera toujours un tiers de plus de chacun de ces deux derniers lorsqu'on voudra avoir un vin d'excellente qualité.

» Les raisins noirs et les raisins blancs, dans quelque nature de sol et à quelque exposition qu'ils se trouvent , ne mûrissent pas ensemble : aussi ces derniers n'entrent-ils pas sitôt en fermentation, exigent un cuvage plus prolongé, et les vins qui en proviennent prennent le goût de la grappe, sont souvent peu *couverts* et toujours sans bouquet.

» La vigne doit être alignée du levant au couchant plutôt que du midi au nord, parce que dans cette position le soleil en plein midi, la frappant dans toute son étendue, détermine la plus prompte maturité des raisins, et qu'enfilant le matin ses intervalles, elle est moins dans le cas des atteintes de la Brulure. *Voyez* ce mot.

» On ne plante guère en vigne, en Provence, que les terrains les plus légers et les plus brûlans, tous ceux qui peuvent rapporter des céréales, et ce sont les moins communs, devant être réservés pour le blé.

» Une plantation nouvelle est toujours précédée d'un défoncement du sol à un pied au moins.

» On ne multiplie la vigne en Provence qu'au moyen des crossettes; il ne faut pas les enterrer de plus de 8 pouces, et laisser seulement deux yeux hors de terre. La distance entre chaque plant sera d'autant plus grande que le terrain sera plus mauvais.

» Une année après la plantation de la vigne, on déchausse chaque cep et on le ravale (Recèpe, *voyez* ce mot) à 3 ou 4 pouces au-dessous de la surface du terrain.

» Chaque cep ravalé se trouve au centre d'une petite fosse, et par là est plus exposé à être frappé par les gelées du printemps. Il reste dans cet état jusqu'à ce qu'on ait comblé la fosse par le second labour.

» Le déchaussement s'exécute toutes les années, et toutes les années on a les mêmes craintes, jusqu'à ce que, par l'effet des tailles, le courson soit hors de terre, c'est-à-dire pendant cinq à six ans au moins. De plus, les déviations de sève, qui ont lieu à chaque taille, favorisent la production des racines superficielles, qui sont essentiellement nuisibles à la vigne.

» Aussi, beaucoup de vignerons, pour aller plus vite et pour faire cesser les retards toujours renaissans par l'effet des gelées du printemps, taillent-ils sur un long courson; ce qui produit des ceps faibles et peu garnis de fruits. »

Les inconvéniens de la manière de traiter les vignes nouvellement plantées ont fixé les regards de M. Antoine David, et pour éclairer les propriétaires sur leurs vrais intérêts, il a rédigé le projet suivant, qui est exactement conforme aux principes, et qui a donné dans la pratique les résultats les plus satisfaisans.

« La vigne plantée et reprise, on lui donne deux ou trois binages par an; mais on la laisse pousser deux feuilles sans la tailler, c'est-à-dire qu'on ne la taille qu'à la troisième année.

» Lors de la première taille, qui se fait vers la fin du mois de février, on ne laisse qu'un courson au cep : c'est ordinairement le plus fort et le plus vigoureux, n'importe par lequel des deux yeux il ait été produit. On le taille à deux yeux, s'il est assez fort, ou bien à un œil et son œilleton, s'il est encore faible, et on supprime tout le reste.

» Au mois de mai suivant, on ébourgeonne exactement le cep, et on ne conserve que les bourgeons qui ont poussé des yeux du courson. Vers la fin du mois de juin, on pince les bourgeons qui s'emportent.

» Lors de la deuxième taille, on continue de tailler sur un courson les ceps qui sont encore faibles ; mais on doit donner deux coursons à ceux qui ont poussé vigoureusement.

» Lors de la troisième taille, il convient de donner deux coursons aux ceps qui n'en avaient qu'un, et on doit monter sur trois coursons ceux qui en avaient reçu deux à la seconde taille, en supposant qu'ils auront poussé des bourgeons assez forts, et placés de façon que les trois coursons soient disposés en triangle équilatéral ; sinon on continuera de les tailler sur le même nombre de coursons, jusqu'à ce qu'il s'en présente trois bien placés.

» Le raisin produit après la troisième taille ne touche point à la terre, la hauteur des ceps est alors uniforme. Lorsqu'il est besoin de les provigner, on les incline facilement et sans risque.

» Ces trois coursons sont le principe des trois bras que la vigne doit avoir pour être exactement dans sa forme, en état de grand produit, et propre à donner du vin dont la bonne qualité ira toujours en augmentant. Les trois bras se développent insensiblement, car la vigne ne reçoit qu'environ un pouce d'élévation à chaque taille.

» Enfin ces trois bras, d'abord terminés par un courson unique, en prennent deux l'année suivante, ensuite trois, etc. ; on n'a plus alors égard à la figure ; on n'a en vue que la multiplicité des coursons, autant du moins que la force du cep peut le supporter : c'est l'époque du plus grand produit de la vigne, et de la bonne qualité du vin.

» Dans les subdivisions et dans les passages divers par des filières toujours nouvelles, la sève reçoit cet affinage qui, en la rendant féconde, communique au raisin une saveur qu'on ne découvrait point dans ceux qu'elle produisait après la seconde taille, parce qu'elle se portait encore dans des canaux directs, où, ne trouvant pas de résistance, elle mettait tous ses efforts à pousser beaucoup de bois. »

Tels sont les conseils de M. Antoine David, conseils que,

pour les intérêts des habitans de la ci-devant Provence , on doit désirer voir exécuter.

Le territoire de Marseille , aride par sa nature , et portant des vignes depuis l'époque de leur introduction en France , est beaucoup plus épuisé que le reste de la Provence : aussi a-t-on été obligé d'en diminuer le nombre en espaçant davantage les ceps. Là donc on les plante en rangées écartées de 4, 6, 8 et 10 pieds, appelées OUILLÈRES (*voyez* cet mot, et JOALLE); et leur intervalle est semé tous les ans ou tous les deux ans , selon que le propriétaire a plus ou moins d'engrais à sa disposition , alternativement en céréales et en légumes. Ainsi la vigne a plus d'espace pour aller chercher sa nourriture , et elle profite des cultures et des engrais qu'on a répandus dans ces intervalles, pratique qui , ainsi que je l'ai observé plus haut , doit être suivie dans tous les vignobles dont les terres sont également épuisées.

En général , la culture de la vigne en Provence n'est fructueuse qu'autant que l'exportation par mer en élève les produits à un taux exagéré : la faiblesse de la population, la mauvaise nature des terres , la fréquence des gelées du printemps, des chaleurs dévorantes de l'été, etc. , s'opposent à ce que les récoltes soient aussi assurées que dans les départemens voisins , et encore plus que dans ceux du centre de la France. Il est des années où , comme en 1802 , la dernière de ces causes empêche les raisins de parcourir toutes les phases de leur évolution , les dessèche avant leur maturité ; ce qui fait qu'ils donnent un vin de très-mauvaise qualité.

Les vignobles du *département du Gard* (1) peuvent être divisés en trois classes, ceux de la Vannage , ceux de Saint-Gilles et ceux de la côte du Rhône.

La Vannage comprend, par rapport aux vins, non-seulement cette vallée proprement dite et le revers méridional des collines qui la séparent de la plaine, mais encore le prolongement des mêmes coteaux jusqu'à Nîmes; une autre éminence parallèle qui s'écarte environ d'une lieue de la chaîne opposée, et se termine à la tête des marais qui se lient à la plage d'Aigues-Mortes , et la portion du plat pays, entre les deux chaînes, qui est plantée en vignes.

La dernière de ces collines n'est qu'un énorme amas de terre graveleuse et de cailloux roulés , antique témoignage du cours du Rhône sur ces hauteurs.

---

(1) Cet article et les deux suivans ont été fournis par M. Vincens Saint-Laurent, membre de la Société royale et centrale d'agriculture, correspondant de l'institut , et ci-devant secrétaire de la Société d'agriculture du département du Gard. Je n'ai fait que passer à Nîmes.

L'autre chaîne est entièrement calcaire, et la terre, descendue des sommets et des penchans dans les bas fonds, y a formé un sol extrèmement productif, et que l'industrie des habitans, tous distillateurs en même temps que cultivateurs, a consacré tout entier à la culture de la vigne.

Les vignobles de la plaine participent aux inconvéniens et aux avantages d'un terrain fertile évidemment formé par les eaux, et dont les molécules sont divisées par un peu de sable.

A quelques exceptions près, tous les vins de ces contrées sont destinés à l'alambic, en sorte qu'on s'attache beaucoup plus à en augmenter la quantité qu'à en perfectionner la qualité.

Les procédés suivis dans la culture des vignes de la colline caillouteuse de Vauvert, ne diffèrent de la méthode adoptée à Saint-Gilles que par une plus grande négligence dans le choix des espèces et dans les soins.

Le mode de culture dans la plaine et dans les collines qui la dominent au nord, est au contraire tout autre, et c'est ce mode qu'on va décrire.

Il a déjà été parlé de la nature du terrain.

Quant à l'exposition, on ne s'en embarrasse guère, et partout où la vigne est susceptible de venir, on la plante.

On emploie généralement dix espèces de raisins noirs, parmi lesquels celle d'Alicante a été introduite, il n'y a pas bien long-temps, neuf espèces de raisins rouges et quatorze espèces de raisins blancs. Ce sont :

RAISINS NOIRS.

Alicante.

Espar, très-hâtif ; vin très-coloré, un peu acerbe, de bonne qualité.

Ulliade, très-hâtif ; vin noir très-doux, liquoreux, de bonne qualité.

Piquepoule, hâtif, productif, casuel ; vin de bonne qualité.

Ugne, hâtif, productif, sujet à la pourriture, bon vin.

Calitor, hâtif, très-productif, casuel.

Moulan, hâtif, sujet à la pourriture, vin mat.

Spiran ou *aspirant,* peu hâtif, productif ; vin fin et délicat.

Terré, peu hâtif, le plus productif ; vin de qualité médiocre.

Maroquin, tardif, médiocrement productif ; vin très-coloré.

RAISINS ROUGES.

Muscat rouge, hâtif ; vin peu parfumé.

Spiran ou *aspirant rouge,* peu hâtif ; extrèmement délicat.

Piquepoule-bourret, tardif ; vin médiocre.

Terré-bourret, tardif ; vin plat.

Clairette, tardif, productif ; bon vin.

Maroquin-bourret, tardif, *id.*

Raisin de pauvre, tardif; bon à manger, peu employé à faire du vin.

RAISINS BLANCS.

Magdeleine, très-hâtif, bon à manger.

Ugne, très-hâtif, productif; bon vin.

Muscat, hâtif; vin excellent.

Malvoisie, ou *Marnésie*, hâtif, très-bon à manger.

Muscat grec, ou *d'Espagne*, hâtif; le meilleur pour faire le vin sec.

Jubi, hâtif, productif; bon vin.

Doucet, hâtif; vin médiocre, douceâtre.

Calitor, hâtif, assez productif, détestable au goût, sujet à la pourriture; vin médiocre.

Colombeau, peu hâtif, productif; vin de bonne qualité; la végétation la plus vigoureuse.

Galet, peu hâtif, bon à manger; très-bon vin, employé pour le raisin sec dit *passerios*.

Servan, peu hâtif, bon à manger, propre à être conservé.

Clairette, tardif, bon à manger, se conserve long-temps; très-bon vin.

Muscat de madame, tardif, bon à manger, se conserve.

Saoule-bouvier, tardif, bon à manger, sujet à la pourriture, productif; vin médiocre.

Il suffira de dire ici que le *terret-bourret*, qu'on trouvera nommé *terret-verdaon* dans le mémoire sur les vignobles de la côte du Rhône, est l'espèce dominante, parce que, ainsi qu'il est dit dans cet écrit, elle est moins que toute autre sujette à se pourrir, et qu'elle produit avec plus d'abondance.

Les espèces sont confondues dans les plantations de la Vannage, seulement un petit nombre de particuliers de Calvisson, qui font un vin appelé *clairette*, cultivent séparément les raisins de ce nom.

On plante de deux manières, ou en enfonçant le sarment au milieu d'une fosse d'environ un mètre en carré, et de 25 centimètres de profondeur; ou dans des fossés profonds de 50 centimètres, creusés dans toute la longueur du champ, et que l'on comble avec la terre du fossé suivant; de manière que toute l'étendue du terrain se trouve défoncée et soigneusement purgée de tout ce qui pourrait nuire à la prospérité des ceps. Cette méthode est très-dispendieuse, il en coûte au moins 600 francs par hectare; mais on est bientôt récupéré de cette forte avance par le plus grand produit de la vigne, et sur-tout par sa plus longue durée, même lorsqu'on a planté dans un terrain d'où vient d'être arrachée une autre vigne.

La distance entre les ceps est ordinairemeut de 155 centi-mètres en carré.

(Voir pour le provignage le Mémoire sur les vignobles de la côte du Rhône; le procédé est le même.)

On ravale la vigne chaque année à deux yeux; lorsque, de-venue trop vieille, elle doit être bientôt arrachée, on taille plus long pendant quelques années, parce qu'alors n'ayant plus d'intérêt à ménager les ceps, on en tire tout le parti possible. On taille dans le courant de l'hiver; mais il faut qu'il ne gèle pas.

La vigne commence à rapporter à trois ans; c'est l'époque où elle est rendue au propriétaire, lorsqu'il en a donné le plan-tage et l'entretien à prix fait; l'entrepreneur en jouit jusqu'a-lors, et ce n'est guère que la troisième année que le produit paie la dépense des cultures; mais le bénéfice est pour le plan-teur dans le prix de son marché.

La vigne plantée en fossés est en plein rapport à dix ans, s'y maintient jusqu'à trente, si elle est soigneusement provignée et cultivée, et prolonge son existence jusqu'à quatre-vingts ans.

Les vignes de la Vannage se travaillent à bras avec la bêche appelée *luchei*. La première œuvre se donne au mois de mars. Le vigneron enfonce l'instrument dans la terre à la profondeur d'environ 9 pouces, en jetant son corps sur le manche, qu'il pousse de son poignet droit, en même temps que pour faire en-trer le fer plus avant, il presse son poignet de l'aine et de la hanche. Il retourne la motte de terre qu'il enlève, la brise et la répand. Les ouvriers, placés à la suite l'un de l'autre dans les rangs de la vigne, marchent diagonalement et toujours à la même hauteur.

La seconde œuvre est un simple binage, qui consiste essen-tiellement à couper à la bêche, entre deux terres, les plantes parasites, et à remuer la terre à sa superficie, afin de donner un accès plus facile aux météores, dont l'influence se ferait moins sentir au sol, s'ils rencontraient une croûte durcie et un tissu de racines d'herbes malfaisantes. Malgré ces soins, on parvient difficilement à se débarrasser de la puante aristoloche, qui communique au vin son mauvais goût. Le binage veut être donné dans le courant du mois de mai.

Les jeunes plantations reçoivent un troisième labour jusqu'à leur sixième année. L'époque en est fixée au mois d'août.

Quand on peut se procurer des engrais, ou que le prix du vin peut supporter ce surcroît de dépense, on fume les vignes. Dans ce cas, on fait écarter la terre du pied de la souche par des enfans, et on place le fumier dans ces creux, qu'on re-couvre ensuite à la bêche. C'est principalement le crottin des bêtes à laine qu'on emploie à cet usage. On va pour cet effet le ramasser dans les vastes marais qui servent de pâturages à de nombreux troupeaux ; mais dans les circonstances présentes, le vin est à trop vil prix pour permettre cette sorte d'amendement.

L'usage des échalas est inconnu et paraît peu nécessaire.

La chaleur du climat dispense aussi d'ébourgeonner les sarmens ; comme d'ailleurs il n'y a guère qu'un prix uniforme pour les vins à distiller, ces main-d'œuvre, dont l'objet est de perfectionner la qualité des vins, seraient une pure perte. L'uniformité de prix ne s'établit pourtant guère que pour les vins de vignes en plein rapport. Celui du plantier a communément moins de valeur, parce qu'il rend moins d'eau-de-vie, sur-tout dans les terrains fertiles de la plaine.

L'abus de l'introduction des troupeaux dans les vignes aussitôt après la vendange subsiste avec tous ses inconvéniens ; on a une peine infinie à s'en défendre même lorsque le sol est devenu mou par l'effet de la pluie, et on a grand besoin que le Code rural contienne des moyens efficaces de faire cesser ce pernicieux usage. Il n'est cependant pas toléré quand, au printemps, la vigne recommence à pousser.

On est toujours très-pressé de vendanger. Il est rare que la colline de Vauvert n'ait pas fait sa récolte dans les derniers huit jours de septembre. Celle de la plaine a lieu dans la huitaine suivante, et les vendanges de la Vannage proprement dite sont les dernières.

On n'égrappe point le raisin. Il est transporté de la vigne à la cuve dans des tombereaux percés, à leur extrémité postérieure, d'un trou auquel est attachée une canule à robinet. On l'ouvre pour laisser s'écouler le moût dans un baril placé au-dessous pendant qu'on charge le tombereau. Il y a pour cet effet un enfant placé à la charrette et dont la fonction est de presser le raisin, afin qu'il puisse s'y entasser en plus grande quantité.

Toutes les cuves sont en pierres, et presque toutes en pierres de taille enfoncées dans la terre, de manière à ce que le talon de la charrette puisse s'appuyer sur le rebord ; on les couvre de planches mobiles supportées par des travettes : c'est le fouloir sur lequel des hommes écrasent le raisin, que d'autres y jettent des tombereaux avec des pelles.

Il est rare que le vin cuve moins de quinze jours, et plus souvent on ne le tire qu'au bout d'un mois et quelquefois de six semaines. La considération de la qualité des vins n'entre pour rien dans la détermination relative à son séjour dans la cuve. Elle dépend presque toujours de plus ou moins de facilité pour la vente de la denrée, parce que peu de propriétaires, sur-tout à présent, veulent faire l'avance de tonneaux ou seulement de leur raccommodage. C'est ordinairement l'acheteur qui fournit les siens.

Quelques propriétaires ont des foudres : c'est un luxe qui n'est pas commun.

Dans les années de grande abondance, on remet quelquefois le vin dans la cuve; on la couvre de terre glaise à une certaine épaisseur, et l'on attend ainsi sans frais le moment propice pour vendre.

Les tonneaux dont on se sert sont indifféremment de chêne ou de mûrier; ils sont au moins de la contenance de 45 veltes.

Un hectare de vignes en bon terrain et bien cultivé donne en terme moyen, depuis l'âge de dix ans jusqu'à trente, 10 muids de vin de 700 pintes de Paris. On en voit quelquefois rendre jusqu'à seize muids et au-delà.

On ne soumet le vin à aucune préparation.

Il est rare qu'il résiste aux chaleurs de l'été.

Son goût est plat et âpre; il y a cependant des cantons où il serait possible d'en améliorer la qualité : telles sont les parties de terrain sec et sablonneux qu'on rencontre çà et là dans les collines et même dans la plaine; mais il faudrait y replanter les vignes, car il n'y en a pas une seule où la considération de l'abondance du produit n'ait pas exclusivement présidé au choix des espèces, et les productions sont les plus médiocres.

Les vins des vignes de la Vannage rendent par muid 340 livres poids de marc d'eau-de-vie, preuve de Hollande.

Tout ce qui ne sert pas à la boisson des habitans est distillé dans la contrée même : il n'y a pas un village qui n'ait un grand nombre d'ateliers de distillation. Cette industrie, blessée à mort en ce moment par les circonstances, a été long-temps une source inépuisable de richesses dont le bienfait se faisait d'autant plus ressentir à l'agriculture, qu'ainsi qu'il a été déjà dit, tout distillateur est en même temps cultivateur, et sur-tout propriétaire de vigne.

Les vignes de Saint-Gilles sont plantées dans des cailloux résultant des atterrissemens du Rhône (1). Ces cailloux sont inégalement distribués. Les cantons qui en offrent le plus donnent le meilleur vin, ceux qui en contiennent le moins donnent des récoltes plus abondantes. Ce territoire est généralement en plaine, cependant il y a quelques coteaux dont l'aspect méridional est préférable.

Les variétés appelées *espart*, *granache*, *terret*, *moureou*,

---

(1) Dans ce vignoble, on appelle souche ce que j'appelle cep, et cep ce que j'appelle sarment.

rullade, *clairette*, *picardan* et *gallet* sont préférées. Les trois dernières sont blanches et ont la propriété de donner de la vinosité au vin des premières, mais elles détériorent la couleur : il faut donc en planter peu ou point du tout quand on met de l'importance à cette qualité.

L'usage le plus constant confond ces variétés dans le cuvage, et on prétend que leur mélange est avantageux ; cependant comme elles mûrissent à des époques différentes, il est probable que c'est une erreur. Au reste, la difficulté de trier chaque variété, de la faire cuver à part, exigerait des dépenses et un emploi de bras trop considérables, eu égard à l'augmentation de prix dont le vin amélioré pourrait être susceptible.

La meilleure méthode de planter est de faire des fossés à la bêche de dix-huit pouces de profondeur. La plupart des vignerons, pour économiser, préparent leur terre avec l'araire ordinaire. Un terme moyen, dans le cas d'être employé, serait une forte charrue attelée de six à huit mules.

Le plant est mis en terre dans les fosses ou les sillons, à l'aide d'un instrument de fer qui fait un trou de 12 à 15 pouces de profondeur. Il est très-important de ne point laisser de vide à l'entour du plant.

Une autre méthode qu'on appelle *planter à pied de bœuf*, consiste à faire des fossés de 3 pieds de long, un de large et un et demi de profondeur. On couche le cep au fond de ce fossé et on en relève l'extrémité d'environ 6 pouces.

Il est reconnu qu'une vigne dont les ceps sont trop rapprochés, vit moins long-temps et ne produit pas plus qu'une qui les a écartés de 4 à 5 pieds environ ; aussi est-ce cette distance qui est la plus généralement adoptée.

Lorsqu'il périt un cep, on le remplace par le provignement, c'est-à-dire en couchant un sarment pris sur un des ceps voisins dans une fosse d'un pied et demi de long et de large.

S'il n'y a pas dans le voisinage de cep assez vigoureux pour fournir le sarment en question, on couche un cep entier, puis on dirige un de ses sarmens vers le lieu où il en manque et un vers le lieu où il se trouvait. Il faut pour la réussite de cette opération que le cep ne soit pas trop âgé.

Souvent on prévoit un an d'avance le besoin de ces remplacemens et on réserve un sarment sans le tailler, mais en l'ébourgeonnant rigoureusement, afin qu'il acquière une longueur suffisante pour être couché.

Généralement on place une pelletée de bon fumier sur les provins.

Il est préférable d'arracher les ceps qui menacent ruine à attendre leur mort naturelle, parce qu'ils produisent peu lorsqu'il sont arrivés à cet état.

On est persuadé que l'époque de la taille influe beaucoup sur la quantité et la qualité du raisin, ou, pour parler plus exactement, la température qui a lieu quand on taille, car on peut tailler avec avantage depuis le 1er. octobre jusqu'au 31 mars, pourvu que la souche ne ressente pas les effets d'un froid humide immédiatement après cette opération. Il est de principe que la vigne taillée en octobre entrera plus tôt en sève que celle taillée en mars, et donnera du vin de meilleure qualité, parce que le raisin aura plus de temps pour mûrir; mais aussi elle sera plus exposée aux gelées blanches du printemps.

Le vigneron doit se fixer pour le nombre de coursons qu'il laissera sur chaque cep, 1°. sur la vigueur du cep; 2°. sur la nature du terrain. On en conserve de quatre à six, et à chacun trois yeux. De ces trois yeux les deux supérieurs donneront des bourgeons à fruit, et l'intérieur, qu'on appelle vulgairement *bourillon*, est celui qui se taille l'année suivante.

On coupe indifféremment les sarmens en rond ou en bec de flûte; mais cette dernière méthode est préférable.

Dans ce vignoble, les vignes sont en plein rapport à dix ans pour la quantité, et à vingt ans pour la qualité. Lorsqu'elles sont bien conduites, c'est-à-dire qu'on leur donne les labours convenables, et qu'on ne les force pas en produits, elles durent un siècle. Les plus productives sont celles qui durent le moins.

La culture à la bêche et à la charrue a également lieu dans ce vignoble. La première est la meilleure, mais elle est la plus dispendieuse, et même n'est pas toujours praticable, soit à raison des cailloux, soit par le manque de bras. C'est avec l'araire attelé de deux mules qu'on opère le plus généralement. La première façon se donne pendant l'hiver; elle consiste à faire cinq raies entre chaque ligne de ceps dans les deux sens (les plantations sont en quinconce). La meilleure époque est février ou mars.

Cette manière de labourer jetant en quatre sens différens la terre contre chaque cep et en en couvrant le pied, il est indispensablement nécessaire de le découvrir. Pour cela des hommes armés de pioches retirent non-seulement cette terre, mais encore celle qui est au-dessous et qui n'avait pas été remuée; ce qui forme un creux. Cette opération se fait avant la montée de la sève.

Lorsque la vigne est en pleine végétation, c'est-à-dire du 10 au 15 mai, on rentre dans la vigne avec un autre araire appelé *fourra*, plus léger que le premier et attelé d'une seule mule, et on recommence le labour croisé de l'hiver, labour qui bouche les trous laissés au pied des ceps.

On fume rarement les vignes du canton de Saint-Gilles, parce qu'on a reconnu que le vin de celles qui l'étaient perdait de sa bonté, et que la dépense ne couvrait pas l'augmentation de la recette; cependant quand on peut se procurer des *boles* (joncs et autres plantes marécageuses), on les répand sur le sol et on les enterre par le second labourage ou même par le premier.

Les troupeaux entrent dans les vignes depuis la récolte jusqu'à la taille.

Autrefois on égrappait dans les vignobles de Saint-Gilles; mais on a cessé de le faire, parce qu'on a remarqué que cela altérait la couleur du vin, et qu'une des qualités de ce vin est la couleur, puisqu'il sert principalement à couper les vins froids et décolorés du nord de la France. Il en passe beaucoup à l'étranger. Celui qui est liquoreux est plus estimé à Paris que les autres.

« Les vignes de la côte du Rhône qui comprend Roquemaure, Tavel, Chusclan, Saint-Géniès, Saint-Laurent, Lirac, Montfaucon, etc., sont plantées sur des coteaux très-caillouteux et sablonneux, qui ont le Rhône à l'aspect du levant. Le produit de ces vignes est peu considérable, à cause de la nature du terrain, mais la qualité des vins en dédommage; 1 sont fins, spiritueux et très-généreux. Ils possèdent un bouquet agréable. Comme on est dans l'usage de ne les laisser cuver que trois jours environ(ils ont beaucoup de feu et ne demandent pas à être gardés plus de trois à quatre ans (1). »

Les vignes sont composées d'un petit nombre de variétés : la *piquepoule* est à peu près la seule, c'est-à-dire est celle qui fait le fonds de la vendange; cela n'empêche pas quelques cultivateurs d'avoir des *terrets*, des *pétarcous* (dont les grains craquent sous la dent), des *moutardiers*, des *maroquins*, et depuis quelques années le *grenache*, qui, par son bouquet et par sa couleur, donne aux vins une qualité bien supérieure, et qui avait été inconnu jusqu'alors.

Outre le terret noir, plusieurs propriétaires, s'attachant plus à la quantité du produit qu'à la qualité, ont planté une autre espèce de terret dont les grains sont d'un vert rougeâtre, et que par cette raison on appelle *terret-verdaou*. Cette variété, cultivée principalement dans les bas fonds de Roquemaure, parce qu'elle est moins sujette à se pourrir et qu'elle produit avec abondance, fait un vin dur, vert et sans saveur, et tout propriétaire qui sera jaloux de donner de la qualité et de la réputation à ses vins, la doit bannir avec soin de ses vignobles.

En raisins blancs, on distingue la clairette et le picardean,

____

(1) Extrait d'une lettre de M. Girandy, de Nîmes.

de même que celui qui est appelé, dans l'idiôme patois, le *bour-boulez*, qui n'est autre que le *mornain blanc*. On trouve en outre le *calitor* ou *qualitor*, raisin mou et très-sujet à se pourrir.

Les autres variétés de raisins que produit le vignoble de la Côte-du-Rhône sont en si petit nombre, chacun dans son espèce, qu'elles ne comptent pas, et, parmi ces dernières, certaines même ne méritent pas mieux d'être cultivées que le calitor, si on en excepte le *chérès*, dont le fruit est aussi excellent à manger que le vin en est pétillant et agréable à boire.

La plantation des crossettes se fait dans ce vignoble comme dans celui de Saint-Gilles, mais on les écarte plus, puisqu'il en est qui le sont à deux mètres. Il en est de même du provignage. Ici cependant on a soin d'enlever tous les boutons de la partie du sarment qui doit être mise en terre. On appelle *éborgner le provin* cette opération qui accélère la pousse des racines. Ces provins donnent presque toujours abondance de raisins dès la première année, et se sèvrent à la troisième.

Le vignoble de la Côte-du-Rhône étant exposé au vent du nord, qui est violent et froid, et ne faisant pas usage d'échalas, on doit s'y attacher à donner le moins d'élévation possible aux ceps, excepté dans les lieux bas et humides, où le raisin est exposé à pourrir. C'est d'après ce principe qu'on se dirige, en observant que la taille a pour objet de régler la dissé-mination de la sève, suivant le plus ou moins de vigueur du pied, et de retrancher ou prévenir la pousse d'une trop grande quantité de bourgeons, qui finiraient par épuiser le cep. Ainsi, on taille plus court ou plus long, on laisse plus ou moins de *flèches* (sarmens), suivant la qualité plus ou moins substan-tielle du terrain ; suivant aussi la vigueur du pied, vigueur qui dépend, ou de la variété, ou de l'âge, ou de quelque cir-constance particulière.

Par exemple, la première année on enlève rez du plant toutes les menues brindilles, et on taille le sarment principal à un œil seulement au-dessus de terre : c'est ce que les vigne-rons appellent *borner le plantier*. L'année suivante, le plus ou moins de vigueur du plant décide du plus ou moins de bois à laisser. S'il est languissant, on le coupe encore à un œil ; dans le cas contraire, on lui en laisse deux. A la troisième année, on taille sur deux et même sur trois branches, suivant la vi-gueur et la multiplicité des jets, en observant de le faire tou-jours très-bas, afin que la racine travaille avec plus de force. La disposition des branches en cul-de-lampe, c'est-à-dire en rond au sommet de la souche, est ce que les vignerons ap-pellent *ensceller un plantier*. Enfin, à mesure que la vigne prend de l'accroissement et de la force, après l'avoir débarrassée de tout son bois inutile, on finit par lui laisser jusqu'à quatre et même cinq maîtresses branches, toujours disposées circulairement, au-dessus desquelles poussent les sarmens, qu'on coupe tous les ans à deux yeux et quelquefois à un seul.

On ne vendange dans le vignoble de la Côte-du-Rhône que lorsque les raisins sont complétement mûrs, ordinairement vers la mi-octobre. Quelquefois on effeuille quinze jours avant, afin d'accélérer cette maturité.

Le reste des travaux de ce vignoble ne diffère pas de ceux usités dans celui de Saint-Gilles.

Les excellens vins qu'il produit ne se gardent que sept, huit et au plus douze ans.

Il se cultive 73,000 hectares de vignes dans le *département de l'Hérault*, qui fournissent des vins rouges et blancs ou très-bons ou très-propres à fournir de l'eau-de-vie, et des vins muscats de première qualité. Les meilleurs des premiers sont ceux de Saint-Georges, de Verargne, de Saint-Christol, près Montpellier. Les plus distingués des seconds proviennent des vignes de Marseillan et de Pommerole, à quelque distance de Béziers. Les plus célèbres des muscats sont ceux de Frontignan et de Lunel.

La culture de ces vignes ne m'a pas paru, en les traversant pendant l'hiver, beaucoup différer de celle en faveur aux environs de Nîmes. Je ne connais aucun écrivain qui s'en soit occupé.

Environ 23,000 hectares de vignes se cultivent dans le *département du Tarn*, département d'où ma famille est originaire, mais dans lequel je n'ai fait qu'une courte apparition.

Les vignes de ce département sont en majorité sur les coteaux, les unes basses, les autres élevées ; il en est aussi en plaine qui sont plantées en rangées et labourées avec la charrue : les unes et les autres sont soutenues par des échalas d'un mètre de haut en buis ou en houx, et durant par conséquent beaucoup. On y espace les ceps, plantés ordinairement avec un plantoir, à un mètre de distance. Dans ce département, comme dans tant d'autres, on vise à la quantité plus qu'à la qualité, c'est pourquoi on fume beaucoup.

Le labour d'hiver se fait en déchaussant les pieds et en formant de petites buttes dans leurs intervalles, comme aux environs de Paris et ailleurs. Après la taille, on donne le premier binage, qui reporte la terre contre les pieds. Il y a quelquefois un troisième binage, ou, mieux, un léger serfouissage après le premier ou après le second ébourgeonnement.

On regarnit les places vides de ces vignes par des provins faits pendant l'hiver, ce qui n'empêche pas de les détruire après un siècle pour en cultiver le sol pendant quelques années en céréales ou en prairies artificielles.

Les meilleurs vins rouges proviennent des vignobles de Cussac, Caisagnel, Sabin, Ineri, Saint-Amarans, Cahusagnel, Gaillac, etc. C'est de ce dernier vignoble que sortent aussi les meilleurs vins blancs.

Le *département de l'Aude* produit une grande quantité de vins, fourni par environ 33,000 hectares de vignes. La plus grande partie est convertie en eau-de-vie. Les meilleurs crus en rouges sont autour de Narbonne, les meilleurs crus en blancs autour de Limoux. Ce dernier est planté en blanquette, variété de raisin blanc, à grains allongés et pulpeux, qui charge extrèmement, mais qui a besoin d'un haut degré de chaleur pour mûrir.

La culture de celle de ces vignes que j'ai traversées ne m'a paru différer de celles des environs de Nîmes; mais j'ai besoin de l'étudier pour m'en faire une idée exacte.

Il est fréquent, auprès de Narbonne, de labourer les vignes avec les bœufs, mode loué par Olivier de Serres et qui aujourd'hui devient indispensable, à raison de la quotité des impôts que supporte le vin, et de la nécessité de diminuer la dépense de sa production pour le conserver à la portée des petites fortunes.

Il semblerait que le *département de l'Ariège*, placé plus au midi, en partie même au-delà du 43e. degré, doit donner de bon vin; mais il n'en est rien, parce qu'on y cultive de mauvaises variétés, et que le mode de tenir les vignes en hautains y est par-tout en faveur, excepté dans les environs de Pamiers, lieu qui fournit en effet le meilleur. Ces vignes montent sur des érables et des cerisiers, et envoient des guirlandes d'un arbre à l'autre, ce qui empêche le raisin de mûrir. Je ne connais aucun ouvrage qui ait décrit ce genre de culture dans ce département.

Les vignes du *département de la Haute-Garonne* couvrent 55,000 hectares de terrains. Ce sont celles des environs de Toulouse qui fournissent les meilleurs vins. Je n'ai pas de renseignemens suffisans sur leur culture pour pouvoir en parler.

Dans le *département du Gers*, il se cultive, en vignes, 72,000 hectares de terres. La plus grande partie des vins qu'elles fournissent est convertie en excellente eau-de-vie qui s'expédie à Bordeaux. C'est des environs de Mirande que sortent les meilleurs vins rouges; on en fait peu de blancs.

Les renseignemens qu'on va lire sont pris d'un mémoire de M. Dralet, inséré dans la collection de ceux de la Société d'agriculture de la Seine, sur la topographie du département du Gers, dont Auch est le chef-lieu.

En général, on ne plante les vignes, dans le Gers, que dans les terrains calcaires ou graveleux qui ne sont pas propres à la production du froment. On préfère l'exposition du levant et du midi ; cependant, dans l'ouest de ce département, où on distille le produit des récoltes, on plante par-tout.

On entoure de haies ou de fossés le terrain qu'on destine aux plantations, et on le divise en carreaux de 2 ou 3 ares chacun.

Les allées qu'on laisse entre chaque carré servent au passage des voitures et à l'écoulement des eaux. On les dépouille de leur terre végétale pour enrichir les carreaux qui les avoisinent.

Il y a des vignes basses et des vignes hautes.

Ou on plante les vignes basses dans des fossés, ou on fait pour chaque cep un trou carré avec la bêche, ou on introduit les sarmens dans la terre par le moyen d'une fiche ou d'une tarière.

La vigne plantée dans les fossés ou les trous vient plus rapidement, celle qui l'est avec la fiche ou la tarière est plus durable.

Quel que soit le mode de plantation qu'on adopte, les rangées doivent être espacées de près de 2 mètres. Cette distance est nécessaire pour le passage de la charrue.

On laisse une distance d'environ un mètre entre chaque cep d'une rangée.

Il n'y a guère de vignes hautes que dans la partie du sud-ouest du département, le long des rivières de l'Adour, de l'Aros et de Bougé. Ces vignes produisent le meilleur vin.

On distingue deux sortes de vignes hautes ; savoir, les hautains et les espaliers.

Avant de planter les unes et les autres, on laboure le terrain et on y fait des fossés qu'on remplit de bon terreau.

Les hautains se plantent dans les fossés, éloignés les uns des autres au moins de 2 mètres et demi. Les ceps y sont disposés ainsi qu'il suit : deux ceps, éloignés d'un tiers de mètre, sont soutenus par un seul échalas que l'on plante dans le milieu de l'intervalle qui les sépare. On laisse ensuite un espace de 2 mètres et demi avant de placer deux nouveaux ceps et un échalas, et ainsi de suite.

Communément, les échalas sont de bois mort que l'on renouvelle chaque fois qu'il est besoin ; mais certains vignerons plantent entre les deux ceps un cormier ou un pommier sauvage, ou un érable, et croient que la végétation de ces arbres, qui servent d'échalas, ne nuit point à celle de la vigne.

Les vignes en espalier se plantent dans des fossés espacés de

2 mètres et plus, et les ceps y sont disposés à la distance uniforme d'un mètre. Chaque cep a son échalas.

Les noms qu'on donne aux variétés varient de canton à canton. Ces noms excèdent peut-être le nombre de cent, tandis que, dans le fait, les variétés n'excèdent pas celui de vingt.

On plante ces variétés pêle-mêle, et on n'a d'autre règle pour le choix, que de donner la préférence à celles qui paraissent le mieux réussir dans le voisinage, et de mêler un quart ou un cinquième de ceps blancs avec les rouges. On plante plusieurs variétés, afin, dit-on, que quelques-unes, produisant l'abondance et d'autres la qualité, il en résulte une compensation avantageuse. Cette pratique a l'inconvénient d'obliger à labourer, tailler et vendanger en même temps des variétés qui devraient l'être à des époques différentes.

On plante des chevelus (plant enraciné), des crossettes et des sarmens ; les chevelus prennent plus sûrement et produisent plus tôt ; mais on croit qu'elles languissent après quelques années. Les crossettes sont peu en usage, quoiqu'il soit certain que, sans avoir l'inconvénient des chevelus, elles ont l'avantage de produire un an plus tôt que les sarmens.

Les terrains chauds et exposés au midi se plantent avant l'hiver ; au printemps, ceux d'une nature froide, et qui sont exposés au nord, sur-tout si les plants ont beaucoup de moelle.

La vigne se taille après la chute des feuilles ou avant le retour de la sève, et on prend la précaution de retarder le plus possible la taille de celles qui sont situées dans les lieux bas, humides et sujets aux brouillards. On a la même attention pour les jeunes vignes et pour les plants qui ont beaucoup de moelle.

Dans toutes sortes de vignes, pour déterminer le nombre et la longueur des brins qu'on laisse à chaque souche, on consulte la bonté du terrain, l'âge de la vigne, sa vigueur, l'éloignement des souches, la qualité des ceps, les engrais, etc., afin de ne pas exiger des souches plus de nourriture qu'elles ne sont dans le cas d'en fournir au fruit. Ainsi, suivant ces circonstances, on laisse aux vignes basses deux, trois ou quatre brins, et à chaque brin deux ou trois yeux ; l'on a d'ailleurs l'attention de ne conserver que les brins qui, étant dans la direction des rangées, ne sont point exposés à être endommagés par les labours.

Les souches des espaliers ne s'élèvent qu'à un demi-mètre ; on leur laisse deux têtes de neuf à dix yeux chacune.

Les souches des hautains s'élèvent à un mètre et un tiers de haut ; on leur laisse quatre brins, dont deux à neuf ou dix yeux chacun, et les deux autres à deux yeux, pour recevoir la taille de l'année suivante ; on les assujettit aux échalas avec des osiers, et on lie les pampres avec de la paille à mesure qu'ils en ont besoin.

Dans la plupart des cantons, faute de temps, on se contente de donner à la hâte trois façons aux vignes : la première consiste à labourer par quatre ou six traits de charrue dans l'intervalle des rangées, de manière à amasser la terre dans le milieu ; la seconde façon se fait à bras : elle consiste à déchausser avec la houe le pied de la vigne ; et la troisième s'exécute à la charrue pour rejeter, le long des rangées, au pied de la vigne, la terre qui en avait été éloignée : c'est ce qu'on appelle *biner*. Il arrive souvent que les mauvais temps empêchent de faire les deux derniers de ces travaux.

Tout le monde sait combien il est important de couper les petites racines qui paraissent autour des souches lorsqu'elles sont déchaussées ; de sarcler le terrain chaque fois qu'il en a besoin, et de le herser ; d'arracher les jets inférieurs de la vigne, de réduire même le nombre des jets principaux lorsqu'ils sont trop multipliés ; de rogner les pampres, de les dépouiller d'une partie de leurs feuilles, à mesure que s'avance la maturité des raisins ; mais ces travaux, si utiles à l'abondance et à la qualité du vin, ne sont usités que dans la partie de l'ouest et du soud-ouest du département.

C'est lorsque la vigne est déchaussée que l'on répand au pied des souches la terre qu'on a préparée pendant l'hiver, soit dans les allées, soit à l'extrémité des sillons. On emploie aussi, à la même époque, le marc des raisins, les feuilles des arbres, la fougère, la fiente de la volaille et des pigeons, les cendres lessivées, et les tourteaux provenant de la fabrication des huiles ; mais il n'y a que les vignobles des bons cultivateurs qui soient ainsi amendés : il en est beaucoup qui ne reçoivent d'autre engrais que celui qui provient de la chute des feuilles de la vigne. Dans la partie de l'ouest du département, on ne néglige aucun moyen d'amélioration, et depuis quelques années on marne et on chaule les vignes comme les terres labourables : aussi les produits des vignes ainsi amendées sont-ils infiniment plus considérables que ceux des vignes négligées. Celles auxquelles on ne donne que les travaux indispensables rapportent à peine.

Quand il manque des ceps à une vigne, il y a différentes manières de les remplacer.

Dans les très-jeunes plantations, il suffit de planter de nouveaux sujets, soit chevelus, soit crossettes, soit sarmens, dans les endroits où les premiers ont manqué ; mais si on n'a pas eu la précaution de faire, dans cette vue, une pépinière en même temps que la première plantation, les nouveaux sujets se trouvent retardés d'autant d'années qu'il s'en est écoulé entre cette plantation et le repeuplement.

Lorsqu'il manque quelques souches dans une bonne vigne, on donne de l'amendement aux souches voisines, afin de leur faire produire des sarmens longs et vigoureux. Au commencement du printemps, on courbe un de ces sarmens dans un trou pratiqué près de la souche, on en attache l'extrémité à un échalas, on l'environne de terreau, et on lui laisse deux ou trois yeux au-dessus de terre : c'est ce qu'on appelle un provin. Ce sarment se nourrit ainsi aux dépens de la souche pendant une couple d'années, et lorsqu'il paraît avoir fait assez de racines pour se passer de sa mère, on coupe d'abord en partie, ensuite en totalité, la communication qui existe entre l'un et l'autre.

Pour repeupler une vieille vigne épuisée, on donne au terrain des labours profonds et beaucoup d'engrais.

Il y a des vignerons qui coupent les vieilles vignes entre deux terres pour les rajeunir, d'autres substituent des variétés faibles à celles qui demandent beaucoup de nourriture, par exemple, les blanches aux rouges.

On connaît deux manières de greffer la vigne, l'une en fente et l'autre en broche.

Pour la greffe en fente, on fait, à la souche préalablement coupée, une fente dans laquelle on insère deux entes, ayant soin de faire coïncider les écorces. On les assujettit, soit avec de la filasse, soit avec de l'osier, et on les entoure de terre mouillée.

Quant à la greffe en broche, on fait avec une vrille un trou dans la souche, également préalablement coupée, et on y insère l'ente. Cette sorte de greffe est usitée dans le canton de Gimont.

Il se cultive environ 11,000 hectares de vignes dans le *département des Hautes-Pyrénées,* presque toutes en hautains ou en treilles élevées : c'est de ces vignes que provient le *caillebas,* un des plus précoces et un des meilleurs raisins rouges qui se cultivent à la pépinière du Luxembourg. Leur culture ne paraît pas différer beaucoup de celle du département du Gers. Ce sont les environs de Madiran pour les rouges, et les environs de Tarbes pour les blancs, qui fournissent les meilleurs vins.

Le *département des Basses-Pyrénées* présente 16,000 hectares de terres affectés à la culture des vignes. J'ai été à Baïonne, mais je n'ai pas eu l'occasion d'étudier la culture de ces vignes. Il ne m'est permis d'en parler que pour dire que ce sont des treilles hautes que j'y ai remarquées ; je crois cependant avoir entendu dire qu'on en voyait de basses sur les bords de la mer dans le territoire d'Anglet, dont les vins blancs sont fort agréables. C'est celui de Jurançon qui est en possession de fournir les meilleurs du département tant en rouges qu'en blancs. Ces derniers sont les plus abondans.

Vignobles compris entre les 43e. et 42e. degrés de latitude.

Le seul *département des Pyrénées-Orientales* se trouve en entier au-delà du 43e. degré : aussi est-ce lui qui fournit les vins de France les plus chargés d'alcool.

On y cultive environ 30,000 hectares de vignes.

Les meilleurs vins qu'elles fournissent sont : en rouges, ceux de *Collioure*, de *Bagnols*, de *Granache*, et en général tous ceux des environs de Perpignan ; 2°. en blancs, ceux de *Rivesaltes*, de *Cosperon*, de *Salce*, de *Maccabée* (1), tous au premier rang et d'une durée presque indéfinie.

Le muscat de Rivesaltes est le meilleur des vins de cette sorte qui se récoltent en France.

On fabrique beaucoup d'eau-de-vie dans ce département.

Il paraît que la culture des vignes diffère peu de celle usitée dans le département du Gard; c'est-à-dire que ces vignes se tiennent en souches élevées de 2 ou 3 pieds, méthode excellente dans les pays chauds et dans les terrains secs, à raison de sa simplicité et de son économie.

Quelque long que soit ce tableau de la culture de la vigne en France, il est loin d'être complet. Ce n'est qu'après avoir visité tous les vignobles du centre, du midi et de l'ouest, vignobles que je ne connais pas encore, ou que je n'ai fait que traverser à une époque où je ne soupçonnais pas me trouver dans le cas d'écrire sur leur culture, qu'il me sera permis de le perfectionner. Il me faudra encore six à huit ans avant d'avoir achevé les tournées annuelles que le Gouvernement a décidé que je ferais dans l'intérêt de la culture de la vigne et du commerce des vins. Je regrette d'être forcé de mettre ceci à l'impression avant la tournée de cette année, qui doit me conduire dans la ci-devant Bourgogne, où j'ai tant de choses à revoir, et où j'espère fixer mes idées sur plusieurs faits encore inexpliqués, principalement celui de la différence de qualité des vins de deux vignes qui ne sont séparées que par un sentier, principalement celui du *goût de terroir* que prennent certains vins, soit pour toujours, soit pour deux ou trois ans seulement.

___

(1) Le premier et le dernier de ces noms sont ceux de deux variétés de vigne.

Pour faciliter la recherche des départemens où se cultive la vigne , je joins ici la liste alphabétique de ces départemens, avec l'indication des pages où ils sont mentionnnés.

Il est beaucoup de lieux , comme on a pu le voir plus haut, où les feuilles de la vigne après les vendanges , sont employées soit vertes, soit conservées dans de l'eau , à la nourriture des bestiaux de toutes sortes ; mais je n'en connais pas où on cultive la vigne uniquement pour cet objet. M. de Père, dans son utile ouvrage sur la culture de ses domaines, établit qu'il y aurait de grands avantages à le faire et ses raisonnemens, ainsi que ses calculs, sont peremptoires, au moins pour le midi et dans les bons terrains.

Jusqu'ici je n'ai parlé que de la vigne cultivée pour faire du vin ; mais on en cultive aussi, et beaucoup, pour en manger le fruit, orner le voisinage des habitations, principalement les jardins, par leurs pampres.

Dans les pays chauds, les vignes, disposées en BERCEAU et en TONNELLE (*voyez* ces deux mots), fournissent le moyen d'échapper à la chaleur brûlante du soleil, et donnent des raisins, sinon aussi beaux et aussi bons que les autres, au moins propres à faire du vin et à être mangés.

J'ai vu sur les bords du lac de Côme un berceau qui avait plus d'une lieue de long. Il servait de route publique et était chargé de grappes, auxquelles les passans ne touchaient pas assez souvent pour nuire beaucoup à leurs produits.

Dans le nord, c'est-à-dire au-delà du climat de Paris, les vignes disposées de même offrent rarement des grappes convenablement garnies de grains et suffisamment mûres, parce que ces grappes ne sont jamais frappées des rayons du soleil, et qu'elles sont exposées aux émanations d'une humidité constamment froide.

C'est donc, ou des ceps plantés en rangées et taillés près de terre, ou des treilles tenues fort basses, ou des treilles hautes palissadées contre un mur, qu'on doit préférer quand on veut cultiver la vigne pour le raisin dans les climats froids, climats où les abris lui sont nécessaires.

La culture des vignes plantées en rangées ne diffère pas de celle usitée dans les vignobles du nord, dans ceux des environs de Paris principalement.

Cependant je dois en indiquer une modification qu'on ne pratique pas, quoiqu'elle produise des agrémens réels et des produits importans. Elle consiste à les planter au milieu des allées et à coucher leurs rameaux en terre, à 6 ou 8 pouces de profondeur, pour aller s'appliquer au côté méridional des arbres de ligne qui bordent ces allées, contre lequel ils sont palissés à la loque. On ne les laisse jamais monter sur les branches et on les taille chaque année comme ceux en espalier. Les racines de ces vignes, qui ont rarement plus de 5 à 6 pieds d'élévation (*voyez* VIGNE BASSE), étant dans un terrain qui ne produit rien, jouissent d'un degré permanent d'humidité. (*voyez* PAVEMENT.) Elles poussent vigoureusement, et leurs fruits, qui sont en même temps abrités et exposés aux bons effets d'un air toujours renouvelé, sont hâtifs et savoureux, deux des conditions qu'on désire le plus en eux. *Voyez* Primeur, Abri et Air.

Celle des vignes en treilles basses est positivement celle décrite par M. Cherrier, et que j'ai donnée plus haut pour exemple.

Il ne me reste donc à parler que des vignes palissadées contre les murs.

Le midi et le levant sont les deux expositions qui conviennent exclusivement à la vigne palissadée dans le climat de Paris et dans ceux qui sont au nord de cette ville, encore la seconde est-elle sujette aux gelées et à la brûlure.

Lorsqu'on veut planter une vigne dans cette intention, ce n'est pas contre le mur même qu'il faut la mettre en terre, mais à une distance d'une, 2, 4, 10 toises ou plus de ce mur, vers lequel on la ramènera en couchant successivement les sarmens. Il y a à gagner par là et un plus grand développement de racines, et une plus longue filière, d'où résultera abondance et bonté dans le raisin. On dit que c'est ainsi que se plantent les treilles de Tomery et autres villages des environs de Fontainebleau, si célèbres par l'excellence de leurs raisins.

Le sarment, arrivé au mur, sera taillé sur un ou deux yeux pour lui faire pousser un vigoureux bourgeon, qu'on aura soin d'arrêter à la hauteur où on voudra le faire fourcher, et dont les entre-feuilles seront sévèrement supprimées.

Il y a deux manières principales de disposer les sarmens contre les murs.

Ou on les laisse courir au hasard, en les fourchant continuellement sur toute la surface du mur : c'est la méthode la plus commune.

Ou on les dispose en lignes simples, doubles ou triples, parallèles au terrain. Par cette méthode on a plus de raisins, des raisins plus sucrés et d'une précoce maturité, mais moins gros. (*Voyez* Courbure des branches.) C'est celle qu'on pratique dans les jardins régulièrement conduits et savamment dirigés.

Il est des jardiniers qui laissent couler le cordon de leur vigne autant qu'il veut s'étendre, en rabattant cependant tous les ans le bourgeon terminal à deux yeux ; mais par cette méthode leur cordon donne des sarmens faibles, et par suite de petites grappes. Il vaut beaucoup mieux rabattre de temps en temps sur le vieux bois pour arrêter le prolongement du cep, d'après le principe que plus les pousses sont rapprochées de la terre et plus elles sont vigoureuses.

M. Forsyth, jardinier du roi d'Angleterre à Kinston, dans son ouvrage sur la taille des arbres fruitiers, croit avoir fait une grande découverte en indiquant la courbure en *S* des jeunes sarmens palissés, comme un moyen certain d'avoir plus de grappes et des grappes plus grosses. Cette courbure est très-connue et très-anciennement pratiquée en France, car elle ne diffère pas, par ses effets, des sautelles ou arceaux dont les vignobles sont plus ou moins surchargés. L'arceau est contre un mur au lieu d'être en plein air, voilà la différence. *Voyez*, pour le surplus, au mot Courbure des branches.

Souvent on plante de la vigne entre les espaliers, et on forme ainsi un cordon au-dessus d'eux dans toute la longueur du mur. Un tel cordon est extrêmement agréable à l'œil, mais très-nuisible aux arbres qui forment l'Espalier. (*Voyez* ce mot). Il vaut beaucoup mieux consacrer un pan de mur uniquement à la vigne, et y faire deux et même trois cordons.

On palisse la vigne comme les autres arbres en espalier, soit avec de la paille contre un treillage, soit avec des morceaux de laine et des clous, contre un mur en plâtre. *Voyez* Palissage.

La direction de la vigne étant fixée, on exécute la taille conformément aux principes développés plus haut; c'est-à-dire qu'on supprime tous les sarmens qui sont mal placés, qui sont trop rapprochés, qui sont dans le cas de fournir de trop faibles bourgeons, et qu'on coupe ceux qu'on croit devoir conserver, à un œil sur les pieds où les sarmens sont faibles, et à deux yeux sur ceux qui sont les plus vigoureux, et ce encore, selon qu'on a plus ou moins d'espace à sa disposition.

L'ébourgeonnement, dans ces sortes de vignes, doit être aussi très-sévère. Si on laisse quelques bourgeons stériles, ce n'est que dans les places qu'on aura besoin de regarnir. Tous les bourgeons secondaires et faibles, ceux qui auront poussé sur le vieux bois sur-tout, seront supprimés sans rémission. Certains de ceux qui portent du fruit le seront également lorsqu'ils croiseront les autres et feront confusion. Les principes sont que le mur soit également garni, et que toutes les grappes soient également exposées aux influences du soleil.

Plus tard, c'est-à-dire quand les raisins seront arrivés à la moitié de leur grosseur, on pincera, on coupera l'extrémité des bourgeons pour y faire refluer la sève, et on veillera à ce que les nouvelles pousses, qui pourraient se montrer dans les aisselles des feuilles, soient successivement enlevées.

Lorsque le raisin sera à moitié mûr, on pourra, si le besoin le requiert, non pas arracher, mais couper à moitié de leur pétiole quelques-unes des feuilles qui l'ombragent, afin de favoriser sa coloration. C'est aller directement contre son but, que de mettre à nu, comme on le fait si généralement, la base des bourgeons, ainsi que je l'ai dit plus haut. *Voyez* Feuille.

Les vignes palissadées ne viennent nulle part mieux que dans les cours pavées, où leurs racines trouvent une humidité

toujours égale, et où leur fruit peut être plus facilement défendu contre les animaux qui le recherchent. Il faut seulement éviter de les placer dans les environs des fumiers et des
égoûts.

Le raisin se conservant sur la branche beaucoup mieux que
lorsqu'il en est séparé, on doit l'y laisser jusqu'aux gelées, et,
pour cela, l'envelopper dans des sacs de papier, de toile, ou,
mieux que tout cela, de crins pour le garantir du bec des
oiseaux et de la fraîcheur humide des nuits de novembre et
de décembre. Les sacs de crin noir valent mieux que ceux de
crin blanc, parce qu'ils absorbent et conservent la chaleur des
rayons du soleil. *Voyez* SAC.

Quant à la manière de conserver les raisins lorsqu'ils ont
été cueillis, *voyez* aux mots FRUITIER et POURRITURE.

Cependant j'observerai en passant que le raisin cueilli sur
des treilles en terrain argileux est moins bon, mais se conserve
plus long-temps ; il en est de même de ceux cueillis sur une
très-vieille vigne. Ces faits, dont la théorie ne m'est pas connue, sont regardés comme vrais par tous les cultivateurs de
chasselas des environs de Paris. *Voyez* PLUIE.

Il n'y a pas de raisons qui s'opposent à ce qu'on mette en
treille ou en espalier toutes les variétés de raisins ; cependant,
il en est qui sont meilleures à manger et plus belles que d'autres, et on doit les y placer de préférence.

Ces variétés sont :

Les diverses variétés de chasselas, dont celle appelée de Fontainebleau, et qu'on croit venir de l'Orient, est la meilleure
et la plus facile à conserver ;

Le chasselas qui est représenté dans les tableaux de van
Huyssum, et dont les pétioles sont violets, très-gros et très-
hérissés, chasselas qu'on appelle gros blanc dans le département de la Moselle, marmot dans celui de la Marne, rischeling dans celui du Haut-Rhin, jouit de l'avantage d'avoir le
grain plus gros, la peau plus mince, et de mûrir huit à dix
jours plus tôt ; mais il est moins sucré et ne peut se conserver
long-temps après qu'il a été cueilli.

Il y a aussi le chasselas violet, que sa couleur, qui se remarque déjà sur le bourgeon, caractérise assez ; mais il est
plus agréable à la vue qu'au goût.

Le saint-pierre de l'Allier, qu'il faut bien distinguer de
celui de la Charente et autres lieux, est le raisin blanc qui
mérite le mieux, à mon avis, d'être mis en treille, à raison de
sa bonté, de sa durée et de sa grosseur.

Parmi les muscats, il y a un choix à faire. Les deux variétés
qu'on cultive le plus communément aux environs de Paris
sont celles qui sont le plus dans le cas d'être repoussées,

parce qu'elles mûrissent très-tard , c'est-à-dire , souvent pas
du tout.

Le muscat noir du Jura me paraît préférable à tous les autres , quoiqu'il ait le grain petit, parce qu'il mûrit dans le
courant d'août, c'est-à-dire environ un mois avant les autres.

Le muscat noir du Pô, qui mûrit douze ou quinze jours
plus tard , mérite aussi l'attention des amateurs par l'excellence de son goût.

Le muscat rouge de Hongrie se fait remarquer par la grosseur de ses grains.

Enfin le caillebas des Hautes-Pyrénées qui, lorsqu'il est
pris à point , est peut-être le meilleur de tous les raisins cultivés à la pépinière du Luxembourg.

Je range à côté d'eux les muscats blancs des mêmes départemens, qui sont aussi plus hâtifs et meilleurs que le muscat
blanc ordinaire.

Le muscat d'Alexandrie, dont les grains sont ovales et
quelquefois de la grosseur du pouce, se voit souvent en espalier, quoiqu'il ne mûrisse que dans les meilleures expositions
et dans les années les plus chaudes.

Il est bon que je recommande aux amateurs la panse musquée du département des Bouches - du - Rhône, la malvoisie
blanche du Pô, et la muscatelle du Lot, raisins très - peu
musqués, mais très - agréables quand on les mange au point
de maturité convenable.

Parmi les raisins dits de vigne , il y en a plusieurs qui sont
dans le cas d'être cultivés pour la table, soit à raison de leur précocité , soit à raison de leur bonté , soit à raison de leur beauté.

Aux environs de Paris, on cultive souvent ainsi, parmi les
rouges, celui appelé de la Magdeleine, comme le plus précoce;
mais il est sans goût. Je préfère de beaucoup les morillons
gros et petit du Doubs et du Jura , à bois taché, qui mûrissent en même temps (au commencement d'août), même un
peu plus tôt, et qui sont de beaucoup meilleurs, quoiqu'ils
aient la peau très-épaisse et les pepins très-gros.

Voici les variétés qui m'ont paru les meilleures parmi celles
de la pépinière du Luxembourg, que j'ai observées, sauf
erreur de plantation.

Rouges. BERARDY (Vaucluse), DOLCETO (Pô), ÉPICIER PETIT
(Vienne), LUISANT VERT (Doubs), PERSOLETTE (Drôme),
PIED-DE-PERDRIX (Hautes-Pyrénées), TROUSSEAU (Jura), PI-
NEAU DE BOURGOGNE (Côte - d'Or), FRANC PINEAU et PINEAU
NOIR (Seine-et-Marne), MEUNIER (Paris).

Violets. BLANQUETTE VIOLETTE (Pyrénées-Orientales), GEN-
TIL BRUN (Bas-Rhin), PINEAU GRIS (Côte-d'Or), PLANT de
TOKAI, Hongrie.

Blancs. Amadon (Charente-Inférieure), bon blanc (Doubs), bonboulenque et spare (Vaucluse), fié jaune et sur-tout fié vert (Vienne), folle blanche (Charente), blanc doux (Landes); fié bon a manger : ce dernier a la peau extraordinairement mince; picardan (Hérault), pied sain (Mayenne), raisin de crapaud (Lot), raisin vert (Bas-Rhin), rivesalte et saint-rabier (Charente), foggiano (Gênes), lugliatico (Marengo), meslier (Paris).

Je ne donnerai pas la liste des variétés qui sont remarquables par la grosseur de leurs grains, dont les damas noirs et blancs sont les plus monstrueux, ayant quelquefois près d'un pouce de diamètre, ni ceux dont les grains sont allongés et recourbés, ni ceux qui offrent des grappes de plusieurs livres de poids, ni ceux qui présentent des grains de diverses couleurs, parce que cela mènerait beaucoup trop loin, et qu'en général ils ne sont pas un bon manger. Il en est de même des corinthes, petits raisins qui n'ont pas de pepins.

Cependant il faut que je dise un mot des verjus, qui sont des variétés à citer par la grosseur de leurs grains, de leurs grappes et de leurs bourgeons, variétés qui ne peuvent que rarement amener leur fruit à maturité dans le climat de Paris, mais qu'on y cultive pour employer le suc de ces grains, qui est fortement acide, à l'assaisonnement des mets.

Les verjus se placent en espalier à toutes les expositions, et comme ils fournissent des bourgeons d'une grande vigueur, qui tiennent beaucoup de place, c'est à celles qui sont les moins précieuses, c'est-à-dire au couchant et au nord, qu'on les place ordinairement. Leur taille ne diffère pas de celle des autres variétés, si ce n'est qu'elle doit être plus longue.

Les grappes de verjus, dont il n'est pas rare d'en voir de 5 à 6 livres, se cueillent un peu après les autres raisins, et se conservent comme eux. On en fait des Confitures et des Conserves. *Voyez* ces mots et Verjus.

Si j'avais à conseiller de cultiver la vigne dans le climat de Paris, uniquement pour employer sa feuille pour fourrage, et je crois que ce serait une bonne spéculation, j'indiquerais le verjus comme préférable, parce qu'il craint peu les gelées du printemps, et pousse des bourgeons d'une longueur et des feuilles d'une largeur supérieure aux autres vignes du même climat.

Outre la fabrication du Vin et le manger en nature, on tire encore parti des Raisins pour faire des Raisins secs, du Raisiné et du Sirop de raisin. *Voyez* tous ces mots et ceux Alcool, Eau-de-vie, Éther, Fermentation, Distillation, Lie, Tartre, Acide, Alcali et Sucre.

Dès l'époque de la conquête de l'Amérique, il y a été porté des vignes, que d'abord on n'a cultivées que pour leur fruit.

Plusieurs tentatives ont été faites pour introduire sa culture en grand dans les États-Unis de l'Amérique, et elles ont été sans succès permanens, à raison de la grande dépense de cette culture et du haut prix de la main d'œuvre dans ce pays.

J'ai parlé plus haut des obstacles d'une autre nature, qui s'y opposaient dans les parties basses des états méridionaux.

Aujourd'hui les gazettes annoncent qu'on fait du vin sur les derrières de la Pensylvanie, et les boutures que j'ai envoyées dans la partie haute de la Caroline, à Colombia, produisent déjà des raisins qui donnent beaucoup d'espérance.

Dans les Antilles, les vignes donnent deux récoltes par an lorsqu'on les taille quinze jours ou trois semaines après la première.

Au Brésil, on fait trois récoltes de raisin sur le même cep, en mars, en mai et en septembre; ce qui rentre sans doute dans ce que je viens de dire.

On cultive beaucoup de vignes sur la cordilière par où passe la route de Buenos-Ayres à Saint-Jago du Chili.

Il paraît qu'elles sont également communes dans les parties élevées du Mexique.

L'Amérique septentrionale nous a fourni neuf espèces de vignes sauvages, qui toutes sont dioïques, et dont on cultive plusieurs dans les jardins de Paris. Les ayant observées dans leur pays natal, je puis en parler avec plus d'assurance que d'autres.

La Vigne cotonneuse, *Vitis labrusca*, Lin., a les feuilles en cœur, légèrement lobées, peu profondément dentées, d'un vert foncé en dessus, et couvertes de poils roux en dessous. Ses grappes de fruits ne sont ordinairement composées que de cinq à six grains, d'un demi-pouce de diamètre, à peau très-épaisse et à suc assez agréable. Elle est très-commune en Caroline, dans les lieux humides, sur le bord des marais, et elle s'élève au-dessus des plus grands arbres. J'en ai vu des ceps plus gros que la jambe; on la cultive au jardin du Muséum et dans les pépinières de Versailles.

La Vigne d'été, *Vitis æstivalis*, Michaux, a les feuilles en cœur, fortement trilobées, profondément dentées; les pétioles ainsi que les nervures en dessous couverts de poils ferrugineux foncé, et le reste du dessous de la feuille couvert de poils moins foncés. Ses grappes sont très-longues, et les femelles offrent beaucoup de grains d'une petite grosseur. On la trouve avec la précédente, avec laquelle on l'a long-temps confondue, et on la cultive également dans le Jardin du Muséum et dans les pépinières royales.

La Vigne de renard, *Vitis vulpina*, Lin., a les feuilles en cœur, à peine lobées, largement et obtusément dentées, glabres et luisantes des deux côtés; les grappes femelles abondamment garnies de grains gros comme des pois. Elle croît en Caroline dans les bons terrains, et s'élève sur les arbres d'une moyenne hauteur; ses raisins sont abondans et assez bons à manger. De toutes les vignes d'Amérique, c'est celle qui se rapproche le plus de la nôtre, et dont la culture peut devenir la plus avantageuse.

La Vigne palmée, *Vitis palmata*, Vahl, a les feuilles en cœur, profondément lobées et dentées par des divisions aiguës. Elles sont glabres en dessus, et légèrement velues en dessous sur leurs nervures seulement. Ses grappes sont petites; elle est originaire d'Amérique, et est cultivée au Jardin des Plantes de Paris.

La Vigne des rivages, *Vitis riparia*, Michaux, a les feuilles en cœur, très-profondément lobées, et inégalement dentées par des divisions aiguës et allongées; elles sont blanchâtres et presque glabres en dessous. Elle croît sur le bord du Mississipi; elle est connue sous le nom de *vigne des battures*. On la cultive au Jardin des Plantes et dans les pépinières royales; mais on n'y a que l'individu mâle.

La Vigne sinueuse, *Vitis sinuosa*, Bosc, a les feuilles en cœur, à cinq lobes très-profonds et arrondis, les dentelures fort larges. Elles sont glabres et luisantes en dessus et en dessous. Elle est originaire d'Amérique, et se cultive chez Noisette.

La Vigne a feuilles en cœur, *Vitis cordifolia*, Mich., a les feuilles très-grandes, en cœur, à peine lobées, largement et inégalement dentées, d'un vert foncé en dessus et plus pâle en dessous. Elle est originaire d'Amérique, et se cultive au Jardin du Muséum. Elle a disparu des pépinières royales par suite des principes de destruction qui planent sur elles.

La Vigne a feuilles rondes, *Vitis rotundifolia*, Mich., a les feuilles un peu en cœur, non lobées, faiblement dentées, légèrement velues en dessous sur leurs nervures, et d'un vert foncé. Elle est originaire d'Amérique, et se cultive dans les Jardins du Muséum. Son suc est si astrigent, que j'ai eu les mains crispées et douloureuses pendant plusieurs jours pour avoir écrasé quelques-unes de ses grappes.

La Vigne a feuilles de persil, *Vitis arborea*, Lin., a les feuilles deux fois pinnées, à divisions profondément dentées et quelquefois lobées, de la largeur du pouce, vert foncé en dessus, plus pâle en dessous. Elle est originaire d'Amérique, où elle s'élève au-dessus des plus grands arbres. L'élégance de son feuillage la rend précieuse pour l'ornement des jardins paysagers, où, bien placée et bien conduite, elle produit beaucoup d'effet.

La Vigne d'Orient a les feuilles peu différentes de celles de la précédente, mais ses tiges s'élèvent à peine de quelques pieds. Elle a été apportée de l'Asie mineure par le voyageur Olivier. On peut également la placer comme ornement au pied des buissons dans les jardins paysagers.

La Vigne vierge, *Vitis quinquefolia*, Lin., qu'on a tantôt placée parmi les lierres, tantôt parmi les achits, et dont Michaux a fait un genre particulier, a les feuilles palmées, à cinq à six folioles lancéolées, dentées, d'un vert noir, et glabres. Ses tiges sont radicantes à la manière du lierre, c'est-à-dire qu'elles s'attachent, par des griffes radiciformes, aux arbres et aux murs qui sont à sa portée. Elle est originaire d'Amérique, où je l'ai vue s'élever au-dessus des plus grands arbres. On la cultive fréquemment en Europe, à raison de sa propriété de monter, seule, le long des murs exposés au nord, et de les garnir, sans dépense, d'une belle verdure pendant l'été. Elle perd ses feuilles en hiver.

Toutes ces vignes ne se multiplient que de marcottes et de boutures, qu'on fait en hiver ou au premier printemps. La dernière seule est dans le commerce. (B.)

VIGNE APPIENNE. C'est celle qui porte le muscat. (B.)

VIGNES DE LABOUR. On donne ce nom, dans le midi de la France, aux vignes plantées en rangées, assez espacées pour pouvoir les labourer à la charrue, pratique très-économique et qu'il est à désirer de voir introduite par-tout, comme je l'ai fait voir dans l'article ci-dessus. (B.)

VIGNE DE MADÈRE. M. John Williams a donné la figure coloriée de la variété de vigne qui donne à Madère le vin qui porte le nom de cette île; vol. 2, *pl.* 8 des *Transactions de la Société horticulturale de Londres.* Ses feuilles sont peu profondément lobées et très-cotonneuses en dessous; ses grappes sont grosses et peu serrées; ses grains sont jaunes, très-ovales, longs de 2 centimètres. Elle se rapproche par ses caractères *du blanc de la grosse* du Gard. (B.)

VIGNE DE TOKAI. La célébrité méritée du vin que fournit cette vigne m'engage à dire un mot de la variété qui la constitue.

Il existe dans la pépinière du Luxembourg, d'ancienne date, plusieurs variétés de ce nom, provenant des départemens, qui n'ont aucun rapport avec cette variété, excepté une, venant du Haut-Rhin, qui se rapproche infiniment du *pineau gris*, mais qui a la peau plus fine et la pulpe plus sucrée. Cette même variété y a été envoyée de Tokai même, avec les autres variétés du même vignoble, par M. Daru, lorsqu'il était intendant général de la grande armée. Enfin je l'ai retrouvée dans la pépinière de MM. Beauman à Bovillers, près Colmar, et ils l'avaient tirée directement de ce vignoble.

C'est donc mal à propos que M. Kermer, dans son ouvrage sur les raisins, seconde livraison, a figuré sous ce nom un raisin blanc, nom qu'il a, au reste, changé à la main en celui *fourment,* dans l'exemplaire que j'ai fait venir pour mon usage.

Le pineau gris est commun dans les vignes du nord-est de la France et donne par-tout un excellent vin ; mais ce vin est fort différent du Tokai, dont j'ai bu du certain ; il faut donc qu'on fasse subir au raisin une préparation propre à lui faire acquérir cette consistance liquoreuse qu'il possède ; je crois que c'est par une maturité exagérée et une exposition pendant quelque temps sur la paille qu'on y parvient. J'ai bu dans le Haut-Rhin, à Ribauvillers, chez M. Charles Baysser, du vin de paille fait avec ce raisin gris, qui en approchait beaucoup.

J'engage les propriétaires de vignes uniquement plantées en Tokai ou en pineau gris, à faire des essais pour nous rendre propre cette excellente espèce de vin en faisant usage des mêmes moyens. (B.)

VIGNEUX. Variété de FROMENT barbu qu'on cultive aux environs de Nantes. Il est préféré pour les pâtisseries à raison du liant de la pâte de sa farine. (B.)

VIGNOBLE. Ce mot est d'une acception fort vague : tantôt c'est un lieu d'une certaine étendue planté en vigne, tantôt une grande étendue de pays où il se trouve beaucoup de vignes. Ainsi on dit également le vignoble de cette commune est situé de l'autre côté de la montagne, et le vignoble de Bordeaux fournit des vins de diverses qualités.

Il est bon de remarquer que les vignobles de la France peuvent être divisés en trois classes, 1°. ceux du midi, dont les vins sont forts, dangereux à boire avec excès, très-chargés d'alcool, et fort peu pourvus d'arome (bouquet) ; 2°. ceux du milieu, médiocrement forts, amis de l'estomac, ayant un bouquet très-flatteur ; 3°. ceux du nord, faibles, très-chargés de tartre, ayant fort peu d'alcool.

Il serait superflu de détailler ici les différens vignobles du royaume. On trouvera la liste des plus importans au mot VIGNE. M. Jullien, d'ailleurs, a publié leur topographie. (B.)

VIN. De toutes les liqueurs fermentées, le vin est la meilleure et la plus estimée ; il forme l'objet d'un commerce considérable entre les nations ; il varie en qualité dans les divers lieux ; et cette production du sol est d'autant plus importante, que les terres qui sont propres à la vigne et fournissent le meilleur vin, sont en général sèches , arides, et refuseraient tout autre genre de culture.

Nous n'entrerons ici dans aucun détail pour déterminer l'époque où le vin commença à être connu ; nous ne parlerons pas non plus des méthodes des anciens pour cultiver la vigne et préparer le vin ; nous passerons même sous silence l'énumération des diverses espèces de vin que connaissaient les Égyptiens, les Grecs et les Romains. On peut consulter, à ce sujet, ce qu'en dit Pline dans le quatorzième livre de son Histoire naturelle ; il y traite exclusivement de la vigne et des vins.

Nous nous bornerons ici à faire connaître , 1°. les causes principales qui influent sur la qualité ou la nature des vins ; 2°. les procédés de l'art pour les conserver et les améliorer ; 3°. les maladies ou dégénérations auxquelles ils sont sujets.

Pour se former une doctrine plus étendue sur cette production du sol et de l'industrie, on peut consulter les articles FERMENTATION et DISTILLATION , ils sont essentiellement liés à ce sujet. En réunissant l'ensemble des connaissances répandues dans ces trois articles, on aura une idée exacte de tout ce qu'on peut désirer sur cette importante production de la nature et de l'art.

SECTION Ire. *Des causes qui influent sur la qualité des vins.* La vigne croît presque par-tout : on la cultive avec avantage depuis le 35e. degré de latitude jusqu'au 52e. ; mais son produit n'est pas le même dans cette immense étendue de pays : elle ne produit de bon vin qu'entre le 40e. et le 50e. degré.

Il ne faut pas croire que la nature de la vigne ou la différence de ses espèces soit la seule cause de l'énorme variété de produit qu'elle présente sous ces divers climats ; car la vigne de Bourgogne, successivement transportée au Cap, à Madrid et ailleurs, n'a pas tardé à y dégénérer ; et celles de Salerne, cultivées au pied du Vésuve, de même que celles du Levant, transportées à Fontainebleau, y ont donné du vin très-différent de celui qu'elles produisaient dans leur terre natale.

La variété des climats influe sans doute sur la nature du raisin, mais cette cause n'est pas la seule : on voit, dans tous les pays de vignobles, des vignes provenant du même plant, cultivées de la même manière, donner néanmoins des vins très-différens : dans ces cas , on ne peut rechercher la cause de ces différences que dans la nature du sol ou dans l'exposition de la vigne.

Un sol sec et aride est le plus propre à la qualité du vin : la terre argileuse et humide lui est contraire.

Un sol gras et fécond est avantageux à la quantité , mais essentiellement nuisible à la qualité.

Les terres calcaires, caillouteuses ou crayeuses; les débris des granits et ceux des volcans sont les plus favorables sous le rapport de la qualité du vin; et ces terrains ne demandent pas d'autre culture que des labours multipliés et faits en temps opportun.

Quant à l'exposition que doit avoir la vigne, il paraît que celle du midi paraît la plus favorable, ensuite celle du levant : celles du nord et du couchant sont les plus funestes. On voit quelquefois sur l'étendue d'une même vigne l'action bien prononcée de ces diverses expositions, et les agriculteurs savent très-bien attacher un prix différent à chaque portion, selon l'exposition dont elle jouit.

A ces causes naturelles de la différence du produit de la vigne, nous pouvons ajouter celle des saisons; car pour qu'une vigne placée sous un bon climat, plantée dans un sol favorable, et jouissant d'une bonne exposition, donne de bon vin, il faut encore que l'intempérie des saisons ne vienne pas déranger l'effet avantageux de ces premières causes : la vigne aime la chaleur; le froid empêche le raisin de parvenir à maturité; les pluies trop abondantes, sur-tout aux approches de la vendange, délayent les sucs, et préparent des vins faibles, aigres et verts; les vents dessèchent et tourmentent les tiges; les brouillards sont mortels pour la fleur, etc.

L'année la plus favorable à la vigne sera celle où la floraison sera accompagnée d'un temps sec, chaud et tranquille, où des pluies douces viendront nourrir le raisin lorsqu'il commence à grossir, où une chaleur constante aidera le développement du fruit, où de légères pluies humecteront de temps en temps le sol et le cep; où enfin la maturité du raisin sera favorisée d'une température chaude et sèche.

L'influence du sol, du climat, de l'exposition, des saisons est forcée; il n'appartient à l'homme ni de la changer ni de la modifier; il n'en est pas de même de celle de la culture, qui est toute à notre disposition, et celle-ci ne laisse pas que d'avoir de grands résultats, sur-tout sur la qualité du vin.

Lorsque toutes les causes qui peuvent assurer une bonne qualité de vin se trouvent réunies, tout l'art du vigneron doit se borner à bien préparer la terre; et les travaux qu'il a à exécuter à cet égard se bornent à la bien remuer à une profondeur suffisante pour l'ameublir, la diviser, l'aérer, détruire les plantes étrangères, etc.

Je sais bien que dans quelques pays on est dans l'usage de fumer la vigne, mais c'est toujours au préjudice de la qualité du vin; et cette méthode n'est praticable avec succès que dans les cantons où l'on préfère la quantité à la qualité. Les meilleurs œnologues proscrivent avec raison cet usage.

Au mot FERMENTATION, nous avons suivi le suc du raisin jusqu'au moment où, converti en liqueur vineuse, il est tiré de la cuve pour être versé dans les tonneaux. Ici nous allons nous occuper des changemens qu'il éprouve dans les tonneaux, et des opérations qu'on fait sur lui, soit pour prévenir ses altérations, soit pour l'améliorer.

SECTION II. *Des moyens employés pour conserver et améliorer les vins* (1). Le vin déposé dans le tonneau n'a pas atteint son dernier degré d'élaboration. Il est trouble et fermente encore ; mais comme le mouvement en est moins tumultueux, on a appelé cette période de fermentation *fermentation insensible*.

Ici on doit distinguer deux cas ou deux états dans lesquels se trouve le vin : ou il existe encore du principe sucré, ou il n'en existe plus. S'il existe encore du principe sucré, on peut, sans inconvénient, laisser aller la fermentation ; le vin en deviendra plus spiritueux.

Mais si le principe sucré est complétement décomposé, il faut arrêter la fermentation et se presser d'enlever le dépôt et les écumes, et de clarifier pour extraire tout le ferment qui existe dans le vin ; sans cela, il dégénérerait bientôt en vinaigre. Pour éviter ce dernier inconvénient, on peut encore nourrir la fermentation avec du sucre, et donner par là au vin un corps et d'autres propriétés qu'il n'aurait jamais eues.

Nous allons faire l'application de ces principes aux phénomènes que présente le vin dans les tonneaux : on entend un léger sifflement, qui provient du dégagement continu des bulles de gaz acide carbonique qui s'échappent de tous les points de la liqueur ; il se forme une écume à la surface, qui déverse par le bondon, et on a l'attention de tenir le tonneau toujours plein, pour que l'écume sorte et que le vin se dégorge. Il suffit, dans les premiers instans, d'assujettir une feuille sur le bondon, ou d'y mettre une tuile.

A mesure que la fermentation diminue, la masse du liquide s'affaisse, et on surveille cet affaissement avec soin pour verser de nouveau vin, et tenir le tonneau toujours plein : c'est cette opération qu'on appelle *ouiller*. Il est des pays où l'on

----

(1) Les anciens nous ont transmis d'excellens préceptes pour conserver les vins, mais la plupart ne sont applicables qu'à la nature des vins qu'ils faisaient alors, lesquels étaient en général liquoreux et mal fermentés. Parmi les recettes qu'il nous ont laissées, on est tout étonné de trouver la suivante, qui tient à une crédulité vraiment puérile.

Impossibile est vinum in vappam perverti, si in vase inscripseris, aut in ipsis doliis, hæc divina verba : Gustate et videte bonum esse dominum. Recte feceris si etiam malum his verbis inscriptum vino injeceris. Cap. xiv. lib. vii, Geoponicorum.

ouille tous les jours pendant le premier mois, tous les quatre jours pendant le deuxième, et tous les huit jusqu'au soutirage. C'est ainsi qu'on le pratique pour les vins délicieux de l'Hermitage.

En Champagne, dans les cantons où l'on récolte des vins rouges, lorsque la fermentation a cessé, vers la fin de décembre, on profite d'un temps sec et d'une belle gelée pour soutirer le vin et le *débourber.*

Vers la mi-mai, avant les chaleurs, on le soutire encore, ce qui s'appelle *tirer au clair;* on le met en cave et on relie les poinçons en cerceaux neufs.

On soutire encore une troisième fois, ce qui s'appelle *tirer au clair fin,* et on clarifie avec cinq ou six blancs d'œufs délayés dans une chopine d'eau, pour chaque pièce de vin de 240 bouteilles. Cette dernière opération ne se fait que quand on expédie le vin au consommateur, ou qu'on le met en bouteilles.

En général, les vins rouges de la haute montagne, en Champagne, se mettent en bouteilles en novembre, ou treize mois après la récolte. Le vin rouge, tiré en sève, est très-désagréable à boire.

Il est des vins rouges de Champagne qu'on peut laisser sur lie trois ou quatre ans, tels sont ceux du clos Saint-Thierry; mais il faut les garder dans des foudres de sept à dix pièces au moins. Le vin s'y nourrit et s'y comporte bien. Cette méthode n'est praticable avec avantage que pour les vins généreux. Les vins faibles y deviendraient acides.

En Bourgogne, dès que la fermentation s'est ralentie dans le tonneau, on le bouche et on perce un petit trou près du bondon, qu'on ferme avec une cheville de bois qu'on appelle *fausset.* On le débouche de temps en temps pour laisser évaporer le reste du gaz.

Dans les environs de Bordeaux, on commence à ouiller huit à dix jours après avoir déposé les vins dans les tonneaux. Un mois après on les bonde, et on ouille tous les huit jours; dans le principe, on bonde sans effort, et peu-à-peu on assujettit la bonde sans courir aucun risque.

On y tire les vins blancs à la fin de novembre et on les soufre; ils demandent plus de soin que les rouges, parce que, contenant plus de lie, ils sont plus disposés à graisser.

On ne tire au clair les vins rouges que dans le mois de mars. Ceux-ci tournent plus aisément à l'aigre que les blancs; ce qui force de les conserver dans des celliers plus frais pendant les chaleurs.

Il est des particuliers qui, après le second soutirage, font tourner les barriques, la bonde de côté, et conservent ainsi le vin hermétiquement fermé, sans avoir besoin de l'ouiller, attendu qu'il n'y a ni déperdition ni contact avec l'air. Ils ne tirent alors le vin au clair que tous les ans à la même époque jusqu'à ce qu'ils trouvent avantageux de le boire. Par-tout les procédés usités sont à-peu-près les mêmes, et nous nous garderons bien de multiplier des détails qui ne seraient que des répétitions.

Lorsque la fermentation s'est apaisée, et que la masse du liquide jouit d'un repos absolu, le vin est fait ; mais il acquiert de nouvelles qualités par la clarification. On le préserve, par cette opération, du danger de *tourner*.

Cette clarification s'opère d'elle-même par le temps et le repos : il se forme peu-à-peu un dépôt dans le fond du tonneau et sur les parois, qui dépouille le vin de tout ce qui n'y est pas dans une dissolution absolue, ou de ce qui y est en excès. C'est ce dépôt qu'on appelle *lie*, *fèces*, mélange confus de tartre, de matière colorante, et sur-tout de ce principe végéto-animal qui constitue le ferment.

Mais ces matières, quoique déposées dans le tonneau et précipitées du vin, sont susceptibles de s'y mêler encore par l'agitation, le changement de température, etc., et alors, outre qu'elles nuisent à la qualité du vin qu'elles rendent trouble, elles peuvent lui imprimer un mouvement de fermentation qui le fait dégénérer en vinaigre.

C'est pour obvier à cet inconvénient qu'on transvase le vin à diverses époques, qu'on en sépare avec soin toute la lie qui s'est précipitée, et qu'on dégage même de son sein, par des procédés simples que nous allons décrire, tout ce qui peut y être dans un état de dissolution incomplète. A l'aide de ces opérations, on le purge, on le purifie, on le prive de toutes les matières qui pourraient déterminer l'acétification en prolongeant la fermentation.

Nous pouvons réduire au *soufrage* et à la *clarification* tout ce qui tient à l'art de conserver les vins.

Article premier. *Du soufrage des vins. Soufrer, mécher* ou *muter* les vins, c'est les imprégner d'une vapeur sulfureuse qu'on obtient par la combustion de mèches soufrées.

La manière de composer les mèches soufrées varie sensiblement dans les divers ateliers : les uns mêlent avec le soufre des aromates, tels que les poudres de girofle, de cannelle, de gingembre, d'iris de Florence, de fleurs de thym, de lavande, de marjolaine, etc., et fondent ce mélange dans une terrine, sur un feu modéré. C'est dans ce mélange fondu qu'on plonge des bandes de toile et de coton pour les brûler dans le tonneau. D'autres n'emploient que le soufre, qu'ils fondent au feu, et dont ils imprègnent des lanières semblables.

La manière de soufrer les tonneaux nous offre les mêmes variétés : on se borne quelquefois à suspendre une mèche soufrée au bout d'un fil de fer ; on l'enflamme, et on la plonge dans le tonneau qu'on veut remplir ; on bouche et on laisse brûler : l'air intérieur se dilate et est chassé avec sifflement. On en brûle deux, trois, plus ou moins, selon l'idée on le besoin. Lorsque la combustion est terminée, les parois du tonneau sont à peine acides : alors on y verse le vin. Dans d'autres pays, on prend un bon tonneau ; on y verse deux à trois seaux de vin, on y brûle une mèche soufrée, on bouche le tonneau après la combustion, et l'on agite en tous sens. On laisse reposer une ou deux heures ; on débouche ; on ajoute du vin ; on *mute*, et on réitère l'opération jusqu'à ce que le tonneau soit plein : ce procédé est usité à Bordeaux.

On fait à Marseillan, près la ville de Cette, en Languedoc, avec du raisin blanc un vin qu'on appelle *muet* et qui sert à soufrer les autres.

On presse et foule la vendange, et on la coule de suite sans lui donner le temps de fermenter ; on met le moût dans des tonneaux qu'on remplit au quart ; on brûle plusieurs mèches dessus ; on met le bouchon, et on agite fortement le tonneau jusqu'à ce qu'il ne s'échappe plus de gaz par le bondon lorsqu'on l'ouvre. On met alors une nouvelle quantité de moût ; on y brûle dessus, et on agite avec les mêmes précautions ; on réitère cette manœuvre jusqu'à ce que le tonneau soit plein. Ce moût ne fermente jamais, et c'est par cette raison qu'on l'appelle *vin muet*. Il a une saveur douceâtre, une forte odeur de soufre, et il est employé à être mêlé avec l'autre vin blanc : on en met deux ou trois bouteilles par tonneau. Ce mélange équivaut au soufrage.

Le soufrage rend d'abord le vin trouble et sa couleur désagréable ; mais la couleur se rétablit en peu de temps, et le vin s'éclaircit. Cette opération décolore un peu le vin rouge. Le soufrage a le très-précieux avantage de prévenir la dégénération acéteuse. Il paraît que le soufrage précipite le ferment qui était encore en dissolution dans la liqueur, puisqu'il rend le vin trouble ; de sorte que son effet le plus marqué, c'est de prévenir toute fermentation ultérieure, pourvu qu'on transvase le vin après quelque temps de repos, ou qu'on le *colle*.

Le soufrage a encore l'avantage de déplacer l'air atmosphérique, dont le contact est nécessaire pour déterminer la dégénération acide.

Il produit aussi quelques atomes d'un acide énergique, qui peut bien s'opposer au développement d'un acide plus faible.

On soutire les vins avant de les soufrer, pour enlever d'abord toute la lie qui s'est précipitée.

Les anciens composaient un mastic avec la poix, un cinquantième de cire, un peu de sel et d'encens, qu'ils brûlaient dans les tonneaux. Cette opération était désignée par les mots *picare dolia*, et les vins ainsi préparés étaient connus sous les noms de *vina picata*. Plutarque et Hippocrate parlent de ces vins.

C'est peut-être d'après cet usage que les anciens avaient consacré le sapin à Bacchus : on donne encore aujourd'hui au vin rouge affaibli un parfum agréable, en le faisant séjourner sur une couche de copeaux de bois de sapin. Baccius prétend qu'il faut résiner les tonneaux, *picare vasa*, au moment de la canicule.

ARTICLE II. *Du soutirage des vins.* Outre l'opération du soufrage des vins, il en est une autre tout aussi essentielle, qu'on appelle *clarification*. Elle consiste d'abord à tirer le vin de dessus la lie, ce qui demande des précautions dont nous nous occuperons dans le moment, et à le dégager ensuite de tous les principes suspendus ou faiblement dissous, pour ne lui conserver que les seuls principes spiritueux et incorruptibles. Ces opérations s'exécutent même avant le soufrage, qui n'en est qu'une suite.

La première de ces opérations s'appelle *soutirer, transvaser, déféquer* le vin. Aristote conseille de répéter souvent cette manipulation, *quoniam, superveniente œstatis calore, solent fœces subverti, ac ita vina acescere.*

Dans les divers pays de vignobles, on a des temps marqués dans l'année pour soutirer les vins : ces usages sont sans doute établis sur l'observation constante et respectable des siècles. A l'Hermitage, on soutire en mars et en septembre; en Champagne, au milieu d'octobre, vers le 15 février et vers la fin de mars; en Bourgogne, on soutire en mars et en septembre.

On choisit toujours un temps sec et froid pour exécuter cette opération. Il est de fait que ce n'est qu'alors que le vin est déposé. Les temps humides, les vents du sud les rendent troubles, et il faut se garder de soutirer quand ils règnent.

Baccius nous a laissé d'excellens préceptes sur les temps les plus favorables pour transvaser les vins : il conseille de soutirer les vins faibles, c'est-à-dire ceux qui proviennent de terrains gras et couverts, au solstice d'hiver; les vins médiocres, au printemps; et les plus généreux, pendant l'été. Il donne comme précepte général de ne jamais transvaser que lorsque le vent du nord souffle; il ajoute que le vin soutiré en pleine lune se convertit en vinaigre.

Vina in alia vasa transfundenda sunt, borealibus ventis spirantibus, nequaquam verò australibus. Et infirmiora quidem vere, potentiora autem œstate ; quœ vero in siccis locis nata sunt, post solstitium hyemale, cap. vi, lib. vii Geoponicorum.

La manière de soutirer les vins demande encore des précautions infinies, qui ne pourront paraître indifférentes qu'à ceux qui ne savent pas quel est l'effet de l'air atmosphérique sur ce liquide : par exemple, en ouvrant la cannelle, en plaçant un robinet à quatre doigts du fond du tonneau, le vin qui s'écoule s'aère et détermine des mouvemens dans la lie ; de sorte que, sous ce double rapport, le vin acquiert de la disposition à s'aigrir. On a obvié à une partie de ces inconvéniens, en soutirant le vin à l'aide d'un syphon ; le mouvement en est plus doux, et on pénètre par ce moyen à la profondeur qu'on veut sans jamais agiter la lie. Mais toutes ces méthodes présentent des vices auxquels on a parfaitement remédié à l'aide d'une pompe dont l'usage s'est établi en Champagne et dans d'autres pays de vignobles.

On a un tuyau de cuir en forme de boyau, long de 4 à 6 pieds et d'environ 2 pouces de diamètre. On adapte des tuyaux de bois aux deux bouts ; ces tuyaux vont en diminuant de diamètre vers la pointe ; on les assujettit fortement au cuir à l'aide de gros fil ; on ôte le tampon de la futaille qu'on veut remplir, et l'on y enchâsse solidement une des extrémités du tuyau ; on place un bon robinet à 2 ou 3 pouces du fond de la futaille qu'on veut vider, et on y adapte l'autre extrémité du tuyau.

Par ce seul mécanisme, la moitié du tonneau se vide dans l'autre ; il suffit pour cela d'ouvrir le robinet, et on y fait passer le restant par un procédé simple. On a des soufflets d'environ 2 pieds de long, compris le manche, et de 10 pouces de largeur. Le soufflet pousse l'air par un trou placé à la partie antérieure du petit bout : une petite soupape de cuir s'applique contre le petit trou, et s'y adapte fortement pour empêcher que l'air n'y reflue lorsqu'on ouvre le soufflet ; c'est encore à l'extrémité du soufflet qu'on adapte un tuyau de bois perpendiculaire pour conduire l'air en bas ; on adapte ce tuyau au bondon, de manière que lorsqu'on souffle et pousse l'air, on exerce une pression sur le vin, qui l'oblige à sortir du tonneau pour monter dans l'autre. Lorsqu'on entend un sifflement à la cannelle, on la ferme promptement : c'est une preuve que tout le vin a passé.

On emploie aussi des entonnoirs de fer-blanc, dont le bec a au moins un pied et demi de long, pour qu'il plonge dans le liquide et n'y cause aucune agitation.

Article III. *Du collage des vins.* Le soutirage du vin sépare bien une partie des impuretés, et éloigne par conséquent quelques-unes des causes qui peuvent en altérer la qualité ;

mais il reste encore des matières suspendues dans ce fluide, dont on ne peut s'emparer que par les opérations suivantes, qu'on appelle *collage des vins*.

C'est presque toujours la colle de poisson qui sert à cet usage, et on l'emploie comme il suit : on la déroule avec soin, on la coupe par petits morceaux, on la fait tremper dans un peu de vin ; elle se gonfle, se ramollit, forme une masse gluante, qu'on verse sur le vin. On se contente alors de l'agiter forte-ment, après quoi on laisse reposer. Il est des personnes qui fouettent le vin dans lequel on a dissous la colle avec quelques brins de tiges de balais, et forment une écume considérable qu'on enlève avec soin; dans tous les cas, une portion de la colle se précipite avec les principes qu'elle a enveloppés, et on soutire la liqueur dès que ce dépôt est formé.

Dans les climats chauds, on craint l'usage de la colle; et pendant l'été, on y supplée par des blancs d'œufs : cinq à six suffisent pour un demi-muid; on n'en emploie que trois à quatre pour les vins délicats et peu colorés. On commence par les fouetter avec un peu de vin ; on les mêle ensuite avec la liqueur qu'on veut clarifier, et on fouette avec le même soin.

Il est possible de substituer la gomme arabique à la colle. Deux onces suffisent pour 400 pots de vin. On la verse sur le liquide en poudre fine, et on agite.

Il faut ne transvaser les vins que lorsqu'ils sont bien faits : si le vin est vert, dur ou sucré, il faut lui laisser passer sur la lie la seconde fermentation, et ne le soutirer que vers le mi-lieu de mai ; on pourra même le laisser jusque vers la fin de juin, s'il continue à être vert. Il arrive même quelquefois qu'on est forcé de repasser des vins sur la lie, et de les mêler forte-ment avec elle pour leur redonner un mouvement de fermen-tation qui doit les perfectionner.

Lorsque les vins d'Espagne sont troublés par la lie, Miller nous apprend qu'on les clarifie par le procédé suivant.

On prend des blancs d'œufs, du sel gris et de l'eau salée ; on met tout cela dans un vase commode, on enlève l'écume qui se forme à la surface, et l'on verse cette composition dans un tonneau de vin dont on a tiré une partie : au bout de deux à trois jours, la liqueur s'éclaircit et devient agréable au goût : on laisse reposer pendant huit jours et on soutire.

Pour remettre un vin clairet gâté par une lie volante, on prend 2 livres de cailloux calcinés et broyés, dix à douze blancs d'œufs, une bonne poignée de sel; on bat le tout avec 8 pintes de vin qu'on verse ensuite dans le tonneau : deux à trois jours après on soutire.

Ces compositions varient à l'infini : quelquefois on y fait entrer l'amidon, le riz, le lait et autres substances plus ou moins capables d'envelopper les principes qui troublent le vin.

On clarifie encore le vin, et on corrige souvent un mauvais goût, en le faisant digérer sur des copeaux de hêtre, précédemment écorcés, bouillis dans l'eau et séchés au soleil ou dans un four : un quart de boisseau de ces copeaux suffit pour un muid de vin. Ils produisent dans la liqueur un léger mouvement de fermentation, qui l'éclaircit dans vingt-quatre heures.

L'art de couper les vins, de les corriger l'un par l'autre, de donner du corps à ceux qui sont faibles, de la couleur à ceux qui en manquent, un parfum agréable à ceux qui n'en ont aucun, ou qui en ont un mauvais, ne saurait être décrit. C'est toujours le goût, l'œil et l'odorat qu'il faut consulter ; c'est la nature très-variable des substances qu'on doit employer, qu'il faut étudier ; et il nous suffira d'observer que, dans toute cette partie de la science de manipuler les vins, tout se réduit, 1°. à adoucir et sucrer les vins par l'addition du moût cuit, du miel, du sucre, ou d'un autre vin très-liquoreux ; 2°. à colorer le vin par une infusion des pains de tournesol, le suc des baies de sureau, le bois de Campêche, et sur-tout par le mélange d'un vin noir et généralement grossier, tels que ceux de Saint-Gilles en Languedoc, et du Cher dans la Touraine ; 3°. à parfumer le vin par le sirop de framboise, l'infusion des fleurs de la vigne, qu'on suspend dans le tonneau enfermées dans un nouet, ainsi que cela se pratique en Egypte, d'après le rapport d'Asselquist ; 4°. à mêler de l'eau-de-vie aux vins qu'on veut rendre plus forts, pour les accommoder au goût de certains peuples et d'un grand nombre de consommateurs, etc.

On fabrique encore dans l'Orléanais et ailleurs des vins qu'on appelle *vins râpés*, et qu'on fait, ou en chargeant le pressoir d'un lit de sarmens et d'un lit de raisins alternativement, ou en faisant infuser des sarmens dans le vin. On les laisse fortement bouillir, et on se sert de ces vins pour donner de la force et de la couleur aux petits vins des pays froids et humides.

Quoique les vins puissent travailler en tous temps, il est néanmoins des époques dans l'année auxquelles la fermentation paraît se renouveler d'une manière spéciale, et c'est sur-tout lorsque la vigne commence à pousser, lorsqu'elle est en fleur et lorsque le raisin se colore. C'est dans ces momens critiques qu'il faut surveiller les vins d'une manière particulière, et l'on pourra prévenir tout mouvement de fermentation en les soutirant et les soufrant, ainsi que nous l'avons indiqué.

SECTION III. *Des vaisseaux propres à conserver les vins.* Lorsque les vins sont complétement clarifiés, on les conserve dans des tonneaux ou dans du verre. Les vases les plus amples et les mieux fermés sont les meilleurs. Tout le monde a entendu parler de l'énorme capacité des foudres d'Heidelberg, dans lesquels le vin s'améliore et se conserve des siècles entiers sans s'altérer. Il est reconnu que le vin se fait mieux dans les futailles très-volumineuses que dans les petites.

Le choix du local dans lequel les vases contenant les vins doivent être déposés n'est pas indifférent : nous trouvons, à ce sujet, chez les anciens des usages et des préceptes qui s'écartent pour la plupart de nos méthodes ordinaires, mais dont quelques-uns méritent notre attention. Les Romains soutiraient le vin des tonneaux pour l'enfermer dans de grands vases de terre vernissés en dedans; c'est ce qu'ils appelaient *diffusio vinorum*. Il paraît qu'ils avaient deux sortes de vaisseaux pour contenir les vins, qu'ils appelaient *amphore* et *cade*. L'amphore, de forme carrée ou cubique, avait deux anses, et contenait 80 pintes de liqueur : ce vaisseau se terminait par un col étroit, qu'on bouchait avec de la poix et du plâtre, pour empêcher le vin de s'éventer. C'est ce que Pétrone nous apprend par ces mots :

Amphoræ vitreæ diligenter gypsatæ allatæ sunt, quarum in cervicibus pittacia erant affixa cum hoc titulo : Falernum opimianum annorum centum.

Le *cade* avait la figure d'une pomme de pin, il contenait moitié plus que l'amphore.

On exposait les vins les plus généreux, en plein air, dans ces vases bien bouchés : les plus faibles étaient sagement mis à couvert. *Fortius vinum sub dio locandum, tenuia verò sub tecto reponenda, cavendaque à commotione ac strepitu viarum.* (Baccius.) *Potentius vinum sub dio collocandum est, avertatur autem ab occasu et meridie, parietibus quibusdam appositis. Tenuia verò vina sub tecto ponenda sunt, fenestræ autem fiant altiores, ad septentrionem et orientem spectantes,* cap. II, lib. VII Geoponicorum. Galien nous observe que tout le vin était mis en bouteilles, qu'après cela on l'exposait à une forte chaleur dans des chambres closes, et qu'on le mettait au soleil pendant l'été sur les toits des maisons pour le mûrir plus tôt et le disposer à la boisson : *Omne vinum in lagenas transfundi, postea in clausa cubicula multâ subjectâ flammâ reponi, et in tecta ædium æstate insolari, undè citiùs maturescant ac potui idonea evadant.*

Pour qu'un vin se conserve et s'améliore, il faut le déposer dans des vases et dans des lieux dont le choix n'est pas indifférent à déterminer. Les vases de verre sont les plus favorables, parce que, outre qu'ils ne présentent aucun principe soluble dans le vin, ils le mettent à l'abri du contact de l'air, de l'humidité et des principales variations de l'atmosphère. Il faut avoir l'attention de boucher exactement ces vases avec du liége fin, et de coucher les bouteilles, pour que le bouchon ne puisse pas se dessécher et faciliter l'accès de l'air. On peut, pour plus de sûreté, couler de la cire sur le bouchon, l'y appliquer avec un pinceau, ou tremper le goulot dans un mélange fondu de cire, de résine ou de poix. Il est des particuliers qui recouvrent le vin d'une couche d'huile, ce procédé est recommandé par Baccius. On recouvre ensuite le goulot avec des verres renversés, des creusets, des vases de fer-blanc, ou toute autre matière capable d'empêcher que les insectes ou les souris ne se précipitent dans le vin.

Les tonneaux sont les vases les plus employés : ils sont, pour l'ordinaire, construits avec du bois de chêne. Leur capacité varie beaucoup, et ils reçoivent le nom de *barriques*, *tonneaux* ou *foudres*, selon qu'elle est plus ou moins grande. Le grand inconvénient des tonneaux, c'est non-seulement de présenter au vin des substances qui y sont solubles, mais encore de se tourmenter par les variations de l'atmosphère, et de prêter des issues faciles tant à l'air qui veut s'échapper qu'à celui qui veut pénétrer.

Les vases de terre vernissés auraient l'avantage de conserver une température plus égale, mais ils sont plus ou moins poreux, et à la longue le vin doit s'y altérer. On a trouvé dans les ruines d'Herculanum des vaisseaux dans lesquels le vin était desséché. Rozier pale d'une urne semblable découverte dans une vigne du territoire de Vienne en Dauphiné, sur le lieu même où était bâti le palais de Pompée. Les Romains remédiaient à la porosité en passant de la cire au dedans et de la poix au dehors, ils en recouvraient toute la surface avec des linges cirés qu'ils y appliquaient avec soin.

Pline condamne l'usage de la cire, parce que, selon lui, elle faisait aigrir les vins : *Nam ceram, accipientibus vasis, compertum est vina acescere.*

Quelle que soit la nature des vaisseaux destinés à contenir le vin, il faut faire choix d'une cave qui soit à l'abri de tous les accidens qui peuvent la rendre peu propre à ces usages.

1°. L'exposition d'une cave doit être au nord : sa température est alors moins variable que lorsque les ouvertures sont tournées vers le midi.

2°. Elle doit être assez profonde pour que la température y soit constamment la même : *In cellis quæ non satis profundæ sunt, diurni caloris participes fiunt, vina non diu subsistunt integra.* Hoffmann.

3°. L'humidité doit y être constante sans y être trop forte ; l'excès détermine la moisissure des papiers, bouchons, tonneaux, etc.

La sécheresse fait tourmenter les futailles et transsuder le vin.

4°. La lumière doit y être très-modérée : une lumière vive dessèche, une obscurité presque absolue pourrit.

5°. La cave doit être à l'abri des secousses. Les brusques agitations, ou ces légers trémoussemens déterminés par le passage rapide d'une voiture sur un pavé, remuent la lie, la mêlent avec le vin, l'y retiennent en suspension, et provoquent l'acétification. Le tonnerre et tous les mouvemens produits par des secousses déterminent le même effet.

6°. Il faut éloigner d'une cave les bois verts, les vinaigres, et toutes les matières qui sont susceptibles de fermentation, ou qui, par leurs exhalaisons, peuvent la provoquer.

7°. Il faut encore éviter la réverbération du soleil, qui, variant nécessairement la température d'une cave, doit en altérer les propriétés.

D'après cela, une cave doit être creusée à quelques toises sous terre ; ses ouvertures doivent être dirigées vers le nord ; elle sera éloignée des rues, chemins, ateliers, égouts, courans, latrines, bûchers, etc. ; elle sera recouverte par une voûte.

SECTION IV. *Des maladies ou dégénérations du vin.* Pour mieux comprendre les dégénérations auxquelles les vins sont sujets, il faut rappeler quelques-uns des principes que nous avons déjà développés dans les chapitres précédens.

La fermentation vineuse n'est due qu'à l'action réciproque entre le principe sucré et le ferment ou principe végéto-animal.

La fermentation terminée ne peut donc nous offrir que trois résultats.

1°. Si les deux principes de la fermentation se sont trouvés dans le moût dans des proportions convenables, ils ont dû être décomposés entièrement l'un et l'autre, et il ne doit exister, après la fermentation, ni principe sucré, ni ferment : dans ce cas, on ne doit craindre aucune dégénération ultérieure, puisqu'il ne se trouve, dans le vin, aucun germe de décomposition. Les vins de cette nature, bien clarifiés, peuvent donc se conserver sans crainte d'altération ; il faut néanmoins, dans ce cas, coller les vins pour enlever les débris de la décomposition du ferment : sans cela, ils nagent dans la liqueur, déposent au fond des vases, et forment ce qui est connu sous le nom de *lie.* Les vins bien fermentés et dépouillés de ces débris ne courent plus aucun risque de décomposition.

2°. Si le principe sucré prédomine dans le moût, par ses proportions, sur le principe végéto-animal ou ferment, ce dernier sera tout employé pour ne décomposer qu'une partie du sucre, et le vin conservera nécessairement un goût sucré.

Dans ce cas, on n'a pas à craindre, ni que le vin tourne à

l'aigre, ni qu'il tourne à la graisse, parce que ces deux effets ne peuvent être produits qu'autant que le ferment y est excédant. Les vins de cette nature peuvent être conservés sans aucune altération aussi long-temps qu'on peut le désirer ; ils s'améliorent même avec le temps, parce que le goût sucré diminue, attendu que le sucre se combine avec les autres principes, ou qu'un reste de fermentation insensible le convertit en alcool.

3°. Mais si la levure ou le ferment prédomine dans le moût, par ses proportions, sur le principe sucré, une partie de ce ferment suffira pour décomposer tout le sucre ; et ce qui reste produit presque toutes les maladies propres aux vins : en effet, ce principe de fermentation existant toujours dans le vin, ou bien il réagit sur les principes que contient la liqueur, et, dans ce cas, il produit une dégénération acide ; ou bien il se dégage de la liqueur qui le retenait en dissolution, et il lui donne alors une consistance sirupeuse qui produit le phénomène qu'on appelle *graisser, filer,* etc.

Il est clair que, dans les deux principaux résultats de la fermentation, on peut corriger le vice qu'elle présente en fournissant à la masse une nouvelle quantité de celui des deux principes qui ne s'y trouve pas dans de justes proportions. Lorsque le sucre prédomine, on pourrait ajouter de la levure ; et lorsque c'est le levain qui y est en excès, comme dans tous les vins faibles provenant de raisins qui n'ont pas atteint leur degré de maturité, ou qui, par leur nature, sont peu sucrés, on peut y ajouter du sucre.

Il est facile de voir qu'en partant de ces principes on arriverait toujours à obtenir des fermentations entières et complètes, et que le vin ne courrait plus aucun risque d'altération. Mais il faut convenir que, par ce moyen, nous nous priverions de beaucoup d'excellens vins qui ne doivent leurs très-bonnes qualités qu'à des fermentations incomplètes, mais assez habilement conduites pour développer des qualités précieuses dans la liqueur, telles que le *bouquet* ou le *fumeux.*

Nous allons rapprocher de ces principes tout ce que la pratique nous apprend sur les maladies du vin.

Presque tous les vins s'améliorent en vieillissant, et on ne peut les regarder comme parfaits que long-temps après qu'on les a fabriqués. Les vins liquoreux sont sur-tout dans ce cas-là ; mais les vins délicats tournent à l'*aigre* ou au *gras* avec une telle facilité, que ce n'est qu'avec les plus grandes précautions qu'on peut les conserver plusieurs années.

Il n'est pas de vignoble dont le vin n'ait une durée fixe et connue : cette durée varie dans le vin du même vignoble, selon la saison qui a régné, et le temps qu'on a employé à la fermentation.

Lorsque la saison a été humide, pluvieuse ou froide, le raisin n'a pas mûri, ou il s'est rempli d'eau, et alors le vin est faible et de peu de durée. Lorsque la fermentation a été maintenue plus long-temps, le vin se conserve mieux.

En général, les raisins provenant de terrains gras et bien nourris, de même que les raisins fournis par des vignes provignées ou trop jeunes, donnent des vins qui ne sont pas de garde. Les vins délicats et fins se conservent aussi difficilement.

Les anciens, ainsi que nous l'apprennent Galien et Athénée, avaient déterminé l'époque de vétusté ou l'âge auquel leurs divers vins devaient être bus : *Falernum ab annis decem ut potui idoneum, et à quindecim usque ad viginti annos; après ce terme, grave est capiti et nervos offendit. Albani verò cùm duæ sint species, hoc dulce, illud acerbum, ambo à decimo quinto anno vigent. Surrentinum vigesimo quinto anno incipit esse utile, quia est pingue et vix digeritur, ac veterascens solùm fit potui idoneum. Friburtinum leve est, facilè vaporat, viget ab annis decem. Lubicanum pingue et inter Albanum et Falernum putatur usui ab annis decem idoneum. Gauranum rarum invenitur, at optimum est et robustum. Signimum, ab annis sex potui utile.*

Les soins qu'on apporte à transvaser, à coller et à *muter* les vins, contribuent puissamment à leur conservation. Il en est peu qui passent les mers sans cette précaution. Il importe donc, pour prévenir toutes leurs altérations, de répéter et multiplier ces opérations; et c'est à cet usage précieux que l'on doit la faculté de pouvoir transporter les vins dans tous les climats, et de leur faire éprouver toutes les températures sans crainte de décomposition.

Parmi les maladies auxquelles les vins sont les plus sujets, la *graisse* et l'*acidité* sont à-la-fois et les plus fréquentes et les plus dangereuses.

Article premier. *De la maladie du vin appelée graisse.* La *graisse* est une altération que contractent souvent les vins; ils perdent leur fluidité naturelle, et filent comme de l'huile : on appelle encore cette dégénération *tourner au gras, graisser, filer,* etc.

Les vins très-généreux dont le moût était très-sucré ne tournent jamais au *gras*. Il n'y a que les vins délicats et peu riches en esprit qui *graissent*.

Les vins faibles, qui ont très-peu fermenté, sont les plus disposés à cette maladie.

Les vins faibles, faits avec les raisins égrappés, y sont plus sujets.

Le vin tourne au gras dans les bouteilles les mieux fermées. On n'en est que trop convaincu dans la Champagne et la Bourgogne, où toute la récolte contracte quelquefois cette altération.

Les vins gras ne fournissent à la distillation qu'un peu d'eau-de-vie *colorée et huileuse.*

En général cette maladie du vin exige peu de remèdes. Il est rare que la liqueur ne se rétablisse pas d'elle-même.

On la prévient en *collant* et *mutant* les vins avec soin, en donnant à la fermentation tout le temps convenable.

Il suffit quelquefois de laisser reposer un vase rempli de vin graisseux, ou de l'exposer dans un lieu chaud pour guérir cette maladie. On a même observé en Champagne que les vins blancs tournent rarement à la *graisse* tant qu'ils sont en *cercles.* Cette dégénération a lieu sur-tout lorsque la saison a été pluvieuse, les vendanges humides, et que le vin a *plus de liqueur que de sève.*

Lorsque la graisse est constatée, ce qui s'annonce par un dépôt gras, laiteux et blanchâtre, et toutes les fois que le vin, agité légèrement sur sa *couche,* ne sonne pas, et présente un œil ou une bulle qui s'attache au verre, on a l'attention de ne pas toucher au vin ; on le laisse sur place ; et cette maladie guérit à la première ou à la seconde sève suivante : alors le dépôt blanchâtre devient brun, se dessèche, se détache par écailles dans la bouteille, et le vin reprend sa diaphanéité ; il devient *sonnant,* et on le dit *guéri.*

C'est sur-tout au temps qu'il faut abandonner la cure du vin gras : rarement cette maladie dure plus d'un an.

On a observé en Champagne que si, dans la quantité de raisins employée à faire des vins blancs, les blancs l'emportent sur les noirs, la *jaunisse* se mêle à la *graisse,* et le vin n'est plus de vente ; il a un goût fade et mou, et une couleur de cuivre qui ne permettent plus de l'employer qu'en le recoupant avec des vins rouges communs et inférieurs, très-chargés en couleur et fort durs.

Il est évident, d'après la nature des causes qui déterminent la *graisse* des vins, d'après les phénomènes que présente cette maladie, et les moyens qu'on emploie pour la guérir, que cette altération provient de ce que le ferment ou le principe végéto-animal du raisin n'a pas été suffisamment élaboré ou décomposé (1).

---

(1) Lorsqu'on abandonne le vin graisseux à lui-même, en le maintenant dans la même température, le principe qui a rompu sa solution et s'est précipité du liquide se dessèche peu-à-peu et se précipite dans la bouteille ; le vin reprend alors peu-à-peu sa diaphanéité.

Lorsqu'on expose le vin graisseux à une température plus chaude, le

Nous avons déjà observé que ce principe, mêlé avec le principe sucré, donnait lieu à un mouvement de fermentation qui décomposait les deux élémens et formait de l'alcool. Mais il est naturel de penser, et conforme d'ailleurs à l'expérience, que, lorsque le principe sucré est peu abondant, le ferment reste en grande partie dans la liqueur après l'entière décomposition du sucre. Il est d'abord en dissolution; mais, comme il a une grande tendance à se précipiter, bien des causes peuvent le dégager et l'extraire, pour ainsi dire, de la liqueur où il était dissous.

On voit, d'après cela, pourquoi les vins les moins spiritueux sont sujets à filer; pourquoi les vins qui ont le moins fermenté sont plus particulièrement sujets à cette maladie; pourquoi, en collant les vins ou en procurant à la masse une nouvelle fermentation, on parvient à les rétablir; pourquoi les vins faibles, mais bien clarifiés, en sont exempts; pourquoi cette maladie disparaît d'elle-même aux époques de l'année où le vin éprouve une nouvelle fermentation, tant en *cercles* qu'en bouteilles.

Nous voyons un effet analogue à la *graisse* dans la bière, dans la décoction de la noix de galle, et dans plusieurs autres cas où le principe extractif très-abondant se précipite de la liqueur qui le tenait en dissolution, et acquiert les caractères de la fibre, à moins que la fermentation ne le détruise, ou qu'un acide ne le précipite.

ARTICLE II. *De l'acescence spontanée du vin.* L'acescence du vin est néanmoins la maladie la plus commune, on peut même dire la plus naturelle; car elle est presque une suite de la fermentation spiritueuse : mais connaissant les causes qui la produisent, et les phénomènes qui l'accompagnent ou l'annoncent, on peut parvenir à la prévenir. Les anciens admettaient trois causes principales de l'acidité des vins : 1°. l'humidité du vin; 2°. l'inconstance ou les variations de l'air; 3°. les commotions.

Pour connaître exactement cette maladie, il faut rappeler quelques principes qui seuls peuvent nous fournir des lumières à ce sujet.

Nous avons observé que la fermentation du moût n'avait

---

ferment qui s'en était séparé peut s'y redissoudre ou éprouver une nouvelle fermentation, qui le décompose et guérit le vin de sa maladie; mais cette nouvelle fermentation ne peut s'exciter qu'autant qu'il existe encore un peu de sucre non décomposé. Au reste, dans le cas où tout le sucre aurait été décomposé, on peut donner de l'aliment à la fermentation, et la rétablir en dissolvant dans le vin graisseux la quantité de sucre ou de moût très-sucré qui est nécessaire.

lieu que par le mélange du principe sucré avec le principe végéto-animal : or, ces deux principes peuvent exister dans le
moût dans des proportions bien différentes. Lorsque le corps
sucré est très-abondant, le principe végéto-animal est tout
employé à le décomposer, et il ne suffit même pas ; de sorte
que le vin reste sucré et liquoreux sans qu'on doive craindre
une dégénération acide. Lorsqu'au contraire le principe végéto-animal est plus abondant que le principe sucré, ce dernier
est décomposé avant que le premier soit tout absorbé : alors il
reste du ferment dans le vin, lequel s'exerce sur les autres principes, se combine avec l'oxygène de l'air atmosphérique, et
fait passer la liqueur à la dégénération acide. On ne peut prévenir ce mauvais résultat qu'en clarifiant, collant, soufrant et
décantant le vin pour enlever tout le ferment qui y existe, ou
bien en mêlant dans le vin du sucre ou du moût très-sucré,
pour continuer la fermentation spiritueuse, et employer tout
le levain à produire de l'alcool.

Nous allons voir que l'observation vient à l'appui de cette
doctrine.

1°. Les vins ne tournent jamais à l'aigre tant que la fermentation spiritueuse n'est pas terminée, ou, en d'autres termes, tant que le principe sucré n'est pas pleinement décomposé. De là l'avantage de mettre le vin en tonneaux avant
que tout le principe sucré ait disparu, parce qu'alors la fermentation spiritueuse se continue et se prolonge long-temps, et
écarte tout ce qui pourrait préparer la décomposition acéteuse.
De là l'usage d'ajouter un peu de sucre ou du moût dans le
tonneau, pour continuer la fermentation lorsqu'elle s'est apaisée et qu'on craint la dégénération.

2°. Les vins les moins spiritueux sont ceux qui *tournent* le
plus vite.

Nous devons distinguer avec soin l'altération des vins faibles
d'avec celle des vins généreux : dans les premiers, le principe
de la fermentation se sépare et reste dispersé dans la liqueur,
qu'il rend trouble ; la couleur devient lie de vin, mais la saveur
est à peine acide ; on appelle cette altération du vin, *tourner,*
se *troubler* : dans les seconds, comme l'esprit de vin y est plus
abondant, les phénomènes y sont aussi différens, et l'acide y
devient plus fort.

La différence qu'il y a encore entre les vins faibles et les vins
très-généreux, c'est que ceux-ci ne tournent plus à l'aigre
lorsqu'on les a dépouillés par le collage, la clarification et le
soufrage, de tout le principe de la fermentation ; tandis que
les vins faibles conservent toujours assez de ce principe, qui
leur est inhérent et nécessaire pour passer à l'aigre.

3°. J'ai exposé des vins vieux de Languedoc, bien préparés

et très-généreux, dans des bouteilles débouchées, à l'ardeur du soleil des mois d'août et juillet, pendant plus de quarante jours, sans que le vin ait perdu sa qualité; seulement le principe colorant s'est constamment précipité sous la forme d'une membrane qui tapissait le fond de la bouteille. Il est à noter que ce vin a pris une légère amertume, et a laissé dégager quelques filamens de lie qui formaient un nuage dans la liqueur; ce qui confirme la théorie que nous développerons par la suite, de la cause de l'amertume que prennent quelques vins lorsqu'ils commencent à vieillir.

4°. Le vin ne s'acidifie ou ne s'aigrit que lorsqu'il a le contact de l'air : l'air atmosphérique mêlé dans le vin est un vrai levain acide.

Lorsque le vin pousse, il laisse échapper ou exhaler le gaz qu'il renferme. Rozier a proposé d'adapter une vessie à un tuyau qui aboutisse dans la capacité du tonneau, pour juger de l'absorption de l'air et du dégagement du gaz. Lorsqu'elle s'emplit, le vin tend à la pousse; si elle se vide, il tourne à l'aigre.

Lorsque le vin pousse, le tonneau laisse reverser le vin sur les parois; et lorsqu'on fait un trou avec une vrille, le vin s'échappe avec sifflement et écume : lorsqu'au contraire le vin tourne à l'aigre, les parois du tonneau, le bouchon et les luts sont secs, et l'air s'y précipite avec effort dès qu'on débouche (1).

On peut conclure de ce principe que le vin enfermé dans des vases bien clos n'est pas susceptible d'aigrir.

Dans les pays où le vin a une grande valeur, et où, par conséquent, l'acescence occasionne des pertes considérables, on a observé que la dégénération acide se manifestait d'abord dans la partie de la liqueur qui occupe le haut du tonneau, d'où elle descend peu-à-peu dans toute la masse; et en partant de cette observation, on a été conduit à soutirer le vin par le bas, de manière à séparer tout le liquide qui n'a pas été altéré. Par ce moyen extrêmement simple, dès qu'on s'aperçoit que le vin commence à tourner, on peut en soustraire une grande partie à la dégénération. Il est probable que l'acescence ne commence par les couches supérieures ou voisines de la bonde, que parce que l'air pénètre plus aisément par cette partie.

5°. Il est des temps dans l'année où le vin tourne à l'aigre

---

(1) La pousse du vin a tous les caractères d'une seconde fermentation. L'acescence est une dégénération de la liqueur spiritueuse; elle n'est excitée que par le contact et l'absorption de l'oxygène de l'air atmosphérique.

plus aisément : ces époques sont le retour des chaleurs, le moment de la sève de la vigne, l'époque de sa floraison et le temps où le raisin commence à rougir. C'est sur-tout dans ces momens qu'il faut le surveiller pour parer à la dégénération acide.

6°. Le changement dans la température provoque encore l'acescence du vin, sur-tout lorsque la chaleur s'élève à 20 ou 25 degrés. Alors la dégénération est rapide et presque inévitable.

Il est aisé de prévenir cette altération en écartant toutes les causes que nous venons d'assigner. Mais je crois qu'il est impossible de faire rétrograder la marche de la dégénération lorsque l'acescence s'est déclarée : dans ce cas, on peut, tout au plus, en masquer le goût par quelques moyens qui sont connus de tout le monde et que nous allons rapporter.

On dissout du moût cuit, du miel ou de la réglisse, dans le vin où l'acidité se manifeste : par ce moyen, non-seulement on corrige le goût aigre, en le remplaçant par la saveur douceâtre de ces ingrédiens, mais on rétablit la fermentation spiritueuse, en donnant au ferment qui existe encore dans le vin le principe sucré qui lui est nécessaire. Par ce moyen, on force le ferment à s'exercer sur le sucre, et à produire du vin au lieu de produire de l'acide, qui se forme lorsque le ferment porte son action sur les autres principes et se combine avec l'air.

On s'empare du peu d'acide qui a pu se former à l'aide des cendres, des alcalis, de la craie, de la chaux et même de la litharge. Cette dernière substance, qui forme un sel très-doux avec l'acide acétique, est d'un emploi très-dangereux.

On peut aisément reconnaître cette sophistication criminelle en versant de l'hydro-sulfure de potasse (foie de soufre) dans le vin. Il s'y forme de suite un précipité abondant et noir; on peut encore faire passer du gaz hydrogène sulfuré à travers cette liqueur altérée, il s'y produira pareillement un précipité noirâtre qui n'est qu'un sulfure de plomb.

Les écrits des œnologues fourmillent de recettes qu'on propose pour corriger l'acidité des vins.

Bidet prétend qu'un cinquantième de lait écrémé, ajouté à du vin aigri, le rétablit, et qu'on peut le transvaser en cinq jours. Le lait n'a, dans cette circonstance, que l'avantage de clarifier le vin et de s'emparer du principe végéto-animal, qui donne lieu à la dégénération acide.

D'autres prennent 4 onces de blé de la meilleure qualité, le font bouillir dans l'eau jusqu'à ce qu'il crève; lorsqu'il est refroidi, on le met dans un petit sac qu'on plonge dans le tonneau, et l'on remue bien avec un bâton.

On conseille encore les semences de poireau , celle de fe-
nouil , etc.

Article III. *De quelques autres altérations du vin.* Indépendamment des altérations dont nous venons de parler, il en
est encore d'autres qui, quoique moins communes et moins
dangereuses, méritent de nous occuper : le vin contracte
quelquefois ce qu'on appelle généralement *goût de fût.* Cette
maladie peut provenir de deux causes : la première a lieu lorsque le vin est enfermé dans un tonneau dont le bois est vicié,
vermoulu, pourri. La deuxième survient toutes les fois qu'on
laisse sécher de la lie dans des futailles, et qu'on y verse ensuite du vin, quoiqu'on ait alors la précaution de l'enlever.
Willermoz a proposé l'eau de chaux, l'acide carbonique et le
gaz acide muriatique oxigéné, pour corriger le goût de fût
qui appartient au tonneau. D'autres conseillent de coller et
de soutirer le vin avec soin, et d'y faire infuser du froment
grillé pendant deux ou trois jours. En Bourgogne, lorsque
le vin a contracté le goût de fût, on passe ce vin sur la lie
du vin non vicié, on le roule avec soin; on le goûte, pour s'assurer du moment où le goût a disparu, et on colle. Lorsque
le goût ne disparaît pas à une première opération, on la renouvelle.

Les vins contractent encore avec le temps une imperfection
qu'on appelle *amertume,* ceux de Bourgogne y sont très-sujets.
Je regarde cette dégénération du vin comme une suite de son
travail dans le verre ou les tonneaux; car les vins se dépouillent peu-à-peu de leur principe végéto-animal ou levure, qui
se dépose par la fermentation insensible, ou bien est précipité
par le soufre et extrait par les blancs d'œufs; mais lorsque le
vin est dépouillé de ce principe, alors le principe acerbe, inhérent au vin de Bourgogne, et qui y était masqué par le principe doux, paraît seul et avec tous ses caractères. Ce qui paraît
prouver mon opinion à ce sujet, c'est que ce vin se conserve
très-bien, qu'il ne se corrige point de cette impression, qu'il
ne contracte ce mauvais goût qu'avec le temps; de sorte qu'on
peut regarder l'amertume comme une suite naturelle du travail
du vin; cette opinion paraît d'autant plus vraisemblable, que
le vin de Bourgogne a, dans sa maturité, un petit arrière-goût
acerbe, que tout le monde lui connaît.

Je crois qu'on pourrait corriger ce goût en roulant ce vin
sur une première lie, ou en y ajoutant à propos un peu de dissolution de sucre, ou, mieux encore, une pinte de vin muet
par pièce de vin.

Un phénomène qui a autant frappé qu'embarrassé les nombreux écrivains qui ont parlé des maladies du vin, c'est ce
qu'on appelle *les fleurs de vin.* Elles se forment dans les ton-

neaux, mais sur-tout dans les bouteilles, dont elles occupent le goulot : elles annoncent et précèdent constamment la dégénération acide du vin. Elles se manifestent dans presque toutes les liqueurs fermentées. Je les ai vues se former en si grande abondance dans un mélange fermenté de mélasse et de levure de bière, qu'elles se précipitaient par pellicules ou couches nombreuses et successives dans la liqueur. J'en ai obtenu, de cette manière, une vingtaine de couches.

Ces fleurs, que j'avais prises d'abord pour un précipité de tartre, ne sont plus à mes yeux qu'une légère altération du principe végéto-animal, qui, comme nous l'avons observé, passe avec une merveilleuse facilité à l'état de fibre. Cette substance se réduit à presque rien par la dessiccation, et n'offre à l'analyse qu'un peu d'hydrogène et beaucoup de carbone.

On a vu, en 1791 et 1792, tout le produit d'une vendange altéré, dans les premiers temps, par une odeur âcre, nauséabonde, qui disparut à la suite d'une fermentation très-prolongée. Cet effet était dû à une énorme quantité de punaises, qui s'étaient jetées sur les raisins, et qu'on avait écrasées dans le foulage. (CHAP.)

Vins considérés relativement à la manière de les gouverner dans les tonneaux et en bouteilles. Il ne suffit pas d'avoir réglé le travail de la cuve sur la nature des raisins et l'espèce de produit qu'on veut en obtenir, il faut que les opérations que les vins doivent y subir avant de servir de boisson soient exécutées conformément aux bons principes d'œnologie. Ces opérations sont : l'ouillage ou remplissage, le soutirage, le soufrage, la clarification et le collage, et le tirage en bouteilles.

Ouillage ou *remplissage*. En supposant que le décuvage et la mise en tonneau aient été conduits d'après les préceptes d'Olivier de Serres, nous observerons que tous les soins pour gouverner la fermentation secondaire que les vins subissent à la cave doivent se réduire à tenir le tonneau exactement plein, bien fermé, à le remplir d'abord tous les jours, ensuite tous les huit jours, puis tous les quinze jours, enfin tous les mois, avec un vin du même âge que celui auquel on l'ajoute, et pour le moins aussi bon. En s'écartant de cette règle générale, on change la marche de la fermentation, comme l'a judicieusement observé M. Deyeux, et on empêche les combinaisons qui s'opèrent successivement, et ne peuvent jamais être troublées sans préjudicier à la qualité des vins.

Ainsi, lorsqu'on n'a pas eu le temps de laisser les vins acquérir leur maturité dans le tonneau, il faut nécessairement, pour en rendre la boisson moins désagréable et plus salutaire, les associer avec un vin moins nouveau et plus généreux ; car ce serait s'abuser que de prétendre qu'il est au pouvoir de l'art de bonifier un vin de bas aloi avec un autre qui serait encore d'une qualité inférieure.

Cette considération ne m'empêche pas de croire que des vins qui ne sont pas potables séparément le deviennent par le simple secours des mélanges faits à propos : aussi suis-je bien éloigné d'adresser des reproches à ceux qui les emploient, puisqu'ils parviennent par ce moyen à conserver des vins qui, s'ils étaient seuls, seraient de courte durée, préjudiciables au commerce et par suite aux consommateurs.

Mais ces mélanges, qu'on ne doit pas confondre avec ces mixtions clandestines que les lois réprouvent à cause de leurs dangereuses conséquences, n'ont un plein succès qu'autant qu'on ne met pas un intervalle trop long entre l'instant où on opère et celui de la consommation.

En effet, les vins du midi, associés aux petits vins du nord, leur communiquent pour ainsi dire exclusivement leur propre saveur ; mais insensiblement les deux liquides se pénètrent, se combinent de manière à former un tout homogène : c'est ainsi que l'eau-de-vie qu'on allonge avec de l'eau est plus forte au palais et à la gorge au moment du mélange que quatre jours après. Au reste, cette science de marier, de couper les vins, de les assortir entre eux, quoique intéressante à connaître, est étrangère au sujet que nous traitons.

Soutirage. Cette opération, assez difficile à régler, est d'une importance majeure ; il convient de ne jamais la négliger. Elle a pour but de séparer toute la lie qui, après avoir troublé les vins pendant leur fermentation, se précipite insensiblement lorsqu'elle est achevée.

Formée d'un mélange confus de la substance végéto - animale qui a servi de levain au moût, et d'une certaine quantité de matière extractive et colorante, la lie agit sur les vins à la manière des fermens ; elle y entretient un mouvement continuel de fermentation, et devient une cause prochaine de leur dégénération. C'est donc à en écarter complétement cette matière que doivent tendre tous les efforts, tous les procédés employés préalablement au transport des vins et à leur mise en bouteille, car rien ne nuit plus à leur qualité que l'agitation de la lie et sa suspension dans le liquide ; elle est absolument étrangère aux vins en bouteilles.

Peut-être y a-t-il des espèces de vins qui demandent à rester plus ou moins long-temps avec leur lie ; mais nous sommes dans l'opinion que le soutirage doit être répété à plusieurs époques, et toujours en temps opportun ; que souvent la lie, par son trop long séjour dans les tonneaux, et par l'influence des saisons, remonte à la surface ; qu'en traversant la masse du fluide une portion s'y dissout, l'autre en recouvre mécaniquement les molécules et ne tarde pas à la faire tourner : s'il y a quelques exceptions , elles sont rares. L'expérience démontre qu'on ne devine pas les motifs qui ont fait proposer de garder les vins sur leur lie comme un moyen de les perfectionner. Je déclare qu'il n'en existe pas qui les détériore plus sûrement. Les vins parfaitement soutirés sont d'un transport et d'une garde plus faciles, mûrissent plus tôt dans les tonneaux, et deviennent susceptibles de se façonner en bouteilles; la présence de la lie dans presque tous les vins et son abondance produisent des effets diamétralement opposés.

Le simple soutirage suffit aux cabaratiers et à ceux qui, comme l'on dit, tirent au tonneau, pour en séparer la lie la plus grossière ; il convient aussi aux vins qu'on doit laisser long-temps en futailles, et destiner pour un commerce ; mais ceux qu'on est dans l'intention de garder en bouteilles, et qui ne peuvent acquérir spontanément par le temps ou par la résidence cette belle limpidité qui flatte les organes, et à laquelle on attache tant de prix, exigent nécessairement de recourir à la clarification et au collage; mais avant de développer ces opérations, dont le but est d'achever ce que le soutirage a commencé, et de mettre le vin sur la voie de se perfectionner, il convient de s'arrêter au *soufrage*, qui a pour objet de favoriser le transport des vins, ainsi que leur conservation, et de corriger leurs défauts.

Clarification des vins. Le vigneron soigneux, prévoyant, jaloux de donner au résultat de son travail toute la perfection qu'il peut atteindre, doit entretenir dans un grand degré de propreté les instrumens qui servent à la vinification ; les anciens étaient très-recherchés sur ce point, les modernes ne paraissent pas y attacher la même importance; ils ignoraient sans doute que le bois, par exemple, se pénètre aisément de mauvaises odeurs, les transmet au moût, qui s'en imprègne avec la même facilité, en sorte que les vins, avant d'être transportés à la cave, ont déjà contracté des défauts que les opérations subséquentes ne parviennent pas à détruire entièrement, défauts que l'on exprime en disant que le vin *sent le bois.*

Il faut donc bien prendre garde que ces instrumens ne soient pas d'un bois trop vert ou trop vieux, susceptible de fournir au vin une matière extractive capable de masquer non-seulement sa saveur naturelle, mais d'agir encore à l'instar de la lie, et de donner à la liqueur vineuse une disposition à dégénérer plutôt qu'à s'améliorer.

Une des précautions essentielles, c'est que les cuves destinées à la fermentation des marcs pour faire les vins de dépense (*la piquette*) servent exclusivement à cet usage, de ne prendre,

quand on veut faire resservir les vieilles futailles, que celles
qui ont contenu de bon vin et de la même couleur, et de gratter la lie et le tartre déposés sur les parois ou nichés dans les
interstices.

Quand une douve est gâtée, il faut la séparer et enlever le
bois de celle où il y a une friche avec un instrument tranchant,
soufrer les tonneaux, les cercler, les bondonner et les serrer
dans un endroit sec et aéré jusqu'à la vendange.

Pour les priver de la mauvaise odeur qu'ils auraient pu contracter par le séjour du vin qui s'y serait gâté, il suffit de brûler au dedans, non des végétaux aromatiques, comme on l'a
proposé, mais du bois sec, qui, durant son ignition, répande
beaucoup de flamme, en supposant toutefois qu'ils n'aient pas
déjà un goût de punaise ou de moisi : alors il ne resterait
d'autre parti que de les brûler.

Les bouteilles ne sont pas non plus sans action sur les vins :
il est donc nécessaire qu'elles soient d'un verre parfaitement
cuit, sans un excédant de potasse, qui rendrait bientôt mé-
connaissable la couleur, la saveur et l'odeur de ces vins. Il ne
faut jamais que les bouteilles soient portées à la cave sans y
avoir passé, non du plomb, mais du gravier de rivière, pour
enlever la tache qu'y a laissée le dernier vin. On les renverse
ensuite sur des planches trouées, où elles demeurent jusqu'au
moment de les remplir.

Ce soin de tous les jours, trop souvent négligé, est plus efficace que quand il faut rincer à-la-fois toutes les bouteilles
destinées à recevoir la pièce qu'on va tirer : si on attend cet
instant pour les nettoyer, elles n'ont jamais cette propreté désirable ; l'humidité d'ailleurs qui y reste est étrangère au vin,
elle retarde au moins sa tendance vers l'amélioration. On doit
encore séparer celles qui seraient étoilées, vu qu'elles éclatent
en les bouchant, ou peu de temps après qu'elles sont posées
sur les lattes.

La nature des bouchons n'a pas une influence moins marquée sur les vins que celle des vases en bois ou en verre qui les
renferment ; il faut qu'ils soient souples, élastiques, de couleur jaunâtre, unis, serrés, imperméables à l'air, à l'humidité
et au vin, qu'ils se gonflent plutôt dans le col de la bouteille,
qu'ils ne soient ni ligneux ni poreux.

J'en conviens à regret, mais la prospérité de notre commerce
est intéressée à cet aveu, les bouchons provenant du chêne-
liége cultivé en France ne peuvent réunir les qualités qui constituent un bon bouchon ; jamais notre climat ne donnera à cet
arbre une écorce aussi parfaite que les parties méridionales de
l'Europe.

Il existe, dans le commerce des bouchons, un abus que je

dois faire connaître : les domestiques vendent souvent aux bouchonniers des bouchons qui ont déjà servi ; ils en enlèvent la surface et leur donnent l'apparence de bouchons neufs ; on ne doit les employer que pour les bouteilles qui n'ont pas besoin d'être hermétiquement fermées.

Il arrive fréquemment que les vins en bouteilles dépérissent par la seule défectuosité de leurs bouchons ; j'ai vu le même vin, bouché avec du liége français et du liége d'Espagne, présenter, au bout d'un certain temps, toutes choses égales d'ailleurs, deux sortes de vins bien différentes.

On ne saurait donc trop apporter d'attention dans le choix des bouchons, et recommander assez aux ménagères d'être extrêmement difficiles sur ce point. Cet article de la cave, par-tout négligé, donne souvent au vin un caractère étranger à celui qu'ils ont naturellement, et fait perdre le fruit de tous les soins qu'on a pris. L'insouciance d'un maître de maison à cet égard est intolérable : il renonce, sans s'en douter, à présenter sur sa table une boisson agréable, qui souvent fait le mérite principal du repas, quoiqu'il ait mis un prix raisonnable pour se la procurer de bonne qualité.

Le liége contient souvent plus de principe astringent qu'à l'ordinaire, et comme ce principe se moisit très-aisément lorsqu'il se trouve en contact avec le vin et l'humidité des caves, il faut avoir la précaution, ainsi que le font déjà plusieurs négocians en vins fins de Bourgogne, de mettre macérer les bouchons dans l'eau chaude, et de les faire sécher avant de s'en servir.

Clarification des vins. Malgré le soutirage le plus exact des vins, il reste encore suspendu et en dissolution des substances qui en obscurcissent la transparence ; on ne peut en opérer l'entière séparation que par les blancs d'œufs ou la colle de poisson : l'une et l'autre opérations peuvent avoir lieu dans toutes les saisons ; mais le temps sec et froid est préférable.

Dans le travail que j'ai publié sur la clarification, j'ai fait voir que, dans toutes les matières propres à l'opérer complétement, l'albumen était celle qui convenait le mieux, sous tous les rapports, pour donner aux liquides vineux cette limpidité qu'ils ne peuvent acquérir et conserver par le simple repos et par les filtres ; que vraisemblablement les gélatines animales ne possédaient cette propriété qu'en raison de l'albumen qu'elles contiennent ; mais que, parmi les matières de ce genre, la colle de poisson méritait la préférence, parce qu'elle est presque sans couleur, insipide : c'est la seule employée en Allemagne pour toutes les espèces de vin.

Pour clarifier les vins, on prend quatre œufs frais par tonneau de 240 pintes ; on les casse séparément un à un sur une assiette, pour en séparer les blancs, qu'on réunit ensuite dans un vase particulier pour les battre d'abord avec de l'eau, et ensuite avec du vin; ce qui opère un vide dans le tonneau. Pour en favoriser le mélange, on agite au moyen d'un fouet composé de baguettes d'osier : ailleurs on ajoute du sel marin; mais nous pensons que cette addition est au moins inutile, car il y a des vins dans lesquels le moindre corps étranger peut intervenir pour masquer leur saveur naturelle.

Mais si les blancs d'œufs employés à la clarification des vins rouges remplissent complétement cet effet, il faut convenir que ce moyen, simple en apparence, n'est pas tout-à-fait exempt d'inconvéniens quand il est employé sans précaution. Combien de fois n'arrive-t-il pas que, pour s'être servi d'un œuf qui avait un commencement d'altération, on a dénaturé ou masqué le parfum des vins? Quelques gourmets prétendent que, pour les vins rouges de Bourgogne, on peut s'en tenir à un bon soutirage, et que la clarification, soit par l'albumen, soit par la gélatine, préjudicient à leur parfum ; cela peut être; mais il ne faut pas espérer que ces vins, mis en bouteilles, conservent leur transparence pendant long-temps; ils deviennent louches au bout de six mois, et déposent, ce qui n'arrive pas aux mêmes vins préalablement collés ou clarifiés.

Soufrage. C'est imprégner d'une vapeur sulfureuse les tonneaux, le moût et le vin , au moyen de la combustion de mèches soufrées.

Cette opération, pratiquée de temps immémorial dans les départemens de l'ouest, sert à préserver le moût de la fermentation alcoolique, qui n'a lieu qu'aux dépens de la matière sucrée, et met dans les mains des fabricans de sirop de raisin un moyen commode de se livrer à ce genre de préparation long-temps après la vendange, même à une grande distance des vignobles.

Le seul procédé connu jusqu'à présent pour MUTER , consiste à faire brûler quatre mèches soufrées dans une barrique, à brasser pendant un quart d'heure, à finir de remplir la barrique avec d'autre moût, et à laisser reposer le tout vingt-quatre heures ; au bout de ce temps, on décante la liqueur pour lui faire subir une autre opération. Comme la première fois, on laisse encore reposer, on décante, et on recommence une troisième opération, si la liqueur n'est pas parfaitement claire.

Le moût ainsi débarrassé des matières extractives, albumineuses et mucilagineuses qui se précipitent, porte le nom de vin muet : il peut se conserver pendant plusieurs années sans altération ; mais il ne faut pas le confondre avec le vin soufré. Le premier n'est, à proprement parler, que du moût mis à l'abri de la fermentation par le moyen de la vapeur sulfureuse ; l'autre acquiert, au contraire, la faculté de se transporter dans les différens climats, sans crainte de décomposition. Ce moyen corrige en outre l'âpreté de quelques qualités de vins, prévient la fermentation acéteuse des vins de petit cru, trop aqueux, sujets à tourner dans les temps chauds et à l'approche des orages. Cette opération étant longue, pénible et minutieuse, il serait bien à désirer qu'on trouvât une machine propre à muter promptement et à-la-fois une grande masse de fluide : ce serait un service à rendre à l'œnologie, et il faut l'attendre des fabricans de sirop de raisin du midi de la France.

Collage des vins. Ce nom exprime les vins clarifiés par la colle de poisson, matière préférable aux blancs d'œuf pour certains vins blancs auxquels il serait impossible, sans son concours, de donner, en peu de temps et aussi parfaitement à clair-fin, cette limpidité qu'ils ne peuvent acquérir par la clarification spontanée, ni par la filtration.

On divise par petits morceaux la colle de poisson, qu'on laisse macérer, douze heures environ, dans l'eau tiède ; elle se gonfle, se ramollit au point de la pétrir dans les mains comme de la pâte ; alors on la délaye avec du vin et trois quarts d'eau, et après l'avoir passée à travers un linge serré, on la verse par la bonde en agitant le mélange avec un fouet. Peu de temps après on aperçoit se former un réseau dans tout le mélange ; et bientôt ce réseau, en se contractant sur lui-même, rassemble tous les corps étrangers au vin, les entraîne au fond du tonneau, et laisse la masse du vin claire, nette et pure. Le meilleur collage a lieu en hiver. On observe que, dans le temps du travail, la fermentation repousse la colle, la tient suspendue, et l'empêche d'agir, de se précipiter.

Je me suis assuré, par des expériences positives, que la colle de poisson pouvait également clarifier toutes sortes de vins blancs et de vins rouges, remplacer, par conséquent, l'énorme quantité de blancs d'œufs que consomme cette opération domestique, et rendre à la masse alimentaire du peuple une ressource précieuse que rien ne supplée : d'ailleurs les blancs d'œufs employés pour les vins blancs ne les clarifient pas toujours ; la plupart conservent un brouillard plus ou moins épais, et ne sont jamais ce qu'on appelle *clairs-fins*.

Tirage des vins en bouteilles. Après que le vin a déposé toute sa lie, et séjourné un certain temps en tonneaux, pour y perdre sa verdeure, il faut, pour lui procurer les bonnes qualités qu'il peut avoir, songer à le mettre en bouteilles sept à huit jours après avoir procédé à la clarification et au collage, et pour n'en pas troubler la transparence, avoir la précaution de placer une cannelle à 2 pouces environ au-dessus du fond du tonneau, avec une gaze ou du crêpe, qui empêche la colle de passer en même temps que le vin.

Pour les boire dans toute leur bonté, il faut qu'ils soient mûrs, c'est-à-dire que la fermentation secondaire soit terminée; mais s'il est reconnu que cette maturité s'opère mieux et plus promptement en grande masse qu'en petite, il faut convenir aussi que ce n'est que dans les bouteilles exactement bouchées que le vin acquiert ce moelleux, cette finesse, ce velouté qui constituent les vins vieux : elles ne laissent rien transpirer à travers leurs pores, au lieu que, dans les tonneaux les mieux conditionnés, il y a toujours filtration, évaporation, et par conséquent déchet. Dans le premier cas, la fermentation continue son travail avec force et rapidité, à raison de la masse sur laquelle elle s'exerce ; dans le second cas, au contraire, elle est lente et insensible; pour le vin mis en bouteilles trop tôt, loin de mûrir et de se perfectionner, il se détériore.

Si, au sortir de l'alambic, l'eau-de-vie, par exemple, était distribuée dans des bouteilles parfaitement bouchées, elle ne perdrait jamais, à la longue, cette âcreté, ce feu qui la caractérisent dans sa nouveauté. Il en est de même des vins. Si immédiatement après le soutirage, on ne les laissait pas séjourner encore un certain temps dans le tonneau, ils resteraient constamment, en bouteilles, vins nouveaux, et n'acquerraient jamais le caractère de vins vieux. Il faut donc admettre toujours un intervalle plus ou moins long entre le dernier soutirage et la mise en bouteilles, à raison de la nature des vins, et de l'époque où on veut les boire.

Quoique les bouteilles aient été bien rincées, il faut passer dans celles destinées à contenir les vins fins ou d'entremets, et les vins de liqueurs, un peu de forte eau-de-vie, y tremper l'extrémité du bouchon avant de le présenter au goulot des bouteilles, et on le force d'entrer avec une palette dès que les bouteilles sont remplies à un pouce au-dessous du bouchon. On les renverse ensuite pour juger si le vin ne fuit pas, et on les place dans des cases pratiquées contre les murs de la cave, sur des lattes couchées par piles de dix à douze rangs, ayant soin que ces lattes soient droites, fortes et assez épaisses pour ne point fléchir sous le poids des bouteilles.

On cesse de tirer lorsqu'on présume qu'il n'y a plus de vin dans le tonneau que pour remplir une douzaine de bouteilles ; on soulève doucement la pièce, et le surlendemain on achève l'opération en mettant de côté les dernières bouteilles, parce que pouvant contenir un peu de lie, elles doivent être consommées les premières, ou destinées pour la cuisine.

Pour empêcher toute communication du vin en bouteilles

avec l'air extérieur, garantir sur-tout le bouchon de l'action de l'humidité, des vers ou de la poussière, on goudronne avec un mélange composé de poix blanche et de poix-résine, de chaque une livre; cire jaune, 2 livres; térébenthine, une livre, le tout fondu sur un feu doux : cette précaution convient sur-tout pour les vins mousseux, les vins fins et les vins de liqueur qu'on veut conserver quelque temps en bon état. Les premiers doivent être scellés avec de la ficelle et un fil de fer; mais on peut éviter ces embarras et cette dépense pour les vins de consommation journalière.

Dans les caves bien gouvernées, où il y a différentes espèces de vins, il est indispensable d'apposer à chaque tas de bouteilles une étiquette écrite sur bois, ou imprimée sur faïence, ou enfin gravée sur une lame de plomb.

Cependant toutes les précautions apportées à la pratique des diverses opérations que nous venons de décrire, n'empêchent point que les succulens vins ne contractent, avec le temps, pendant leur séjour à la cave, dans les vaisseaux de bois ou de verre, des défauts qu'il serait peut-être plus facile de prévenir à l'époque des vendanges, que d'attendre, pour les corriger, qu'ils existent, d'autant mieux que les moyens auxquels on est forcé de recourir pour les rendre potables, ne produisent pas toujours les effets bienfaisans qu'on leur attribue. Ce sont ces moyens que nous avons cru utile d'examiner et de réunir ici sous un seul et même point de vue.

Vins considérés relativement aux accidens et aux maladies qui leur surviennent pendant leur séjour à la cave. Parmi les nombreux moyens proposés pour remédier aux accidens et maladies dont il s'agit, nous ne ferons mention que de ceux qui ne paraissent pas exercer d'action immédiate sur les parties constituantes du vin.

Vin amer. Altération des vins dont on ne connaît pas bien la cause, mais à laquelle les meilleurs de haute Bourgogne sont les plus sujets; elle est caractérisée par un léger goût d'amertume qui ne déplaît pas à tout le monde, à moi en particulier, parce qu'il n'exclut pas toujours la vinosité et même le bouquet.

Souvent les vins amers se rétablissent seuls par le repos; toujours ils cessent de l'être lorsqu'on les colle, lorsqu'on les mélange avec du vin plus nouveau, lorsqu'on les met dans un tonneau où il y a de la lie. *Voyez* Vin.

Vin fûté. Il n'est pas toujours au pouvoir du vigneron de corriger le goût de fût dans les vins qui l'ont une fois contracté; mais on peut l'affaiblir de manière à en rendre la boisson tolérable en les tirant à clair, en les transvasant dans un autre tonneau récemment vidé, en les passant sur la lie du vin non vicié, et en le roulant souvent à la cave.

Quoique l'eau de chaux, l'acide carbonique, le gaz muriatique oxygène aient été vantés successivement comme moyens sûrs de diminuer le goût de *fût*, il est à craindre, en leur supposant une semblable propriété, que ces fluides n'exercent en même temps une action immédiate sur le principe de la couleur et de la saveur des vins, et ne leur communiquent plus d'imperfection qu'ils n'en avaient auparavant.

Pour arrêter à sa source le goût du vin fûté, il faut, après le transvasement, rechercher les douves viciées dont les tonneaux sont formés, c'est-à-dire celles qui proviennent des planches les plus voisines des racines, de l'écorce de l'arbre, au pied duquel les fourmilières s'établissent pendant la végétation, en substituer d'autres à leur place : moyennant cette précaution, les futailles peuvent sans inconvénient servir la même année et les suivantes.

Mais il ne faut pas s'abuser, le remède indiqué est insuffisant, quelquefois impraticable ; il serait donc à souhaiter que le gouvernement rendît une loi qui ordonnerait, lors de l'abattage dans les forêts nationales ou dans les bois des particuliers, de contremarquer d'une manière reconnaissable les arbres auprès desquels il se trouverait des fourmilières, et défendre de couper ceux ainsi marqués, de même que tous les bois rouges et veinés tellement poreux, que les liqueurs vineuses transsudent et permettent à l'air atmosphérique d'y pénétrer (1).

Vin gelé. Lorsque le vin est surpris par le froid au point d'être gelé, on doit adapter une cannelle à chacun des tonneaux pour le soutirer, pratiquer au devant de la pièce un fausset pour en faire sortir le vin dans la proportion du volume qu'acquièrent toutes les liqueurs susceptibles de congélation.

Au moment où le dégel s'annonce, il ne faut pas perdre de temps pour soutirer le vin ; il se sépare des glaçons qui demeurent suspendus et attachés aux parois des tonneaux, et pour peu qu'il coule d'une manière languissante, on peut, au moyen d'une verge de fer qu'on introduit par la bonde, rompre les glaçons, et s'ils sont assez divisés pour être entraînés en

---

(1) Les Romains ont pendant un temps, au rapport de Martial, aimé les vins imprégnés de fumée : il serait curieux de savoir quelle amélioration ils pouvaient acquérir par ce moyen.

On a cru, jusqu'à ces derniers temps, que le goût de résine qu'offrent les vins de la Grèce était dû, comme en Espagne, à la poix dont on enduit les coutures des outres et les fentes des tonneaux ; mais M. Martholdy nous apprend qu'on mêle directement la résine de sapin dans le vin nouveau, dans la persuasion que cela le rend plus tôt buvable et le fait se conserver plus long-temps.   (*Note de M. Bosc.*)

30*

même temps qu'avec le vin, on les arrête par une toile claire ou une gaze étendue sur un entonnoir. Le vin une fois séparé est transvasé dans des tonneaux propres qu'on aura eu soin de soufrer. Ceux qui suivent une marche opposée à celle que nous traçons pour sauver leur vendange s'exposent à la perdre entièrement. Les glaçons résous brusquement en liqueur demeurent confondus dans les vins sans y former de combinaison, et les rendent d'autant plus faibles et plats, que l'eau qui en était une des parties constituantes est devenue, en subissant l'action du froid, fade et crue.

Les petits vins qui ont été frappés par le grand froid et dont on a séparé les glaçons, éprouvent sans doute un déchet : dépouillés de la partie aqueuse, qui les fait passer aisément à l'aigre, ils deviennent plus spiritueux, et mêlés avec une certaine quantité de bon vin, ils peuvent se transporter sans s'altérer.

Vins qui déposent. Suivant les crus et les années, les vins sont sujets, à mesure qu'ils vieillissent, à déposer une matière dont la nature et les propriétés ne sont pas comparables à la lie. Cette matière ne se précipite que parce que le fluide qui la tenait en dissolution a formé de nouvelles combinaisons : elle est de deux espèces : l'une occupe le fond des bouteilles, et n'est que du tartre; l'autre, spécifiquement plus légère, adhère aux parois qu'elle tapisse.

Dans la crainte que le tartre, qui se précipite sous la forme de petits cristaux écailleux, n'en impose à ceux qui seraient chargés d'éclairer les autorités constituées sur l'analyse des vins frelatés, et ne soit pris pour de la litharge à laquelle il ressemble, nous rappellerons les observations de M. Deyeux, notre collègue, qui a judicieusement remarqué que quand les vins qu'on mélange ne sont pas au même degré de fermentation, ils forment des dépôts de ce genre; mais que rien n'est plus facile que de s'assurer de la nature de ces cristaux; qu'il suffit, après les avoir fait dessécher, de les poser sur un charbon ardent : ils brûlent en répandant une vapeur épaisse qui a l'odeur de tartre brûlé, et en continuant le feu, ils laissent un petit résidu blanc, qui n'est autre chose que de la potasse; mais elle n'a pas sur les vins la même influence que la lie, regardée avec raison comme un des germes de leur décomposition; elle les trouble par la secousse qu'on imprime à la bouteille, et si on veut les boire pourvus de toute leur transparence, il faut les transvaser avec adresse au moment de les mettre sur la table.

C'est particulièrement pour les vins fins qui ne sont pas d'une consommation journalière, et pour les vins de liqueur destinés à être gardés un certain temps, que ce transvasement devient nécessaire à leur conservation. On change alors de bouteilles et de bouchons. C'est une affaire de patience qui s'opère lentement jusqu'à la dernière cuillerée, que l'on rejette.

Pour faciliter ce transvasement et diminuer les déchets, M. Jullien a imaginé un appareil qui remédie à tous les inconvéniens de l'opération pratiquée en grand (1).

Indépendamment du mauvais goût que le bois vicié, vieux ou malpropre, communique aux vins, ceux-ci deviennent quelquefois noirs par l'action de la matière astringente ou tannin, contenu dans les douves de tonneaux, qui décompose la partie colorante rouge : dans ce cas, il faut ajouter par pièce quelques onces de crême de tartre en poudre, imprimer aux fluides du mouvement, et la couleur ne tarde pas à se rétablir.

Vin qui a le goût de moisi. Plusieurs causes peuvent donner lieu au mauvais goût caractérisé par ce mot générique ; un œuf gâté, par exemple, qui a servi à la clarification, suffit pour masquer le bouquet du vin. M. Chaptal rapporte, dans son Traité sur l'art de faire le vin, que, dans les années 1791 et 1792, tout le produit d'une vendange fut altéré par une odeur âcre et nauséabonde, due à une énorme quantité de punaises qui s'étaient jetées sur les raisins et qu'on avait écrasées dans le foulage.

On assure qu'en transvasant ces vins dans un vaisseau bien conditionné, soufré, et auquel on aurait ajouté quelques onces de noyaux de pêches concassés, il serait possible de diminuer le goût de moisi. D'autres prétendent qu'en coupant des nèfles bien mûres en quatre, les enfilant et les laissant macérer dans le vin pendant un mois et les retirant ensuite, elles ont la propriété d'absorber le mauvais goût. Enfin il y en a qui conseillent d'y faire infuser pendant deux ou trois jours du froment ou une croûte de pain grillée. Sans doute si ce goût de moisi dépendait d'un gaz hydrogène sulfuré, ces matières farineuses, réduites à l'état de charbon, pourraient, dans ce cas, devenir efficaces.

Mais il en est du vin parvenu à cet état comme de celui qui sent le bouchon. Il existe peu de moyens pour corriger un pareil défaut ; il faut le prévenir par le nettoiement exact des tonneaux et des bouteilles, mais sur-tout par le choix des bouchons.

Des vins trop verts. Si à l'époque des vendanges le raisin n'a pas atteint le degré de maturité convenable et qu'on soit forcé de le cueillir pour éviter qu'il ne pourrisse, la meilleure pratique adoptée à la cuve ne produira jamais qu'un vin médiocre

______

(1) On en trouve une description, avec figures, dans son excellent ouvrage intitulé : *Manuel du Sommelier.*   (*Note de M. Bosc.*)

et de peu de garde, à moins que l'art ne vienne au secours de la nature.

Ce serait donc alors le cas d'imiter la pratique des anciens, de jeter à la cuve une poignée de plâtre, d'y ajouter du moût concentré, des sirops ou conserves de raisins dans des proportions relatives, et de régler la fermentation sur l'espèce de vin que désire le consommateur. La dépense que cette pratique occasionnera sera amplement compensée par le plus haut prix qu'on retirera des vins (1).

Ce moyen simple et facile de corriger les vices de la vendange est infaillible pour diminuer la quantité d'acide, toujours trop abondant dans les fruits verts, pour augmenter la spirituosité et donner à tous les vins, quelle qu'en soit la source, la faculté de se conserver et de se transporter, et le degré de force que la plupart ne peuvent acquérir sans ce puissant auxiliaire, en un mot ce caractère moelleux, agréable et généreux qu'ils obtiennent avec le temps, et qui fait du vin un remède salutaire pour quiconque en use avec modération.

Quoiqu'il soit assez bien prouvé que la lie, par son trop long séjour dans les vins, leur imprime un mouvement de fermentation qui tend à les faire dégénérer en vinaigre, on la propose cependant comme un bon moyen pour adoucir leur verdeur ; mais c'est vraisemblablement quand on leur restitue le principe sucré dans le tonneau, parce que la lie alors sert de levain à cette matière sucrée pour déterminer la fermentation, sans laquelle ces matières sucrées à la cuve seraient insuffisantes.

Peut-être aussi y a-t-il des vins qui ont la faculté de rester plus long-temps sur leur lie sans occasionner des inconvéniens apparens ; car nous doutons que jamais cette lie soit capable de les bonifier. Peut-être existe-t-il des vins qui gagnent peu de chose par l'influence des temps et des masses, comme les vins légers, qui n'ont pas assez de puissance dans leur constitution pour résister à la fermentation secondaire : il faut les consommer à-peu-près tels qu'ils sont et avant qu'ils soient vieillis. Toutes ces observations servent à prouver que, dans cette circonstance, ainsi que dans une foule d'autres, on ne doit présenter que des généralités.

Mais une vérité sur laquelle on ne saurait trop insister, c'est qu'il n'y a absolument que les vins riches en alcool qui puis-

______

(1) Il a été observé, aux environs de Dijon, où depuis quelques années on emploie fréquemment le sucre à l'amélioration de la vendange, que le vin qui gagnait en qualité par ce moyen, perdait en durée, c'est-à-dire qu'il tournait plus facilement à l'aigre ; inconvénient tel qu'il faudra bientôt renoncer à ce moyen d'amélioration, si on ne veut pas perdre la réputation des vins de Bourgogne. De plus, les vins rouges se foncent outre-mesure en couleur, ne supportent plus l'eau et perdent leur bouquet.   (*Note de M. Lesc.*)

sent s'améliorer en vieillissant, c'est-à-dire fournir des élémens à l'action combinatoire et destructive de la main du
temps ; ceux qui en sont dépourvus à un certain point changent peu en s'éloignant de l'époque de la vendange : toujours
subordonnés aux événemens et sur la voie de la décomposition, ils exigent une surveillance active dans les tonneaux ; et
si on y ajoute quelques pintes d'eau-de-vie pour les adoucir et
les amener à devenir potables, ils ne tardent pas à passer à
l'aigre. Cette addition ne préjudicie ni à la santé ni à la qualité d'aucun vin lorsqu'elle est faite en temps opportun et dans
des proportions convenables, pourvu qu'elle se fasse dans le
tonneau et y séjourne assez pour se combiner et disparaître
dans la masse (1).

C'est dans les tonneaux que les vins perdent leur âpreté, leur
verdeur et qu'ils mûrissent, c'est en bouteilles qu'ils s'affinent
et se perfectionnent. Dans le premier cas, le travail auquel ils
sont soumis d'une vendange à l'autre est plus vif et plus rapide ;
dans le second cas, au contraire, il est lent et insensible.

Une fois que la clarification, soit par les blancs d'œufs, soit
par la colle de poisson, les a dépouillés entièrement du principe de la fermentation, les vins ont besoin d'être divisés en
petites masses pour atteindre le dernier degré d'élaboration ;
un vin vert mis en bouteilles conserve toujours ce caractère ;
loin de s'améliorer, il n'a pas les élémens nécessaires pour
changer de qualité (2).

Des vins qui tournent à la graisse. Tous les vins en général
sont plus ou moins sujets à cette maladie, c'est-à-dire à perdre
leur fluidité pour prendre une consistance lintescente qui produit cet état qu'on appelle *filer* ou *graisser.*

Mais c'est spécialement aux vins blancs et sur-tout aux vins
mousseux que cet accident arrive le plus fréquemment, parce
que vraisemblablement on les met en bouteilles avant d'avoir
subi les diverses périodes de la fermentation. On a vu en Champagne la moitié d'une cuve tirée au mois de mars, après la ven-

---

(1) Puisque c'est à l'alcool que les vins doivent leur force et leur durée,
que souvent on ne fait le vin que dans l'intention d'en retirer de l'eau-
de-vie, il est toujours très-avantageux d'en obtenir qui en soit fort
chargé : or, il est reconnu par l'expérience qu'il s'en produit davantage
dans la fermentation faite dans des tonneaux débondés, ou dans des cuves
presque entièrement fermées, et encore plus dans les vases où on a, au
préalable, introduit du gaz acide carbonique. Que de richesses résulteraient pour la France de l'application des données fournies par ces expériences à la fabrication du vin ! *Voyez* Cuve.   (*Note de M. Bosc.*)

(2) On fait vieillir le vin en le laissant en vidange pendant vingt-quatre
heures, et encore plus en le mettant en bouteilles à demi-pleines dans
du fumier chaud, dans un four encore chaud.   (*Note de M. Bosc.*)

dange, passer à la graisse, tandis que l'autre moitié, mise en bouteilles au mois de septembre suivant, restait constamment dans le même état.

Le seul fait que nous nous attachons à rapporter, ne permet plus de douter de la nécessité de cuver plus long-temps les vins qui ont une tendance à la graisse, et que ce ne soit le plus sûr moyen de prévenir la maladie en écartant la cause qui la détermine.

On peut remédier à cette maladie des vins par différens moyens : le plus simple consiste à les transvaser sur la lie d'un tonneau récemment vidé ; à leur imprimer du mouvement ; à les rouler à la cave et à les tirer au clair dans d'autres pièces; à les clarifier s'ils sont rouges, et à les coller s'ils sont blancs.

La graisse n'enlève pas toujours au vin sa transparence quand elle affecte celui qui est en bouteilles jusqu'au moment où il se forme un dépôt et qu'il redevient sec, alors on le transvase ; si au contraire il a perdu de sa limpidité, on parvient à la lui rendre en se servant, pour le transvasement, d'un entonnoir rempli de paille brisée et fraîche, en observant de verser la liqueur d'un pied de haut (1).

Des vins piqués. Quand les vins se troublent tout-à-coup, que leur surface se recouvre de ces filamens blancs qu'on nomme la fleur du vin, qui dans les bouteilles occupent le goulot, c'est un signe que l'air extérieur s'y est introduit, et que leur perte est prochaine.

Ce n'est pas que les écrits des œnologistes ne fourmillent de recettes pour corriger les vins parvenus à cet état de dégénération. Celles où il est question de sel de Saturne, de céruse et de litharge, que des ouvrages indiquaient comme moyen d'améliorer les vins, doivent être sévèrement interdites. Quiconque oserait aujourd'hui employer ces préparations de plomb à un pareil usage, serait poursuivi par les lois comme empoisonneur public.

Si les futailles sont d'un bois dont les vins puissent extraire quelques principes assez poreux pour prêter des issues faciles tant à l'alcool qui veut s'échapper, qu'à l'air pour y pénétrer; si elles sont placées dans des caves où règne une température au-delà du 10e. degré du thermomètre de Réaumur, que la lie y séjourne trop long-temps, il n'est pas étonnant qu'aux trois époques de l'année où les vins travaillent, lorsque le bourgeon de la vigne se développe, quand elle est en fleur, et au moment de la vendange, les vins les plus généreux n'aient une

____

(1) Presque toujours cette maladie disparaît d'elle-même lorsqu'on n'est pas pressé de boire les vins qui en sont atteints. *Voyez* l'article précédent. (*Note de M. Bosc.*)

tendance à passer à l'aigre, puisque ce sont là les conditions exigées pour favoriser l'acétification, c'est-à-dire l'art de faire le vinaigre. Il faudrait alors mettre à profit l'observation de M. Bezu, qui est parvenu à sauver des vins piqués, en arrosant, dans le temps critique où ils travaillent, les tonneaux à l'extérieur, ce qui produit du froid par une évaporation continuelle de l'eau ; en appliquant même au vin un peu de glace, l'effet est plus marqué.

Mais s'il fallait rechercher la cause de la disposition des vins à l'acescence, on serait peut-être obligé de remonter à l'époque des vendanges ; et en effet si les raisins qui ne sont propres qu'à donner des vins médiocres ont cuvé trop long-temps, il n'est pas étonnant que les résultats ne s'acidifient promptement. On peut suspendre l'acheminement des vins à l'acide jusqu'aux vendanges, et arrêter cette disposition en les coupant avec du vin nouveau un peu ferme, après l'avoir soutiré, soufré et clarifié.

Quand ils sont complétement tournés, il n'est guère possible de faire rétrograder la marche de la fermentation. Les vins parvenus à cet état fournissent peu et de mauvaise eau-de-vie ; ils ne sont pas même propres à faire de bon vinaigre ; le mal est fait, il n'y a plus de remède.

Mais, dira-t-on, dans cette situation des choses il est encore possible de s'emparer de l'état dominant dans les vins, et de les rendre potables au moyen d'un cinquantième de lait écrémé, et du transvasement. On le peut par la craie, les cendres, le marbre, le plâtre, les coquilles d'œuf ; mais ces matières terreuses et alcalines ont l'inconvénient de former des combinaisons salines très-solubles dans le vin, de rester en dissolution dans la masse de ce fluide, et le disposent à se décomposer entièrement. Aucun procédé chimique ne doit être mis en usage pour rétablir les vins de vente ; s'ils paraissent réussir, ce n'est que momentanément. On ne peut les transporter ; ils sont de peu de garde ; on doit se hâter de les consommer sur les lieux, parce qu'ils sont exposés à revenir dans leur premier état : tout ce qu'on a dit à cet égard de contraire est absolument faux. La vérité est qu'un vin raccommodé est plus près de sa décomposition totale qu'avant d'avoir travaillé à sa guérison. Il n'y a pas de panacée pour les vins malades.

J'ai ouï dire autrefois que les marchands de vin de Paris, particulièrement ceux des guinguettes, consacraient un jour de la semaine, et c'était le plus voisin du dimanche, pour préparer, arranger, disposer les vins qu'ils devaient débiter seulement ce jour-là, parce que le surlendemain ils n'avaient plus autant de qualité pour servir de boisson. Il n'y a pas de doute que ce ne soient des vins plus ou moins piqués qu'ils parviennent à adoucir instantanément, au moyen des matières alcalines et absorbantes, et peut-être de la mélasse et du miel, qui provoquent la soif sans cependant contenir de l'oxide de plomb : on les mélange encore avec de gros vins rouges du midi et de petits vins blancs du nord. Mais une remarque qu'on a faite, c'est que les vins qui se consomment chez les cabaretiers de Paris ont dans tous les temps le même cachet, et qu'ils doivent leur existence à une composition particulière dont la recette est vraisemblablement un secret de famille qui passera à la postérité. Mais tous ces vins qui ont été malades, et qu'on est parvenu à rétablir d'une manière plus ou moins complète, laissent peu d'espérance pour le commérce : leur constitution organique s'est affaiblie; ils n'ont plus assez de vigueur pour souffrir le transport, ni pour s'améliorer à la cave ; ils demeurent dans l'état où ils se trouvent, et s'ils subissent le moindre changement, c'est vers leur dépérissement. Il ne faut pas différer de les consommer ; car si on attendait pour les boire, qu'ils eussent six mois de bouteille, on les trouverait non comme on les y a mis, mais transformés en vinaigre.

Encore une fois, c'est à la cuve et non à la cave qu'il faut employer ces matières propres à absorber la surabondance d'acide, à augmenter l'alcool, et adoucir les vins trop verts ; ajoutées seulement aux vins déjà faits, elles ne présentent qu'un mélange informe, une boisson hétérogène, souvent trop difficile à digérer pour certaines constitutions.

Au reste, je partage absolument l'opinion de M. Deyeux, et je dirai, pour la sécurité des consommateurs des vins ainsi rétablis, plus communs qu'on ne pense dans le commerce de détail, que, s'ils ne sont pas aussi restaurans, aussi agréables que les vins mélangés, au moins ne peuvent-ils pas nuire directement à la santé; et si les marchands qui les mettent en vente prévenaient l'acheteur, il n'aurait aucun reproche à leur faire, sur-tout s'ils faisaient payer ces vins moins chers que les vins naturels.

Il existe d'autres altérations des vins que nous n'avons pas cru devoir signaler, parce qu'elles sont plus rares et dépendent des localités ; nous passerons également sous silence une foule de moyens proposés pour les corriger. Ce n'est cependant pas qu'il y ait rien à craindre de leur emploi pour l'économie animale ; mais que peut-on espérer de matières âpres, austères et acides, telles que le suc de prunelles sauvages, les baies de myrtile, de sureau, de troêne, les bois de teinture, les gros vins, les copeaux de bois de hêtre, la crême de tartre et l'alun, pour donner au vin un plus haut ton de couleur, augmenter son principe extractif ? Quand ces matières sont mêlées aux vins sans le concours de la fermentation, qui a seule la faculté d'assimiler leurs principes, de leur donner l'appropriation convenable, au lieu de corriger leurs défauts, elles en ajoutent d'autres qui rendent encore la boisson moins tolérable. D'ailleurs, malgré ce qu'en disent quelques auteurs sur l'innocuité de l'alun, il n'en est pas moins vrai qu'il y a toujours du danger à faire habituellement usage d'une boisson vineuse dans laquelle ce sel est en dissolution.

Nous ne poursuivrons pas plus loin nos observations sur l'art de gouverner les vins, considérés sous le rapport des altérations qu'ils subissent, et des moyens innocens qu'on met pour les prévenir. On ne peut guère, dans l'état actuel de nos connaissances, ajouter de nouveaux faits à ceux que nous venons de présenter. Il paraît vraisemblable qu'il en est des maladies des vins, comme de la plupart de celles qui affectent l'homme et même les bestiaux; dès qu'elles existent, il n'y a plus de remède. C'est dans les préservatifs qu'il faut puiser les secours pour les en garantir. Ils sont consignés dans le Traité du vin par le sénateur Chaptal, ouvrage qu'on ne saurait trop recommander à la méditation des propriétaires de vignobles et aux négocians en vin, qui ont à cœur les progrès de la vinification, de cette source la plus féconde de notre prospérité, de notre industrie et de nos jouissances, puisque la France embrasse une étendue immense de territoire favorable à la culture de la vigne : connaissant alors les procédés qu'on suivait anciennement et ceux qu'on leur a avantageusement substitués, ils pourraient, n'en doutons pas, ajouter infiniment à leurs revenus et à leur commerce. (PAR.)

VIN CUIT. L'art de concentrer le moût par l'évaporation au feu et de le rapprocher, à différens degrés de consistance, au tiers ou à la moitié de son volume, est aussi ancien que l'art de planter la vigne et de faire le vin. Les habitans de l'Archipel et de l'Égypte ont encore recours à ce procédé, pour composer avec le résultat une espèce de sorbet très-recherché parmi eux, et qu'ils conservent à la cave dans des vaisseaux de bois.

Mais il faut convenir que dans cet état le liquide dont il s'agit ne présente qu'une sorte de sirop plus ou moins épais, à raison de l'espèce de raisin et du climat d'où il provient, et que c'est mal à propos qu'on le qualifie du nom de *vin cuit*, puisque le moût auquel il appartient n'a nullement fermenté, et que par conséquent il ne renferme pas un atome d'alcool, principe essentiel à la composition de toute liqueur vineuse, quelle qu'en soit la dénomination pompeuse de *crême*, de *quintessence*, d'*huile*, d'*élixir*, etc.

A la vérité, les partisans de cette méthode n'avaient pas seu-

lement pour objet de se procurer alors un sucre liquide indí-
gène, capable de servir de condiment à leurs fruits, à leurs
ratafias et à leur boisson chaude; ils se proposaient encore, au
moyen de cet auxiliaire, de remédier aux défauts de leur
vendange.

Et en effet, dans les cantons où le raisin parvient difficilement à une maturité complète, il faut bien chercher à obtenir
un produit pourvu du moins de toutes les qualités qu'il peut
avoir. Or, quand la nature a été avare de matière sucrée, l'art
doit la prodiguer au fruit qui en manque, mais dans des proportions relatives. Le moût d'un raisin plus parfait, concentré
d'avance sous forme de sirop ou de conserve, ajouté à la cuve
en fermentation, supplée cette matière infiniment mieux que
la cassonnade, la mélasse et le miel, proposés depuis peu pour
remplir un objet aussi important.

Cette pratique des anciens, que des chimistes modernes ont
eu l'intention d'imiter, en proposant les supplémens dont il
s'agit, ne saurait être admise; car, en supposant que leur prix
actuel en permît l'emploi dans une pareille circonstance, ils
ne seront jamais aussi efficaces que le sirop et la conserve de
raisin, dont les principes ont plus d'analogie avec ceux du
moût, et peuvent avoir l'inconvénient de donner des saveurs
spiritueuses, étrangères aux vins et souvent fort désagréables.

Y a-t-il une eau-de-vie plus mauvaise que celle de la mélasse? (1)

Ce qu'on entend aujourd'hui par *vin cuit* est une véritable
liqueur de table, composée de parties égales de moût de raisin ainsi concentré et d'eau-de-vie du commerce, au mélange
duquel on ajoute des semences aromatiques et des épices, le
tout infusé pendant huit jours et passé par la chausse : d'où
résulte le ratafia le plus économique qu'on puisse se procurer,
puisqu'on est dispensé d'y employer du sucre. Le point essentiel, c'est de déterminer les proportions des ingrédiens, de
manière qu'aucun n'y soit dominant, et qu'on ne puisse pas
être fondé, en savourant une liqueur, de dire qu'elle est faible,
forte, trop sucrée, trop parfumée; enfin il faut que la sen-
sation qu'elle imprime sur l'organe du goût résulte de la juste
combinaison de tous ces ingrédiens.

Nous croyons devoir exclure de la table des agriculteurs les
liqueurs superfines, ainsi appelées parce qu'elles sont préparées par distillation, couvertes du plus beau sucre et surchargées d'aromates. Nous nous bornerons aux liqueurs bourgeoises
ou communes, en un mot à celles dont les matériaux étant

---

(1) *Voyez* ma note de la page 470. *Voyez* aussi les articles VIN CUIT
et VIN DE PAILLE.

à bon compte, et faciles à se procurer par-tout, sont devenues d'un usage général. Voici le plus ancien et le plus salutaire des ratafias.

Hippocras. On lui attribuait autrefois de grandes propriétés; il est décrit dans les œuvres de *Galien* au nombre des vins cordiaux, et doit son origine à la pharmacie exercée par ce chef de la médecine. Sa préparation consiste à faire infuser, pendant cinq à six jours, dans du bon vin rouge ou blanc, des aromates choisis parmi les épices, et à y ajouter du sucre; mais cette préparation est tout-à-fait défectueuse.

L'hippocras ne peut se conserver aussi long-temps que le vin lui-même, parce que toutes les fois que celui-ci exerce les fonctions de dissolvant au lieu de véhicule, il éprouve infailliblement dans ses parties constituantes un changement notable, qui tend toujours à sa détérioration. On ne doit donc pas être surpris que ce ratafia tant vanté soit tombé en désuétude. Le seul moyen de lui rendre son ancienne célébrité consisterait à en corriger la recette; et au lieu d'ajouter immédiatement la substance amère ou aromatique au vin, ce serait d'en faire préalablement une teinture au moyen de l'eau-de-vie, et de l'y mêler au moment d'en faire usage; d'où résulterait alors une liqueur plus homogène et plus suave. Le médecin serait plus assuré de la nature et de l'efficacité du remède qu'il prescrit, et le malade trouvera le soulagement qu'il a droit d'attendre. C'est précisément là le point de perfection que j'ai eu en vue d'atteindre dans la réforme que j'ai proposée pour la confection des vins médicinaux.

Vin cuit préparé au midi. On verse dans un chaudron placé sur le feu douze pintes de moût : quand la liqueur entre en ébullition, on enlève l'écume et on pousse l'évaporation jusqu'à la réduction de la moitié; on met la liqueur toute bouillante, sans la passer, dans la cruche, où il y a partie égale d'eau-de-vie, c'est-à-dire six pintes; on y ajoute ensuite une pincée d'anis et de coriandre, un gros de cannelle de Chine, l'amande osseuse de six abricots et d'autant de pêches; on bouche la cruche avec un bouchon de liége recouvert d'un linge mouillé; on la laisse dans un endroit tempéré. Après quarante-huit heures de séjour, on passe la liqueur à travers un linge mouillé, on la remet dans la cruche, et on l'y laisse pendant l'hiver, ou jusqu'à ce qu'on la tire au clair, en la filtrant par la chausse pour la distribuer dans des bouteilles exactement fermées.

Le sirop doux de raisin peut servir de base aux ratafias qu'on voudrait préparer sur-le-champ, par-tout et dans toutes les circonstances.

Vin cuit préparé au nord. Exposez au feu 12 pintes de

moût, réduisez-les aux deux tiers par l'évaporation, et versez la liqueur dans une terrine pendant deux jours ; au bout de ce temps, enlevez avec une écumoire la pellicule saline qui recouvre la surface, et décantez. Cette liqueur, mise sur le feu, est versée bouillante dans une cruche où se trouvent 4 pintes d'eau-de-vie ; on y ajoute les aromates en même quantité, et on procède comme dessus.

Cidre et *poiré cuits.* 12 pintes de cidre doux (24 livres) étant réduites à la moitié dans un chaudron sur le feu, on écume et on verse bouillant dans une cruche où se trouvent 6 pintes d'eau-de-vie ; on y ajoute une pincée d'anis et de coriandre, un gros de cannelle, et le bois de plusieurs noyaux d'abricots et de pêches ; après deux jours de mélange, on passe à travers une toile mouillée, et l'on remet à macérer pendant quelques mois.

C'est absolument le même procédé pour faire le poiré cuit, que celui qui vient d'être décrit, excepté cependant qu'au lieu du cidre doux (1), c'est du poiré qu'il faut se servir.

VIN DE GELÉE. Vin blanc qui se fabrique à Arbois, à Lons-le-Saulnier et à Château-Châlons avec des raisins cueillis après les premières gelées. Ce vin, gardé une trentaine d'années, est un des meilleurs de France, et n'est pas aussi connu qu'il le mérite. *Voyez* VIN DE PAILLE.

C'est le sauvignon blanc qui s'emploie le plus souvent à la fabrication de ce vin.

On fait quelquefois geler ce vin pour le concentrer, en en enlevant les glaçons, qui sont presque sans saveur.

Les vins, dans le Jura, se collent souvent avec du papier gris déchiré en petits morceaux. (B.)

VINS DE LIQUEUR. Il existe entre eux une infinité de nuances que nous ne chercherons pas à saisir ; mais il nous semble qu'on ne devrait donner le non de *vin de liqueur* qu'à celui qui, après avoir subi la fermentation qui lui est propre, jouit encore d'une saveur sucrée.

En général on pourrait, dans les parties méridionales de la France, obtenir, avec toutes les espèces de raisins que nous avons désignées comme les plus propres à faire des sirops, des vins de liqueur aussi parfaits que les plus estimés qui viennent de l'étranger. Il suffirait de saturer le moût en partie, puis de le réduire au tiers ou à la moitié de son volume, et en le mettant dans la cuve, d'y ajouter de la conserve ou du sirop de raisin et un aromate quelconque. C'est assez qu'une portion du

---

(1) On peut regarder certains vins faits avec des raisins à moitié desséchés comme des vins cuits. *Voyez* VIN DE PAILLE.

(Note de M. Bosc.)

mucoso-sucré échappe à la fermentation, et devienne dans le vin l'intermède de l'union des principes qui leur servent de condiment. Ce vin, si on attend pour le boire qu'il ait une année de tonneau ou de bouteilles, aura toujours un caractère de vin de liqueur.

Le moment est propice pour tirer un parti avantageux des vins qui résulteraient des raisins ainsi traités. Pourquoi s'en approvisionner à Malaga, aux îles de Chypre et de Madère, lorsque le vin de Paille qu'on fait en Alsace et en Touraine leur est au moins comparable? On ne peut disconvenir que celui de Frontignan, de Lunel et de Rivesaltes ne les surpasse. Appliquons-nous à rendre ces vins aussi bons qu'ils peuvent l'être, afin d'en assurer le débit dans toute l'Europe, et formons des vœux pour que les productions du sol de la patrie et nos ressources nationales aient aussi leurs prôneurs.

Toutes les fois qu'il s'agit de faire de ces vins une spéculation lucrative, on prend ordinairement des vins blancs ou rouges de bas aloi; on leur ajoute de l'eau-de-vie, de la mélasse ou du miel dans certaines proportions, et pour arome des fleurs de sureau ou d'orvale (1); mais il est facile de juger que ces vins sont factices non-seulement par la dégustation (un palais exercé s'y trompe rarement), mais encore en les exposant dans une cuiller sur le feu : en bouillant, la première vapeur prend feu à la flamme d'une bougie allumée, et laisse pour résidu une matière extractive comparable à la mélasse ou au miel, selon la nature du corps sucrant employé.

Mais, au lieu de composer ces vins de liqueur extemporanés avec des vins médiocres déjà tout faits, et dans lesquels les ingrédiens qui constituent leur propriété respective en sont isolés, ne vaut-il pas mieux employer immédiatement à leur préparation, des matières muqueuses et aromatiques prises dans différentes sources, les mélanger, et faire toujours concourir la fermentation, afin d'obtenir un résultat plus homogène, mieux combiné, et plus susceptible de se conserver et de s'améliorer avec le temps?

Les traités d'économie domestique fourmillent de recettes pour imiter les vins de liqueur, quel que soit le pays qu'on habite : les plus tolérables sont celles qui recommandent le miel, les raisins secs, les sucs doux de fruits à pepins et à noyaux, pour obtenir, au moyen de proportions convenables et du

---

(1) On a proposé les fleurs de la vigne pour donner au vin un bouquet agréable. Pour obtenir ces fleurs, on place une petite corbeille sous la grappe, vers les dix heures du matin, et au moyen d'un petit coup, on fait tomber les pétales, qui sont ensuite étendus sur du papier, afin qu'ils se dessèchent. Une once de ces fleurs suffit pour un tonneau de 240 bouteilles. On les introduit, après les avoir mises dans un nouet, pendant la fermentation. (*Note de M. Bosc.*)

secours de la fermentation, un produit vineux préférable à ces résultats qu'on fabrique hardiment et sans pudeur, toute l'année, à Paris, à Amsterdam, à Londres, à Dunkerque, à Marseille, sous les noms de vin de Malaga, de Madère, de Malvoisie, de Champagne et de Bourgogne, au-delà même de ce que fournissent ces vignobles célèbres. (Parm.)

VIN PAILLÉ ou VIN DE PAILLE. On a appliqué ce nom, par contraction, à du vin fabriqué avec des raisins récoltés à leur plus haut degré de maturité et conservés plus ou moins long-temps étendus sur de la paille dans un lieu ni sec ni humide, afin que la surabondance de leur eau de végétation s'évapore et que leur principe sucré se concentre.

La fabrication du vin de paille, à raison de ses embarras et des pertes qu'elle nécessite est très-bornée ; mais elle a lieu en petit dans beaucoup de vignobles, et par-tout ses résultats se donnent comme vin de liqueur et sont comparables à ces derniers venant du midi de la France, de l'Espagne et autres pays chauds, ainsi que j'ai été bien souvent dans le cas d'en juger personnellement.

Il est des lieux où on ne garde les raisins que quinze jours, qu'un mois ; il en est d'autres où on les garde deux mois, trois mois, quatre mois, c'est-à-dire jusqu'après l'hiver, comme dans le département du Haut-Rhin.

Dans les pays chauds, où les raisins sont beaucoup plus sucrés que dans le nord, on fait des vins de liqueur analogues à ceux de paille, en laissant simplement les raisins plus long-temps sur les ceps, afin qu'ils s'y dessèchent à moitié. *Voyez* Vin de gelée.

Parmi les vins ainsi faits, je citerai le piccoli du Trévisan, fort en rapport avec le fameux tokai, parce que j'en ai bu à Venise. Il est jaune et provient d'une variété spéciale de raisin qui porte le même nom.

La théorie des vins de paille a été établie par M. Sanpaillo dans un mémoire inséré dans le *Journal de physique.* (B.)

VIN JAUNE. Maladie assez commune en Champagne, dans laquelle le vin blanc prend une couleur jaune tachetée ; elle se rétablit par le collage, par son mélange avec de la jeune lie, par le soufrage, etc. (B.)

VINAIGRE. C'est ordinairement le résultat de la Fermentation acéteuse du Vin. *Voyez* ces deux mots.

La base du vinaigre est l'Acide acéteux. *Voyez* ce mot.

Le vin exposé à l'air se change souvent en vinaigre, mais souvent aussi il perd toutes ses propriétés, devient vapide. On n'a pas encore étudié les causes de cette différence d'action de l'air sur le vin.

Dans la fermentation de la vendange en cuve ouverte, la portion du moût qui sort de la masse lorsque le chapeau s'est formé, devient vinaigre, lequel rentrant dans la masse y porte des élémens qui accélèrent son altération. *Voyez* Cuve.

On ne peut appeler l'acétification du vin une fermentation, puisqu'il n'y a pas de dégagement, mais fixation de gaz (*voyez* Oxygène) : mais l'usage a prévalu. *Voyez* Fermentation acéteuse.

Pour fabriquer du vinaigre, il faut une température élevée de 15 à 20 degrés, le contact de l'air atmosphérique et un mucilage s'il n'y en a pas assez dans le vin. En conséquence on place dans une chambre à poêle une quantité de tonneaux à l'endroit de la bonde desquels il a été fait une ouverture de 4 à 6 pouces carrés. On remplit à moitié ces tonneaux de vin, et on y ajoute ou de la levure de bière, ou de la rafle de la vendange, ou, ce qui est plus commun, cette matière floconneuse qui nage dans le vinaigre. Quand la fermentation s'est établie, on remplit le tonneau du même vin.

Autant qu'il est possible, on n'emploie dans la fabrication du vinaigre que du vin déjà altéré en partie, du *vin bisaigre*, comme on l'appelle, et ce parce qu'il coûte moins et se change plus rapidement en vinaigre.

Le vin rouge donne du vinaigre de cette couleur, mais on la fait disparaître par la distillation, qui altère son bon goût.

A Paris, on n'estime, pour l'usage de la table, que le vinaigre fait avec du vin blanc.

Le vinaigre faible se concentre en l'exposant à un grand froid, qui gèle sa partie aqueuse et laisse libre sa partie acide, qu'on retire par la décantation.

L'emploi du vinaigre est journalier dans l'économie domestique pour l'assaisonnement des mets. Tous les cultivateurs devraient en avoir en approvisionnement, non de tel que celui qu'on trouve généralement chez eux, qui est sans force et d'un mauvais goût, mais du bon sous tous les rapports. Par son moyen on marine les viandes et les poissons et les conserve en état d'être mangés pendant l'été au-delà du terme fixé par la nature; on confit des cornichons, des capres, et en général tous les végétaux dans le même but. Mêlé en petite quantité dans la boisson des ouvriers, sur-tout des moissonneurs pendant les chaleurs de l'été, il les soustrait aux fièvres auxquelles ils sont alors exposés. Ceci s'applique aux pays marécageux encore plus qu'aux autres : là, tous les jours les cultivateurs devraient faire usage de cette boisson pendant les trois mois d'été, ou manger des mets assaisonnés avec force vinaigre.

L'emploi du vinaigre dans l'hygiène et la médecine vétérinaire n'est pas moins important. C'est avec du vinaigre qu'on prévient les maladies putrides des bestiaux, qu'on met des obstacles aux fièvres que des travaux forcés développent si souvent dans les chevaux. *Voyez* Coup de chaleur.

Le plus estimé des vinaigres qui se consomment à Paris est celui *d'Orléans ;* mais les vignobles des environs de cette ville n'en fournissent pas le quart de ceux qui se vendent sous ce nom. C'est à Saumur qu'ils se fabriquent la plupart.

M. de Gouvernain, membre de l'académie de Dijon, a perfectionné dans cette ville d'une manière très-remarquable la fabrication du vinaigre. Il est à désirer que l'ouvrage qu'il se propose de publier pour faire connaître la théorie et la pratique de cette fabrication soit bientôt livré au public.

On savait depuis long-temps que l'alcool se changeait spontanément en vinaigre lorsque le hasard y introduisait un ferment. Ce fait a été saisi par M. Gille, qui vient d'établir à la Briche, près Saint-Denis, une fabrique dans laquelle il n'emploie que des eaux-de-vie, et dont il paraît tirer annuellement de fort grands bénéfices.

Il est facile d'assurer la conservation des vinaigres et d'améliorer ceux qui sont altérés de quelque manière que ce soit, en les filtrant une ou deux fois à travers une épaisseur un peu considérable de poussier de charbon.

Après le vinaigre de vin, celui de *cidre* est le plus répandu dans le commerce ; il se fabrique généralement comme ce dernier : s'il est plus faible, c'est qu'on n'y consacre aussi que des cidres qui commencent à s'altérer, et que cela arrive le plus promptement à ceux dans lesquels on a mis le plus d'eau. On devrait n'y consacrer que des cidres forts. L'opinion veut même que les vinaigres d'Orléans ne doivent leur supériorité qu'au poiré qu'on y introduit, ce qui peut être quelquefois, mais ce qui n'est pas toujours, ainsi que me l'ont assuré des habitans éclairés et désintéressés de cette ville. Je faisais journellement usage de vinaigre de cidre pendant mon séjour en Amérique, et m'en trouvais fort bien. (B.)

Les progrès de la chimie ont fourni les moyens de retirer immédiatement un vinaigre très-pur de tous les végétaux, et principalement des bois de hêtre, de chêne, de charme, etc. On doit à M. Mollerat les premiers essais de sa fabrication en grand. (*Voyez* Acide acétique.) Ce vinaigre, qui, mis dans une bouteille de verre, ne s'altère jamais, mêlé avec de l'eau, peut être employé à tous les usages de celui de vin ; mais il faut en user modérément comme condiment, parce qu'il a trop d'action sur la membrane de l'estomac. C'est pour confire les cornichons, etc., pour ranimer les forces vitales des hommes et des animaux, etc., qu'il s'emploie le plus communément. *Voyez* le mot Bois, où il en a été question.

Le goudron qui surnage la liqueur dans la distillation de ce vinaigre, soit dit en passant, peut être utilisé avec avantage pour enduire les instrumens aratoires, qu'elle durcit et conserve mieux qu'aucune autre substance, lorsqu'on en met deux ou trois couches.

On fait encore des vinaigres avec de la bière, de l'hydromel, du lait, du vin de canne, etc. (consulter la fin de l'article FERMENTATION de M. Chaptal, tome VI, page 362 et suiv.), tous inférieurs sans doute à celui de vin, mais qui pourraient en être rapprochés par divers procédés. Par exemple, celui du vin de canne est toujours trouble, ce qui empêche de le servir sur les tables dans nos colonies. Sa filtration à travers le charbon ne le rendrait-il pas clair?

Une grande quantité d'articles de ce dictionnaire servant de complément à celui-ci, je m'arrête. (B.)

Vinaigre domestique. On achète un baril de vinaigre rouge ou blanc de la meilleure qualité; on en tire quelques pintes pour la consommation de la maison, et on le remplit aussitôt par une égale quantité de vin bien clair et de la même couleur; on bouche simplement le baril avec du papier ou du linge, appliqué légèrement sur l'ouverture, et on le tient à une température de 18 à 20 degrés; à mesure qu'on en a besoin, on soutire la quantité susmentionnée de vinaigre, en la remplaçant, comme la première fois, avec du vin; le baril, successivement vidé et rempli, fournit pendant long-temps du vinaigre bien conditionné, sans qu'il s'y forme de marc ni de dépôt sensible. Il existe encore maintenant, dans beaucoup de ménages, du vinaigre dont la première fondation remonte au-delà de cinquante ans, et qui est encore excellent. Sans doute que quand il s'agit du commerce de vinaigre, il faut bien avoir recours aux procédés exécutés en grand dans les ateliers consacrés à ce genre de fabrique.

Les caractères d'un bon vinaigre sont d'avoir une saveur acide, mais supportable, une transparence égale à celle du vin moins coloré que lui quand il est rouge; un montant, un spiritueux qui affectent agréablement les organes; c'est sur-tout en le frottant dans les mains que ce parfum se développe : on reconnaît aisément sa pureté en l'exposant à l'air libre, s'il s'y amasse beaucoup de mouches appelées *mouches à vinaigre,* c'est une preuve qu'il n'est pas sophistiqué; la quantité suffit pour indiquer sa force.

Conservation du vinaigre. On pratique deux moyens : le premier consiste à tenir le vinaigre à l'abri de toute influence de l'air extérieur dans des vases propres et bien bouchés, à les placer dans un lieu frais, et sur-tout à ne jamais le laisser en vidange; le plus léger dépôt suffit pour le détériorer.

Le second est d'une grande simplicité. On remplit de vinaigre des bouteilles de verre, qu'on place dans une chaudière pleine d'eau sur le feu ; quand elle a bouilli un quart d'heure, on les retire. Le vinagre ainsi exposé à la chaleur du bain-marie se garde pendant plusieurs années aussi bien à l'air libre que dans des bouteilles à demi pleines ; on s'oppose par ce moyen à la formation de cette pellicule qui recouvre sa surface, et on détruit tous les animaux microscopiques qui se développent dans cet acide. La concentration par la gelée, par la distillation et l'addition du sel peuvent encore concourir à prolonger la durée du vinaigre.

Des vinaigres composés. Pour rendre le vinaigre plus agréable et plus généralement utile, on le charge de la partie odorante et sapide des plantes, qu'on a eu la précaution auparavant de monder, de diviser, et d'épuiser de leur humidité surabondante par une dessiccation forte et prompte : autrement leur eau de végétation passerait bientôt dans le vinaigre en échange de l'acide que celui-ci leur fournirait, ce qui diminuerait son action et l'exposerait bientôt à s'altérer. Une autre considération, c'est que dans ce cas le vinaigre blanc doit être employé de préférence pour la préparation des vinaigres composés ; qu'il faut que les végétaux aromatiques n'y séjournent que le moins possible, et que quand une fois l'acide s'est emparé de tout ce qu'il peut en extraire, il n'y a pas un moment à perdre pour les séparer, par la raison qu'ils réagissent sur l'acide comme la lie sur le vin, et le décomposent. Voici quelques exemples de ces vinaigres dont on trouve des recettes plus ou moins imparfaites dans tous les traités d'économie domestique.

Les framboises, l'estragon, le sureau et les roses ayant été les premiers végétaux mis à macérer dans le vinaigre, il paraît juste de faire connaître les procédés d'après lesquels on peut parvenir à faire ces vinaigres sans qu'ils soient exposés à perdre en peu de temps leur transparence, et à se recouvrir d'une pellicule épaisse et visqueuse, qui détruit insensiblement leur force au point que souvent on est forcé de les jeter.

Vinaigre framboisé. On met dans une cruche autant de framboises mûres et bien épluchées qu'elle pourra en contenir ; on verse par-dessus 2 à 3 pintes de vinaigre, et après huit jours de macération au soleil, on jette le vinaigre et les framboises sur un tamis de crin ; la liqueur, passée sans expression, claire et saturée de l'arome du fruit, est distribuée dans des bouteilles, avec la précaution d'ajouter une couche d'huile.

Vinaigre d'estragon. Après avoir épluché l'estragon, on l'expose quelques jours au soleil ; quand il est fané et non séché, on le met dans une cruche, que l'on remplit de vinaigre ;

on laisse le tout en macération pendant quinze jours. Au bout de ce temps on décante la liqueur, on exprime le marc et on filtre, soit au coton, soit au papier gris, pour être mis en bouteilles, qu'on tient bien bouchées et dans un endroit frais.

Vinaigre surare. On choisit des fleurs de sureau au moment de leur épanouissement; on les épluche en ne laissant aucune partie de la tige, qui donnerait de l'âcreté; on met ces fleurs à demi séchées dans le vinaigre, et on expose la cruche bien bouchée à l'ardeur du soleil pendant deux semaines; on décante ensuite, on exprime et on filtre comme ci-dessus.

Si, comme on le recommande dans tous les livres, on laissait le vinaigre surare sur son marc sans le passer, pour s'en servir au besoin, loin d'avoir plus de qualité, il se détériorerait bientôt, parce que dans cet état il serait sur la voie de la décomposition; il convient donc d'en séparer le marc, et de distribuer la liqueur dans des bouteilles.

Vinaigre rosat. On obtient un vinaigre agréable pour le goût et pour la couleur avec du vinaigre blanc, dans lequel on a mis infuser au soleil, pendant une semaine, des roses effeuillées; mais il faut avoir soin d'exprimer fortement le marc, de filtrer la liqueur, et de la distribuer dans des vases bien bouchés. C'est en suivant ce procédé qu'on prépare un vinaigre d'un goût très-agréable avec des fleurs de vigne sauvage, en l'exposant de la même manière au soleil.

Vinaigre composé pour les salades. Il arrive souvent que l'on mêle ensemble les trois vinaigres dont il vient d'être question, ou bien que les fleurs dont ils portent le nom sont réunies et mises à infuser dans le même vinaigre, ce qui forme cependant deux vinaigres différens; mais voici une composition qui paraît suppléer à ce qu'on appelle vulgairement la *fourniture de salade.*

Prenez de l'estragon, de la sariette, de la civette, de l'échalotte et de l'ail, de chaque 3 onces; une poignée de sommités de menthe, de baume : le tout, séché, divisé, se met dans une cruche avec 8 pintes de vinaigre blanc; on fait infuser pendant quinze jours au soleil; au bout de ce temps, on verse le vinaigre, on exprime, on filtre ensuite, et on garde le produit dans des bouteilles parfaitement bouchées.

Vinaigre des quatre-voleurs. La médecine a aussi ses vinaigres aromatiques, dont nous nous abstiendrons de présenter la nomenclature. Nous nous arrêterons à celui dit des quatre-voleurs, à cause du métier que faisaient ceux qui en donnèrent la recette pour avoir leur grâce.

Pour 4 pintes de vinaigre blanc, l'on prend grande et petite absinthe, romarin, sauge, menthe, rue, à demi sèches, de chaque une once et demie; 2 onces de fleurs de lavande sèche;

ail, acorus, cannelle, girofle et muscade, de chaque 2 gros.
On coupe les plantes, on concasse les drogues sèches, et on
les fait macérer au soleil pendant un mois dans un vaisseau
bien bouché; on coule la liqueur, on l'exprime fortement, et
on filtre pour y ajouter ensuite une demi-once de camphre
dissous dans un peu d'esprit de vin.

Vinaigre de lavande. Dans le très-grand nombre des vinaigres dont le parfumeur fait commerce, nous n'en citerons
qu'un seul; il servira d'exemple pour ceux de ce genre qu'on
peut employer à la toilette.

Prenez des fleurs de lavande promptement séchées au four
ou à l'étuve; mettez-en une demi-livre dans une cruche et versez par-dessus 4 pintes de vinaigre blanc; laissez infuser le
tout au soleil, et après huit jours d'infusion passés, exprimez
le marc fortement et filtrez à travers le papier.

Ce vinaigre de lavande, préparé ainsi par infusion, est infiniment plus agréable et moins cher que celui obtenu par la
distillation. On peut procéder de la même manière pour la préparation du vinaigre de sauge, de romarin, etc. (PAR.)

Vinaigre radical. C'est le résultat de la distillation de cristaux d'ACÉTATE DE CUIVRE ou d'ACÉTATE DE POTASSE, c'est-
à-dire le vinaigre ou, mieux, l'acide acéteux le plus concentré
possible. Ce vinaigre est fréquemment employé en médecine
pour ranimer les forces vitales. Comme les cultivateurs peuvent
être souvent dans le cas d'avoir besoin de ce vinaigre, et qu'il
se conserve des siècles également bon dans un flacon de verre
bouché de même, il est désirable qu'ils s'en pourvoient d'une
petite quantité chez les apothicaires. *Voyez* ASPHYXIÉ, NOYÉ
et VINAIGRE. (B.)

VINASSE. Résidu de la DISTILLATION DES VINS.

Lorsque la distillation est mal faite, la vinasse contient encore du vin qu'on peut transformer en vinaigre; mais dans le
cas contraire elle n'est bonne à rien. (B.)

VINCRE. On appelle ainsi la PERVENCHE aux environs de
Boulogne. (B.)

VINEUX. On donne ce nom, dans quelques vignobles,
aux sarmens qu'on laisse de presque toute leur longueur, afin
de leur faire produire une grande quantité de grappes : c'est
ce qu'ailleurs on appelle des SAUTELLES, des ARCS, etc. (B.)

VINÉE. ARCHITECTURE RURALE. Lieu destiné à placer les
cuves de fermentation dans un vendangeoir. Comme le degré
convenable de fermentation des vins en cuve est un point important à saisir pour assurer la bonté de leur fabrication, il est
nécessaire de placer la vinée à la plus grande proximité du
propriétaire, afin qu'à tout moment il puisse s'y transporter
pour examiner les progrès de la fermentation, sans même être

obligé de sortir dans sa cour. Il est également à désirer que cette pièce soit aussi à la proximité du cellier et du pressoir, ou plutôt qu'elle puisse communiquer directement à ces deux pièces, pour obtenir la plus grande commodité et la plus grande économie de temps dans le transport au cellier de la mère-goutte et du vin de pressurage, ainsi qu'une grande facilité de surveillance sur ces trois pièces.

Enfin il est également avantageux que la vinée, ou au moins le cellier, ait une communication directe avec les caves, pour y descendre plus économiquement les vins nouveaux après leur premier soutirage. (DE PER.)

VINER. On donne ce nom, dans le sud-ouest de la France, à l'opération de fortifier un vin faible, en le mélangeant dans une proportion quelconque avec un vin très-généreux. *Voyez* VIN et ALCOOL.

Cette opération, que nos pères ne connaissaient pas, est aujourd'hui si vulgaire qu'il y a beaucoup de vins qui ne se vendraient pas si on ne la leur faisait subir. Il est à désirer, à mon avis, que, par le choix de variétés plus sucrées, on la rende moins nécessaire. (B.)

VINPIERRE. Aux environs de Verdun, c'est le TARTRE qui reste dans les tonneaux : il rend le VIN amer. *Voyez* ces mots. (B.)

VIOLET. On donne ce nom, dans le département de la Haute Saône, à une maladie des cochons dans laquelle leur peau prend cette couleur : elle ne paraît pas différer de la SOIE. *Voyez* ce mot et celui COCHON. (B.)

VIOLETTE, *Viola*. Genre de plantes de la pentandrie monogynie, et d'une famille indéterminée, qui renferme plus de cinquante espèces, dont trois ou quatre sont très-communes dans les campagnes et se cultivent fréquemment dans les jardins pour l'excellente odeur ou la beauté des couleurs de leurs fleurs.

La VIOLETTE ODORANTE a les racines vivaces, fibreuses; les tiges rampantes, stolonifères, stériles; les feuilles cordiformes, dentées, glabres, longuement pétiolées; les fleurs toutes radicales, longuement pédonculées, solitaires et d'un beau bleu. Elle croît dans toute l'Europe, dans les bois, les haies, autour des villages, et fleurit dès les premiers beaux jours. Mais qui est-ce qui ne la connaît pas? Qui est-ce qui n'a pas trouvé de l'agrément à la cueillir? Qui est-ce qui n'a pas savouré sa douce odeur? Peu de fleurs se font voir avec plus de plaisir, parce qu'outre ses avantages propres, et qui sont incontestés, elle est la première, des communes et des odorantes, qui annonce le retour du printemps. Quoique extrêmement abondante presque par-tout, on aime à la cultiver dans les jardins, où elle se place, soit en bordure, soit en touffes, soit au milieu des gazons, des massifs, etc., etc. Jamais on ne trouve qu'elle soit trop abondante, parce qu'elle plaît non-seulement par ses fleurs, mais encore par son feuillage, qui persiste toute l'année et qui forme des gazons fort denses et d'une couleur agréable. Rien de plus facile et de plus rapide que sa multiplication. Quelques graines semées aussitôt après leur maturité, quelques pieds plantés avant l'hiver, suffisent pour garnir un espace considérable, parce qu'elle pousse des jets après la floraison, qui s'allongent souvent à 15 ou 20 pouces dans le courant d'un été, et qui, poussant des racines à chacun de leurs nœuds, donnent ainsi lieu à autant de pieds qu'il y a de ces nœuds, lesquels, l'année suivante, en produisent de même de nouveaux. Lorsqu'on la plante en bordures, on est obligé chaque année de s'opposer à ses empiétemens par des châtrages rigoureux. Dans ce cas, il faut l'arracher tous les quatre à cinq ans pour la renouveler par le déchirement des vieux pieds, car après cette révolution elle est exposée à périr par suite de son épuisement ou de celui de la terre. On en connaît plusieurs variétés, 1°. une *à fleurs blanches*. On la trouve souvent dans les campagnes mêlée avec la bleue. Elle est moins odorante, car cette couleur est l'effet d'un affaiblissement dans sa nature; mais elle ne doit pas être repoussée, car elle contraste fort agréablement avec elle; 2°. *la bleue à fleurs doubles :* elle existe depuis bien long-temps dans les jardins et joint à une grosseur souvent considérable une odeur presque toujours plus suave; 3°. *la blanche à fleurs doubles :* celle-ci est si faible que ses pieds ne subsistent pas long-temps : aussi est-elle rare; 4°. *la violette panachée de bleu et de blanc;* 5°. *la violette de Parme*, qui est d'un bleu très-clair, d'une odeur très-suave et un peu différente de celle de la commune. Il est aussi des variétés de violettes simples et doubles qui fleurissent deux fois; mais il est impossible de les distinguer des autres autrement que parce qu'on les voit en fleur en automne.

L'espèce commune et ses variétés viennent dans tous les terrains, pourvu qu'ils ne soient ni trop secs, ni trop aquatiques. Un peu d'ombre leur est toujours favorable; un terrain trop gras ou trop fumé nuit à leur odeur et à l'abondance de leurs fleurs. On les emploie en médecine; savoir, les fleurs comme rafraîchissantes et béchiques, les feuilles comme émollientes et relâchantes, la semence comme diurétique, émétique et hydragogue.

L'odeur de la violette ne peut se conserver que dans les graisses, en stratifiant avec ces graisses leurs fleurs dans des boîtes bien fermées. La distillation à l'esprit de vin la détruit.

La dessiccation de ces fleurs pour l'usage des pharmacies, qui en font une assez grande consommation, doit être exécutée dans une étuve où domine une vapeur d'alcali volatil; car elles rougissent par le seul effet de l'acide carbonique répandu dans l'air.

La violette, qui est de pur agrément dans nos jardins, est cultivée pour le profit à Hyères et contrées voisines.

Ce sont les variétés doubles à fleurs bleues et purpurines qui sont préférées.

On les multiplie par séparation des bourgeons latéraux, et on en forme des planches où les pieds sont disposés en quinconce à 6 pouces les uns des autres. Ces planches subsistent trois ou quatre ans et sont ensuite reportées ailleurs.

Les violettes plantées en avril commencent à fleurir en octobre et finissent en mai; celles qui ont été mises en terre en octobre donnent peu de fleurs en mai et ne sont en plein rapport que l'année suivante.

C'est pour les faire entrer dans la fabrication des gâteaux, comme on y fait entrer la fleur d'orange, qu'on cultive autant de violettes dans le lieu ci-dessus indiqué, les gâteaux à la violette étant fort recherchés à Toulon, à Marseille, à Aix et autres villes de la ci-devant Provence.

La Violette hérissée a les racines vivaces; les feuilles cordiformes, dentées, très-velues; les fleurs grandes, d'un bleu pâle, toutes radicales et portées sur de longs pédoncules. Elle croît dans les bois sablonneux et fleurit en mai, c'est-à-dire après la précédente. Ses fleurs sont inodores, mais ordinairement fort nombreuses, ce qui fait qu'elle produit un très-bel effet lorsque, comme je l'ai vu souvent, ses touffes sont isolées et de plusieurs pouces de diamètre. On doit par conséquent la placer dans les jardins paysagers, dont le terrain lui est propre. Elle pousse fort peu de rejets, de sorte qu'elle convient très-bien pour former des bordures. On la multiplie de graines. Tous les bestiaux la mangent.

La Violette canine a les racines vivaces, les tiges souvent couchées, mais non rampantes; les feuilles alternes, pétiolées, cordiformes, dentées, glabres; les fleurs bleues, solitaires sur de longs pédoncules axillaires. Elle croît dans les bois et les haies et fleurit en avril. Ses fleurs n'ont point d'odeur, mais beaucoup d'éclat. Souvent le sol des taillis en est entièrement couvert au printemps qui suit leur coupe, quoiqu'il en paraisse fort peu dans les bois voisins. Les vaches, les chèvres et les moutons la mangent.

La Violette tricolore, plus connue sous le nom de *pensée*, a les racines annuelles, les tiges droites, triangulaires, rameuses, hautes de 5 à 6 pouces; les feuilles alternes, pétiolées, oblongues, incisées, glabres, accompagnées de stipules pinnatifides ; les fleurs en même temps jaunes, violettes et blanches, sont portées sur de longs pédoncules insérés dans les aisselles des feuilles supérieures. Elle croît par toute l'Europe dans les champs, le long des haies, sur le revers des fossés, et fleurit pendant presque toute l'année. Les vaches et les chèvres la mangent. mais les autres bestiaux n'en veulent point. Transportée dans les jardins, elle y a produit, par l'effet de la culture des variétés nombreuses, qui se font remarquer par l'éclat de leurs couleurs ; il y en a d'entièrement jaunes et de panachées. On les multiplie de graines, qui, la plupart du temps, se sèment d'elles-mêmes et couvrent les parterres de jeunes plants qu'on est obligé d'arracher en grande partie. Pour n'avoir que de belles variétés, il faut supprimer toutes les inférieures à mesure qu'elles fleurissent, car chacune se reproduit ordinairement : c'est un brillant spectacle que celui d'une plate-bande bien garnie de pensées, mais ce n'est jamais qu'au hasard que leurs couleurs sont contrastées, puisqu'elles souffrent difficilement la transplantation à tout âge, et sur-tout quand elles sont en fleurs. Lorsqu'on les sème, on les place ordinairement par grouppes, où les pieds sont espacés de 3 à 4 pouces.

La Violette de Rouen, *Viola hispida*, Lamarck, a les racines vivaces, les tiges en parties couchées, rameuses, hérissées de poils, hautes de 5 à 6 pouces ; les feuilles alternes, ovales, crénelées, velues, les fleurs d'un bleu pâle vergeté de blanc, et solitaires sur des pédoncules axillaires. Elle croît aux environs de Rouen et donne, pendant presque toute l'année, même pendant l'hiver, une quantité de fleurs telle, qu'on ne voit pas ses feuilles. On la cultive depuis quelques années dans les jardins, où on la place en bordures et en touffes : c'est principalement par le semis de ses graines, en automne et en place, qu'on la multiplie. Je la recommande aux cultivateurs de préférence à la précédente, quoique ses fleurs aient moins d'éclat.

La Violette a grandes fleurs a les racines vivaces, les tiges triangulaires simples ; les feuilles alternes ovales, aiguës, crénelées ; les fleurs grandes, les pétales supérieures pourpres; les trois autres jaunes avec une tache violette à leur extrémité. Elle est originaire des hautes montagnes et se cultive dans quelques jardins sous le nom de *pensée romaine*. C'est une plante du plus grand éclat, mais délicate. Elle réussit beaucoup mieux en pot qu'en pleine terre, sur-tout lorsqu'on la tient constamment à l'ombre pendant l'été. On la multiplie comme les précédentes. (B.)

VIOLETTE-GIROFLÉE. *Voyez* Giroflée.

VIOLETTE MARINE. C'est la CAMPANULE A GROSSES FLEURS.

VIOLIER BLANC. C'est la GIROFLÉE BLANCHE.

VIOLIER D'HIVER. *Voyez* au mot GALANTHINE.

VIORNE, *Viburnum*. Genre de plantes de la péntandrie trigynie et de la famille des caprifoliacées, qui rassemble une trentaine d'espèces, toutes frutescentes, dont plusieurs sout intéressantes à connaître, soit sous le rapport de l'utilité, soit sous celui de l'agrément, et doivent par conséquent trouver place ici.

Les viornes ont toutes les feuilles opposées et les fleurs disposées en corymbes ombelliformes et terminaux.

La VIORNE-OBIER, *Viburnum opulus*, Lin., ou simplement l'*obier*, s'élève de 10 à 12 pieds, a l'écorce des jeunes rameaux glabre, celle du tronc blanche; les feuilles glabres à trois lobes, pointues et incisées, portées sur de longs pétioles glanduleux, les fleurs blanches légèrement odorantes, les extérieures plus grandes et stériles; les baies rouges. Elle croît abondamment dans les bois humides et fleurit au milieu du printemps. Son aspect est élégant, et elle peut servir à la décoration des jardins paysagers. Tous les bestiaux aiment ses feuilles avec passion, sur-tout les chevaux et les cochons; et comme elle pousse, après son recepage, des jets très-nombreux et très-vigourex, on pourrait la cultiver avec utilité pour ce seul objet. Il est probable que ce serait un des moyens les moins coûteux d'employer certains marais qui ne peuvent pas être desséchés complétement, mais dans lesquels il n'y a que peu d'eau. Je connais une haie faite dans un tel local avec cet arbuste, qui est devenue d'une fort bonne défense contre les bestiaux. On ne fait aucun autre usage de son bois, qui est blanc et mou, que de le brûler, ou d'en faire du charbon pour la poudre à canon. Sa multiplication peut avoir lieu par le semis de ses graines aussitôt qu'elles sont mûres, c'est-à-dire à la fin de l'automne, par marcottes, par rejets, et même par boutures. Les graines lèvent au printemps suivant, et le plant a déjà plusieurs pouces à l'hiver suivant, époque où il peut être repiqué en pépinière. Les marcottes et les boutures se font au printemps; elles s'enracinent les unes et les autres en peu de temps.

Mais c'est la variété de cette espèce qu'on appelle *boule de neige, rose de Gueldre*, variété dont toutes les fleurs sont stériles et disposées en boules pendantes, qui fait principalement l'objet des soins des cultivateurs. En effet, rien n'est plus éclatant que cette variété, et lorsqu'elle se défleurit, elle couvre le sol de ses corolles, qui ressemblent à de la neige.

On ne saurait trop la multiplier dans les jardins, où elle se place contre les murs, au troisième rang des massifs, dans les angles des allées, autour des eaux, etc.; par-tout elle produit de brillans effets. On la multiplie de marcottes ou de rejets, qui fleurissent la seconde ou la troisième année. Comme ce sont principalement les rameaux pendans et chargés de fleurs qui lui donnent de la grâce, elle ne doit pas être taillée au croissant ou au ciseau, comme on le fait quelquefois, mais seulement régularisée au moyen de la serpette, lorsque quelques-unes de ses branches s'emportent. On doit, autant que possible, la faire monter sur une tige; ce qui est facile par le moyen de la taille en crochet, quoiqu'alors ses boules de fleurs diminuent de grosseur.

La Viorne esculente, ou *pimina* des Canadiens, ne s'élève qu'à 4 ou 5 pieds et produit des fruits plus gros que ceux de la précédente et qui se mangent. On en fait aussi un vin abondant en eau-de-vie : elle diffère infiniment peu de la précédente. On la cultive dans quelques jardins.

La Viorne-Laurier-Thym est un arbrisseau très-rameux, haut de 7 à 8 pieds, dont l'écorce des jeunes pousses est rougeâtre, dont les feuilles sont ovales, aiguës, très-entières, luisantes, d'un vert noir; les fleurs blanches et les fruits noirs. Elle croît naturellement dans les parties méridionales de l'Europe, conserve ses feuilles toute l'année et fleurit à la fin de l'hiver. On la cultive fréquemment dans les jardins, où on en compte plusieurs variétés, dont les principales sont celle à *fleurs roses*, celle à *feuilles veinées*, celle à *feuilles panachées de blanc* ou *de jaune*, celle à *petites feuilles*, celle à *feuilles velues*. Dans le midi de la France, on en fait des palissades, des tonnelles, on l'emploie à la décoration des parterres, etc.; et lorsqu'elle gèle, ce à quoi elle est sujette dans les hivers extraordinairement rigoureux, il suffit de la receper rez terre, pour qu'elle répare sa perte en deux ans. Dans le climat de Paris et plus au nord, elle ne peut être conservée long-temps en pleine terre pendant cette saison; car les couvertures, en entretenant autour d'elle une humidité constante, lui sont aussi nuisibles que les gelées. Là donc il faut la tenir en pot pour pouvoir la rentrer dans l'orangerie pendant l'hiver. Elle s'accommode d'un terre médiocre, et ne demande que peu d'arrosemens, même en été. On la taille en boule, en parasol, non avec les ciseaux, mais avec la serpette, c'est-à-dire en coupant seulement les branches qui poussent trop vigoureusement. Elle forme toujours décoration dans un appartement, sur une fenêtre, les marches d'un escalier, etc.; mais à la fin de l'hiver, lorsqu'elle est couverte de fleurs, elle est extrêmement agréable. Ses fleurs sont légèrement odorantes. Souvent elle fleurit une seconde fois à la fin de l'été, sur-tout lorsque la première fois sa floraison n'a pas été complète.

Lorsqu'on veut, malgré les dangers et les inconvéniens, la tenir en pleine terre dans le climat de Paris, il vaut mieux la placer dans le plus mauvais sol et à l'exposition du nord, parce qu'elle y fait moins de progrès et que son bois s'y durcit davantage et plus tôt que dans les bons terrains et dans un lieu chaud.

On multiplie le laurier-thym de toutes les manières. Ses semences, mises en terre aussitôt qu'elles sont mûres, soit dans des planches bien préparées et à l'exposition du levant, soit dans des terrines sur couche et sous châssis, suivant le climat, lèvent, quelques-unes la première, et le plus grand nombre la seconde année. Au printemps, les jeunes plants peuvent être repiqués en pépinière à 6 ou 8 pouces, ou isolément dans des pots, et traités ensuite comme les autres plantes sensibles aux gelées. Ils fleurissent dès la troisième ou quatrième année, mais ce n'est qu'au bout de quinze ou vingt ans qu'ils forment des arbustes d'une grosseur remarquable.

Lorsqu'on veut faire des marcottes de laurier-thym, il faut saisir l'époque qui suit la floraison, c'est-à-dire le commencement du printemps. Ces marcottes s'enracinent facilement, et peuvent être souvent levées dès la première année; mais il vaut mieux attendre la seconde.

On fait les boutures au milieu de l'été, en pleine terre ou en pot, et à l'ombre : elles réussissent la plupart.

Les rejets sont ordinairement très-abondans autour des vieux pieds de laurier-thym, sur-tout lorsqu'on blesse leurs racines, et ils suffisent la plupart du temps aux besoins de la reproduction. On les préfère, comme donnant des sujets plus vigoureux et disposés à fleurir plus promptement.

La Viorne commune, *Viburnum lantana*, L., plus connue sous les noms de *mancienne* ou *coudre mancienne*, est un arbrisseau de 8 à 10 pieds de haut, dont l'écorce des jeunes rameaux est velue ; les feuilles pétiolées, cordiformes, dentées, velues, épaisses et ridées ; les fleurs blanches, les baies d'abord rouges et ensuite noires. Elle croît dans les bois des pays montagneux, et fleurit en été ; ses fleurs ont une légère odeur, et ses fruits sont doux et visqueux : ces derniers sont recherchés par les enfans et les oiseaux. On les regarde comme astringens et rafraîchissans, et on les ordonne en gargarisme dans les maux de gorge ; ses feuilles sont mangées par tous les bestiaux. Je les ai vu dessécher dans les montagnes du Beaujolais pour la nourriture des chèvres pendant l'hiver. On emploie ses jeunes pousses, dans beaucoup de lieux, en guise d'osier pour faire des liens, des paniers, des corbeilles et autres articles du même genre. Pour cela on la coupe tous les deux ans rez terre, et lorsqu'elle est dans un bon terrain et un peu ombragée, elle repousse des jets, sans branches, de 4 à 5 pieds de haut. Le bois des vieux pieds est blanc et moelleux : on en fait du charbon propre, par sa légèreté, à entrer dans la composition de la poudre à canon. L'écorce de ses racines sert à fabriquer de la glu par les mêmes procédés que celle du Houx. *Voyez* ce mot.

Cet arbuste forme des buissons bien touffus et naturellement arrondis, dont l'aspect est agréable, soit lorsqu'il est couvert de fleurs, soit lorsqu'il est couvert de fruits. On ne doit pas en conséquence négliger de l'introduire dans les jardins paysagers, où il se place au troisième rang des massifs, si on veut le faire monter, ou au second si on veut le tenir bas, car il fleurit à la seconde année de son recepage. Ses effets sont également remarquables, isolé ou contre un mur : tout terrain et toute exposition lui conviennent. Il nous est venu du Canada une variété qui n'en diffère presque que par la grandeur de ses parties.

Il varie quelquefois à feuilles panachées.

La Viorne a feuilles de poirier, *Viburnum lentago*, L., est un arbrisseau de 8 à 10 pieds, très-rameux, dont les feuilles sont pétiolées, ovales, acuminées; les pétioles membraneux et crépus latéralement; les fleurs petites et blanches : elle croît naturellement dans l'Amérique septentrionale.

La Viorne a feuilles de prunier est un arbrisseau de même grandeur, dont les feuilles sont ovales, obtuses, glabres, profondément dentées et à pétiole membraneux; les fleurs blanches et petites : on la trouve aussi dans les bois de l'Amérique.

La Viorne nue est un arbrisseau de même grandeur, dont les feuilles sont ovales, entières, épaisses, crénelées et rudes au toucher; ses fleurs sont blanches : elle est originaire du même pays.

La Viorne dentée s'élève un peu moins que les précédentes; ses feuilles sont presque rondes, fortement dentées, veinées, plissées, glabres, d'un vert pâle; ses fleurs blanches : même pays.

La Viorne a feuilles d'érable est de la même grandeur que la précédente. Ses feuilles sont en cœur, trilobées et incisées; leur pétiole est velu et accompagné de stipules; ses fleurs blanches : même pays.

Ces cinq espèces, et trois ou quatre autres encore plus rares, se cultivent dans les jardins paysagers des environs de Paris, à la variété desquels elles contribuent. La gelée n'a aucune action sur elles. On les multiplie et on les cultive positivement comme la viorne commune. (B.)

VIORNE DES PAUVRES. C'est la Clématite commune. *Voyez* ce mot.

VIOULTE, *Erythronium.* Plante vivace à racines charnues, à feuilles radicales, engaînantes, lancéolées, tachées, ordinairement au nombre de deux; à fleurs solitaires au sommet d'une hampe de 6 pouces; grandes, recourbées, variant du rouge au blanc, qui croît naturellement dans les Alpes, et qu'on cultive dans quelques jardins, sous le nom de *dent de chien*, à raison de la beauté de sa fleur, qui se montre en mars.

On multiplie la vioulte par ses graines et par ses cayeux; elle demande une terre légère et ombragée, et craint la surabondance de l'eau. Souvent on la cultive en pot pour pouvoir la placer dans les appartemens au moment de sa floraison.

Il est bon de relever son bulbe tous les ans en automne, pour le replanter de suite dans un autre lieu.

On rapporte que ce bulbe se mange en Sibérie, où cette plante est fort commune. (B.)

VIPÈRE, *Vipera.* Genre de reptiles de la famille des serpens, qui ne renferme que des espèces de petite taille, mais dont la morsure a ordinairement des suites graves pour l'homme, et mortelles pour les petits animaux. Il est donc du plus grand intérêt pour le cultivateur de les connaître pour se garantir de leurs atteintes, ainsi que pour leur faire la guerre autour de son domicile.

Les caractères de ce genre consistent à avoir un rang de grandes plaques sous le ventre, deux rangs de demi-plaques sous la queue, et deux grosses dents rétractiles et venimeuses à la mâchoire supérieure.

Des trois espèces de vipères qui se trouvent en France, je ne mentionnerai que la commune, parce que les deux autres en diffèrent si peu, qu'il n'y a que les naturalistes qui puissent facilement les distinguer et qu'elles sont fort rares. D'ailleurs tout ce que je puis dire de l'une convient complétement aux autres.

La longueur de la vipère commune est ordinairement de moins de 2 pieds; sa couleur est un gris cendré luisant, avec une bande dorsale brune en zigzag, et des taches de même couleur sur les côtés; toutes ses écailles ont une arrête dans leur milieu, excepté les deux rangées latérales. On lui compte environ cent cinquante-cinq plaques couleur d'acier sous le ventre, et environ trente-neuf paires de demi-plaques semblables sous la queue; sa tête est plus large que son corps, couverte d'écailles, et susceptible de s'élargir encore beaucoup plus dans la colère en s'aplatissant. C'est même un des caractères par lesquels on distingue le plus facilement la vipère des Couleuvres de France. (*Voyez* au mot Cou-

LEUVRE.) **A** peu de distance du museau est une petite raie transversale noire ; derrière la tête deux autres raies très-écartées, et au-dessus de chaque œil une bande de même couleur, qui se prolonge assez loin. Ses mâchoires sont noires, la supérieure tachée de blanc ; ses yeux sont très-vifs ; sa langue est fourchue, susceptible d'une grande extension, et très-molle. C'est par un préjugé dont on ne peut deviner l'origine, qu'on a dit et écrit qu'elle piquait ou lançait le poison. Il est probable que si la vipère la darde si souvent, c'est parce que c'est par elle, comme dans les chiens, que s'opère sa transpiration. Chaque mâchoire est pourvue de deux rangées de petites dents à peine capables d'entamer la peau ; mais la supérieure a de plus deux dents très-différentes des autres, ou mieux deux crochets mobiles de l'avant à l'arrière, articulés à l'os de la mâchoire, creusés par un canal qui s'ouvre d'un côté sur une vésicule pleine d'une humeur jaune, et de l'autre un peu au-dessous de la pointe, en dessus. A côté de chacun de ces crochets, il y en a deux ou trois autres très-petits et destinés à les remplacer lorsque, par accident, ils se sont cassés. Dans l'état ordinaire, ces crochets sont cachés entièrement dans le muscle qui entoure leur base ; mais lorsque la vipère veut en faire usage, elle les redresse ; et leur introduction dans un corps quelconque comprime la vésicule au venin, qui flue dans le canal et s'introduit dans la plaie.

Ainsi, pour empêcher l'effet de la morsure de la vipère, il suffit de boucher avec de la cire ou, autrement, le trou de chacune de ses dents ; il suffit même de lui faire mordre d'avance du bois, du cuir, ou autre chose sur quoi le venin pourra être déposé ; car chaque morsure en fait sortir d'autant moins, que ces morsures sont plus répétées et plus rapprochées, sa production étant lente, comme toutes les productions des glandes.

Ce n'est point pour se défendre que la vipère a été pourvue de ces armes redoutables, c'est pour attaquer avec succès les animaux plus forts ou plus agiles qu'elle, dont elle doit se nourrir, et lorsqu'elle l'emploie contre l'homme ou les gros animaux, ce n'est que lorsqu'elle y est forcée, qu'elle a perdu l'espoir d'éviter le danger par la fuite.

Il résulte des expériences de Fontana que le venin de la vipère n'est ni acide ni alcali, qu'il n'a point de saveur déterminée, et qu'il agit en détruisant l'irritabilité de la fibre musculaire, et en portant dans les fluides un principe de putréfaction. Il n'est constamment mortel que pour les petits animaux. Un moineau en meurt en cinq ou six minutes, un pigeon en huit ou douze ; un chat résiste quelquefois ; un mouton très-souvent ; par conséquent un homme n'a pas à craindre la mort

par suite d'une seule morsure. Cette conclusion paraît contradictoire avec beaucoup de faits; car quel est le pays où l'on ne
cite pas des personnes mortes pour avoir été mordues par une
vipère? J'ai lieu de croire, par une observation qui m'est propre, que si l'homme meurt quelquefois des suites de leurs morsures, c'est que l'enflure qu'elles produisent toujours gagne la
gorge, et empêche et la respiration et la déglutition.

Les effets de la morsure d'une vipère se font sentir très-peu
d'instans après qu'elle a eu lieu. On éprouve d'abord une douleur aiguë dans la plaie, dont les bords s'enflent et deviennent
rouges. Bientôt l'enflure gagne les parties voisines, et tout le
corps en est affecté; un pouls fréquent et irrégulier, des sueurs
froides, des soulèvemens d'estomac, des mouvemens convulsifs suivent et quelquefois le sphacèle. La plaie rend de la sa-
nie, et on souffre long-temps et horriblement.

L'expérience de tous les peuples, sur-tout de ceux à demi-
sauvages, qui, vivant perpétuellement dans les bois, sont plus
exposés à être mordus par les serpens venimeux, prouve que
les sudorifiques incisifs sont les plus puissans remèdes qu'on
puisse employer dans le cas de morsure de la vipère. La chair
de la vipère même, et autres animaux de sa famille, l'alcali
volatil et les préparations où entrent la thériaque, les racines
d'ophyorize, de serpentaire, de dorstène, etc., apaisent les
fâcheux symptômes qui en résultent, par les énormes sueurs
qu'elles provoquent. Toujours cependant, aussitôt qu'on est
mordu, on doit, au préalable, faire une forte ligature au-dessus de la plaie, la faire saigner le plus possible, et la cauté-
riser avec un fer rouge, ou avec la pierre à cautère, si on en
a à sa disposition. Avec ces précautions, les symptômes deviennent moins graves, et on est plus certain d'une prompte
guérison.

On trouve les vipères dans les cantons montueux, pierreux
et boisés. Elles sont fort rares dans les plaines. On les rencontre principalement au printemps, avant midi, et dans les
lieux exposés au soleil. Elles changent deux fois de peau dans
l'année, et s'accouplent au milieu du printemps. Leurs œufs
éclosent dans leur ventre, de sorte qu'elles font des petits vivans: de là le nom qu'elles portent, lequel n'est qu'une altération de vivipare. Leur nourriture ordinaire se compose d'insectes, de crapauds, de grenouilles, de souris, de taupes et de
petits oiseaux, qu'elles arrêtent par leur morsure, et qu'elles
avalent en commençant par la tête. On trouve quelquefois dans
leur corps des animaux quatre fois plus gros qu'elles, leur gosier
étant susceptible d'une étonnante dilatation. Elles digèrent
avec une telle lenteur, qu'au bout d'un mois j'ai trouvé dans
une des restes d'un crapaud qu'elle n'avait pas encore complé-

tement avalé lorsque je la pris. Elles passent l'hiver entier enfoncées dans la terre, sans manger; et même, pendant l'été, elles peuvent supporter des diètes fort longues, ainsi que le prouvent celles qu'on garde pour l'usage des pharmacies. Leur vie paraît être fort longue.

La chair des vipères contient un savon ammoniacal fort abondant et très-propre à ranimer la circulation du sang, à augmenter la transpiration, à fondre les concrétions lymphatiques, et à faire disparaître les éruptions de la peau. L'usage qu'on en fait en médecine est assez étendu, et elles sont un produit de quelque importance pour les environs de Grenoble et de Poitiers, où elles abondent. Malgré cela et malgré qu'elles rendent service aux cultivateurs en détruisant les mulots, les campagnols, les souris et autres rongeurs, on doit leur faire une guerre à mort. (B.)

VIPÉRINE, *Echium*. Genre de plantes de la pentandrie monogynie et de la famille des borraginées, qui réunit plus de trente espèces, dont une est si commune dans les campagnes, qu'elle doit être connue de tous les cultivateurs.

La VIPÉRINE VULGAIRE a les racines vivaces, presque ligneuses; les tiges cylindriques, simples, velues, ponctuées de rouge et de noir, hautes de 2 pieds et plus; les feuilles lancéolées, rudes au toucher et tachetées comme la tige; les radicales longues et pétiolées; les caulinaires éparses et sessiles; les fleurs bleues, ou rouges, ou violettes, ou blanches, et disposées en épi unilatéral à l'extrémité de la tige. Elle croît par toute l'Europe, aux lieux secs et chauds, le long des bois, des haies, des chemins, dans les champs incultes enfin. Son aspect est très-élégant, et elle mérite, sous ce rapport, d'être employée à l'ornement des jardins. Les poils raides dont toutes ses parties sont couvertes s'opposent à ce que les bestiaux la mangent. On en fait usage en médecine comme adoucissante et pectorale. On l'appelle *herbe aux vipères*, parce que ses semences représentent la tête de ce reptile, et que de là on a conclu qu'elle était un spécifique contre ses morsures. Comme elle est excessivement commune dans certains cantons, un cultivateur jaloux de ses intérêts doit la faire couper à la fin de l'été pour en augmenter ses fumiers, ou pour chauffer son four, ou pour fabriquer de la potasse. Les abeilles trouvent d'abondantes récoltes de miel dans ses fleurs. (B.)

VIQUELIN. Les FAGOTS confectionnés avec des branches de plus d'un pouce de diamètre portent ce nom aux environs de Rouen. (B.)

VIRGILIE, *Virgilia*. Arbre de moyenne grandeur, découvert par Michaux dans l'intérieur de l'Amérique septentrionale, dont les fleurs et les fruits sont très-peu distincts de ceux des robiniers, mais dont les feuilles sont fort différentes, ayant les folioles extrêmement grandes et la base de leur pétiole entourant complétement leur bouton ; ce qui ne se voit, à ma connaissance, dans nul autre arbre.

La virgilie, appelée ROBINIER BOIS JAUNE par quelques botanistes, se cultive en pleine terre dans le climat de Paris, et n'y craint point les plus fortes gelées. Elle produit un superbe effet lorsqu'elle contraste avec d'autres arbres à feuillage plus sombre. Long-temps on n'a pu la multiplier que par racines et par greffe sur le SOPHORE DU JAPON (greffe qui dure peu) : en conséquence elle est restée quinze ans fort rare dans nos jardins ; mais en 1819 elle a donné une immense quantité de graines, de sorte qu'elle peut être acquise à assez bon compte dans les pépinières de Paris.

J'invite les amateurs à ne pas négliger de la placer dans leurs jardins. Elle ne demande que les soins des ROBINIERS, c'est-à-dire fort peu.

Son bois est employé par les sauvages pour teindre leurs vêtemens en jaune. (B.)

VITRAGE. Maladie qui diminue souvent la récolte des fromens. *Voyez* l'article suivant. (B.)

VITRÉ. On donne ce nom, dans le Calvados, aux seigles et aux fromens dont beaucoup de graines sont avortées et dont les balles offrent par conséquent une demi-transparence que ne présentent pas celles de ces plantes qui sont garnies de leur graine. *Voyez* COULURE et AVORTEMENT. (B.)

VITRIOL. Nom vulgaire, commun à ce que les chimistes appellent aujourd'hui *sulfate de fer* et *sulfate de cuivre*. L'huile de vitriol est l'acide sulfurique. *Voyez* ACIDE, OXIDE, FER et CUIVRE.

On emploie les vitriols dans les arts et dans la médecine vétérinaire. Celui de fer est une des bases de l'encre à écrire et des teintures noires. Celui de cuivre sert à ronger les chairs baveuses des ulcères. (B.)

VIVACE. Une plante vivace est celle qui vit plusieurs années, ou, mieux, qui fructifie plusieurs fois. L'agriculture exerce souvent son industrie sur les plantes vivaces. *Voyez* PLANTE.

L'inspection des racines suffit pour faire distinguer les plantes vivaces de celles qui sont ANNUELLES ou BISANNUELLES. *Voyez* ces mots.

Outre la multiplication par graine, on exécute encore sur la plupart des plantes vivaces celle par déchirement ou section de racine, celle par REJETONS, par MARCOTTES et par BOUTURES. *Voyez* ces mots.

On voit, par ce court exposé, que la culture des plantes vivaces offre des facilités nombreuses.

Les arbustes, les arbrisseaux et les arbres devraient faire partie des plantes vivaces; mais on les en distingue généralement.

Il est quelques plantes qui passent pour vivaces et qui sont cependant véritablement annuelles ou bisannuelles, c'est-à-dire que toutes les années elles poussent des rejetons et que le pied qui a fleuri meurt. Des MENTHES , des VERGES - D'OR , les ONAGRES, etc., sont dans ce cas. Il en est d'autres où l'ancienne racine disparaît complétement comme dans la TULIPE, les ORCHIS, etc.; il en est d'autres enfin, comme les ASPERGES, les POLYPODES, etc., qui chaque année perdent une des extrémités de leur racine et augmentent d'autant par l'extrémité opposée. (B.)

VIVE-JAUGE. On a donné ce nom à l'opération de déchausser, autant que possible, un arbre languissant, de lui laisser passer l'hiver les racines à nu, et de substituer, au printemps, du fumier à la terre, fumier qu'on recouvre de quelques pouces de terre.

Cette pratique peut souvent remplir son objet, mais souvent aussi elle peut causer la mort de l'arbre; car l'excès d'engrais est mortel dans beaucoup de cas; de plus, elle expose les fruits à prendre un mauvais goût : en conséquence elle est peu suivie. Il vaut beaucoup mieux remplacer la mauvaise terre, ou la terre usée qui se trouve autour des racines de cet arbre, par de la bonne ou de la nouvelle terre. *Voyez* ENGRAIS et PLANTATION.

On appelle aussi vive-jauge l'opération de recouvrir de fumier une plantation d'asperges, et le fumier de terre. Ici, il n'y a pas à craindre au même degré les inconvéniens précédens, à raison de la nature de la plante; mais il vaut cependant beaucoup mieux améliorer la terre avant la plantation. *Voyez* ASPERGE. (B.)

VIVIER. Pièce d'eau voisine de la maison, dans laquelle on dépose du poisson provenant de la pêche des rivières et des étangs, pour en avoir toujours, dans le besoin, à sa disposition.

Lorsque les grands propriétaires habitaient pendant toute l'année leurs châteaux, qu'ils avaient besoin de rassembler autour d'eux des moyens de subsistance permanens, ils avaient tous des viviers. Olivier de Serres en parle longuement, aujourd'hui ils sont très-rares. Aussi ne mange-t-on plus de poisson que par circonstance; aussi est-il ordinairement extrêmement cher, et quelquefois, mais momentanément, très-bon marché.

Je n'appelle pas vivier ces pièces d'eau, ces canaux qui embellissent les jardins, ou servent à l'égout des eaux, et dans lesquels le poisson se multiplie. Ce sont des étangs plus petits et de forme différente des autres. (*Voyez* ETANG.) Le propre des viviers, c'est de recevoir du poisson né autre part, déjà assez gros pour être mangé, et qui doit y rester au plus un an. Tout frai doit en être ôté, parce qu'il consomme la nourriture des gros poissons et les empêche d'engraisser.

La position d'un vivier est toujours subordonnée, comme on pense bien, au cours des eaux ; mais s'il est exposé au soleil et bien aéré, le poisson en sera meilleur.

Le vivier au milieu duquel passera un ruisseau, ou dans lequel entrera un filet tiré d'une rivière, sera préférable à celui formé d'eau stagnante ; cependant il ne faut pas que l'eau en soit trop vive, parce que le poisson, du moins la carpe, la tanche et la perche n'y trouvent pas assez de moyens de subsistance. J'ai eu pendant plusieurs années sous les yeux un vivier alimenté immédiatement par une fontaine, où le poisson non-seulement ne grossissait point, mais même maigrissait, et qu'on fut obligé de supprimer par cette cause.

Lorsqu'on veut conserver des brochets et des truites dans un vivier où il y a des carpes, des perches et des tanches, et on doit le vouloir pour consommer l'alvin, il faut que ce soit dans une séparation à claire-voie du vivier, ou dans un vivier séparé, parce que, quelque gros que soit le poisson qui se trouve mêlé avec ces deux premiers, il est tourmenté par eux et maigrit au lieu d'engraisser.

Il n'est pas bon, quoique des écrivains respectables l'aient conseillé, de faire tomber dans le vivier les eaux des laviers, les égouts des fumiers, parce que, à moins que ses eaux ne soient très-courantes, il en résulterait la mort du poisson ; mais il est très-avantageux d'y jeter les restes de la cuisine, soit de viande, soit de légumes cuits et crus, objets dont se nourrissent fort bien la carpe et la tanche. Si on prévoit que la glace couvre pendant l'hiver les eaux du vivier, on jette d'avance au fond une certaine quantité d'orge, de seigle, de blé, ou autres graines, aux dépens desquelles les mêmes poissons vivent jusqu'au dégel.

On prend les poissons dans les viviers avec la trouble ou la seine, et à mesure du besoin.

Les marchands de poissons devraient tous avoir des viviers autour des grandes villes de consommation ; mais comme cela leur est rarement possible, ils se contentent ordinairement de grands coffres percés de trous, ou de bateaux séparés en trois parties, dont celle du milieu est également percée de trous, coffres et bateaux qui se ferment à clef et qu'on place sur les rivières, les étangs, etc.

La carpe, la tanche, l'anguille et même la perche se conservent assez bien pendant quelques mois dans des baquets d'une certaine grandeur remplis d'eau de puits, pourvu qu'on leur donne à manger. (B.)

VIVE-PATURE. Synonyme de COMMUNAUX. (B.)

VIVROGNE. *Voyez* NOIR-MUSEAU.

VOICHIVE. Portion d'une grange qui, dans le département des Ardennes, sert à placer les graines.

VOITURE. On doit s'enorgueillir lorsqu'on réfléchit sur la faculté dont jouit l'homme, de pouvoir, au moyen de machines, multiplier la force des animaux qu'il s'est assujettis au point où il est parvenu à le faire.

Parmi les machines, une des plus simples, de l'usage le plus général, le plus indispensable et le plus journalier en agriculture, est celle connue sous le nom générique que porte le titre ci-dessus.

Un cheval de force moyenne peut porter à peine trois cents livres sur son dos, et faire en plaine plus d'une lieue à l'heure, en disposant le fardeau de manière qu'il ne puisse pas en être blessé. Un cheval attelé à une voiture peut traîner plus de mille livres dans les mêmes circonstances.

Les anciens faisaient tourner l'essieu de leur voiture. On en voit encore en Espagne d'ainsi construites, dont j'ai donné la figure dans mon Voyage dans ce pays, imprimé dans le *Magasin encyclopédique,* année 17ᵉ. Mais de nouvelles expériences comparatives, faites à Paris, ont constaté leur désavantage dans le tirage.

Un grand nombre de sortes de voitures qu'on peut faire traîner non-seulement par des chevaux, mais encore par des bœufs, des ânes et même des hommes, ont été décrites et figurées, et un plus grand nombre peut-être attendent encore à l'être.

Il faut la force de cinq hommes pour équilibrer celle d'un cheval.

Une voiture est toujours composée d'un fond ou bâtis, ou charge, d'un ou deux essieux, de deux limons ou d'un timon, et de deux, trois ou quatre roues. Sur le fond ou bâtis, ou charge, on établit souvent une cage en treillage, ou un demi-coffre en planches.

Les voitures à trois roues paraissent être assez fréquemment employées en Angleterre aux opérations agricoles ; mais elles sont complétement inconnues en France.

Le seul frottement que la théorie reconnaisse aux voitures, est celui de l'essieu des roues dans le moyeu, frottement qu'on diminue au moyen des corps gras, et lorsque l'essieu est en fer, en mettant une *boîte* de cuivre dans le moyeu.

Dans la pratique, il y a deux autres frottemens, celui des parties latérales de la circonférence dans les ornières, et celui en va-et-vient du fer dont elle est recouverte, produits par les inégalités du sol.

Plus les roues sont grandes et plus elles roulent facilement, parce que le frottement de l'essieu n'augmente pas; mais l'expérience a prouvé qu'il ne fallait pas que leur diamètre surpassât de beaucoup la hauteur du poitrail des chevaux.

Dans les voitures à quatre roues, la pratique veut que les roues soient égales; mais les antérieures, plus petites, étant une sécurité contre les versemens, et favorisant beaucoup le tourner, on ne voit plus guère que celles qui offrent cette différence.

Les voitures à quatre roues sont beaucoup plus avantageuses que les voitures à deux roues :

1°. Parce que dans celles à deux roues, le cheval de brancard, ou limonier, porte une partie du fardeau, et ne peut pas, par conséquent, employer toute sa force à tirer, et que quand une des roues tombe d'une élévation, il y a une secousse qui fait que les limons frappent contre son ventre, le blessent et même le tuent ;

2°. Parce que lorsqu'une voiture à deux roues trouve une fondrière, elle enfonce du double d'une voiture à quatre roues ; ce qui rend plus difficile de l'en retirer, et que lorsqu'elle marche sur le pavé, elle use deux fois plus vite ses bandes de fer.

C'est par erreur qu'on croit que les voitures à deux roues éprouvent moins de frottement que les voitures à quatre ; il est le même dans les unes et dans les autres ; seulement il se porte sur deux lignes dans les premières, et sur quatre dans les secondes.

Cependant beaucoup de cultivateurs, beaucoup de voituriers trouvent, à part ces inconvéniens, dont ils reconnaissent la réalité, qu'il est plus économique d'employer des voitures à deux roues, et ils en emploient pour les grands comme pour les petits transports, quoique plus fréquemment pour les derniers.

Je ne suis pas dans le cas de les louer ni de les blâmer, puisque ce sont les résultats d'un calcul de tous les jours qui les déterminent à agir ainsi.

De quelque manière que soit construite une voiture, elle doit être la plus solide et en même temps la plus légère possible, afin qu'elle dure long-temps et que son poids n'augmente pas trop la charge dont elle est destinée à favoriser le transport.

C'est de la bonne qualité du bois employé à faire les voitures, et de sa complète dessiccation avant d'être mis en œuvre, que résultent ces deux avantages. J'ai indiqué, au mot Bois, quelles étaient les espèces les plus propres à cet objet, et j'y renvoie le lecteur.

On s'est convaincu, par l'expérience, que trois voitures à un seul cheval pouvaient porter un tiers de plus qu'une voiture à trois chevaux, et cela, parce que dans ces dernières tous les chevaux ne tirent pas ordinairement avec une force égale.

Les chevaux sont attelés aux voitures tantôt au moyen de deux limons ou brancards, tantôt au moyen d'un timon.

On n'emploie presque que des timons lorsqu'on fait usage de bœufs pour les tirer, parce qu'on les accouple ordinairement.

Les limons ou brancards sont la prolongation des deux pièces de bois qui servent à former, avec des traverses et des planches, le fond de la voiture. On attèle un des chevaux à la voiture en le faisant entrer dans l'intervalle de ces limons; et les autres sont attachés, au moyen de longues cordes, à des crochets fixés à l'extrémité des mêmes limons.

Dans les voitures à timons, ou timonières, les pièces de bois ne dépassent pas la longueur de la voiture; mais il part de l'espace qui les sépare une autre pièce de bois, aux deux côtés de laquelle on attache les animaux.

Il peut donc n'y avoir qu'un cheval attelé à une voiture à limons, et il en faut nécessairement deux à une voiture à timon.

Je n'entreprendrai pas de décrire toutes les sortes de voirures qui sont employées en France par les cultivateurs, attendu qu'il manque des matériaux pour le faire, et que cela exigerait un volume.

Je me contenterai de dire que les divisions sous lesquelles elles se rangent sont au nombre de six; savoir,

Les CHARRETTES. Elles ont deux roues, et leur cage est à claire-voie.

Les TOMBEREAUX. Ils ont deux roues, et leur cage est formée de planches : lorsqu'au lieu de planches ce sont des douves, on dit que c'est une BANNE; et lorsque ce sont des claies, on dit que c'est une BENNE. Les bannes ne servent guère qu'à transporter la VENDANGE, et les bennes qu'à transporter le CHARBON : un très-petit tombereau s'appelle un CAMION; il y a aussi des CABRIOLES. Voyez ces mots.

L'ingénieur Perronet a inventé, il y a une trentaine d'an-

nées, une espèce de tombereau d'un service extrêmement facile pour le transport des terres à de petites distances, et dont
on fait aujourd'hui un grand usage.

C'est une boîte dont l'ouverture est presque carrée, et le
fond presque angulaire dans le sens de sa largeur, à travers de
laquelle, au tiers de sa hauteur et dans le sens de sa largeur,
passe l'essieu, sur lequel elle est presque en équilibre. Cette
boîte se repose en avant sur une traverse, et est empêchée de
se renverser de l'autre côté, par un crochet placé près de cette
traverse. Lorsqu'il est plein de terre, il suffit de lâcher le
crochet pour qu'il fasse la culbute et qu'il la verse en entier
sur le sol. Jamais on n'y attèle qu'un seul cheval.

Les chars sont des voitures à quatre roues et à claire - voie,
avec deux longues pièces de bois en avant, et autant en arrière,
destinées à permettre d'augmenter la charge bien au-delà des
bords de la claire-voie, lorsque cette charge est composée de
paille, de foin et autres objets peu pesans relativement à leur
volume.

On fait usage, en Caramanie, d'une voiture probablement
antique, à deux roues, dont le timon se prolonge au-delà de
l'essieu, et porte, inclinées au-dessus des roues, deux larges
échelles sur lesquelles se place la charge. Cette disposition a
sans doute l'avantage de moins fatiguer les chevaux, parce
que la ligne de résistance se confond avec celle du tirage.
Voyez Pl. I, fig. 4.

Les chariots sont aux chars ce que les tombereaux sont aux
charrettes; cependant, dans le langage vulgaire, ils se confondent souvent avec les chars.

Les haquets sont des voitures dont le bâti est formé par deux
longues pièces de bois : ils servent principalement à porter des
tonneaux pleins de vin. Le treuil muni d'une corde qu'ils ont
à leur partie antérieure, et la faculté dont ils jouissent de pouvoir faire la bascule en arrière, font qu'il est possible à un
seul homme de les charger et décharger des plus lourds far-
deaux, ce qui les rend très-commodes; cependant leur emploi
est borné aux grandes villes de commerce de France.

Une petite voiture à roulettes qu'on emploie à Paris pour le
transport des pierres de taille à de petites distances, s'appelle
Diable. *Voyez* ce mot.

Lasteyrie a figuré plusieurs sortes de voitures dans son utile
ouvrage intitulé : *Collection de machines, d'instrumens, d'ustensiles, etc., employés en agriculture.*

Les cultivateurs ne peuvent se dispenser d'avoir des voitures
au moins de deux de ces formes, et d'une grandeur proportionnée à l'étendue de leur exploitation.

Mais avoir des voitures ne suffit pas, il faut encore les conserver; cependant fort peu de cultivateurs pensent aux moyens d'y parvenir: on les voit presque par-tout exposées aux injures de l'air lorsqu'elles ne servent pas, ce qui fait qu'elles ne durent pas le quart de ce qu'elles auraient duré s'ils les eussent fait peindre à l'huile, et s'ils les faisaient rentrer tous les soirs sous un hangar, chose à quoi les cultivateurs anglais ne manquent jamais.

J'ai dit plus haut qu'il y avait dans la pratique deux espèces de frottemens qui n'auraient pas lieu si le terrain où roulent les voitures était aussi uni et aussi dur que le fer : cette considération a déterminé deux modifications dans les voitures, qu'il est bon de faire connaître ici.

L'une c'est, dans les cas où les voitures font journellement et perpétuellement le même chemin, de les faire rouler sur des bandes de fer. Il y a beaucoup de ces chemins en fer dans les exploitations des mines de charbon d'Angleterre.

L'autre, d'élargir les jantes jusqu'à 6 et 8 pouces, plus ou moins, selon que la voiture est plus ou moins chargée.

Il y a déjà un grand nombre d'années que l'intérêt personnel d'abord, et ensuite l'intérêt public, sous le point de vue de la conservation des routes, ont fait adopter les larges jantes en Angleterre. Aujourd'hui la loi en France exige que les voitures des rouliers et celles des cultivateurs qui fréquentent les grandes routes en aient de même. On s'est beaucoup récrié contre cette loi dans certains cantons; mais à mesure qu'on en sent les avantages, on s'y soumet de meilleure grâce. Toutes les expériences constatent qu'en effet si ces roues coûtent d'abord beaucoup, leur plus longue durée, leur plus facile service sous le rapport de l'accélération de la marche des voitures et de la conservation des chevaux, en offrait bientôt le dédommagement. J'ai déjà entendu un grand nombre de rouliers avouer que, quand bien même la loi qui les force à en avoir cesserait d'être en vigueur, ils les conserveraient; et il n'y a rien à répliquer à cet aveu. Il est des localités dans les pays de montagnes, par exemple, où leur usage serait difficile dans l'état actuel des chemins, mais où il deviendrait facile, si on disposait convenablement ces chemins. (B.)

VOLAILLE. Ce nom se donne collectivement à tous les oiseaux qui s'élèvent dans nos basses-cours pour en manger la chair et les œufs.

Ainsi le Coq et la Poule, le Dindon et la Dinde, l'Oie, le Canard commun et le Canard musqué, la Pintade, le Paon et le Pigeon sont des volailles. *Voyez* tous ces mots.

Les efforts faits à différentes époques pour rendre domestiques le FAISAN, le COQ DE BRUYÈRE et l'OUTARDE, oiseaux fort dignes d'être introduits dans nos basses-cours ont été sans résultats, quoique ces oiseaux diffèrent peu de quelques-uns des précédens.

Il n'est pas toujours de l'intérêt des cultivateurs de nourrir une grande quantité de volaille, parce que les frais qu'elle occasionne surpassent, lorsqu'une sévère économie n'y préside pas, ce qu'elle peut produire en argent; mais il est toujours bon qu'ils en aient une quantité proportionnée à leur exploitation, pour consommer toutes les graines qui tombent lors des récoltes, celles qui restent dans les pailles, celles qui ont éprouvé une altération quelconque, etc., etc.

J'ai indiqué, aux articles de chacune des volailles, ce qu'il convient de savoir pour en tirer le plus de profit possible, j'y renvoie le lecteur.

Lasteyrie, dans sa Collection des machines et ustensiles employés dans l'économie domestique, donne la figure de poulaillers, de cages, de juchoirs, etc., propres aux volailles. (R.)

VOLANT. On donne ce nom à la FAUCILLE dans les environs de Genève. (B.)

VOLAIN. Espèce de SERPE qui sert dans les environs d'Orléans pour couper le bois et aiguiser les échalas. (B.)

VOLCAN. Tous les faits géologiques constatent que notre planète a été, dans son origine, comme Buffon l'a rappelé, un globe de matières pierreuses en ignition, lequel s'est successivement refroidi à sa surface, et continue encore de se refroidir. On appelle Volcan les ouvertures qui communiquent entre la masse centrale et l'air, ouvertures qui lancent à des intervalles plus ou moins rapprochés, avec plus ou moins de violence, d'abondance, etc., quelques petites parties de cette masse.

Je n'adopte cependant pas l'opinion émise par Buffon que la croûte pierreuse ancienne du globe, les granits et autres pierres dites primitives, soient le produit de la fusion, je crois que leur cristallisation, ainsi que la formation des métaux, s'est effectuée dans une mer d'eau tenue plus que bouillante par la chaleur de la masse centrale et par les obstacles mis à sa vaporisation, par les vapeurs même qui en émanaient, de manière que ces eaux se trouvaient comme dans la marmite à Papin, où on croit qu'elles sont échauffées jusqu'au rouge.

Lorsque la croûte de la terre avait une petite épaisseur, les volcans étaient innombrables, peu à peu ils se sont éteints: aujourd'hui on n'en connaît qu'une centaine, et il est rare qu'il s'en forme de nouveaux loin des bouches encore ignivores.

Les pierres que rejettent les volcans en plus grande quantité, sont 1°. les basaltes, remarquables par leur forme régulière et très-ancienne; 2°. les laves les plus abondantes et les plus dans le cas d'intéresser les cultivateurs; 3°. les scories, qui ne diffèrent que par plus de légèreté; 4°. les cendres, qui sont des laves ou des scories réduites en poudre grossière. *Voyez* MONTAGNE et POUZZOLANE.

Comme les volcans ne peuvent intéresser les agriculteurs qu'à raison des dangers qu'ils peuvent leur faire courir relativement à leur personne et à leurs propriétés, que quatre seulement, l'Etna, le Stromboli, l'Hécla, le Vésuve, existent en action en Europe, et qu'il n'y en a plus de brûlans en France, je me dispenserai d'entrer dans de plus longs détails sur ce qui les concerne; mais comme les anciens volcans y sont fort nombreux, principalement dans les départemens du Puy-de-Dôme, du Cantal et de la Haute-Loire, j'entrerai dans des développemens de quelque étendue à l'article suivant. (B.)

VOLCANIQUE (TERRE). Terres produites par la décomposition des basaltes, des laves, des scories, des cendres rejetées par les volcans.

Nulle végétation ne peut naître pendant long-temps sur les déjections des volcans; mais enfin, d'après les observations de Bory Saint - Vincent, il s'y montre des lichens, puis des mousses, de petites plantes, des arbrisseaux, et enfin des arbres. Peu-à-peu toute leur superficie se décompose, et elles deviennent très-fertiles, même plus que les autres terres, comme le prouvent la Limagne d'Auvergne et tant de vallées de cette ancienne province, ainsi que de l'Italie, pourvu toutefois qu'elles soient arrosées, car c'est l'eau qui généralement manque dans les pays volcaniques.

On doit ranger les terres volcaniques parmi les TERRES LÉGÈRES, et elles exigent la même culture : en conséquence je renverrai à leur article.

Il est des terres volcaniques qui prennent plus lentement de l'humus ou qui le perdent plus facilement que les autres, ce sont celles qui forment des pentes rapides. L'analyse de celles de Randan près Clermont, propriété de M. de Montlosier, volcan de plusieurs milliers de siècles d'antiquité, n'en offre que quelques atomes : aussi est-elle très-infertile, et ce n'est qu'à force d'engrais qu'on peut en tirer quelque parti.

La couleur des terres volcaniques se rapprochant plus ou moins de la noire, ces terres sont généralement plus précoces que les autres; ce qui ajoute encore à leur mérite.

Les vignes plantées sur les volcans éteints des environs de Bonn se louent plus cher que les autres, parce que leurs raisins mûrissant plus tôt, le vin qu'ils donnent est meilleur. (B.)

VOLÉE (SEMIS A LA). Manière de répandre la semence en la jetant fort loin devant, à côté, ou derrière soi, en la faisant, pour ainsi dire, voler. Cette manière est la plus simple, la plus expéditive, et elle suffit dans le plus grand nombre des cas. *Voyez* SEMIS.

VOLETTE. Claie d'osier, sur laquelle on met égoutter les fromages dans le département des Vosges. *Voyez* FROMAGE.

VOLIÈRE. Elle doit être construite dans l'endroit de la basse-cour où les alternatives du chaud et du froid se fassent le moins sentir; il faut qu'elle tire ses jours du côté du levant ou du midi, et qu'elle soit meublée de nids de figure carrée, assez profonds pour y asseoir un pigeon à l'aise. Leur nombre est en raison de trois par paire de pigeons. Communément on leur donne des terrines de plâtre, des paniers d'osier qu'on attache au mur, ou bien on élève des cabanes de bois d'un pied en tout sens; ou bien encore on pratique des trous dans l'épaisseur des murs.

A la vérité, ces différens nids ont chacun leurs inconvéniens. On reproche aux cases en planches dans lesquelles on met un plateau de plâtre, de s'imprégner trop facilement de la partie humide de la fiente, et de contracter par là une odeur qui finit par occasionner des maladies aux pigeons. Dans les paniers d'osier, outre que la vermine y trouve plus aisément à s'y loger, les petits en tombent souvent, et si on n'a pas le soin de les remettre aussitôt dans leurs nids, ils ne tardent pas à périr. Les plâtres peuvent être avantageusement remplacés par des terrines de terre cuite vernissée. Ces dernières, à la vérité, sont d'un prix à-peu-près double; mais la facilité de les nettoyer à grande eau, et sur-tout leur durée, dédommagent au-delà de l'excédant de la dépense; les cavités pratiquées dans l'épaisseur du mur sont trop fraîches et ne paraissent pas leur convenir.

Quelques amateurs ont été jusqu'à faire fabriquer en terre cuite des pots assez ressemblans à ceux qu'on place pour recevoir des moineaux. Ces pots n'ont pas l'inconvénient des paniers, les petits n'en peuvent sortir; ils facilitent l'incubation et dispensent de placer des rayons en bois. Il faut avoir l'attention de mettre les nids dans l'endroit le moins clair de la volière; car les pigeons, comme tous les autres oiseaux, lorsqu'ils veulent pondre ou couver, recherchent toujours l'obscurité.

Il faut encore que la volière soit pourvue de vases destinés à contenir la boisson et la nourriture. On emploie, pour le premier objet, des bouteilles de grès à long col, qu'on renverse dans un vaisseau de terre fait exprès, et disposé de manière que l'eau tombe de la bouteille à mesure que les pigeons boivent. Cet appareil se nomme *pompe*. Pour renfermer leur nourriture, on se sert d'une trémie, qu'on divise quelquefois en plusieurs parties destinées à contenir les différentes espèces de grains qu'on leur donne.

Mais un soin qu'on ne saurait trop recommander, c'est de balayer souvent la volière, d'en faire nettoyer sous ses yeux toutes les parties, de faire transporter à quelque distance la colombine et les autres immondices, de renouveler la paille des nids tous les trois ou quatre jours au moins après la naissance des petits; sans quoi la fiente qui les entoure ne tarde pas à leur procurer de la vermine, qui incommode quelquefois la couveuse au point de les lui faire abandonner. Il ne faut pas négliger non plus de changer leur eau le plus souvent possible en été, et de la faire dégeler plusieurs fois par jour pendant les grands froids.

Une autre précaution, c'est de ne pas enlever les pigeonneaux sans nettoyer en même temps leur nid, et y mettre de la paille fraîche; moyennant cette précaution, et la propreté que je n'hésite pas de conseiller de porter à l'excès, il est rare d'avoir des pigeons attaqués d'autre maladie que de l'incurable vieillesse.

Il y a des espèces de pigeons qui mettent beaucoup de paille dans leur nid, d'autres qui n'en mettent que des brins. Il est bon alors de les dégarnir quand il y en a trop, parce que les œufs pourraient tomber et se casser, et d'en ajouter quand il n'y en a point, attendu que les œufs à nu sur la planche roulent de dessous la femelle, qui ne pouvant les embrasser comme il faut, se refroidissent et ne sont plus bons à rien. Pour éviter ces inconvéniens, on fera bien de leur préparer les nids soimême, de rompre la paille, afin qu'elle se prête mieux à la forme qu'on veut leur donner, et que les œufs ne puissent glisser entre, ce qui arrive quand elle n'a pas été préalablement brisée.

Peuplement de la volière. Quand il s'agit de remplacer les pigeons invalides, on conserve ordinairement les pigeons éclos en septembre ou octobre, parce qu'ils sont dans toute leur force au mois de mars suivant; d'autres préfèrent les pigeons nés au printemps, vu que leur accroissement n'a point été suspendu par le froid.

On doit avoir le soin sur-tout de ne jamais souffrir dans la volière ni plus ni moins de mâles que de femelles, et de n'y tenir que des ménages assortis. Un ou deux mâles non appareillés suffisent pour porter le trouble dans l'habitation, et pour déranger toutes les pontes : aussi quelques amateurs ont-ils la précaution de retirer de la volière, aussitôt qu'ils mangent seuls, tous les jeunes pigeons qu'ils destinent à augmenter le nombre des nids ou à remplacer ceux dont l'âge annonce la prochaine stérilité ; ils les réunissent dans un endroit qu'ils nomment l'appareilloir, et les laissent jusqu'à l'époque où le roucoulement des mâles et la coquetterie prononcée des femelles ne laissent aucun doute sur le sexe des individus.

Lorsqu'on tient les pigeons captifs, il faut placer devant leur demeure une cage de fil de fer, dont la grandeur est proportionnée au nombre des pigeons. Cette espèce de volière extérieure, dont la base doit être en planches, les côtés, le devant, en grillage ; la partie supérieure qui sert de toit à cette cage, couverte de manière à ne pas permettre à la pluie d'y pénétrer, parce qu'elle y forme avec la fiente des pigeons une boue qui s'attache à leurs pattes, aux plumes du ventre, et nuit au succès de l'incubation. Le même inconvénient résulte de la liberté laissée à ces animaux dans les temps humides ; ils rentrent dans la volière les plumes chargées d'eau et les pieds de terre, mouillent leurs œufs et leurs petits, et salissent leur nid. Cet inconvénient est moindre dans les villes que dans les campagnes, parce que dans les villes ils ne volent que de toit en toit et d'une tour à l'autre.

Cette cage leur sert à aller prendre l'air et à s'échauffer au soleil. Il est nécessaire aussi, quand les pigeons ne sortent pas, de placer dans la volière un baquet de 4 pouces de profondeur, rempli d'eau, qu'on renouvelle tous les jours. Les pigeons aiment singulièrement à se baigner et à se rouler dans la poussière, pour se délivrer des pous et des puces qui les tourmentent. Si, au contraire, les pigeons jouissent de leur liberté, on placera le baquet dans la cour et près de leur demeure, car les pigeons de grosse espèce, quand ils se sont baignés, qu'ils ont leurs ailes chargées d'eau, regagnent difficilement la volière et deviennent quelquefois la proie des chats ; ce qui leur arrive encore lorsqu'on n'a pas la précaution de les tenir renfermés pendant la mue.

Pigeon de volière. C'est le nom qu'on donne le plus généralement aux pigeons mondains et aux variétés nombreuses de cette race féconde ; ils ne diffèrent en rien des autres quant à la nourriture, mais bien à l'égard de leur grosseur, de leur multiplication et de leur couleur variée, car ils sont beaucoup plus gros et pondent presque tous les mois quand ils ne manquent point de subsistance ; mais aussi ils ne quittent jamais les alentours de la volière ; il faut y pourvoir en tout temps ; la faim la plus pressante ne les détermine pas à aller chercher au dehors leur subsistance, ils se laissent plutôt mourir d'inanition.

Si l'on vise au profit, les pigeons communs, et en général les moyennes espèces, par préférence aux gros mondains, sont ceux qui paraissent devoir être les plus multipliés, pourvu toutefois qu'on les ait choisis beaux et bien forts, qu'ils aient l'œif vif, la démarche fière, le vol raide, ce qu'on reconnaît en étendant leurs ailes et en les agitant : s'ils les retirent avec raideur, c'est signe de force et de vigueur ; mais si ces parties sont faibles dans ce mouvement, c'est la marque d'un tempérament faible et délicat : ces pigeons font jusqu'à dix pontes par an dans le temps de leur plus grande vigueur. Aussi, dans le cercle de quarante jours, la femelle pond, nourrit sa progéniture, et est déjà occupée d'une autre couvée ; ils sont aptes à se reproduire dès l'âge de six mois. On a observé que le principe de la reproduction était plus promptement développé dans les mâles que chez les femelles. Ce n'est guère qu'à la fin de la seconde année qu'ils sont dans leur plus grande vigueur; ils la conservent jusqu'à six et même huit ans, après quoi, le nombre des pontes commence à diminuer ; néanmoins on en a vu encore d'assez féconds à dix et à douze ans.

On ne peut pas aisément, dans les jeunes pigeons, distinguer au premier coup d'œil le mâle de la femelle : les premiers ont en général la tête et le bec plus forts, et sont plus gros ; mais le roucoulement est le signe le plus assuré auquel on puisse le reconnaître. Dans certaines variétés, on connaît le mâle à la panache, c'est-à-dire à quelques taches de couleur noire que, à quelques exceptions près, les femelles n'ont jamais.

Si on désire obtenir des sujets forts et vigoureux, il est avantageux de recourir au croisement des races ; mais quand il s'agit de conserver ce que les amateurs appellent pigeons de genre, il faut observer avec soin de n'y employer que les espèces dont la grosseur est une des beautés, tandis qu'il faut éviter le croisement lorsque l'on veut conserver les petites espèces dans leur forme ordinaire. Si, au contraire, on ne cherche qu'à obtenir de forts pigeonneaux, il importe peu de mélanger les races, en observant néanmoins de donner à la femelle un mâle plus gros qu'elle.

Il serait à désirer que la race des pigeons mondains fût sans défaut, car il n'est pas rare d'y rencontrer des individus stériles ; d'ailleurs c'est la plus excellente race pour le produit, et une des meilleures pour la qualité des pigeonneaux.

Il n'est pas évidemment prouvé que les pigeons domestiques soient moins fertiles quand on les laisse aller par-ci par-là

hors de leur habitation, il paraîtrait au contraire très-avantageux pour le propriétaire de les laisser sortir. Il en résulterait, pour premier avantage, qu'ils consommeraient moins de
vesce, et, pour deuxième avantage, qu'ils feraient rarement
des œufs clairs, parce que, dans le colombier, lorsqu'un mâle
coche sa femelle, il est souvent interrompu par un autre mâle
qui semble vouloir traverser sa jouissance, ce qui empêche la
communication du germe ; mais s'ils sont en liberté, ils peuvent garder des distances où ils ne sont pas troublés.

Mais l'opinion de M. Vitry, membre de la Société d'agriculture du département de la Seine, est qu'en général les pigeons retenus dans une volière spacieuse sont d'un produit
beaucoup plus considérable que ceux qu'on laisse vaguer suivant leur caprice.

Les pigeons ne sont pas non plus exempts de maladies. Nous
avons indiqué, au mot COLOMBIER, les principaux moyens de
les en préserver : tout ce qui peut éloigner l'humidité, le mé-
phitisme et la vermine de leurs demeures, contribue essentiellement à conserver ces oiseaux dans l'état de vigueur et de
santé. (PAR.)

VOLIGE. Planche fort mince, ordinairement de bois blanc,
c'est-à-dire de PEUPLIER ou de SAULE. *Voyez* ces deux mots.

On fait un grand usage des voliges dans l'intérieur des bâtimens ruraux, à raison de leur légèreté et de leur bon marché.

VORACES (PLANTES). Les cultivateurs donnent ce nom
tantôt généralement à toutes les plantes à qui la vigueur de
leur végétation, ou la grande quantité de graine qu'elles produisent, fait épuiser le terrain, tantôt seulement à celles de
ces plantes qui sont rangées parmi les mauvaises herbes. Le
chou est une plante vorace dans le premier sens, le maïs dans
le second, la mercuriale dans le troisième.

Des ENGRAIS et un ASSOLEMENT régulier contrebalancent
les effets des deux premières séries des plantes voraces. Des
SARCLAGES, des BINAGES et encore mieux un ASSOLEMENT régulier empêchent ceux de la dernière. *Voyez* ces mots.

VORDRE, ou VORLE. Nom du SAULE-MARSAULT dans la
ci-devant Champagne, où on en tire un parti si avantageux
pour le chauffage, la nourriture des bestiaux et des abeilles.
Voyez SAULE.

Plusieurs espèces de saules au reste portent ce nom tantôt
avec, tantôt sans épithètes caractéristiques : ainsi je me suis assuré que la vorle de Sainte-Ménéhould acuminée, qui vient
mieux dans les terrains secs, est le saule, et que la vorle
grasse est le saule auriculé. (B.)

VOUÉRAS. Nom picard d'un mélange de pois, de vesce, de lentilles et de seigle en égale quantité, qu'on sème après deux façons sur les terres qui ont porté l'avoine, et qu'on donne aux bestiaux sans avoir été battu. *Voy*. MÉLANGE. (B.)

VRAICQ. Synonyme de VAREC. (B.)

VREILLE. Nom du LISERON dans le département des Deux-Sèvres. (B.)

VRESANNE. Longueur d'un champ dans le département des Deux-Sèvres. (B.)

VRESON. Charrue usitée dans le département des Deux-Sèvres. Elle n'a qu'une oreille, et cette oreille est à gauche.

VRILLES. Filamens tantôt simples, tantôt doubles, et qui naissent aux extrémités des rameaux, dans les aisselles des feuilles et autres parties de certaines plantes, et qui sont destinées à s'accrocher aux branches des arbres ou des arbrisseaux pour, en se contournant, soutenir les tiges des plantes auxquelles elles appartiennent, tiges trop faibles pour se tenir droites par elles-mêmes. *Voyez* VIGNE, VESCE, GESSE, etc., ainsi que PLANTE. (B.)

VRILLETTE, *Anobium*. Genre d'insectes de l'ordre des coléoptères, qui renferme une quinzaine d'espèces, dont plusieurs se font remarquer des cultivateurs à raison des dommages qu'elles occasionnent.

On trouve la plupart des vrillettes au milieu du printemps. Lorsqu'on les touche, elles rapprochent leurs antennes et leurs pattes de leur corps et contrefont les mortes. Souvent la section d'une partie de leur corps, ou une piqûre d'épingle, le feu même, ne sont pas capables de leur faire abandonner cet état pour se sauver, ce qu'elles font cependant, quoiqu'avec lenteur, dès qu'elles jugent que le danger est passé. C'est ce qui a fait donner le nom d'*opiniâtre, pertinax,* à la plus commune.

Les larves des vrillettes vivent dans le bois ou autres matières solides, et y font des trous ronds et souvent très-profonds en en mangeant la substance. Ce sont principalement elles qui rendent le bois *vermoulu*. Elles vivent une année entière sous cette forme. Ce sont encore elles qui font ce petit bruit continu, semblable au battement d'une montre, qu'on entend souvent dans les apartemens lorsqu'on y est tranquille, et qu'on a attribué à des araignées et à des psoques, bruit qui inquiète certaines personnes comme pronostic de malheur.

La VRILLETTE MARQUETÉE a 3 ou 4 lignes de long. Son corps est brun, mais le corcelet et les élytres ont des plaques de poils cendrées. Ses élytres ne sont point striés. On la trouve dans les maisons. Elle provient d'une larve qui vit dans le bois selon quelques personnes, et dans la viande desséchée selon d'autres. Cette espèce se rapproche en effet beaucoup des dermestes, et on ferait peut-être bien de la placer dans ce genre.

La VRILLETTE OPINIATRE a 2 lignes de long. Elle est fauve ou brune, le corcelet très-bossu, et a les élytres striés. C'est la véritable *vrillette*, n°. 1er. de Geoffroi, celle qui perce les meubles de cette innombrable quantité de trous qui altèrent d'abord leur beauté, ensuite leur solidité, et finissent par les mettre hors de service. Sa propagation est très-rapide. Il est des bois qu'elle attaque moins que d'autres, il en est même qu'elle n'attaque pas. Elle se jette de préférence sur l'aubier, dans le chêne et autres bois durs. Les moyens de s'opposer à ses ravages sont de faire tremper les bois pendant quelques mois dans l'eau avant de l'employer, ou, mieux, dans l'eau où on aura versé une dissolution d'alun ou autre sel, de l'exposer pendant long-temps à la fumée, de l'enduire d'une couche de peinture à l'huile. *Voyez* au mot BOIS.

La VRILLETTE PETITE, *Anobium minutum*, Fab., est fauve clair, avec le corcelet arrondi, et les élytres légèrement striés. Sa longueur ne surpasse pas une ligne. Elle vit également dans le bois des meubles, sur-tout dans les bois blancs. On la trouve en conséquence très-fréquemment dans les maisons aux mois de mai et de juin.

La VRILLETTE DU PAIN se distingue si peu de la précédente, que j'ai tout lieu de croire que c'est la même espèce, quoique des auteurs fort dignes de confiance l'aient décrite comme distincte. Sa larve vit dans la farine, dans le pain abandonné, etc. Comme il lui faut, ainsi qu'aux autres, une année entière pour subir ses transformations, elle fait peu de ravages et est même peu commune dans les maisons où il y a de l'ordre et de la propreté. (B.)

VROGNE. Aux environs de Boulogne, on donne ce nom à l'ARMOISE AURONE. (B.)

VRONCELLE. C'est le LISERON DES CHAMPS dans le Boulonais. (B.)

VUDEOU. Nom du VEAU dans le département du Var. (B.)

VUIDANGE d'une vente en usance. S'entend du transport des bois abattus et ouvrés hors de ses limites. Le temps dans lequel une vente doit être vidée est toujours prescrit dans les clauses de son abjudication. (DE PER.)

VUIDANGE. Nom des EXCRÉMENS humains retirés des FOSSES D'AISANCE. *Voyez* ce mot et celui POUDRETTE. (B.)

VULNÉRAIRE. Espèce du genre ANTHYLLIDE.

VULNÉRAIRE SUISSE. Collection de différentes plantes des Hautes-Alpes qu'on vend comme remède.

VULPIN, *Alopecurus.* Genre de plantes de la triandrie digynie et de la famille des graminées, qui réunit une douzaine d'espèces, dont plusieurs intéressent les cultivateurs, comme fournissant une excellente nourriture à leurs bestiaux, et croissant dans des localités où les autres plantes fourrageuses ne viennent pas.

Le VULPIN DES PRÉS a les racines vivaces, fibreuses; les tiges hautes d'un à 2 pieds; les feuilles légèrement velues; les fleurs disposées en épi droit, avec les balles velues et sans arrête. Il croît par toute l'Europe dans les prés et autres lieux humides. C'est un excellent fourrage que tous les bestiaux et sur-tout les chevaux aiment avec passion, et qui communique sa saveur à la paille, avec laquelle on le mêle. Les Anglais le confondent avec le fléau sous le nom de *timoty-grass.* Fauché de bonne heure, il fournit une seconde coupe presque égale à la première, parce qu'il épie de nouveau.

C'est principalement la plante des prairies froides. Elle fournit la pâture la plus précoce dans ces sortes de prairies. M. Anderson a fait, à son sujet, des expériences qui constatent qu'il rend moins de foin et de graines que la plupart des autres plantes de sa famille qu'on cultive pour la nourriture des bestiaux; que cependant il mérite d'être semé à la volée dans les terres pauvres et marécageuses. Je ne sache pas qu'on ait répété ces expériences en France, mais j'ai tout lieu de croire que cette plante y rendrait davantage qu'en Angleterre, car j'ai souvent vu de ses trochées qui portaient huit à dix épis.

Le VULPIN GÉNICULÉ a les racines vivaces; les tiges hautes d'un pied, géniculées et couchées à leur base; les feuilles légèrement velues; les fleurs sans arrête et disposées en épi. Il est très-commun dans les marais, sur le bord des fossés, des étangs, etc. Sa végétation est très-précoce. Les bestiaux le recherchent avec passion et s'exposent souvent à de grands périls pour l'aller manger dans les fondrières. J'ai souvent désiré que cette plante fût cultivée, mais nulle part elle ne l'est.

Le VULPIN BULBEUX a les racines vivaces, bulbeuses; les tiges droites, hautes d'un pied et plus; les fleurs velues et disposées en épis grêles et allongés. Il croît dans les marais et les prés bas, dans les parties moyennes et méridionales de l'Europe. Sa fane partage les mêmes bonnes qualités de celles des précédens, et de plus ses racines sont extrêmement recherchées par les cochons. Quelques personnes l'ont confondu avec le dernier, dont il diffère en effet fort peu.

Le Vulpin agreste a les racines vivaces; les tiges hautes de 8 à 10 pouces; les fleurs parfaitement glabres et disposées en épis droits et grêles. Il croît dans les lieux secs des parties méridionales de l'Europe. Les bestiaux et sur-tout les moutons l'aiment beaucoup. On ne le cultive nulle part, et son peu de hauteur fait croire qu'on le ferait difficilement avec profit.

Comme c'est principalement dans les champs semés en seigle qu'il croît de préférence, on peut croire qu'il améliore le pâturage de ces champs après la récolte, et que la portion qui est coupée avec la paille rend cette dernière plus savoureuse et plus nourrissante. (**B.**)

W.

WARAT. On donne ce nom, dans quelques lieux, tantôt aux fèves seules, tantôt à un mélange de pois, de vesce, de seigle et de fèves de marais, dont ces dernières forment la plus grande partie, et qu'on coupe en vert pour fourrage, ou qu'on enterre avant la floraison pour améliorer le sol. (**B.**)

WOOTZ. Nom anglais de l'acier avec lequel on fait dans l'Inde les sabres appelés damas en français.

Je le cite, parce que le wootz est l'acier le plus dur connu, et qu'il peut être utile aux cultivateurs de le connaître pour l'utiliser.

On fait du wootz avec l'acier ordinaire, en mettant ce dernier avec du carbure de fer, de l'alumine et du quartz en poudre, dans un creuset, qu'on expose à une chaleur suffisante pour le faire fondre.

On travaille ensuite cet acier comme l'autre.

En lui unissant un cinq centième d'argent on augmente encore sa dureté au point d'en pouvoir fabriquer des limes qui agissent sur l'acier ordinaire comme sur le fer. (**B.**)

X.

XYLÉMA, *Xylema*, Genre de plantes de la famille des champignons, constitué par un péricarpe assez dur, de forme diverse, plein d'une gelée charnue, qui se rompt en divers endroits pour laisser sortir cette gelée.

Les espèces de ce genre, qui sont peu nombreuses, naissent sur la surface supérieure des feuilles vivantes ou mortes, et y forment des taches noires souvent luisantes. Elles doivent, lorsqu'elles sont abondantes, beaucoup nuire à la végétation; mais il n'y a pas de moyen de s'opposer à leur multiplication.

Le Xyléma des érables est quelquefois si commun sur les érables commun et faux platane, que leurs feuilles paraissent toutes noires. J'ai observé que c'était principalement ceux de ces arbres qui étaient plantés dans un sol aride qui en étaient le plus infestés.

Le Xyléma du chataignier est blanchâtre et parsemé de points noirs. Il ne m'a pas paru qu'il fût, dans aucun lieu, assez commun pour nuire à la végétation de cet arbre et à la production de son fruit.

Le Xyléma des peupliers est noir et croît très-abondamment sur les peupliers tremble, noir, gris et blanc. Je l'ai vu souvent si abondant, qu'il n'y avait pas de feuilles qui ne fussent tachées. Je ne doute pas qu'il ne retarde la croissance de ces arbres : c'est sur ceux qui croissent dans les terrains secs qu'il se trouve le plus communément. (B.)

Y.

YUCCA, *Yucca.* Genre de plantes de l'hexandrie monogynie et de la famille des liliacées, qui renferme une demi-douzaine d'espèces, dont trois se cultivent en pleine terre dans le climat de Paris, et sont employées à des usages agricoles dans leur pays natal.

Le Yucca glorieux a les racines très-nombreuses et presque simples ; les tiges à peine hautes d'un pied ; les feuilles éparses, rapprochées, lancéolées, très-entières, raides, piquantes à leur pointe ; les fleurs blanches, grandes, nombreuses, blanches, d'une odeur un peu nauséabonde, et disposées en longue panicule terminale. Il est originaire de l'Amérique du nord. C'est une superbe plante quand elle est en fleur, mais elle n'y est pas tous les ans dans le climat de Paris. On s'en sert pour faire des haies qui, quand elle ne laisse point de vide, ce qui est rare, sont d'une très-bonne défense et d'un très-bel aspect. On le place dans les jardins paysagers au milieu de gazons, à quelque distance des massifs, contre les rochers et les fabriques, et il s'y fait toujours remarquer, même sans être en fleur, par la disposition de ses feuilles. Il ne craint que les très-fortes gelées, et sur-tout l'humidité des hivers ; en conséquence c'est une terre sèche et une exposition abritée qu'il lui faut. On le multiplie par ses graines, par ses rejetons et par la section de ses racines.

Le Yucca a feuilles d'aloès a les feuilles crénelées et étroites, et s'élève de 15 à 20 pieds. Il est originaire des parties chaudes de l'Amérique, et est plus sensible à la gelée que le précédent ; cependant je l'ai vu aussi passer l'hiver en pleine terre dans le climat de Paris. Il sert en Caroline, ainsi que je l'ai observé, à faire aussi des haies : pour cela, il suffit de couper des tiges et de les coucher en terre pour en avoir une susceptible de s'opposer aux entreprises des hommes et des bestiaux, ces tiges poussant des bourgeons dans toute leur longueur, qui deviennent des tiges dès la première année. Le fruit de cette espèce, qui est bacciforme, peut se manger, et se donner aux bestiaux, qui l'aiment beaucoup, etc.

Le Yucca filamenteux a les feuilles longues et étroites, bordées de fils blancs. Il est originaire de l'Amérique septentrionale où j'en ai vu de grandes quantités. Les pépinières de Versailles, lorsque j'en avais la direction, en offraient quelques pieds en pleine terre, qui fleurissaient régulièrement : c'est la plus belle espèce des trois à mon avis.

Le Yucca bosquien a les feuilles linéaires, très-nombreuses et recourbées : c'est une plante fort élégante, probablement originaire du Brésil, à laquelle Desfontaines a donné mon nom. Il y a tout lieu de croire qu'elle passera l'hiver en pleine terre dans le climat de Paris ; mais jusqu'à présent on l'a tenue dans l'orangerie. (B.)

Z.

ZANTHORHIZE, *Zanthorhiza*. Arbuste de 2 pieds de haut; à racines traçantes ; à feuilles alternes, toutes situées au haut de la tige, ailées avec impaire; à folioles ovales-cunéiformes, dentées, la terminale plus profondément; à fleurs d'un violet noirâtre, disposées en panicule terminale, et se développant avant les feuilles ; qu'on cultive depuis quelques années dans les jardins paysagers, et qui forme seul un genre dans la pentandrie monogynie, et dans la famille des renonculacées.

Michaux a trouvé le zanthorhize dans les montagnes de la Caroline. J'en ai cultivé de grandes quantités dans ce pays. Sa racine et son écorce fournissent une couleur jaune fort abondante, qu'on pourra sans doute employer à la teinture. On le multiplie avec la plus grande facilité de graines, de rejetons, de boutures, de racines. Il croît dans les plus mauvais sols, et ne craint point les gelées du climat de Paris. Je suppose, par suite de l'odeur et de la saveur de sa racine, qu'elle peut devenir un sudorifique nouveau. C'est au premier rang des massifs, contre les fabriques, qu'il demande à être placé dans les jardins paysagers, où il ne produit pas, au reste, des effets bien marquans. (B.)

ZINNIA, *Zinnia*. Genre de plantes de la syngénésie superflue et de la famille des corymbifères, dans lequel on compte une demi-douzaine d'espèces, toutes de l'Amérique méridionale, et dont deux se cultivent depuis long-temps dans les jardins pour l'ornement.

Ces deux espèces sont :

Le ZINNIA PAUCIFLORE. Il a les racines annuelles ; les tiges droites, peu rameuses, hautes de 2 pieds ; les feuilles opposées, amplexicaules, en cœur, lancéolées, très-entières, glabres ; les fleurs grandes, jaunes et sessiles. Il est originaire du Pérou, et fleurit à la fin de l'été.

Le ZINNIA MULTIFLORE. Il a les racines annuelles ; les tiges droites, très-rameuses, hautes d'un pied ; les feuilles opposées, légèrement pétiolées, ovales, lancéolées, très-entières, glabres ; les fleurs d'un rouge assez vif avec le centre jaune, quelquefois toutes jaunes, plus petites que celles du précédent, toujours solitaires sur des pédoncules terminaux. Il croît naturellement à la Louisiane, et fleurit au milieu de l'été. C'est lui qu'on cultive le plus fréquemment.

Ces deux plantes font un assez bel effet dans les parterres pendant tout l'automne, par l'élégance de leur port et la vivacité de la couleur de leurs fleurs. Elles ne cessent de produire des fleurs qu'aux gelées, auxquelles elles sont très-sensibles. On les place ordinairement, la première au milieu, la seconde sur les côtés des plates-bandes des parterres, en groupes de deux ou trois pieds. Rarement elles se voient dans les jardins paysagers, quoiqu'elles y puissent figurer avantageusement. On les multiplie de graines qu'on sème au printemps dans une plate-bande exposée au levant et convenablement préparée, ou sur couche si on est plus au nord que Paris. Lorsque le plant a acquis 4 à 5 pouces de hauteur, on le place à demeure, autant que possible, avec la motte, et on l'arrose, en le garantissant du soleil pendant les premiers jours. Une fois repris, ces plants ne demandent plus que les soins ordinaires aux autres fleurs des parterres. On doit avoir soin de ramasser la graine de la première fleur qui s'est épanouie sur chaque pied, comme étant la mieux nourrie et la plus mûre ; les dernières sont presque toujours frappées par la gelée dans le climat de Paris. (B.)

ZIZANIE, *Zizania*. Genre de plantes de la monoécie hexandrie et de la famille des graminées.

Parmi les cinq ou six espèces que renferme ce genre, je ne citerai que la ZIZANIE CLAVELEUSE, que j'ai observée, décrite et dessinée pendant mon séjour en Caroline, où elle croît dans les eaux stagnantes et boueuses. C'est une plante annuelle, de 7 à 8 pieds de haut, dont les feuilles sont alternes, engaînantes et fort longues ; les fleurs disposées en panicules ter-

minales ; les mâles situées dans la partie inférieure sur des pédoncules rameux, perpendiculaires à la tige, et les femelles
dans la partie supérieure, sur des pédoncules claviformes et
rapprochés de la tige. Ses graines ont 6 à 8 lignes de long,
et sont regardées comme un excellent manger. En effet, si
j'en juge par celles que j'ai mâchées, elles sont plus savou-
reuses qu'aucune de celles que je connais dans la famille des
graminées. Les sauvages, avant l'arrivée des Européens, en
faisaient cuire avec leurs viandes en guise de riz. C'est le RIZ
DE CANADA, la FOLLE AVOINE de quelques auteurs. Les oiseaux
en sont extrêmement friands. Il serait à désirer que cette belle
et utile graminée fût introduite dans les parties méridionales
de l'Europe, où elle réussirait certainement.

Il y a eu des pieds dans quelques jardins de la France, qui
s'y sont conservés plusieurs années. On la dit assez multipliée
en Angleterre. (B.)

ZIZANIE. On donne aussi ce nom à l'IVRAIE dans quelques
endroits. (B.)

ZONE. On a divisé la terre, relativement à l'aspect qu'elle
présente au soleil pendant chaque mois de l'année, en cinq
parties qu'on appelle zones : une centrale, qui est bornée par
les tropiques ; deux glaciales, qui commencent au pôle ; et deux
tempérées, qui sont intermédiaires.

Cette division de la terre est très-importante pour l'agriculture, puisque chaque zone en a une qui lui est propre.
Voyez CLIMAT. (B.)

ZOOLOGIE. Nom de la science qui traite de l'étude des
ANIMAUX. *Voyez* BOTANIQUE et MINÉRALOGIE.

Il serait sans doute utile aux agriculteurs d'entrer ici dans
quelques détails sur l'histoire naturelle des animaux, car tout
ce qui peut fixer leurs idées et les soustraire aux préjugés,
entre dans le plan de cet ouvrage ; mais ayant consacré un article à chacun des animaux qui leur sont utiles ou qui leur
sont nuisibles, j'ai dû restreindre mes vues à cet égard.

Je dirai donc seulement, ce que tout le monde sait, que les
animaux se divisent en QUADRUPÈDES, en OISEAUX, en REP-
TILES, en POISSONS, en MOLLUSQUES, en CRUSTACÉS, en IN-
SECTES, en VERS INTESTINAUX et autres. *Voyez* ces mots. (B.)

ZOOSTÈRE, *Zoostera.* Genre de plantes de la gynandrie
polyandrie, et de la famille des fluviales, qui comprend cinq
espèces, toutes vivant au fond des eaux, et dont une est un
objet important pour les habitans de quelques ports de mer.

Cette dernière est la ZOOSTÈRE OCÉANIQUE, qui n'a point de
tige, et dont les feuiiles ont souvent 8 à 10 pieds de long sur
une largeur de 4 à 5 lignes, à la base desquelles est un spadix

linéaire, engaîné, couvert d'abord, d'un côté, d'étamines presque sessiles en haut et d'ovaires à styles bifides en bas, et ensuite de capsules monospermes. Elle se trouve dans les ports de mer, dans les marais salans, enfin dans tous les endroits où la mer est profonde et tranquille. Les lagunes de Venise en sont remplies, ainsi que je l'ai observé. On la connaît particulièrement sous le nom d'ALGUE sur quelques-unes de nos côtes, quoique ce nom appartienne généralement à toutes les plantes marines rejetées sur les bords.

On emploie la zoostère à l'emballage des objets casuels, à fumer les terres, à fabriquer de la soude. En Hollande, elle sert à fortifier les digues. *Voyez* au mot ALGUE et au mot VAREC.

Le singulier mode de fructification de cette plante doit intéresser les amis des phénomènes naturels. (B.)

ZUCHETTE. Sorte de petits CONCOMBRES qu'on cultive dans l'île de Zante, et qu'on y mange crus en salade, ou cuits avec des viandes. (B.)

SUPPLÉMENT.

A.

ALBUGE. Synonyme d'AUBRÈGNE.

ANONGE. Synonyme d'ANTENOIS dans la Crau. *Voyez* ce mot et celui MOUTON. (B.)

ARBUE. Terre à vigne de Salins, qui est intermédiaire entre les terres fortes et les terres légères. (B.)

AUBUGE. *Voyez* AUBRÈGNE.

AUTOMNADE. Nom vulgaire, aux environs de Marseille, des olives, petites, rondes, disposées en grappes et dépourvues de noyau, qui se développent souvent après les autres lorsque les oliviers ont souffert de la sécheresse au printemps et ont été ranimés dans leur végétation par des pluies d'été. Je possède un rameau de *bécu*, qui m'a été envoyé de Lorgues par M. de Gasquet, qui en montre beaucoup. Ces petites olives sont peu estimées en France ; mais il existe à Naples une variété d'olivier qui n'en donne que de telles, et on la regarde comme très-avantageuse. (B.)

B.

BACHES. On peut ranger dans leur catégorie les fosses susceptibles d'être couvertes à volonté, c'est-à-dire celles que j'ai appelées TERRONÉES. (B.)

BOSSE. Ce nom se donne, aux environs de Besançon, à un gros tonneau dont les douves sont fort épaisses, et où on a pratiqué vers la partie inférieure d'un des fonds une ouverture de 6 à 8 pouces de diamètre, qui se ferme avec une portion de douve formant section de cône, moyennant une petite barre engagée dans deux crochets latéraux.

La bosse sert à faire fermenter la vendange, à l'effet de quoi elle se porte dans les vignes et la reçoit par la bonde après qu'elle a été égrappée. L'ouverture décrite sert à enlever le marc et à nettoyer l'intérieur.

C'est une très-bonne pratique que celle des bosses, et il est à désirer qu'elle soit généralement adoptée dans les bons vignobles. *Voyez* VENDANGE, FERMENTATION, VIN. (B.)

BOUILLE. Les vignerons de la ci-devant Franche-Comté

donnent ce nom à la HOTTE en planches minces de sapin avec laquelle ils transportent la vendange. (B.)

BRESIL. Nom de la viande légèrement salée et fumée qu'on consomme pendant l'hiver dans les maisons isolées du Jura. *Voyez* CONSERVATION DES VIANDES. (B.)

BRULE. Nom des PEUPLIERS dans le Médoc. (B.)

BRUMBALLE. Synonyme d'AIRELLE CANNEBERGE aux environs d'Épinal.

BRUMES. (Supplément.) Il se montre assez souvent sur les côtes de la mer des brumes épaisses peu nuisibles en été et en automne, mais qui au printemps font périr les semis, jaunir les feuilles naissantes, couler les fleurs épanouies. Ces effets désastreux sont sans doute dus à la grande chaleur qu'elles offrent, et peut-être aux particules salées qu'elles contiennent. Cette chaleur est la suite de leur densité, de l'action des rayons du soleil. Il serait fort à désirer que ces brumes fussent étudiées dans leur composition et dans leurs effets par un agriculteur instruit des principes de la physique et de la chimie. (B.)

BUET. Synonyme de BRULURE de l'écorce de la vigne par l'action des rayons du soleil sur les glaçons dans le vignoble de Salins. *Voyez* ce mot. (B.)

C.

CABAT. Petit ARAIRE en usage dans le Médoc pour donner la première façon à la vigne. *Voyez* CHARRUE. (B.)

CASSACOUS. Petits échalas de 2 pieds de long qui servent dans le Médoc à fixer les rameaux de la VIGNE. *Voyez* ce mot.

Ils sont presque exclusivement en bois de pin de dix ans refendu. (B.)

CHALLIN. Terre argileuse provenant de la décomposition des roches primitives entre les lits desquelles elle se trouvait, et qui a été entraînée par les eaux dans les vallées. Elle est complétement infertile, ainsi que je m'en suis assuré aux environs de Mirecourt. (B.)

CHAPEAU DE LA VENDANGE. Il résulte d'expériences nouvellement faites, que la formation du chapeau dans la cuve est presque toujours une cause d'altération, soit prochaine, soit éloignée du vin, et que lorsqu'on ne veut pas, à raison du besoin de coloration, faire fermenter le moût sans les peaux des raisins, il convient de le tenir constamment plongé au-dessous de la surface de ce moût par un faux fond en planches percées de trous. *Voyez* VIN. (B.)

CHARANÇON GERMANIQUE. Il mange le collet des racines des carottes et autres plantes potagères. (B.)

CHARPAGNE. Synonyme de CABAS à Neufchâteau ; mais, au lieu d'être composé par une ellipse de bois traversée par un gros bâton courbé, il est formé par une ellipse d'un seul bâton courbé et croisé à ses extrémités. Le côté opposé porte une anse. Il est plus économique que le cabas proprement dit, mais peut-être moins solide. C'est au transport des pierres qu'il s'utilise le plus généralement. (B.)

CHARRUE. En Géorgie, pays de montagnes, on emploie une charrue dont une des roues a 3 pieds de diamètre et l'autre seulement 10 pouces, et dont l'age est plus près de la grande : par ce moyen, on laboure transversalement les pentes avec la plus grande facilité. Il est à désirer que l'adoption de cette charrue ait lieu en France dans l'exploitation des terrains de même nature. *Voyez* LABOUR. (B.)

CHASSIS. Les fosses à semis ou à primeur, que j'ai appelées TERRONÉES, peuvent leur être assimilées sous quelques rapports. (B.)

CHÊNE CASTILLAN. Ce chêne a été récemment découvert dans la forêt de Broussan, département du Gard. Les habitans du village de Gavon en récoltent le gland pour le manger. (B.)

CHÈVRE. Dans le Népaule, le Tibet et autres pays montagneux du nord de l'Inde, on emploie les chèvres au transport des marchandises. Pourquoi ne le faisons-nous jamais en France ? (B.)

CHOURETTE. Synonyme de TERRE-NOIX aux environs de Bourmont. (B.)

COMPOST. Un tas de compost ne doit pas être trop élevé, parce que les couches supérieures, passant trop sur les inférieures, empêcheraient le dégagement des gaz, sans lesquels il n'y a pas de fermentation. Or, c'est la fermentation qui en détermine la bonté : 3 pieds sont la hauteur moyenne, et par conséquent la préférable.

Une bonne pratique pour utiliser le terrain des composts et pour faciliter la décomposition des matières qui y entrent, c'est de planter des courges sur leur sommet et à leur base, parce que les larges feuilles de ces plantes entretiennent sur toute leur surface une humidité constante et très-favorable.

Ce mot s'applique aussi, dans quelques cantons de la ci-devant Normandie, à la rotation des cultures. *Voyez* ASSOLEMENT. (B.)

CORNAILLE. On donne ce nom, aux environs de Lyon, aux râpures de CORNES employées comme ENGRAIS. *Voyez* ces mots. (B.)

COULURE. Une observation de M. Mathieu de Dombasle semble faire croire que la longueur des jours à l'époque du solstice d'été fait couler les fleurs du colza et de la navette du printemps, par conséquent qu'il faut semer un peu tard ces deux plantes. (B.)

COURBE. Petit ARAIRE qu'on emploie dans le Médoc pour donner la seconde façon à la vigne. *Voyez* CHARRUE. (B.)

CRAUS. Ce sont les FOSSES A GRAIN dans le midi de la France. (B.)

CRESSAU. Grès à gros grains provenant de la décomposition des jaspes. On le trouve dans les champs de Mirecourt. (B.)

CUISSART. Synonyme de CROSSETTE de VIGNE dans quelques lieux. (B.)

D.

DOUVE. C'est la LYSIMACHIE NUMMULAIRE dans les environs de Besançon. (B.)

E.

ÉCORCE. Lorsqu'on lève l'écorce des chênes-liéges ou des chênes verts pour l'usage des bouchonniers et des tanneurs, ces arbres donnent constamment des récoltes magnifiques de glands, récoltes évidemment dues à l'affaiblissement qui est la suite de cette opération. (B.)

ENCHARGER. Synonyme de SEMER SOUS RAIE aux environs de Mirecourt. *Voyez* SEMAILLE. (B.)

ENTREVEDIOU. C'est la CUSCUTE dans le midi de la France. (B.)

ÉTOILÉ (BOIS). Synonyme de BOIS GILIF et de CADRAN. (B.)

F.

FAINE. Synonyme de terrain ULIGINEUX planté de BROUSSAILLES aux environs d'Épinal.

FLÉCHIÈRE. On mange, dans l'Amérique septentrionale et en Chine, les racines de deux espèces de ce genre après les avoir fait cuire comme les raves; ce qui peut faire croire qu'il serait également possible de manger celles de l'espèce si commune en Europe. (B.)

FRACHOIR. Petit râteau avec lequel on égrappe la vendange dans le département du Doubs.

On tient un frachoir de chaque main, on les dispose en sens contraire, et on remue avec vivacité, en la tournant, la vendange qui est dans leur intervalle. Cette manière d'égrapper est extrêmement rapide, ainsi que j'ai eu fréquemment occasion de le voir. *Voyez* VIGNE et ÉGRAPPAGE. (B.)

G.

GÉLIF (BOIS). On appelle de ce nom et les arbres dont les pousses sont sujettes à être gelées au printemps et les troncs des arbres qui ont été fendus longitudinalement par l'effet des fortes gelées de l'hiver, et dont le bois n'est plus propre à la charpente et à la menuiserie. *Voyez* CADRAN. (B.)

J.

JHOURGHIERDS. Nom vulgaire, dans les Cévennes, des taillis de châtaigniers exploités pour des cercles. *Voyez* CHATAIGNIER. (B.)

L.

LAFILLE. Nom vulgaire de l'ÉPICÉA dans les Vosges. (B.)

M.

MANCIER. Ce nom s'applique, dans les Hautes-Alpes, à celui qui est chargé dans chaque canton de la distribution journalière des eaux d'arrosage. *Voyez* IRRIGATION. (B.)

MAQUIN. Synonyme de BRULURE des feuilles de la vigne par l'effet des rayons du soleil sur les gouttes de rosée, dans le vignoble de Salins. (B.)

MOISSON. Espèce de MOINEAU qui fait son nid dans les trous d'arbres et qui cause autant de dégât dans les moissons que le moineau domestique en cause dans les granges et les greniers ; c'est le *fringilla montana* de Linnæus, appelé FRIQUET en français. (B.)

MOULINÉ (BOIS). Le bois de charpente piqué par les vers, et par conséquent affaibli pour l'usage auquel il est destiné, porte ce nom. *Voyez* BOIS. (B.)

N.

NOUGAT. On donne ce nom aux TOURTEAUX provenant des graines à HUILE dans les environs de Castres. *Voyez* ces mots. (B.)

P.

POMMÉE. RAISINÉ fait avec du moût de POMMES. *Voyez* ces mots. (B.)

R.

RABINE. On appelle ainsi les avenues en arbres de futaies dans le département du Morbihan. (B.)

RASSOLÉ. On applique ce nom, dans quelques cantons, aux champs en pente, et principalement aux vignes dont on a regarni de terre la partie supérieure en y portant celle qui en avait été enlevée par les eaux. *Voyez* MONTAGNE. (B.)

RUCHE. Les ruches, en Géorgie, pays où on élève beaucoup d'abeilles, sont des paniers d'osiers coniques de plus de 2 pieds de diamètre par le bas, et dont la pointe est laissée ouverte pour l'entrée et la sortie des abeilles. C'est à raison de cette dernière circonstance, dont je ne connais pas d'autre exemple, que je les cite ici. *Voyez* ABEILLE. (B.)

V.

VÉGÉTATION. La mort des plantes ne dépend pas de l'obstruction des tubes comme on le dit par-tout, mais de l'affaiblissement de leur force vitale; car les arbres meurent d'autant plus tôt qu'ils sont placés dans un plus mauvais terrain; les tiges annuelles à tissu lâche, plus tôt que les arbrisseaux; les arbustes et les arbres à bois blanc, plus tôt que les arbres à bois dur, quoique leurs tubes soient plus larges, etc.

Un grand nombre de faits constatent que lorsque les fèves, les vesces, les trèfles, etc., qui précèdent une récolte de froment sont beaux, et plus cette récolte est abondante. Comment expliquer ce fait, si ce n'est en disant que ces plantes ont empêché l'évaporation d'une partie des principes fertilisans de la terre, ou ont favorisé la fixation d'une partie de ceux qui flottent dans l'air?

Les fruits des arbres qui ont été assujettis à l'incision annulaire sont plus gros, et leurs pepins sont plus petits. (B.)

FIN.

LISTE ALPHABÉTIQUE

DE

MM. LES SOUSCRIPTEURS.

Abadie (le comte d'), à Sautonne. (Vienne.)

Abaut (Pierre), artiste vétérinaire, à Savigny, arrondissement de Bazas, département de la Gironde.

Adanson (Madame Aglaé), au château de Baleine, à Moulins-sur-Allier.

Aillaud, libraire, quai Voltaire, n°. 21, à Paris.

Alexandre, propriétaire et maire, à Autry, par Vouziers. (Ardennes.)

Alexandre (Gabriel-Henri), à Morlaix. (Finistère.)

Allasoeur, propriétaire, à Saint-Pierre-le-Moutier. (Nièvre.)

Allô, libraire, à Amiens.

Alluaud, propriétaire, à Limoges.

Amelot, directeur de l'Hôtel-Dieu à Rouen. (Seine-Inférieure.)

Ancelle, libraire, à Paris.

André, propriétaire, à Choloy, près Toul. (Meurthe.)

André (Aimé), libraire, quai des Augustins, à Paris, *pour 15 exempl.*

Anglade (François) fils, libraire, à Navarreins. (Basses-Pyrénées.)

Antheaulme, maire de la ville de Nemours. (Seine-et-Marne.)

Antoine, libraire, à Paris, *p. 2 ex.*

Archdéacon, agent de change, rue de l'Echiquier, à Paris.

Artaria et Fontaine, libraires, à Manheim, *p. 3 ex.*

Aucher-Eloy, libraire, à Blois, *p. 3 ex.*

Auberjon (le marquis d'), correspondant du conseil d'agriculture à Limoux, département de l'Aude.

Audibert, aîné, propriétaire et pépiniériste, à Tounelle, près Tarrascon, département des Bouches-du-Rhône, *p. 2 ex.*

Aurran-Pierrefeu, membre de la Chambre des députés, rue des Bourdonnais, à Paris.

Azaïs, propriétaire, rue d'Argenteuil, à Paris.

Azerman, rue Saint-Marc, à Paris.

Bache, percepteur, à Mauvezin, par Gimont. (Gers.)

Bar (le vicomte de), rue Duphot, à Paris.

Bargéas, libraire, à Limoges, *p. 2 ex.*

Bargéas fils, libraire, quai des Augustins, à Paris, *p. 2 ex.*

Baron (Louis), négociant à Nîmes, département du Gard.

Barrois, aîné, libraire, rue de Seine, faubourg Saint-Germain, à Paris, *p. 2 ex.*

Barrois (Théophile) père, libraire, rue Hautefeuille, à Paris, *p. 2 ex.*

Bassompierre (le marquis de), rue de Bellechasse, à Paris.

Baterrau-Danet, rue Greneta, à Paris.

Batteux, propriétaire, boulevard des Capucines, à Paris.

Bauby, maire de la Magistère.

Baulant, propriétaire-cultivateur, à Ancœur, commune de Bailly-Carrois. (Seine-et-Marne.)

Baumann (les frères), cultivateurs, botanistes, pépiniéristes, et propriétaires des pépinières de Bollwiller et d'Hartmannswiller. (Haut-Rhin.)

BÉARN (le comte de), au château de la Rochebeaucourt, département de la Charente.

BEAUMONT (E.-J. de), à la Tour, commune de Loison. (Pas-de-Calais.)

BECHET, jeune, libraire, place de l'École de Médecine, à Paris.

BELIN-LEPRIEUR, libraire, quai des Augustins, à Paris, *p. 2 ex.*

BELON, libraire, au Mans.

BÉNIT, jeune, libraire, à Verdun.

BENTHAM, propriétaire, à Montpellier. (Hérault.)

BERAUD (Hippolyte), à la Souterraine. (Creuse.)

BERGER, directeur des Domaines, à Besançon.

BERGERON, capitaine au 26e. régiment de ligne, en garnison à Clermont. (Puy-de-Dôme.)

BERNE, directeur des contributions indirectes, à Limoux. (Aude.)

BERNIS, à Saint-Maur, arrondissement de Mirande. (Gers.)

BERRY, imprimeur-libraire, à Sémur (Côte-d'Or), *p. 2 ex.*

BERTIER, propriétaire, à Roville, département de la Meurthe.

BERTIN, propriétaire, rue de Seine, faubourg Saint-Germain, à Paris.

BERTHOT, libraire, à Bruxelles, *p. 13 ex.*

BERTRAND (Arthur), libraire, rue Hautefeuille, à Paris, *p. 13 ex.*

BESSON, rue Sainte-Anne, à Paris.

BESSON (Charles-André), membre du conseil royal d'agriculture, électeur pour l'arrondissement de Vervins et celui du département de l'Aisne, et propriétaire-cultivateur à Guise. (Aisne.)

BEUVIN, maître de pension, à Mantes. (Seine-et-Oise.)

BIBLIOTHÈQUE de la ville de Caen.

BIN, chef de bataillon en demi-activité, propriétaire, à Charancieux. (Isère.)

BLACHEZ, ingénieur des ponts et chaussées, hôtel d'Aumont, à Paris.

BLAIN (J.), jeune, marchand, à Moulins. (Allier.)

BLOSSE, libraire, cour du Commerce, à Paris, *p. 2 ex.*

BLEUET, libraire, rue Dauphine, à Paris, *p. 13 ex.*

BOCCA (Charles), libraire, à Turin, *p. 3 ex.*

BOHAIRE, libraire, à Lyon, *p. 13 ex.*

BOISMARET, rue Castiglione, à Paris.

BOIVIN, curé de Gouverne, canton de Lagny. (Seine-et-Oise.)

BONNARD, inspecteur des domaines, à Fontenay-le-Comte. (Vendée.)

BONNY-PELLIEUX, docteur en médecine de la Faculté de Paris et médecin adjoint de l'Hôtel-Dieu de Beaugency, à Beaugency. (Loiret.)

BONVOUST, imprimeur-libraire, à Alençon.

BONZOM, libraire, à Baïonne, *p. 3 ex.*

BORELLI DE SERRES, receveur-général des finances du département de la Lozère, à Mende.

BOSC, membre de l'Institut, *p. 6 ex.*

BOSSANGE, père, libraire, rue de Richelieu, à Paris, *p. 2 ex.*

BOTTIER, libraire, à Bourg (Ain.), *p. 4 ex.*

BOUCHOTTE (Emile), rue des Pécheresses, à Metz. (Moselle.)

BOUDRYE DE SAINT-PIERRE, notaire royal, à Tulle.

BOUÉ, à Bordeaux, par M. Ferra.

BOUILLAUD, chirurgien-major en retraite, place de l'Estrapade, à Paris.

BOULLEY, jeune, médecin-vétérinaire, rue de Normandie, à Paris.

BOURGEOIS (Pierre-Chatel), docteur en médecine.

BOURGES, capitaine d'artillerie, à Avignon.

BOURGOIN DE PETIGNY, propriétaire-cultivateur et négociant à Breteuil. (Oise.)

BOURNOUVILLE, chef du bureau d'agriculture au ministère de l'Intérieur, rue de Seine, à Paris.

BOUTEILLER (le marquis de), en sa terre.

BOUTILLIER, par M. Petit, à Paris.

Bontoux (Gaspard-Hubert), propriétaire, à Sisteron. (Basses-Alpes.)
Bouttevillain-Grandpré, imprimeur-libraire, à Laval (Mayenne),
　par M. Eymery, *p. 5 ex.*
Bouguet et Lévi (Mesdames), libraires, rue de la Harpe, à Paris,
　p. 3 ex.
Bouvet, libraire, à Neufchâtel. (Seine-Inférieure.)
Bovis (Gustave de), propriétaire, à Lorgues. (Var.)
Bracer, notaire, place Royale, à Nantes.
Bremontier, à Saint-Jean-Pied-de-Port.
Breton, maire de la commune de Ruan, membre du collége électoral
　du département, à Ruan. (Loiret.)
Brière, libraire, rue Saint-André-des-Arts, à Paris, *p. 13 ex.*
Brissot-Thivars, libraire, rue de Chabannais, à Paris, *p. 2 ex.*
Bronner-Beauvens, à Dunkerque.
Broquisse (Madame veuve), libraire, à Angoulême.
Brosse (Charles), rue du Hasard, à Paris.
Bruges (le comte de), rue de la Chaussée-d'Antin, à Paris.
Brunot-Labbe, libraire, quai des Augustins, à Paris.
Bugeaud (le colonel), à Excideuil. (Dordogne.)
Busseuil, aîné, imprimeur-libraire, à Nantes.
Busseuil, jeune, libraire, à Nantes. (Loire-Inférieure.)

Caffarelli (le baron Charles), propriétaire au Falga, département de
　la Haute-Garonne.
Caillot, vétérinaire au département des Deux-Sèvres, à Niort.
Camoin, frères, libraires, à Marseille, *p. 13 ex.*
Camus, l'aîné, maire de Charleville. (Ardennes.)
Caqué, propriétaire et pensionnaire du roi, à Boufféré, près Montaigu.
　(Vendée.)
Carillan, libraire, quai des Augustins, à Paris.
Carré, père, président du tribunal de commerce, à Verdun. (Meuse.)
Carrière, avocat et propriétaire, rue Pavée Saint-André-des-Arts, à
　Paris, *p. 2 ex.*
Carville, vétérinaire à Evreux. (Eure.)
Castanier, maire de la commune de Bélin, arrondissement de Bor-
　deaux. (Gironde.)
Castamier, propriétaire, à Vervins.
Cavé d'Haudicourt, colonel de la garde nationale, à Amiens. (Somme.)
Cayon-Liébaut, libraire, à Nancy. (Meurthe.)
Chabrier (François de), inspecteur de l'Académie de Toulouse, et
　propriétaire-cultivateur, à Tonneins. (Lot-et-Garonne.)
Chaillet (C.-O.), propriétaire, à Seurre. (Côte-d'Or.)
Chalmeton, père, receveur de l'enregistrement, à Saint-Ambroix.
　(Gard.)
Charpentier (le comte), lieutenant-général, rue du faubourg Saint-
　Denis, à Paris.
Charrier, libraire, à Saintes (Charente-Inférieure), *p. 2 ex.*
Chassaigne de Best, chevalier de Saint-Louis et propriétaire, rue de
　l'Eperon, à Paris.
Chassin, propriétaire, à Nantes.
Chassiron (Gustave de), à Paris.
Chaudron, commissionnaire en librairie, cul-de-sac Saint-Pierre-Mont-
　martre, n°. 2, à Paris, *p. 2 ex.*
Chenou (Jean-Baptiste), propriétaire, à Saint-Amand, près Neuvy-sur-
　Loire. (Nièvre.)
Chirac, ex-imprimeur du roi, à Tulle. (Corrèze.)
Choppin, libraire, à Bar-le-Duc. (Meuse.)
Choumouroux, propriétaire et maire de la ville d'Issingeaux. (Haute-
　Loire.)

34 *

CLAYE, rue de Seine, à Paris.
CLERAMBAULT (J.-G.), négociant, rue des Mauvaises-Paroles, à Paris.
CLERMONT DE CRÈVECŒUR (le marquis), à Neufchâteau.
CLO (Ange), imprimeur, rue Saint-Jacques, nº. 38, à Paris.
COINTET (le baron DE), aîné, à Ensisheim. (Haut-Rhin.)
COLAS, jeune, libraire, rue Vivienne, nº. 6, à Paris.
COLAS, fils, libraire, rue Dauphine, à Paris, p. 3 ex.
COLAS, aîné, libraire, boulevard Bonne-Nouvelle, à Paris.
COLIN (J.-H.) maire de la commune d'Éperleques, près Saint-Omer.
    (Pas-de-Calais.)
COLLARDIN (P.-J.), libraire, à Liége, p. 3 ex.
COLLIGNON, imprimeur-libraire, à Metz.
COLONILLA (Antoine DE LA), par M. de Ronchamp.
COMPIUS, lampiste du roi, rue des Saints-Pères, à Paris.
CONCHON, docteur en médecine, à Saint-Décize. (Nièvre.)
CONFEX-LACHAMBRE, maire de Loudun, chevalier de la Légion-d'Hon-
    neur, etc., à Loudun. (Vienne.)
COQUET, libraire, à Dijon.
CORDIER, aîné, membre de la chambre consultative du commerce, à
    Saint-Quentin. (Aisne.)
CORROYER, libraire, à Nesle. (Somme.)
COTTANCEAU-BARBAUD, propriétaire, à Bressuire. (Deux-Sèvres.)
COUBERT (Madame DE), rue Sainte-Anasthase, au Marais, à Paris.
COUCHÉ, docteur en médecine, à Moissac. (Tarn-et-Garonne.)
COUPÉ, graveur, rue des Maçons-Sorbonne, à Paris.
COULBEAU, médecin-vétérinaire, secrétaire de la Société d'agriculture,
    à Melun. (Seine-et-Oise.)
COUVRET DE BEAUREGARD, sous-préfet, à Mirande. (Gers.)
CRAPELET, imprimeur, rue de Vaugirard, à Paris.
CREPIN, vétérinaire au 1er. régiment des grenadiers à cheval de la Garde,
    à Paris.
CRESOLLES (le comte DE), à l'Orient. (Morbihan.)
CREVOT, libraire, rue de l'École de Médecine, à Paris, p. 13 ex.
CROCHARD, libraire, rue de Sorbonne, nº. 16, à Paris, p. 13 ex.
CROSILHES, libraire, à Villeneuve-sur-Lot (Lot-et-Garonne), p. 7 ex.
CROULLEBOIS, libraire, rue des Mathurins Saint-Jacques, à Paris,
    p. 2 ex.

DAILLY, père, boulevard Saint-Martin, à Paris.
D'ALBUQUERQUE, rue des Grands-Augustins, à Paris.
DALIBON, libraire, au Palais-Royal, à Paris, p. 2 ex.
D'ALMEIDA, rue de l'Université, à Paris.
DANDRÉ, intendant des domaines de la couronne, quai Malaquais, à
    Paris.
DANZAY, avocat à la cour royale, rue Hautefeuille, à Paris.
DAREIX, juge-de-paix, à Tasque, près Plaisance. (Gers.)
DARTHEZ, receveur-particulier de l'arrondissement de Mauléon. (Basses-
    Pyrénées.)
DASSIER, membre de la Chambre des Députés, par M. Druon.
DAZARD, directeur des contributions directes, à Périgueux (Dordogne),
    p. 2 ex.
DAUDE, juge-de-paix, correspondant du conseil d'agriculture, à Sainte-
    Geneviève. (Gers.)
DE BEAUNE (Auguste), à la Palue. (Vaucluse.)
DE BEAUVAIS, docteur en médecine, rue Saint-Florentin, à Paris.
DE BELLEVAL, propriétaire, à Istres. (Bouches-du-Rhône.)
DEBERNY, négociant à Amiens, par MM. Bertera et Arnoul-Senart de
    Paris.
DERENTE (F.), libraire, à Bourges, p. 3 ex.

De Brock (le comte), à Riga.
Debruyne, notaire, rue Dauphine, à Nantes.
Decazenove, à Marmande, département de Lot-et-Garonne.
Dechaligny, sous-préfet de l'arrondissement de Château-Chinon, et président de la Société d'agriculture du 4e. arrondissement du département de la Nièvre, à Château-Chinon.
Declercq, rue Masséron, no, 3, quartier des Invalides, à Paris.
De Colbert du Cannet (le comte), à Lecannet-du-Luc, près le Luc, département du Var.
De Dampierre (le marquis), rue de l'Université, à Paris.
Dedompierre, propriétaire-cultivateur, à Hornoy, près Poix. (Somme.)
De Falguerolles, propriétaire, à Castres. (Tarn.)
Defay, imprimeur-libraire, à Langres, *p. 2 ex.*
De Fleury (le baron), rue des Quatre-Fils, au marais, à Paris.
De Germiny (le comte Antoine), à Bayeux.
Degland, correspondant du conseil d'agriculture.
Degouy, aîné, libraire, à Saumur, *p. 2 ex.*
D'Hervilly (le vicomte), rue Saint-Guillaume à Paris, ou à Brocourt, près Aumale.
Deis, libraire, à Besançon, *p. 2 ex.*
Dejussieu, imprimeur-libraire, à Autun (Saône-et-Loire), *p. 4 ex.*
Delagarde, propriétaire, rue Jacob, à Paris.
Delahante (A.), receveur-général du département de Saône-et-Loire, à Macon.
Delamarre, propriétaire-cultivateur, forestier, rue Saint-Florentin, à Paris.
Delandre, à Stenay. (Meuse.)
De Larclause (Agénor), avocat, secrétaire de la Société d'agriculture de Civray. (Vienne.)
De Latoenaye, sous-préfet et président de la Société d'agriculture de Paimbœuf, à Paimbœuf. (Loire-Inférieure.)
Delaunay, libraire, galerie de bois, au Palais-Royal, à Paris, *p. 13 ex.*
Delaval, rue Geoffroy-Langevin, no. 7, à Paris, *p. 2 ex.*
Delaville-Leroulx, agent de change, rue de Grammont, à Paris.
Delcros, capitaine au corps royal des ingénieurs-géographes, rue Saint-Claude, au Marais, à Paris.
Delcros-Rodor, correspondant du conseil d'agriculture, à Céret, département des Pyrénées-Orientales.
Delangaigne-Piquet, membre de la Société d'agriculture et des arts de Boulogne-sur-Mer. (Pas-de-Calais.)
Delière, rue de Bagneux, à Paris.
Delord, maire de Fressinet-Gelat, à Cahors. (Lot.)
Delorme, à Saint-Jean-Goux-le-Royal. (Saône-et-Loire.)
Delyle-Tanlane, à Grasse. (Var.)
Demat (P.-J.), imprimeur-libraire, à Bruxelles, *p. 2 ex.*
De Margonne, grande rue Verte, faubourg Saint-Honoré, à Paris.
De Marsilly, directeur des contributions indirectes, à Amiens.
Demay, rue Greneta, à Paris
Deméreuil, directeur des contributions indirectes, à Sisteron. (Basses-Alpes.)
De Mondeville, propriétaire, boulevard Montmartre, à Paris.
De Montfleury, membre de la Chambre des Députés, à Clermont-Ferrand. (Puy-de-Dôme.)
Denisse, commissionnaire en librairie, rue Grenier-Saint-Lazare, à Paris, pour M. Lenollier-Mariane, négociant à Carcassonne.
De Saint-Albin, hôtel des Postes, à Paris.
De Saint-Aubin, colonel, par M. Petit.
De Saint-Edme, inspecteur des postes, rue d'Anjou, à Paris.

Descaich, libraire, à Tulle (Corrèze), *p. 4 ex.*

Descar, rue Notre-Dame-des-Champs, à Paris.

Desenival, chez M. Brunot-Labbe, à Paris.

Deshayes, maire de Chambellée, près Angers. (Maine-et-Loire.)

Desjardins (Charles), propriétaire à Mayenne, département de la Mayenne.

Desmarchais (le baron), à sa terre de la Gaucherie, près Angers. (Maine-et-Loire.)

Desoer, libraire, à Liége, *p. 2 ex.*

Desolle (le marquis), rue de l'Université, à Paris.

Desray (Madame veuve), libraire, rue Hautefeuille, à Paris, *p. 2 ex.*

Dessaux, hôtel Labriffe, quai Malaquais, à Paris.

Destouches (le baron), préfet du département de Seine-et-Oise, à Versailles.

Deszille, directeur de l'enregistrement et des domaines, à Saint-Brieux. (Côte-d'Or.)

Devers, libraire, à Toulouse, *p. 4 ex.*

Devillereau, maire d'Eperres, près Belesme. (Orne.)

Devilly (L.), libraire, à Metz, *p. 6 ex.*

Devivier (Ferdinand), à Nîmes. (Gard.)

Didon, chef du bureau des haras au ministère de l'intérieur, place Saint-Sulpice, à Paris.

Dodun, maire, à Maison-Alfort. (Seine.)

Dondey-Dupré, imprimeur-libraire, rue Saint-Louis, au Marais, à Paris, *p. 2 ex.*

Doulcet, propriétaire-cultivateur au Deffand, près Auxerre.

Dounous, député de l'Ariège.

Doynel de Quincy (le comte), en son château de Fromentault, à Châtillon-sur-Indre.

Dru (Elie), propriétaire et membre du conseil d'agriculture, à Parthenay. (Deux-Sèvres.)

Druon, bibliothécaire de la Chambre des Députés, au Palais-Bourbon, à Paris, *p. 4 ex.*

Duc de Rivoli (le), rue de Bourbon, faubourg Saint - Germain, à Paris.

Duchesne, libraire, à Rennes, *p. 13 ex.*

Duchiez-Duprat, ancien procureur du roi, à Aubusson. (Creuze.)

Duclos, correspondant du conseil d'agriculture de l'arrondissement de Châteaudun. (Eure-et-Loire.)

Dufart (Pierre), libraire, quai Voltaire, à Paris.

Duformanoir, rue Mesnil-Montant, à Paris.

Dufour, libraire, à Falaise.

Duguen, rue de la Sourdière, à Paris.

Dulau et Compagnie, libraires, à Londres, *p. 2 ex.*

Dumanoir (le comte), rue Saint-Dominique, faubourg Saint-Germain, à Paris.

Duparc, propriétaire et maire de Couvonges, près Bar-le-Duc. (Meuse.)

Dupassage, chevalier de Saint-Louis, par M. Caron-Vitet, à Amiens.

Dupont, place Notre-Dame, à Poitiers. (Vienne.)

Dupuis, libraire, à Bayeux.

Dutauzin, juge-de-paix du canton de Belin, à Belin, près de Bordeaux.

Duverney, greffier en chef du tribunal de première instance, à Chinon. (Indre.)

Duvivier, chef de bataillon, rue Rousselet, n°. 3, à Paris.

Ecole royale vétérinaire d'Alfort, département de la Seine.

Ecole royale vétérinaire de Lyon, département du Rhône.

Escalle et Compagnie, libraires, à Lons-le-Saulnier (Jura), *p. 2 ex*

Esclavy, propriétaire, à Charny. (Yonne.)

Eymery, libraire, rue Mazarine, à Paris, *p. 13 ex.*

FAIVRE, propriétaire, à Fotey-les-Lures. (Haute-Saône.)
FALCON, libraire, à Grenoble, *p.* 13 *ex.*
FAMIN, père, agent des relations extérieures, à Marseille.
FANTIN et Compagnie, libraires, rue de Seine, faubourg Saint-Germain, à Paris, *p.* 13 *ex.*
FAREL, propriétaire à Montpellier, département de l'Hérault.
FAVÉRIO, libraire, à Lyon, *p.* 2 *ex.*
FÉBURIER, membre et correspondant de plusieurs Sociétés savantes, à Versailles.
FERRA, libraire, rue des Grands-Augustins, n°. 23, à Paris.
FEUGUERAY, imprimeur, cloître Saint-Benoit, à Paris.
FEUILLET, bibliothécaire adjoint de l'Institut royal de France, à Paris.
FÉVRIER, libraire, à Strasbourg, *p.* 5 *ex.*
FILLEUL DE CHENEVIÈRES, maire de Montbourg, près Châtillon-sur-Loing. (Loiret.)
FLAVIGNY, négociant à Elbeuf. (Seine-Inférieure.)
FLEURY, docteur en médecine, à Cozes. (Charente-Inférieure.)
FOREST, imprimeur-libraire, près la Bourse, à Nantes, *p.* 5 *ex.*
FOUCAULT, libraire, rue de Sorbonne, à Paris, *p.* 3 *ex.*
FOURIER-MAME, libraire, à Angers, *p.* 13 *ex.*
FOURNEREL, docteur en médecine, rue Ventadour, n°. 3, à Paris, *p.* 2 *ex.*
FRÉMAU, libraire, à Reims, *p.* 2 *ex.*
FREMICOURT-CARAULT, propriétaire, à Cambray.
FRÈRE, aîné, libraire, sur le port, à Rouen, *p.* 6 *ex.*
FREUND, libraire, à Brest.
FRIEDDLANDER, docteur médecin, rue de Richelieu, à Paris, *p.* 2 *ex.*
FRIDDANI, chez M. Carli, libraire, boulevard Montmartre, à Paris.
FURTIN, maire de Cluny. (Saône-et-Loire.)
FUZIER, frères, correspondans du conseil d'agriculture, à Saint-Ondres, près la Tour-du-Pin. (Isère.)
FWENT DE ROSENBURG, hôtel Nelson, rue Neuve Saint-Augustin, à Paris.

GABON, libraire, rue de l'Ecole de Médecine, à Paris, *p.* 7 *ex.*
GABON et Compagnie, libraires, à Montpellier, *p.* 3 *ex.*
GALLON, libraire, à Toulouse, *p.* 2 *ex.*
GAUDE, fils, imprimeur-libraire, à Nîmes, *p.* 2 *ex.*
GAULARD-MARIN, libraire, à Dijon, *p.* 2 *ex.*
GAUTHIER, frères, libraires, à Lons-le-Saulnier (Jura), *p.* 2 *ex.*
GAUTIER, libraire, galerie de Bois, au Palais-Royal, à Paris, *p.* 2 *ex.*
GAY, rue du Bac, à Paris.
GAYRT, par MM. Lecointte et Durey, libraires, à Paris.
GÉDÉON-ROCHEL, aux forges de Bèze, près Mirebeau. (Côte-d'Or.)
GEHARD (Camille), à Durtal. (Maine-et-Loire.)
GIBERT, maire de Saint-Macaire. (Gironde.)
GILLE, libraire, à Bourges, *p.* 9 *ex.*
GIORGI, à Mirecourt. (Vosges.)
GIRARD, libraire, à Besançon, *p.* 2 *ex.*
GIRARD-HAFAYOLLE (DE), chevalier de Saint-Louis et de la Légion-d'Honneur, maire, etc., à Brian, près Marcigny. (Saône-et-Loire.)
GIRAUD (Paul-Emile), propriétaire, à Romans. (Drôme.)
GLOPPE, marchand, rue de l'Arbre-Sec, à Paris.
GODART (A.), payeur du trésor royal dans le département de la Marne, et correspondant du conseil d'agriculture, à Châlons-sur-Marne.
GOUJON, libraire, rue du Bac, n°. 33, à Paris, *p.* 4 *ex.*
GRABIT, libraire, rue du Coq-Saint-Honoré, à Paris, *p.* 4 *ex.*
GRANAL DES EUYZES, à Mèze. (l'Hérault.)
GRARE, libraire, à Abbeville, *p.* 3 *ex.*

Grisolle, propriétaire, à Toulon. (Var.)
Gros (Cyprien), docteur en médecine, à Tarbes. (Hautes-Pyrénées.)
Guibert, libraire, rue Gît-le-Cœur, à Paris.
Guillaume et Compagnie, libraires, rue Hautefeuille, à Paris.
Guinoyseau du Boulay, maire de la commune du Gué-Deniau, arrondissement de Baugé. (Maine-et-Loire.)
Guitel, libraire, rue J.-J. Rousseau, à Paris, *p. 2 ex.*
Guiton et Compagnie, rue Michel-le-Comte, à Paris.
Guyon, vétérinaire, à Tonnay-Charente. (Charente-Inférieure.)

Hardouin, professeur de rhétorique au collége royal de Pau. (Basses-Pyrénées.)
Hardy, rue des Vieux-Augustins, à Paris.
Hautpoul (le comte d'), colonel du 4e. régiment de ligne, rue de Popincourt. à Paris.
Herbemont (le comte d'), maire de la commune de Mouzay, près Stenay. (Meuse.)
Hervé, libraire, rue du Cheval-Blanc, à Chartres.
Hétot, propriétaire, à Connigis. (Aisne.)
Heursault de Saint-Cristophe, chevalier de Saint-Louis, à Valancey. (Indre.)
Hubert, libraire, galerie de Bois, au Palais-Royal, à Paris.
Huguet-Dulys, juge-de-paix, à Hérisson. (Allier.)
Hureau, docteur en médecine, rue Saint-Martin, à Paris.
Huzard (Madame), imprimeur-libraire, rue de l'Eperon, no. 7, à Paris, *p. 162 ex.*

Igonète et Barbou, libraires, rue des Grands-Augustins, à Paris.
Isnard (J.-J.), à Grasse. (Var.)

Janet (L.), libraire, rue Saint-Jacques, à Paris.
Janet et Cotelle, libraires, rue Neuve-des-Petits-Champs, à Paris, *p. 3 ex.*
Jard, propriétaire, à Dommange, près Cluny. (Saône-et-Loire.)
Jaubert (le baron), rue des Francs-Bourgeois, au Marais, à Paris.
Jolly, propriétaire, à Jolly-sur-Rabretière, près Avrillé. (Vendée.)
Jacomet, avocat et avoué, à Tarbes. (Hautes-Pyrénées.)

Killian, libraire, rue Vivienne, à Paris, *p. 2 ex.*
Kneip, notaire, à Luxembourg, *p. 2 ex.*

Labadie, maire de la commune des Eparres, près Bourgoin. (Isère.)
Labove de Lille, propriétaire, à Chappoy, près Champagnolles. (Jura.)
Lacaze, secrétaire de la Société d'agriculture de Libourne. (Gironde.)
Lacombe, imprimeur-libraire, au Puy. (Puy-de-Dôme.)
Lacombe (le chevalier), de l'ordre de la Légion-d'Honneur, propriétaire-cultivateur, maire de la commune de Vigonet, membre de la Société d'agriculture de Libourne, à Vigonet, près Libourne. (Gironde.)
Lacroix, membre de l'Institut, rue de Tournon, à Paris.
Lacroix (le capitaine), aide-de-champ du prince de Hohenlohe, à Lunéville.
Laffithe (le baron), colonel en non activité, officier de la Légion-d'Honneur, chevalier de Saint-Louis, à Castelnau, rivière basse. (Hautes-Pyrénées.)

LAFITTE, membre de la Chambre des Députés, rue du Montblanc, à Paris.

LAFOSSE (P.-J.), à Saint-Côme-du-Mont, près Carenton.

LAGIER (Victor), libraire, à Dijon, *p.* 13 *ex.*

LAGRANGE (le comte DE), inspecteur-général de la gendarmerie, rue Neuve des Mathurins, à Paris.

LAGUERRE, imprimeur-libraire, à Bar-le-Duc (Meuse), *p.* 2 *ex.*

LAISNÉ, libraire, à Pérone.

LALANNE, avoué, à Dax. (Landes.)

LAMETH (la comtesse DE), rue d'Angoulême, faubourg Saint-Honoré, à Paris.

LAMURETTE, fils, propriétaire, à Saint-Haon-le-Châtel, près Roanne. (Loire.)

LANCE, libraire, rue Croix-des-Petits-Chumps, n°. 50, à Paris.

LANUSSE, lieutenant-général, rue de Maurepas, à Versailles. (Seine-et-Oise.)

LAPORTE (le comte DE), correspondant du conseil d'agriculture pour l'arrondissement de Doullens, au château de Remaisnil. (Somme.)

LARCHIER, rue de Courty, à Paris.

LARNAUDIE DE CASTAU (veuve Hérétieu), à Cahors. (Lot.)

LASALLE (le chevalier DE), maréchal-de-champ, à Chinon, département d'Indre-et-Loire.

LA SOCIÉTÉ D'AGRICULTURE du département de la Corrèze.

LAURE (Henri), membre de la Société d'Agiiculture et de commerce du département du Var, propriétaire, à la Valette, près Toulon.

LAURENS-HUMBLOT, rue de Grenelle-Saint-Germain, à Paris.

LAVAL, maire de Provins, à Provins.

LEAGE-MARNHIAC (Louis-Anselme), docteur en médecine et propriétaire, à Saint-Grève, près Lechaylard. (Ardèche.)

LE BARON (Hélène), (femme Blin), libraire, à Caen, *p.* 3 *ex.*

LEBEAU, avocat-général près la cour de cassation, rue du Cherche-Midi, à Paris.

LE BESCHU DE CHAMPSAVIN, chevalier de Saint-Louis, à Fougères. (Ille-et-Vilaine.)

LEBLANC, médecin-vétérinaire, à Thouars. (Deux-Sèvres.)

LEBLANC, imprimeur, rue Furstemberg, à Paris.

LEBAUF, rue Sainte-Avoie, à Paris.

LEBRETON, propriétaire, à Montaigni-la-Poterie. (Oise.)

LEBRUN (Eulalie), propriétaire, à Orléans.

LECAUDEY, libraire, au Palais-Royal, à Paris, *p.* 2 *ex.*

LECHARLIER, libraire, à Bruxelles, *p.* 6 *ex.*

LECLERC, rue Saint-Jacques, n°. 123, à Paris.

LECLERC (Théodore), libraire, à Paris, *p.* 2 *ex.*

LECOINTE et DUREY, libraires, quai des Augustins, *p.* 1¼ *ex.*

LECOINTRE, à Londres.

LECOMTE, négociant, rue du Caire, à Paris.

LECOURT, propriétaire, à Rully, près Senlis. (Oise.)

LECRÈNE (Auguste), libraire, à Caen.

LECUYER, à Mézières, par M. Gauthier, à Paris.

LEFEBVRE-DEVAUX, propriétaire, à Joigny. (Yonne.)

LEFÈVRE (F.), membre et correspondant du conseil d'agriculture, à Mont-Saint-Vincent, près Joncy. (Saône-et-Loire.)

LEFOURNIER et DÉPÉRIERS, libraires, à Brest, *p.* 2 *ex.*

LEFOURNIER, libraire, à Auxerre.

LEGOIS, secrétaire de M. le marquis de la Tour du Pin, à Saintes. (Charente-Inférieure.)

LEGRAND, fils, chez M. son père, cultivateur, à Guitry, près Lestilliers en Vexin. (Eure.)

LEGRAS DE BORDECOTE, le jeune, propriétaire, à Boulleville. (Eure.)

Legué, propriétaire, à Uzel. (Côtes-du-Nord.)
Liégeard, préfet du département des Hautes-Alpes, président de la Société d'agriculture, à Gap. (*Pour la Société d'agriculture.*)
Ligny, vétérinaire, à Lure. (Haute-Saône.)
Leleux, libraire, à Calais, *p. 3 ex.*
Lelièvre (Louis), chez M. Rousseau, pharmacien, à Charenton. (Seine.)
Leloir, par M. Coupé, à Paris.
Lelong, libraire, galerie de Bois, au Palais-Royal, à Paris.
Lemaigre (Formin-Justin), propriétaire, à Cléry, près Ménu-sur-Loire. (Loiret.)
Lemaire, propriétaire, à Vienne en Autriche.
Lenardon, à Quimperlé. (Finistère.)
Léocour (le baron de), maréchal-de-camp en disponibilité, propriétaire, à Remilly, près Sedan. (Ardennes.)
Lerond, jeune, libraire, rue Castiglione, à Paris.
Leroux, libraire, à Mons, *p. 2 ex.*
Lesemelier, ex-inspecteur des Postes, propriétaire-cultivateur, à Ligny-sur-Ornain. (Meuse.)
Lesueur (Madame), propriétaire, aux Carrières, près Charenton. (Seine.)
Letellier (Constant), libraire, boulevard Saint-Antoine, à Paris.
Levrault, libraire, à Strasbourg, *p. 2 ex.*
Lévy (Ol.-Ab.), libraire, rue des Jardins, n°. 3, à Metz.
Loiseleur-Deslongchamps, docteur en médecine, rue de Jouy, n°. 8, à Paris.
Loraux, demeurant au second Théâtre-Français, place de l'Odéon, à Paris.
Loraux, jeune, rue Bergère, à Paris.
Lorgeril (Armand de), au Beauchêne, commune d'Elvin, près Vannes. (Morbihan.)
Loyau, propriétaire rural, à Putteau. (Vendée.)
Lucas, fils, au Jardin du Roi, à Paris.

Macdonnell, consul anglais dans le Levant, à Marseille.
Maes (P.-J.), à Nantes.
Maigret (de), à Metz. (Moselle.)
Maillard de Chambure, substitut de M. le procureur du roi, à Semur. (Côte-d'Or.)
Maire, libraire, à Lyon, *p. 26 ex.*
Maison (le général), rue du Faubourg-Poissonnière, à Paris.
Maistre, au hameau de Bouquigny, près Dormans. (Marne.)
Malart (le comte de), rue Grange-Batelière, à Paris.
Malo, libraire, à Lille, *p. 4 ex.*
Manget et Cherbuliez, libraires, à Genève, *p. 2 ex.*
Manoury, aîné, libraire, à Caen, *p. 6 ex.*
Maraise (Auguste-Sarrasin de), maire du Bosquet, au château d'Automne, près Bourgachard. (Eure.)
Marandel, propriétaire, à Saint-Girons. (Ariège.)
Maraux, propriétaire, à Arlay. (Jura.)
Maraschini (D. Pietro) de Schio, royaume Lombardo-Vénitien.
Marevault (de), au Blizon, département de l'Indre.
Marionnelz, major, à La Fère.
Marin-Gohé, horloger, à Chantilly. (Oise.)
Marmontel, au Petit-Montrouge, près Paris.
Martin, ingénieur, rue Saint-Rémy, à Bordeaux. (Gironde.)
Masson, propriétaire, à Fresneville, canton d'Oisemout. (Somme.)
Masson et fils, libraire, rue d'Erfurt, à Paris, *p. 2 ex.*
Martel, aîné, à Ourches. (Meuse.)

MARTIN (J.-B.), commis-marchand , chez M. Mecfredy , directeur des postes , à Saint-Tropez. (Var.)
MARTINET , libraire, rue du Coq-Saint-Honoré , à Paris.
MARTINON (Etienne), membre du conseil d'agriculture , à Aubusson. (Creuse.)
MATHIEU (le colonel), par M. Février, de Strasbourg.
MAUX-BUCHET , libraire, à Nîmes.
MÉAT-DUFOURNEAU , quai Voltaire , à Paris.
MEHIER , propriétaire, an Sault. (Ain.)
MELQUIOND , libraire, à Nîmes, *p.* 15 *cx.*
MENTREL , capitaine, à La Fère.
MÉQUIGNON-MARVIS , libraire, rue de l'Ecole de Médecine , à Paris, *p.* 2 *ex.*
MERLES , trésorier de la Société d'agriculture du département de la Dordogne, à Périgueux.
MESENGE , libraire, rue Hautefeuille , à Paris.
MICHEL , libraire , à Brest , *p.* 2 *ex.*
MICOUD-D'UMONS (la baronne), rue des Francs-Bourgeois, au Marais, à Paris.
MIGNÉ , imprimeur-libraire, à Châteauroux (Indre), *p.* 13 *ex.*
MONGIE , aîné, libraire, boulevard Montmartre , nᵒ. 18 , à Paris, *p.* 13 *ex.*
MONTANIER (Louis), correspondant du conseil d'agriculture, à Châtillon-Michaille. (Ain.)
MONTESQUIOU (le vicomte DE), à Paris.
MONTGOLFIER , fabricant de papiers, à Annonay, *p.* 2 *ex.*
MONTMORT (le marquis DE), maréchal-de-camp, ancien colonel au service de S. M. Louis XVI, à La Boulaye, près Toulon-sur-Arroux. (Saône-et-Loire.)
MONTREUIL (Madame la baronne DE), rue Jacob, faubourg Saint-Germain, à Paris.
MOREL de VINDÉ (le vicomte), pair de France, boulevard de la Magdeleine, à Paris, *p.* 2 *ex.*
MOREAU-DELIGNIÈRES , libraire, à Châteauroux. (Indre.)
MOUTTEL, l'aîné, marchand, à Leymen, près Huningue. (Haut-Rhin.)
MOYNAT , rue d'Artois, nᵒ. 18, à Paris.
MULSANT , propriétaire, à Montagny, près Macon.

NAUDET , commissionnaire en librairie, à Poitiers.
NAUSONNET, quai Conti, nᵒ. 15.
NEGRÉ DE MASSALS , maire de la commune de Carbes, près Castres. (Tarn.)
NEPVEU , libraire, passage du Panorama, à Paris.
NICAISE , libraire, à Vitry-le-Français.
NIVET , rue Saint-Pierre-Montmartre, à Paris.
NOELLAT , imprimeur-libraire, à Dijon.
NOUBEL (P.), imprimeur-libraire, à Agent (Lot-et-Garonne), *p.* 13 *ex.*
NOURAY , libraire, à Reims.
NOUALHIER-LABORIE , chevalier de la Légion-d'Honneur, à Limoges.
NOZERAN , libraire, quai Voltaire, nᵒ. 7, à Paris.
NYON (Madame veuve), libraire , à Paris.

OCHIER , docteur en médecine, à Cluny. (Saône-et-Loire.)
OSERY (le général comte D'), rue Hauteville, à Paris.
OUIN , rue Saint-Dominique, à Paris.

PANNETIER , libraire, à Colmar, *p.* 2 *ex.*
PAPPENHEIM (le baron DE), rue Richepanse, à Paris.

PARMENTIER, libraire, rue Dauphine, à Paris, *p.* 13 *ex.*
PARNET, à Courthéson, près d'Orange. (Vaucluse.)
PASCHOUD, libraire, à Genève, *p.* 13 *ex.*
PATRIMONIO (Jean-Marie), propriétaire, à Bastia. (Corse.)
PECHEUX, lieutenant-général, à Bucilly. (Aisne.)
PÉCOUL (Auguste), propriétaire, chez M. Delavillegegu, à Paris.
PELICIER, libraire, place du Palais-Royal, à Paris, *p.* 13 *ex.*
PERCEAUX, quai des Ormes, pour M. Dulys.
PERISSE, frères, libraires, à Lyon, *p.* 4 *ex.*
PERRONNEAU (Madame veuve), imprimeur-libraire, quai des Augustins,
    à Paris, *p.* 2 *ex.*
PERRIN DE JONQUIÈRE, maire de la ville d'Arles, à Arles. (Bouches-
    du-Rhône.)
PERRON, artiste vétérinaire, à Pontarlier. (Jura.)
PERROT, lieutenant-colonel au 1er. régiment de cuirassiers de la Garde
    à Versailles.
PERSONNE-DESBRIER, agent de change honoraire, rue Duphot, à Paris.
PERTUS, rue Hautefeuille, n°. 22, à Paris.
PESCHE, libraire, rue du Grand-Pont-Neuf, n°. 5, au Mans, *p.* 14 *ex.*
PETIT, libraire, galerie de Bois au Palais-Royal, à Paris, *p.* 2 *ex.*
PETIET, propriétaire, rue Saint-Florentin, à Paris.
PETIT-DEGATINES, rue du Four-Saint-Germain, à Paris.
PIC, libraire, à Turin, *p.* 3 *ex.*
PICHARD, libraire, quai Conti, à Paris.
PIGOREAU, libraire, place Saint-Germain l'Auxerrois, à Paris, *p.* 3 *ex.*
PINEAU, avocat, chez M. Amiet, chef de bataillon en retraite, rue de
    la Traverse, à Poitiers.
PLACE et BUJON, libraires, à Moulins. (Allier.)
PLEYEL, boulevard Montmartre, à Paris.
POCHET, commissaire-priseur, rue de Richelieu, n°. 15, à Paris.
POIRET, cultivateur, à Roissy, près Gonesse. (Seine-et-Oise.)
POMEYROL (E.), libraire, à Mauriac. (Cantal.)
POMMEREAU (DE), rue de la Chaussée d'Antin, à Paris.
PONTHIEU, libraire, galerie de Bois, au Palais-Royal, à Paris, *p.* 26 *ex.*
POPELAIN et Compagnie, libraire, à Dijon.
POTET, libraire, rue du Bac, n°. 46, à Paris, *p.* 13 *ex.*
POURRAT, rue des Francs-Bourgeois, à Paris.
PREAUX (le comte DE), rue du Bac, à Paris.
PRÉVOST LA RÉMONDIE, propriétaire, à Confolens. (Charente-Infé-
    rieure.)

QUIVY, à Maubeuge.

RAGON DES ESSARTS, propriétaire et maire, à Béon, près Joigny.
    (Yonne.)
RAMEAU et LEFEBRE, chez M. Boillot, rue Thevenot, à Paris.
RAPILLY, libraire, rue Vivienne, à Paris.
RAPÉ, libraire, rue Saint-André-des-Arts, à Paris.
RASTIGNAC (le marquis DE), membre de la Chambre des Députés, rue
    de Varennes, à Paris.
RATAUD, quai de la Tournelle, à Paris.
RAVIER, propriétaire, à Boullaret, près Cosne. (Nièvre.)
RECULARD, notaire, rue Beauvoisine, à Rouen.
RENARD, libraire, rue Sainte-Anne, n°. 71, à Paris.
RENARD (Madame veuve), libraire, rue Caumartin, à Paris.
RENAULT, libraire, à Rouen, *p.* 4 *ex.*
REY et GRAVIER, libraires, quai des Augustins, à Paris, *p.* 13 *ex.*
RHODES (Jean-Baptiste), vétérinaire, naturaliste et cultivateur, à
    Plaisance. (Gers.)

RIDAN , libraire, rue de l'Université , à Paris.
RIEUSSEC, propriétaire, rue de Charonne, à Paris.
RIGO, propriétaire et membre correspondant du conseil d'agriculture,
à Bastia. (Corse.)
RISS, libraire, à Moscou, *p.* 4 *ex.*
RIVERO, rue Traînée, à Paris.
ROCHE, propriétaire, à Moutier. (Savoie.)
ROCHE, propriétaire et maire de la commune de Pressin, près le pont
de Beauvoisin. (Isère.)
ROCHETTE, docteur en médecine, à Brioude. (Haute-Loire.)
ROGNIAT, rue Pigale, à Paris.
ROLLAND, maître de forges, à Cirey, près Doulevant. (Haute-Marne.)
ROLLAND et SEMIOND, libraires, à Lisbonne.
RONCHAMP (Auguste DE), rue du Faubourg Montmartre, à Paris.
ROQUEFEUIL (Adolphe DE), à Tréguier. (Côtes-du-Nord.)
RORET, libraire, à Paris, pour M. D***.
ROSA, libraire, grande cour du Palais-Royal, à Paris.
ROSEAU, négociant et propriétaire, à Arras. (Pas-de-Calais.)
ROTTIER, libraire, à Saint-Malo, *p.* 7 *ex.*
ROUANET, libraire, rue Verdelet, à Paris.
ROUGIER, propriétaire, à Péronne. (Somme.)
ROUSSEAU, libraire, rue de Richelieu, à Paris, *p.* 14 *ex.*
ROUSSEAU D'ANGERVILLE, maître de postes et propriétaire-cultivateur,
à Angerville. (Seine-et-Oise.)
RUFFIN, greffier en chef au tribunal de commerce, à Paris.

SABARDIN (le baron DE), rue Culture-Sainte-Catherine , à Paris.
SAINTON , fils, imprimeur-libraire, à Troyes.
SAINTOURENS, libraire, à Tartas.
SAINT-FLORENT et HANER, libraires, à Saint-Pétersbourg, *p.* 4 *ex.*
SAINT-HILAIRE (le chevalier DE), propriétaire et maire, à Besancourt,
près Gournay. (Seine-Inférieure.)
SAINT-IORRE, libraire, boulevard Montmartre, à Paris, *p.* 3 *ex.*
SALMON, libraire, sur le Pont-Neuf, à Paris.
SALMON, propriétaire-cultivateur, à Besseville, près La Ferté-sous-
Jouarre. (Seine-et-Marne.)
SANTIN, vétérinaire, à Dourgne. (Tarn.)
SÉNAC, libraire, à Toulouse, *p.* 13 *ex.*
SERRET, rue Saint-Honoré, à Paris.
SEVALLE, libraire, à Montpellier, *p.* 2 *ex.*
SIMIER, rue Saint-Honoré, à Paris, *p.* 2 *ex.*
SOCIÉTÉ D'AGRICULTURE, à Mantes. (Seine-et-Oise.)
SOCIÉTÉ D'AGRICULTURE de Brives, département de la Corrèze.
SOCIÉTÉ D'AGRICULTURE de Montreuil-sur-Mer, département du Pas-
de Calais.
SON EXCELLENCE LE MINISTRE DE L'INTÉRIEUR, *p.* 14 *ex.*
SOUHAIT, à Strasbourg, par M. Février.
STANISLAS DE BÉLLEVAL, membre du conseil d'agriculture pour l'arron-
dissement d'Aix, à Istres. (Bouches-du-Rhône.)
STRASMANN , marchand épicier, place Fontenoy , à Paris.
SUBERBIE DE HIS, rue Cassette, à Paris.

TARBÉ DE VAUXCLAIRS (le chevalier), maître des requêtes, inspecteur-
général des ponts et chaussées, rue d'Hanovre, à Paris.
TEILLARD-CHAMBON , juge au tribunal de première instance, à Muret.
(Cantal.)
TENRÉ, libraire, rue du Paon, à Paris.
THIBAUD-LANDRIOT, imprimeur-libraire, à Clermont-Ferrand, *p.* 13 *ex.*

THIBAUDEAU, à Oulmes. (Deux-Sèvres.)

THIBAUDEAU, vétérinaire, près de Niort, département des Deux-Sèvres.

THIEL (A.), libraire, à Metz, *p.* 3 *ex.*

THION, vétérinaire, à la Bussière. (Loiret.)

THOMAS, avocat, à Marseille.

THOMASSIN, curé d'Achain. (Meurthe.)

THOUVENEL, commissaire des poudres et salpêtres, à Nancy.

TOURNACHON, MOLIN et SÉGUIN, libraires, à Paris.

TOURNEUX, libraire, quai des Augustins, à Paris, *p.* 15 *ex.*

TRÉMOUILLE (le duc DE LA), rue de Babylone, à Paris.

TRIBERT-LAROBERTIE, propriétaire et maire de la commune de la forêt de Tessé, à Ruffec. (Charente.)

TRICAUD, maire de Saint-Verand, près Tarare. (Rhône.)

TOURNEY, quai Saint-Paul, à Paris.

TROCHU (J.-L.), propriétaire, à Belle-Isle-en-Mer, département du Morbihan.

TROLLIER, rue Poultier, à Paris.

TRUCHY, libraire, boulevard des Italiens, no. 18, à Paris.

TUFFET, négociant, à Mâcon.

VALLÉE, EDET et Compagnie, libraires, à Rouen.

VERDIÈRE, libraire, quai des Augustins, à Paris, *p.* 13 *ex.*

VERJOU, courtier de commerce, Grande-Rue, au Hâvre.

VERNIER, député, juge au tribunal de première instance, à Troyes. (Aube.)

VEYSSET (Auguste), imprimeur-libraire, à Clermont-Ferrand. (Puy-de-Dôme.)

VIGUIE (H.-F.), maître de poste, à Nancy. (Meurthe.)

VIEUSSEUX (F.), imprimeur-libraire, rue Saint-Rome, n°. 46, à Toulouse, *p.* 15 *ex.*

VILLET, libraire, rue du Battoir, à Paris, *p.* 2 *ex.*

VILLEREAU (DE).

VINCENOT, libraire, à Nancy, *p.* 3 *ex.*

VIVIEZ (Ferdinand), à Nîmes.

VOLLAND, jeune, libraire, quai des Augustins, à Paris.

Voss, libraire, à Leipzig.

WARIN-THIERRY, imprimeur-libraire, à Epernay. (Marne.)

WATIN-VICTORICE, maire de la commune de Fléchies, département de l'Oise.

YVART, membre de l'Institut.

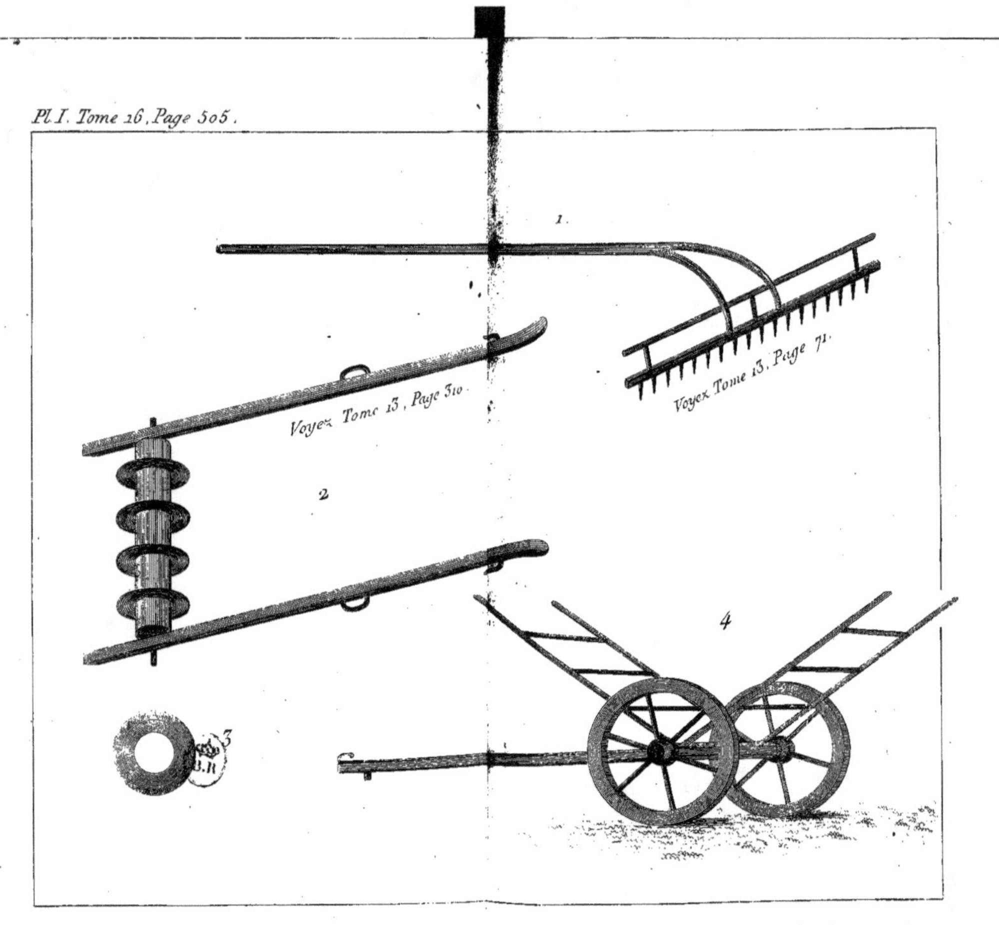

1. *Rateau de Parme*. 2. *Rouleau coupant*. 3. *Un de ses disques, vu de face*. 4. *Voiture de Caramanie*.

www.ingramcontent.com/pod-product-compliance
Lightning Source LLC
LaVergne TN
LVHW010604180726
843502LV00001B/140